“十二五”普通高等教育本科国家级规划教材
普通高等教育能源动力类专业“十三五”规划教材

制冷原理及设备

（第4版）

主编 吴业正
编著 吴业正 朱瑞琪 曹小林 鱼剑琳
解国珍 晏 刚 陈焕新

西安交通大学出版社
XI'AN JIAOTONG UNIVERSITY PRESS

内容提要

本书讲述了各种制冷方法，系统的组成，制冷循环的分析和计算，制冷剂，热交换器及辅助设备。书中的内容以蒸气压缩式制冷为重点，并叙述了吸收式和热电式制冷的原理和设计计算。书中还介绍了一些小型制冷装置。为实现低碳经济，必须提高产品的能效和采用环境友好的制冷剂，书中对此有所反映。

在撰写全书时，注意理论与实践之结合，并配以适当的图、表，使读者更易掌握和使用书的内容。

本书可作为高等院校制冷、空调专业学生的教材，也可供相关领域的科研和工程技术人员参考和使用。

图书在版编目(CIP)数据

制冷原理及设备/吴业正主编；朱瑞琪，曹小林，鱼剑琳编著.—4版.—西安：西安交通大学出版社，2015.12(2023.7重印)
ISBN 978-7-5605-8192-7

Ⅰ.①制… Ⅱ.①吴…②朱… ③曹… ④鱼… Ⅲ.①制冷-理论 ②制冷-设备 Ⅳ.①TB6

中国版本图书馆CIP数据核字(2015)第309364号

书　　名 制冷原理及设备(第4版)
主　　编 吴业正
责任编辑 任振国　宋小平

出版发行 西安交通大学出版社
(西安市兴庆南路1号　邮政编码710048)
网　　址 http://www.xjtupress.com
电　　话 (029)82668357　82667874(市场营销中心)
(029)82668315(总编办)
传　　真 (029)82668280
印　　刷 西安五星印刷有限公司

开　　本 787mm×1092mm　1/16　**印张** 25　**字数** 605千字
版次印次 2015年12月第4版　2023年7月第9次印刷
书　　号 ISBN 978-7-5605-8192-7
定　　价 39.80元

如发现印装质量问题，请与本社市场营销中心联系。
订购热线：(029)82665248　(029)82667874
投稿热线：(029)82664954
读者信箱：jdlgy@yahoo.cn

第 4 版前言

工业社会经济的长足发展使人们对能源的要求快速增长。上世纪 80 年代以后全球气候变化加剧的形势将人们的节能减排意识提高到新的高度。各行各业都在为节能减排竭尽全力，用于培养人材的教材也在不断更新。在此背景下，我们完成了本教材的再版。

作为专业教材，首先要较好地介绍必要的基础理论知识。在听取教师和学生提出的宝贵意见后，作者改写了部分内容。例如：

(1)在“制冷的基本热力学原理”中，将逆向卡诺循环和逆向劳伦兹循环 并列叙述；适当增加热泵方面的知识。

(2)增加“理论制冷循环系统”(又名“标准蒸气压缩制冷系统 VCRS”)的不可逆程度分析。

(3)增加了少量说明热电效应机理的内容。

其次，增加一些制冷技术中采用的结构和方法。例如：

(4)在第 11 章中增加和改写了一些“小型制冷装置”。

(5)补充“水平降膜蒸发器”。

(6)增加“微通道传热管”。

此外，在计算举例中也有一些修改。

除了第 3 版中参与修改的作者外，陈焕新老师(第 1 章)、解国珍老师(第 7 章)和晏刚老师(第 11 章)参加了修改。

编写时，我们参考了一些国内外的文献。它们虽未在相关内容处一一标明，但均已列在书后的参考文献拦中。读者可通过阅读这些文献，获得更多的知识。

编写过程中，得到长安大学郑爱平教授和西安交通大学吴青平高级工程师的帮助，特此致谢！

本书不足之处，敬请批评指正。

作　者

2015 年 10 月写于西安交通大学

第 1 版前言

本书是在西安交通大学制冷教研室编写，并已使用了多年的《制冷机原理及设备》(上、下册)教材的基础上，根据专业教学计划的要求重新改编而成的。

本书共分 11 章，它以蒸气压缩式制冷机为重点，阐述了制冷剂、节流机构、蒸气压缩式单级、双级、复叠式制冷循环及其热力分析与计算。在蒸气制冷中还介绍了氨-水吸收式和溴化锂-水吸收式制冷循环、设备及其热力学分析计算，特别对制冷装置中的热交换设备作了详细的论述。介绍了各类热交换设备的设计计算方法，对其它辅助设备、小型的制冷装置及热电制冷也作了较详细的介绍。

根据多年的教学经验和专家、学生的反映，并参考了国外一些新出版的教材，我们在内容和编排上都作了一定的修改和尝试，使读者更易了解、掌握和应用书中的内容。

本书除供制冷专业本科生使用外，在删除第 5 章至第 8 章后，也可作为专科生的教材。它也能作为流体动力机械专业参加自学考试学生的参考书，或供具有一定基础的工程技术人员学习参考。

本书由西安交通大学制冷教研室吴业正教授任主编(第 4，5，9，10，11 章)，韩宝琦副教授任副主编(第 2，6，7 章)，参加编写的还有周子成副教授(第 4 章)，朱瑞琪讲师(绪论、第 1，3，8 章)。

本书由西安冶金建筑学院杨磊教授主审。

编写过程中，薛天鹏副教授、李斌副教授、张长林讲师和刘瑞和讲师提供了许多宝贵的资料和意见，谨向他们致谢。

由于编写人员水平有限，书中不足之处，恳请读者批评指正。

作　者

1987 年 1 月写于西安交通大学

第 2 版前言

蒙读者厚爱，本书自 1987 年 9 月出版以来，已经过了 6 次重印，印数逾 3 万册，但仍不能满足需求，急需再印或再版。我们仔细地考虑后，决定修订后出版，经一年的修订，现已完稿，由西安交通大学出版社出版。

七年来，制冷机及制冷装置的设计、制造取得了长足的进展。一些新的制冷方法正在获得人们的重视和应用；新的制冷机结构和流程也纷纷出现；应用新工质替代 CFC 已成为现实；这一切都促使我们对本书的内容作进一步的修改和充实，这是本书再版的原因之一。

作者通过讲授本书，感到有必要对叙述方法进行调整，使学生更快、更好地掌握基本概念并应用基本概念于解决实际问题，这是本书再版的原因之二。

近年来，国家对书、刊规定了一系列的标准，教材应贯彻执行这些标准，这是本书再版的原因之三。

本书再版后，表示章、节等顺次的方法与以前不同。书中不再出现“章”、“节”等字样，代之而起的是“1”，“1.1”等记号。其目的是与国际上流行的顺次表示法一致。授课时，为便于叙述，可称“1”为第 1 章，“1.1”为第 1 章 1 节，……。

参加本书修订的教师为吴业正教授（第 7，9，10 和 11 部分），韩宝琦教授（第 2，4，5 和 6 部分），朱瑞琪副教授（绪论、第 1.3 和 8 部分）。

修订后的本书，仍会有许多不足，敬请批评、指正。

作　者

1996 年 7 月写于西安交通大学

第 3 版前言

本书第一版出版至今，已有 23 年。在此期间，中国发生了巨大的变化。制冷产品已应用到国民经济的各个领域，相应的制冷技术也突飞猛进。虽然“制冷原理及设备”在 1996 年出了第二版以适应形势的变化，但对内容的修订仍赶不上时代前进的步伐，这就促使了第三版教材的编写。

与第二版相比，第三版有以下变化：

1. 低碳经济的思想贯穿全书 为此在绪论中，强调了“制冷领域的节能减排”；在“制冷方法”（第 1 章）中，增加了“蒸发冷却”；在“制冷剂”（第 3 章）中增加了“冰蓄冷系统”；在“溴化锂吸收式制冷机”（第 7 章）和“小型制冷装置”（第 11 章）中增加了“热泵技术”。

2. 更新了内容 例如：对第 3 章中的“实用制冷剂”作了比较全面的改写，力求符合当前制冷剂的实际应用情况。同时，在突出制冷剂的“环境影响指标 ODP 和 GWP”时，还强调了制冷剂的“安全性（可燃性和毒性）”。后者是今后考虑制冷剂替代时，不可或缺的指标。

3. 引入新的国标 如：关于“制冷机工况”的国标；关于“制冷压缩机工况”的国标；关于“制冷机和热泵能效”的国标。使读者熟悉国家对制冷产品制订的规范和技术引导。

此外，按照国标对一些符号作了修改。将描写热流量的参数用 Φ 表示（如将制冷量 Q_0 改成 Φ_0）。

4. 增加了思考题 每一章后面均附有思考题，供读者阅读时参考。

参加本书修订的教师为西安交通大学吴业正教授（绪论，第 1，2，3，5，6，7，8，9，10，11 章）；朱瑞琪教授（第 1，2，3，8 章）；中南大学曹小林副教授（第 4，9 章、思考题）和鱼剑琳教授（第 10，11 章）。吴业正为主编。

本书由西安交通大学俞炳丰教授主审。

编写过程中，得到西安交通大学吴青平老师、徐荣吉博士在文字和插图方面的帮助，作者深表感谢。受作者水平所限，书中不足之处，请读者指正。

作　者

2010 年 9 月写于西安交通大学

目　录

绪 论

制冷技术是为适应人们对低温条件的需要而产生和发展起来的。

在长期的生产实践和日常生活中，人们发现许多现象与温度有密切关系。人体对温度相当敏感。炎热条件下希望降温以提供适宜的工作和生活环境。所有生物过程都受温度影响，低温抑制食品中酵、霉菌的增殖，对食品保鲜起重要作用。

材料的某些重要特性与温度有关，如机械材料具有冷脆性，塑料、橡胶也有同样的性质；又如金属的导电性随温度下降而提高，有些元素或化合物当温度降到某一确定值时出现超导性(电阻变为零)，人为地利用材料的这些特性，需要制冷技术。物态与温度有关，通过降温发生物态变化，可以使混合气体分离、气体液化而便于储运。化学反应与温度也有直接关系，许多生产工艺过程中温度对产品性能和质量有很大影响，等等。

综上所述，为了满足生产和生活的要求，需要通过制冷提供低温。随着技术的发展以及人民生活水平的不断提高，制冷在工业、农业、国防、建筑、科学技术等国民经济各个部门中的作用和地位日益重要。

1. 制　冷

制冷作为一门科学是指用人工的方法在一定时间和一定空间内将物体冷却，使其温度降到环境温度以下，并保持这个温度。

这里所说的“冷”是相对于环境而言的。灼热的铁块放在空气中，通过辐射和对流向环境传热，逐渐冷却到环境温度；一桶开水置于自然环境中，逐渐变成常温水，类似这样的过程都是自发的传热降温，属于自然冷却，不是制冷。只有通过一定的方式将铁块或热水冷却到环境温度以下，才可称为制冷。因此，制冷就是从物体或流体中取出热量，并将热量排放到环境介质中去，以产生低于环境温度的过程。

机械制冷中所需机器和设备的总和称为制冷机或制冷系统。

制冷机中使用的工作介质称为制冷剂。制冷剂在制冷机中循环流动，同时与外界发生能量交换，不断地从被冷却对象中吸取热量，向环境排放热量。制冷剂一系列状态变化过程的综合为制冷循环。为了实现制冷循环，必须消耗能量。所消耗能量可以是机械能、电能、热能、太阳能或其它形式的能。

按照制冷所得到的低温范围，制冷技术划分为以下几个领域：

① 120 K 以上，普通制冷；

② 120～20 K，深度制冷；

③ 20～0.3 K，低温制冷；

④ 0.3 K 以下，超低温制冷。

习惯上将 120 K 以下的制冷统称为低温制冷。

由于制冷温度范围不同，所采取的制冷方式，使用的工质、机器设备及其依据的原理有很大差别。

本教材主要涉及普通制冷(简称“制冷”)的技术领域。

2. 制冷技术的研究内容

制冷技术的研究内容可以概括为以下三方面。

(1) 研究获得低温的方法、有关的机理以及与此相应的制冷循环，并对制冷循环进行热力学的分析和计算。

(2) 研究制冷剂的性质，从而为制冷机提供性能满意的工作介质。机械制冷要通过制冷剂热力状态的变化才能实现。所以，制冷剂的热物理性质是进行循环分析和计算的基础数据。此外，为了使制冷剂能实际应用，还必须掌握它们的一般物理化学性质。

(3) 研究实现制冷循环所必需的各种机械和技术设备，包括它们的工作原理、性能分析、结构设计，以及制冷装置的流程组织、系统配套设计。此外，还有热绝缘问题，制冷装置的自动化问题，等等。

上述前两个方面构成制冷的理论基础，是制冷原理的研究内容。第三方面涉及到具体的机器、设备和装置。

3. 制冷技术的应用

制冷最早用于保存食品和降低房间温度。随着科学技术和社会文明的进步，制冷的应用几乎渗透到各个生产技术、科学研究领域，并在改善人类的生活质量方面发挥巨大作用。

1) 商业及人民生活

食品冷冻冷藏和舒适性空气调节是制冷产品应用最为量大面广的领域。

商业制冷主要用于对各类食品冷加工、冷藏储存和冷藏运输，使之保质保鲜，满足各个季节市场销售的合理分配，并减少生产和分配过程中的食品损耗。现代化的食品工业，从生产、储运到销售，有一条完整的“冷链”。所使用的制冷装置有：各种食品冷加工装置、大型冷库、冷藏汽车、冷藏船、冷藏列车、分配性冷库，供食品零售商店、食堂、餐厅使用的小型冷库、冷藏柜、各类冷饮设备、食品冷陈列柜，直至家庭用冰箱。

舒适性空气调节为人们创造适宜的生活和工作作环境，如家庭、办公室用的局部空调装置或房间空调器；大型建筑、公共场所、车站、机场、宾馆、商厦、影剧院、游乐厅、办公楼等使用的集中式空调系统；各种交通工具，如轿车、客车、飞机、火车、船舱等的空调设施；文物保藏环境的空气调节装置等等。

体育、游乐场所除采用制冷提供空气调节之外，还用制冷建造人工冰场。我国人工冰场原集中在东北、华北，现在南方城市也相继建造了新型人工冰场。20世纪90年代，为适应冬季滑雪运动，在我国北方兴建人造雪场，用制雪机造雪。

2) 工业生产及农牧业

许多生产场所需要用制冷提供生产性空气调节系统。例如，高温生产车间、纺织厂、造纸厂、印刷厂、胶片厂、精密仪器车间、精密加工车间、精密计量室、计算机房等的空调系统，为各生产环境提供必需的恒温恒湿条件，以保证产品质量或机床、仪表的精度，或精密设备的正常特性。

机械制造中，对钢进行低温处理(−70～−90 ℃)可以改变其金相组织，使奥氏体变成马氏体，提高钢的硬度和强度。在机器的装配过程中.利用低温进行零件的过盈配合。化学工业中，借助于制冷，使气体液化、混合气分离，带走化学反应中的反应热。盐类结晶、润滑油脱脂需要制冷；在钢铁工业中，高炉鼓风需要用制冷的方法先将其除湿，再送入高炉，以降低焦铁比，保证铁水质量。

农、牧业中，制冷用于对农作物的种子进行低温处理；建造人工气候育秧室；保存优良种畜的精液，以便进行人工配种等。通过“低温储藏”，将粮库内的粮食温度保持在 4～10 ℃，可使含水量较高的(15%～16%)粮食长期储存。

3）建筑工程

利用制冷实现冻土法开采土方。在挖掘矿井、隧道，建筑江、河堤坝时，或者在泥沼、沙土中掘进时，采用冻土法保持工作面，避免坍塌和保证施工安全。使用移动式冷水站，制取低温冷水，供混凝土搅拌，制造低温混凝土，这在制作大型混凝土构件时十分必要，可以有效地避免大型构件因散热不充分而产生内应力和裂缝等缺陷。在我国，应用这一技术并采用混凝土高温缓凝剂解决了浇筑面积达 1500 m^2 的无纵缝大仓面混凝土快速施工。

现代建筑史上宏伟的英吉利海峡海底隧道工程，制冷在其中发挥重要作用。它从海底横穿英吉利海峡，连接英国和法国，全长 52 km。列车以 160 km/h 的时速穿过隧道时，空气温度将上升到 49～55 ℃，因而必须有一套独特的冷却系统。共安装 8 套冷水机组，分装在隧道两侧各 4 套供隧道内降温，每套机组制冷能力 6000～7000 kW。

4）科学实验研究

各种环境模拟装置中，用制冷创造人工环境，为科学研究和生产服务。例如，国防工业领域中，高寒条件下工作的发动机、汽车、坦克、大炮等常规武器的性能需要在相应环境条件下作模拟试验；航空、航天仪表，火箭、导弹中的控制仪，也需要在地面做模拟高空环境下的性能试验。低温低压环境实验装置提供这类研究的需要。

气象科学中，用制冷系统给云雾室提供＋30～－45 ℃的温度条件。云雾室用于人工气候的实验，研究雨滴、冰雹的增长过程、冷暖催化剂，各种催化方法及扰动对云雾的宏观、微观影响、模拟云的物理现象，等等。

5）医疗卫生

用局部冷冻配合手术有很好的治疗效果，如肿瘤、扁桃腺切除，心脏、皮肤、眼球移植，心脏大血管瓣膜冻存和移植，手术中采用低温麻醉。疫苗、药品需要低温保存。用真空冷冻干燥法制作血干、皮干。骨髓和外周血干细胞的深低温冷冻。诸多低温医疗器械、治疗仪、诊断仪(如基因扩增仪)等都使用了制冷手段。可以说，现代医学已离不开制冷。

此外，在尖端科学领域，如微电子技术、能源、新型材料、宇宙开发、生物技术中，低温制冷技术也起着十分重要的作用。有人称低温制冷技术是“尖端科学的命脉”，此话实不为过。

表 1 列出制冷技术的应用范围。

4. 制冷技术的发展历史

现代制冷技术作为一门科学，是 19 世纪中期和后期发展起来的。在此之前，追溯到人类的祖先，人们很早已懂得冷的利用和简单的人工制冷了。用地窖作冷储室、用泉水冷却储藏室已有 5000 年历史。

表 1　制冷技术的应用

温度范围		应用举例
K	℃	
300～273	27～0	热泵,冷却装置,空调装置
273～263	0～－10	苛性钾结晶,冷藏运输,运动场的滑冰装置
263～240	－10～－33	冷冻运输,食品长期保鲜,燃气(丙烷等)液化装置
240～223	－33～－50	滚筒装置的光滑冻结,矿井工作面冻结
223～200	－50～－73	低温环境实验室,制取固体 CO_2
200～150	－73～－123	乙烷、乙烯液化,低温医学和低温生物学
150～100	－123～－173	天然气液化
100～50	－173～－223	空气液化、分离,稀有气体分离,合成气分离,氢及氩气还原,液氧、液氮
50～20	－223～－253	氖和氢液化,宇航舱空间环境模拟
20～4	－253～－269	超导,氦液化
4～10－6	－269～－273.15	^{3}He 的液化,^{4}He 超流动性,Josephson 效应,测量技术,物理研究

我国古代,劳动人民用天然冰进行食品冷藏和防暑降温。《诗经》中有记述农民全年劳作的诗,其中有:"……,二之曰凿冰冲冲,三之曰纳于凌阴。……"(《诗经》:豳风·《七月》),说的是农民每年二月份到河里去凿冰,三月份将冰储存到地窖中("二之曰"、"三之曰",分别指周历的二月和三月。"冲冲"即"砰砰"的打冰声。"凌阴"即冰窖。)。又,《周礼》中有"凌人夏颁冰掌事"的记载。可见,我国在先秦时代已将采冰、储冰纳为一项季节性的常规劳作,并已设有专门掌管冰窖的行政机构(即"掌事")。魏国曹植所写的《大暑赋》中有这样的诗句:"积素冰于幽馆,气飞积而为霜",这说明当时已懂得将天然冰作空调之用了。

西方最早来中国考察的意大利人马可·波罗在他的《马可·波罗游记》一书中,对中国制冰和造冰窖的方法有详细记述。

古埃及出土的大约 2500 年前的壁画中,画有奴隶手持棕榈拂甩去扇多孔性的陶制器皿,同时不断在外面洒水,使器皿外的水通风蒸发,由于蒸发吸热,器皿内的水会结冰。这是较早的人工制冰。

以上列举的只是古代人对天然冰的收藏、利用和简单的人工制冰,还谈不上制冷技术。

1755 年,爱丁堡的化学教授库仑(William Cullen)利用乙醚蒸发使水结冰。他的学生布拉克(Black)从本质上解释了融化和汽化现象,导出了潜热的概念,并发明了冰量热器,标志着现代制冷技术的开始。

1831 年,在伦敦工作的美国发明家波尔金斯(Perkins)造出了第一台以乙醚为工质的蒸气压缩式制冷机,并正式呈请了英国第 6662 号专利,这是后来所有蒸气压缩式制冷机的雏型。这台机器的重要进步是实现了闭合循环,但所使用的工质乙醚易爆。到了 1875 年,卡列(Carre)和林德(Linde)用氨作制冷剂。从此,蒸气压缩式制冷机开始占了统治地位。

在此期间,空气绝热膨胀会产生显著温降的现象开始用于制冷。1811 年,美国医生高里(Gorrie)用封闭循环的空气制冷机为发烧病患者建立了一座空调站,空气制冷机使他一举成名。威廉·西门斯(William Siemens)在空气制冷机中确立了回热器原理。

1859年,卡列发明了氨水吸收式制冷系统,申请了原理专利。

1873年,美国人皮克(Byok)制造了第一台氨压缩机,并迅速得到应用。

1910年左右,马利斯(Maurice)发明了蒸气喷射式制冷系统。

20世纪20年代,凯利(Carrier)等开发了离心式制冷压缩机。

基本原理性研究之后近一个世纪以来,制冷的发展步伐在很大程度上受机器及制冷剂发展的制约。1930年起,以下一些创新和进步改变了人工制冷的进程:全封闭压缩机的成功开发(美国通用电器公司);米杰里(Midgley)发现氟里昂制冷剂并用于压缩式制冷机;混合制冷剂的应用;伯宁顿(Pennington)发明回热式除湿器循环;空气-空气热泵的出现。

目前,现代制冷工业正处于一个飞速发展的时期。以市场迅猛增长,国际竞争激烈,节能的迫切性和环境保护的迫切性为背景和刺激;受微电子、计算机、新型原材料和其它相关工业领域的技术进步的渗透和促进;制冷工业在技术进步上取得了一些突破性的进展,同时也面临新的挑战。主要反映在下列几方面。

1) 制冷领域的节能减排

二战后,工业经济的长足发展使人们对能源的需求快速增长。1980年以后全球气候变化加剧的趋势更将节能减排意识提到新的高度。各行各业都在为节能减排竭尽全力,制冷空调行业也不例外,所做工作可大致归纳成以下三个方面。

(1)新颖高效机器设备的开发　为满足需要,制冷产品的种类、型式日益丰富,新品种层出不穷,产品性能的提高和改进日新月异。采用新型线的螺杆式制冷压缩机、用磁悬浮轴承的离心式制冷压缩机的投产,不但提高了制冷机的能效,而且缩小了机器的体积。为了调节制冷量和供热量,使制冷机适应冷、热负荷的动态变化,早在1981年就研制了变转速转子式制冷压缩机;1983年开发出热电膨胀阀;1986年以后,模糊控制技术、神经网络技术、遗传算法控制技术应用于房间空调器,推动了空调系统控制技术的发展。与此同时,对一些部件,如已有热交换器的改进和新型热交换器的开发也取得良好的进展。小管径及微通道换热器的应用支持了跨临界CO_2循环的开发。各种传热强化技术的应用使制冷装置有更高的能效。

(2)可再生能源的利用　用太阳能及各种余热驱动的制冷机(如吸收式制冷机),从自然界吸取热量的空气源热泵、水源热泵、地源热泵、太阳能热泵,以及利用各种余热的余热热泵,均以可再生能源的利用为前提,在经济的可持续发展中起积极作用。

(3)采用冷热电三联供的分布式能量系统　至2007年,美国大学中已有二百多个分布式能量系统,大都采用冷热电联供技术,为校园供电、供暖和供冷。2010年美国能源部的项目有25%计划改用冷热电三联供。

冷热电联供技术的开发应用,对科学用能、提高能源利用率有重要价值。

2)制冷剂替代

1830年至1930年的第一代制冷剂(以"能用"为选择标准,如水、乙醚和空气等),到第二代制冷剂(以"安全和耐久性"为标准,如氟里昂、氨和水等,以氟里昂为主流),经过了漫长的160年。1987年以后,基于罗兰(S. Rowland)和莫里纳(M. Molina)关于CFCs破坏大气臭氧层的理论以及对南极臭氧空洞的观察,加深了人们对保护大气臭氧层的认识和紧迫感,产生了一系列国际协定,如《关于消耗大气臭氧层物质的蒙特利尔协定书》(1987)、《京都议定书》(2005年生效)。1989年,第一批替代制冷剂商品化生产。10年后,对大多数"消耗大气臭氧层物质”进行了替代。由于采取了一系列措施,包括采用替代制冷剂以及对制冷装置设计、制造和维修等方面的重大改进,1998 年,南极上空臭氧层空洞面积趋于稳定(1998 年前面积不断增加)。此时,一部分第三代制冷剂的“温室效应”问题凸显出来,例如替代 R22 的 R410A,它不破坏大气臭氧层(“臭氧损耗潜能”ODP 为 0),但它的“全球变暖潜能值”GWP 比 R22 高 16%,因而不宜长期使用。从 2010 年起,迎来了第四代制冷剂时代,此时制冷剂的选择标准为“降低全球气候变暖”。图 1 所示为 1860～2000 年全球气温变化情况。研究表明人为的温室气体排放影响了 1980 年以后的气候异常。为此,一些应用历史悠久的制冷剂,特别是自然工质,如 CO_2、NH_3、丙烷和丁烷等成为第四代制冷剂的重要选用对象。在采取了一些科学技术和安全措施后,它们已在汽车空调、冷藏冷冻装置中应用。对第四代制冷剂的研制及解决应用中存在问题,使制冷技术的发展达到新的高度。

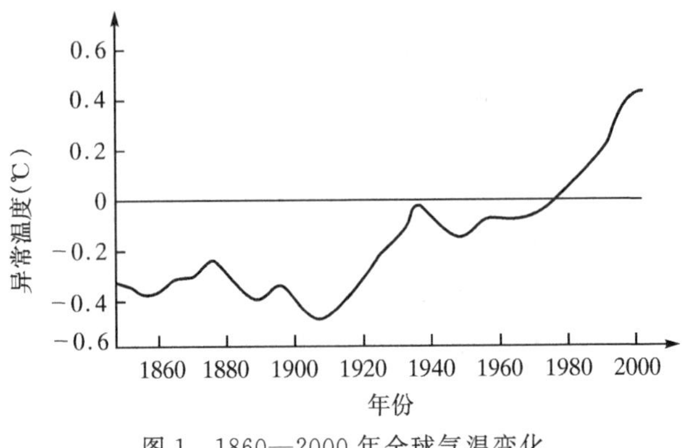

图 1　1860—2000 年全球气温变化

3)微电子和计算机技术在制冷上的应用

“机电一体化”浪潮给制冷工业以巨大推动。

基础研究方面:计算机模拟制冷循环始于 1960 年,如今已广泛用于研究制冷系统及部件的稳态和瞬态特性;研究制冷的热物理过程;计算制冷剂单质或混合物的性质;研究压缩机性能,对系统作深入分析和改进等。

制冷产品的设计制造:计算机现在广泛用来作为产品设计制造的辅助工具(即计算机辅助设计 CAD 和计算辅助制造 CAM)。例如,结构零件设计的有限元法和有限差分法以及用计算机控制精密机械加工。一旦计算机和机器人发展到实现制造过程高度自动化,设计工程师与制造操作者之间的界限将不复存在。

4)新材料在制冷产品上的应用

陶瓷及陶瓷复合物(如熔融石英、稳定氧化锆、硼化钛、氧化硅等)具有一系列优良性质,比钢轻,强度和韧性好,耐磨,化学及尺寸稳定性好,导热系数小,表面光洁度好。将陶瓷用烧结法渗入溶胶体一次成形零件或用作零件的表面涂釉,改善零件表面性能。

聚合材料(工程塑料、合成橡胶和复合材料)用来作为制冷的电绝缘、减振件和软管材料,利用聚合材料的热塑性,以高级工艺通过热定形的方法制做压缩机中的复杂零件(转子、阀片等)。这些新材料的应用,带来制冷产品性能、寿命和效益的提高。

5)制冷空调与信息技术的融合

将数字设计及仿真技术、健康诊断技术、自适应控制技术、网络技术等融合于空调制冷产品的全寿命过程中,不但可以提高产品质量,而且能节省设备的运行费用,达到节能减排的目的。利用气象预报和大楼使用信息,预估未来的负荷,通过互联网和智能手机,对机组的运行进行控制,可以明显地降低能耗,提高被调空间的空气品质。对食品冷链的全程控制,需要掌握冷链各环节的即时信息,包括食品本身和周围环境的大量参数,对这些信息处理并反馈给控制系统后可达到既保证食品质量,又降低能耗的效果。

制冷是年轻而又充满勃勃生机的学科和工业领域，巨大的市场增长潜力和新技术的交叉渗透为它开辟了广阔的发展道路。

思考题

1. 制冷的定义是什么？它与自然冷却有何区别？
2. 制冷工业在技术上的新进展和面临的挑战大致反映在哪些方面？

第 1 章

制冷方法

1.1　低温的产生

为产生低温，需要从物体中吸热，直到其温度低于环境温度。物质的相变过程，如固体融化、液体汽化、固体升华均需吸收热量，产生低温。此外，液体绝热节流、气体在膨胀机中绝热膨胀、涡流效应和热电效应等等，均能产生低温。

1. 相　变

最常见的产生低温的物质是水。水冰在 0℃时融化，吸收的融化热为 335 kJ/kg。采用冰盐可获得更低的融化温度(相变温度)，其融化温度随盐的质量分数增加而降低，直至共晶点。

当水从液体转变成蒸气时(沸腾或蒸发)，吸收的热量称为汽化热，它与沸腾温度(沸腾压力)有关，从 0℃的 250 kJ/kg 到 100℃的 2257 kJ/kg。不同物质有不同的汽化热。氨的汽化热为 1468 kJ/kg(−70 ℃)至 1037 kJ/kg(50 ℃)；R22 的汽化热为 244 kJ/kg(−60 ℃)至 141 kJ/kg(60℃)。

固体升华吸收的热量称为升华热。CO_2 的升华热为 566 kJ/kg(217 K～125 K)；氨为 1838 kJ/kg(195 K～150 K)。

2. 绝热节流

制冷剂流经节流元件时，压力下降。若节流过程中，制冷剂与外界无热交换(实际上，节流时由于制冷剂流速极快，来不及与外界进行热交换)，节流为绝热节流。

稳定流动的热力学第一定律表达式为

$$q = (h_2 - h_1) + \frac{1}{2}(c_2^2 - c_1^2) + g(Z_2 - Z_1) + w_e \tag{1-1}$$

式中　q —— 外界对单位质量制冷剂加入的热量；

h ——比焓；

c ——制冷剂流速；

Z ——制冷剂高度；

w_e ——单位质量制冷剂向外界输出的轴功。

下标“1”代表制冷剂流入节流元件的状态，“2”代表制冷剂流出节流元件的状态。

绝热节流时，$q = 0$，$w_e = 0$，动能和位能的变化数值很小，可以忽略。按公式(1-1)有

$$h_2 = h_1$$

即绝热节流前后，制冷剂比焓不变。当节流前制冷剂为液体，节流后闪发成气-液混合物时，一

部分液体在绝热节流过程中转变为蒸气。因转变所需热量不能来自外界，只能来自制冷剂本身，因而制冷剂流出时温度降低。

3. 制冷剂在膨胀机中绝热膨胀

制冷剂在膨胀机中绝热膨胀时，$q=0$；向外界输出轴功，$w_e>0$；忽略制冷剂在膨胀机前后动能和位能的变化，$h_2-h_1<0$，即制冷剂在流出时的比焓小于流入时的比焓，温度降低。

4. 其它产生低温的方法

还有其它一些产生低温的方法，如涡旋效应，热电效应等，将在后面阐述。

1.2　各种制冷方法

制冷方法很多，其中液体汽化制冷方法应用最为广泛。它利用液体汽化时的吸热效应实现制冷。蒸气压缩式、吸收式、蒸气喷射式和吸附式制冷都属于液体汽化制冷。

液体汽化形成蒸气。当液体处在密闭容器内时，若容器内除了液体及液体本身的蒸气外不存在任何其它气体，那么液体和蒸气在某一压力下将达到平衡，这种状态称饱和状态。此时容器中的压力称为饱和压力，温度称为饱和温度。饱和压力随温度的升高而升高。如果将一部分饱和蒸气从容器中抽出，必然要再汽化一部分蒸气来维持平衡。液体汽化时.需要吸收热量，该热量称为汽化热。液体汽化所吸收的热量来自被冷却对象，因而被冷却对象变冷，或者使它维持在环境温度以下的某低温。

为了使上述过程连续进行，必须不断地从容器中抽走蒸气，再不断地将液体补充进去。通过一定的方法把蒸气抽出，并使它凝结成液体后再回到容器中，就能满足这一要求。若容器中的蒸气自然流出，直接凝为液体，则需要冷却介质的温度比液体蒸发的温度还要低，这种冷却介质显然无从寻觅。我们希望蒸气的冷凝过程在常温下实现，因此，需要将蒸气的压力提高到常温下的饱和压力。这样，制冷剂在低温低压下蒸发，产生制冷效应，又在常温、高压下冷凝，向环境温度的冷却介质排放热量。由此可见，液体汽化制冷循环由制冷剂低压下汽化、蒸气升压、高压气液化和高压液体降压四个基本过程组成。蒸气压缩式制冷、吸收式制冷、蒸气喷射式制冷和吸附式制冷都具备上述四个基本过程。

1.2.1　蒸气压缩式制冷

蒸气压缩式制冷系统如图1-1所示。

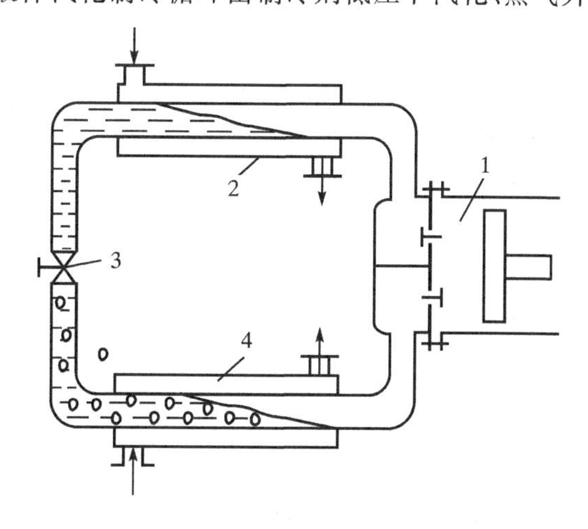

图1-1　蒸气压缩式制冷系统

1—压缩机；2—冷凝器；　3—膨胀阀；4—蒸发器

系统由压缩机、冷凝器、膨胀阀、蒸发器组成，用管道将其连成一个封闭的系统。工质在蒸发器内与被冷却对象发生热量交换，吸收被冷却对象的热量并汽化，产生的低压蒸气被压缩机吸入，压缩后以高压排出。压缩过程需要消耗能量。压缩机排出的高温高压气态工质在冷凝器内被常温冷却介质(水或空气)冷却，凝结成高压液体。高压液体流经膨胀阀时节流,变成低压、低温湿蒸气,进入蒸发器,其中的低压液体在蒸发器中汽化制冷。如此周而复始。

蒸气压缩式制冷机是得到最广泛应用的制冷机,因此它是本书的重点内容之一。

1.2.2 蒸气吸收式制冷

利用液体汽化连续制冷时,需要不断吸走汽化产生的蒸气。吸走蒸气的方法很多,可以利用压缩机吸气,也可以利用某种物质吸收蒸气,例如水蒸气可以迅速地被浓硫酸吸收。将一只盛水的容器与一只盛浓硫酸的容器共置于一个球形罐内,用真空泵将罐内空气抽除,不久在水的表面会形成一层冰。这是由于浓硫酸吸收水蒸气,使水不断汽化,汽化时从剩余的水中吸取汽化热所致。在这一系统中,水称为制冷剂,浓硫酸称为吸收剂。应用浓硫酸和水制冷的系统称为硫酸水溶液吸收式制冷机。由于硫酸具有强腐蚀性及其它一些缺点,这种系统已被淘汰。氨水吸收式制冷机的发明使吸收式制冷系统有了重大改进。在氨水系统中,因氨比水更易蒸发,而水又具有强烈吸收氨蒸气的能力,故氨作为制冷剂,水作为吸收剂。吸收式制冷系统的主要部件如图1-2所示。如果将它与蒸气压缩式制冷系统相比较,不难看出,图中的冷凝器2、节流元件3、蒸发器4的作用与压缩式制冷系统中的相应部件相同(一一对应)。而压缩机的作用,则被图中的吸收器5、发生器1、溶液泵8、热交换器7、节流元件6所取代。吸收器中有氨水稀溶液,用它吸收氨蒸气。溶液吸收氨的过程是放热过程。因此,吸收器必须被冷却,否则随着温度的升高,吸收器将丧失吸收能力。吸收器中形成的氨水浓溶液用溶液泵提高压力后送入发生器,在发生器中浓溶液被加热至沸腾。产生的蒸气先经过精馏,得到几乎是纯氨的蒸气,然后进入冷凝器。在发生器中形成的稀溶液通过热交换器返回吸收器。为了保持发生器和吸收器之间的压力差,在两者的连接管道上安装了节流元件6。

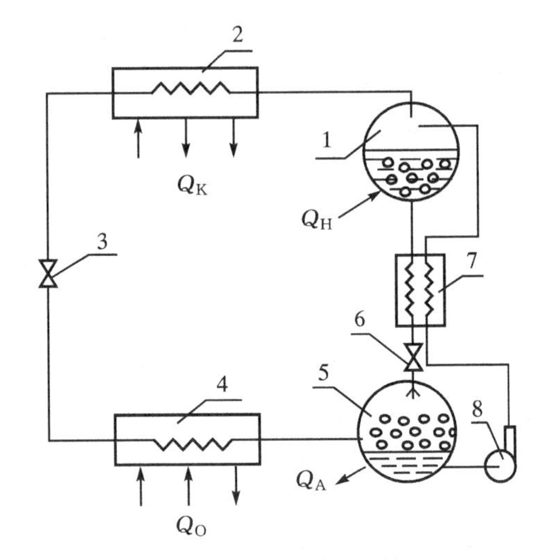

图1-2 吸收式制冷系统

1—发生器;2—冷凝器;3,6—节流元件;4—蒸发器;5—吸收器;7—热交换器;8—溶液泵

吸收式制冷机的另外一种常见类型是以水为制冷剂,溴化锂为吸收剂,称为溴化锂吸收式制冷机。它与硫酸-水系统的工作原理一样,只不过用溴化锂代替了硫酸。溴化锂吸收式制冷机用于生产冷水,可供集中式空气调节使用,或者提供生产工艺需要的冷却用水。

吸收式制冷机消耗热能。较早的吸收式制冷系统直接用煤加热,后来改用蒸气加热,也可以用油或天然气加热。

1.2.3 蒸气喷射式制冷

蒸气喷射式制冷也是依靠液体汽化制冷,这一点和蒸气压缩式及吸收式制冷完全相同,不同的是怎样从蒸发器中抽取蒸气,并提高其压力。

蒸气喷射式制冷系统如图1-3所示。其组成部件包括:喷射器1、冷凝器2、蒸发器3、节流元件4和泵5。喷射器又由喷嘴、吸入室、扩压器三部分组成。

喷射器的吸入室c与蒸发器3相连，扩压器b与冷凝器2相连。工作过程如下：用锅炉(图中未示出)产生高温高压工作蒸气。工作蒸气进入喷嘴a，膨胀并以高速流动(流速可达1000 m/s以上)。于是在喷嘴出口处造成很低的压力，这就为蒸发器3中水在低温下汽化创造了条件。由于水汽化时需从未汽化的水中吸收潜热，因而使未汽化的水温度降低。这部分低温水便可用于空气调节或其它生产工艺。蒸发器中产生的冷剂水蒸气与工作蒸气在喷嘴出口处混合，一起进入扩压器b，在扩压器中由于流速降低而使压力升高，高压蒸气在冷凝器2内被外部冷却水冷却变为液态水。液态水再由冷凝器2引出，分两路；一路经过节流元件4降压后送回蒸发器，继续蒸发制冷；另一路用泵5提高压力后送往锅炉，重新加热产生工作蒸气。

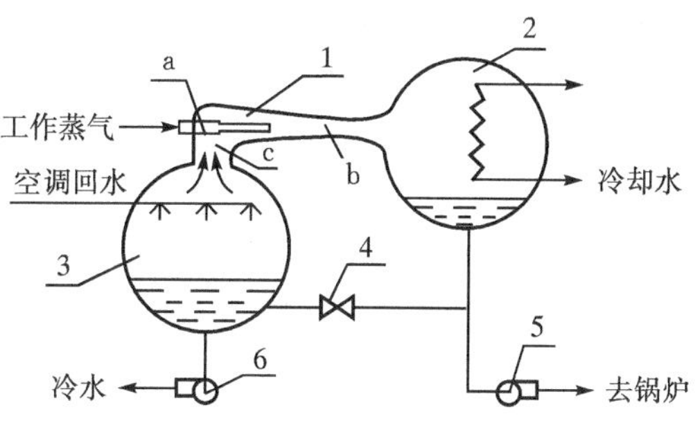

图1-3 蒸气喷射式制冷系统

1—喷射器(a—喷嘴 b—扩压器 c—吸入室)；2—冷凝器；3—蒸发器；4—节流元件；5,6—泵

图1-3表示的是一个封闭循环系统。实际使用的系统中，冷凝后的水往往不再进入锅炉和蒸发器，而将它排入冷却水池，作为循环冷却水的补充水使用。蒸发器和锅炉则另设水源供给补充水。

图1-4示出蒸气喷射式制冷机理论工作循环的温-熵图。图中1—2表示工作蒸气在喷嘴内的膨胀过程。工作蒸气(状态2)与冷剂水蒸气(状态3)混合后的状态是4，4—5为混合蒸气在扩压器中流动升压的过程，5—6表示冷凝器中气体的凝结过程。凝结终了，状态6的水分为两部分，一部分节流后进入蒸发器制冷，用过程6—7—3表示；另一部分用泵打入锅炉，产生工作蒸气，用过程6—9—1表示。

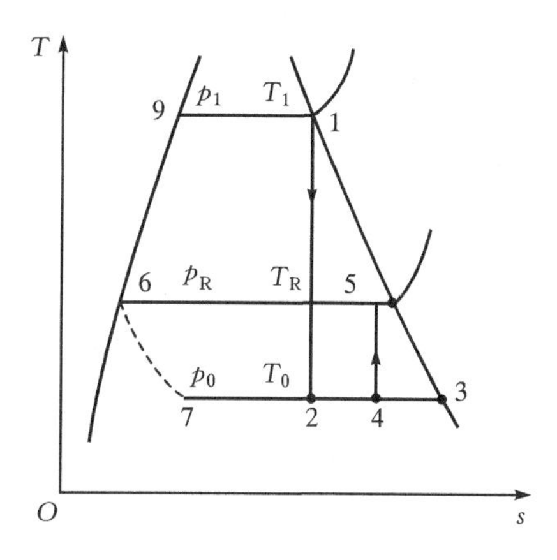

图1-4　蒸气喷射式制冷机理论工作循环的温-熵图

参照图1-4，进行循环热力分析。

制冷量　$\Phi_0 = q_{m0}(h_3 - h_6)$　(kW)　　(1-2)

式中　q_{m0}——被引射蒸气的质量流量，kg/s；

h_3——制冷剂蒸气出蒸发器时的比焓，kJ/kg；

h_6——凝结水出冷凝器时的比焓，kJ/kg。

锅炉热负荷

$$\Phi_h = q_{m1}(h_1 - h_6) \quad (\mathrm{kW}) \tag{1-3}$$

式中　q_{m1}——工作蒸气的质量流量，kg/s；

h_1——工作蒸气出锅炉时的比焓，kJ/kg。

冷凝器热负荷

$$\Phi_k = (q_{m0} + q_{m1})(h_5 - h_6) \quad (\mathrm{kW}) \tag{1-4}$$

式中　h_5 ——混合蒸气进冷凝器的比焓，kJ/kg。

如果忽略泵消耗功而产生的热量，则整个循环的热平衡为

$$\Phi_0 + \Phi_h = \Phi_k$$

在蒸气喷射式制冷机中用喷射系数 u 作为评定喷射器性能的参数。它定义为：每 kg 工作蒸气所能引射的制冷蒸气的量，即

$$u = q_{m0}/q_{m1} \tag{1-5}$$

理论情况下，喷射系数 u 的数值由喷射器的热平衡求得：

$$q_{m0}h_3 + q_{m1}h_1 = (q_{m0} + q_{m1})h_5$$

$$u = q_{m0}/q_{m1} = (h_1 - h_5)/(h_5 - h_3) \tag{1-6}$$

实际上，由于流动过程中存在阻力、混合过程中有冲击损失等因素，蒸气喷射式制冷机的实际循环与图 1-4 所示的理论循环有较大区别。

蒸气喷射式制冷机除采用水作为制冷剂外，还可以用其它制冷剂，比如用低沸点的氟里昂制冷剂，以获得更低的制冷温度。另外，将喷射式制冷系统中的喷射器与压缩机组合使用，喷射器作为压缩机入口前的增压器，这样可以用单级压缩制冷机制取更低的温度。

蒸气喷射式制冷机有下述特点：以热能为补偿能量形式，结构简单，加工方便，没有运动部件，使用寿命长，因此具有一定的使用价值，例如用于制取空调所需的冷水。但这种制冷机所需工作蒸气的压力高，喷射器的流动损失大，因而效率较低。在空调冷水机中采用溴化锂吸收式制冷机比蒸气喷射式制冷机有明显的优势。

1.2.4　吸附制冷

吸附制冷系统也是以热能为动力的能量转换系统。其原理是固体吸附剂对制冷剂气体具有吸附作用，吸附能力随吸附剂温度的不同而不同。周期性地冷却和加热吸附剂，使之交替吸附和解吸。解吸时，释放出制冷剂气体，并使之凝为液体；吸附时，制冷剂液体蒸发，产生制冷效应。

吸附制冷的工作介质称为吸附剂-制冷剂工质对，工质对有多种，按吸附机理可分为物理吸附与化学吸附。

1. 物理吸附

以常见的沸石-水吸附对为例。沸石是一种铝硅酸盐矿物，它能够吸附水蒸气，且吸附能力的变化对温度特别敏感，因而它们是较理想的吸附制冷工质对之一。图 1-5 示出一个利用太阳能驱动的沸石-水吸附制冷系统原理，它包括吸附床 1、冷凝器 2 和蒸发器 3，用管道接成一个封闭的系统。吸附床是充装了吸附剂(沸石)的金属盒，制冷剂液体(水)储集在蒸发器中。白天，吸附床受日照加热，沸石温度升高，产生解吸作用，从沸石中脱附出水蒸气，系统内的水蒸气压力上升，达到与环境温度对应的饱和压力时，水蒸气在冷凝器中凝结，同时放出潜热，冷凝水储存在蒸发器中。夜间，吸附床冷下来，沸石温度逐渐降低，吸附水蒸气的能力逐步提高，造成系统内气体压力降低，同时，蒸发器中的水不断蒸发出来，用以补充沸石对水蒸气的吸附，产生制冷效应。

如果采用其它热源，只要保证能够交替地加热和冷却吸附床，使沸石周期性地解吸和吸附，同样能达到制冷的目的。

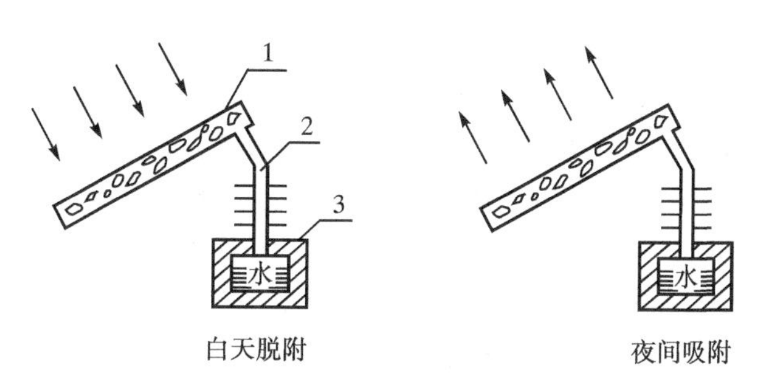

图 1-5　太阳能沸石-水吸附制冷原理

1—吸附床；2—冷凝器；3—蒸发器

由上可知，吸附制冷属于液体汽化制冷。与蒸气压缩式制冷机类比，吸附床起压缩机的作用。但上述吸附系统只能间歇制冷，吸附过程中产生冷效应，吸附结束后必须有一个解吸过程使吸附剂状态还原，这时将停止制冷。为了连续制冷，可以采用两个吸附器。美国学者乔纳斯(Jones)还提出用三个或四个吸附器进行系统循环，不仅实现连续制冷，还可以利用一个吸附床的排热去加热另一个吸附床，从而使热能充分利用。

为了使吸附制冷成为一种实用的制冷方式，人们在吸附工质对及其吸附机理、改善吸附床传热传质以及吸附制冷的系统结构方面进行着不懈的努力。

已研究的吸附工质对(吸附剂-制冷剂)主要有：沸石-水，硅胶-水，活性碳-甲醇，金属氢化物-氢，这些是物理吸附的工质对。还有化学吸附的工质对，如氯化钙-水。

吸附制冷的循环速率受吸附床传热传质特性的制约。颗粒状充填的吸附床，其传热过程缓慢，循环周期长。为了提高制冷循环速率，在改善吸附床传热传质方面采取的主要措施是：①将导热性好的铝粉和石墨加在吸附剂中；②将吸附剂成型加工，并烧结在金属壁面上，这样做一来可以提高吸附剂的充填量，增加单位体积的吸附能力，二来可以降低吸附剂与金属壁面之间以及吸附剂与吸附剂之间的接触热阻；③增大吸附床金属壁的热交换表面积。

2. 固-气热化学吸附

利用固体与气体的化学吸附制冷，称为固-气热化学吸附。工质对有氯化钙-水、氯化锶—氨等。图 1-6 为氯化钙-水吸附制冷系统图。

含水的氯化钙在高温加热时，分解出水蒸气，水蒸气从容器 1 进入热交换器 2(起冷凝器作用)，被常温气体冷却，冷凝成液体。接着，容器 1 在常温下冷却，含水的氯化钙与来自换热器(起蒸发器作用)的水蒸气结合，换热器 2 中液态水蒸发，从外界物体吸热制冷。吸附制冷系统完成一个循环。

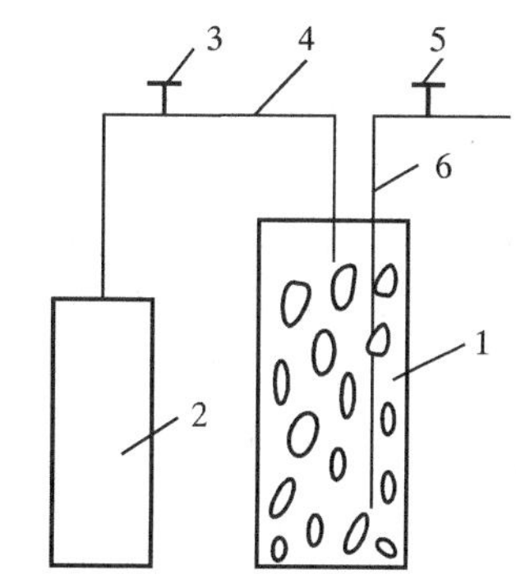

图 1-6　氯化钙-水吸附制冷系统

1—含水的氯化钙容器；2—热交换器；3,5—阀；4—连接管；6—抽气管

含水的氯化钙加热和冷却时的反应式为

$$CaCl_2 \cdot 2H_2O \underset{冷却}{\overset{加热}{\rightleftharpoons}} CaCl_2 \cdot H_2O + H_2O(气)$$

热交换器 2 作冷凝器时，冷凝压力较高(40 ℃时为 7.38 kPa)；作蒸发器时，蒸发压力较低(0 ℃

时为0.61 kPa)。为了使热交换器2中的水从40℃降低到0℃,需要提供冷量,这些冷量通过一部分水蒸发而获得,因而消耗了一些本可用于制冷的冷剂水,降低了制冷器的性能系数。无热损失时制冷器的性能系数约为0.5。考虑到各种损失,实际性能系数在0.15~0.2。

德国斯培德(Speidel)的太阳能吸附制冷器,以氯化锶-氨($SrCl_3-NH_3$)为工质对,采用真空管太阳能集热器。吸附床用吸附剂成型加工的方法制做,将其导热系数提高了几个数量级。该吸附系统用来制冰。在解吸温度100℃的条件下,氨的冷凝温度为40 ℃,每摩尔氯化锶可以吸附氨8 mol;解吸氨7 mol。例如,充装7.2 kg氯化锶的系统,在一般天气日制冰40 kg,供200升的冰箱使用5天。

1.2.5 热电制冷

热电制冷又称温差电制冷,它是利用热电效应(即帕尔帖效应)的一种制冷方法。

1834年,法国物理学家帕尔帖在铜丝的两头各接一根铋丝,再将两根铋丝分别接到直流电源的正、负极上,通电后,发现一个接头变热,另一个接头变冷。这个现象称为帕尔帖效应,它是热电制冷的依据。

这种方法的制冷效果主要取决于两种材料的热电势。纯金属材料的导电性好、导热性也好,但其帕尔帖效应很弱,制冷效率低(不到1%)。半导体材料具有较高的热电势,已成功地用来做成小型热电制冷器。按电流载体的不同,半导体分为N型(电子型)半导体和P型(空穴型)半导体。由N型半导体和P型半导体构成的热电制冷元件如图1-7所示。用铜板和铜导线将N,P半导体连成一个回路,铜板和导线只起导电作用,回路由低压直流电源供电。回路中接通电流时,一个结点变冷,另一个结点变热。如果改变电流方向,则冷、热结点位置互易,原来的冷结点变热,原来的热结点变冷。半导体制冷的详细内容将在本书第8章中介绍。

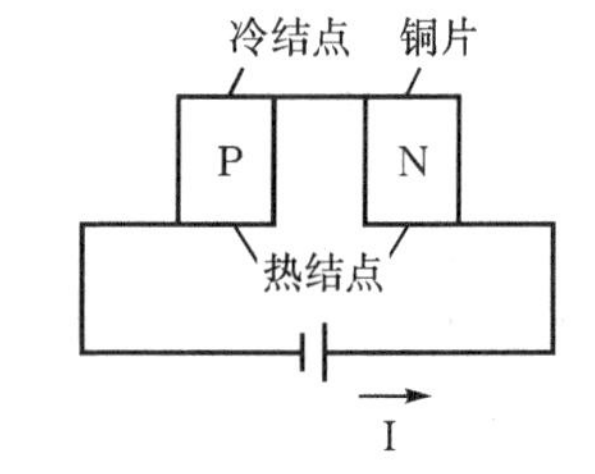

图1-7 由P型和N型半导体组成的热电制冷元件

由于每个制冷元件产生的冷量很小,所以需要将许多热电制冷元件联成热电堆后才能使用。

热电制冷器的结构和机理显然不同于液体汽化制冷。它不需要明显的工质来实现能量的转移。整个装置没有任何机械运动部件。热电制冷的效率低,半导体器件的价格又很高,而且必须使用直流电源,因而热电制冷不宜大规模使用。但由于它的灵活性强、使用方便可靠,非常适合于微型制冷领域或有特殊要求的用冷场合。例如,空间探测飞机上的科学仪器、电子仪器和医疗器械中的制冷装置,核潜艇中驾驶舱的空调设备,等等。在手提式冰箱中用热电制冷,很适合郊游、兵营或汽车司机使用。

1.2.6 磁制冷

这是利用磁热效应的制冷方式。

早在1907年郎杰斐(P. Langevin)就注意到:顺磁体绝热去磁过程中,其温度会降低。从机理上说,固体磁性物质(磁性离子构成的系统)在受磁场作用磁化时,系统的磁有序度加强(磁熵减小),对外放出热量;再将其去磁,则磁有序度下降(磁熵增大),又要从外界吸收热量。

这种磁性离子系统在磁场施加与除去过程中所出现的热现象称为磁热效应。1927 年德贝(Debye)和杰克(Giauque)预言了可以利用此效应制冷。1933 年杰克实现了绝热去磁制冷，从此，在极低温领域(mK 级至 16K 范围)磁制冷发挥了很大作用。现在低温磁制冷技术比较成熟，美国、日本、法国均研制出多种低温磁制冷设备，为各种科学研究创造极低温条件，例如用于卫星、宇宙飞船等航天器的参数检测和数据处理系统中。磁制冷还用在氦液化制冷机上。室温区磁制冷的实用化尚处于起步阶段，由于磁制冷不要压缩机、噪声低，小型、量轻等优点，进一步开发室温磁制冷受到重视。

1. 基本概念

磁制冷是在顺磁体绝热去磁过程中获得冷效应的。螺旋线圈通电时，产生感应磁场 B_0。在线圈中插入磁性物体(比如铁棒)，物体磁化后产生附加磁场 B' 。于是，总的磁感应强度为

$$B = B_0 + B' \tag{1-7}$$

不同的磁介质产生的附加磁场情况不同，附加磁场与原磁场方向相同的磁介质为顺磁体(如铁、锰)；附加磁场与原磁场方向相反的磁介质为抗磁体(如铋、氢等)。磁感应强度单位是特斯拉(Tesla)，用符号 T 表示，量纲为 N/(A · m)。

磁矩为 M 的物体在磁场 H 中磁矩增加 $\mathrm{d}M$ 时，磁场对物体做功 $\mu_0 H\mathrm{d}M$ ，过程中物体吸热 $\mathrm{d}Q$，内能增加 $\mathrm{d}U$。由热力学第一定律

$$\mathrm{d}Q = \mathrm{d}U - \mu_0 H\mathrm{d}M \tag{1-8}$$

式中　μ_0 ——真空磁导率，N/A^2；

H ——磁场强度，A/m；

M——磁矩，Am^2。

将式(1-8)与熟知的气体热力学第一定律表达式 $\mathrm{d}Q = \mathrm{d}U + p\mathrm{d}V$ 类比，磁系统中的 $\mu_0 H$ 相当于气体系统中的压力 p；M 相当于体积 V。引出磁熵 s 的概念，它是磁离子系统的熵。用 $T-s$ 图描述磁性物体的磁热状态，可反映物体温度 T 、磁熵 s 与磁场 B(常用磁感应强度代替磁场强度 H)三者之间的关系。

2. 低温磁制冷

在 16 K 以下的极低温区，由于固体的晶格振动和传导电子的热运动可以忽略，故磁离子系统的磁熵变近似等于整个固体的总熵变。

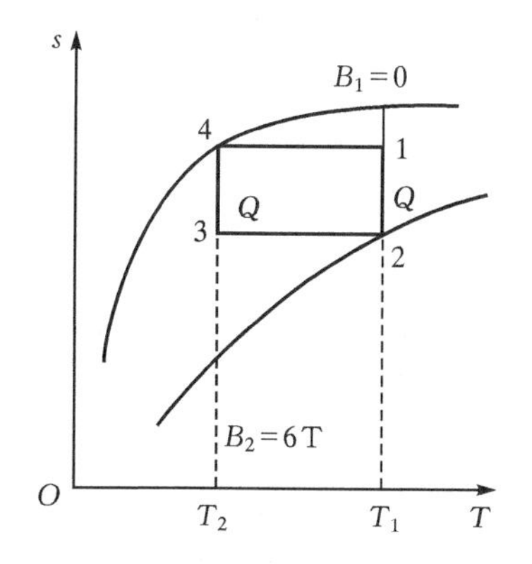

图 1-8　磁制冷卡诺循环

磁制冷卡诺循环如图 1-8 所示。它由四个过程组成：

1—2　等温磁化(排放热量)；

2—3　等熵退磁(温度降低)；

3—4　等温退磁(吸收热量制冷)；

4—1　等熵磁化(温度升高)。

已开发出的磁材料有：钆镓石榴石($Gd_3Ga_5O_{12}$)、镝铝石榴石($Dy_3Al_5O_{12}$)、钆镓铝石榴石($Gd_3(Ga_{1-x}Al_2)$，x=0.1～0.4)。其制冷温度范围：4.2～20 K。

正在开发的磁材料有：RAl_2 和 RNi_2(R 代表 Gd，Dy，Ho，Er 等重稀土)。其制冷温度范围：15～77 K。

磁制冷装置首先需要有超导强磁体,用于产生强度达 4～7T 的磁场。用旋转法实现循环:将钆镓石榴石(磁介质)做成小球状,充填入一个空心圆环中。使圆环绕中心轴旋转,转到冰箱外的半环受磁场作用,磁化放热;转到冰箱内的半环退磁,吸热制冷。据报道研究中的这类转动式磁制冷机需要的最大磁场强度为 4.5T;旋转速度为 0.72 r/min;制冷温度 4.2～11.5 K;制冷量 0.12 W。

3. 室温磁制冷

温度 20 K 以上,特别是近室温附近,磁性离子系统热运动加强,顺磁盐中磁有序态难以形成,它在受外磁场作用前后造成的磁系统熵变减小,磁热效应减弱。所以,进入室温区制冷,低温磁制冷所采用的材料和循环都不适用,故很长时间室温磁制冷没有什么发展。直到 1976 年美国国家宇航局(NASA)的布朗(Brown)首次完成室温磁制冷实验,促进了该领域的发展。1980 年,日本政府、产业界和大学三方面人员组成“室温磁性冷冻研究会”。以后十多年室温磁制冷技术进展较快。目前,磁制冷步入室温制冷应用的研究仍在进行。

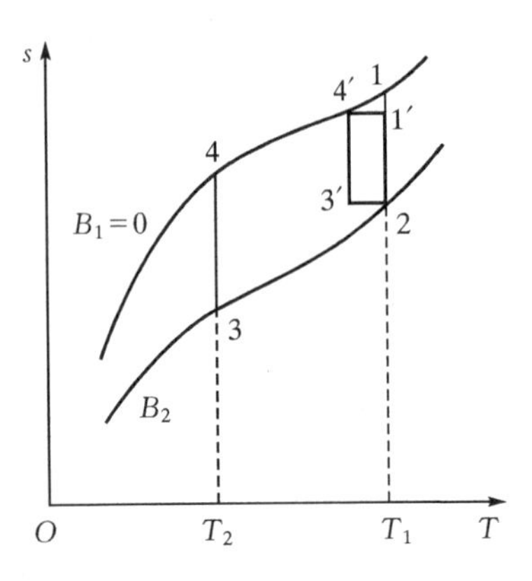

图 1-9　高温磁制冷循环的 $T-s$ 图

图 1-9 示出金属钆(Gd)在 200～300 K 条件下的 $T-s$ 图。若按卡诺循环制冷(图中 1′—2—3′—4′—1′),则温降很小。这时应采用艾里克森循环(Ericsson),如图中 1—2—3—4—1 所示。它由四个过程组成:1—2 为等温磁化;2—3 为等磁场过程(温度降低);3—4 为等温退磁(吸热制冷);4—1 为等磁场过程(温度上升)。

布朗用 7 T 的磁场和金属钆,按上述循环成功地从室温制取到－30 ℃的低温。布朗的实验装置如图 1-10 所示。将金属钆板(磁材料)浸在蓄冷筒的蓄冷液体(水＋乙二醇溶液)中。利用磁场变化配合蓄冷筒上下运动实现循环。图 1-10 中示出了一个周期的变化过程。经过多次反复,筒体上部达到323 K,下部达到 243 K。

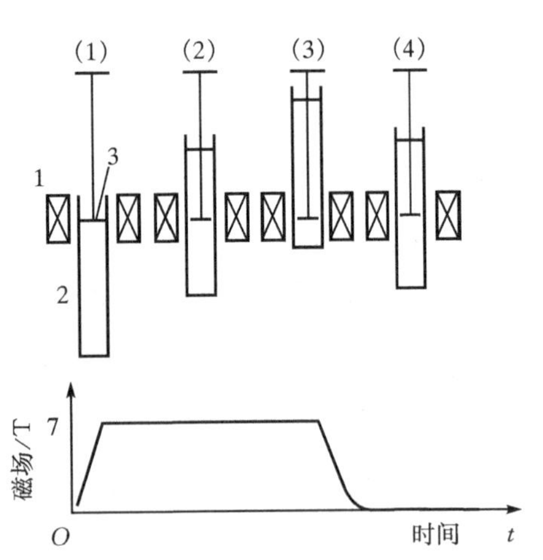

图 1-10　布朗的室温磁制冷实验

1—磁体;2—蓄冷筒;3—钆板

室温磁制冷实用化的研究包括以下主要方面:①寻找合适的磁材料(工质),它应具有的特点是离子磁矩大,居里点接近室温,以较小磁场作用与除去作用时能够引起足够大的磁熵变(即磁热效应显著)。现已研制出一系列稀土化合物作磁制冷材料,如 R-Al,R-Ni,R-Si 等系列的物质(R 代表稀土元素),还有复合型磁制冷物质(由居里点不同的几种材料组成);②外磁场需采用高磁通密度的永磁体;③研究最合适的磁循环并解决实现循环时涉及的热交换问题。

1.2.7　气体膨胀制冷(带膨胀机)

高压气体绝热膨胀时,对膨胀机做功,同时气体的温度降低。用这种方法可以获得低温。与液体汽化制冷相比,气体膨胀制冷是一种没有相变的制冷方式。根据不同的使用目的,制冷剂可以是空气,CO_2,O_2,N_2,He 或其它气体。

构成这种制冷方式的循环系统称为气体的逆向循环系统。其循环形式主要有:定压循环、有回热的定压循环和定容循环。

最早出现的气体膨胀制冷机是空气制冷机,采用定压循环。

1. 无回热的理论定压循环

理论定压循环由两个等压过程和两个等熵过程组成。其制冷流程和循环的 $T-s$ 图见图 1-11。从压缩机排出的高温、高压气体(T_2,p_2)进入冷却器,在定压 p_2 下被冷却到温度 T_3 ,然后进入膨胀机,等熵膨胀到冷室的压力 p_1 (一般为 1 个大气压力),同时温度降到 T_4 ,成为低温低压冷气流,冷气流进入冷室,使被冷却对象降温,而空气本身因吸收了热量,温度回升到 T_1 ,这个过程是在低压 p_1 下的等压吸热过程。离开冷室的空气(T_1 , p_1)被压缩机吸入,经等熵压缩后,状态达到 T_2,p_2 ,完成一个循环。

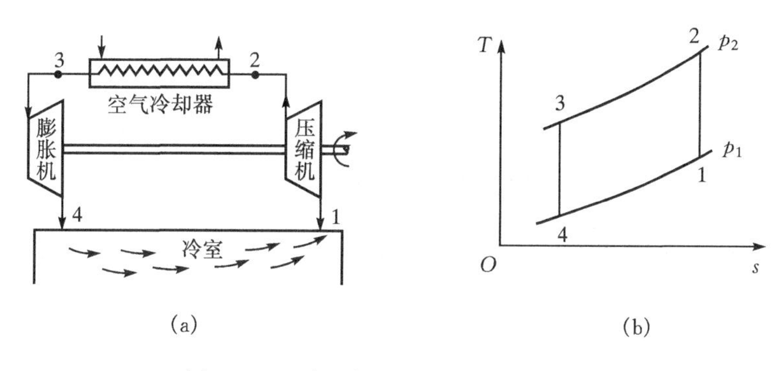

图 1-11　采用定压缩循环的空气制冷机

(a)系统流程图;(b)循环的 $T-s$ 图

循环中各特征点状态参数的关系如下

$$T_2 = T_1 (p_2/p_1)^{\frac{k-1}{k}} = T_1\rho \quad \text{K} \tag{1-9}$$

$$T_3 = T_4 (p_2/p_1)^{\frac{k-1}{k}} = T_4\rho \quad \text{K} \tag{1-10}$$

上两式中

$$\rho = (p_2/p_1)^{\frac{k-1}{k}}$$

每千克空气在冷室中的吸热量

$$q_0 = h_1 - h_4 = c_p(T_1 - T_4) \quad (\text{kJ/kg}) \tag{1-11}$$

循环中消耗的比功

$$w_0 = (h_2 - h_1) - (h_3 - h_4) = c_p[(T_2 - T_1) - (T_3 - T_4)] = c_p(\rho - 1)(T_1 - T_4) \tag{1-12}$$

性能系数(Coefficience of Performance)

$$\text{COP} = q_0/w_0 = (\rho - 1)^{-1} \tag{1-13}$$

可见,循环的经济性与压力比 p_1/p_2 有关。压力比越高,性能系数越低。

2. 有回热的定压循环

气体逆向循环利用气体吸收显热实现制冷。气体的比热容很小,单位制冷量 q_0 很小。当要求大制冷量时,需要的气体流量大,宜采用离心式压缩机。但离心式压缩机的压力比低,为了适应离心式压缩机低压力比的特点,在图 1-11 所示的系统中增加一台回热器。利用回热器使冷室出来的低温低压气体与冷却器出来的常温高压气体发生热交换,然后再分别进入压缩机和膨胀机。这就构成了有回热的定压循环,如图 1-12 所示。由于这种情况下离心式压缩机的入口温度升高,在相同的工作条件(冷室温度和冷却介质温度分别相同)下,有回热的定压循环可以降低压力比。

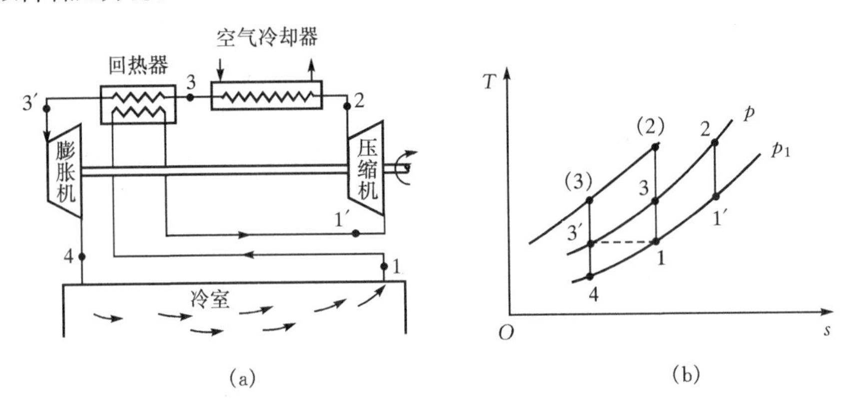

图 1-12　有回热定压循环的空气制冷机
(a)系统流程图;(b)循环的 $T-s$ 图

上述制冷方式曾经作为船用制冷的主要方法持续了大约二十年,后来逐渐被蒸气压缩式制冷所取代,现在主要用于飞机机舱的冷却。

3. 定容回热循环

在原理上更先进的气体膨胀制冷循环是定容回热循环,即斯特林(Sterling)循环,由两个等温过程和两个等容过程组成,见图 1-13。它实际是斯特林发动机的逆向循环。上世纪 50 年代由荷兰菲利浦(Philips)公司按此循环研制成制冷机,所以又称菲利浦制冷机。

斯特林理论循环是可逆循环,因而是一种十分经济的循环方式,特别适用于制冷温度低的场合(一般在−80℃以下)。

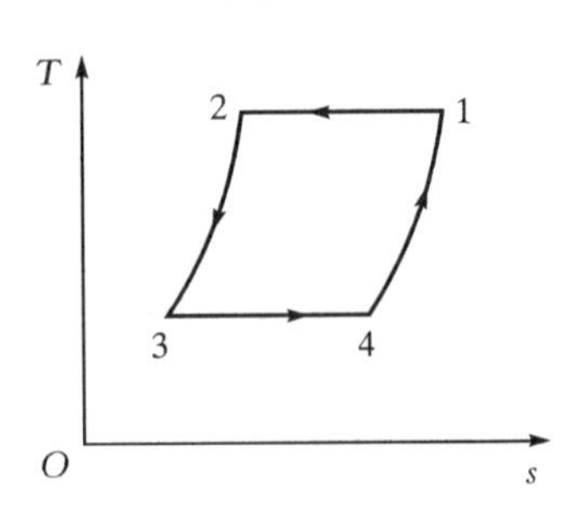

图 1-13　斯特林制冷循环
1—2 等温过程;2—3　等容过程;3—4 等温过程;4—1　等容过程

1.2.8　涡流管制冷

涡流管制冷由法国人兰克(Ranque)提出。1931 年兰克发现旋风分离器中旋转的空气流具有低温,于是他在 1933 年发明一种装置,可以使压缩气体产生涡流,并将气流分成冷、热两部分,其中冷气流用来制冷,该装置称为涡流管,又叫兰克管,相应的制冷方法称为涡流管制冷。1946 年黑尔什(Hilsch)研究了兰克管,介绍了它的最佳尺寸和性能测定方法,涡流管制冷从此得到应用。

涡流管装置的结构如图 1-14 所示。它由喷嘴 1、涡流室 3、孔板 2 和控制阀 4 组成。涡流室将管子分为冷端、热端两部分。孔板在涡流室与冷端管子之间，热端管子出口处装控制阀。管外为大气。喷嘴沿涡流室切向布置。

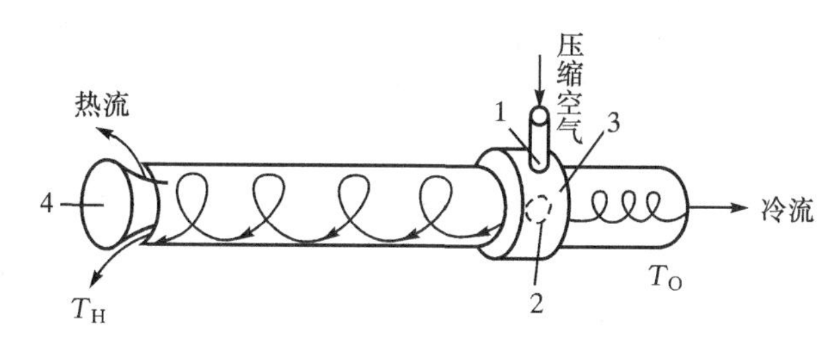

图 1-14　涡流管制冷装置

1—喷嘴；2—孔板；3—涡流室；4—控制阀

经过压缩并冷却到常温的气体(通常是空气，也可以是 CO_2，N_2 等其它气体)进入喷嘴，在喷嘴中膨胀并达到声速，从切线方向射入涡流室，形成自由涡流。自由涡流的旋转角速度离中心越近就越大。由于角速度不同，在环形气流的层与层之间产生摩擦，中心层部分的气流角速度逐渐降低，外层气流的角速度逐渐升高，因此存在着由中心向外层的动量流。内层气体失去能量，从孔板流出时具有较低的温度；外层气体吸收能量，动能增加，又因为与管壁摩擦，将部分动能变成热能，使得从控制阀流出的气体具有较高的温度。由此可见，涡流管可以同时获得冷、热两种效应。

由质量守恒

$$q_{m1} = q_{mc} + q_{mh} \tag{1-14}$$

式中，q_{m1}，q_{mc} 和 q_{mh} 分别为涡流管的高压气流、冷气流及热气流的质量流量。

令　$\mu = \dfrac{q_{mc}}{q_{m1}}$，则

$$q_{mc} = \mu q_{m1} \tag{1-15}$$

$$q_{mh} = (1-\mu) q_{m1} \tag{1-16}$$

由能量平衡，得

$$q_{m1} h_1 = q_{mc} h_c + q_{mh} h_h \tag{1-17}$$

式中，h_1，h_c 和 h_h 分别为高压气流、冷气流及热气流的比焓。

将气体的比焓用比定压热容与绝对温度的乘积表示，结合公式(1-15)和(1-16)，公式(1-17) 简化成：

$$T_1 = \mu T_c + (1-\mu) T_h \tag{1-18}$$

式中，T_1，T_c 和 T_h 分别为高压气流、冷气流及热气流的绝对温度。

单位时间冷气流由 T_c 加热到 T_1 时吸收的热量即涡流管的制冷量

$$\Phi_0 = q_{mc} c_p (T_1 - T_c) \tag{1-19}$$

式中，c_p 为气体的定压比热容。

单位时间气体的供热量为

$$\Phi_h = q_{mh} c_p (T_h - T_1) \tag{1-20}$$

将公式(1-15)，(1-16)和(1-18)代入公式(1-19)和(1-20)，得

$$\Phi_0 = \Phi_h = \mu(1-\mu)q_{m1}c_p(T_h - T_c) \tag{1-21}$$

表明供热量和制冷量在数量上相等。

用控制阀控制冷、热两股气流的流量及温度。如果阀全关,气体全部从孔板口经冷端管子流出,则流动过程是简单的不可逆节流,节流前后比焓不变,不存在冷热分流的问题;如果阀全开,将有少量气体从外界经孔板口被吸入,涡流管相当于一只气体喷射器。只有在阀部分开启时,才出现冷、热分流现象。

涡流管工作原理的定性解释比较清楚,但由于管内气流之间的传导和对流情况比较复杂,故对冷、热端温度值进行定量计算尚有困难。实验表明,当高压气体为常温时,冷气流的温度可达-10~-50℃,热端温度可达 100~130℃。

涡流管制冷的主要缺点是:效率低,气流噪声大。但它结构简单,维护方便,启动快,使用灵活,所以常用在有高压气源或可以廉价获得高压气体的场合,例如不长期持续使用的小型低温试验设备,高温矿井中矿工的个人冷却(将涡流管制冷器装在矿工的工作服上),冷却刀具的刀头等。

1.2.9 脉管制冷机

脉管制冷是通过周期性地对一端封闭的管子充气压缩—放气膨胀而获得低温的一种方法。吉福特和雷斯渥斯(Lengsworth)1963 年所设计的基本脉管制冷机如图 1-15 所示。

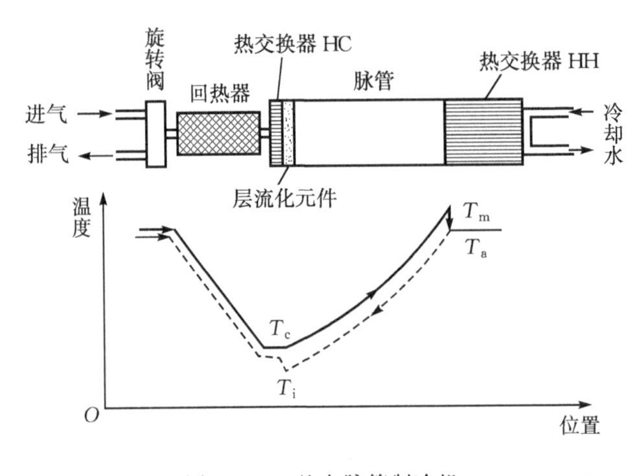

图 1-15 基本脉管制冷机

制冷机由压缩机、回热器和脉管单元组成,它们之间用金属软管连接。压缩机作为压力波发生器。脉管单元是一根两端装有热交换器(图中的 HC 和 HH)的管子,管内有层流化元件防止气体紊流混合。

旋转阀处于进气位置时,高压气体先经过回热器被冷却到制冷温度 T_c,再到热交换器 HC,经过层流化元件使气体以层流态进入脉管,这是加压进气过程。该过程中气流无紊流运动,好似一片一片地由管子左端向右端推进。与此同时,由于受后续气体的压缩,所以一边推进,一边升温。待气体达到热交换器 HH 时,温度升到 T_m 。气体沿管程的温度分布如图中实线所示。当脉管中压力提高到 p_H 时,紧接着静止一段时间。这时旋转阀关闭,进入 HH 的气体被水冷却,温度降到 T_a 。然后,旋转阀再转到与排气接通的位置,于是管内高压气体又一边向左流出，一边因降压膨胀而降温。这时管内气体的温度分布如图中虚线所示。当右侧气体返回到 HC 时，其温度降到 T_i，$T_i < T_c$。冷气体进入 HC 后从温度为 T_c 的外界吸热，产生制冷效应。由脉管流出的气体经过回热器被加热后返回压缩机吸入侧。

基本脉管制冷机由于外部热损失大、效率低、制冷温度有限，最低只达到 124 K。以后经不断改进，产生了各种类型的脉管制冷机，如热声型脉管（用热声振荡产生压力波驱动脉管）、小孔型脉管、双向进气脉管、多级脉管等等，取得了很大进展。

脉管比常规回热式空气制冷机（如 G－M 机、Stirling 机）突出的优越之处在于简单，无低温运动部件，特别宜于高空应用（对可靠性、寿命、振动要求极高），用做红外器件、低温电子器件冷源。

1.2.10　空调用蒸发冷却技术

蒸发冷却是一种节能、环保的冷却技术。它能降低用电量、减少温室气体的排放，使用的介质为水和空气，不会产生环境污染，因而受到人们的重视。

1. 直接蒸发冷却和间接蒸发冷却

(1)直接蒸发冷却　以水和空气为介质，水在隔热容器内直接与未饱和空气（称为二次空气）热、质交换时，一部分水蒸发，所吸收的热量使空气和水的温度降低，产生冷却效应。此时空气温度降低，含湿量增加。对有些设备，如冷却塔、喷淋室，含湿量增大系工艺所需，但对于室内空调，高含湿量的空气进入室内，会产生一系列问题，这是直接蒸发冷却不足之处。

(2)间接蒸发冷却　将水和二次空气直接接触后产生的低温空气和低温水与另一股空气（称为一次空气）换热，使其温度降低。间接蒸发冷却克服了直接蒸发冷却的不足，在空调中得到广泛应用。

2. 间接蒸发冷却系统

如图 1－16 所示。状态 1 的二次空气在容器 a 内与水进行热质交换，该温度降低至状态 2，再进入空气-空气热交换器 b，冷却一次空气后（状态 3）排入大气。一次空气（状态 4）在热交换器 b 中降温，至状态 5，再进入空气-水热交换器 c。在 c 中被来自容器 a 的低温水冷却，温度下降至状态 6。

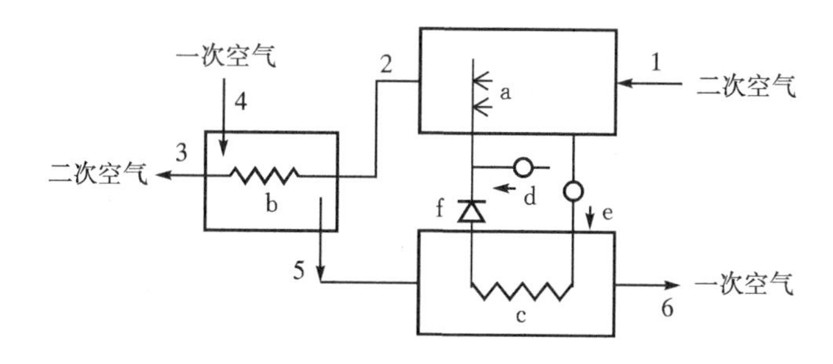

图 1－16　间接蒸发冷却系统

a—水-空气热、质交换器；b—空气-空气热交换器；c—空气-水热交换器；d，e—水泵；f—单向阀

对于干燥地区，室外空气含湿量低于室内空气，可直接用室外空气作二次空气。对非干燥地区，夏季有相当长的时间室外空气含湿量高于室内空气，此时用室内排气作二次空气。

热交换器有板式和管式两大类。板式热交换器(见图 1-17)换热性能好,但结构、工艺比较复杂。随着生产水平的提高,这些问题已逐步解决,应用日益广泛。

水-气热交换器中安放着填料,喷淋装置将水均匀地喷洒在填料上,与上升的空气在填料中逆向流动接触。填料上的液膜表面是气液两相的主要传质面,因此选择适当的填料材料和表面性质,使填料表面易被水润湿,可使用较少的水而获得较大的润湿表面。相反,材料及其表面性质选择不当时,水将不能形成均匀的膜,气液接触面积减少。

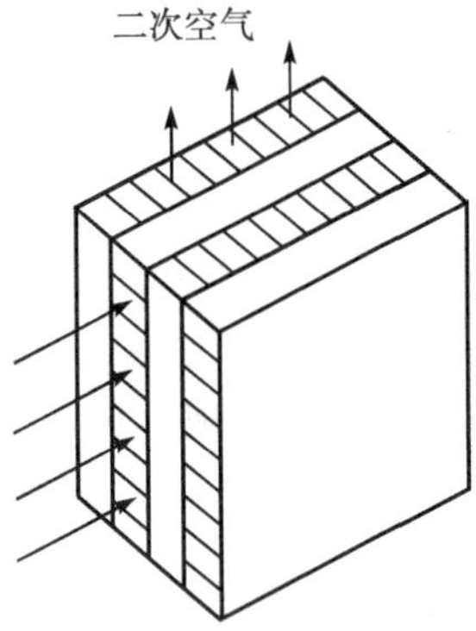

图 1-17　叉流板式热交换器

对填料的基本要求如下:

①有较大的比表面积(单位体积填料的表面积),良好的润湿性能以及有利于液体均匀分布的形状;

②有较大的空隙率,使气液通过率大,空气流动阻力小;

③单位体积填料轻,有足够的机械强度和挺湿度(吸水后的刚度);

④防腐阻燃,价格低。

最早的填料用天然植物纤维(又称木丝),以后又逐渐开发植物纤维纸质填料、玻璃纤维、金属填料等。金属丝网鞍形填料和金属波纹填料有比面积大、传热效果好、阻力小、密度小等优点,但价格高,易堵塞,因而要求水质好,并在进水处装过滤器。

填料的迎面风速影响空气与水的热交换。风速增大,开始时热、质交换系数提高,降温效果好,但风速大,不但减少了热、质交换时间,而且因空气流动阻力剧增(见图 1-18),风机能耗增加,甚至在出风口处空气带水。

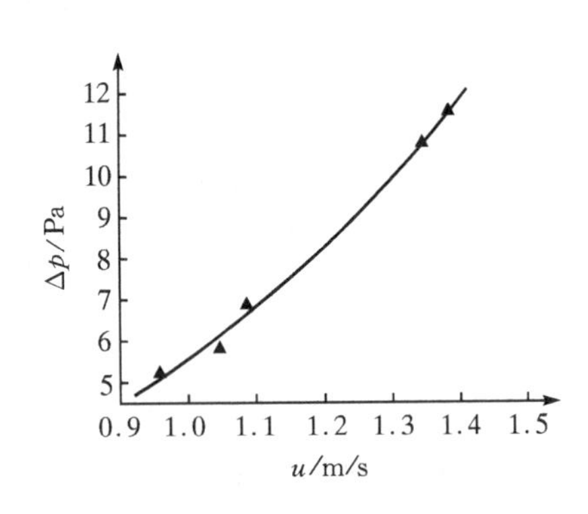

图 1-18　填料迎面风速对空气流动阻力的影响(填料为木丝,厚 50 mm)

喷淋在填料上的淋水密度也应适当,淋水密度由小逐渐增大时,随着润湿情况的改善,降温效果提高,但淋水密度太大时,填料内空气流动间隙缩小,流动阻力升高,空调送风带水。

间接蒸发冷却系统能调节一次风的温度,但不能调节湿度(过程进行时空气湿度可能降低,但不能人为调节),为此需辅以相应措施,例如,在非干燥地区,可以用去湿机(如转轮式去湿机)对一次空气先除湿;在干燥地区,可在间接蒸发冷却系统后再加一个主要用于调节湿度的直接蒸发冷却系统。

应用间接蒸发冷却技术,蒸发后的水蒸气不必还原成液体,而在机械制冷时,制冷剂蒸气必须还原成液体,并为此消耗机械功。蒸发冷却之所以节能,主要因为省去了这部分机械功,但在节能同时增加了水的消耗量,这是蒸发冷却的缺点,对缺水地区,更应重视这个问题。

本章列举了诸多的制冷方式。可以概括地说,任何伴随有吸热的物理现象原则上都有可能用来制冷,所以制冷的方法很多。受篇幅所限,本书不再一一介绍。

1.3　制冷的基本热力学原理

制冷系统是利用逆向循环的能量转换系统。按补偿能量的形式(或驱动方式),前面所提及的制冷方法可归为两大类,以机械能或电能为补偿和以热能为补偿。前者如蒸气压缩式、热电式制冷机;后者如吸收式、蒸气喷射式、吸附式制冷机。

两类制冷机的能量转换关系如图 1-19 所示。

热力学关心的是能量转换的经济性,即花费一定的补偿能,可以收到多少制冷效果(制冷量)。对于机械或电驱动方式的制冷机引入制冷系数来评价;对于热能驱动方式的制冷机,用热力系数评价。

国际上,习惯将制冷系数和热力系数统称为制冷机的性能系数 COP(Coefficience of Performance)。

对机械能或电能驱动的制冷机

$$COP = Q/W \tag{1-22}$$

式中　Q ——从低温热源吸取的热量;

　　　W ——输入功。

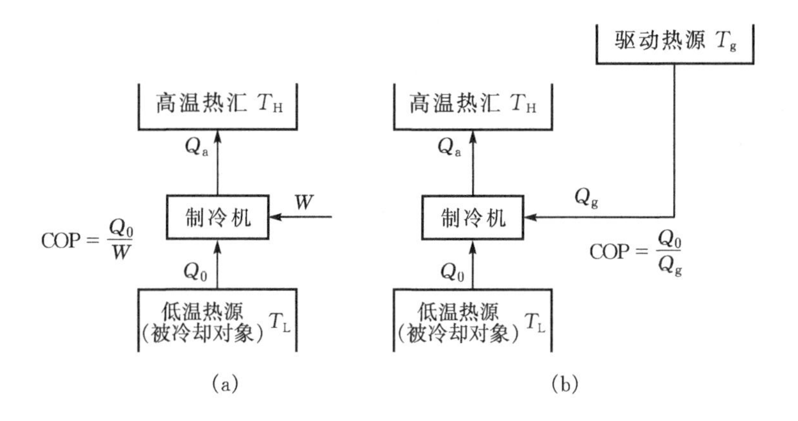

图 1-19　制冷机的能量转换关系

(a)以电能或机械能驱动的制冷机;(b)以热能驱动的制冷机

对于热能驱动的制冷机

$$COP = Q_0/Q_g \tag{1-23}$$

式中　Q_0 ——制冷机从低温热源吸收的热量;

　　　Q_g ——驱动热源向制冷机输出的热量。

1.3.1　可逆制循环的性能系数

下面研究一定条件下 COP 的最高值。

1. 以电能或机械能驱动的制冷机

参见图 1-19(a),制冷机消耗功 W 实现从低温热源(被冷却对象,温度 T_L)吸热,向高温热汇(温度 T_H)排热。

1)卡诺制冷循环(逆卡诺循环)

假定热源和热汇均恒温,向高温热汇的排热量为 Q_H,由低温热源的吸热量 Q_0,制冷机循环为逆卡诺循环。

由热力学第一定律

$$Q_0 + W = Q_H \tag{1-24}$$

由热力学第二定律,在恒温热源和热汇间工作的可逆机,一个循环的熵增等于零,即

$$\frac{Q_H}{T_H} = \frac{Q_0}{T_L} \tag{1-25}$$

将式(1-24)代入式(1-25)得

$$\frac{Q_0}{T_L} = \frac{Q_0 + W}{T_H}$$

即

$$\frac{T_H}{T_L} = 1 + \frac{W}{Q_0} \tag{1-26}$$

由式(1-22),可逆制冷机的性能系数为

$$\mathrm{COP_c} = \frac{Q_0}{W} = \frac{1}{T_H/T_L - 1} \tag{1-27}$$

式(1-27)表明:①在恒温热源和热汇间工作的可逆制冷机,其性能系数只与热源和热汇温度有关,与制冷机使用的制冷剂性质无关;②$\mathrm{COP_c}$ 的值与热源和热汇温度的接近程度有关,T_H 与 T_L 越接近($\frac{T_H}{T_L}$ 越小),$\mathrm{COP_c}$越大;反之 $\mathrm{COP_c}$越小(见图 1-20)。

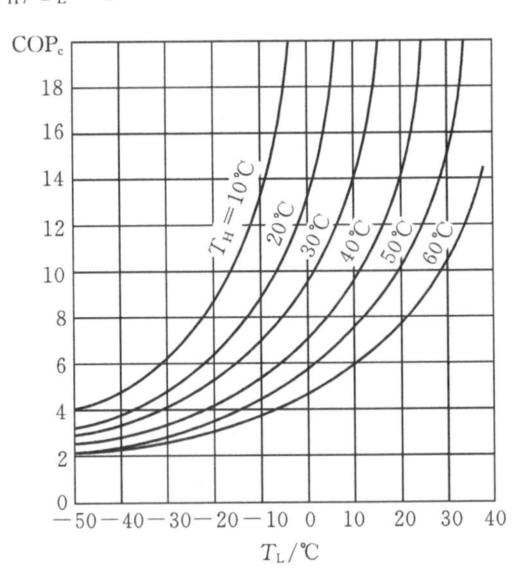

图 1-20　不同 T_H、T_L 量 $\mathrm{COP_c}$ 的变化

实际制冷机性能系数 COP 随热源温度的变化趋势与可逆制冷机是一致的。

2)劳伦兹制冷循环

恒温热源和恒温热汇条件下的可逆制冷循环是卡诺制冷循环。恒温热源和恒温热汇的假定意味着热源和热汇的热容量无穷大。事实上,热源(汇)的热容量有限,热源在放热过程中温度降低,热汇在吸热过程中温度升高,即它们是温度变化的热源(汇)。

针对变温热源和变温热汇的条件,制冷机变温吸热、变温排热的可逆制冷循环是劳伦兹制冷循环。劳伦兹制冷循环如图 1—21 所示。

循环由两个可逆的多变过程和两个等熵过程组成。过程 1—2 为制冷剂等熵压缩过程;过程 2—3 为可逆多变放热过程;过程 3—4 为等熵膨胀过程;过程 4—1 为可逆多变吸热过程。劳伦兹制冷循环是变温源(汇)条件下热力学上最理想的制冷循环。

分析劳伦兹制冷循环时,引入平均当量温度的概念。设 T_{HM}是放热过程的平均当量温度;T_{LM}是吸热过程的平均当量温度,参照图 1-21,有

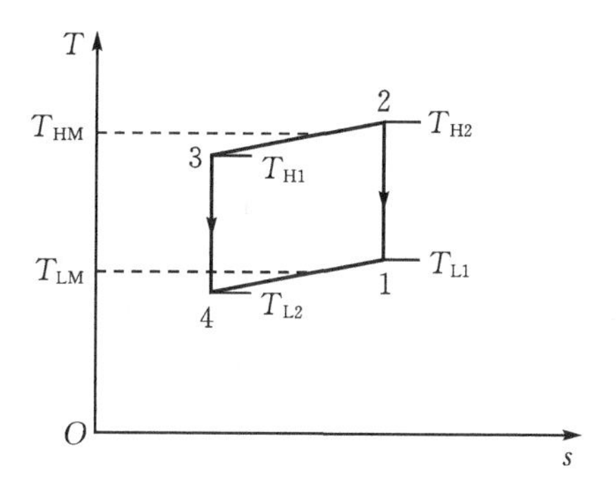

图 1-21　劳伦兹制冷循环

$$T_{HM} = \frac{T_{H2} - T_{H1}}{\ln(T_{H2}/T_{H1})}$$

$$T_{LM} = \frac{T_{L1} - T_{L2}}{\ln(T_{L1}/T_{L2})}$$

当温升或温降不超过 10 K 时，取 T_{HM}和 T_{LM}为放热过程的算术平均温度和吸热过程的算术平均温度。

2—3 过程单位质量的放热量

$$q = \int_3^2 T\mathrm{d}s = T_{HM}(s_2 - s_3) \tag{1-28}$$

4—1 过程单位质量的吸热量

$$q_0 = \int_4^1 T\mathrm{d}s = T_{LM}(s_1 - s_4) \tag{1-29}$$

循环的单位质量输入功

$$w = q - q_0 \tag{1-30}$$

循环的性能系数

$$\mathrm{COP_L} = q_0/w = T_{LM}/(T_{HM} - T_{LM}) \tag{1-31}$$

可见，劳伦兹制冷循环的性能系数的值，相当于在 T_{HM}和 T_{LM}恒温热源(汇)条件下工作的卡诺制冷循环的性能系数。

2. 以热能驱动的制冷机

参见图 1-19(b)。从驱动热源(温度为 T_g)吸收热量 Q_g 作为补偿，完成从低温热源吸热，向高温热汇排热的能量转换。假定驱动热源也是恒温热源。

由热力学第一定律

$$Q_H = Q_0 + Q_g \tag{1-32}$$

由热力学第二定律

$$\frac{Q_H}{T_H} = \frac{Q_0}{T_L} + \frac{Q_g}{T_g} \tag{1-33}$$

用式(1-32)，(1-33)和式(1-23)得出，热能驱动的可逆制冷机的性能系数

$$COP_c = \frac{Q_0}{Q_g} = \frac{1}{T_H/T_L - 1} \cdot (1 - T_H/T_g) \tag{1-34}$$

上式右边的第一个因子就是在 T_H，T_L 温度之间工作的可逆机械制冷机的性能系数 COP_c；而第二个因子$(1-T_H/T_g)$则是在 T_g，T_H 温度之间工作的可逆热发动机的热效率。因而它相当于用一个可逆热机，将驱动热源的热量 Q_g 转换成机械功 W，$W=(1-T_H/T_g)Q_g$，再用 W 去驱动一个可逆机械制冷机，见图1-22。这说明机械能驱动的制冷机与热能驱动的制冷机的 COP_c 在数量上不具备可比性，因为补偿能 W 与 Q_g 的品位不同。

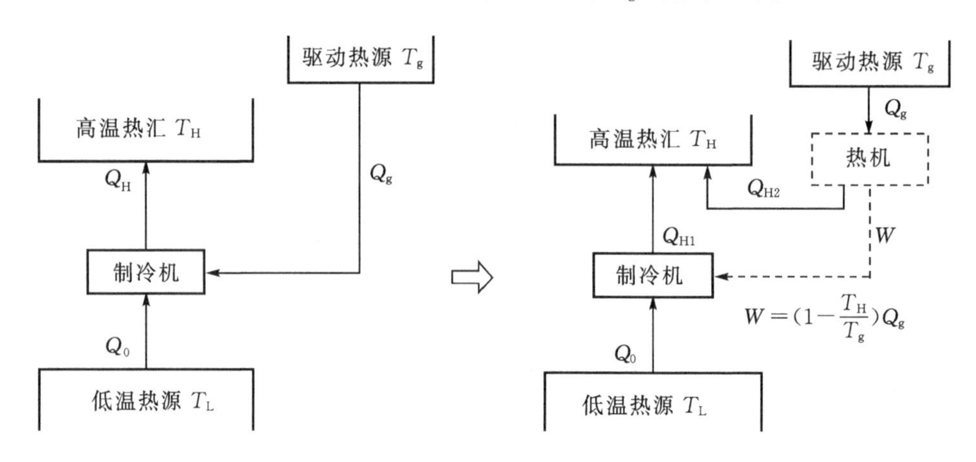

图1-22 热能驱动的制冷机的等价关系

式(1-34)表明，热能驱动的可逆制冷机的性能系数也只与驱动热源、低温热源及热汇的温度 T_g，T_H 和 T_L 有关，而与工质的性质无关。T_g 越高(驱动热源的品位越高)、T_H 与 T_L 越接近，COP_c 越大；反之，COP_c 越小。

1.3.2　制冷机的循环效率(热力学完善度)

式(1-27)和式(1-34)给出一定热源和热汇条件下制冷机性能系数的最高值 COP_c。它们是评价实际制冷机性能系数的基准值。实际制冷机循环中的不可逆损失总是存在的，其性能系数恒小于相同热源和热汇条件下可逆机的性能系数。用制冷循环效率 η 评价制冷机循环的热力学完善程度(与可逆循环的接近程度)，定义

$$\eta = COP/COP_c \tag{1-35}$$

或

$$\eta = COP/COP_L$$

恒有

$$0 < \eta < 1 \tag{1-36}$$

η 越大，不可逆损失越小；反之，η 越小，不可逆损失越大。

例1-1　一台冷水机组，冷却水进水温度 T_{H1} 为30 ℃，出水温度 T_{H2} 为35 ℃；冷冻水进水温度 T_{L1} 为21 ℃，出水温度 T_{L2} 为18 ℃。实测的性能系数COP为6.9。求制冷循环效率。

解　$T_{HM} = (T_{H1} + T_{H2})/2 = (30+35)/2 + 273.1 = 305.6 \quad K$

$T_{LM} = (T_{L1} + T_{L2})/2 = (21+18)/2 + 273.1 = 292.6 \quad K$

$$\mathrm{COP_L} = \frac{T_{\mathrm{LM}}}{T_{\mathrm{HM}} - T_{\mathrm{LM}}} = \frac{292.6}{305.6 - 292.6} = 22.5$$

$$\eta = \frac{\mathrm{COP}}{\mathrm{COP_c}} = \frac{6.9}{22.5} = 0.31$$

性能系数COP和制冷循环效率η都是反映制冷机经济性的指标，但二者的含义不同。COP反映制冷机的收益能与补偿能在数量上的比值，不涉及二者的能量品位。COP的数值可能大于1、小于1或等于1。COP的大小，对于实际制冷机来说，与工作温度、制冷剂性质和制冷机各组成部件的效率有关，因而用COP的大小来比较两台实际制冷机的循环经济性时，必须是同类制冷机，并以相同热源和热汇条件为前提。例如，冰箱、空调器等都规定了在各自指定的相同工作条件下进行性能测试，以实测的COP值反映各不同厂家产品的能效水平。而η则反映制冷机循环臻于热力学完善（可逆循环）的程度。用η作评价指标时，任意两台制冷机在循环的热力学经济性方面具有可比性（无论它们是否同类机，也无论它们的热源条件相同或是不同）。例如，某压缩式制冷机的$\eta_1 = 0.31$；某吸收式制冷机的$\eta_2 = 0.23$；某热电制冷器的$\eta_3 = 0.08$。则由$\eta_1 > \eta_2 > \eta_3$，我们可以说，这三台制冷机中，压缩式制冷机的循环经济性最好；吸收式次之；热电式最次。

1.4　热　泵

逆向循环不仅可以用来制冷，还可以把热能释放给物体或空间，使之温度升高。作后一种用途的逆向循环系统称作热泵。制冷机与热泵在热力学上并无区别，因为它们的工作循环都是逆向循环，区别仅在于使用目的。当使用目的是从低温热源吸收热量时，系统称为制冷机；当使用目的是向高温热汇释放热量时，系统称为热泵。在许多场合，同一台机器在一些时候作制冷机用，在另一些时候作热泵用。还有些使用场合，同时需要低温下的冷却效应和高温下的加热效应，系统可以同时作制冷和供热用。

图1-19的能量转换关系和式(1-24)，(1-25)也完全适用于热泵。只是这时的低温热源通常是环境，高温热汇是被加热对象，我们所希望得到的是高温排热量Q_{H}。热泵的性能系数COP等于供热量与补偿能之比，以机械能驱动的热泵为例

$$\mathrm{COP} = Q_{\mathrm{H}}/W \tag{1-37}$$

考虑到式(1-24)，有

$$\mathrm{COP} = (W + Q_0)/W \tag{1-38}$$

式(1-38)表明，COP恒大于1。所以，热泵的热力学经济性比消耗电能或燃料直接供暖的系统要好。

1. 分类和特点

热泵的形式和种类比较多，常见的热泵机组分类如下。

(1)根据完成逆向循环所加入有用功或热能的补偿形式，可以分为蒸气压缩式、蒸气喷射式、吸收式等。这种分类与制冷机的分类相同，工作过程相反，系统组成与其对应形式的制冷装置相同。

(2)根据所利用的低位热源的种类不同，可分为空气源热泵、水源热泵、地源（土壤源）热

泵等。

①空气源热泵。以空气作为"热源体",通过工质的作用进行能量转移。空气源热泵在我国已有相当广泛的应用,但它存在机组供热量随室外气温的降低而减少以及翅片式换热器结霜等问题。

②水源热泵。可分为地表水、地下水、生活废水及工业废水等. 以水作为“热源体”,在冬季利用热泵吸收其热量向建筑物供暖,在夏季热泵将吸收到的热量向其排放,从而实现对建筑物供冷。水的温度波动比空气小,而且热泵运行可靠性又高,近年来国内应用有逐渐扩大的趋势。

③地源热泵。以土壤为“热源体”,也称土壤源热泵,冬季通过热泵将土壤中的低位热能提高对建筑供暖;夏季通过热泵将建筑物内的热量转移到地下向建筑物提供冷量。

(3)根据热泵的驱动方式,分为电动机驱动和热驱动,热驱动又可分为热能驱动(如吸收式、蒸汽喷射式热泵)和发动机驱动(如内燃机、汽轮机驱动)的热泵。

(4)根据热泵的热量提升范围,可分为初级、次级和第三级热泵。初级热泵是利用天然能源如室外空气、地表水、地下水、土壤等为热源;次级热泵主要以生产或生活排出的废水、废气、废热等为热源;第三级热泵是初级或次级热泵的联合使用,将前一级热泵制取的热量进行再升温。

2. 热泵机组

热泵机组中设置有换向阀。在制冷工况下,室内的热交换器为蒸发器,外部热交换器为冷凝器。冬季供热的时候,换向阀切换,改变工质的流向,室内的热交换器为冷凝器,外部热交换器为蒸发器。

1)空气源热泵机组

空气源热泵机组也称风冷热泵机组,可以采用活塞式、漩涡式、螺杆式和离心式压缩机。值得指出的是,在冬季运行时,风冷热泵机组需注意除霜的控制。

在冬季制热工况下,风冷热泵机组的室外换热器要从环境吸热,往外吹出冷风而且在换热器的外传热表面结霜,等结霜到一定程度时,换向阀要进行切换,变成夏季制冷工况,室外热交换器向环境放热并化霜。化霜完毕后,换向阀再切换到制热状态。目前,机组都配置了自动除霜功能,常见的除霜控制有三种。

(1)“温度-时间”控制除霜　当盘管表面温度低于设定值(0～2 ℃),而除霜的间隔时间也达到设定值(60～100 min)时就开始除霜;当盘管表面温度上升到设定值或除霜时间达到设定值时,就停止除霜而转入制热工况。

(2)“温差-时间”控制除霜　当室外空气温度和盘管内制冷剂之间的温差达到设定值,而除霜的间隔时间也达到设定值时,就开始除霜;当温差上升到设定值或除霜时间达到设定值时,自动转入制热工况。

(3)智慧型除霜　当空气温度、湿度和制冷剂系统蒸发温度变化时,霜层密度、厚度和温度也在变化。通过长期实际运行调试能掌握一定的变化规律,根据温度、湿度随时间的变化按照预设的控制策略实现自动除霜。

3)水源热泵机组

GB/T 19409—2003《水源热泵机组》中对水源热泵机组的定义是:一种采用循环流动于共用管路中的水,从水井、湖泊或河流中抽取的水或在地下盘管中循环流动的水为冷(热)源,制取冷(热)风或冷(热)水的设备，包括一个使用侧换热设备、压缩机、热源侧换热设备，具有制冷和制热功能。水源热泵机组根据使用侧换热设备的形式不同，分为冷热风型和冷热水型；根据冷(热)源类型分为水环式、地下水式和地下环路式；根据循环水是否为密闭系统，可分为闭环和开环系统。

4)土壤源热泵机组

土壤源热泵机组是一种利用地球浅表(土壤)的热资源，通过输入少量的高位能源(如电能)，在冬季将地球浅表的热能取出来供给室内采暖，在夏季把室内的热能取出向地球浅表释放，以实现既供热又制冷的高效节能空调系统。地源热泵所利用的地热能一年四季温度较稳定，既是冬季热泵供暖的热源又是夏季空调的冷源。冬季，把地热能中的热量“取”出来，提高温度后，供给室内采暖；夏季，把室内的热量“取”出来，释放到地下去。通常地源热泵消耗 1 kW的能量，用户可以得到 4 kW 以上的热量或冷量。

5)吸收式热泵

吸收式热泵是以热能为补偿实现从低温向高温输送热量的设备。吸收式热泵分为两类：增热型和升温型。增热型热泵输出热的温度低于驱动热源的温度，但输出的热量大于驱动热源提供的热量；升温型热泵输出热的温度高于驱动热源的温度，但输出的热量小于驱动热源提供的热量(详见本书 7.8 吸收式热泵)。

蒸气压缩式热泵运行时，制冷和供热的转换有两种方式。

(1)工质在系统中的流动方向不变，被加热或被冷却介质换向。

图 1-23 表示一个空调用热泵系统。

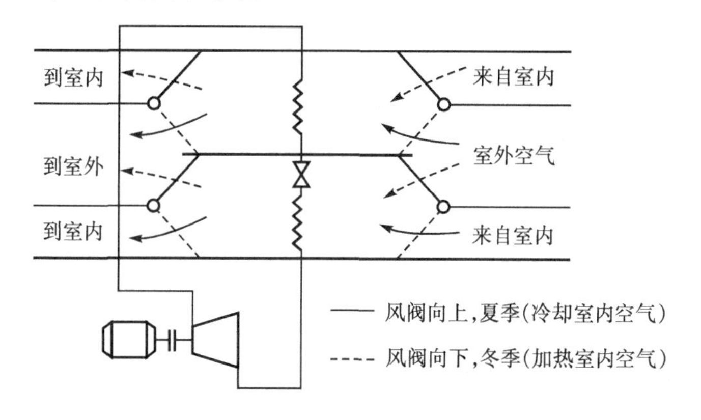

图 1-23　空调用热泵系统(1)

机器为一般的压缩式空调制冷系统，只需将空调风管的布置作适当改动就可以达到夏季供冷、冬季供暖的目的。夏季，4 个风阀向上，室内循环空气经过蒸发盘管被冷却，室外空气流经冷凝器，带走高温排出的热量，系统起制冷作用；冬季，4 个风阀向下，室外空气经过蒸发盘管，室内空气经过冷凝器盘管，室内空气被加热，系统起热泵作用。

(2)工质换向，被加热或被冷却介质的流向不变。

图 1-24 所示的系统与上面的系统类似，但被加热或冷却介质的流动方向不变，只改变系统中制冷剂的流动方向。系统中有两台热交换器，一台置于室内，一台置于室外。夏天作制冷机用时，室内热交换器起蒸发器的作用；室外热交换器起冷凝器的作用。冬天作热泵用时，通过制冷剂流动方向的改变，室内热交换器起冷凝器的作用，室外热交换器起蒸发器的作用。

图1-25示出一个氨水吸收式热泵系统。它与图1-2具有相同的流程和工作过程,即氨液从低温热源吸取热量,在蒸发器3中蒸发,所产生的蒸气进入吸收器4,被来自发生器、经热交换器5降温并节流的稀氨水溶液吸收,成为浓氨溶液,同时放出吸收热。浓溶液用泵6经热交换器5送到发生器1中,使制冷剂氨蒸发。纯度较高的氨蒸气自发生器顶部引出,进入冷凝器2,放出冷凝热成为氨液,经节流重新回到蒸发器中。吸收器中的吸收热和冷凝器中的凝结热被采暖系统的介质吸收,达到所需要的供热温度。

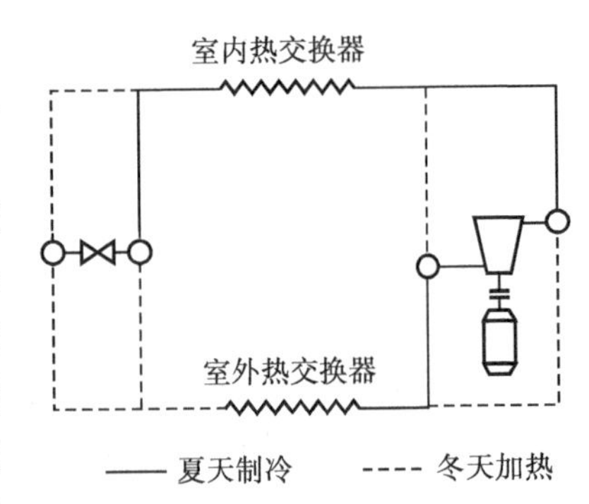

图1-24 空调用热泵系统(2)

在这种吸收式热泵系统中,发生器的加热热源可以利用发电厂180~200℃的废气、热水或利用炼焦厂的煤气等;蒸发器的低温热源可以利用30~50℃的工业废水、5~15℃的河水或者冬季的室外空气,能达到的采暖温度在90℃左右。

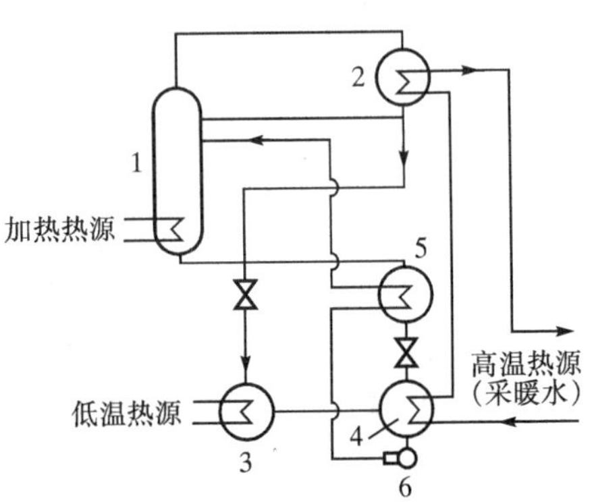

图1-25 氨水吸收式热泵系统

1—发生器;2—冷凝器;3—蒸发器;4—吸收器;5—热交换器;6—溶液泵

思考题

1. 能够实现制冷的方法有哪些?其中利用液体汽化的制冷方法有哪些?

2. 蒸气压缩制冷循环系统主要由哪些部件组成,各有何作用?

3. 蒸气喷射式制冷的动力是什么,主要组成设备有哪些?

4. 吸附式制冷的原理是什么,常用的吸附工质对有哪些?

5. 试述气体膨胀制冷的机理和热力循环过程。

6. 试述涡流管制冷的机理和主要组成。

7. 为什么要提出逆向劳仑兹循环?它由哪几个过程组成?

8. 逆向劳仑兹循环的性能系数如何计算?

第 2 章

单级蒸气压缩式制冷循环

2.1 单级蒸气压缩式制冷的理论循环

2.1.1 系统与循环

单级蒸气压缩式制冷系统如图 2-1 所示。它由压缩机 1、冷凝器 2、膨胀机构 3 和蒸发器 4 组成。其工作过程为：制冷剂在压力 p_0 、温度 t_0 下沸腾，t_0 低于被冷却物体的温度。压缩机不断地抽吸蒸发器中产生的蒸气，并将它压缩到冷凝压力 p_k ，然后送往冷凝器，在压力 p_k 下等压冷却并冷凝成液体。制冷剂冷却和冷凝时放出的热量传给冷却介质(通常是水或空气)，与冷凝压力 p_k 相对应的冷凝温度 t_k 高于冷却介质的温度。冷凝后的液体通过膨胀阀或其它节流元件进入蒸发器。制冷剂通过膨胀阀时，压力从 p_k 降到 p_0 ，部分液体汽化，离开膨胀阀的制冷剂为 t_0 温度的两相混合物。混合物中的液体在蒸发器中蒸发，从被冷却物体中吸热。混合物中的蒸气称为闪发蒸气，在它被压缩机重新吸入之前几乎不再吸热。

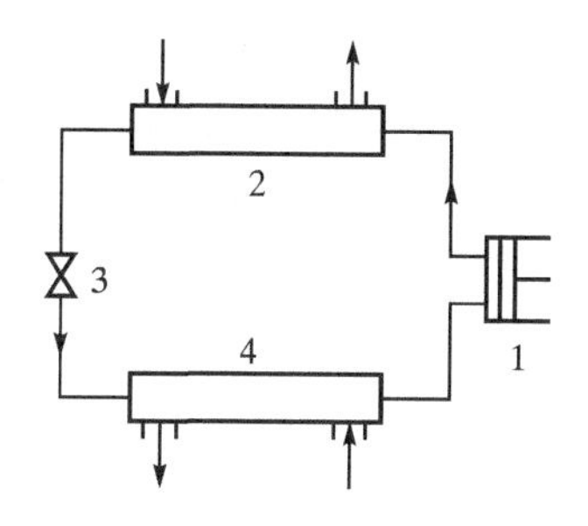

图 2-1　单级蒸气压缩式制冷系统图

1—压缩机；2—冷凝器；3—膨胀机构；4—蒸发器

在整个循环中，压缩机起着压缩和输送制冷剂蒸气并保持蒸发器中低压力、冷凝器中高压力的作用，是整个系统的心脏；膨胀阀对制冷剂起节流降压作用并调节进入蒸发器的制冷剂流量；蒸发器是输出冷量的设备，制冷剂在蒸发器中吸收被冷却物体的热量，达到制冷的目的；冷凝器是输出热量的设备，从蒸发器中吸取的热量连同压缩机消耗的功所转化的热量在冷凝器中被冷却介质带走。根据热力学第二定律，压缩机所消耗的功起补偿作用，使制冷剂不断从低温物体中吸热，并向高温物体放热，完成整个制冷循环。

2.1.2 压力-比焓图及温度-比熵图

为了对蒸气压缩式制冷循环有一个全面的认识，不仅要研究循环的每一个过程，而且要了解各个过程之间的关系以及某一过程发生变化时对其它过程的影响。用各种热力状态图来研究整个循环可使问题简化，并可以看到循环中各状态的变化以及这些变化对循环的影响。

在制冷循环的分析和计算中，通常借助于压力-比焓图和温度-比熵图。由于循环的各个过程中功与热量的变化均可用比焓值的变化加以计算，因此压力-比焓图在制冷工程中得到了广泛的应用。

1. 压力-比焓图

压力-比焓图简称压-焓图，它的结构如图 2-2 所示。以绝对压力为纵坐标(取对数坐标)，以比焓为横坐标。

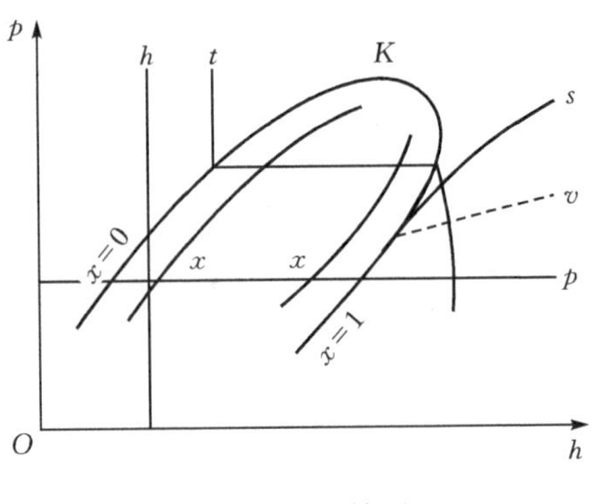

图 2-2　压-焓图

图中临界点 K 左边的粗实线为饱和液体线，线上任何一点的干度 $x=0$。右边的粗实线为饱和蒸气线，线上任何一点的干度 $x=1$。这两条粗实线将图分为三个区域：饱和液体线的左边是过冷液体区，该区域内的液体称为过冷液体，过冷液体的温度低于相同压力下饱和液体的温度；饱和蒸气线的右边是过热蒸气区，该区域内的蒸气称为过热蒸气，它的温度高于同一压力下饱和蒸气的温度；两条线之间的区域为两相区，制冷剂在两相区内处于气、液混合状态(湿蒸气状态)。图中共有六种等参数线簇：

①等压线——水平线；

②等比焓线——垂直线；

③等温线——液体区几乎为垂直线。两相区内，因制冷剂状态的变化是在等压、等温下进行，故等温线与等压线重合，是水平线。过热蒸气区为向右下方弯曲的倾斜线；

④等比熵线——向右上方倾斜的实线；

⑤等比体积线(等容线)——向右上方倾斜的虚线，比等比熵线平坦；

⑥等干度线——只存在于湿蒸气区域内，其方向大致与饱和液体线或饱和蒸气线相近，视干度大小而定。

2. 温度-比熵图

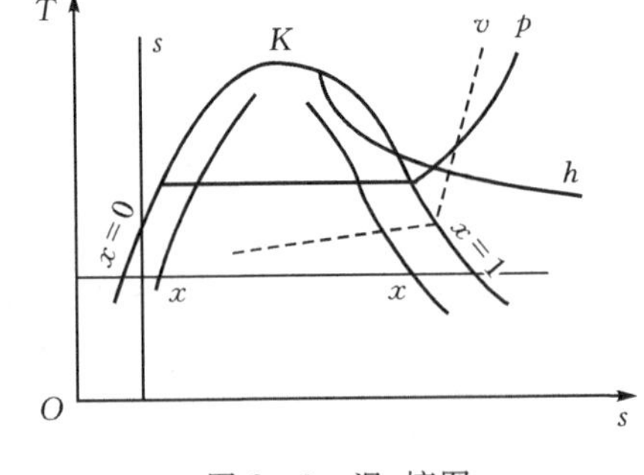

图 2-3　温-熵图

温度-比熵图简称温-熵图，它的结构如图 2-3 所示，以比熵为横坐标，温度为纵坐标。图中临界点 K 左边的实线为饱和液体线，右边的实线为饱和蒸气线。饱和液体线的左边为过冷液体区，饱和蒸气线的右边为过热蒸气区，两条线之间为两相区。图中也有六种等参数线簇：

①等温线——水平实线；

②等比熵线——垂直实线；

③等压线——两相区内等压线与等温线重合，是水平线。过热区内等压线是向右上方倾斜的实线。过冷区内等压线密集于 $x=0$ 的线附近，可近似用 $x=0$ 的线代替；

④等比体积线(等容线)——用虚线表示，过热区的等容线向右上方倾斜；

⑤等比焓线——过热区及两相区内，等比焓线均为向右下方倾斜的实线，但两相区内的等比焓线的斜率更大，过冷区液体的比焓值可近似用同温度下饱和液体的比焓值代替；

⑥等干度线——只存在于两相区内，其方向与饱和液体线或饱和蒸气线大致相同。

在温度、压力、比体积、比焓、比熵、干度等参数中，只要知道其中任意两个状态参数，就可以在压-焓图或温-熵图中确定过热蒸气及过冷液体的状态，其它状态参数可直接从图中读出。对于饱和蒸气及饱和液体，只需知道一个状态参数就能确定其状态。

2.1.3 理论制冷循环在压-焓图上的表示

理论制冷循环中 2—2′和 3—4 为不可逆过程，其它过程均可逆，且点 3 和点 1 为饱和状态（见图 2-4），此循环简称为理论循环。

理论循环与实际循环之间存在偏差，但由于理论循环可使问题得到简化，便于分析研究，而且理论循环的各个过程均是实际循环的基础，可作为实际循环的比较标准，因此也被称为标准蒸气压缩制冷循环。

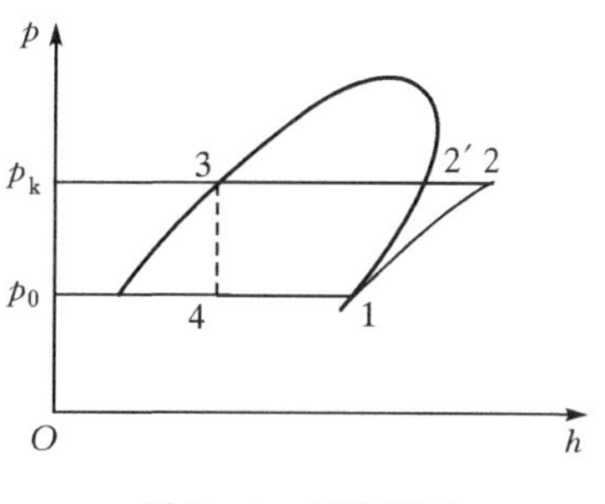

图 2-4 理论循环

1. 理论循环中的各个过程

图 2-4 中各状态点及各个过程如下：

点 1 表示制冷剂进入压缩机的状态，为饱和蒸气（温度 t_0）。根据饱和压力与饱和温度的关系，该点位于 $p_0 = f(t_0)$ 等压线与饱和蒸气线（$x = 1$）的交点上。

点 2 表示制冷剂出压缩机时的状态。过程线 1—2 表示制冷剂蒸气在压缩机中的等熵压缩过程（$s_1 = s_2$），压力由蒸发压力 p_0 升高到冷凝压力 p_k。因此该点可通过 1 点的等熵线和压力为 p_k 的等压线的交点确定。由于压缩过程中对制冷剂做功，制冷剂温度升高，因此点 2 为过热蒸气状态。

点 3 表示制冷剂出冷凝器时的状态。它是饱和液体（温度 t_k）。过程线 2—2′—3 为制冷剂在冷凝器内的冷却（2—2′）和冷凝（2′—3）过程。由于这个过程是在冷凝压力 p_k 不变的情况下进行的，进入冷凝器的过热蒸气首先将显热传给外界冷却介质，冷却至点 2′，然后在等压、等温下放出潜热，最后冷凝成饱和液体（点 3）。

点 4 表示制冷剂出节流阀时的状态，也就是进入蒸发器时的状态。过程 3—4 表示制冷剂在通过节流阀时的等焓节流过程，制冷剂的压力由 p_k 降到 p_0，温度由 t_k 降到 t_0 并进入两相区。由于节流前后制冷剂的比焓值不变，因此由点 3 作等焓线与等压线 p_0 的交点即为点 4 的状态。不可逆的节流过程用虚线 3—4 表示。

过程 4—1 表示制冷剂在蒸发器中的汽化过程。由于这一过程是在等温、等压下进行的，制冷剂的状态沿等压线向干度增大的方向变化，直到全部变为饱和蒸气为止，完成一个理论制冷循环。

2. 理论循环与逆向卡诺循环的比较

在低温热源温度和高温热汇温度分别相等的前提下，可通过比较 $T-s$ 图上的理论循环和逆向卡诺循环，分析理论循环的不可逆程度。用于比较的逆向卡诺循环 1—2″—3—4′—1（图 2-5）由一组可逆过程组成：等熵压缩 1—2″，等温压缩 2″—2′，等温放热 2′—3，等熵膨胀 3—4′和等温吸热 4′—1，为此需要两台压缩机和一台膨胀机。

理论循环的不可逆等焓节流过程，使节流后工质的状态点为 4，与可逆的等熵膨胀相比，节流损失为：

$$h_4 - h_{4'} = T(s_4 - s_{4'})$$

等于 $T-s$ 图上 $4'$—4 下面的矩形 $4'4ba$ 面积,见图 2-6。

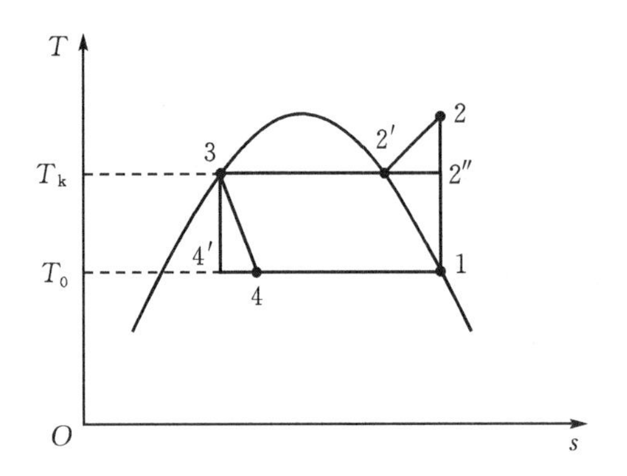

图 2-5　与理论循环相对应的逆向卡诺循环

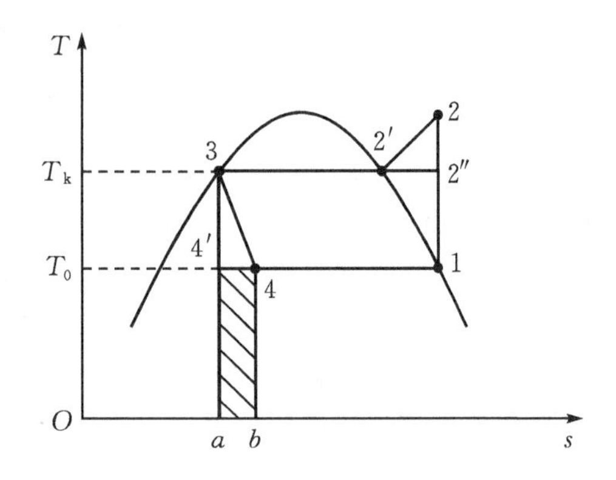

图 2-6　理论循环的等焓节流损失

理论循环的单位质量工质的制冷量为:

$$q_{0,\mathrm{th}} = h_1 - h_4 = T(s_1 - s_4)$$

比逆向卡诺循环的单位质量制冷量减少

$$\Delta q_0 = h_4 - h_{4'} = T(s_4 - s_{4'})$$

等于理论循环的等焓节流损失。

在理论循环的冷却和冷凝过程中,放出的热量用过程 2—$2'$—3 下面的五边形 $22'3ac$ 面积表示(图 2-7)。

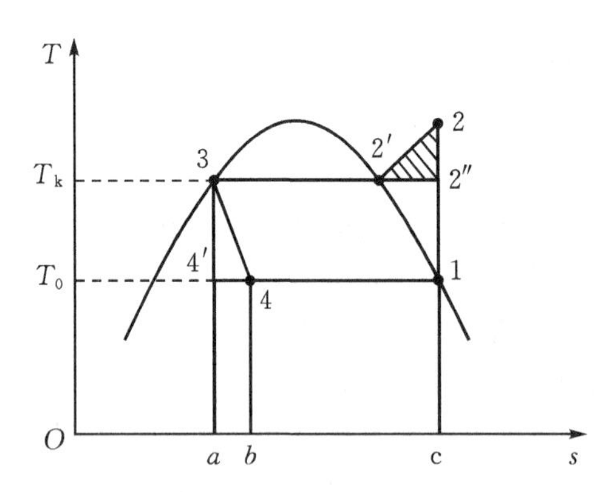

图 2-7　理论循环冷却冷凝过程的不可逆损失

与逆向卡诺循环中过程 2"—$2'$—3 下面的矩形面积 $2''3ac$ 相比,多了三角形 $2'22''$ 的面积。两个循环的纯输入功分别为:

理论循环　$$w_{\mathrm{net,th}} = \int_3^2 T\mathrm{d}s - \int_4^1 T\mathrm{d}s$$

逆向卡诺循环　$$w_{\mathrm{net,C}} = \int_3^{2''} T\mathrm{d}s - \int_{4'}^1 T\mathrm{d}s$$

综上所述,理论循环的单位质量制冷量 $q_{0,\mathrm{th}}$ 小于逆向卡诺循环的 $q_{0,\mathrm{C}}$,理论循环的纯输入

功 $w_{\mathrm{net,th}}$ 大于逆向卡诺循环的纯输入功 $w_{\mathrm{net,C}}$，因而理论循环的性能系数

$$\mathrm{COP_{th}}=\frac{q_{0,\mathrm{th}}}{w_{\mathrm{net,th}}}$$

小于逆向卡诺循环的 $\mathrm{COP_C}$

$$\mathrm{COP_C}=\frac{q_{0,\mathrm{th}}}{w_{\mathrm{net,C}}}=\frac{T_0}{T_k-T_0}$$

式中 T_0 是工质的蒸发温度，也是低温热源的温度。T_k 是工质的冷凝温度，也是高温热汇的温度。

理论循环的不可逆损失不但与过程有关，而且与工质的热物性有关。为此我们先讨论等焓节流损失在 $T-s$ 图上的另一种面积表示，见图 2-8。

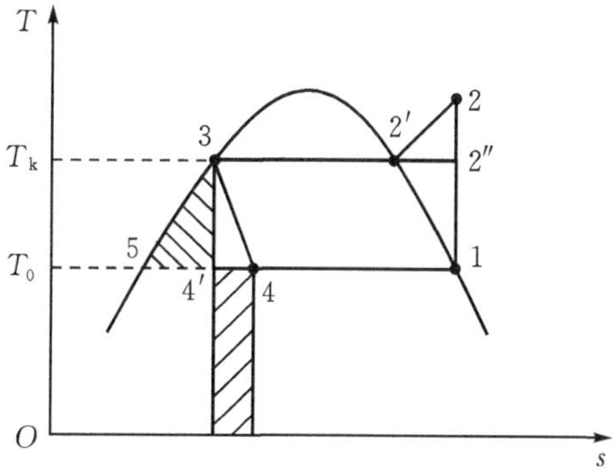

图 2-8　等焓节流损失的另一种面积表示

在 $T-s$ 图上，饱和液体线和等压加热线可足够近似地视为重合，故液体等压线即为饱和液体线，因而从状态点 5 加热到点 3 的过程也是等压加热过程，

$$\int_5^3 T\mathrm{d}s=h_3-h_5$$

另一方面，过程 5—4 是等压过程

$$h_4-h_5=\int_5^4 T\mathrm{d}s$$

因为过程 3—4 为等焓节流，$h_3=h_4$，所以 $\int_5^3 T\mathrm{d}s=\int_5^4 T\mathrm{d}s$，则

$$\int_5^3 T\mathrm{d}s-\int_5^{4'} T\mathrm{d}s=\int_5^4 T\mathrm{d}s-\int_5^{4'} T\mathrm{d}s$$

即，图 2-8 上三角形 4′35 的面积等于 4′4 下面矩形的面积。据此，可将理论循环的两个不可逆损失用 $T-s$ 图上的的两个三角形 2′22″和 4′35 表示，见图 2-9。

不同工质的饱和液体线和饱和蒸气线的形状可分成三类：

第 1 类：这一类工质的饱和液体线和饱和蒸气线基本上是对称的。三角形 2′22″和 4′35 的面积均不可忽视，如图 2-9 所示。氨、二氧化碳、水等属于这一类工质；

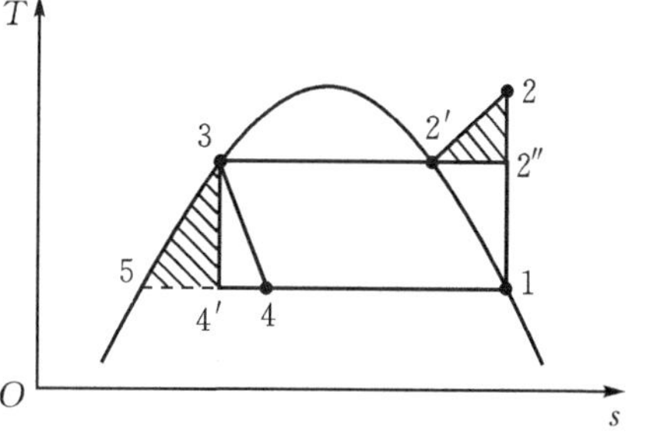

图 2-9　理论循环的两个不可逆损失

第 2 类：工质的过热损失明显小于等焓节流损失，见图 2-10。R11，R12，R134a 为第 2 类；

第 3 类：工质的饱和蒸气压缩时进入两相区，压缩机湿压缩，且等焓节流损失不小，见图 2-11。R113，R114，R115，异丁烷等即属此类。应用这类工质时，工质在蒸发器出口必须有足够大的过热。

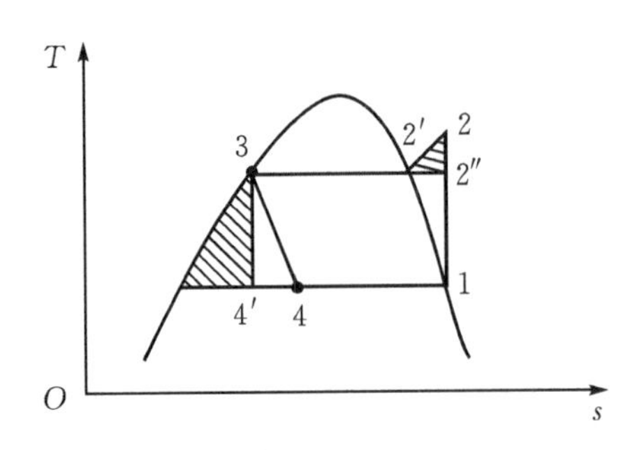

图 2-10　第 2 类工质的理论循环 $T-s$ 图

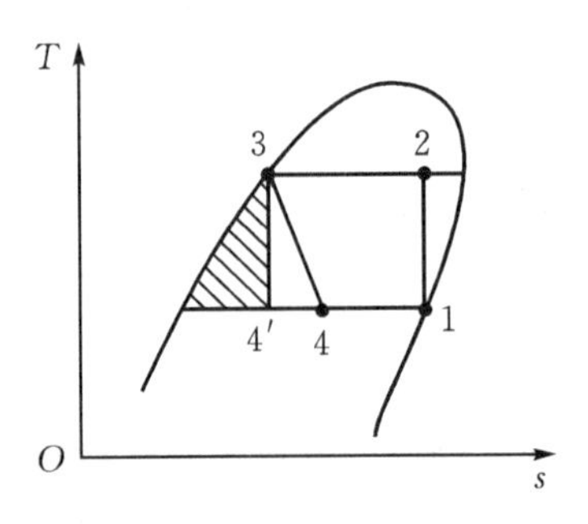

2-11　第 3 类工质的理论循环 $T-s$ 图

2.1.4　单级蒸气压缩式制冷理论循环的热力计算

完成一个蒸气压缩式制冷的理论循环后，在压缩机中，外界对制冷剂做功，而热量的传递情况则因设备而异，在冷凝器中热量由制冷剂传给外界冷却介质，在蒸发器中热量由被冷却物传给制冷剂。

蒸发器中单位时间内向制冷剂传递的热量称为循环的制冷量，用符号 Φ_0 表示。压缩机中因压缩制冷剂所输入的功率用符号 P_0 表示，它是保持循环运行必须付出的代价。比值 $COP_0 = \dfrac{\Phi_0}{P_0}$ 为性能系数。

根据热力学第一定律，如果忽略位能和动能的变化，稳定流动的能量方程可表示为

$$\Phi + P = q_m(h_2 - h_1) \quad (\mathrm{kW}) \tag{2-1}$$

式中，Φ 和 P 是单位时间内加给系统的热量和功；q_m 是流进或流出该系统的质量流量；h 是比焓；下标 1 和 2 分别表示流体流进系统和离开系统。当热量和功施加于系统时，Φ 和 P 取正值。公式(2-1)适用于制冷系统的每一台设备。

1. 膨胀阀

制冷剂液体流经膨胀阀时绝热节流($\Phi = 0$)，对外不做功($P = 0$)，方程式(2-1)转变为

$$0 = q_m(h_4 - h_3)$$

$$h_3 = h_4 \tag{2-2}$$

节流前后比焓值不变。膨胀阀出口处(点 4)为两相混合物，它的比焓值

$$h_4 = (1 - x_4)h_{f0} + x_4 h_{g0}$$

式中，h_{f0} 和 h_{g0} 分别为蒸发压力 p_0 下饱和液体和饱和蒸气的比焓值；x_4 为状态 4 的干度。将上式移项并整理，得到

$$x_4 = \frac{h_4 - h_{f0}}{h_{g0} - h_{f0}} \tag{2-3}$$

点 4 的比体积为

$$v_4 = (1 - x_4)v_{f0} + x_4 v_{g0} \tag{2-4}$$

式中，v_{f0} 和 v_{g0} 分别为蒸发温度 t_0 下饱和液体和饱和蒸气的比体积。

2. 压缩机

如果忽略压缩机与外界环境的热交换，则由式(2-1)得

$$P_0 = q_m(h_2 - h_1) \quad (\text{kW}) \tag{2-5}$$

式中，$(h_2 - h_1)$ 表示压缩机每压缩并输送 1 kg 制冷剂所消耗的功，称为理论比功，用 w_0 表示。由于节流过程中制冷剂对外不做功，因此循环的比功与压缩机的比功相等。

3. 蒸发器

单位时间被冷却物体通过蒸发器向制冷剂传递的热量 Φ_0 。因为蒸发器不做功，故方程式(2-1)转变为

$$\Phi_0 = q_m(h_1 - h_4) = q_m(h_1 - h_3) \quad (\text{kW}) \tag{2-6}$$

由上式可以看出，制冷量 Φ_0 与两个因素有关：制冷剂的质量流量 q_m 和制冷剂进、出蒸发器的比焓差 $(h_1 - h_4)$，前者与压缩机的尺寸和转速有关，后者与制冷剂的种类和工作条件有关。$(h_1 - h_4)$ 称为单位质量制冷量（简称单位制冷量），它表示 1 kg 制冷剂在蒸发器内从被冷却物体吸取的热量，用 q_0 表示。

质量流量 q_m 与容积流量 q_V 有关，即

$$q_{v1} = q_m v_1 \tag{2-7}$$

或

$$q_m = \frac{q_{v1}}{v_1} \tag{2-8}$$

式中，v_1 为压缩机入口处制冷剂的比体积。

将方程式(2-8)代入方程式(2-6)，得到

$$\Phi_0 = q_{v1} \frac{h_1 - h_4}{v_1} \tag{2-9}$$

$\frac{h_1 - h_4}{v_1}$ 称为单位容积制冷量，用 q_{zv} 表示，它表示压缩机每吸入 1 m^3 制冷剂蒸气（按吸气状态计）所制取的冷量。

4. 冷凝器

制冷剂在冷凝器中向外界放出热量为 Φ_k

$$\Phi_k = q_m(h_2 - h_3) \quad (\text{kW}) \tag{2-10}$$

式中，$(h_2 - h_3)$ 称为冷凝器单位热负荷，用 q_k 表示，它表示 1 kg 制冷剂蒸气在冷凝器中放出的热量。

5. 性能系数

按定义，在理论循环中，性能系数用下式表示

$$\text{COP}_0 = \frac{q_0}{w_0} = \frac{h_1 - h_4}{h_2 - h_1} \tag{2-11}$$

一般的制冷剂热力性质表仅给出饱和液体和饱和蒸气的热力性质参数，如温度、压力、比体积、比焓、比熵等，以温度作为自变量。过热蒸气表中给出不同温度和压力下过热蒸气的比容、比焓和比熵。如果用温度作为自变量，过热蒸气表中应给出给定温度下的饱和压力值。根据压缩开始时的比熵值和冷凝压力确定压缩终了的状态参数。

为了确定循环的特性，往往利用制冷剂的热力性质图（$p-h$），尽管目前可以用公式及相应软件计算循环特性，但用图示的方法展示循环的热力过程仍有助于对问题的了解。

利用图或表查找制冷剂的热力学性质时，必须注意制图或表时采用的基准，不同的图和表可能采用不同的基准，导致热力参数数值的不同。如果计算时始终采用同一张图和与图对应

的表,那么基准的选取是无关紧要的,因为在计算中用到的是比焓差或比熵差,而不是它们的绝对值,但如果数据来自不同的表或图,上述的基准问题就变得非常重要了。计算时不要过早地舍取数值的尾数。为了获得所希望的精度就必须保留足够的位数,从而保证比焓差和比熵差有足够的精度,否则,计算结果会产生大的误差。

例 2-1　假定循环为单级压缩的理论循环,蒸发温度 $t_0=-10$ ℃,冷凝温度 $t_k=35$ ℃,制冷剂为 R22,循环的制冷量 $\Phi_0=55$ kW,试对该循环进行热力计算。

解　要进行制冷循环的热力计算,首先需要知道制冷剂在循环各主要状态点的热力状态参数,如比焓、比体积等。这些参数值可根据给定的制冷剂种类、温度、压力,在相应的热力性质图和表中查到,或用公式求得。

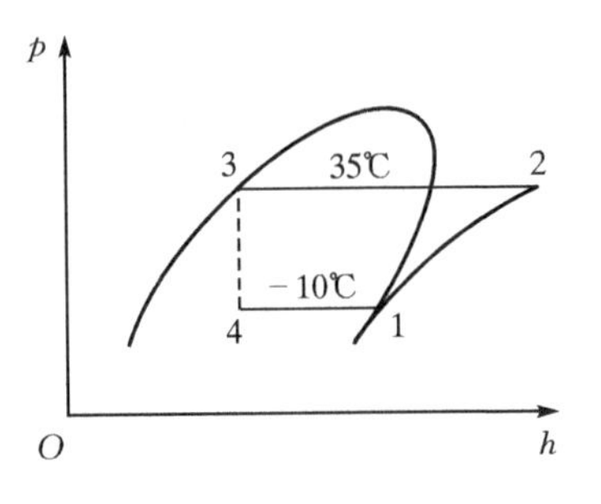

图 2-12　压-焓图

循环在压-焓图上的表示见图 2-12。

根据 R22 的热力性质表,查出处于饱和线上各点的有关状态参数:

$$h_1=401.555\ \text{kJ/kg},\quad v_1=0.0653\ \text{m}^3/\text{kg}$$

$$h_3=h_4=243.114\ \text{kJ/kg},\quad p_0=0.3543\ \text{MPa}$$

$$p_k=1.3548\ \text{MPa}$$

在 R22 的 p-h 图上找到 $p_0=0.3543$ MPa 的等压线与饱和蒸气线的交点 1,由 1 点作等熵线,此线和 $p_k=1.3548$ MPa 的等压线相交于点 2,该点即为压缩机的出口状态。由图可知

$$h_2=435.2\ \text{kJ/kg},\quad t_2=57\text{℃}$$

①单位质量制冷量

$$q_0=h_1-h_4=158.441\ \text{kJ/kg}$$

②单位容积制冷量

$$q_{zv}=\frac{q_0}{v_1}=2426\ \text{kJ/m}^3$$

③制冷剂质量流量

$$q_m=\frac{\Phi_0}{q_0}=0.3471\ \text{kg/s}$$

④理论比功

$$w_0=h_2-h_1=33.645\ \text{kJ/kg}$$

⑤压缩机消耗的理论功率

$$P_0=q_m w_0=11.68\ \text{kW}$$

⑥压缩机吸入的容积流量

$$q_v=q_m v_1=0.022\ 7\ \text{m}^3/\text{s}$$

⑦性能系数

$$\text{COP}_0=\frac{q_0}{w_0}=4.71$$

⑧冷凝器单位热负荷

$$q_k=h_2-h_3=192.086\ \text{kJ/kg}$$

⑨冷凝器热负荷

$$\Phi_k=q_m q_k=66.67\ \text{kW}$$

2.2 单级蒸气压缩式制冷的实际循环

理论循环与实际循环之间存在着许多差别。例如，理论循环中没有考虑到制冷剂液体过冷和蒸气过热的影响，没有考虑冷凝器、蒸发器和连接各设备的管道中因制冷剂的流动阻力产生的压力降，实际压缩过程并非等熵过程，蒸发器和冷凝器中的传热温差和流动阻力，系统中存在不凝性气体等，这些因素都影响到循环的性能。下面针对这些问题加以分析和讨论。

2.2.1 液体过冷对循环性能的影响

制冷剂液体的温度低于同一压力下饱和状态的温度称为过冷。两者温度之差称为过冷度。

由图 2－4 可以看出，液体制冷剂节流后进入湿蒸气区(两相区)，节流后制冷剂的干度愈小，它在蒸发器中汽化时的吸热量愈大，循环的性能系数愈高。在一定的冷凝温度和蒸发温度下，节流前制冷剂液体过冷可以减少节流后的干度。

实际制冷循环中，制冷剂液体离开冷凝器进入节流阀之前往往有一定的过冷度，过冷度的大小取决于冷凝系统的设计和制冷剂与冷却介质之间的温差。在通常情况下，冷凝器出水温度比冷凝温度低 3～5 ℃，冷却水在冷凝器中的温升为 3～8 ℃，因而冷却水的进口温度比冷凝温度低 6～13 ℃，这就足以使制冷剂出口温度达到一定的过冷度。在卧式壳管式冷凝器中，如果冷凝后的液体不立即从冷凝器的底部排出，而是积存在冷凝器内部，这部分液体将继续把热量传给管内的冷却水和周围环境，流出时便可获得一定的过冷度。

具有液体过冷的循环表示在图 2－13 上，为了和理论循环进行比较，图中同时也画出了理论循环。1—2—3—4—1 表示理论循环，1—2—3′—4′—1 表示过冷循环。

由图中看出，液体过冷后单位制冷量增加，增加量为 4 和 4′两点的比焓差 $(h_4 - h_{4'})$ 。$(h_3 - h_{3'})$ 表示每千克制冷剂在过冷过程中放出的热量。

对过冷循环而言，单位制冷量

$$q_0 = h_1 - h_{3'} \quad (\mathrm{kJ/kg})$$

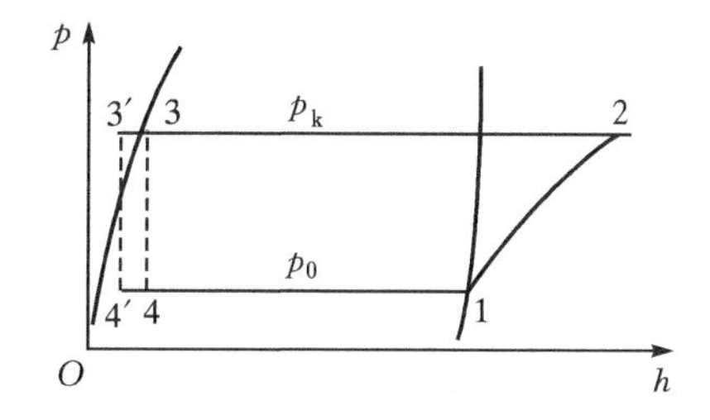

图 2－13　具有液体过冷的循环

单位制冷量增加的百分数取决于制冷剂的蒸发潜热和液体的比热容。对于氨，因为它的蒸发潜热很大，故每过冷 1 ℃，单位制冷量增加的百分数是很小的，在考核工况下大约为 0.4 %；对丙烷，大约增加 0.9%。

由于单位制冷量的增加，对给定的制冷量 Φ_0 ，过冷循环所需要的制冷剂质量流量 q_m 将小于理论循环的质量流量。考虑到两个循环的压缩机吸入状态相同，因而压缩机的容积流量 q_v 同样也是过冷循环小于理论循环。

由于两个循环中压缩机的进、出口状态相同，因此两个循环的比功相同，这就意味着过冷循环中单位制冷量的增加使性能系数增加。

例 2－2　试比较理论循环与过冷循环的性能。假定两个循环的冷凝温度 t_k 均为 40℃，蒸发温度 t_0 均为 5 ℃，过冷循环中液体的温度由 40 ℃过冷到 35 ℃，两个循环的压缩机吸入状态均为蒸发压力 p_0 下的饱和蒸气状态，制冷剂为 R22，制冷量 Φ_0 ＝50 kW。

解　两个循环的 $p-h$ 图如图 2－13 所示。查 R22 的热力性质图或表得各状态点的热力性质：

$$h_1=403.499\ \text{kJ/kg}\qquad h_2=436.0\ \text{kJ/kg}$$
$$h_3=249.686\ \text{kJ/kg}\qquad h_{3'}=243.114\ \text{kJ/kg}$$
$$v_1=0.05543\ \text{m}^3/\text{kg}$$

计算结果见表 2－1。

表 2－1　理论循环与过冷循环的比较

序号	项　目	计算公式		计算结果		增加百分数
		理论	过冷	理论	过冷	
1	单位质量制冷量 q_0 /kJ/kg	h_1-h_3	$h_1-h_{3'}$	153.813	160.385	4.27
2	制冷剂质量流量 q_m /kg/s	$\dfrac{\Phi_0}{h_1-h_3}$	$\dfrac{\Phi_0}{h_1-h_3}$	0.325	0.3118	4.23
3	压缩机容积流量 q_V /m³/s	$\dfrac{\Phi_0 v_1}{h_1-h_3}$	$\dfrac{\Phi_0 v_1}{h_1-h_{3'}}$	17.99×10^{-3}	17.26×10^{-3}	4.23
4	循环比功 w　/kJ/kg	h_2-h_1	h_2-h_1	23.377	23.377	0
5	性能系数 COP	$\dfrac{h_1-h_3}{h_2-h_1}$	$\dfrac{h_1-h_{3'}}{h_2-h_1}$	4.733	4.935	4.27

由以上分析和示例可知，采用过冷循环总是有利的，过冷度越大，对循环越有利。但依靠冷凝器本身来使液体过冷，其过冷度是有一定限度的，如果要求获得更大的过冷度，通常需要增加一个单独的热交换设备，称为再冷却器或过冷器。在再冷却器中单独通入温度更低的冷却介质(如深井水)，或将冷却介质先通过再冷却器，然后再进入冷凝器。前者需要增加一套提供深井水的设备，使一次投资费、设备折旧费和直接运行费用增加；后者则因冷却介质进入冷凝器前已吸收了一部分热量，温度上升；使冷凝温度和冷凝压力提高，压缩机的耗功增加，这样，在某种程度上抵消了因液体过冷带来的好处。因此，是单独增加一个再冷器，还是通过增加冷凝器的传热面积来降低冷凝压力，达到提高循环经济性的目的，实质上是一个系统优化的问题。

此外，在系统内采用气-液热交换器(又称回热器)也能获得较大的过冷度，这一点将在后面论述。

2.2.2　蒸气过热对循环性能的影响

制冷剂蒸气的温度高于同一压力下饱和蒸气的温度称为过热，两个温度之差称为过热度。

实际循环中，压缩机吸入饱和状态的蒸气的情况是很少的。为了不将液滴带入压缩机，通常制冷剂液体在蒸发器中完全蒸发后仍然要继续吸收一部分热量，这样，在它到达压缩机之前已处于过热状态，如图 2－14 所示。1—2—3—4—1 表示理论循环，1′—2′—3—4—1′表示具有蒸气过热的循环。

假定制冷剂在管道内的流动阻力损失可忽略不计，则吸入蒸气的压力在过热时等于蒸发器中的蒸发压力。压缩机的吸入状态点 1 由蒸发压力 p_0 的延长线和过热后温度的等温线的交点确定，1—1′表示过热过程。压缩机的出口状态由经过点 1′的等熵线和冷凝压力 p_k 的交点 2′来确定。

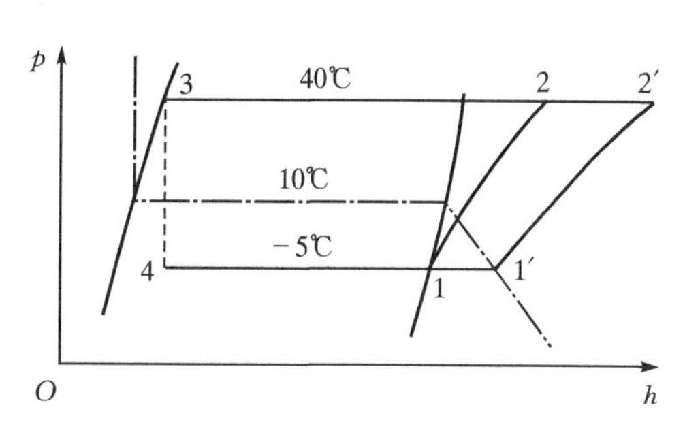

图 2-14　蒸气过热循环

由图 2-14 可以看出：①过热循环中压缩机的排气温度比理论循环的排气温度高；②过热循环的比功大于理论循环比功；③由于过热循环在过热过程中吸收了一部分热量，再加上比功又稍有增加，因此每千克制冷剂在冷凝器中排出的热量较理论循环大；④相同压力下，温度升高时，过热蒸气的比体积要比饱和蒸气的比体积大，这意味着对每千克制冷剂而言，将需要更大的压缩机容积。

吸入过热蒸气对制冷量和性能系数的影响取决于过热过程吸收的热量是否产生有用的制冷效果以及过热度的大小。

1. 过热没有产生有用的制冷效果

由蒸发器出来的低温制冷剂蒸气，在通过吸入管道进入压缩机之前，从周围环境中吸取热量而过热，但它并没有对被冷却物体产生任何制冷效应，这种过热称为“无效”过热。

对于无效过热，循环的单位制冷量和运行在相同冷凝温度和蒸发温度下的理论循环的单位制冷量是相等的，但由于蒸气比体积的增加使单位容积制冷量减少，对给定压缩机而言，它将导致循环制冷量的降低。由于循环比功的增加，性能系数下降。

由以上分析可知，无效过热对循环是不利的，故又称为有害过热。蒸发温度越低，与环境温差越大，循环经济性越差。虽然可以通过在吸气管路上敷设隔热材料来减少这种影响，但毕竟不能完全消除。

2. 过热本身产生有用的制冷效果

如果吸入蒸气的过热发生在蒸发器本身的后部，或者发生在安装于被冷却室内的吸气管道上，或者发生在两者皆有的情况下，那么，由于过热而吸收的热量来自被冷却物，因而产生了有用的制冷效果，这种过热称为“有效”过热。

有效过热使循环的单位制冷量增加，但由于吸入蒸气的比体积也随吸入温度的增加而增加，故过热循环的单位容积制冷量可以增加，也可以减少，这与制冷剂本身的特性有关。

图 2-15 示出几种制冷剂在过热区内单位容积制冷量的变化情况。该图是在假定 $t_0 = -15$ ℃，$t_k = 30$ ℃的情况下得到的。纵坐标是吸入蒸气为过热状态下的单位容积制冷量与吸入蒸气为饱和状态下的单位容积制冷量的比值，横坐标为过热度数值。这些曲线反映了不同制冷剂的单位容积制冷量在过热区内随过热度变化而变化的情况。

由图 2-15 可以看出，氨过热对容积制冷量是不利的，它将使装置的制冷量减少。如果是无效过热，情况更加恶化。由于氨的绝热指数较高，即使在吸入饱和蒸气状态下，压缩机压缩终了时制冷剂的温度就已相当高，如果吸入过热度较高的蒸气，压缩终了制冷剂的温度会进一步提高，这对压缩机运行的可靠性及寿命都是不利的。因此，对氨不宜采用过高的过热度，但也不能没有过热度,否则就有可能吸入在蒸发器中未完全蒸发掉的液滴,给压缩机的运行带来危害,对氨通常有 5 ℃左右的过热度。

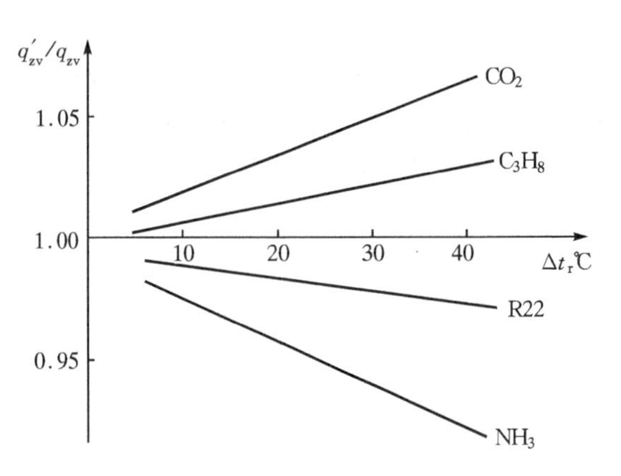

图 2-15　各种制冷剂在过热区内单位容积制冷量的变化

对于 R22,单位容积制冷量随过热度的增加是减少的,但变化较小。R22 的排气温度高,它限制了过热度的数值,对封闭式压缩机更是如此。

有效吸气过热对性能系数的影响与单位容积制冷量有类似之处。随着过热度的增加,单位制冷量增加,比功也增加,性能系数可以增加,也可以减少,同样与制冷剂本身的特性有关。

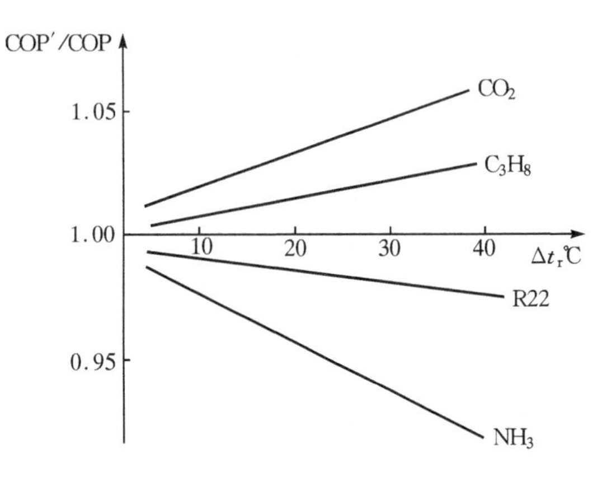

图 2-16　各种制冷剂过热时性能系数的变化

图 2-16 示出了不同制冷剂的性能系数随过热度变化而变化的情况,变化规律与单位容积制冷量随过热度的变化规律是一致的。对氨和 R22 而言,吸入蒸气过热使性能系数降低;对丙烷,过热使性能系数提高。

例 2-3　试比较理论循环与过热循环的性能。假定两个循环的冷凝温度均为 $t_k=40$℃,蒸发温度 t_0 均为 -5℃,出冷凝器时的状态均为冷凝压力下的饱和液体状态,在过热循环中,吸入蒸气由 -5℃过热到 10 ℃,制冷剂为 R22,理论循环的压缩机容积流量 $q_v=17.99\times10^{-3}\ \mathrm{m^3/s}$。

解　两个循环的 $p-h$ 图如图 2-14 所示。查 R22 的热力性质图或表得各状态点的热力性质:

$$h_1=403.499\ \mathrm{kJ/kg}\qquad h_2=436.0\ \mathrm{kJ/kg}$$
$$v_1=0.05534\ \mathrm{m^3/kg}\qquad t_2=62\ ℃$$
$$h_{1'}=414.5\ \mathrm{kJ/kg}\qquad h_{2'}=450.0\ \mathrm{kJ/kg}$$
$$v_{1'}=0.06\ \mathrm{m^3/kg}\qquad t_{2'}=77\ ℃$$
$$h_3=249.686\ \mathrm{kJ/kg}$$

计算结果见列表 2-2。

表 2－2　理论循环与过热循环的比较

序号	项目	计算公式			计算结果			增加百分数	
		理论	过热		理论	过热		无效	有效
			无效	有效		无效	有效		
1	单位质量制冷量 q_0 /(kJ/kg)	h_1-h_3	h_1-h_3	$h_{1'}-h_3$	153.813	153.813	164.814	0	7.15
2	循环比功 w_0 /(kJ/kg)	h_2-h_1	$h_{2'}-h_{1'}$	$h_{2'}-h_{1'}$	32.501	35.5	35.5	9.23	9.23
3	单位容积制冷量 q_{zv} /(kJ/m³)	$\frac{h_1-h_3}{v_t}$	$\frac{h_1-h_3}{v_{1'}}$	$\frac{h_{1'}-h_3}{v_{1'}}$	2 779.42	2 563.55	2 746.9	－8.42	－1.18
4	循环制冷量 Φ_0　/kW	$q_v\frac{h_1-h_3}{v_1}$	$q_v\frac{h_1-h_3}{v_{1'}}$	$q_v\frac{h_{1'}-h_3}{v_{1'}}$	50	46.12	49.42	－8.42	－1.18
5	单位冷凝热负荷 q_k /(kJ/kg)	h_2-h_3	$h_{2'}-h_3$	$h_{2'}-h_3$	186.314	200.314	200.314	7.51	7.51
6	性能系数 COP	$\frac{h_1-h_3}{h_2-h_1}$	$\frac{h_1-h_3}{h_{2'}-h_{1'}}$	$\frac{h_{1'}-h_3}{h_{2'}-h_{1'}}$	4.73	4.33	4.64	－9.23	－1.94

2.2.3　回热对循环性能的影响

在系统中增加一个气-液热交换器(又称回热器)，使节流前的液体和来自蒸发器的低温蒸气进行内部热交换，制冷剂液体过冷，低温蒸气有效过热。这样，不仅可增加单位制冷量，而且可以减少蒸气与环境之间的热交换，减少甚至消除吸气管道中的有害过热。

具有气-液热交换器的系统图及压一焓图如图 2－17，2－18 所示。

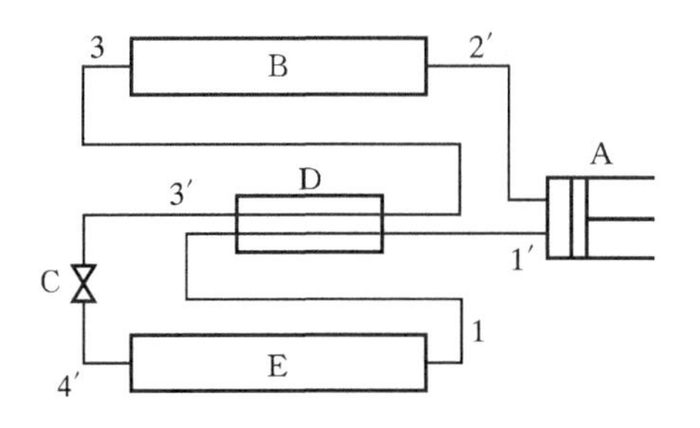

图 2－17　回热循环的系统图

A—压缩机；B—冷凝器；C—节流阀；

D—回热器；E—蒸发器

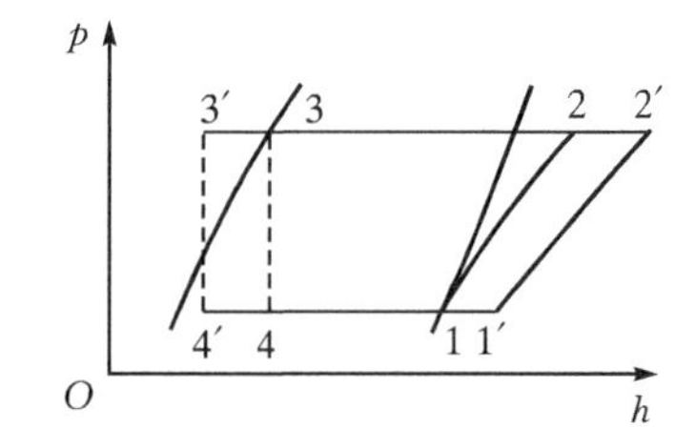

图 2－18　回热循环的 p-h 图

图 2－18 中，1—2—3—4—1 表示理论循环，1—1′—2′—3—3′—4′—1 表示回热循环，其中 1—1′和 3—3′表示回热过程，在没有冷量损失的情况下，热交换过程中液体放出的热量应等于蒸气吸收的热量

$$h_3-h_{3'}=h_{1'}-h_1 \tag{2-12}$$

回热循环中的单位制冷量为

$$q_0 = h_1 - h_{4'} = h_{1'} - h_4 \tag{2-13}$$

单位制冷量的增加量

$$\Delta q_0 = h_4 - h_{4'} = h_{1'} - h_1 \tag{2-14}$$

循环的比功增加量

$$\Delta w_0 = (h_{2'} - h_{1'}) - (h_2 - h_1) \tag{2-15}$$

由此可见,采用回热循环后性能系数可以增加,也可以减少,它的变化规律与前面所分析的有效过热对单位容积制冷量及性能系数的变化规律一致。也就是说,对丙烷而言,采用回热循环后性能系数及单位容积制冷量均提高;对氨和 R22,采用回热循环反而使上述指标降低。对于在 $T-s$ 图上饱和蒸气线向左下方倾斜的制冷剂,如果吸入饱和蒸气,经压缩机压缩后会进入湿蒸气区,为防止压缩过程中产生液击现象,必须采用回热循环。

在气液热交换设备中,液体和蒸气比焓值的变化可以用它们的比热容和温度变化的乘积来表示,即

$$c_{p0}(t_{1'} - t_1) = c'(t_3 - t_{3'}) \tag{2-16}$$

或

$$c_{p0}(t_{1'} - t_0) = c'(t_k - t_{3'}) \tag{2-17}$$

式中 c_{p0} ——过热蒸气的比定压热容,kJ/(kg·K);

c' ——液体比热容,kJ/(kg·K)。

由于液体的比热容始终大于气体的比热容,因此气体温度的升高 $(t_{1'} - t_0)$ 始终大于液体温度的降低 $(t_k - t_{3'})$。如果换热面积足够大,它可以使蒸气出口温度 $t_{1'}$ 尽可能接近液体的进口温度 t_k,但不可能使液体的出口温度 $t_{3'}$ 接近蒸气的进口温度 t_0。热交换器冷端温差 $(t_{3'} - t_1)$ 一定大于热端温差 $(t_3 - t_{1'})$,如图 2-19 所示。

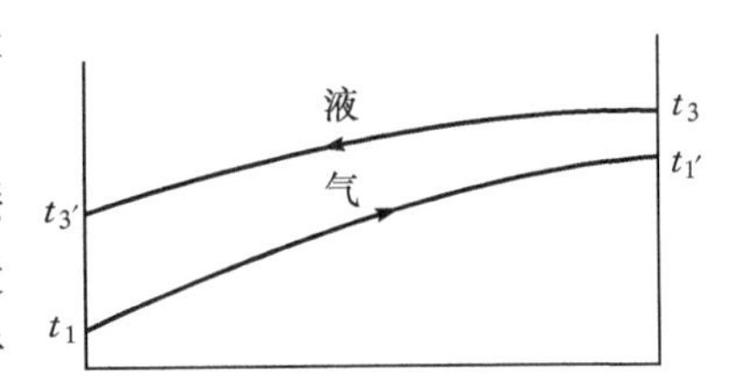

2-19 回热器中气、液温度变化情况

例 2-4 在图 2-11 所示的回热循环中,假定 $t_0 = 5$℃, $t_k = 40$℃, $t_{1'} = 10$℃,制冷剂分别为丙烷和氨,试确定回热器中液体的出口温度 $t_{3'}$ 和循环性能指标,并和理论循环加以比较。

解 根据给定条件,分别在丙烷和氨的热力性质图和表中查到下列有关参数值:

表 2-3 丙烷和氨的热力参数

点号	比焓 /kJ/kg)		比体积 /m³/kg	
	丙烷	氨	丙烷	氨
1	892.77	1452.541	0.1125	0.3446
1′	925.0	1488.619	0.12	0.3691
2	950.0	1668.739		
2′	988.0	1722.539		
3	630.0	390.247		

计算结果列表如下:

表 2-4　理论循环与过热循环的比较

序号	项　目	计算公式		计算结果			
		理论循环	回热循环	理论循环		回热循环	
				氨	丙烷	氨	丙烷
1	液体制冷剂出回热器比焓 $h_{3'}$ /(kJ/kg)		$h_3-(h_{1'}-h_1)$			354.169	598.34
2	液体制冷剂出回热器温度 $t_{3'}$ /℃		查表			32.4	29.0
3	蒸气温度升高数值 /℃		$t_{1'}-t_1$			15.0	15.0
4	液体温度降低数值 /℃		$t_3-t_{3'}$			7.6	11.0
5	单位制冷量 q_0 /(kJ/kg)	h_1-h_3	$h_{1'}-h_3$	1062.294	262.2	1098.372	294.43
6	循环比功 w /(kJ/kg)	h_2-h_1	$h_{2'}-h_{1'}$	216.198	57.23	233.92	63.0
7	性能系数 COP	$\frac{h_1-h_3}{h_2-h_1}$	$\frac{h_{1'}-h_3}{h_{2'}-h_{1'}}$	4.914	4.58	4.696	4.67
8	单位容积制冷量 q_{zv} /(kJ/m)^3	$\frac{h_1-h_3}{v_1}$	$\frac{h_{1'}-h_3}{v_{1'}}$	3082.6	2330.67	2975.8	2453.58
9	单位冷凝热负荷 q_k /(kJ/kg)	h_2-h_3	$h_{2'}-h_3$	1278.492	319.43	1332.292	357.43

从计算结果看，丙烷回热循环的单位制冷量、比功、性能系数、单位容积制冷量均比理论循环增加；而氨采用回热循环后，虽然单位制冷量比理论循环增加，但比功的增加量更大，因而性能系数下降，同时单位容积制冷量也降低。计算结果与理论分析一致。

在低温制冷装置中，吸气温度过低会使压缩机气缸外壁结霜，润滑条件恶化，因此必须设法提高吸气温度。同时，为了避免高压液体在进入膨胀阀或毛细管之前因管道阻力等因素使部分液体汽化，影响节流元件的工作特性，也希望液体有一定的过冷度。为此，在低温装置中往往装有气-液热交换器。

2.2.4　热交换及压力损失对循环性能的影响

理论循环中，我们曾假定在各设备的连接管道中制冷剂不发生状态变化，实际上，由于热交换和流动阻力的存在，制冷剂热力状态的变化是不可避免的。下面将讨论这些因素对循环性能的影响。

1. 吸入管道

吸入管道中的热交换和压力降对循环性能的影响最大，因为它直接影响到压缩机的吸入状态，导致性能的更大改变。

通常认为吸入管道中的热交换是无效的,它对循环性能的影响已在前面作过详细的分析。

吸入管道中的压力降始终是有害的,它使得吸气比体积增大,压缩机的压力比增大,单位容积制冷量减少,压缩机容积效率降低,比压缩功增大,性能系数下降。

可以通过降低流速来减小压力降。也就是说,可以通过增大管径来降低压力降。实践中,为了确保润滑油从蒸发器返回压缩机,对于氟里昂制冷剂,要保证它们具有一定的流速。例如在竖直管道中的流速不应低于 6 m/s,另外,弯头、阀门以及回热器中的压力降也必须考虑。

有时在吸气管道上安装一个节流阀,用产生压降的办法来调节压缩机的制冷量,这是一种简单但不经济的调节方法。

2. 排气管道

在压缩机的排气管道中,热量由高温制冷剂蒸气传给周围空气,它不会引起性能的改变,仅仅是减少了冷凝器中的热负荷。

压缩机和冷凝器之间连接管道中的压力降是有害的,它增加了压缩机的排气压力,因而增加了压缩机的压力比及比功,使得压缩机的容积效率降低,性能系数下降。因此压缩机排气管道中制冷剂的流速必须加以控制。

3. 冷凝器到膨胀阀之间的液体管道

在冷凝器到膨胀阀这段管路中,热量通常由液体制冷剂传给周围空气,使液体制冷剂过冷,制冷量增大。然而,偶然也会出现这种情况,即水冷冷凝器中的冷却水温度很低,冷凝温度低于环境空气温度,这时热量便由空气传给液体制冷剂,有可能导致部分液体汽化,这不但使单位制冷量下降,而且使膨胀阀不能正常工作。

液体管路中的压力降会引起部分饱和液体的汽化,导致制冷量降低。引起液体管路中压降的主要因素并不在于液体之间或流体与管壁之间的摩擦,而在于液体流动高度的变化。液体向上流动时,压力下降,甚至出现汽化现象。实际上,从冷凝器(或储液器)出来的液体总带有一定的过冷度,在压力降到与这个过冷温度相对应的饱和压力之前,液体是不会汽化的。防止汽化所需要的管道底部液体压力由包括重力在内的稳定流动能量方程式确定

$$g(Z_2 - Z_1) = v(p_1 - p_2)$$

移项后

$$p_1 - p_2 = g(Z_2 - Z_1)/v \tag{2-18}$$

式中 p_1 ——管道底部的液体压力,Pa;

p_2 ——与液体温度相对应的饱和压力,Pa;

v ——液体的比体积,m^3/kg;

g ——重力加速度,m/s^2;

$(Z_2 - Z_1)$ ——液体垂直上升高度,m。

例 2-5 假定离开储液器的氨液为 34 ℃,压力为 1.35 MPa,垂直向上绝热流动,试确定氨液变为饱和液体时允许上升的高度。

解 由氨的热力性质表查出,压力为 1.35 MPa 时的饱和温度为 35 ℃,与已知条件相比,该氨液具有 1 ℃的过冷度。在 34 ℃时,对应的饱和压力为 1.312 MPa,比体积为 0.0017 m^3/kg,因而当氨液的压力降低到 1.312 MPa 时,氨液变成饱和液体。

根据式(2-18)

$$(Z_2 - Z_1) = \frac{v(p_1 - p_2)}{g} = \frac{0.0017(1.35 - 1.312) \times 10^6}{9.81} = 6.6\ \text{m}$$

即允许氨液升高 6.6 m。

4. 膨胀阀到蒸发器之间的管道

通常膨胀阀紧靠蒸发器安装。倘若将它安装在被冷却空间内，传给管道的热量将产生有效制冷量；若安装在室外，热量的传递将使制冷量减少，因而此段管道必须保温。

由膨胀阀到蒸发器之间的管道中产生压降是无关紧要的，因为对给定的蒸发温度而言，制冷剂进入蒸发器之前压力必须降到蒸发压力，而压力的降低无论是发生在节流阀中，还是发生在管路中是没有什么区别的。但是，如果系统中采用液体分配器，那么，每一路的阻力应相等，否则将会出现分液不均匀的现象，影响制冷效果。

5. 蒸发器

为了克服蒸发器中的流动阻力，蒸发器出口处工质压力下降，压缩机吸气压力降低，压力比增加，单位质量工质的压缩机输入功增加。

由于蒸发器的传热温差和流动阻力，蒸发温度下降，性能系数降低。详细分析见本书 2.3.1蒸发温度对循环性能的影响。

6. 冷凝器

为克服冷凝器中制冷剂的流动阻力，必须提高进冷凝器时制冷剂的压力，导致压缩机的排气压力升高，压力比增大，压缩机耗功增加。由于冷凝器的传热温差和流动阻力，冷凝温度升高，性能系数下降。详细分析见本书 2.3.2。

7. 压缩机

在理论循环中，假定压缩机的压缩过程为等熵过程。实际上，在压缩的开始阶段，由于气缸壁温度高于吸入蒸气的温度，因而存在着由气缸壁向蒸气传递热量的过程，压缩到某一阶段后，当气体温度高于气缸壁面温度时，热量又由蒸气传向气缸壁面，因此整个压缩过程是一个压缩指数不断变化的多方过程。另外，由于压缩机气缸中有余隙容积存在，气体在吸、排气阀及通道处有热量交换及流动阻力，气体在活塞与气缸壁间隙处有泄漏等，这些因素都会使压缩机的输气量减少，制冷量下降，消耗的功增大。

各种损失引起的压缩机输气量的减少可用容积效率表示。容积效率定义为压缩机的实际输气量与理论输气量之比

$$\eta_\text{V} = \frac{q_{v_\text{s}}}{q_{v_\text{h}}} \tag{2-19}$$

式中　q_{v_s} ——压缩机的实际输气量，m^3/s；

　　　q_{v_h} ——压缩机的理论输气量，m^3/s。

理论输气量用下式计算：

$$q_{v_\text{h}} = \frac{\pi}{4} D^2 SnZ \quad (\text{m}^3/\text{s}) \tag{2-20}$$

式中　D——气缸直径，m；

　　　S——活塞行程，m；

　　　n——曲轴转速，r/s；

Z——气缸数。

由上式可知,压缩机的理论输气量由压缩机的结构参数和转速所确定,与制冷剂的种类和工作条件无关。例如一台 104F(即 4F10)型压缩机,$D=0.1$ m,$S=0.07$ m,$Z=4$,$n=24$ r/s,它的理论输气量为

$$q_{v_h}=\frac{\pi}{4}\times 0.1^2\times 0.07\times 24\times 4=0.0528\ \mathrm{m^3/s}$$

压缩机的实际输气量由下式确定

$$q_{v_s}=q_{v_h}\eta_V \tag{2-21}$$

在给定冷凝温度及蒸发温度情况下,循环的实际制冷量由下式求出

$$\Phi_0=q_{v_s}q_{zv}=q_{v_h}\eta_V q_{zv} \tag{2-22}$$

式中 q_{zv}——给定工况下的单位容积制冷量,kJ/m³。

实际压缩过程中,因偏离等熵过程以及流动阻力损失等因素,压缩气体所消耗的功为指示功。等熵压缩比功与实际压缩过程的指示比功之比称为指示效率,用 η_i 表示

$$\eta_i=\frac{w_0}{w_i} \tag{2-23}$$

式中 w_i——实际压缩过程的指示比功,kJ/kg。

此外,为了克服机械摩擦和带动辅助设备(如油泵等),压缩机实际消耗的比功 w_s 又较指示比功 w_i 大,两者的比值称为压缩机的机械效率 η_m,即

$$\eta_m=\frac{w_i}{w_s} \tag{2-24}$$

所以压缩机实际消耗的比功为

$$w_s=\frac{w_i}{\eta_m}=\frac{w_0}{\eta_i\eta_m}=\frac{w_0}{\eta_k} \tag{2-25}$$

式中 η_k——压缩机的轴效率。

$$\eta_k=\eta_i\eta_m \tag{2-26}$$

对于开启式压缩机,实际循环的性能系数

$$\mathrm{COP}=\frac{q_0}{w_s}=\frac{q_0}{\dfrac{w_0}{\eta_k}}=\mathrm{COP}_0\eta_k \tag{2-27}$$

对于封闭式压缩机,由于电动机置于压缩机机壳内部,没有外伸轴,压缩机所消耗的比功用电动机的输入比功 w_{eL} 表示。COP 为单位制冷量 q_0 与电动机的输入比功 w_{eL} 之比,又称为能效比,用 EER 表示,即

$$\mathrm{COP}=\frac{q_0}{w_{eL}}=\frac{q_0}{\dfrac{w_0}{\eta_{eL}}}=\mathrm{COP}_0\eta_{eL} \tag{2-28}$$

式中,η_{eL} 为电效率,$\eta_{eL}=\eta_i\eta_m\eta_{m0}$;$\eta_{m0}$ 为电动机效率。

2.2.5 不凝性气体对循环性能的影响

系统中的不凝性气体(如空气等)往往积存在冷凝器上部,因为它不能通过冷凝器(或储液器)的液封。不凝性气体的存在使冷凝器内的压力增加,导致压缩机排气压力提高,比功增加,性能系数下降,压缩机容积效率降低,应及时排除。

2.2.6 单级压缩实际制冷循环的 $p-h$ 图

将实际循环偏离理论循环的各种因素综合在一起考虑，可以用图 2-20 表示。图中 4′—1 表示制冷剂在蒸发器中的蒸发和压降过程；1—1′表示蒸气在回热器（如果有的话）及吸气管道中的加热和压降过程；1′—1″表示蒸气经过吸气阀的过程；1″—2s 表示压缩机内的多方压缩过程；2s—2s′表示排气经过排气阀时的压降过程；2s′—3 表示蒸气经排气管道进入冷凝器的冷却、冷凝及压降过程；3—3′表示液体在回热器及管道中的降温、降压过程；3′—4′表示等焓节流过程。

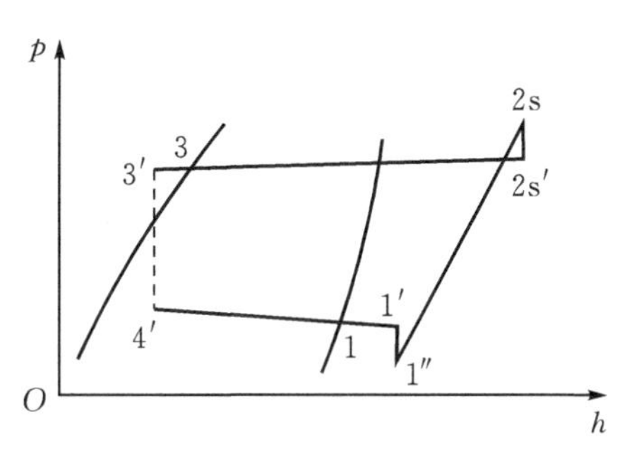

图 2-20 单级压缩实际制冷循环的压-焓图

2.3 单级蒸气压缩式制冷机的性能

蒸发温度和冷凝温度变化时，循环的单位制冷量、比功、制冷剂流量等都发生变化，使制冷机的制冷量、功耗等改变。

为方便起见，我们按理论循环分析温度变化时制冷机性能的变化规律，分析所得的结论也同样适用于实际循环。

压缩机的制冷量及理论功率分别用下式表示：

$$\Phi_0 = q_{v_h} q_{zv} \tag{2-29}$$

$$P_0 = q_m w_0 = \frac{q_{v_h}}{v_1} w_0 = q_{v_h} w_{0v} \tag{2-30}$$

式中，$w_{0v} = w_0 / v_1$，表示压缩机压缩并输送每立方米吸气状态下的蒸气所消耗的理论功，称为比容积压缩功，单位是 kJ/m^3。

由式(2-29)，(2-30)可知，压缩机理论输气量 q_{v_h} 为定值时，Φ_0 和 P_0 分别与 q_{zv} 和 w_{0v} 有关，因此可以通过分析温度变化时 q_{zv} 和 w_{0v} 的变化来了解 Φ_0 和 P_0 的变化规律。

2.3.1 蒸发温度对循环性能的影响

在分析蒸发温度对循环性能的影响时，假定冷凝温度不变。

蒸发温度由 t_0 降低到 $t_{0'}$ 时，循环由原来的 1—2—3—4—1 变为 1′—2′—3′—4′—1′，如图 2-21 所示。下面分别讨论蒸发温度改变时，单位容积制冷量、比容积功和性能系数的变化。

1. 单位容积制冷量

蒸发温度为 t_0 时，循环的单位制冷量 $q_0 = h_1 - h_4 = h_1 - h_3$ 。由于冷凝温度 t_k 不变，h_3 不变。仔细观察制冷剂的饱和蒸气线或饱和蒸气性质表就会发现，随着温度的降低，虽然饱和蒸气的比焓也随之降低，但是变化很小。因此，当蒸发温度由 t_0 降到 t'_0 时，h_1 稍有降低，$h_{1'} - h_3$ 稍低于 $h_1 - h_3$，图 2-22 示出了这种变化关系，该图针对氨制冷剂，对于其它制冷剂，其变化趋向是一致的。

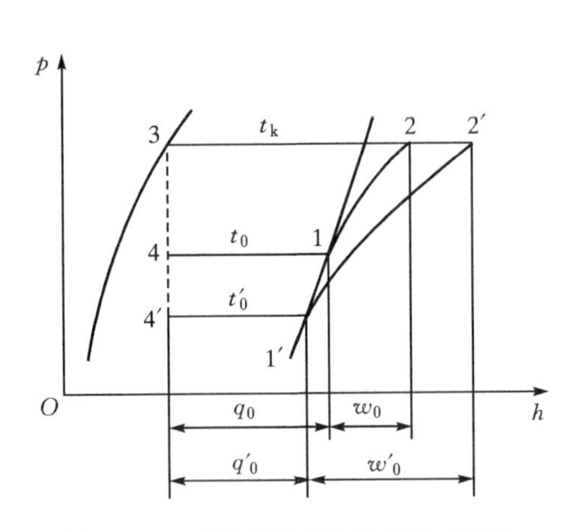

图 2-21　蒸发温度变化时循环的变化

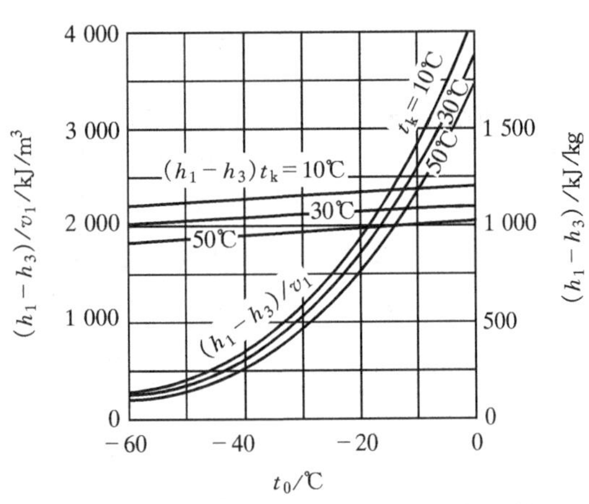

图 2-22　氨的单位制冷量及单位容积制冷量与蒸发温度的关系

单位容积制冷量为

$$q_{zv}=\frac{h_1-h_3}{v_1}$$

尽管 t_0 的变化对上式中的分子无多大影响，但由于 t_0 的降低使蒸发压力 p_0 下降，因而压缩机的吸气比体积 v_1 增大，使分母有较大改变，q_{zv} 随 t_0 的降低而迅速下降，如图 2-22 所示。这意味着对一台给定的压缩机，随 t_0 的下降，制冷量下降。

2. 比容积功

等熵压缩比功 $w_s=h_2-h_1$ 随 t_0 的降低而增加，这是因为压缩机的压力比随 t_0 的下降而增加，图 2-22 和 2-23 均表示了这一关系。但由于吸气比体积 v_1 也随 t_0 的降低而增加，故比容积功 w_{0v} 可能增加，也可能减少，无法直接判断出制冷机功率的变化规律。

为找出它们之间的变化规律，假定制冷剂蒸气为理想气体，绝热压缩时比容积功为

$$w_{0v}=w_0/v_1=\frac{k}{k-1}\frac{p_0v_1}{v_1}\left[\left(\frac{p_k}{p_0}\right)^{\frac{k-1}{k}}-1\right]$$

$$=\frac{k}{k-1}p_0\left[\left(\frac{p_k}{p_0}\right)^{\frac{k-1}{k}}-1\right]\qquad(2-31)$$

由上式可知，$p_0=0$ 及 $p_0=p_k$ 时，w_{0v} 均为零，所以当蒸发压力由 p_k 逐渐下降时，所消耗的比容积功开始逐渐增加，达到某一最大值时又逐渐减小，如图 2-23所示。这意味着，在蒸发压力降低的过程中，压缩机所需的功率先增加，后降低，中间经过一极值点。

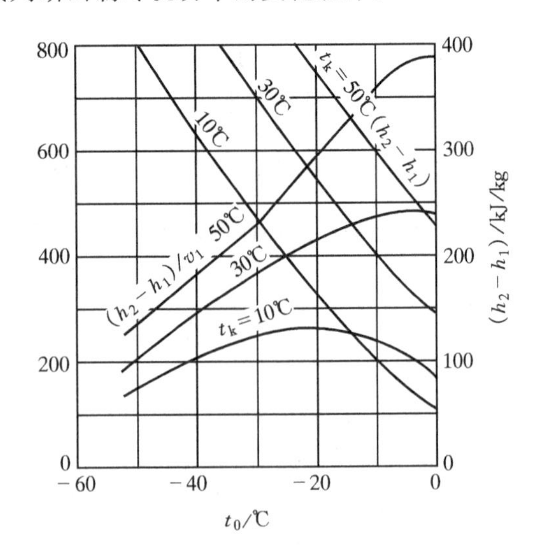

图 2-23　氨的理论比功和比容积功与蒸发温度的关系

压缩机的理论功率为

$$P_0 = q_{V_h} w_{0v} = \frac{k}{k-1} p_0 q_{V_h} \left[\left(\frac{p_k}{p_0} \right)^{\frac{k-1}{k}} - 1 \right] \tag{2-32}$$

对式(2－32)求导，令 $\left(\frac{\partial P_0}{\partial p_0}\right)_{p_k} = 0$，即可求出功率为最大值时的压力比

$$\left(\frac{\partial P_k}{\partial P_0}\right)_{P_0=\max} = k^{\frac{k}{k-1}} \tag{2-33}$$

通过对不同制冷剂的计算发现：

$$k^{\frac{k}{k-1}} \approx 3$$

因而可以近似认为，对于各种制冷剂，若冷凝温度固定不变，压力比大约等于 3 时所需功率最大。这一特性在选择压缩机的电动机功率时具有重要的意义。

3. 性能系数

性能系数是单位制冷量 q_0 与比功 w_0 之比值，当蒸发温度 t_0 降低时，性能系数下降，如图 2－24所示。

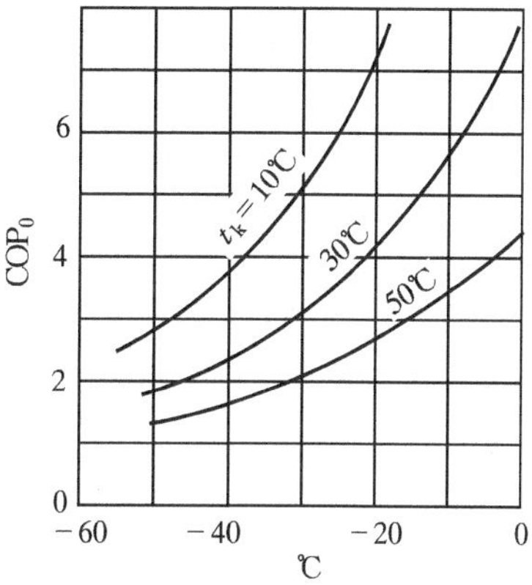

图 2－24　氨的性能系数与蒸发温度的关系

2.3.2　冷凝温度对循环性能的影响

在分析冷凝温度对循环性能的影响时，假定蒸发温度保持不变，循环变化如图 2－25 所示。当冷凝温度由 t_k 升高到 t'_k 时，循环由 1—2—3—4—1变为 1—2′—3′—4′—1。

1. 单位容积制冷量

冷凝温度为 t_k 时，单位质量制冷量 $q_0 = h_1 - h_4 = h_1 - h_3$。当 t_k 升高到 t'_k 时，h_3 增加，$h_1 - h_3$ 减小，如图 2－25 所示。由于 t_0 不变，压缩机吸入蒸气的比体积 v_1 没有变化，所以单位容积制冷量 q_0 随 t_k 的升高而降低，见图 2－25。因而制冷机的制冷量 Φ_0 随 t_k 的升高而降低。

2. 比容积功

理论比功 $w_0 = h_2 - h_1$。t_k 升高到 t'_k 时，压力比增大，h_2 增大到 $h_{2'}$。因为 h_1 没有变化，所以 w_{0v} 随 t_k 的升高而增加。由于 v_1 没有变化，所以比容积功 w_{0v} 随 t_k 的升高而增加，如图 2－23所示。压缩机所需的功率随 t_k 的升高而增加。

3. 性能系数

t_k 升高时，q_0 降低，w_0 升高，因而性能系数下降，如图 2－24 所示。

综上所述，随着蒸发温度的降低，循环的制冷量及性能系数均明显下降。因此在运行中只要能满足被冷却物体的温度要求，希望制冷机能保持较高的蒸发温度，以保证获得较大的制冷量和较好的经济性。由于冷凝温度的升高会使循环的制冷量及性能系数下降，故运行中要控制冷凝温度，不应使它过高。

压缩机出厂时，机器铭牌上标出的制冷量一般是名义工况下的制冷量。实际运行中，当冷凝温度或蒸发温度改变时，制冷机的性能可以从制造厂提供的运行特性曲线查取。图 2－26 为 810F 单级制冷压缩机的运行特性曲线。

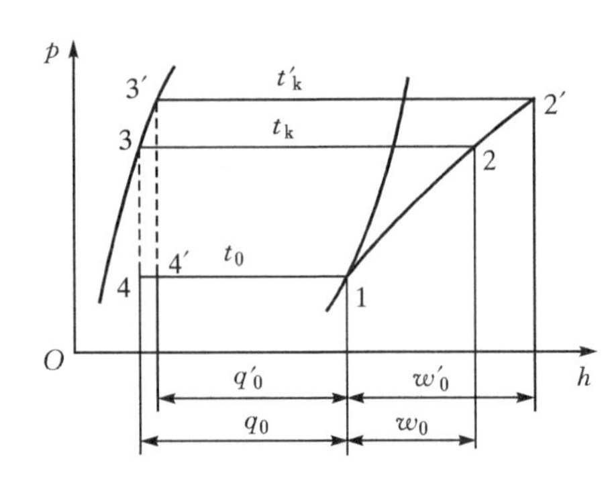

图 2-25　冷凝温度变化时循环的变化

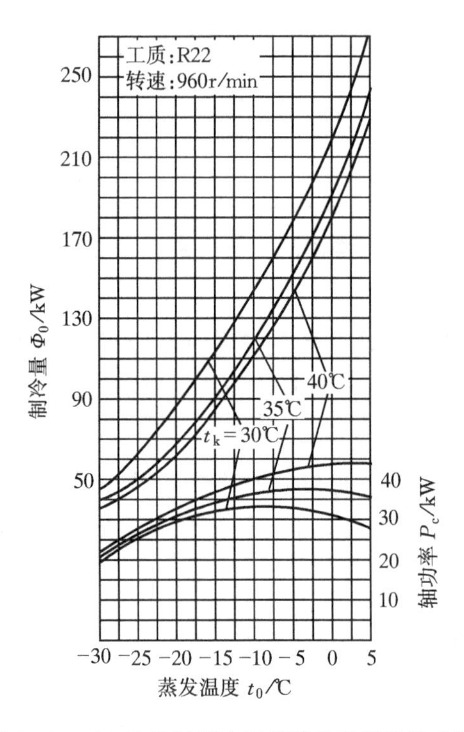

图 2-26　810F 单级制冷压缩机的运行特性曲线

2.4　制冷工况

制冷工况有两类:一类是制冷压缩机的工况,另一类是制冷机的工况。前者只是制冷机的一个组成部分,后者则包含了制冷压缩机、冷凝器、蒸发器和节流元件。制冷压缩机和制冷机的性能与它们的工作条件有关。不讲工作条件,只讲制冷量和性能系数是没有意义的。为了确定它们的特性,也为了对同类产品进行比较,制冷界的权威机构规定了一系列的工作条件,称为工况,用于产品的设计和性能考核。

2.4.1　制冷压缩机工况

制冷压缩机的工况包括名义工况、最大轴功率工况、最大压差工况等。每种工况均规定了一系列温度,如:排气饱和(冷凝)温度、吸入饱和(蒸发)温度、吸入温度等。

下面列出了活塞式单级制冷压缩机(表 2-5,2-6)、螺杆式制冷压缩机(表 2-7)、全封闭涡旋式制冷压缩机(表 2-8)的名义工况。

1. 活塞式单级制冷压缩机(GB/T 10079—2001)

有机制冷压缩机(制冷剂为有机物)名义工况见表 2-5,无机制冷压缩机(制冷剂为无机物)名义工况见表 2-6。

表 2－5　有机制冷压缩机名义工况　　单位：℃

<table>
<tr><th>类型</th><th>吸入压力饱和温度</th><th>排出压力饱和温度</th><th>吸入温度</th><th>环境温度</th></tr>
<tr><td rowspan="2">高温</td><td>7.2</td><td>54.4①</td><td>18.3</td><td>35</td></tr>
<tr><td>7.2</td><td>48.9②</td><td>18.3</td><td>35</td></tr>
<tr><td>中温</td><td>－6.7</td><td>48.9</td><td>18.3</td><td>35</td></tr>
<tr><td>低温</td><td>－31.7</td><td>40.6</td><td>18.3</td><td>35</td></tr>
</table>

①为高冷凝压力工况。
②为低冷凝压力工况。
名义工况的制冷剂液体过冷度为 0℃。

表 2－6　无机制冷压缩机名义工况　　单位：℃

类型	吸入压力饱和温度	排出压力饱和温度	吸入温度	制冷剂液体温度	环境温度
中低温	－15	30	－10	25	32

2. 螺杆式制冷压缩机(GB/T 19410—2008)

表 2－7　螺杆式制冷压缩机及机组名义工况　　单位：℃

<table>
<tr><th>类型</th><th>吸气饱和(蒸发)温度</th><th>排气饱和(冷凝)温度</th><th>吸气温度①</th><th>吸气过热度②</th><th>过冷度</th></tr>
<tr><td>高温(高冷凝温度)</td><td rowspan="2">5</td><td>50</td><td rowspan="2">20</td><td rowspan="2"></td><td rowspan="5">0</td></tr>
<tr><td>高温(低冷凝温度)</td><td>40</td></tr>
<tr><td>中温(高冷凝温度)</td><td rowspan="2">－10</td><td>45</td><td rowspan="3"></td><td rowspan="3">10 或 5①</td></tr>
<tr><td>中温(低冷凝温度)</td><td rowspan="2">40</td></tr>
<tr><td>低温</td><td>－35</td></tr>
</table>

① 用于 R717。
② 吸气温度适用于高温名义工况，吸气过热度适用于中温、低温名义工况。

表 2－7 适用的制冷剂为 R717，R22，R134a，R404A，R407C，R410A 和 R507A。采用其它制冷剂(如 R290，R1270 等)的压缩机及压缩机组可参照执行。

3. 全封闭涡旋式制冷压缩机(GB/T 18429—2001)

表2-8 全封闭涡旋式压缩机名义工况 单位:℃

类型	吸入饱和(蒸发)温度	排气饱和(冷凝)温度	吸气温度	液体温度	环境温度
高温	7.2	54.4	18.3	46.1	35
中温	−6.7	48.9	4.4	48.9	35
低温	−31.7	40.6	4.4	40.6	35

使用范围为:

高温型:蒸发温度−23.3~12.5℃,冷凝温度27~60℃,压力比≤6.0。

中温型:蒸发温度−23.3~0℃,冷凝温度27~60℃。

低温型:蒸发温度−40~12.5℃,冷凝温度27~60℃。

2.4.2 制冷机工况

制冷机工况没有表2-5至表2-8中规定的一系列温度,只规定了用冷空间的温度(或进入用冷空间低温介质的温度)和用于冷却冷凝器内制冷剂的介质(如冷却水)的温度,如:水冷式冷水机组中,从蒸发器流出的低温水的温度(7℃)和流量以及进入冷凝器的冷却水温度(30℃)和流量;又如:家用空调器的室内机侧空气温度和室外机侧空气温度。这是因为制冷机包含了压缩机、热交换器和节流元件。在设计和比较同类产品时,需同时考虑它们的性能及相互匹配。在同样的用冷要求和环境条件下,如何提高蒸发温度、降低冷凝温度正是企业竞争的主要目标,因而不应在设计和比较产品时,规定冷凝温度、蒸发温度及其它温度,只能按室内的要求和室外的条件设定工况。表2-9和表2-10为冷水机组和家用空调器的工况。

1. 蒸气压缩循环冷水(热泵)机组中的"工业或商业用及类似用途的冷水(热泵)机组"(GB/T 18430.1—2007)

表2-9 名义工况时的温度/流量条件

<table>
<tr><td rowspan="3">项目</td><td colspan="2">使用侧</td><td colspan="6">热源侧(或放热侧)</td></tr>
<tr><td colspan="2">冷、热水</td><td colspan="2">水冷式</td><td colspan="2">风冷式</td><td colspan="2">蒸发冷却式</td></tr>
<tr><td>水流量 /m^3/(h·kW)</td><td>出口水温 /℃</td><td>出口水温 /℃</td><td>水流量 /m^3/(h·kW)</td><td>干球温度 /℃</td><td>湿球温度 /℃</td><td>干球温度 /℃</td><td>湿球温度 ℃</td></tr>
<tr><td>制冷</td><td rowspan="2">0.172</td><td>7</td><td>30</td><td>0.215</td><td>35</td><td>—</td><td rowspan="2">—</td><td>24</td></tr>
<tr><td>制热(热泵)</td><td>45</td><td>15</td><td>0.134</td><td>7</td><td>6</td><td>—</td></tr>
</table>

对"户用及类似用途的冷水(热泵)机组","名义工况时的温度/流量条件"中没有"蒸发冷却式"部分,其余与表2-9相同。

2. 房间空气调节器(GB/T　7725—2004)

房间空气调节器按使用气候环境(最高温度)分为 T1,T2 和 T3 三类,见表 2-10。

表 2-10　房间空气调节器按使用气候环境　　单位℃

类型	T1	T2	T3
气候环境	温带气候	低温气候	高温气候
最高温度	43	35	52

表 2-11 为房间空气调节器试验工况,可同时供设计用。

表 2-11　房间空气调节器试验工况

工况条件			室内侧空气状态		室外侧空气状态	
			干球温度/℃	湿球温度/℃	干球温度/℃	湿球温度①/℃
制冷运行	额定制冷	T1	27	19	35	24
		T2	21	15	27	19
		T3	29	19	46	24
	最大运行	T1	32	23	43	26
		T2	27	19	35	24
		T3	32	23	52	31
	冻　　结	T1			21	—
		T2	21	15	10	—
		T3			21	—
	最小运行		21②	15	制造厂推荐的最低温度	
	凝露 冷凝水排除		27	24	27	24
制热运行	热泵额定制热	高温	20	15(最大)	7	6
		低温③			2	1
		超低温③			−7	−8
	最大运行		27	—	24	18
	最小运行④		20	—	−5	−6
	自动除霜		20	12	2	1
	电热额定制热		20	—	—	—

表中:①在空调器制冷运行试验中,空气冷却冷凝器没有冷凝水蒸发时,湿球温度条件可不作要求。

②21℃或高于 21℃时,控制器应使机组运行。

③制造厂规定适于在低温、超低温工况运行的空调器,应进行低温、超低温工矿的实验;若制热量(高温、低温和超低温)实验时发生除霜,则应采用空气焓值法进行制热量试验。

④如果空调器可在超低温下运行,其最小试验应在干球温度-7℃和湿球温度-8℃的工况下实验。

各类产品的制冷机工况可查阅国家标准或相关国际标准获取。

例 2-6　某工业用冷水机组,制冷剂为氨,需要制冷量$\Phi_0 = 58$ kW,空调用冷水温度$t_c = 7$ ℃,冷却水温度$t_w = 30$℃,蒸发器端部的传热温差取$\Delta t_0 = 5$ ℃,冷凝器端部的传热温差取$\Delta t_k = 10$ ℃,试作制冷机的热力计算。计算中取液体过冷度$\Delta t_g = 5$ ℃,吸气管路有害过热度$\Delta t_r = 5$℃,压缩机的容积效率$\eta_v = 0.8$,指示效率$\eta_i = 0.8$,轴效率$\eta_s = 0.68$。

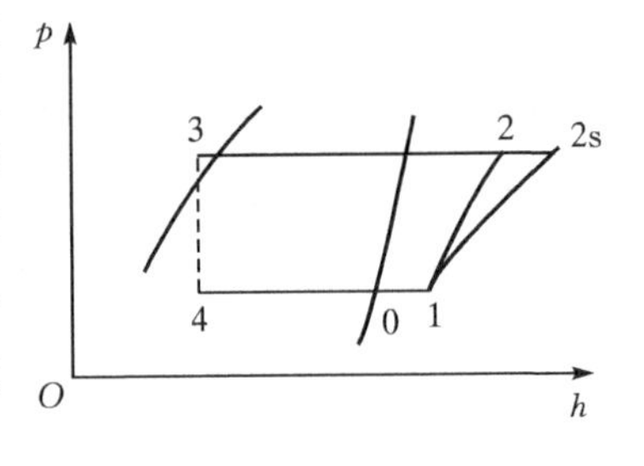

图 2-27　压-焓图

解　绘制制冷循环的压-焓图,如图 2-27 所示。

根据已知条件,制冷机的工作温度为

$$t_k = t_w + \Delta t_k = 30 + 10 = 40 \quad ℃$$

$$t_0 = t_c - \Delta t_0 = 7 - 5 = 2 \quad ℃$$

$$t_3 = t_k - \Delta t_g = 40 - 5 = 35 \quad ℃$$

$$t_1 = t_0 + \Delta t_r = 2 + 5 = 7 \quad ℃$$

计算氨的热力性质,得循环各特征点的的状态参数,见下表:

	t/℃	p/MPa	v/(m^3/kg)	h/(kJ/kg)	s/[kJ/(kg·K)]
0	2	0.4633		1607.5	
1	7	0.4633	0.27568	1620.8	6.1137
2	96.23	1.5567		1798.4	6.1137
3	35	1.5567		509.28	

①单位质量制冷量

$$q_0 = h_0 - h_4 = 1607.5 - 509.28 = 1098.2 \quad \text{kJ/kg}$$

②单位容积制冷量

$$q_{zv} = \frac{q_0}{v_1} = \frac{1098.2}{0.2757} = 3983.7 \quad \text{kJ/m}^3$$

③等熵压缩比功

$$w_0 = h_2 - h_1 = 1798.4 - 1620.8 = 177.6 \quad \text{kJ/kg}$$

④指示比功

$$w_i = \frac{w_0}{\eta_i} = \frac{177.6}{0.8} = 222.0 \quad \text{kJ/kg}$$

因为

$$w_i = h_{2s} - h_1$$

所以

$$h_{2s} = w_i + h_1 = 1620.8 + 222.0 = 1842.8 \quad \text{kJ/kg}$$

⑤性能系数

$$\text{COP}_0 = \frac{q_0}{w_0} = \frac{1098.2}{177.6} = 6.18$$

$$\text{COP}=\frac{q_0}{w_0/\eta_s}=\frac{1098.2}{177.6/0.68}=4.20$$

⑥冷凝器单位热负荷

$$q_k=h_{2s}-h_3=1842.8-509.28=1333.5\quad \text{kJ/kg}$$

⑦所需制冷剂流量

$$q_m=\frac{\Phi_0}{q_0}=\frac{58}{1098.2}=52.8\times10^{-3}\quad \text{kg/s}$$

⑧实际输气量和理论输气量

$$q_{v_s}=q_m v_1=52.8\times10^{-3}\times0.2757=14.56\times10^{-3}\quad \text{m}^3/\text{s}$$

$$q_{v_h}=\frac{q_{v_s}}{\eta_v}=\frac{14.56\times10^{-3}}{0.8}=24.5\times10^{-3}\quad \text{m}^3/\text{s}$$

⑨压缩机所需的等熵压缩功率和轴功率

$$P_0=q_m w_0=52.8\times10^{-3}\times177.6=9.38\quad \text{kW}$$

$$P_s=\frac{P_0}{\eta_s}=\frac{9.38}{0.68}=13.8\quad \text{kW}$$

⑩冷凝器热负荷

$$\Phi_k=q_m q_k=52.8\times10^{-3}\times1333.5=70.4\quad \text{kW}$$

例 2-7　某单位有一台 106F(6FS10)型制冷压缩机，欲用来配一座小型冷藏库，库温 $t_c=-10$ ℃，水冷冷凝器的冷却水温 $t_w=30$ ℃，试作运行工况下制冷机的热力计算。已知压缩机参数：缸径 $D=100$ mm，行程 $S=70$ mm，气缸数 $Z=6$，转速 $n=1440$ r/min，蒸发器的端部传热温差取 $\Delta t_0=10$ ℃，冷凝器的端部传热温差取 $\Delta t_k=8$ ℃，制冷剂为 R22，蒸发器出口的有用过热度为 10℃，过冷液体温度为 32℃，机械效率 $\eta_m=0.85$，指示效率 $\eta_i=0.65$，容积效率 $\eta_v=0.6$。

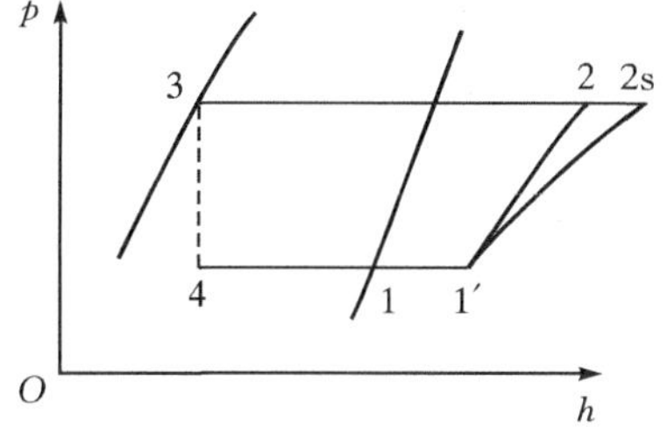

图 2-28　压-焓图

解　根据已知条件，制冷机在下列工况下运行：

$$t_k=t_w+\Delta t_k=30+8=38\quad ℃$$

$$t_0=t_c-\Delta t_0=-10-10=-20\quad ℃$$

$$t_{1'}=t_0+10=-20+10=-10\quad ℃$$

$$t_3=32\quad ℃$$

在 $p-h$ 图上绘制循环过程图，如图 2-28 所示。

计算 R22 的热力性质，得各状态点的参数如下表：

	t/℃	p/MPa	v/(m³/kg)	h/(kJ/kg)	s/[kJ/(kg·K)]
1	−20	0.245		397.06	
1′	−10	0.245	0.097407	403.71	1.8085
2	78.113	1.46		443.95	1.8085
3	32	1.46		239.16	

(1)循环特性计算如下

①压力比

$$\pi = \frac{p_k}{p_0} = \frac{1.460}{0.245} = 5.96$$

②单位质量制冷量

$$q_0 = h_{1'} - h_4 = 403.71 - 239.16 = 164.55 \quad \text{kJ/kg}$$

③单位容积制冷量

$$q_{zv} = \frac{q_0}{v_{1'}} = \frac{164.55}{0.0974} = 1689.3 \quad \text{kJ/m}^3$$

④等熵压缩比功

$$w_0 = h_2 - h_{1'} = 443.9 - 403.71 = 40.19 \quad \text{kJ/kg}$$

⑤指示比功

$$w_i = \frac{w_0}{\eta_i} = \frac{40.19}{0.65} = 61.83 \quad \text{kJ/kg}$$

⑥轴比功

$$w_s = \frac{w_i}{\eta_m} = \frac{61.83}{0.85} = 72.7 \quad \text{kJ/kg}$$

⑦性能系数

$$\text{COP}_0 = \frac{q_0}{w_0} = \frac{164.55}{40.19} = 4.09$$

$$\text{COP} = \frac{q_0}{w_s} = \frac{164.55}{72.7} = 2.26$$

⑧循环效率

卡诺循环性能系数　$$\text{COP}_c = \frac{T_c}{t_w - t_c} = \frac{273 - 10}{30 - (-10)} = 6.58$$

循环效率　$$\eta = \text{COP}/\text{COP}_c = \frac{2.26}{6.58} = 0.34$$

(2)制冷机的特性参数计算如下

①理论输气量

$$q_{v_h} = \frac{\pi}{4} D^2 SnZ = \frac{\pi}{4} \times 0.1^2 \times 0.07 \times 1440 \times 6/60 = 0.079 \quad \text{m}^3/\text{s}$$

②实际输气量

$$q_{v_s} = q_{v_h} \eta_v = 0.079 \times 0.6 = 0.0474 \quad \text{m}^3/\text{s}$$

③制冷机的质量流量

$$q_m = \frac{q_{v_s}}{v_{1'}} = \frac{0.0474}{0.0974} = 0.487 \quad \text{kg/s}$$

④制冷机的总制冷量

$$\Phi_0 = q_m q_0 = 0.478 \times 164.55 = 80.1 \quad \text{kW}$$

⑤压缩机的输入功率

等熵压缩功率　$$P_0 = q_m w_0 = 0.487 \times 40.19 = 19.6 \quad \text{kW}$$

指示功率　$$P_i = q_m w_i = 0.487 \times 61.83 = 30.1 \quad \text{kW}$$

轴功率
$$P_e = \frac{P_i}{\eta_m} = \frac{30.1}{0.85} = 35.4 \quad \text{kW}$$

⑥冷凝器的热负荷

$$h_{2s} = h_{1'} + \frac{h_2 - h_{1'}}{\eta_i} = 403.7 + \frac{443.9 - 403.7}{0.65} = 465.5 \quad \text{kJ/kg}$$

$$\Phi_k = q_m(h_{2s} - h_3) = 0.487 \times (465.5 - 239.2) = 110.2 \quad \text{kW}$$

2.5　CO_2跨临界循环

二氧化碳对环境友好，是第四代制冷剂中重要的一员。但受其临界温度的限制，无法在一些制冷装置，如汽车空调器或家用热水器中采用常规的蒸气压缩式循环。为此，开发了 CO_2 跨临界循环。循环如图 2-29 所示，1—2 为等熵压缩过程，2—3 为等压冷却过程，3—4 为绝热节流过程，4—1 为吸热过程。

CO_2 跨临界循环的等压冷却过程只冷却高温气体，因此热交换器称为气体换热器。从 $p-h$ 图可知，将不同压力的高温排气冷却到同一温度时（t_3），提高压力可增加制冷量。排气压力从 p_2 提高到 p_{2a}，比焓的增量 $\Delta h = h_4 - h_{4a}$。理论上，排气压力越高，Δh 越大。但从 $t = t_3$ 的等温线可知，压力达到一定值后，继续提高，Δh 增加很小，却因压力过高引起一系列问题，因而排气压力应适当。

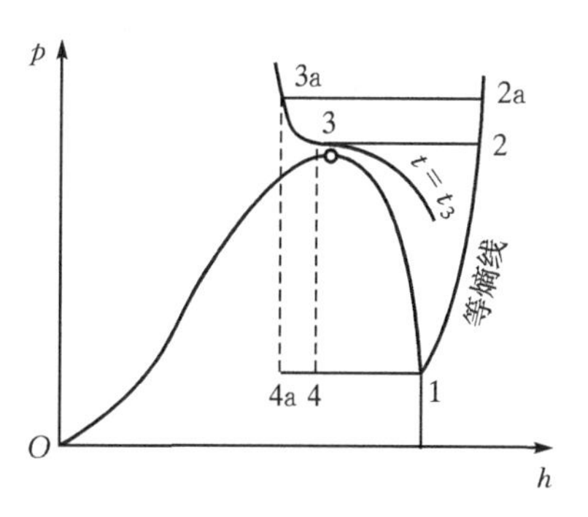

图 2-29　二氧化碳跨临界循环

对于 CO_2 跨越临界循环的应用，起初集中在两类装置（与超临界排热相适应）：一类是汽车空调，因为传统汽车空调的 R12 排放量占到制冷装置 CFC_S 总排放量的 60%。另一类是热泵式水加热器 HPWH（Heat Pump Water Heater），因为这类应用占到全球加热需求量的很大一部分。以后又产生了其它可能的应用。

1. CO_2 汽车空调

CO_2 跨越临界循环制冷在汽车空调上应用时，其循环原理如图 2-30(a)所示，系统组成如图 2-30(b)所示。

工作原理如下。压缩机排出的高压 CO_2 气（状态 2）到气体冷却器，被环境空气冷却（过程 2—3）；再到回热器进一步被压缩机的吸气冷却（过程 3—4）；高压 CO_2 气的排热过程经历温度降低和密度不断增大的过程，然后经膨胀阀节流（4—5），变成低压两相状态(5)；进入蒸发器蒸发（过程 5—6），产生制冷作用；蒸发器的回气到低压贮液器经气液分离后，再经回热器过热（过程 6—1）后，返回压缩机。循环的特性指标如下：

单位制冷量　$q_o = h_6 - h_5 \quad (\text{kJ/kg})$　(2-34)

单位放热量　$q_h = h_2 - h_3 \quad (\text{kJ/kg})$　(2-35)

单位压缩功　$w_o = h_2 - h_1 \quad (\text{kJ/kg})$　(2-36)

制冷量　$Q_o = m_r q_o \quad (\text{kW})$　(2-37)

循环的制冷性能系数　$\text{COP} = Q_0 / w_0$　(2-38)

式中：h_1, h_2, h_3, h_5, h_6 是温熵图上状态点的比焓；m_r 是制冷剂的质量循环量，kg/s。

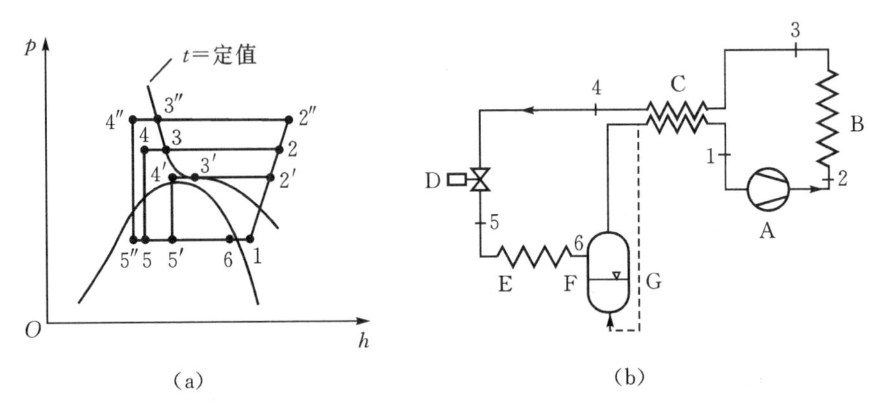

图 2-30　CO_2 跨临界循环在汽车空调上的应用

(a)循环图；　(b)系统组成图

A—压缩机；B—气体冷却器；C—回热器；D—膨胀阀；E—蒸发器；F—低压贮液器/分离器；G—回油毛细管

该系统与常规单级压缩制冷系统的不同，除了在临界点附近循环，高压气体不发生凝结外，还有以下特点：系统的压力很高，但高低压的压力比小。

图 2-30(a)同时示出通过改变压缩机排气压力 p_H，循环的制冷量和能耗将会如何变化。通常应将 p_H 调整得使 COP 接近最大值。需要时，还可以用进一步增大 p_H 的办法，以更高些的能耗为代价，使制冷能力提高到超过正常值。这是一个重要的优点，例如，在汽车客舱很热的条件下启动制冷系统时，就需要这样做，能够缩短舱内的降温时间，系统尺寸也可以较小，实际总能耗是节省的。

图 2-30(b)中低压贮液器/分离器和回热器对于保证系统发挥正常功能是必须的，有多重目的：

①允许蒸发器供液有一定的过量，以简化系统控制，并能增强蒸发器传热。

②用以收回或发送系统中多余的制冷剂，以调节高压侧的压力。

③保持系统内有足够的制冷剂液体量，以覆盖所有可能运行工况下的流量需求，并且补偿不可避免的制冷剂泄漏损失。

④保证压缩机回油，用毛细管或节流阀从贮液器将适量的油引回压缩机吸气管。

⑤在高环境温度下装置怠速运行时，用以提供足够的系统内容积，避免系统超压。

已开发出的 CO_2 制冷的汽车空调样机实验结果表明：CO_2 制冷系统在所有使用条件下工作得都很好。其能效特性甚至比传统的 R12 系统更好，主要原因是由于压缩过程在很低的压力比下进行，压缩效率高；由于平均压力相当高，流动压力损失微不足道；另外，蒸发器的传热好。

2. 热泵式水加热器

利用 CO_2 跨临界循环加热水的热泵装置的原理性系统与循环如图 2-31 所示。

图上方示出的系统组成与图 2—30(b)类似。$T-s$ 图中的虚线分别表示被加热水的温度变化和低温热源侧的温度变化。

就一般情况而言，多数热泵从环境(水或空气)大热源吸热，热源温度变化较小，蒸发器中制冷剂的定温蒸发过程很适宜这种传热情况。热泵向有限流量的水或空气排热，被加热的流体温度升高，所要求的流体温升值或大或小。在小型直接凝结的空气热泵中，被加热空气的温升范围从(15～20)K(常规分体式机组)直到(30～40)K(大型区域热网供热)，工业应用和直

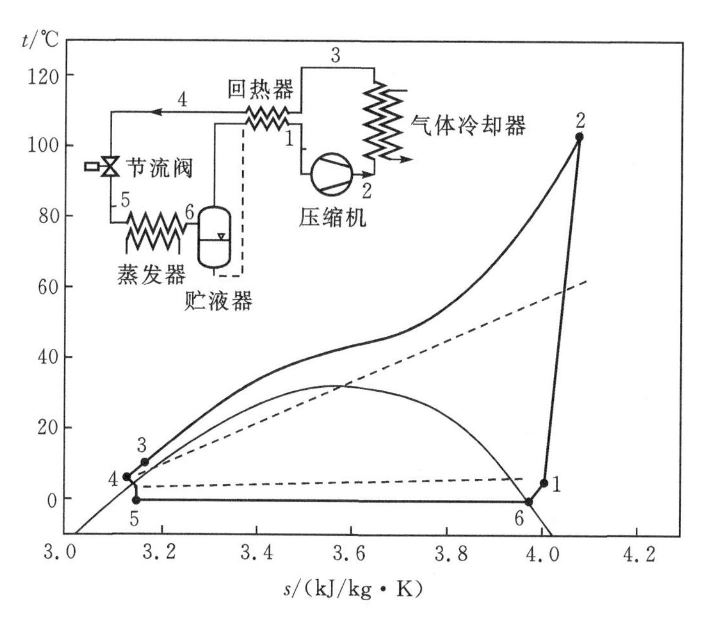

图 2-31　用于水加热的 CO_2 跨临界循环 $T-s$ 图

接对水罐加热的场合，则还要更高。这导致若用凝结排热的常规热泵循环方式，由于冷凝器中制冷剂定温排热与被加热流温升的不匹配，而要额外消耗相当多的功率。

这样的加热过程用 CO_2 跨临界循环就很相宜。从图 2-31 中可以看到，要提高热泵的效率，应使 CO_2 的排热温度曲线与被加热流体的吸热温度曲线形状相近似。

当要求加热水的温升较大时，用图 2-31 所示的 CO_2 单级压缩系统，适宜于要求加热温升(40～50)K 的场合(取决于热源温度)。这种情况下，与传统循环相比，它很容易将比功降低 40%，COP_H 也获得相应的改善。

当要求加热水温升较小时，上述系统的 CO_2 的排热温度曲线与被加热流体的吸热温度曲线匹配不理想，存在 COP_H 下降的问题。用分级压缩可以解决该问题。通过分级压缩，让 CO_2 的排热温度曲线与期望的形状相接近。图 2-32 示出一个两级压缩的 CO_2 热泵式水加热系统。将水的温度从 35℃加热到 60℃，适用于温带地区冬季供暖装置。图 2-33 利用 $T-s$ 图给出在同样制热能力和加热温度要求下，传统 R12 热泵循环与 CO_2 两级压缩热泵循环的比较。显然，由于热交换的温度匹配关系改善了，CO_2 系统的能效明显优于传统系统。

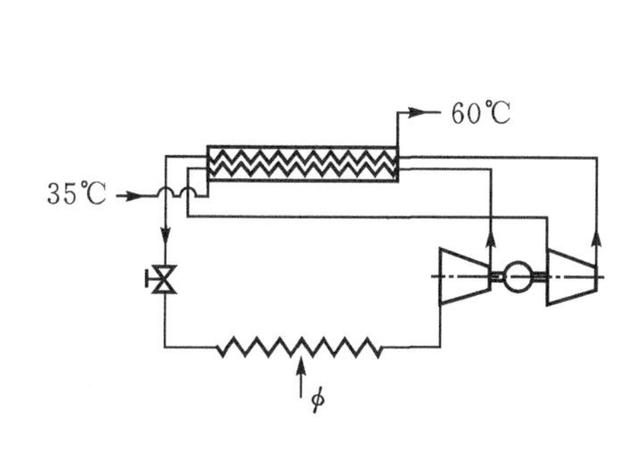

图 2-32　两级压缩的 CO_2 热泵式水加热系统

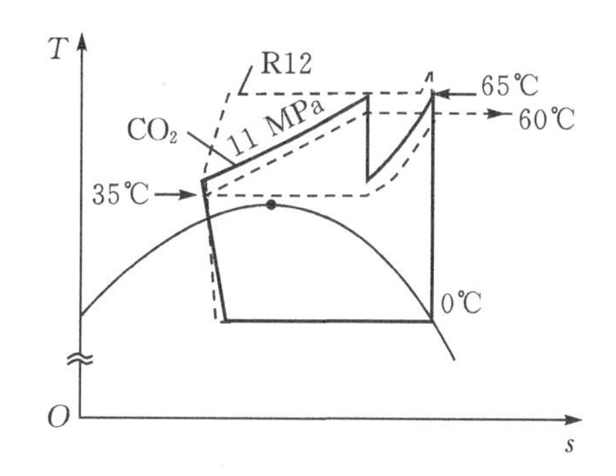

图 2-33　R12 热泵循环与 CO_2 两级压缩热泵循环的比较

CO_2 热泵热水器也可应用在寒冷气候地区,同时提供生活热水和房间供暖热水。对于提供供暖热水和生活热水的 CO_2 热泵热水器,气体冷却器可以有不同的布置方案,优化设计气体冷却器是提高 CO_2 热泵热水器节能性能的重要途径之一。

3. 在冷冻冷藏中的应用

CO_2 具有良好的安全性能,从环境问题、安全问题和成本价格等方面比较,除在热泵热水器和汽车空调方面的应用,它应用在较大用量的食品冷冻冷藏领域中也是很理想的制冷剂。当 CO_2 在冷冻冷藏领域内作为复叠式循环的低温级运行时,它是处在亚临界循环。这种系统的高温级制冷剂通常是丙烷、氨或 R404A。

另外,在整个制冷系统中也可以只使用 CO_2 制冷剂,构成单一 CO_2 系统。它与复叠式系统相比较的优点是没有蒸发/冷凝器,因而也就不存在蒸发/冷凝器的温差。其缺点是,高温级循环的冷凝压力会比使用常规制冷剂的系统高很多;例如在 25 ℃时 CO_2 的冷凝压力为 6.5 MPa,而 R404A 的冷凝压力为 1.25 MPa。当环境温度高时,则单一 CO_2 系统将在超临界的跨临界区域运行。一般而言,较高的冷凝/冷却温度将导致 COP 的损失。这种系统最适合于在寒冷的气候或温度较低的热汇时工作。这时装置将主要在亚临界区运行,从而提高循环的整体效率。

为了减少在高温级 CO_2 循环的压缩损失,可以使用带中间冷却器的二级或三级压缩循环。通过附加的中间冷却器可实现降低最佳压力,并可以从中间冷却器移走一定的热量,这将有效地改善循环效率。图 2-34 表示了一个带中间冷却器和内部热交换器的 CO_2 多级系统。从理论上分析,由于没有冷凝/蒸发器的温差,在一般情况下,单一 CO_2 多级系统的 COP 要高于复叠式 CO_2 系统。

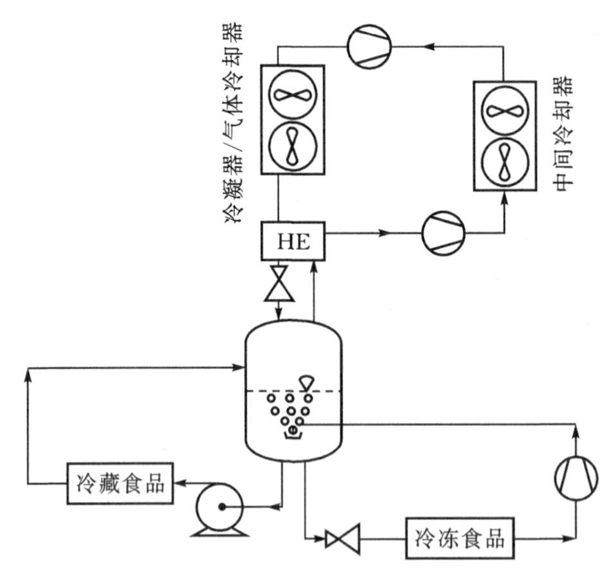

图 2-34　二氧化碳多级系统的示意图

在 CO_2 跨临界循环中,循环的节流损失远大于传统循环的节流阀损失,因此循环 COP 明显低于传统氟里昂制冷系统。用膨胀机代替节流阀,或用喷射器代替节流阀,是提高 CO_2 跨临界循环 COP 的一些方案。

思考题

1. 制冷剂在蒸气压缩式制冷循环中，热力状态是如何变化的？

2. 制冷剂在通过节流元件时压力降低，温度也大幅下降，可以认为节流过程近似绝热过程，那么制冷剂降温时的热量传给了谁？

3. 单级蒸气压缩式制冷理论循环有哪些假设条件？实际循环与理论循环有何区别？

4. 试画出单级蒸气压缩式制冷循环理论循环的 $p-h$ 图，并说明图中各过程线的含义。

5. 有一个单级蒸气压缩式制冷系统，高温热源温度为 30℃，低温热源温度为－15℃，不考虑传热温差，分别采用 R22，R134a，R717 为制冷剂工作时，试求其理论循环的性能指标。

6. 有一单级蒸气压缩式制冷循环用于空调，假定为理论制冷循环，工作条件如下：蒸发温度 $t_0=5$ ℃，冷凝温度 $t_k=40$ ℃，制冷剂 R134a，空调房间需要的制冷量为 3 kW，试求：该理论制冷循环的单位质量制冷量 q_0，制冷剂质量流量 q_m，理论比功 w_0，压缩机消耗的理论功率 P_0，性能系数 COP 和冷凝器热负荷 Φ_k。

7. 试述有效过热和无效过热的区别。什么是回热循环，回热循环对制冷循环有何影响？对哪些制冷剂有利，对哪些制冷剂不利？

8. 压缩机吸气管道中的热交换和压力损失对制冷循环有何影响？

9. 试分析蒸发温度升高、冷凝温度不变时，制冷循环性能指标的变化。

10. 制冷工况指的是什么？为什么说一台制冷机如果不说明工况，其制冷量是没有意义的？

11. 与逆向卡诺循环相比较，理论循环的不可逆性反映在哪些过程中？

12. 理论循环的不可逆损失在 $T-s$ 图上如何表示？

第3章

制冷剂

3.1 概　述

制冷剂在制冷机中循环流动，通过自身热力状态的变化不断与外界发生能量交换，实现制冷。

液体蒸发式制冷机中，制冷剂在要求的低温下蒸发，从被冷却对象中吸取热量；再在较高的温度下凝结，向外界排放热量。所以，只有在工作温度范围内能够汽化和凝结的物质才有可能作为制冷剂使用。多数制冷剂在常温和常压下呈气态。

乙醚是最早使用的制冷剂，标准蒸发温度为34.5℃。用乙醚作制冷剂时，蒸发压力低于大气压，空气容易渗入系统，引起爆炸。查尔斯·泰勒（Charles Tellier）用二甲基乙醚作制冷剂，其沸点为－23.6℃，蒸发压力比乙醚高得多。1866年，威德豪森（Windhausen）提出使用CO_2作制冷剂。1870年，卡尔·林德（Carl Linde）用NH_3作制冷剂。从此，大型制冷机中广泛用NH_3为制冷剂。1874年拉乌尔·皮克特（Raul Pictel）用SO_2作制冷剂。CO_2和SO_2在历史上是曾经起过重要作用的制冷剂。SO_2的标准沸点为－10℃，它作为制冷剂曾有60年之久的历史，但毒性大，后来逐渐被淘汰。CO_2的缺点是使用温度下的压力特别高（常温下冷凝压力高达8 MPa），致使机器设备笨重。但CO_2无毒，比较安全，曾在船用冷藏装置中延续应用了50年之久，直到1955年才被氟里昂制冷剂取代。

氟里昂是饱和碳氢化合物的氟、氯、溴衍生物之总称。18世纪后期人们就已经知道这类物质的化学组成，但用作制冷剂是1929—1930年由汤姆斯·米杰里（Thomes Midgley）首先提出的。最早使用的是R12，以后使用范围迅速扩大。不同的氟里昂物质在热力性质上各不相同，能适应不同制冷温度和容量的要求；其中许多物质，尤其是氯氟烃（碳氢化合物的氟、氯完全衍生物）在物理、化学性质上有许多优点（如无毒、无燃爆危险、不腐蚀金属、热稳定性与化学稳定性好），便于实用，对制冷工业带来了变革性的进步。已经成熟使用的氟里昂制冷剂以氯氟烃类物质为主（如R11，R12，R114，R115），还有某些不完全卤代烃（如R22）以及氟里昂制冷剂的混合物（如R500，R502，R503）。1974年发现大气臭氧层破坏的化学机制。到20世纪80年代，科学确认了氯氟烃是引起臭氧破坏和温室效应的物质。1987年在加拿大蒙特利尔（Montreal）联合国环境保护计划会议签署了“关于臭氧层衰减物质的蒙特利尔协定”。该协定规定了限制和禁止生产对臭氧层破坏作用大的物质，R11，R12，R113，R114，R115，R12B1，R13B1和R114B2是首批受禁物质，到21世纪完全停止生产。R22对环境的破坏相对小一些，但最终也将被禁止。自此开始了更新制冷剂的工作，以HFC类物质取代CFCs。高温制冷剂用R123，中温制冷剂用R134a和R152a，低温制冷剂用R23。

为了实现低碳经济,低温室效应的制冷剂正被开发应用。天然工质(如:CO_2,碳氢化合物)已成为新一代制冷剂的重要选项。工质R1234yf(学名2,3,3,3四氟丙烯)的ODP为零,GWP为4,正在深入的研究和推广应用中。

3.1.1 制冷剂的种类和符号表示

制冷剂按组成区分,有单一制冷剂和混合物制冷剂。按化学成分区分,主要有三类:无机物、氟里昂和碳氢化合物。

为了书写和表达方便,采用国际统一规定的符号作为制冷剂物质的简化代号。制冷剂符号由字母“R”和它后面的一组数字或字母组成。字母“R”表示制冷剂(Refrigerant),后面的字母数字是根据制冷剂的化学组成按一定规则编写,编写规则如下。

1. 无机化合物

符号为R7( )( )。括号内填入的数字是该无机物的分子量(取整数部分)。例如:

制冷剂	NH_3	H_2O	CO_2	SO_2	N_2O
分子量的整数部分	17	18	44	64	44
符号表示	R717	R718	R744	R764	R744a

上例中,CO_2和NO_2分子量的整数部分相同,为了区分,规定用R744表示CO_2,用R744a表示NO_2。

2. 氟里昂和烷烃类

烷烃化合物的分子通式为C_mH_{2m+2};氟里昂的分子通式为$C_mH_nF_xCl_yBr_z(n+x+y+z=2m+2)$。它们的简写符号为$R(m-1)(n+1)(x)B(z)$,如表3-1所示。

氟里昂还有另一种更直观的符号表示法:将符号中的首字母“R”换成物质分子中的组成元素符号。分子中含氯、氟、碳的完全卤代烃写作“CFC”;分子中含氢、氯、氟、碳的不完全卤代烃写作“HCFC”;分子中含氢、氟、碳的无氯卤代烃写作“HFC”。这样表示既从符号上使物质的元素组成一目了然,又将氟里昂物质进一步归成三类:CFC类;HCFC类;HFC类。例如

CFC类:R11,R12又可表示为CFC11,CFC12;

HCFC类:R21,R22又可表示为HCFC21,HCFC22;

HFC类:R134a,R152a又可表示为HFC134a,HFC152a。

表3-1 一些制冷剂简写符号的确定

化合物名称	分子式	m,n,x,z的值	符号表示	备注
二氟二氯甲烷	CF_2Cl_2	$m=1, n=0, x=2$	R12	化合物的同素异构体,在符号后加a,b,…以示区别。如丁烷R600,异丁烷R600a,R134,R134a,等。
二氟一氯甲烷	CHF_2Cl	$m=1,n=1,x=2$	R22	
三氟一溴甲烷	CF_3Br	$m=1,n=0,x=3,z=1$	R13B1	
四氟乙烷	$C_2H_2F_4$	$m=2,n=2,x=4$	R134	
甲烷	CH_4	$m=1,n=4,x=0$	R50	
乙烷	C_2H_6	$m=2,n=6,x=0$	R170	
丙烷	C_3H_8	$m=3,n=8,x=0$	R290	

3. 混合物

共沸混合制冷剂的符号为R5( )( )。括号中的数字为该混合物命名先后的序号,从00开始。例如,最早命名的共沸混合制冷剂符号为R500;以后命名的按先后次序符号依次为R501,R502,…,R506。

非共沸混合制冷剂的符号为R4( )( ),或直接写出混合物各组分的符号并用"/"分开,如R22和R152a的混合物写成R22/R152a或者HCFC22/HFC152a。

此外,其它物质的符号表示规定为:环烷烃及环烷烃的卤代物,首字母用"RC";链烯烃及链烯烃的卤代物,首字母用"R1",其后的数字列写规则与氟里昂及烷烃类符号表示中的数字列写规则相同。例如:丙烯(C_3H_6)的符号为R1270;八氟环丁烷(C_4F_8)的符号为RC318。

表3-2为美国供暖制冷空调工程师协会(ASHRAE)颁布的制冷剂标准符号。

表3-2　ASHRAE的制冷剂标准符号

代号	化学名称	分子式	代号	化学名称	分子式
	氟里昂			**混合工质**	
R10	四氯化碳	CCl_4	R404A	R125/R143a/R134a(44/52/4)	
R11	一氟三氯甲烷	$CFCl_3$	R410A	R32/R125(50/50)	
R12	二氟二氯甲烷	CF_2Cl_2	R502	R22/R115,(48.8/51.2)	
R13	三氟一氯甲烷	CF_3Cl	R507	R152/R143a/(50/50)	
R13B1	三氟一溴甲烷	CF_3Br		**碳氢化合物**	
R14	四氟化碳	CF_4	R50	甲烷	CH_4
R20	氯仿	$CHCl_3$	R170	乙烷	CH_3CH_3
R21	一氟二氯甲烷	$CHFCl_2$	R290	丙烷	$CH_3CH_2CH_3$
R22	二氟一氯甲烷	CHF_2Cl	R600	丁烷	$CH_3CH_2CH_2CH_3$
R23	三氟甲烷	CHF_3	R600a	异丁烷	$CH(CH_3)_3$
R30	二氯甲烷	CH_2Cl_2	R1150	乙烯	$CH_2=CH_2$
R31	一氟一氯甲烷	CH_2FCl	R1270	丙烯	$CH_3CH=CH_2$
R32	二氟甲烷	CH_2F_2		**有机氧化物**	
R40	氯甲烷	CH_3Cl	R610	乙醚	$C_2H_5OC_2H_5$
R41	氟甲烷	CH_3F	R611	甲酸甲脂	$HCOOCH_3$
R50	甲烷	CH_4		**烯烃类的卤代物**	
R110	六氯乙烷	CCl_3CCl_3	R1112a	二氟二氯乙烯	$CF_2=CCl_2$
R111	一氟五氯乙烷	CCl_3CFCl_2	R1113	三氟一氯乙烯	$CFCl=CF_2$
R112	二氟四氯乙烷	$CFCl_2CFCl_2$	R1114	四氟乙烯	$CF_2=CF_2$
R112a	二氟四氯乙烷	$CCl_2CF_2Cl_2$	R1120	三氯乙烯	$CHCl=CCl_2$
R113	三氟三氯乙烷	$CFCl_2CF_2Cl$	R1130	二氯乙烯	$CHCl=CHCl$
R113a	三氟三氯乙烷	CCl_3CF_3		**无机物(低温工质)**	
R124	四氟一氯乙烷	$CHFClCF_3$	R702	氢	H_2
R124a	四氟一氯乙烷	CHF_2CF_2Cl	R704	氦	He
R125	五氟乙烷	CHF_2CF_3	R720	氖	Ne

续表 3-2

代号	化学名称	分子式	代号	化学名称	分子式
R134a	四氟乙烷	CH_2CF_4	R728	氮	N_2
R140a	三氯乙烷	CH_3CCl_3	R729	空气	$0.21O_2$,
R142b	二氟一氯乙烷	CH_3CF_2Cl			$0.78N_2$, 0.01A
R123	三氟二氯乙烷	$CHCl_2CF_3$	R732	氧	O_2
R143a	三氟乙烷	CH_3CF_3	R740	氩	A
R150a	二氯乙烷	CH_3CHCl_2		**无机物(非低温工质)**	
R152a	二氟乙烷	CH_3CHF_2	R717	氨	NH_3
R161	四氟乙烷	CF_3CH_2F	R718	水	H_2O
R170	乙烷	CH_3CH_3	R744	二氧化碳	CO_2
R218	八氟丙烷	$CF_3CF_2CF_3$	R744a	氧化二氮	N_2O
R290	丙烷	$CH_3CH_2CH_3$	R764	二氧化硫	SO_2
	环状有机物			**脂肪族胺**	
RC316	六氟二氯环丁烷	$C_4F_6Cl_2$	R630	甲胺	CH_3NH_2
RC317	七氟一氯环丁烷	C_4F_7Cl	R631	乙胺	$C_2H_5NH_2$
RC318	八氟环丁烷	C_4F_8			

3.1.2 选择制冷剂的考虑

理想的制冷剂应具有：

①环境可接受性。制冷剂的臭氧破坏指数(ODP)为零，温室效应指数(GWP)尽可能小。

②热力性质满足使用要求。制冷剂在指定的温度范围内循环时，循环特性满意。包括压力和压力比适中(高压不过高；低压无负压；压力比不过大)；单位容积制冷量和单位质量制冷量大；排气温度不高；压缩的比功小；性能系数大。

③传热性和流动性好。可以使制冷机热交换设备的尺寸小(减少重量和材耗)和保证制冷剂流动中的阻力损失小。

④化学稳定性和热稳定性好，使用可靠。

⑤无毒，不燃、不爆，使用安全。

⑥价格便宜，来源广。

完全满足上述要求的制冷剂很难寻觅。各种制冷剂总是在某些方面有其长处，另一些方面又有不足。使用要求、机器容量、使用条件以及机器种类不同，对制冷剂性质要求的侧重面就不同，应按主要要求选择相应的制冷剂。但须指出，由于环境保护关系人类的生存和发展空间，所以环境指标是选择的硬指标。ODP 和 GWP 较高的制冷剂，即使其它性质再好，也只能割舍。

一旦选定制冷剂后，根据它的特点，又反过来要求制冷系统在流程安排、结构设计及运行操作等方面与之适应。这些都须在充分掌握制冷剂性质的基础上恰当地处理。

3.2　制冷剂的性质

3.2.1　环境影响指标

大气温室效应、平流层臭氧耗损和酸雨是三大环境公害。平流层臭氧吸收太阳辐射的紫外线，对地球生物起保护作用。氟里昂中含氯(以及溴)的物质比大气寿命长，它通过在大气中的逸散上升至臭氧层，在那里受紫外线激发分解出的氯离子与臭氧结合成氯的氧化物，使臭氧衰减。

考察物质对臭氧层的危害程度用臭氧衰减指数ODP表示；物质造成温室效应危害的程度用温室指数GWP表示。

ODP以R11为基准，取R11的ODP为1，其它物质的ODP是相对R11的比较值。GWP以CO_2为基准，取CO_2的GWP为1(100年)，其它物质的GWP是相对CO_2的比较值。一些制冷剂的ODP和GWP见表3-3。

3.2.2　热力性质及其对循环的影响

制冷剂的热力性质包括热力状态参数p,T,u,h,s，还有比热容c_p，绝热指数k，声速a等。工程计算时，可利用相应的图和表查取所需的热力参数值，也可以根据制冷剂热力性质的数学模型，计算得出。表3-3示出制冷剂的一般特性及环境评价指标。

表3-3　一些制冷剂的一般特性及环境评价指标

名　称	符号	摩尔质量/(g/mol)	标准沸点/℃	凝固温度/℃	临界温度/℃	临界压力/MPa	临界比体积/(10^{-3}/kg)	ODP	GWP
二氟二氯乙烷	R123	152.9	27.9	−107.0	183.8	3.67	1.818	0.02～0.06	70
四氟乙烷	R134a	102.0	−26.2	−101.0	101.1	4.06	1.942	0	1430
二氟一氯甲烷	R22	86.48	−40.84	−160.0	96.13	4.986	1.905	0.055	1810
二氟甲烷	R32	52.02	−51.2	−78.4	78.11	5.782	2.381	0	675
二氟乙烷	R152a	66.05	−25	−117	113.5	4.49	2.741	0	124
四氟乙烷	R161	48.06	−37.1		102.2	5.09		0	12
四氟甲烷	R14	88.01	−128.0	−184.0	−45.5	3.75	1.58	0	7390
五氟乙烷	R125	120.02	−48.14	−77.0	66.18	3.629	1.75	0	3500
三氟乙烷	R143a	84.041	−47.24	−111.8	72.707	3.761	2.32	0	756
甲烷	R50	16.04	−161.5	−182.8	−82.5	4.65	6.17	0	11
乙烷	R170	30.06	−88.6	−183.2	32.1	4.933	4.7	0	1
丙烷	R290	44.1	−42.17	−187.1	96.8	4.256	4.46	0	20
异丁烷	R600a	58.08	−11.8	−159.6	135	3.65	4.525	0	20
乙烯	R1150	28.05	−103.7	−169.5	9.5	5.06	4.62	0	20
丙烯	R1270	42.08	−47.7	−185.0	91.4	4.56	4.28	0	20

续表 3-3

名　称	符号	摩尔质量 /(g/mol)	标准沸点 /℃	凝固温度 /℃	临界温度 /℃	临界压力 /MPa	临界比体积 /(10^{-3}/kg)	ODP	GWP
氨	R717	17.03	−33.35	−77.7	132.4	11.52	4.13	0	1
水	R718	18.02	100.0	0.0	374.12	21.2	3.0	0	—
二氧化碳	R744	44.01	−78.52	−56.6	31.0	7.38	2.456	0	1
氢	R702	2.016	−252.8	−259.2	−240	1.297	32.24	—	—
氦	R704	4.003	−268.9	—	−268	0.227	14.31	—	—
氮	R728	28.016	−195.8	−210	−147	3.3944	3.195	—	—
空气	R729	28.96	−194.4	—	−140.7	3.7663	3.125	—	—
氧	R732	31.999	−183	−218.7	−118.6	5.046	2.294	—	—

在相同的工作温度下，不同制冷剂的制冷循环特性由它们的热力性质所决定。表 3-4 示出一些制冷剂在 t_k =30 ℃和 t_0 =−15 ℃时的理论循环特性。

表 3-4　一些制冷剂的主要热力性质和 30℃/−15℃的理论循环特性

制冷剂	CO_2	R717	R22	R134a	R152a	R290	R123
分子量 M(kg/kmol)	44.0	17.0	86.5	102.0	66.05	44.1	152.9
标准沸点 t_s /℃	−78.5*	−33.3	−40.8	−26.2	−25	−42.1	27.9
临界温度　t_c /℃	31.0	132.5	96.0	101.1	113.5	96.8	183.8
p_k /MPa	7.21	1.169	1.192	0.770	0.708	1.085	0.109 5
p_0 /MPa	2.29	0.236	0.296	0.164	0.151 7	0.292	0.015 96
$\pi=p_k/p_0$	3.15	4.95	4.03	4.69	4.67	3.72	6.86
q_0 /kJ/kg	132	1 094	162.9	148	246	285	142.7
v_1 /m^3/kg	0.016 6	0.507	0.077 6	0.121	0.204 8	0.153	0.872
q_{zv} /kJ/m^3	7 940	2 157	2 100	1 228	1 201	1 860	164
w /kJ/kg	48.6	230	34.9	33.2	46.5	60.5	30.6
$w_v=w/v_1$ /kJ/m^3	2 920	454	450	275.5	227.0	394	35.0
COP	2.72	4.76	4.66	4.46	5.29	4.71	4.66

* 注：−78.5℃是 CO_2 在大气压力下的固定升华温度

1. 制冷剂的饱和蒸气压力曲线

纯质的饱和蒸气压力是温度的单值函数，用饱和蒸气压力曲线可以描述这种关系。图 3-1给出一些制冷剂的饱和压力-温度关系曲线。

制冷剂在标准大气压(101.32 kPa)下的沸腾温度称为标准蒸发温度或标准沸点，用 t_s 表示。制冷剂的标准蒸发温度大体上可以反映用它制冷能够达到的低温范围。t_s 越低的制冷剂，能够达到的制冷温度越低。习惯上往往依据 t_s 的高低，将制冷剂分为高温、中温、低温制冷剂。

由图 3-1 可以看出，各种物质的饱和蒸气压力曲线的形状大体相似。所以，在某一相同温度下，标准蒸发温度高的制冷剂的压力低；标准蒸发温度低的制冷剂的压力高，即高温工质又属于低压工质；低温工质又属于高压工质。

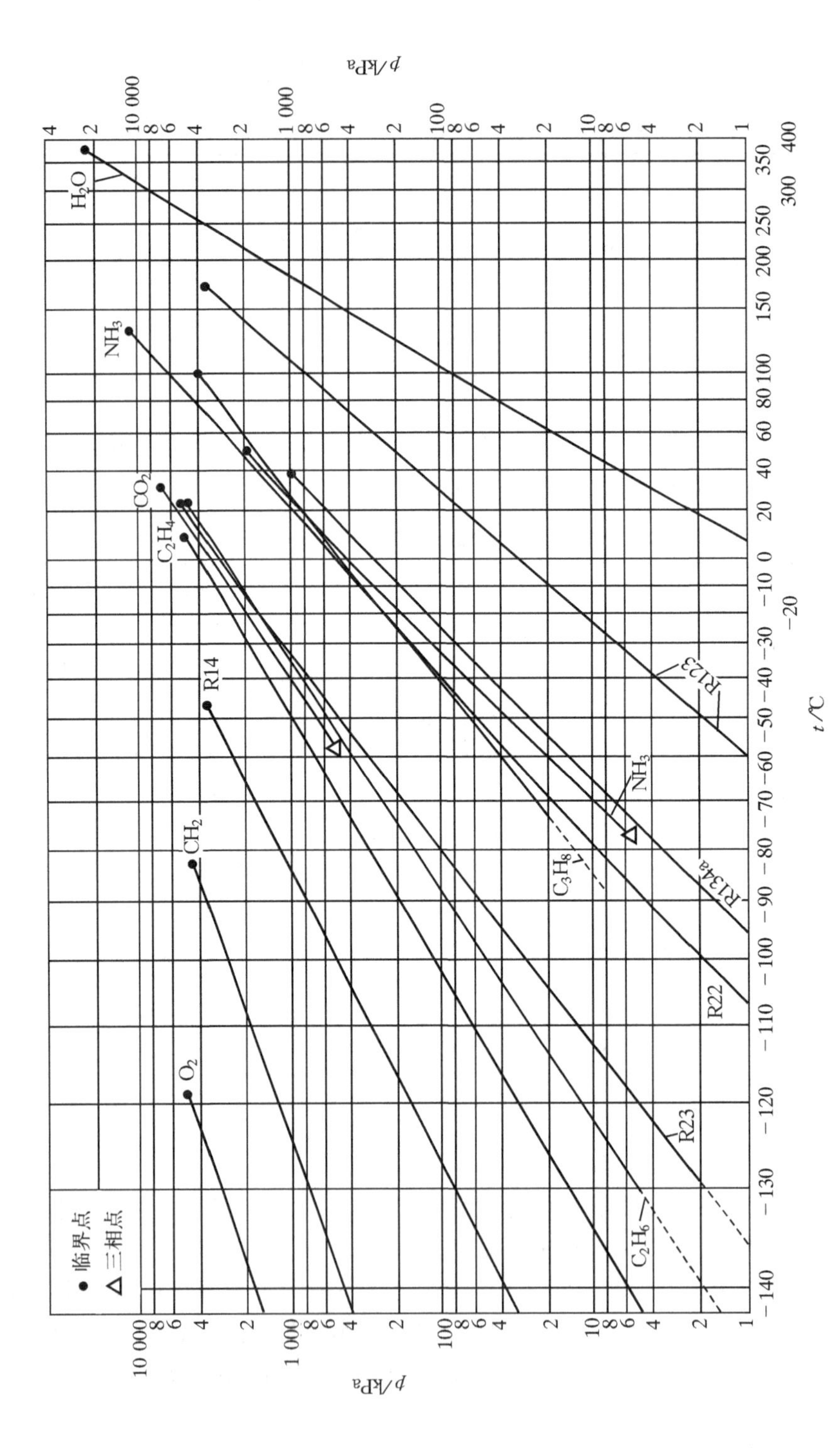

图 3-1　制冷剂的饱和蒸气压力曲线

制冷剂的饱和蒸气压力-温度特性决定了给定工作温度下制冷循环的压力和压力比。

2. 临界温度

临界温度是物质在临界点的温度，用 t_c 表示。它是制冷剂不可能加压液化的最低温度，即在该温度以上，再怎样提高压力，制冷剂也不可能由气体变成液体。

对于绝大多数物质，其临界温度与标准蒸发温度存在以下关系

$$T_s/T_c \approx 0.6 \tag{3-1}$$

这说明：低温制冷剂的临界温度也低；高温制冷剂的临界温度也高。不可能找到一种制冷剂，它既有高的临界温度又有低的标准沸点。因而对于每一种制冷剂，其工作温度范围是有限的。

常规的蒸发制冷循环，其冷凝温度应远离临界温度。冷凝温度 t_k 超过制冷剂的临界温度 t_c 时，无法凝结；t_k 略低于 t_c，虽然蒸气可以凝结，但节流损失大，循环的性能系数降低。爱森曼(Eiseman)发现，当对比冷凝温度 T_k/T_c 和对比蒸发温度 T_0/T_c 相同时，各种制冷剂理论循环的性能系数大体相等，这个结果可以从表 3-4 看出。CO_2 因为处于近临界循环，COP 值很低；R22，R290，R134a，R152a 的 COP 值比较接近。

3. 特鲁顿(Trouton)定律

大多数物质在标准蒸发温度下蒸发时，其摩尔熵增 Δs 的数值都大体相等，这就是特鲁顿定律

$$\Delta s = \frac{Mr_s}{T_s} \approx 76 \sim 88 \quad [\text{kJ/(kmol} \cdot \text{K)}] \tag{3-2}$$

式中　M 为制冷剂的千克摩尔分子量；r_s 为标准蒸发温度下的汽化潜热。Δs 又称特鲁顿数。

利用特鲁顿定律，可以推出制冷剂基本性质对制冷循环特性影响的一些规律：

①标准沸点相近的物质，分子量大的，汽化潜热小；分子量小的，汽化潜热大(见图 3-2)。

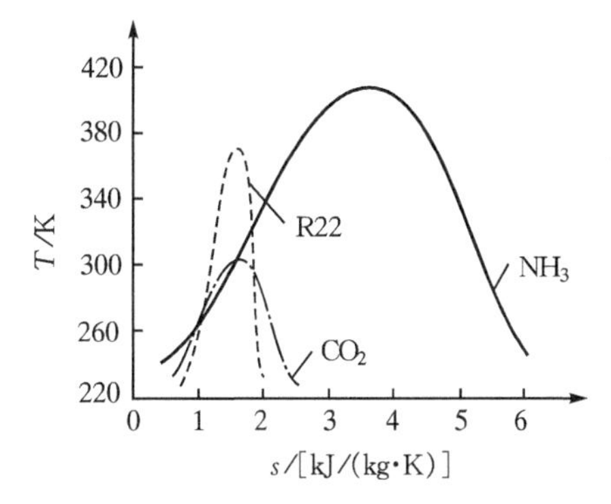

图 3-2　分子量不同的制冷剂的 $T-s$ 图

考虑到汽化潜热与制冷循环的单位质量制冷量 q_m 有关，所以分子量对 q_m 的影响也与以上分析相同。

②各种制冷剂在一个大气压力下汽化时，单位容积汽化潜热 r_s/v_s 大体相等。单位容积汽化潜热近似反映单位容积制冷量 q_{zv}，故相同蒸发温度下，压力高的制冷剂单位容积制冷量大，压力低的制冷剂单位容积制冷量小。此结论与表 3-4 中的数据一致。

4. 压缩终温 t_2

相同吸气温度下，制冷剂等熵压缩的终了温度 t_2 与其绝热指数 k 和压力比 π 有关。

t_2 是实际制冷机中必须考虑的一个安全性指标。若制冷剂的 t_2 过高，有可能引起它在高温下分解。常用的中温制冷剂 R717 和 R22，其排气温度较高，需要在压缩过程中采取冷却措施，以降低 t_2；而 R134a 和 R152a 的 t_2 较低，它们在全封闭式压缩机中使用，要比 R22 好得多。

3.2.3 黏性和导热性

制冷剂的这些性质对制冷机辅机(特别是热交换设备)的设计有重要影响。

黏性反映流体内部分子之间发生相对运动时的摩擦力。黏性的大小与流体种类、温度、压力有关。衡量黏性的物理量是动力黏性系数 μ($N \cdot s/m^2$)和运动黏性系数 ν(m^2/s),两者之间的关系是

$$\nu = \mu/\rho \tag{3-3}$$

式中 ρ——流体密度,kg/m^3。

制冷剂的导热性用导热系数 λ[$W/(m \cdot K)$]表示。气体的导热系数很小,并随温度的升高而增大,在制冷技术常用的压力范围内,气体的导热系数实际上不随压力而变化。液体的导热系数主要受温度影响,受压力影响很小。

3.2.4 制冷剂与润滑油的溶解性

蒸气压缩式制冷机中,除离心式制冷机外,制冷剂都要与压缩机润滑油充分接触。两者的溶解性对系统中机器设备的工作和系统的流程设计都有影响。

制冷剂与油的溶解性分为有限溶解和完全溶解两种情况。完全溶解时,制冷剂与油混合成均匀溶液。有限溶解时,制冷剂与油的混合物出现明显分层。一层为贫油层(富含制冷剂);另一层为富油层(富含油)。

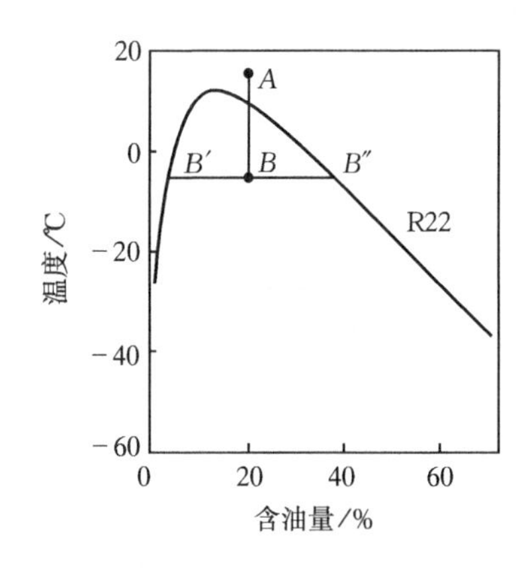

图 3-3 制冷剂的溶油性临界曲线

因溶解度与温度有关,所以有限溶解与完全溶解可以相互转化。图3-3示出制冷剂的溶油性临界曲线。图中曲线包围的区域为有限溶油区;曲线上方为完全溶油区。例如:R22与油的混合物,含油浓度20%,温度为18 ℃,该状态处于图中 A 点,在临界曲线之上,因而混合物是互溶的,不出现分层。但若温度降到-5 ℃,如图中 B 点所示,B 状态进入有限溶油区,液体混合物将出现分层。过 B 点作水平线与临界曲线有两个交点 B' 和 B''。它们所对应的横坐标值分别代表了贫油层中的油质量分数和富油层中的油质量分数。

氨与油是典型的有限溶解。氨在油中的溶解度不超过1%(wt)。氨比油轻,混合物分层时,油在下部,可以方便地从下部将油引出(回油或放油)。

氟里昂制冷剂若溶油性差,会带来种种不利。因为氟里昂一般都比油重,发生分层时,下部为贫油层。对满液式蒸发器,油浮在上面,造成机器回油困难;另外,上面的油层影响蒸发器下部制冷剂的蒸发。对干式蒸发器,因为制冷剂是在管内沿程蒸发的,靠制冷剂气流裹挟油滴回油,回油情况好坏取决于气流速度和油黏性。制冷剂溶油越充分,越容易将油带回压缩机。对压缩机,运行时曲轴箱处于低压高温,制冷剂在油中含量低;停机时,油池中制冷剂含量增多,出现分层,下部为贫油层;再开机时油泵吸入贫油液体,使压缩机供油不充分,影响润滑,因而氟里昂制冷机中要求采用与制冷剂互溶性好的润滑油。传统氟里昂(R12,R22)的冷冻机油

为烷基苯油，这类油对不含氯的氟里昂制冷剂（HFC 类）的溶解性很差。因此，在更新制冷剂的同时也必须更新润滑油。有关新冷冻油的研究表明：与 HFC 类制冷剂的互溶性以酯类润滑油（Ester）最好；其次是聚烯醇类润滑油（PAG）和氨基油。

图 3－4 是制冷剂 R134a 与酯基油 SE55 的溶解性曲线。可以看出，在高温区和低温区各有一个有限溶油区。图 3－5 给出二元混合物 R152a/R23 与酯基透平油 E3 的溶解性。当混合物中 R152a 的含量超过 80％时，能够与油完全溶解；随着 R152a 含量的减少，混合物与油的互溶性变差。图 3－6 示出 R134a 与酯基透平油 E3 的溶解性以及在 R134a 中添入 R152a 对溶油性的改善。

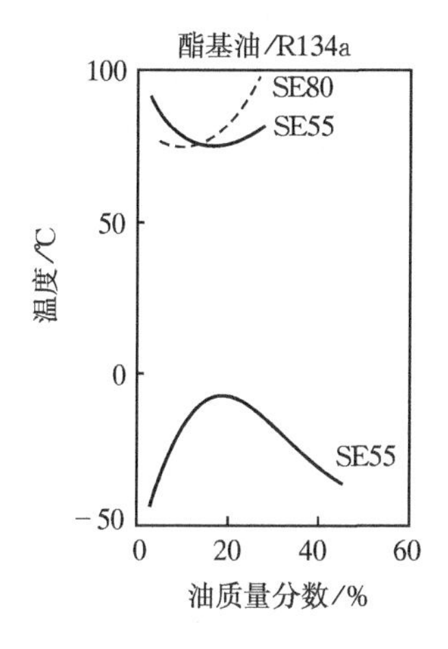

图 3－4　R134a 与酯基油 SE55 的溶解性曲线

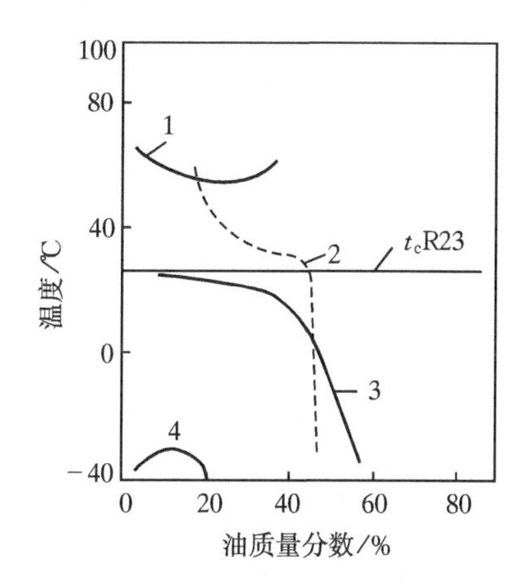

图 3－5　混合物 R152a/R23 与酯基透平油 E3 的溶解性曲线

R152a 在混合物中的质量成分是：

1—50％；2—20％；3—0(R23)；

＞80％时，完全溶解

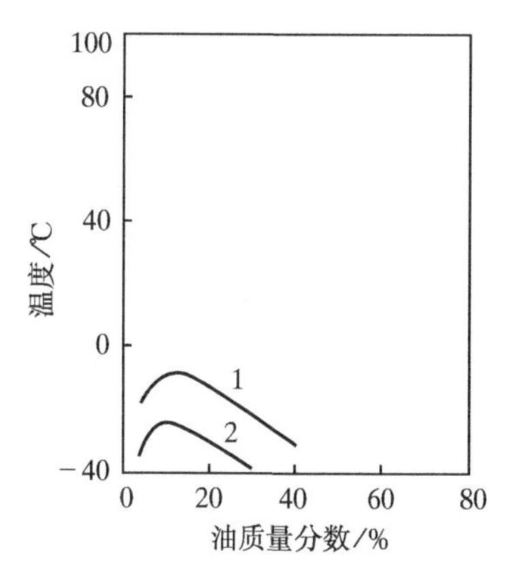

图 3－6　混合物 R134a/R152 与酯基透平油 E3 的溶解性曲线

R152a 在混合物中的质量成分是：

1—0(R134a)；2—17％；＞50％时混合物与油完全溶解

3.2.5　其它物理、化学性质

1. 安全性

安全性包括两个方面:可燃性和毒性。

(1) 可燃性　可燃性的评价指标有:可燃性低限 LFL 和燃烧热 HOC。

LFL 为“引起燃烧的空气中制冷剂含量(单位为 kg/m^3 或百分比含量)的低限值”;HOC 为“单位质量制冷剂燃烧的发热量(单位为 kJ/kg)”。

(2) 毒性　制冷剂毒性的评价指标为 TLV,它是“造成中毒的制冷剂气体在空气中体积限量的极限值”。

(3) 安全等级　综合毒性和可燃性,制订出制冷剂的安全等级。表 3-5 为制冷剂安全等级分类,共分为 A1,A2,A3 和 B1,B2,B3 六类。

表 3-5　制冷剂安全等级分类(ANSI/ASHRAE34—1992)

毒性 / 可燃性	低毒性 $TLV_s > 4\times10^{-4}$	高毒性 $TLV_s < 4\times10^{-4}$
无火焰传播,不可燃	A1	B1
$LFL > 0.1 kg/m^3$,低度可燃 $HOC < 19000$ kJ/kg	A2	B2
$LFL < 0.1 kg/m^3$,高度可燃 $HOC > 19000$ kJ/kg	A3	B3

表 3-6 中列出了一些制冷剂的毒性指数、可燃性指数和安全等级。

表 3-6　一些制冷剂的 TLV,LFL,HOC 和安全等级

制冷剂	安全性指数			
	TLV/ppm	LFL/%	HOC/(MJ/kg)	安全等级
R50		5.1		A3
R14		无		A1
R161		3.8	2.2	
R22		无		A1
R23	1000	无	12.5	A1
R290	1000	2.1	50.4	A3
R744	5000	无		A1
R600a	800	1.8	49.1	A3
R32	1000	12.7	9.4	A2
R403A		无		A1
R402A		无		A1

续表 3-6

制冷剂	安全性指数			
	TLV/ppm	LFL/%	HOC/(MJ/kg)	安全等级
R143a		7.0	10.3	A2
R407C		无		A1
R507		无		A1
R404A		无		A1
R134a	1000	无		A1
R717	25	15	22.5	B2

需要说明，有些制冷剂虽然无毒，但在空气中若浓度高到一定程度，会由于缺氧窒息造成对人体的伤害。另外，含 Cl 的氟里昂物质(如 R22)遇到明火时会分解出剧毒的光气。这些都必须在使用中注意防范。

2. 电绝缘性

在全封闭和半封闭式压缩机中，电动机的绕组与制冷剂和润滑油直接接触。因此，要求制冷剂和润滑油有较好的电绝缘性。通常制冷剂和润滑油的电绝缘性都能满足要求，但微量杂质和水分的存在，会造成冷冻机油和制冷剂电绝缘性降低。

3. 制冷剂的溶水性

氟里昂和烃类物质都很难溶于水；氨易溶于水。

对于难溶于水的制冷剂，若系统中的含水量超过制冷剂中水的溶解度，则系统中存在游离态的水。当制冷温度到达 0℃以下时，游离态的水便会结冰，堵塞膨胀阀或其它狭窄流道。冰堵使制冷机无法正常工作。

对于溶水性强的制冷剂，尽管不出现冰堵问题，但制冷剂溶水后发生水解作用，生成的物质对金属材料有腐蚀。所以，制冷系统中必须严格控制含水量，勿使超过限定值。

4. 热稳定性与化学稳定性

(1)热稳定性　在普通制冷温度范围内，制冷剂是稳定的。制冷剂的最高温度不允许超过其分解温度。例如，氨的最高温度(压缩终温)不得超过 150℃；R22 不允许超过 145℃。

(2)制冷剂对金属的作用　烃类制冷剂对金属不腐蚀。纯氨对钢铁不腐蚀；对铝、铜或铜合金有轻微腐蚀。但若氨中含水，则对铜和几乎所有铜合金(磷青铜除外)产生强烈腐蚀作用。

氟里昂几乎对所有金属都不腐蚀，但对镁和含镁 2%以上的铝合金是例外。氟里昂中含水时，将水解生成酸性物质，对金属产生腐蚀。氟里昂与润滑油的混合物能够溶解铜，被溶解的铜离子随着制冷剂循环再回到压缩机并与钢或铸铁件相接触时，又会析出并沉积在这些钢铁构件表面上，形成一层铜膜，这就是所谓的“镀铜现象”。这种现象随系统中水分含量的提高和温度的升高而加剧，特别是在轴承表面、吸排气阀、气缸壁、活塞环等光洁而又经常摩擦的表面。“镀铜”会破坏轴封的密封性，影响阀隙流道，影响气缸与活塞的配合间隙，对制冷机的运行不利。

(3)制冷剂对非金属的作用　氟里昂制冷剂是一种良好的有机溶剂，很容易溶解天然橡胶和树脂材料；氟里昂对高分子化合物虽不溶解，却能使之变软、膨胀和起泡，即对高分子化合物具有所谓的“膨润作用”。在选择制冷系统的密封材料和封闭式压缩机的电器绝缘材料时，必须注意不可使用天然橡胶和树脂化合物，而应该采用耐氟材料，如：氯丁乙烯、氯丁橡胶、尼龙或其它耐氟的塑料制品。

3.2.6　热力性质计算公式

制冷剂热力性质用实测数据和计算公式确定。热力性质的计算公式包括：状态方程、饱和气体压力方程、饱和液体密度方程、理想气体比热容方程，以及由这些方程推出的比焓方程、比熵方程和潜热方程。这些方程中的系数由实验数据拟合确定。

今以 R134a 为例，展示状态参数的计算公式及相关系数。计算公式为马丁-侯(Martin - Hou)状态方程及相应的公式。

(1) 饱和气体压力

$$\ln p_s = A + \frac{B}{T} + CT + DT^2 + \frac{E(F-T)}{T}\ln(F-T) \tag{3-4}$$

式中　A,B,C,D,E,F ——常系数：

$A = 24.8033988$　　$B = -0.3980408\times10^{4}$

$C = -0.2405332\times10^{-1}$　　$D = 0.2245211\times10^{-4}$

$E = 0.1995548$　　$F = 0.3748473\times10^{3}$

(2) 饱和液体密度

$$\rho_L = \rho_c + \sum_{n=1}^{4} D_n\,(1-T_r)^{n/3} \tag{3-5}$$

式中　ρ_c ——临界密度，$\rho_c = 512.2\ \ \mathrm{kg/m^3}$；

T_r ——对比态温度，$T_r = T/T_c$；

T_c ——临界温度，$T_c = 374.25\ \ \mathrm{K}$；

D_1,D_2,D_3,D_4 ——常系数：

$D_1 = 819.6183$　　$D_2 = 1023.582$

$D_3 = -1156.757$　　$D_4 = 789.7191$

(3) 状态方程

$$p = \frac{RT}{(v-b)} + \frac{A_2 + B_2T + C_2e^{-KT_r}}{(v-b)^2} + \frac{A_3 + B_3T + C_3e^{-KT_r}}{(v-b)^3} + \frac{A_4}{(v-b)^4} + \frac{A_5 + B_5T + C_5e^{-KT_r}}{(v-b)^5} \tag{3-6}$$

式中　R ——气体常数，$R = 81.4881629\times10^{-3}\ \mathrm{kJ/(kg\cdot K)}$；

$b,K,A_2,B_2,C_2,A_3,B_3,C_3,A_4,A_5,B_5,C_5$ ——常系数：

$b = 0.3455467\times10^{-3}$　　$K = 5.475$

$A_2 = -0.1195051$　　$B_2 = 0.1137590\times10^{-3}$

$C_2 = -3.531592$　　$A_3 = 0.1447797\times10^{-3}$

$B_3 = -0.8942552\times10^{-7}$　　$C_3 = 0.6469248\times10^{-2}$

$A_4 = -1.049005\times10^{-7}$　　$A_5 = -6.953904\times10^{-12}$

$B_5 = 1.269806\times10^{-13}$　　$C_5 = -2.051369\times10^{-9}$

(4) 理想气体定压比热容

$$C_p^0 = c_1 + c_2 T + c_3 T^2 + c_4 T^3 + c_5 T^{-1} \tag{3-7}$$

式中　c_1, c_2, c_3, c_4, c_5 ——常系数：

$c_1 = -0.5257455 \times 10^{-2}$　　$c_2 = 0.3296570 \times 10^{-2}$

$c_3 = -2.017321 \times 10^{-6}$　　$c_4 = 0.0$

$c_5 = 15.82170$

(5) 比焓

$$\begin{aligned} h = & h_0 + (pv - RT) + \left(c_1 T + c_2 \frac{T^2}{2} + c_3 \frac{T^3}{3} + c_4 \frac{T^4}{4} + c_5 \ln T\right) \\ & + \left[\frac{A_2}{(v-b)} + \frac{A_3}{2(v-b)^2} + \frac{A_4}{3(v-b)^3} + \frac{A_5}{4(v-b)^4}\right] \\ & + e^{-KT_r}(1 + KT_r)\left[\frac{c_2}{(v-b)} + \frac{c_3}{2(v-b)^2} + \frac{c_5}{4(v-b)^4}\right] \end{aligned} \tag{3-8}$$

(6) 比熵

$$\begin{aligned} s = & s_0 (c_1 \ln T + c_2 T + c_3 T^2/2 + c_4 T^3/3 - c_5/T) \\ & + R \ln \frac{(v-b) p_1}{RT} - \left[\frac{B_2}{(v-b)} + \frac{B_3}{2(v-b)^2} + \frac{B_5}{4(v-b)^4}\right] \\ & + \frac{K}{T_c} e^{-KT_r}\left[\frac{C_2}{(v-b)} + \frac{C_3}{2(v-b)^2} + \frac{C_5}{4(v-b)^4}\right] \end{aligned} \tag{3-9}$$

式中　p_1 ——标准大气压力，$p_1 = 101.325$ kPa。

3.3　混合制冷剂

混合制冷剂是由两种或两种以上纯制冷剂组成的混合物。由于纯制冷剂在品种和性质上的局限，采用混合物做制冷剂为调制制冷剂的性质和扩大制冷剂的选择提供了更大的自由度。

混合物按其定压下相变时的热力学特征有非共沸混合物与共沸混合物之分。可用 $T-x$ 相图反映这两类混合物之不同，如图 3-7 所示。

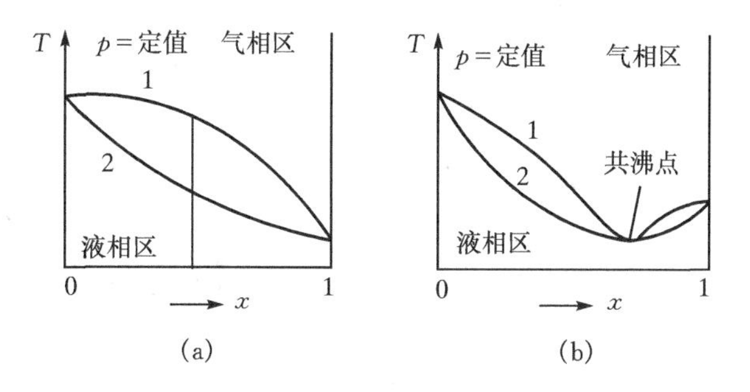

图 3-7　混合物的 $T-x$ 相图

(a)非共沸混合物；(b)共沸混合物；1—露点线；2—泡点线

非共沸混合物有图 3-7(a)所示的特征。在定压下沸腾时，露点线与泡点线呈鱼形。混合物在定压下相变(蒸发或凝结)时，有温度变化，变化量为混合成分 x 所对应的露点与泡点温度之差,称为相变温度滑移。另外,在相变过程中,气相与液相的成分不相同,而且各自都是变化的,直到相变完成。

共沸混合物有图 3-7(b)所示的特征。泡点线与露点线存在一个相切点,该点称共沸点。在共沸点处,定压相变过程中温度滑移为零(定温),且气相与液相的成分相同。所以,共沸混合物具有与纯物质相同的热力特征,可以像纯制冷剂一样使用。

另外,还有一些混合物,尽管不具备共沸特征,但泡点线与露点线很靠近,故定压相变时的温度滑变不大,可视作近似等温,这类混合物叫做近共沸混合物。

3.3.1 共沸混合制冷剂

已经发现的共沸混合物不到 50 种。其中满足制冷剂性质要求的仅 10 种。ASHRAE 命名了 8 种,由 R500 至 R507。R500 至 R506 均含 CFC,已被淘汰。R507 为 R152 和 R143a (50/50)的混合物,标准沸点 −52.5 ℃,用于替代 R502。

3.3.2 非共沸混合制冷剂

非共沸混合制冷剂是继共沸混合制冷剂之后发展起来的,它为寻求性质满意的制冷剂开辟了更宽广的选择范围。

非共沸混合制冷剂最初的研究出于节能目的。利用它定压下相变不等温的特性(见图 3-8)与实际有限大热源和热汇的变温特点相适应,可以减小冷凝器和蒸发器的传热不可逆损失,在热泵中应用取得较好的节能效果。为进一步适应各种需要,例如,提高单位容积制冷量、拓宽工作温度范围以及具有环境可接受性等,正在研究新的非共沸混合制冷剂。

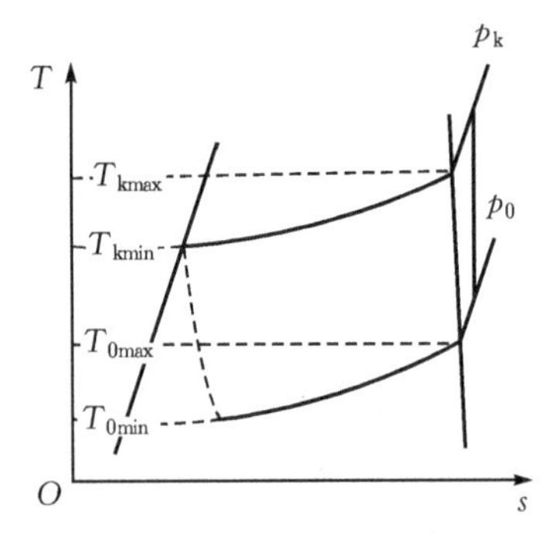

图 3-8 非共沸混合制冷剂的制冷循环

正在使用的非共沸混合制冷剂有 R407A (标准沸点 −45.8 ℃,相变滑移温度 7.1 ℃, R407C(标准沸点 −44.3 ℃,相变滑移温度 6.6 ℃)等。

非共沸混合制冷剂在使用上的一个麻烦是系统泄漏会引起混合物成分的变化。近共沸混合物 R410A 和 R404A,使用时大致与纯制冷剂一样方便,系统泄漏对混合物成分的影响不大(R410A 的相变滑移温度 0.2 ℃,R404A 的相变滑移温度 0.5 ℃),受到用户欢迎。

3.4 可接受的 ODS 替代物

由于替代工质的性质与被替代物不同(热物理性质,热稳定性和化学稳定性,溶油度,对绝缘材料和金属材料的腐蚀性等等),使用替代工质时应改进原有系统,以优化系统的性能,确保其可靠性和安全性。

美国环保局(EPA)评审了一些生产厂和多个独立实验室的资料后,2009 年公布了可接受的 ODS 替代物.部分替代物或系统见表 3-7 和表 3-8.

表 3-7　用于商用制冷的可接受替代物

名称	商品名	被替代物质	CSW	RT	RFR	IM	VM	WC	LTR
HCFC—22	22	12;502	R,N	R,N	R,N	N	R,N	N	—
HFC—23	23	12;13;13B1;503	—	—	—	—	—	—	R,N
HFC—134a	134a	12	R,N	R,N	R,N	N	R,N	R,N	—
HFC—227ea	—	12	N	—	N	—	—	—	—
R—401A;R—401B	MP39;MP66	12	R,N	R,N	R,N	R,N	R,N	R,N	—
R—402A;R—402B	HP80;HP81	502	R,N	R,N	R,N	R,N	—	—	—
R—404A	HP62;404A	502	R,N	R,N	R,N	R,N	R,N	—	—
R—406A	GHG	12;500	R	R	R	R	R	R	—
R—407A;R—407B	Klea407A;407B	502	R,N	R,N	R,N	R,N	—	—	—
R—408A	408A	502	R	R	R	R	—	—	—
R—409A	409A	12	—	R	R	R	R	R	—
R—411A;R—411B	411A;411B	12;500;502	R,N	R,N	R,N	R,N	R,N	R,N	—
R—507	AZ—50	502	R,N	R. N	R,N	R,N	R,N	—	—
R—508A	KLE 5R3	13;13BB1;503	—	—	—	—	—	—	R,N
R—508B	SUVA95	13;13BB1;503	—	—	—	—	—	—	R,N
FRIGC	FRIGC FR—12	12;500	R,N	R,N	R,N	R,N	R,N	R,N	—
Free Zone	RB—276	12	R,N	R,N	R,N	R,N	R,N	R,N	—
Hot Shot	Hot Shot	12;500	R,N	R,N	R,N	R,N	RN	R,N	—
GHG—X4	GHG—X4	12;500	R,N	R,N	R,N	R,N	R,N	R,N	—
GHG—X5	GHG—X5	12;500	R,N	R,N	R,N	R,N	R,N	R,N	—
GHG—HP	GHG—HP	12	R,N	R,N	R,N	R,N	R,N	R,N	—
FREEZE 12	FREEZE 12	12	R,N	R,N	R,N	R,N	R,N	R,N	—
G2018C	411C	12;500;502	R,N	R,N	R,N	R,N	R,N	R,N	—
HCFC—22/HCFC—142b	—	12	R,N	R,N	R,N	R,N	R,N	R,N	—
Ammonia Vapor Conlpression	—	ALL	N	—	N	N	—	—	—
CO_2	—	11;12;13;113;114;115;13B1;502;503	R,N	R,N	R,N	R,N	R,N	R,N	R,N

表中：GSW 为冷库；RT 为冷藏冷冻运输；RFR 为零售食品冷藏冷冻；IM 为冰机；VM 为售货机；WC 为冷水器；LTR 为深冷;R 指改进的系统使用；N 指新应用。

表 3-8　非商用制冷的可接受替代物

名称	商品名	被替代物质	工业流程制冷	溜冰场	家用冰箱	家用冷冻柜
HCFC−123	123	11	R,N	—	—	—
HFC−22	22	12;502	R,N	R,N	R,N	R,N
HFC−23	23	13;13B1,503	R,N	—	—	—
HFC−134a	134a	12	R,N	—	R,N	R,N
HFC−152a	—	12	—	—	N	N
HFC−227a	—	12	N	—	—	—
HFC−234fa	—	114	R,N	—	—	—
R−401;R−401B	MP39;MP66	12	R,N	R	R,N	R,N
R−402A;R−402B	HP80,HP81	502	R,N	—	—	R,N
R−403B	Isceon 69−L	13;13B1;503	R,N[a]	—	—	—
R−404A	HP62;404A	502	R. N	—	—	R,N
R−406A	GHG	12;500	R	—	R	R
R−407A;R−407B	Klea407A;407B	502	R,N	R,N	—	—
R−408A	408A	502	R	—	—	—
R−409A	409A	12	—	—	R	R
R−411A;R−411B	411A;411B	12;500;402	R,N	—	—	—
R−507	AZ−50	502	R,N	—	—	—
R−508A	KLE 5R3	12;12BB1;503	R,N	—	—	—
R−508B	SUVA95	13;13BB1;503	R,N	—	—	—
FRIGC	FRIGC FR−12	12;500	R,N	—	R,N	R,N
FreeZone	RB−276	12	R,N	R,N	R,N	R,N
Hot Shot	Hot Shot	12;500	R,N	R,N	R,N	R,N
GHG−X4	GHG−X4	12;500	R,N	R,N	R,N	R,N
GHG−X5	GHG−X5	12;500	R,N	—	R,N	R,N
GHG−HP	GHG−HP	12	R,N	—	R,N	R,N
FREEZE 12	FREEZE 12	12	R,N	R,N	R,N	R,N
G2018C	411C	12;500;502	R,N	R,N	—	—
CO_2	—	12;13;13B1;502;503	R,N	—	R,N	—
Ammonia Refrigeration	—	12;502	R,N	R,N	—	—
Ammonia Absorption	—	12	—	—	N	N

用于替代的HFC类物质，虽然ODP=0，但GWP值较高，使用受到限制。2014年欧盟批准的新F—gas法规中，规定以2015年为基准，市面上HFC类物质总量的上限值(表3-9)。

表3-9　规定的市面上HFC类物质总量上限值

时间/年	HFC总量/%
2015	100
2016—2017	93
2018—2020	63
2021—2023	45
2024—2026	31
2027—2029	24
2030	21

除限制总量外，还规定了各类设备使用的HFC类物质GWP值上限，如表3-10所示。

表3-10　各类设备中使用的HFC类物质GWP值上限

产品	GWP	禁用时间
家用制冷及冰箱	150	2015.1.1
商用制冷(全密封设备)	2500	2020.1.1
	150	2022.1.1
固定式制冷设备(冷却温度-50 ℃以下除外)	2500	2020.1.1
商用集中式制冷系统(冷量>40 kW)	150	2022.1.1
商用复叠式制冷系统的主循环(冷量>40 kW)	1500	2022.1.1
移动式房间空调(全密封设备)	150	2020.1.1
分体式空调(充注量小于3 kg)	750	2025.1.1

为达到工质低GWP的要求，欧盟提出并实施以天然工质为主的方案；美国开发的R1234yf目前主要在汽车空调中推广，并研究扩展其应用领域；其它国家和地区也提出了各种方案，相应的替代工作正在积极开展中。

3.5　实用制冷剂

3.5.1　水

水的标准沸点为100℃，冰点为0℃，适用于0℃以上的制冷温度。水无毒，无味，不燃，不爆，来源广，是安全而便宜的制冷剂。但水蒸气的比体积大，蒸发压力低，使系统处于高真空状态(例如，35℃时，饱和水蒸气的比体积为25 m^3/kg，压力为5.63 kPa；5℃时，饱和水蒸气的比体积为147 m^3/kg,压力仅为0.87 kPa)。由于这两个特点,水不宜在压缩式制冷机中使用,只适合在吸收式和蒸气喷射式冷水机组中作制冷剂。

3.5.2 氨

氨的标准蒸发温度为－33.4℃,凝固温度为－77.7℃,安全等级B2。

氨有较好的热力性质和热物理性质。它在常温和普通低温范围内压力比较适中。单位容积制冷量大,粘性小,流动阻力小,比重小,传热性能好。此外,氨的价格低廉,又易于获得,所以它是应用最早而且目前仍广为使用的制冷剂。氨主要在大型工业制冷装置中使用,国内大中型冷库用氨作制冷剂的比较多。

因氨的压缩终温较高,故压缩机气缸要冷却。

氨是难溶于润滑油的制冷剂(溶解度不超过1%)。氨制冷机的管道和热交换器内部的传热表面上会积有油膜,影响传热效果。另外,润滑油还会积存在冷凝器、储液器以及蒸发器的下部,这些部位应定期放油。

氨系统内含水量不得超过0.2%,因为水分的存在使氨制冷剂变得不纯,在形成氨水溶液的过程中要放出大量的热,使氨水溶液比纯氨的蒸发温度高;更重要的危害是,对锌、铜、青铜及其它铜合金有强腐蚀性,只有磷青铜例外。因此氨制冷系统不允许使用铜构件,耐磨件和密封件(如轴瓦、密封环等)限定使用高锡磷青铜材料。

尽管氨的安全等级为B2,但它的使用历史悠久,人们已掌握了有关的使用技术,因此现仍广泛应用。

3.5.3 CO_2

CO_2曾作为重要制冷剂使用了半个世纪,当时因安全性能好而普遍用在船上,氨则主要用于陆上。1930年后,CFC制冷剂的广泛应用淘汰了CO_2。由于当前CFC被淘汰,使CO_2又得到重视和应用。

CO_2的ODP=0,GWP=1,安全等级A1,成为替代CFC和HCFC类物质的重要替代物。它的另一些优点是:制冷量比R22大5倍;压缩机的压力比小;传热性能好;流动时相对压力损失小;价格低;与机器材料相容。但CO_2的临界温度为31℃,使常温冷却条件下高压侧压力超过临界压力,高达10 MPa,为此1994年Lorentzen提出了CO_2跨临界循环和实现循环高效的措施,据此开发的汽车空调装置和冷水加热装置已获得应用。

CO_2与氨组合成复叠式机组时,CO_2循环是复叠式装置的低温级,用在冷冻食品时可避免氨与冷冻食品的直接接触。

3.5.4 碳氢化合物

碳氢化合物制冷剂的共同特点是:凝固点低,与水不起化学反应,不腐蚀金属,溶油性好。它们是石油化工流程中的产物,易于获得,价格便宜。共同的缺点是燃爆性强。因此,它们主要用作石油化工制冷装置中的制冷剂。石油化工生产中具有严格的防火防爆安全设施,制冷剂又是取自流程本身的产物,其相宜性是显见的。用碳氢化合物作制冷剂的制冷系统,低压侧应保持正压或将系统严格密封,否则一旦空气渗入,便有爆炸的危险。

目前常用的有烷烃类和烯烃类制冷剂。前者的化学性质很不活泼;后者的化学性质活泼。

它们都不溶于水,但易溶于有机溶剂中。如乙烷易溶于醚、醇类有机物;乙烯、丙烯易溶于酒精和其它有机溶剂中。

丙烯的制冷温度范围与R22相当,可用于两级压缩制冷装置,也可以在复叠式制冷装置中作高温部分的制冷剂。

乙烷、乙烯的制冷温度范围与R13相当,只在复叠式制冷系统的低温部分使用。

甲烷可以与乙烯、氨(或丙烷)组成三元复叠制冷系统,获得－150℃左右的低温,用于天然气液化装置。

正丁烷、异丁烷或正丁烷与异丁烷的混合物可以用在家用冰箱中。

碳氢化合物的GWP很低,约为20,安全等级A3。它们的可燃性问题需结合用冷或供热空间的大小和布置考虑,可按标准(如:IEC60335—2—40:2005,IEC60335—2—89:2007,EN378:2008)确定制冷设备的允许充注量。UL的标准(如:UL471:2009)不限定充注量,但规定泄漏量。

3.5.5　氟里昂

氟里昂制冷剂有下列共性。

①无毒,热稳定性和化学稳定性好,能适应不同制冷温度和制冷量的要求。

②分子量大,比重大,传热性能较差。

③绝热指数小,压缩终温比较低。

④对金属材料的腐蚀性很小,但对天然橡胶、树脂、塑料等非金属材料有腐蚀(膨润)作用。

⑤溶水性差,系统中需严格控制含水,以防"冰堵"或者因水解出酸性物质发生腐蚀。

⑥遇明火时会分解出对人体有毒害的氟化氢、氯化氢或光气等,因此生产和使用场所严禁明火。

⑦无味,渗透性强,所以在系统中极易泄漏,而且泄漏不易被觉察。通常用卤素灯或电子卤素检漏仪检漏。

氟里昂的其它理化性质有一定的规律性:含H原子多的,可燃性强;含Cl原子多的,有毒性;含F原子多的,化学稳定性好;完全卤代烃在大气中具有长寿命。麦克林顿(Mclinden)和迪第昂(Didion)将上述规律用三角形图形象描述,如图3-9所示。对臭氧破坏作用大的是氟里昂中含氯原子(还有溴原子)而又有长大气寿命的物质,CFC类是其中的典型,成为首批被淘汰的制冷剂。

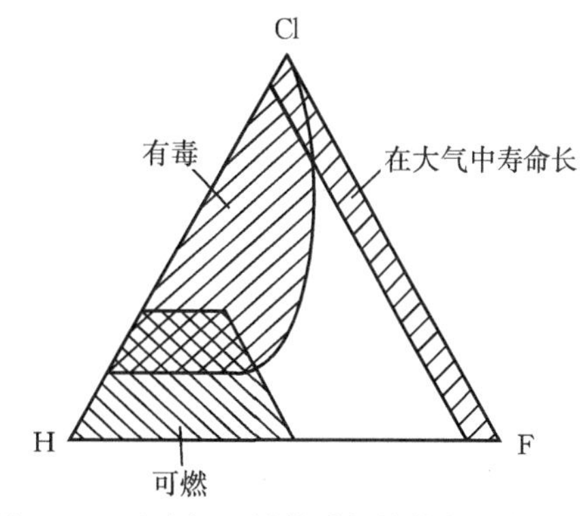

图3-9　反映氟里昂性质规律性的三角形图

对它们的替代必须同时考虑GWP和安全性,例如:欧洲议会规定汽车空调器用制冷剂的GWP应小于150。安全性包括毒性和可燃性,对可燃性的考虑方法与碳氢化合物相同。

1. R22(CHF_2Cl)及R22的替代物

R22属HCFC类物质,环境指标ODP为0.055,GWP为1810,安全等级A1。

R22的标准蒸发温度为－40.8℃,凝固温度为－160℃。它的饱和压力特性与氨相近,单位容积制冷量也与氨差不多。压缩终温虽不如氨高,但在氟里昂类中属高的,若在高压力比下工作,压缩机要采取冷却措施。

水在R22中的溶解度仅为0.06%(Wt)。系统中含水量超标有可能引起冰堵和腐蚀("镀铜")。故规定R22产品的含水量限制在25ppm以下。制冷系统在充灌制冷剂前必须经严格干燥处理(必要时烘干);系统设干燥器,以随时吸收运行过程中渗入系统内部的水分。还应根据水分观察镜所指示的含水量及时更换干燥器,或再生处理干燥剂。

R22是极性分子,对有机物的膨润作用很强。系统的密封件应采用耐氟材料如氯乙醇橡胶或CH·1-30橡胶、聚四氟乙烯。

R22与润滑油有限溶解。在系统高温侧,R22与油完全溶解;在低温侧,R22与油的混合物处于溶解临界温度以下时,蒸发器或低压储液器中液体将出现分层,上层主要是油、下层主要是R22,所以要有专门的回油措施。干式蒸发器为了保证顺利回油,一般采用R22"上进下出"的方式;管内制冷剂要有足够的流速;特别是上升回气立管,在管径设计时,必须考虑满足最小带油速度。另外,压缩机排气管上应设油分离器,将运行中从压缩机带入系统的油减到最少。

R22的ODP大于零,属过渡物质。R410A是目前使用的替代物。

R410A(R32/125,50/50)是近共沸混合制冷剂,ODP=0,GWP=2100,安全等级A1。R410A的标准沸点为-52.5℃,相变滑移温度0.2℃。循环中的最高压力明显大于R22,约高50%,最低压力也高于R22,因而单位容积制冷量大,相同制冷量所需压缩机输气量小,所需管道直径也小。

为适应高压,使用R410A的系统必须重新设计。

理论上,R410A制冷循环的COP低于R22,但它的传热性能很好,经优化设计后它的COP略高于采用R22的装置。

R410A的GWP比R22大,是其缺点。可供考虑的R22长期替代物有:R161(GWP=12,安全等级A3),R290(GWP=20,安全等级A3),R32(GWP=675,安全等级A2)和氨。

2. R12的替代物R134a,R152a及R600a

R12是最早出现、使用量大、性能优良的制冷剂,但现在不被环境接受。目前替代R12的物质是:R134a,R600a,可能的替代物有R152a。

R134a的ODP为0,GWP为1430,标准蒸发温度-26.2℃,凝固点-101.0℃。

它的制冷循环特性与R12接近,流动阻力损失比R12大,传热性能比R12好。

溶油性方面:R134a与R12在溶油种类和溶油行为上都有很大差异。R134a在非极性油中的溶解度极小,例如矿物油和烷基苯油。为R134a专门开发的合成油,主要是聚烯醇类油PAGs(P01yalkylene)、酯基油(Ester)和氨基油(Amides)。R134a虽与它们互溶,但溶解特征表现出异乎寻常:有两条溶解临界曲线,使高温区和低温区各存在一个分层区。高温区溶解度随温度升高反而减小,见图3-4。这种特征使系统在较宽温度、压力范围运行有困难。在汽车空调系统中应用R134a/PAGs油表明,低温侧蒸发器中不出现分层,而在高温侧冷凝器中出现分层,使R134a"白浊"。但分层不影响排气压力和制冷量。

R134a分子中不含Cl,自身不具备润滑性。机器中的运动件供油不足时,会加剧磨损甚至产生烧结。为此,在合成油中需要增加添加剂以提高润滑性。另外,很有必要的工作是:改善运动件材料和表面特性,改善供油机构。

R134a对非金属材料的膨润作用比R12略强。PAGs/R134a能用氢化丁腈橡胶。

传统的 CFC 电子检漏仪对 R134a 的反应不敏感。横河公司已生产出新型氟碳制冷剂检漏仪，对 R134a 的检漏灵敏度达 10.6×10^{-6} Nml/s(对应的年泄漏量为 1.5 g/年)。

R134a 的温室效应指标为 1430，从长远看，它将被替代。

R152a 的 ODP 为 0，GWP 为 124，安全等级 A2。在环境可接受性上，它比 R134a 好。R152a 是极性化合物，与润滑油相容性的情况与 R134a 类似。它的不利之处是燃烧性强。R152a 在空气中体积浓度达 4.5%～21.8%时，就会着火。体积浓度 10.5%时，R152a 的最小燃烧值为 0.6 mJ，是氨燃烧值的 10 倍左右。

R152a 标准蒸发温度为－25℃，制冷循环特性优于 R12。由于可燃，R152a 使用时应有很好的安全措施。

R134a 和 R152a 在 50℃/－15℃时的理论循环特性列于表 3－11。

R600a 是碳氢化合物，存在于自然界，GWP＝20，安全等级 A3。R600a 与矿物油互溶，价格低，易获得，可直接充注到使用 R12 的装置中。因其可燃，主要用于充注量小的制冷装置中，如家用冷藏冷冻箱。

表 3－11　与 R12 标准沸点相近物质的性质及 50℃/－15℃循环特性数据

制冷剂	HFC134a	HCFC152a
分子量	102.0	66.0
t_c/℃	101.7	113.5
p_c/MPa	3.78	4.49
t_s/℃	－26.2	－24.7
p_k/MPa	1.318	1.182
p_0/MPa	0.164	0.152 7
q_m/kJ/kg	117.8	209.2
压力比 p_k/p_0	8.04	7.74
SCD /m^3/MJ	1.023	0.935
COP	2.71	3.03

3. 高温制冷剂 R11 的替代物 R123

R123 属 HFC 类物质，现用于替代 R11，其 ODP＝0.02～0.06，GWP 为 70，安全等级 A1，在大气中的寿命 1～4 年，是过渡性替代物，允许使用时限为 2020 年，2030 年停止生产。R123 的相对质量分子量为 153，标准沸点 27.6℃，因它热力性质与 R11 很接近，而环境危害又小，被认为是目前 R11 的合适替代物。

在现有冷水机组中，R123 的排放量很低，COP 高，虽然 ODP 大于零，但对环境的全面影响小，因而可能在较长时间内继续使用。

4. 混合制冷剂 R502 的替代物 R404A 和 R507

R502 是 R22 与 R115 以质量成分 48.8∶51.2 组成的共沸混合物。用于超级市场冷冻食品展示柜的制冷系统中，但臭氧破坏指数和温室效应指数都比较高，属于受禁使用的物质。目前的替代物有 R404A 和 R507。

R404A是三元近共沸混合制冷剂(R125/143a/134a,44/52/4),ODP=0,GWP=3900,安全等级A1,标准沸点−46.5℃,相变滑移温度0.5℃。它的循环特性与R502相近,二者的制冷量和COP也差不多,可以直接在原有R502装置上使用。R404A适用于中温或低温制冷装置,它与多元醇酯(POE)相溶,已被用于展示柜、低温组合冷库、制冰和运输制冷等装置。因它的相变滑移温度小,故可用于满液式蒸发器。

R507为共沸混合制冷剂(R125/143a,50/50),标准沸点−52.5℃,ODP=0,GWP=3985,安全等级A1,传热性能优于R502。

R404A和R507的GWP相当高,是其不足。

5. 低温制冷剂R23

R23的标准温度为−82.1℃,临界温度为25.9℃,用于冷库和冷冻产品运输。它与R22组成的二元复叠系统(R22+R23),制冷温度为−80℃;包含R23的四元复叠系统(R22+R23+R14+R50),制冷温度可达−170℃。

表3-12列出一些制冷剂的一般使用情况。

表3-12　部分制冷剂的一般使用范围

制冷剂	适应范围		
	温度/℃	制冷机型式	特点和用途
R717	10～−60	活塞式、回转式、离心式	压力适中,用于制冰、冷藏、化学工业及其它工业。由于有毒,人多的地方最好不用
R123	10～−5	离心式	沸点较高(23.7℃),无毒,不燃烧,用于大型空调及其它工业
R600a R134a	10～−60	活塞式、回转式、离心式	压力适中,压缩终温低,化学性能稳定,无毒。用于冷藏、空调、化学工业及其它工业
R23	−60～−80	活塞式、离心式	沸点低,临界温度低,低温下蒸气比体积小,无毒,不燃烧,用于冷库和冷冻产品运输,作复叠式制冷机的低温部分
R22	0～−80	活塞式、回转式、离心式	压力和制冷能力与R717相当,排气温度比R12高,广泛用于冷藏、空调、化学工业及其它工业
R404A	0～−80	活塞式、离心式	无毒,不可燃,适用于中温和低温装置,如:冷冻食品展示柜,低温混合冷库和其它食品冷冻装置
R507	−60℃以下	活塞式、离心式	可燃烧,有爆炸危险,用于低温化学和低温研究,作复叠式制冷机的低温部分
R−290 R−1270	−40～−60	活塞式、离心式	可燃烧,有爆炸危险,用于低温化学和低温研究

3.6　第二制冷剂

3.6.1　载冷剂

在蒸气压缩式或者吸收式制冷系统中，蒸发器是冷量输出设备，使用时可以将蒸发器安装在用冷场所，直接冷却被冷却对象。但如果被冷却对象离蒸发器较远，或者用冷场所不便于安装蒸发器，可以用载冷剂传递冷量。载冷剂先在蒸发器内与制冷剂热交换获得冷量，然后用泵将被冷却的载冷剂输送到各个用冷场所，用以冷却被冷却对象。采用载冷剂的优点在于：可以将制冷系统集中在机房或者一个很小的范围内，使制冷系统的连管和接头减少，便于系统密封和检漏；制冷剂的充注量减少；在大容量，集中供冷的装置中采用载冷剂便于解决冷量的控制和分配；便于安装，生产厂可以直接将制冷机安装好，用户只需要现场安装载冷剂系统即可。

1. 对载冷剂性质的要求

载冷剂在蒸发器和用冷场所之间循环，通过显热传输冷量。用作载冷剂的物质应在所需要的载冷温度下保持液态，对设备无腐蚀，对人体无危害，载冷能力强，输送耗功少。

载冷剂应具备如下性质：

①无毒，不可燃，无刺激性气味。化学稳定性好，在大气压力下不分解，不氧化，不改变物理、化学性质。

②在使用温度范围内呈液态。它的凝固点应低于制冷机的蒸发温度，沸点应高于使用温度。

③比重小，黏度小，传热性好，比热容大。这样可以使载冷系统中流动阻力损失小，液体循环量少，消耗泵功小，可减小热交换器的尺寸。

2. 常用的载冷剂

常用的载冷剂是水、无机盐水溶液或有机物液体，它们适用于不同的载冷温度。

(1)水　集中式空气调节系统中，水是最适宜的载冷剂。机房的冷水机组中产生出 7℃左右的冷水，送到建筑物房间的终端冷却设备中，供房间空调降温使用。此外，冷水还可以直接喷入空气，实现温度和湿度调节。水的冰点是 0℃，只适合于载冷温度在 0℃以上的使用场合。

(2)无机盐水溶液　无机盐水溶液有较低的凝固温度，适合在中、低温制冷装置中载冷。最广泛使用的是氯化钙($CaCl_2$)水溶液，还有氯化纳(NaCl)和氯化镁($MgCl_2$)水溶液。

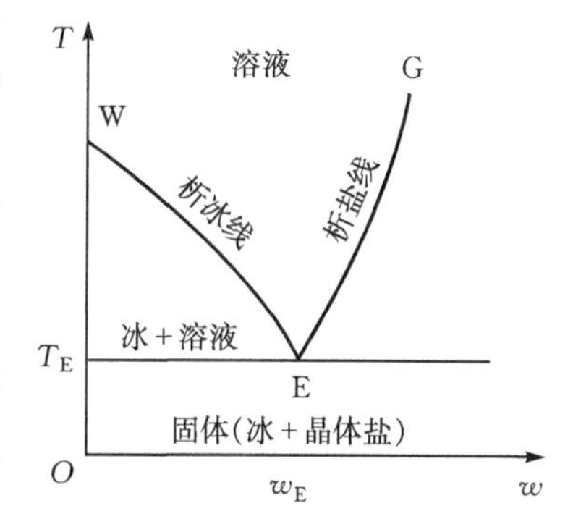

图 3-10　盐水溶液的相图

图 3-10 是盐水溶液的相图($T-w$ 图)。图中给出盐水溶液状态与温度 T 和盐的质量分数 w 的关系。曲线 WE 为析冰线，EG 为析盐线，E 点为共晶点。共晶点所对应的温度 T_E 和盐的质量分数 w_E 分别叫做共晶温度和共晶质量分数。溶液温度降低发生相变时的情况与盐的质量分数有关。当 $w < w_E$ 时，溶液降温凝固时首先析出水冰，随着 w 增大析冰温度降低，直到 $w = w_E$ 时，达到

最低结冰温度 T_E。当盐的质量分数继续增大，$w > w_E$ 时，溶液降温凝固时先析出盐，析盐温度随盐的质量分数的增大而升高。共晶温度是溶液不出现析冰或析盐的最低温度。

利用上述相图，配制盐水溶液载冷剂时，盐的质量分数不宜超过共晶点的盐质量分数。否则，耗盐量增多，溶液比重增大，阻力和泵功增大，载冷液的凝固温度反而升高。配制溶液时只要满足析冰温度比制冷剂的蒸发温度低 5～8 ℃即可。$CaCl_2$，NaCl 和 $MgCl_2$ 水溶液的共晶温度分别是－55 ℃，－21 ℃和－34 ℃。

盐水溶液的比重和比热容都比较大，因此，传递一定的冷量所需盐水溶液的体积循环量较小。盐水溶液有腐蚀性，尤其是略呈酸性且与空气相接触的稀盐溶液对金属材料的腐蚀性很强。为此需要采取一定的缓蚀措施。盐水溶液可以配浓一些，以避免因盐水池通风使盐水氧化；载冷剂返回盐水池的回流入口应设在液面以下。此外，在盐水溶液中添加缓蚀剂，使溶液呈中性(pH 值调整到 7.0 左右)。缓蚀剂通常采用二水铬酸钠($Na_2Cr_2O_7 \cdot 2H_2O$)溶液(含量为 1.5～2.0 g/l)。盐水吸湿性较强，因吸湿，盐的质量分数逐渐变小，应注意定期检查。

(3) 有机载冷剂　有机载冷剂很多，这里仅举几例。

①甲醇(CH_3OH)、乙醇(C_2H_6OH)和它们的水溶液。甲醇的冰点为－97 ℃，乙醇的冰点为－117 ℃，可以在更低温度下载冷。甲醇比乙醇的水溶液粘性稍大，它们的流动性都比较好。甲醇和乙醇都有挥发性和可燃性，使用时要注意防火，当机器停止运行，系统处于室温时，更需小心。

②乙二醇、丙二醇和丙三醇水溶液。丙三醇(甘油)是极稳定的化合物，其水溶液对金属不腐蚀，无毒，可以和食品直接接触。乙二醇和丙二醇水溶液的特性相近，它们的共晶温度达－60 ℃，比重和比热容较大，溶液黏度高，略有毒性，但无危害。

③纯有机液体。纯有机液体，如二氯甲烷 R30(CH_2Cl_2)、三氯乙烯 R1120(C_2HCl_3)和其它氟里昂液体，它们的凝固点很低(在－100 ℃左右或更低)，比重大，黏性小，比热容小，可以得到更低的载冷温度。

3.6.2　蓄冷剂及蓄冷系统

1. 蓄冷剂

主要的蓄冷剂有水冰和共晶冰。

水冰是纯物质，容易获得且与环境友好，但其融点固定。

共晶冰因所含溶质的种类不同而融点不同，可以人为地调节。共晶溶液在共晶温度下结冰时，和纯液体一样要放出潜热，融化时吸收热量，因而可用共晶冰储存冷量。制冷机停止工作时，共晶冰溶化吸热，使被冷却物冷却。用共晶冰的冷板在运送冻结食品的冷藏车上使用很适宜。白天车辆行驶时，利用共晶冰融化为冷藏车提供冷量，由于熔化过程恒温，车内温度变化不大。夜间冷藏车入库时，只要将车底座上的制冷机电源插到供电干线上，制冷机便可以工作。通过一夜的制冷在冷板中重新形成共晶冰，为第二天白天行车提供冷量储备。

某些共晶物质的共晶点和溶化潜热示于表 3-13 中。

表3-13　共晶物质(水溶液)

溶质	分子式	溶质的质量分数	共晶温度/℃	共晶冰的融化潜热/kJ/kg
氨	NH_3	0.33	−100	175
		0.57	−87	310
		0.81	−92	290
氯化钡	$BaCl_2$	0.22	−7.5	
蔗糖	$Cl_2H_{22}O_{11}$	0.62	−14.5	
氯化钙	$CaCl_2$	0.32	−55	212
氯化钠	NcCl	0.23	−21	235
硫酸钠	Na_2SO_4	0.04	−1.2	335

采用第二制冷剂(无论是载冷剂还是蓄冷剂)将使第一制冷剂与被冷却对象之间的温差进一步增大,总的传热不可逆损失增大。

2. 冰蓄冷系统

随着经济的发展,建筑中使用的中央空调系统日益增多,不但使用电量增加,也造成昼夜用电的不平衡。转移尖峰用电,达到平衡供电,减少电力设备投资,节省制冷设备运行费用,是一项急迫的任务。冰蓄冷是实现这个目标的重要手段之一。冰蓄冷系统如图3-11所示。系统由三部分组成:制冷系统、蓄冰槽和用冷系统,构成了蓄冷循环和放冷循环。晚上制冷系统

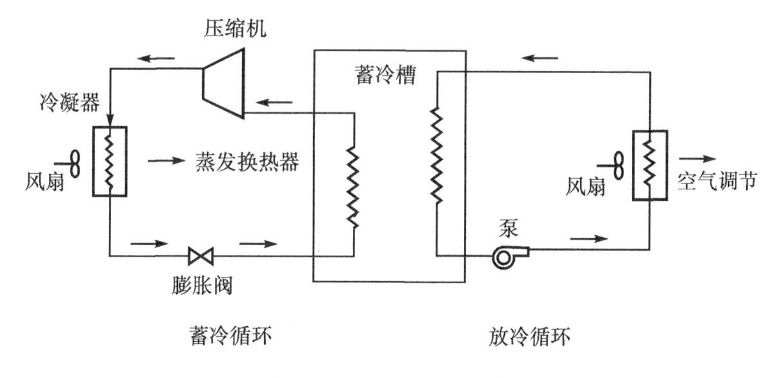

图3-11　冰蓄冷系统

启动,将冷量储存在蓄冰槽中,白天槽内冰逐渐融化,通过热交换器把冷量输送到用冷处。按槽内冰的生成方式,有静态制冰和动态制冰两类。

(1) 静态制冰　结冰和融冰均在蓄冰槽内完成。常见的静态制冰方式为:冰-盘管式和冰球-载冷剂式。

①冰-盘管式。图3-12所示为冰-盘管式,盘管沉浸在水中,管内通入制冷剂。制冷时,蓄冰槽内的水结冰;释冷时,空调回水进入蓄冰槽,使冰融化,获取冷量。因融冰时空调回水直接与冰接触,故释冷快。为了提高热交换率,蓄冰槽的蓄冰率不超过50%。

②冰球-载冷剂式。蓄冰槽内流动着载冷剂(如:乙稀乙二醇水溶液),冰球密集放置在槽内,使冰球与载冷剂的热交换面积尽可能大,且冰球不会因彼此相撞而损坏,见图3-13(b)。

图 3-13(a)为球形冰球,直径约 80 mm,球内封装蓄冷介质,它由水和少量添加剂组成。蓄冷介质体积约为球容积的 90%,剩下的 10% 作为水结冰时的缓冲容积。蓄冷时,载冷剂的温度为 -5~-2℃,释冷时,载冷剂的温度为 4~10 ℃。这种蓄冷装置的蓄冷量大,例如:一台容积为 1100 m^3 的冰球蓄冷装置,可装入 300 万个小球,制冰率为 55%,蓄冷量为 8800 kW。

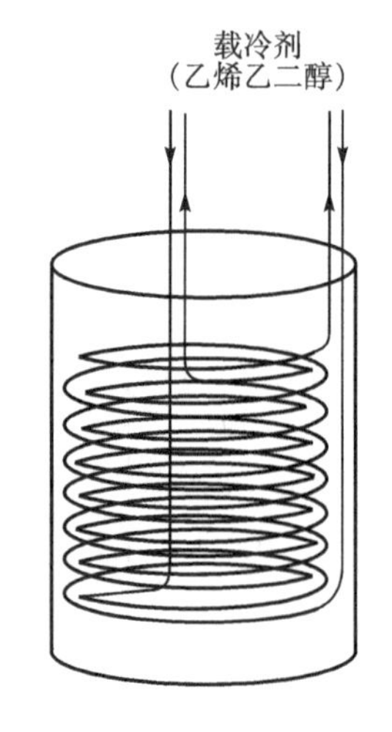

图 3-12 冰-盘管式制冰

(2) 动态制冰 静态制冰时,制冰和融冰发生在同一处(蓄冰槽内或冰球内)。若制冰和融冰处分离,即为动态制冰(例如:在一处生成的冰落入蓄冰槽后用输送设备输送到蓄冰槽外融化)。动态制冰时,制冰表面处形成的冰不断转移,冰层薄,热阻小,制冰速度快,蒸发温度高于静态制冰。先进的动态制冰装置生产流态冰,见图 3-14。

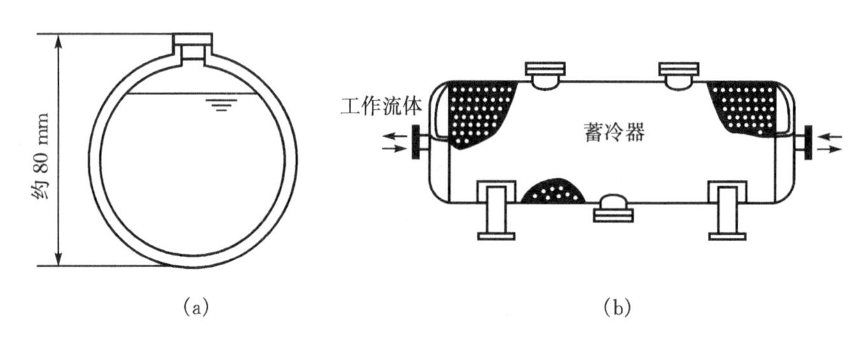

图 3-13 冰球-载冷剂式制冰

(a)冰球;(b)冰球蓄冷器

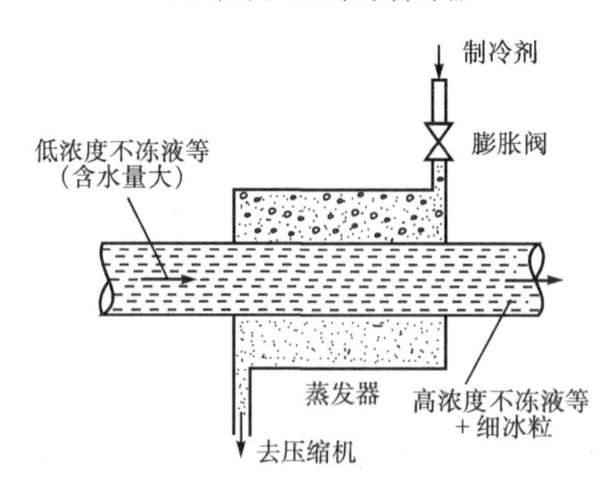

图 3-14 流态冰制取

含水量大的低浓度不冻液流经蒸发器时,被制冷剂冷却,水发生相变,析出细粒冰约 0.1 mm,形成流态冰供蓄冷用。析冰过程中,溶液浓度提高,析冰温度下降,使蒸发温度下降,对制冷循环不利,这一点在选用不冻液时应仔细考虑。流态冰在释冷处融化后,溶液变稀,返回蓄冰器,再进入制冷循环侧重新制造流态冰,见图 3-15。

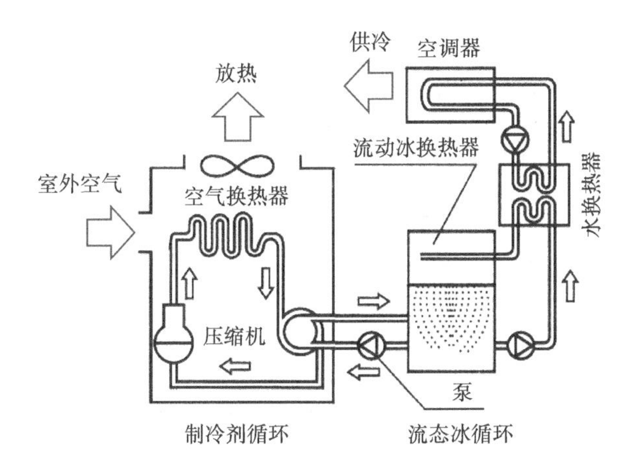

图 3-15　流态冰蓄冷系统

流态冰有以下优点：

①既可蓄冷又可载冷，载冷时单位载冷能力大，使载冷剂循环泵的容量和耗功显著减小；

②因输送管道尺寸小，所以隔热费用少；

③用冷场所的冷却器进出口温差小，冷却场所温度分布均匀；

④冷却器内相变换热，表面传热系数大，与 R134a 相当。

当流态冰的含冰率在 5%～27%范围内，流速为 1 m/s，管径为 22 mm 时，其压力损失随含冰率的变化见图 3-16。

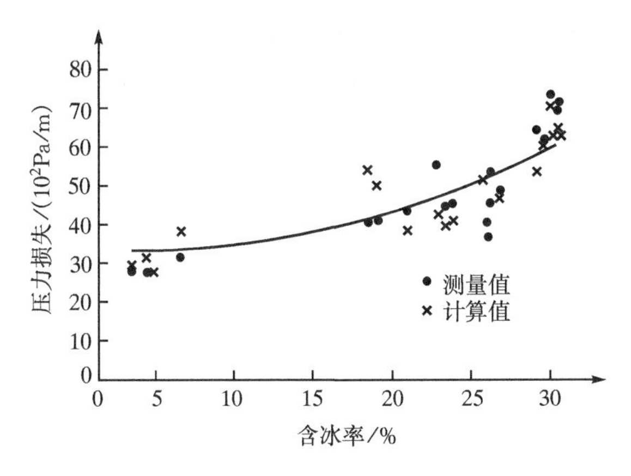

图 3-16　流态冰的压力损失

在相同前提下，表面传热系数随含冰率的变化见图 3-17。

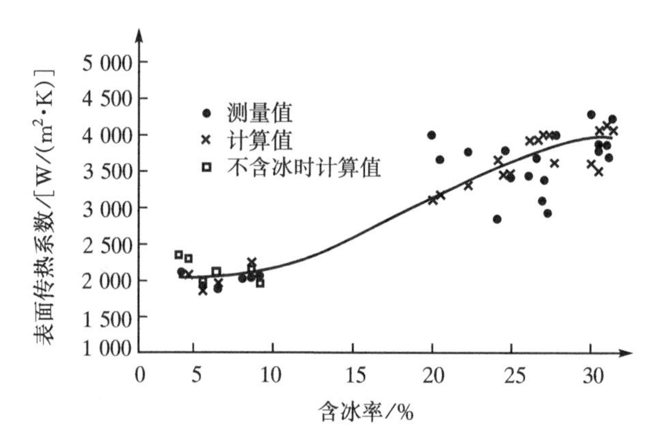

图 3-17 表面传热系数随含冰率的变化

思考题

1. 按 ASHRAE 的规定,制冷剂是怎样分类的?
2. 什么是共沸制冷剂? 什么是非共沸制冷剂?
3. 选择制冷剂时有哪些要求?
4. 常用制冷剂有哪些? 试述 R22,R717,R123,R134a 的主要性质。
5. 试写出制冷剂 R32,R12,R22,R152a,R12B1 的化学式。
6. 试写出 CH_4,$C_2H_3F_2Cl$,H_2O,CO_2的编号。
7. 什么叫载冷剂? 对载冷剂的要求有哪些?
8. 常用载冷剂的种类有哪些? 它们的适用范围怎样?
9. “盐水的浓度愈高、使用温度愈低”,这种说法对吗? 为什么?
10. 简述 R22,R717 与润滑油的溶解性。
11. 为什么要严格控制氟里昂制冷剂中的含水量?

第4章

两级压缩和复叠式制冷循环

4.1 概 述

在蒸气压缩式制冷循环中，当制冷剂选定后，其冷凝压力、蒸发压力由冷凝温度和蒸发温度决定。冷凝温度受环境介质(水或空气)温度的限制，蒸发温度由制冷装置的用途确定。当冷凝温度升高或蒸发温度降低时，压缩机的压力比将增大。由于压缩机余隙容积的存在，压力比提高到一定数值后，压缩机的容积系数变为零，压缩机不再吸气，制冷机虽然在不断运行，制冷量却变为零。

例4-1 有一台制冷压缩机，工质为R22，相对余隙容积 $c=0.048$，膨胀过程指数 $m=1.04$，冷凝温度 $t_k=40$℃，求允许最低蒸发温度。

解 容积系数 λ_v 的计算公式为

$$\lambda_v = 1 - c\left[\left(\frac{p_k}{p_0}\right)^{\frac{1}{m}} - 1\right]$$

当达到最低蒸发温度时，$\lambda_v = 0$，上式可变为

$$\frac{p_k}{p_0} = \left(\frac{1+c}{c}\right)^m$$

代入具体数值，即

$$\frac{p_k}{p_0} = \left(\frac{1+0.048}{0.048}\right)^{1.04} = 24.7$$

冷凝温度 $t_k=40$℃时，R22的冷凝压力 $p_k=1.534$ MPa，因此最低蒸发压力为

$$p_0 = \frac{1.534}{24.7} = 0.0621\ \text{MPa}$$

与 p_0 相对应的蒸发温度 $t_0=-50.5$℃，这就是蒸发温度的极限值。

单级压缩的最低蒸发温度不仅受到容积系数为零的限制，随着压力比的增大，除了引起制冷量下降、功耗增加、性能系数下降、经济性降低外，排气温度的限制也是选择压缩机级数的另一个重要原因。排气温度过高，它将使润滑油变稀，润滑条件恶化，甚至会引起润滑油的碳化和出现拉缸等现象。

对于氨制冷剂，因绝热过程指数较大，排气温度较高。当冷凝温度为40 ℃、蒸发温度为−3 ℃时，单级氨压缩机的等熵压缩排气温度已高达160 ℃，超过了规定的最高排气温度150 ℃的限制。因此氨单级压缩的压力比一般不希望超过8；氟里昂制冷剂的绝热过程指数相对较小，但从经济性角度出发，它们的单级压缩的压力比一般也不希望超过10。在这一条

件下,不同冷凝温度时单级压缩所能达到的最低蒸发温度如表 4-1 所示。

表 4-1 单级压缩的最低蒸发温度 单位:℃

冷凝温度 \ 制冷剂	R717	R22	R134a	R152a	R290
30	−25	−37	−32	−34	−40
35	−22	−34	−29	−30	−37
40	−20	−31	−25	−28	−35
50	/	−25	−20	−21	−29

对于离心式压缩机,要保证其一定效率,每一级压缩的焓增量都不能超过一定的范围。当压力比很大以致焓增量超过此范围时,需要用两级或多级压缩。

对于回转式压缩机,容积效率并不随压力比的上升而明显下降,但排气温度将上升。采用多级压缩、中间冷却、多级节流后不仅能降低排气温度,而且能使循环性能得到改善。

为了获取更低温度,采用单一制冷剂的多级压缩循环仍将受到蒸发压力过低、甚至受制冷剂凝固的限制。例如,当蒸发温度为−80℃时,若采用氨作为制冷剂,它在−77.7℃时就已经凝固,使循环遭到完全破坏。如果采用 R22 作为制冷剂,此时它虽未凝固,但蒸发压力已低达 10 kPa,一方面增加了空气漏入系统的可能性,另一方面导致压缩机吸气比体积增大(此时蒸气比体积为 1.763 m^3/kg)和输气系数的降低,从而使压缩机的气缸尺寸增大,运行经济性下降。对于往复式制冷压缩机而言,气阀是依靠阀片两侧气体的压力差自动启、闭来完成压缩机的吸气、压缩、排气和膨胀过程的,当吸气压力低于 15 kPa 时,吸气阀片因压差过低而往往无法开启,压缩机无法正常工作,增加压缩机级数也无济于事。

如果采用低温制冷剂,虽然低温下它们的蒸发压力一般均高于 15 kPa。例如乙烷,当蒸发温度为−100℃时,其相应的蒸发压力为 52 kPa;但其冷凝压力太高,当 $t_k=25$℃时,其冷凝压力就高达 4.18 MPa,使机器十分笨重;而且当冷凝温度 $t_k=35$℃时就已超过了它的临界温度($t_{cr}=32.33$℃),使乙烷蒸气无法液化,循环的经济性大大恶化。到目前为止还难找到一种制冷剂,它既满足冷凝压力不太高、又满足蒸发压力不太低的要求。

如果在一套制冷机组中同时采用两种(或两种以上)不同的制冷剂,使之在低温下蒸发时既具有合适的蒸发压力,又在环境温度下冷凝时具有适中的冷凝压力,上述矛盾即可解决。这种机组就是通常所说的复叠式制冷循环机组。

4.2 两级压缩制冷循环

两级压缩制冷循环中,制冷剂的压缩过程分两个阶段进行。来自蒸发器的低压制冷剂蒸气(压力为 p_0)先进入低压压缩机,在其中压缩到中间压力 p_m ,经过中间冷却后再进入高压压缩机,将其压缩到冷凝压力 p_k ,排入冷凝器中。这样,可使各级压力比适中,由于经过中间冷却,又可使压缩机的耗功减少,可靠性、经济性均有所提高。

两级压缩制冷循环按中间冷却方式可分为中间完全冷却循环与中间不完全冷却循环；按节流方式又可分为一级节流循环与两级节流循环。所谓中间完全冷却是指将低压级排气冷却到中间压力下的饱和蒸气。如果低压级排气虽经冷却，但并未冷到饱和蒸气状态时称为中间不完全冷却。如果将高压液体先从冷凝压力 p_k 节流到中间压力 p_m，然后再由 p_m 节流降压至蒸发压力 p_0，称为两级节流循环。如果制冷剂液体由冷凝压力 p_k 直接节流至蒸发压力 p_0，则称为一级节流循环。一级节流循环虽经济性较两级节流稍差，但它利用节流前本身的压力可实现远距离供液或高层供液，故被广泛采用。下面我们分析两种常用并具有代表性的两级压缩制冷循环。

4.2.1　一级节流、中间完全冷却的两级压缩循环

图 4-1 示出一级节流、中间完全冷却的两级压缩循环系统原理图及相应的 $p-h$ 图。

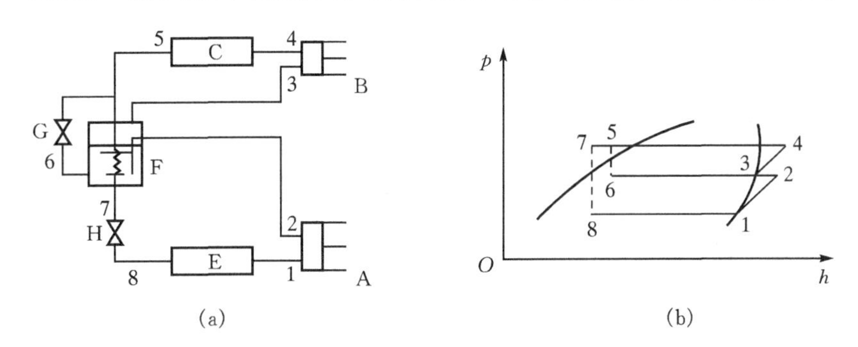

图 4-1　一级节流、中间完全冷却的两级压缩系统原理图及相应的 $p-h$ 图
(a)系统原理图；(b) $p-h$ 图
A—低压压缩机；B—高压压缩机；C—冷凝器；E—蒸发器；
F—中间冷却器；G，H—膨胀阀

在蒸发器 E 中产生的压力为 p_0 的低压蒸气首先被低压压缩机 A 吸入并压缩到中间压力 p_m，进入中间冷却器 F，在其中被液体制冷剂的蒸发冷却到与中间压力相对应的饱和温度 t_m，再进入高压压缩机 B 进一步压缩到冷凝压力 p_k，然后进入冷凝器 C 被冷凝成液体。由冷凝器出来的液体分为两路：一路流经中间冷却器内盘管，在管内被盘管外的液体的蒸发而得到冷却(过冷)，再经膨胀阀 H 节流到蒸发压力 p_0，在蒸发器 E 中蒸发，制取冷量；另一路经膨胀阀 G 节流到中间压力 p_m，进入中间冷却器，节流后的液体在中间冷却器 F 内蒸发，冷却低压压缩机的排气和盘管内的高压液体，节流后产生的部分蒸气和液体蒸发产生的蒸气随同低压压缩机的排气一同进入高压压缩机 B 中，压缩到冷凝压力后排入冷凝器 C。循环就这样周而复始地进行。进入蒸发器的这一部分高压液体在节流前先在盘管内进一步冷却，可以使节流过程产生的无效蒸气量(即干度)减少，从而使单位制冷量增大。

从循环的工作过程可以看出，与单级压缩制冷循环比较，它不仅增加了一台压缩机，而且还增加了中间冷却器和一个节流阀，且高压级的制冷剂流量因加上了在中间冷却器内产生的蒸气而大于低压级的制冷剂流量。

上述两级压缩循环的工作过程可用压-焓图表示，如图 4-1(b)所示。图中用来表示各主要状态点的点号与图 4-1(a)是对应的。图中 1—2 表示低压压缩机的等熵压缩过程，2—3 表

示低压压缩机的排气在中间冷却器内的冷却过程,3—4 表示高压压缩机内的等熵压缩过程,4—5 表示在冷凝器内的冷却、冷凝和过冷过程(也可以没有过冷),此后液体分为两路:5—6 表示进入中间冷却器的一路在节流阀 G 中的节流过程,6—3 表示节流后的液体在中间冷却器内的蒸发过程,5—7 表示进入蒸发器的一路在中间冷却器盘管内的进一步过冷过程,7—8 表示它在节流阀 H 中的节流过程,8—1 表示它在蒸发器内蒸发制冷的过程。

由于盘管内具有端部传热温差,高压液体在其中不可能被冷却到中间温度 t_m ,一般 t_7 大约比 t_m 高 3～5 ℃。

和单级压缩制冷循环一样,利用工作过程的 $p-h$ 图可以对两级压缩制冷循环进行循环的热力计算。

在两级压缩制冷循环中制取冷量的是低压部分的蒸发过程 8—1,其单位制冷量是

$$q_0 = h_1 - h_8 = h_1 - h_7 \quad (\mathrm{kJ/kg}) \tag{4-1}$$

低压压缩机每压缩 1 kg 蒸气所消耗的等熵压缩功是

$$w_{0D} = h_2 - h_1 \quad (\mathrm{kJ/kg}) \tag{4-2}$$

设制冷机的制冷量为 Φ_0 kW,则低压压缩机的流量是

$$q_{mD} = \frac{\Phi_0}{q_0} = \frac{\Phi_0}{h_1 - h_8} = \frac{\Phi_0}{h_1 - h_7} \quad (\mathrm{kg/s}) \tag{4-3}$$

从而可算出低压压缩机所需的轴功率

$$P_{eD} = \frac{q_{mD} w_{0D}}{\eta_{kD}} = \frac{\Phi_0}{h_1 - h_7} \frac{h_2 - h_1}{\eta_{kD}} \quad (\mathrm{kW}) \tag{4-4}$$

式中　η_{kD} ——低压压缩机的轴效率。

低压压缩机的实际输气量是

$$q_{V_{sD}} = q_{mD} v_1 = \frac{\Phi_0 v_1}{h_1 - h_7} \quad (\mathrm{m^3/s}) \tag{4-5}$$

式中　v_1——低压压缩机吸入蒸气比体积,$\mathrm{m^3/kg}$。

低压压缩机的理论输气量为

$$q_{V_{hD}} = \frac{q_{V_{sD}}}{\lambda_D} = \frac{\Phi_0}{h_1 - h_7} \frac{v_1}{\lambda_D} \quad (\mathrm{m^3/s}) \tag{4-6}$$

式中　λ_D ——低压压缩机的输气系数,其数值可按相同压力比时单级压缩机的输气系数的 90%考虑。

为了在低温下获得冷量 Φ_0 ,除了低压压缩机消耗能量外,高压压缩机也要消耗一定的能量。高压压缩机消耗的单位等熵压缩功是

$$w_{0G} = h_4 - h_3 \tag{4-7}$$

高压压缩机的制冷剂流量 q_{mG} 大于低压压缩机的制冷剂流量 q_{mD} ,它可以根据中间冷却器的热平衡关系计算出来。由图 4-2 可知:

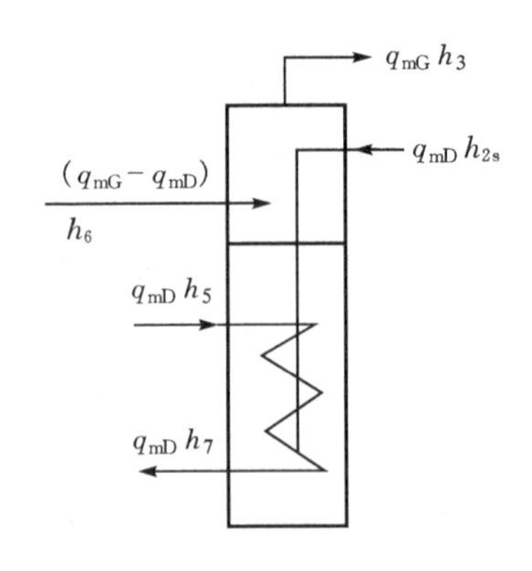

图 4-2　中间冷却器热平衡图

$$q_{mD} h_{2s} + q_{mD}(h_5 - h_7) + (q_{mG} - q_{mD}) h_5 = q_{mG} h_3$$

从而可求出

$$q_{mG}=\frac{h_{2s}-h_7}{h_3-h_5}q_{mD}=\frac{h_{2s}-h_7}{h_3-h_5}\frac{\Phi_0}{h_1-h_7}\quad (kg/s)\tag{4-8}$$

因此高压压缩机所需要的轴功率是

$$P_{eG}=\frac{q_{mG}w_{0G}}{\eta_{kG}}=\frac{h_2-h_7}{h_3-h_5}\frac{\Phi_0}{h_1-h_7}\frac{h_4-h_3}{\eta_{kG}}\quad (kW)\tag{4-9}$$

式中　η_{kG}——高压压缩机的轴效率。

高压压缩机的实际输气量是

$$q_{V_{sG}}=q_{mG}v_3=\frac{\Phi_0}{h_1-h_7}\frac{h_2-h_7}{h_3-h_5}v_3\quad (m^3/s)\tag{4-10}$$

式中　v_3——高压压缩机吸入蒸气比热容，m^3/kg。

高压压缩机的理论输气量

$$q_{V_{hG}}=\frac{q_{V_{sG}}}{\lambda_G}=\frac{\Phi_0}{h_1-h_7}\frac{h_2-h_7}{h_3-h_5}\frac{v_3}{\lambda_G}\quad (m^3/s)\tag{4-11}$$

式中　λ_G——高压压缩机的输气系数，其数值与相同压力比时的单级压缩机的输气系数相同。

两级压缩一级节流、中间完全冷却理论循环的性能系数为

$$COP_0=\frac{\Phi_0}{q_{mG}w_{0G}+q_{mD}w_{0D}}=\frac{h_1-h_7}{\dfrac{h_2-h_7}{h_3-h_5}(h_4-h_3)+(h_2-h_1)}\tag{4-12}$$

而实际循环的性能系数为

$$COP_s=\frac{\Phi_0}{\dfrac{q_{mG}w_{0G}}{\eta_{kG}}+\dfrac{q_{mD}w_{0D}}{\eta_{kD}}}=\frac{h_1-h_7}{\dfrac{h_2-h_7}{h_3-h_5}\dfrac{h_4-h_3}{\eta_{kG}}+\dfrac{h_2-h_1}{\eta_{kD}}}\tag{4-13}$$

冷凝器的热负荷

$$\Phi_k=q_{mG}(h_{4s}-h_5)\quad (kW)\tag{4-14}$$

$$h_{4s}=h_3+\frac{h_4-h_3}{\eta_{iG}}\quad (kJ/kg)\tag{4-15}$$

式中　η_{iG}——高压压缩机的指示效率；

h_{4s}——高压压缩机的实际排气比焓，kJ/kg。

以上计算方法适用于设计或选择压缩机时的计算，我们可根据计算出来的 $q_{V_{hG}}$ 和 $q_{V_{hD}}$ 去设计或选配合适的压缩机，根据 Φ_0 和 Φ_k 去设计或选配蒸发器和冷凝器。对于已有的两级制冷机，我们可根据它的 $q_{V_{hG}}$ 和 $q_{V_{hD}}$ 数值计算出它的制冷量 Φ_0，即

$$\Phi_0=\frac{q_{V_{hD}}\lambda_D}{v_1}(h_1-h_7)\quad (kW)\tag{4-16}$$

图4-3示出两级压缩氨制冷机在冷库制冷装置中的实际系统图。图中除画出了完成工作循环所必需的基本设备外，还包括一些辅助设备和控制阀门。高压压缩机排出的气体进入冷凝器前先经过氨油分离器，将其中夹带的油滴分离出来，以免进入冷凝器和蒸发器中而影响传热。在油分离器出口管路上装有一个单向阀，它的作用是当机器一旦突然停车时防止高压蒸气倒流入压缩机中。冷凝器冷凝下来的氨液流入储液器，它的作用是用来保证根据蒸发器热负荷的需要供给足够的液氨以及减少向系统内补充液氨的次数。中间冷却器用浮子调节阀

供液,以便自动控制中间冷却器中的液位。用来制冷的氨液经过调节站分配给各个库房中的蒸发器,在调节站管路上一般都装有节流阀。气液分离器的作用是一方面将从蒸发器出来的低压蒸气中夹带的液滴分离出去,以防止氨液进入压缩机中而形成湿压缩,另一方面又可使调节站出口处的蒸气不进入蒸发器,使蒸发器的面积可得到更为合理的利用。一个气液分离器可以与几个蒸发器相连,这样它还起着分配液体和汇集蒸气的作用。

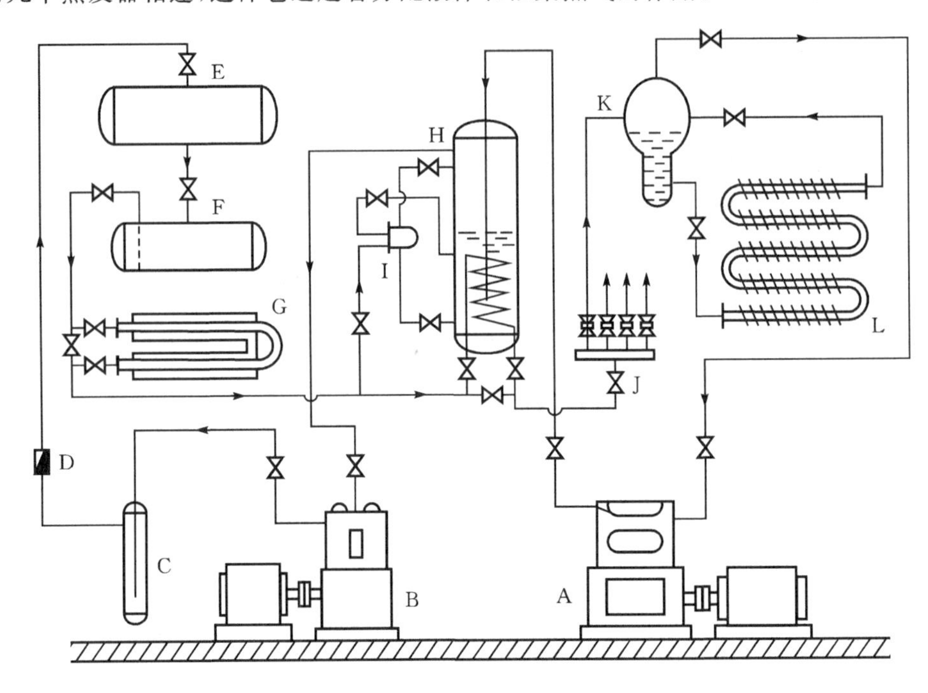

图 4-3 两级压缩氨制冷机的实际系统图

A—低压压缩机;B—高压压缩机;C—油分离器;D—单向阀;E—冷凝器;F—储液器;G—过冷器;H—中间冷却器;I—浮子调节阀;J—调节站;K—气液分离器;L—室内冷却排管(蒸发器)

4.2.2 一级节流、中间不完全冷却的两级压缩循环

图 4-4 示出一级节流、中间不完全冷却的两级压缩循环的系统原理图及相应的 $p-h$ 图。它的工作过程与一级节流中间完全冷却循环的主要区别在于低压压缩机的排气不进入中间冷却器,而是与中间冷却器中产生的饱和蒸气在管路中混合后进入高压压缩机。因此,高压压缩机吸入的是中间压力下的过热蒸气。

图 4-4(b)示出这种循环的 $p-h$ 图。图中各状态点均与图 4-4(a)相对应。点 4 表示在管路中混合后的状态,也就是高压压缩机吸气状态。

一级节流中间不完全冷却循环的热力计算与一级节流中间冷完全冷却循环的计算基本上是一样的,其区别仅因为中间冷却的方式不同而引起计算高压级流量的公式不同而已,同时高压压缩机吸入的是过热蒸气,其状态参数要通过计算求得。

高压压缩机的制冷剂流量仍可由中间冷却器的热平衡关系求得。中间冷却器的热平衡图见图 4-5。

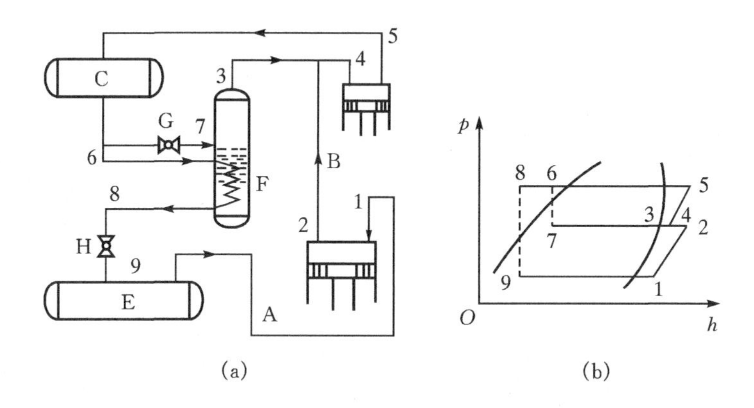

图4-4 一级节流中间不完全冷却两级压缩循环系统原理图及 $p-h$ 图

(a)系统原理图；(b) $p-h$ 图

A—低压压缩机；B—高压压缩机；C—冷凝器；E—蒸发器；F—中间冷却器；G，H—膨胀阀

$$(q_{mG}-q_{mD})h_6+q_{mD}(h_6-h_8)=(q_{mG}-q_{mD})h_3$$

所以

$$q_{mG}=\frac{h_3-h_8}{h_3-h_6}q_{mD}\quad \text{kg/s} \tag{4-17}$$

而点4状态的蒸气比焓可由图4-6所示的两部分蒸气混合过程的热平衡关系式求得：

$$(q_{mG}-q_{mD})h_3+q_{mD}h_{2s}=q_{mG}h_4$$

$$h_4=\frac{q_{mG}h_3+q_{mD}(h_{2s}-h_3)}{q_{mG}}$$

$$=h_3+\frac{h_3-h_6}{h_3-h_8}(h_{2s}-h_3)\quad (\text{kJ/kg}) \tag{4-18}$$

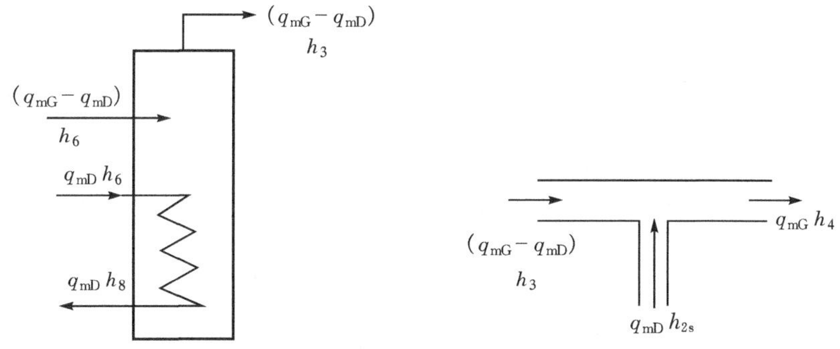

图4-5 中间冷却器热平衡图　　　图4-6 蒸气混合过程热平衡图

图4-7示出的两级压缩氟里昂制冷机系统就是按图4-4(a)所示的一级节流中间不完全冷却循环所设计的。系统中增设了气-液热交换器，这样不但可使高压液体的温度进一步降低，使单位制冷量增大，而更为主要的是为了提高低压压缩机的吸气温度，以改善压缩机的润滑条件，并避免气缸外表面结霜等。系统中还采用了自动回油的油分离器装置、热力膨胀阀型式的供液量调节以及为了使压缩机停止运行时能自动切断供液管路的电磁阀等。

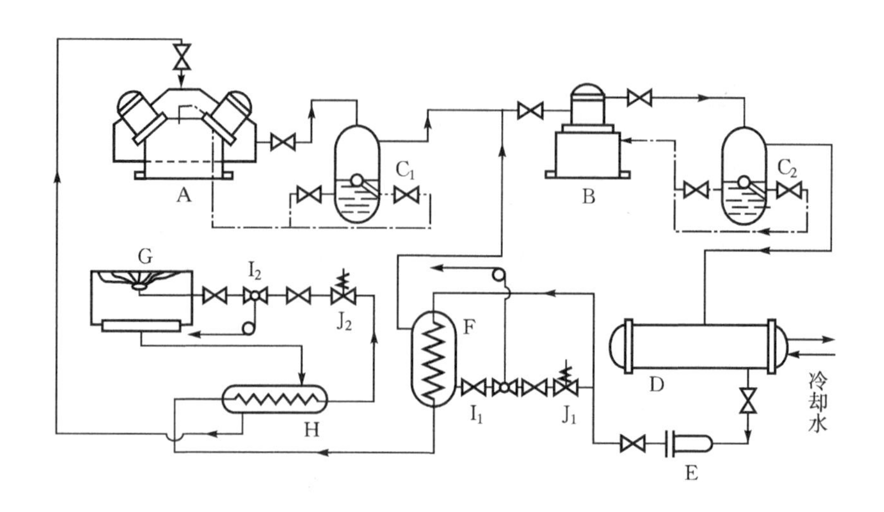

图 4-7 两级压缩氟里昂制冷系统图

A—低压压缩机;B—高压压缩机;C_1,C_2:—油分离器;D—冷凝器;E—过滤干燥器;F—中间冷却器;G—蒸发器;H—气-液热交换器;I_1,I_2—热力膨胀阀;J_1,J_2—电磁阀

4.2.3 两级节流、中间完全冷却的两级压缩循环

图 4-8 示出两级节流、中间完全冷却的两级压缩循环的系统原理图及相应的 $p-h$ 图。它的工作过程与一级节流、中间完全冷却循环的主要区别在于由冷凝器出来的液体没有分为两路,而是全部经节流阀 A 节流到中间压力 p_m,进入中间冷却器,在中间冷却器中进行气液分离。部分液体用来冷却低压压缩机的排气而自身蒸发成气体,并和节流后产生的蒸气以及低压压缩机的排气一起进入高压压缩机;部分液体进入节流阀 B 节流后进入蒸发器蒸发,产生制冷量,蒸发出来的气体再进入低压压缩机进行压缩。

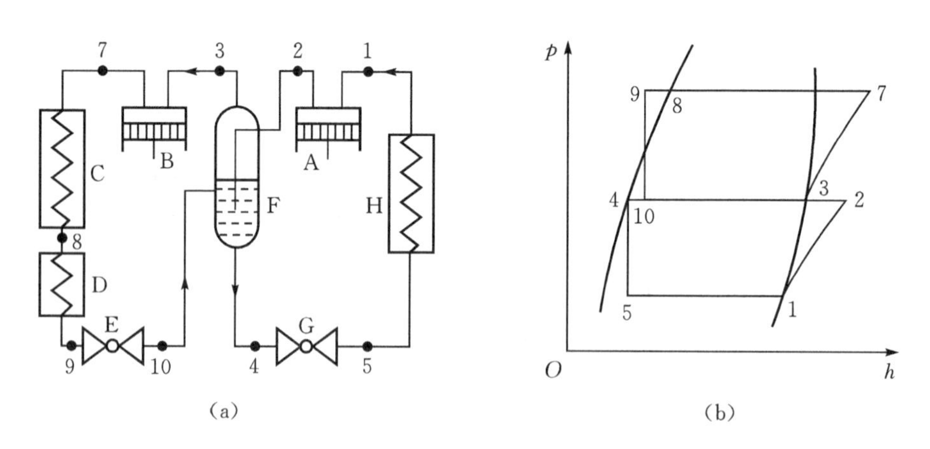

图 4-8 两级节流、中间完全冷却两级压缩循环系统原理图及 $p-h$

(a) 系统原理图; (b) $p-h$ 图

A—低压压缩机;B—高压压缩机;C—冷凝器;D—过冷器;E、G—节流阀;F—中间冷却器;H—蒸发器

图 4-8(b)示出这种循环的 $p-h$ 图。图中各状态点均与图 4-8(a)相对应。过程 10—4 和过程 10—3 表示在中间冷却器中的气液分离过程。

4.2.4　两级节流、中间不完全冷却的两级压缩循环

图 4-9 示出两级节流、中间不完全冷却的两级压缩循环的系统原理图及相应的 $p-h$ 图。它的工作过程与两级节流中间完全冷却循环的主要区别在于低压压缩机的排气不进入中间冷却器，而是与中间冷却器中产生的饱和蒸气在管路中混合后进入高压压缩机。因此，高压压缩机吸入的是中间压力下的过热蒸气。

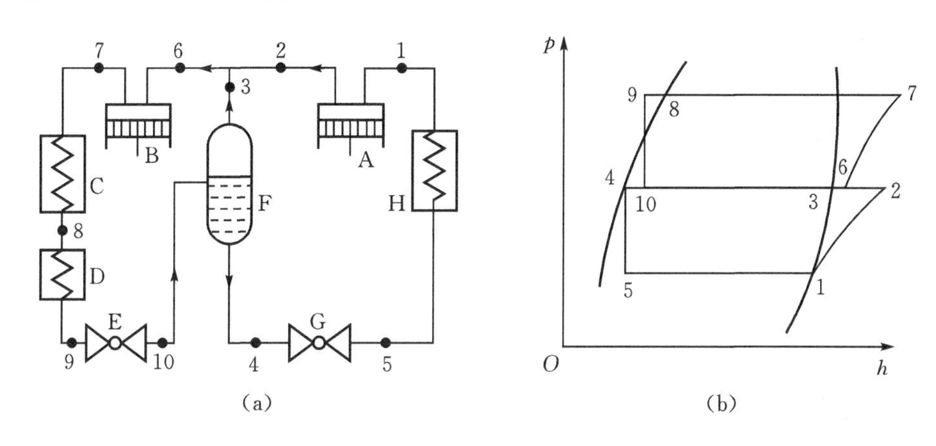

图 4-9　两级节流、中间不完全冷却两级压缩循环系统原图及 $p-h$ 图

(a) 系统原理图；(b) $p-h$ 图

A—低压压缩机；B—高压压缩机；C—冷凝器；D—过冷器；

E、G—节流阀；F—中间冷却器；H—蒸发器

4.2.5　两级节流、具有中温蒸发器的中间完全冷却两级压缩制冷循环

图 4-10 示出两级节流、具有中温蒸发器的中间完全冷却两级压缩循环的系统原理图。它的工作过程与两级节流、中间完全冷却的两级压缩循环基本相同，其 $p-h$ 图和两级节流、中间完全冷却的两级压缩循环相同。主要区别在于多一个中温蒸发器，中间冷却器中的部分液体进入中温蒸发器蒸发，产生制冷量，蒸发出来的气体再回到中间冷却器。这种系统适合于具有不同温度的制冷需求的场合。

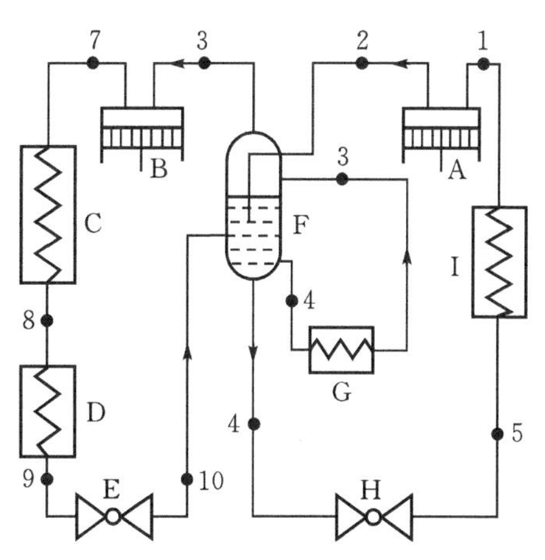

图 4-10　两级节流、具有中温蒸发器的中间完全冷却两级压缩制冷循环系统图

—低压压缩机；B—高压压缩机；C—冷凝器；B、D—过冷器；E、H—节流阀；F—中间冷却器；G—中温蒸发器；I—蒸发器

4.2.6　中间补气增焓的热泵/制冷循环

目前中央空调热泵系统领域中常采用一种经济器系统——中间补气增焓的热泵/制冷循环系统，即在压

缩机(如螺杆式压缩机)的压缩过程中,通过第二个吸气口补气达到提高循环性能的目的。

根据压缩机补气来源的不同,经济器系统主要有两种形式:闪发器前节流系统和过冷器系统。

1. 闪发器前节流系统

闪发器前节流系统和循环的 $p-h$ 图如图 4-11 和 4-12 所示。整个压缩过程可分为三个阶段。第一阶段:在蒸发器 F 中产生的压力为 p_0 的低压蒸气被压缩机 A 吸入,且包含被压缩气体的容积 V_1(气体处于吸气状态)被压缩到容积 V_2(气体处于状态 2),称为一级内压缩;第二阶段:从容积 V_2 与补气孔口连通至脱离,容积从 V_2 减少至 $V_{2'}$,因补入从气液分离器 D 中分离出来的气体(状态 7),容积内的气体压力升至 $p_{2'}$,气体达到状态 $2'$;第三阶段,在同一台压缩机中进一步压缩到冷凝压力 p_k(状态 3),称为二级内压缩,然后进入冷凝器 B 被冷凝成液体。从冷凝器出来的液体经过一级节流元件 C 节流后,进入气液分液器 D。分离出来的气体作为中间补气直接进入压缩机。分离出来的液体经二级节流元件 E 降压至 p_0 后,在蒸发器 F 中蒸发,制取冷量。从蒸发器流出的低压蒸气被压缩机 A 吸入,循环周而复始地进行。

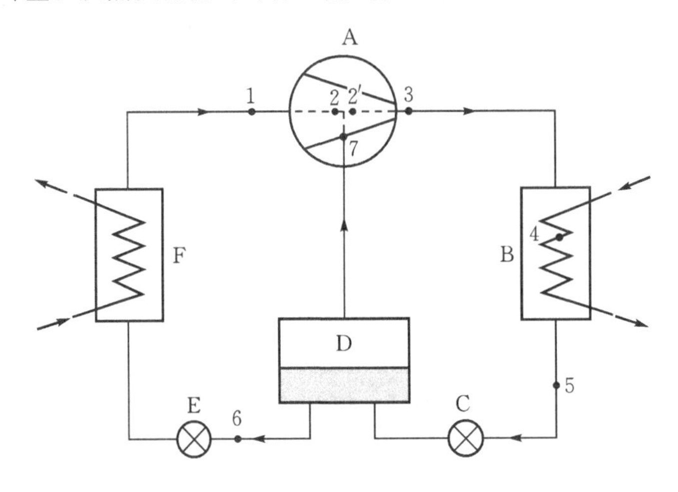

图 4-11 闪发器前节流系统

A—补气增焓压缩机;B—冷凝器;C—节流元件

D—闪发器;E—节流元件;F—蒸发器

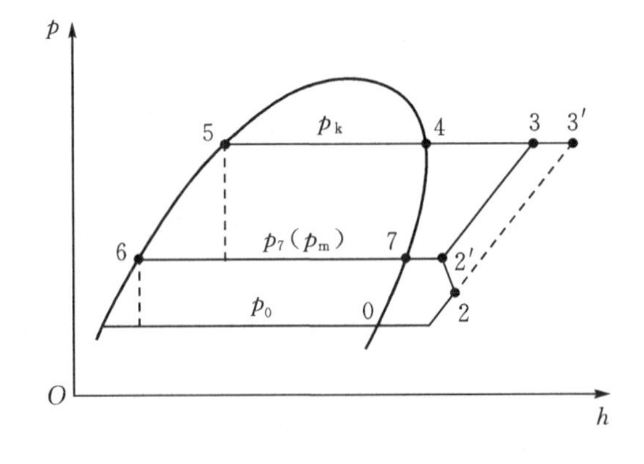

图 4-12 循环的 $p-h$ 图

2. 过冷器系统

过冷器系统如图 4-13 所示，过冷器也类似于两级压缩制冷循环的中间冷却器，这种系统的 $p-h$ 图和一级节流、中间不完全冷却的两级压缩制冷循环相同。

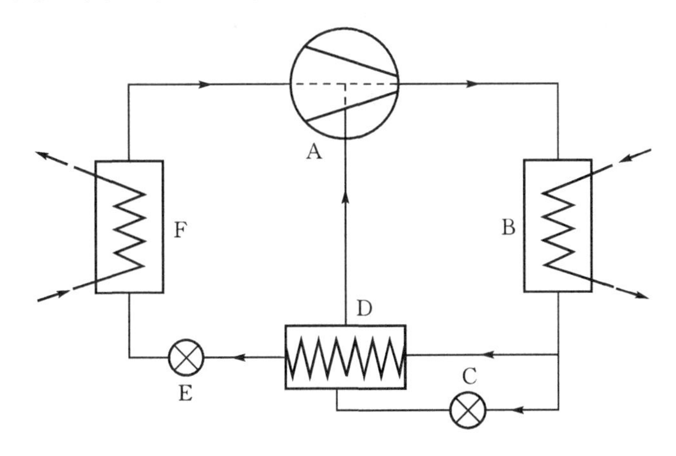

图 4-13　过冷器组系统

A—补气增焓压缩机；B—冷凝器；C—节流元件

D—过冷器；E—节流元件；F—蒸发器

冷凝器出口的制冷剂液体一部分经节流元件 C 降压到中间压力 P_m 后流入过冷器，在过冷器中冷却。冷凝器出来的另一部分制冷剂液体，自身蒸发后进入压缩机的补气通道，另一部分制冷剂液体则经过冷器过冷后经节流阀 E 节流，然后进入蒸发器蒸发。

增加了补气通道以后，压缩过程中由于得到中间补气的冷却，压缩机的排气温度比无补气时的排气温度低，同时，由于部分蒸气没有经过从低压到高压的完整压缩过程，而只经历了从中间压力到排气压力的压缩过程，减少了压缩机的功耗，因此补气增焓可以提高系统的制热/制冷性能系数，提高了大约 7%。

为了进一步提高制冷压缩机组的效率，也有用三级节流、中间两次补气的制冷循环，其系统与循环和两级节流、中间补气的制冷循环基本类似。

4.3　两级压缩制冷机的热力计算和温度变动时的特性

4.3.1　两级压缩制冷机的热力计算

两级压缩制冷机进行循环的热力计算时，首先需要对制冷工质及循环型式加以选择，然后确定循环的工作参数，按前面所述方法进行具体的计算。

两级压缩制冷机应使用中温制冷剂，这是因为受到在低温时系统中蒸发压力不能太低、在常温下冷凝压力又不允许过高及应能够液化的限制。通常应用较为广泛的是 R717，R22，R290 等。

中间冷却的方式与选用的制冷剂的种类密切相关。对采用回热有利的制冷剂如 R290 等采用中间不完全冷却循环型式，同样可使循环的性能系数有所提高。但为了降低高压级的排气温度,也可选用中间完全冷却的循环型式。对采用回热循环不利的制冷剂如氨等,则应采用中间完全冷却的循环型式。

对于蒸发温度较低的两级压缩循环,通常都增加回热器,其主要目的并不在于提高性能系数,而是为了提高低压级压缩机的吸气温度,改善压缩机的工作条件。

两级压缩循环工作参数的确定与单级压缩循环是相似的,即根据环境介质的温度和被冷却物体要求的温度,考虑选取一定的传热温差,进而确定循环的冷凝温度和蒸发温度。至于中间温度(或中间压力)如何确定是两级压缩循环的特有问题,中间压力选择是否恰当,不仅影响到经济性,而且对压缩机的安全运行也有直接关系。

4.3.2　两级压缩制冷机中间压力的确定

确定中间压力时要区分两种情况:一种是已经选配好高、低压级压缩机,需通过计算去确定中间压力;另一种是从循环的热力计算出发确定中间压力。

对于第一种情况,由于压缩机已经选定,则高压压缩机的理论输气量 $q_{V_{hG}}$ 和低压压缩机的理论输气量 $q_{V_{hD}}$ 之比值 ξ 为定值,即

$$\xi = \frac{q_{V_{hG}}}{q_{V_{hD}}} = \frac{q_{mG} v_G}{\lambda_G} \frac{\lambda_D}{q_{mD} v_D} = 定值 \tag{4-19}$$

显然需要用试凑法(或作图法)来确定中间压力。具体步骤是:①按一定间隔选择若干个中间温度,按所选温度分别进行循环的热力计算,求出不同中间温度下的理论输气量的比值 ξ;②绘制 $\xi = f(t_m)$ 曲线,并在图上画一条 ξ 等于给定值的水平线,此线与曲线的交点即为所求中间温度(即中间压力)。用这种方法确定的中间压力不一定是循环的最佳中间压力。选配压缩机时,高压压缩机和低压压缩机可以由同一台压缩机来承担,即所谓单机双级型压缩机,也可选一台压缩机为高压级,一台或多台压缩机为低压级。一般高、低压级理论输气量之比值在 $\frac{1}{2} \sim \frac{1}{3}$,如采用单机双级型压缩机,它们的容积比一般为1∶3。

对于第二种情况,中间压力的选择可以根据性能系数最大这一原则去选取。这一中间压力又称最佳中间压力。选取的具体步骤是:①根据确定的冷凝压力 p_k 和蒸发压力 p_0,按 $p_m = \sqrt{p_k p_0}$ 求得一个近似值;②在该 $t_m(p_m)$ 值的上下按一定间隔选取若干个中间温度值;③对每一个 t_m 值进行循环的热力计算,求得该循环下的性能系数 COP_0;④绘制 $COP_0 = f(t_m)$ 曲线,找到 COP_{0max} 值,由该点对应的中间温度即为循环的最佳中间温度(即最佳中间压力)。

拉赛对用氨作为制冷工质的两级压缩制冷循环制定了按 t_k 及 t_0 确定最佳中间温度的线图,如图4-14所示。在-40~40℃范围内,该图可用下式来代替:

$$t_m = 0.4t_k + 0.6t_0 + 3 \quad (℃) \tag{4-20}$$

循环参数确定后即可对循环进行热力计算,求出所需要的 $q_{V_{hG}}$ 和 $q_{V_{hD}}$ 值。但在现有的压缩机系列产品中很可能选不到正好符合热力计算要求的压缩机,这时可选配容量与计算值相近的压缩机来代替,虽然中间压力会稍有变动,但对性能系数的大小影响甚微。

下面我们通过两个例题来说明热力计算的方法和步骤。

例4-2　某冷库在扩建中需要增加一套两级压缩制冷机,其工作条件如下:制冷量 $\Phi_0 = 150$ kW;制冷剂为氨;冷凝温度 $t_k = 40$℃,无过冷;蒸发温度 $t_0 = -40$℃;管路有害过热 $\Delta t = 5$℃。试进行热力计算并选配适宜的压缩机。

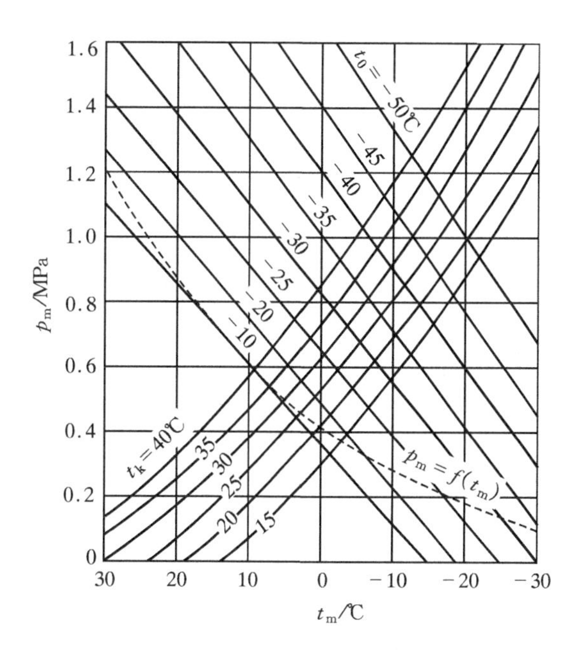

图 4－14　确定最佳中间温度的线图

解　因制冷剂为氨，选用一级节流中间完全冷却循环，其 $p-h$ 图如图 4－15 所示。根据给定条件，可确定如下参数：

$$p_k = 1.557 \quad \text{MPa}$$

$$p_0 = 0.0716 \quad \text{MPa}$$

$$h_5 = 390.247 \quad \text{kJ/kg}$$

$$h_1 = 1405.887 \quad \text{kJ/kg}$$

$$h_{1'} = 1418.027 \quad \text{kJ/kg}$$

$$v_{1'} = 1.58 \quad \text{m}^3\text{/kg}$$

首先我们按性能系数最大的原则来确定中间温度及中间压力。该循环的性能系数可表达为

$$\text{COP}_0 = \frac{h_1 - h_7}{(h_2 - h_{1'}) + \frac{h_2 - h_7}{h_3 - h_5}(h_4 - h_3)}$$

假定中间压力 $p_m = \sqrt{p_k p_0} = \sqrt{1.557 \times 0.0716} = 0.334$ MPa，对应的中间温度 $t_m = -6.5$ ℃，因此我们在 −6.5 ℃上下取若干个数值，例如取 −2，−4，−6，−8，−10 ℃进行计算，在计算中取中间冷却盘管的氨液出口处端部温差 $\Delta t = 3$ ℃，现将计算结果列于表 4－2。

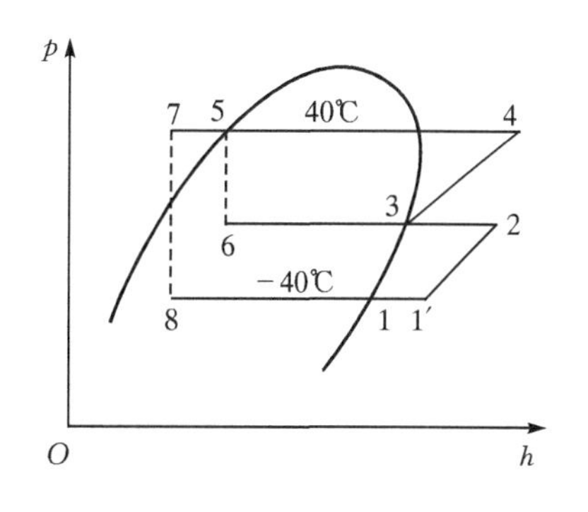

图 4－15　$p-h$ 图

表 4 - 2

t_m /℃	p_m /MPa	h_3 /(kJ/kg)	h_7 / (kJ/kg)	h_2 /(kJ/kg)	h_4 /(kJ/kg)	COP_0
−2	0.399	1455.505	204.754	1656.677	1658.767	2.329
−4	0.369	1453.55	195.249	1644.287	1667.137	2.345
−6	0.342	1451.515	185.761	1631.557	1677.607	2.340
−8	0.316	1449.396	176.293	1618.987	1688.075	2.327
−10	0.291	1447.201	166.864	1606.437	1698.519	2.317

从表中的数值可知,最佳温度在 −4 ℃～ −6 ℃,按图 4 - 10 可查出最佳中间温度为 −5.5 ℃,两者比较接近,这说明按图 4 - 10 得到的结果是满意的。我们取中间温度 $t_m = -5$ ℃,相应的中间压力 $p_m = 0.355$ MPa。这样,相应各状态点的参数为:

$$h_3 = 1452.54 \quad \text{kJ/kg} \qquad h_7 = 190.51 \quad \text{kJ/kg}$$

$$h_2 = 1637.92 \quad \text{kJ/kg} \qquad h_4 = 1672.37 \quad \text{kJ/kg}$$

$$v_3 = 0.345 \quad \text{m}^3/\text{kg}$$

高压级及低压级的压力比分别是:

$$\frac{p_k}{p_m} = \frac{1.557}{0.355} = 4.39, \qquad \frac{p_m}{p_0} = \frac{0.355}{0.0716} = 4.96$$

现在我们根据所确定的循环工作参数进行热力计算。

①单位制冷量

$$q_0 = h_1 - h_7 = 1125.38 \quad \text{kJ/kg}$$

②低压压缩机制冷剂流量

$$q_{mD} = \frac{\Phi_0}{q_0} = 0.1234 \quad \text{kg/s}$$

③低压压缩机理论输气量

$$q_{V_{hD}} = \frac{q_{mD} v_{1'}}{\lambda_D} = 0.3 \quad \text{m}^3/\text{s} \ (\text{取 } \lambda_D = 0.65)$$

④低压压缩机等熵压缩功率

$$P_{0D} = q_{mD}(h_2 - h_{1'}) = 27.13 \quad \text{kW}$$

⑤低压压缩机轴功率

$$P_{eD} = \frac{P_{0D}}{\eta_{kD}} = 40.5 \quad \text{kW} \quad (\text{取 } \eta_{kD} = 0.67)$$

⑥低压压缩机实际排气焓值

$$h_{2s} = h_{1'} + \frac{h_2 - h_{1'}}{\eta_{iD}} = 1682.96 \quad \text{kJ/kg} \quad (\text{取 } \eta_{iD} = 0.83)$$

⑦高压压缩机制冷剂流量

$$q_{mG} = q_{mD} \frac{h_{2s} - h_7}{h_3 - h_5} = 0.173 \quad \text{kg/s}$$

⑧高压压缩机理论输气量

$$q_{V_{hG}} = \frac{q_{mG} v_3}{\lambda_G} = 0.082 \quad m^3/s \quad (取\ \lambda_G = 0.73)$$

⑨高压压缩机等熵压缩功率

$$P_{0G} = q_{mG}(h_4 - h_3) = 38 \quad kW$$

⑩高压压缩机轴功率

$$P_{eG} = \frac{P_{0G}}{\eta_{kG}} = 54.3 \quad kW \quad (取\ \eta_{kG} = 0.70)$$

⑪高压压缩机实际排气焓值

$$h_{4s} = h_3 + \frac{h_4 - h_3}{\eta_{iG}} = 1711.16 \quad kJ/kg \quad (取\ \eta_{iG} = 0.85)$$

⑫理论性能系数

$$COP_0 = \frac{h_1 - h_7}{(h_2 - h_{1'}) + \dfrac{h_2 - h_7}{h_3 - h_5}(h_4 - h_3)} = 2.364$$

⑬理论输气量比

$$\xi = \frac{q_{V_{hG}}}{q_{V_{hD}}} = 0.273$$

⑭冷凝器热负荷

$$\Phi_k = q_{mG}(h_{4s} - h_5) = 228.5 \quad kW$$

根据热力计算所确定的理论输气量，对于低压压缩机可选用 178A(即 8AS17)型，它的理论输气量为 0.304 m^3/s，对于高压压缩机可选用 12.54A(即 4AV12.5)型，它的理论输气量为 0.079 m^3/s。

关于计算中选取的输气系数及效率，详细计算办法可参阅《制冷压缩机》有关章节。

例 4-3　将 104F (4F-10)型压缩机改造成单机双级型，其中三个缸作为低压缸，一个缸作为高压缸，如果采用 R22 作为制冷剂，试问该机器在 $t_k = 30℃$，$t_0 = -70℃$时的制冷量是多少？

解　104F 型压缩机的结构参数及转速是：

缸径 $D = 100$ mm，行程 $S = 70$ mm，转速 $n = 960$ r/min 。低压级理论输气量

$$q_{V_{hD}} = \frac{\pi}{4} \times 0.1^2 \times 0.07 \times 3 \times 960/60 = 0.0264\ m^3/s = 95.1 \quad m^3/h$$

高压级理论输气量

$$q_{V_{hG}} = \frac{\pi}{4} \times 0.1^2 \times 0.07 \times 1 \times 960/60 = 0.0088\ m^3/s = 31.7 \quad m^3/h$$

高、低压级理论输气量之比

$$\xi = \frac{q_{V_{hG}}}{q_{V_{hD}}} = 0.334$$

我们采用一级节流中间不完全冷却循环，其 $p-h$ 图如图 4-16 所示。循环系统见图 4-4(a)。

选取中间冷却器内传热温差 $\Delta t = 3℃$。低压级压缩机吸入蒸气温度为 $t_{1'} = -37℃$。

根据已知条件可以确定

$p_k = 1.19$ MPa，$p_0 = 0.021$ MPa

$h_1 = 374.232$ kJ/kg，$h_6 = 236.664$ kJ/kg

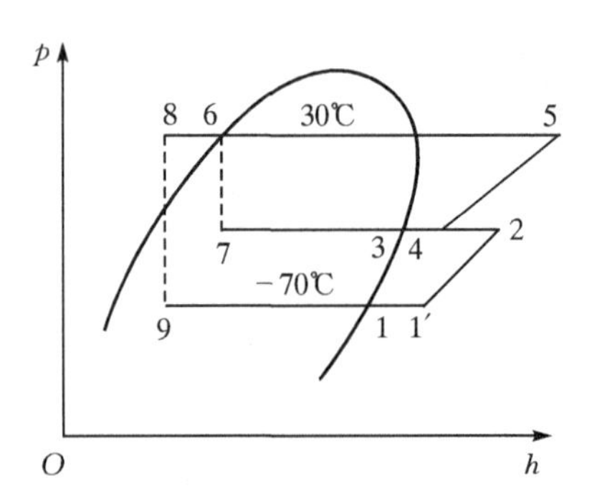

图 4-16　压-焓图

依据 $\xi=0.334$，先确定循环的中间温度和中间压力，现列表计算(见表 4-3)。

表 4-3

项目	来源或计算公式		计算结果		
t_m	选定	/℃	−32	−34	−36
p_m	查表	/MPa	0.1501	0.1376	0.1259
t_8	$t_8=t_m+\Delta t$	/℃	−29	−31	−33
h_8	查表	/(kJ/kg)	167.227	165.054	162.893
$t_{1'}$	给定	/℃	−37	−37	−37
$v_{1'}$	查图	/(m³/kg)	1.10	1.10	1.10
$h_{1'}$	查图	/(kJ/kg)	392.664	392.664	392.664
h_3	查表	/(kJ/kg)	392.249	391.350	390.444
h_2	查图	/(kJ/kg)	446.3	443.6	440.4
$\frac{q_{mG}}{q_{mD}}$	$\frac{q_{mG}}{q_{mD}}=\frac{h_3-h_8}{h_3-h_6}$		1.45	1.46	1.48
h_4	$h_4=h_3+\frac{h_3-h_6}{h_3-h_8}\times(h_2-h_3)$	/(kJ/kg)	429.526	427.1	424.2
v_4	查图	/(m³/kg)	0.18	0.20	0.22
λ_D	选取		0.52	0.54	0.56
λ_G	选取		0.56	0.53	0.52
ξ	$\xi=\frac{q_{mG}v_4\lambda_D}{q_{mD}v_{1'}\lambda_G}$		0.223	0.272	0.321

将计算结果绘成 $\xi=f(t_m)$ 曲线，如图 4-17 所示。它与 $\xi=0.334$ 的交点即为所求的中间温度，$t_m=-36.5$℃。此时循环的状态点参数为：

$$p_m=0.123\quad \text{MPa}$$

$$t_8=-33.5\quad ℃$$

$$h_8=162.355\quad \text{kJ/kg}$$

$$h_{1'}=392.664\quad \text{kJ/kg}$$

$$v_{1'} = 1.10 \quad m^3/kg$$

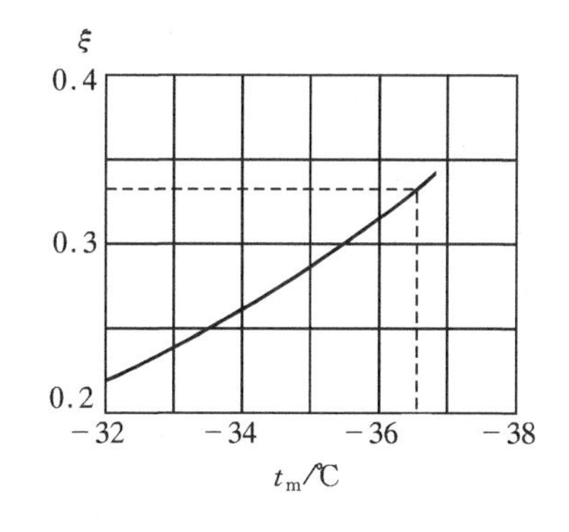

图 4-17　$\xi = f(t_m)$图

从而可算出 q_{mD}及 Φ_0：

$$q_{mD} = \frac{q_{V_{hD}} \lambda_D}{v_{1'}} = 0.0137 \text{ kg/s} = 49.4 \quad \text{kg/h}$$

$$\Phi_0 = q_{mD}(h_1 - h_8) = 2.84 \quad \text{kW}$$

4.3.3　温度变动时制冷机特性

一台已经设计制造或选配组成的两级压缩制冷机组，它们的理论输气量之比 ξ 为定值。当制冷机的运行工况与设计工况相同时，制冷机即具有设计计算中所确定的中间压力 p_m 、制冷量 Φ_0 、轴功率 P_{eG} 、P_{eD} 、性能系数 COP_0 等，但当工况发生变动时，上述指标也将都发生变化。

在蒸发温度要求调节的低温装置中以及制冷机的启动过程中，都会出现 t_k ，ξ 不变而 t_0 发生变化的情况。当 t_0 升高时，因压缩机的进气比体积 v_1 减小，单位制冷量 q_0 增大，故机组的制冷量 Φ_0 增大；由于工作的温度区间减小，性能系数得到提高。相反地当 t_0 下降时，制冷量及性能系数都下降。而功率的变化，由单级压缩制冷循环的分析可知，当 $p_k/p_m \approx 3$ 时，高压级的 P_{eG} 将达最大值，而低压级的 P_{eD} 将取决于蒸发温度改变时 p_m 与 p_0 的变化关系。因此在电动机的选配上可按高、低压级分别考虑。高压压缩机应按最大功率工况选配。至于低压压缩机的电动机选配问题，由于两级压缩机组通常都是先启动高压级，等到蒸发温度降到某一数值后再启动低压级，因此电动机的功率可按它在开始投入运行时的工况选配。对于单机双级型压缩机，高、低压级同时启动，如有能量卸载装置，则电动机功率的选配可按运行工况计算。

4.4　复叠式制冷机循环

4.4.1　复叠式制冷机循环系统

复叠式制冷机通常由两个单独的制冷系统组成，分别称为高温级及低温级部分。高温部分使用中温制冷剂，低温部分使用低温制冷剂。高温部分系统中制冷剂的蒸发用来使低温部分系统中制冷剂冷凝，用一个冷凝蒸发器将两部分联系起来，它既是高温部分的蒸发器，又是低温部分的冷凝器。低温部分的制冷剂在蒸发器内向被冷却对象吸取热量（即制取冷量），并将此热量传给高温部分制冷剂，然后再由高温部分制冷剂将热量传给冷却介质（水或空气）。

图 4-18 示出由两个单级压缩系统组成的最简单的复叠式制冷循环系统原理图。循环工作过程可从图中清楚地看出。图 4-19 示出了这一循环的压-焓图。图中 1—2—3—4—5—1 为低温部分循环。6—7—8—9—10—6 为高温部分循环。冷凝蒸发器中的传热温差一般取5～10℃。

图 4-20 示出国产 D—8 型低温箱所用的制冷机系统。它就是按照图 4-18 所示的循环设计的。高温级制冷剂为 R22，低温级制冷剂为 R13，箱内工作温度约－80 ±2℃，因而 R13 的蒸发温度大约为－85～－90 ℃。在低温部分的系统中还增加了气-液热交换器、水冷却器及膨胀容器。气-液热交换器用来提高低温部分压缩机的吸气温度，同时也增加低温级的单位制冷

量。水冷却器可以减少冷凝蒸发器的热负荷，也就是减少高温级的制冷负荷。水冷却器中排出气体的温度约等于高温级的冷凝温度(因使用的是同一种冷却介质)。系统的工作过程可从图中清楚地看出，不再累述。

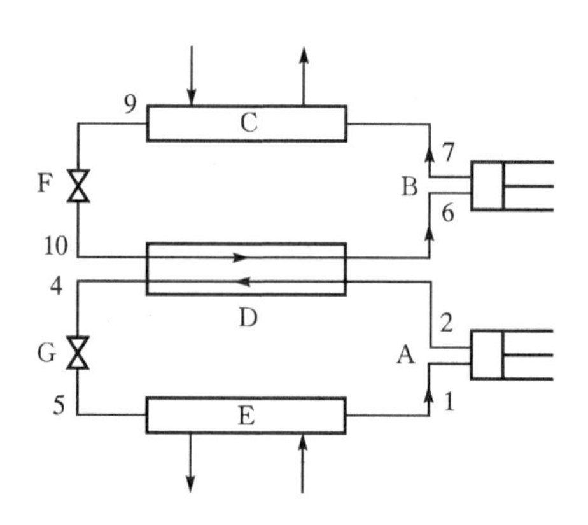

图 4-18 复叠式制冷循环系统原理图

低温部分：A—压缩机；D—冷凝器；G—膨胀阀；E—蒸发器；

高温部分：B—压缩机；C—冷凝器；D—蒸发器；F—膨胀阀

从保护环境出发，以 NH_3 和 CO_2 构成的 NH_3/CO_2 复叠式制冷系统，在 20 世纪 90 年代投入运行后，在国外(尤其在冷库、超市陈列柜等食品冷冻冷藏领域)已广泛应用。NH_3/CO_2 复叠式制冷系统如图 4-21 所示。

相比目前冷库中广泛使用的氨单级压缩或两级压缩制冷系统，NH_3/CO_2 复叠式制冷系统具有以下优点。

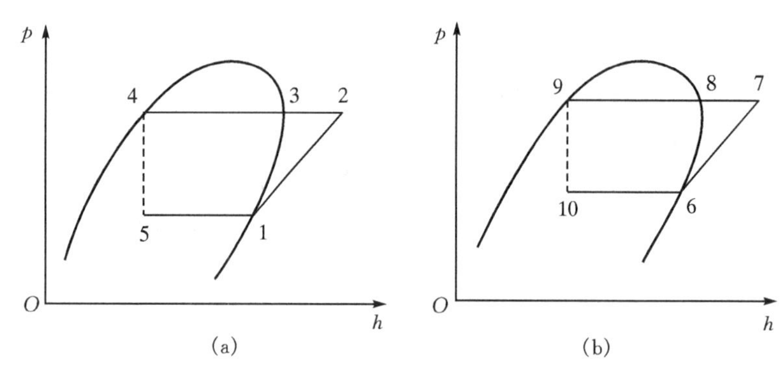

图 4-19 复叠式制冷循环的压-焓图

(a) 低温级；(b) 高温级

① CO_2 作为自然工质，无毒，无味，不可燃，也不助燃。由于低温级采用 CO_2，可以避免氨与食品、人群等的直接接触，降低制冷系统的危险性。另外，如果发生重大泄漏事件，CO_2 只会形成干冰，干冰升华后变成气体不会造成危害，增加了系统运行的安全性。

② NH_3/CO_2 复叠式制冷系统能明显降低氨的充注量，NH_3/CO_2 复叠式制冷系统中氨的充注量约为氨两级压缩制冷系统的 1/8。

③ CO_2 制冷剂的单位容积制冷量大，约是 NH_3 的 8 倍，低温级制冷剂的容积流量大大降低。

④ NH_3/CO_2 复叠式制冷系统节能效果显著。从某冷库的运行情况来看，制冷温度 −31.7℃时，NH_3/CO_2 复叠式制冷系统比氨单级制冷系统节能 25%，比氨双级压缩制冷系统节能 7%，而且温度越低，节能效果越明显。

由两个单级系统组成的复叠式制冷循环，因受压缩机压力比的限制，它只能达到 −80 ℃左右的低温。如果采用一个单级系统和一个两级系统组成的复叠式系统，则可制取 −110 ℃

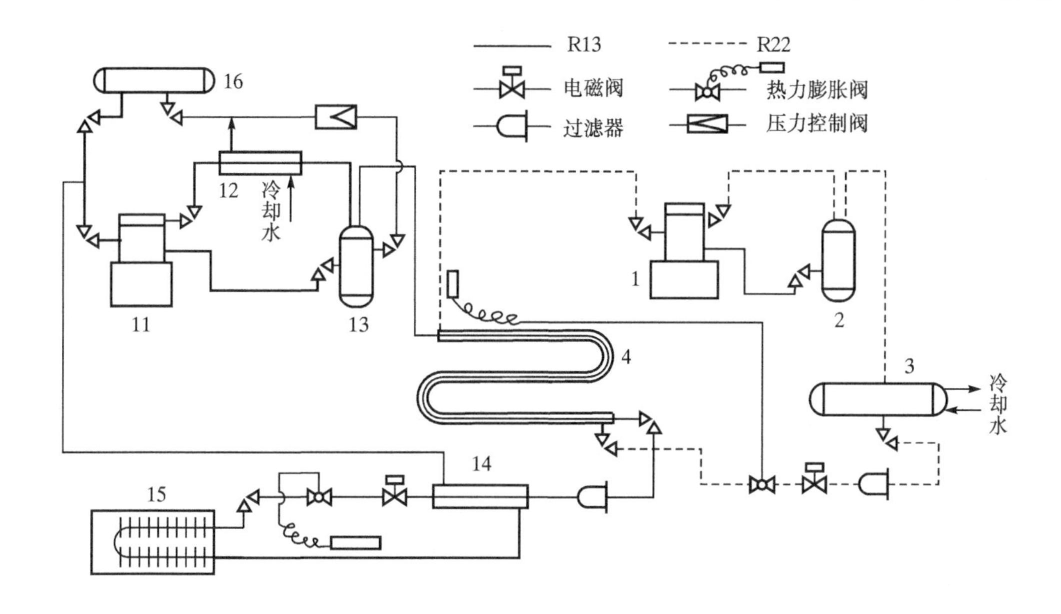

图 4-20　D—8 型低温箱复叠式制冷机系统

高温部分：1—压缩机；2—油分离器；3—冷凝器；4—冷凝蒸发器；

低温部分：11—压缩机；12—水冷却器；13—油分离器；14—气-液热交换器；15—蒸发器；16—膨胀容器

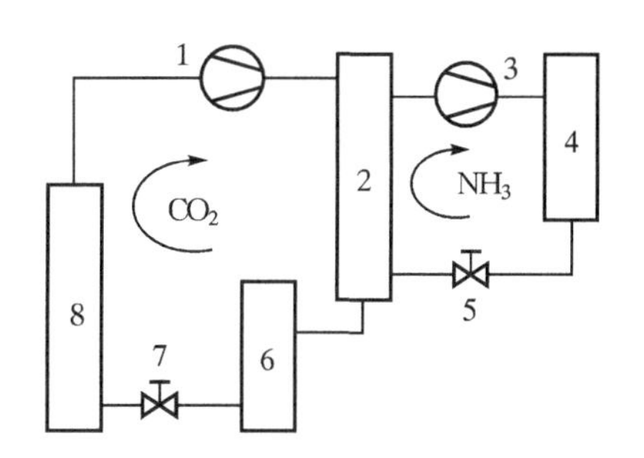

图 4-21　NH_3/CO_2 复叠式制冷系统示意图

1—CO_2 压缩机；2—冷凝蒸发器；3—NH_3 压缩机

4—冷凝器；5,7—膨胀阀；6—储液器；8—蒸发器

左右的低温。为了要得到更低的温度，可采用三元复叠循环（即用三种不同制冷剂组成的复叠式系统）。由此可见，复叠式系统的循环选择主要取决于所需要达到的低温要求，而且如果配合恰当，可使整个系统的经济性、可靠性均提高。

4.4.2　复叠式制冷循环的热力计算

复叠式制冷循环的热力计算可分别对高温部分及低温部分单独进行计算。计算中令高温部分的制冷量等于低温部分的冷凝热负荷加上冷损。计算方法与单级或两级压缩制冷循环的热力计算相同。

复叠式制冷循环中，中间温度的确定应根据性能系数最大或各台压缩机压力比大致相等的原则。前者对能量利用最经济，后者对压缩机气缸工作容积的利用率较高（即输气系数较大)。由于中间温度在一定范围内变动时对性能系数影响并不大,故按各级压力比大致相等的原则来确定中间温度似乎更为合理。

冷凝蒸发器传热温差的大小不仅影响到传热面积和冷量损耗,而且也影响到整台制冷机的容量和经济性,一般 $\Delta t = 5 \sim 10$ ℃,温差选得大,冷凝蒸发器的面积可小些,但却使压力比增加,循环经济性降低。

制冷剂的温度越低,传热温差引起的不可逆损失越大。蒸发器的传热温差因蒸发温度很低而应取较小值,最好不大于5℃。

4.4.3　复叠式制冷机的启动与膨胀容器

复叠式制冷机必须先启动高温级,当中间温度降低到足以保证低温级的冷凝压力不超过1.57 MPa时才可以启动低温级。如果膨胀容器和排气管路连接,并在连接管路上装有压力控制阀(如图4-20所示),则高、低温部分可以同时启动。因为当低温部分的排气压力一旦升高到限定值时,压力控制阀将自动打开,使排气管路与膨胀容器接通,压力降低。这种启动方式常被小型复叠式制冷机组采用。

复叠式制冷机的低温部分设置膨胀容器,它是低温系统中一个特有的设备,其功用是防止系统内压力过度升高。因为当复叠式制冷机停止运行后,系统内的温度将逐渐升高至环境温度,低温制冷剂将会全部汽化为过热蒸气(因为低温制冷剂的临界温度一般都较低),为了防止低温系统内压力过度升高,在大型装置中通常使低温制冷剂始终处于低温状态(定期使高温部分运行)或将低温制冷剂抽出,液化后装入高压钢瓶中。对于中、小型试验用低温复叠式制冷装置,则是在低温系统内设置膨胀容积,以便停机后大部分汽化的低温制冷剂蒸气进入膨胀容器中,使整个系统的压力保持在允许的工作压力之内。膨胀容器与吸气管道连接时,其容积 V_e 可按下式计算

$$V_e = (m_x v_e - V_x)\frac{v_x}{v_x - v_e} \quad (\mathrm{m}^3) \tag{4-21}$$

式中　m_x ——低温系统(不包括膨胀容器)在工作状态下所包含的制冷剂质量,kg;

V_x ——低温系统(不包括膨胀容器)的总容积,m^3;

v_e ——停机后制冷剂的比体积,m^3/kg;

v_x ——在环境温度及吸气压力下制冷剂的比体积,m^3/kg。

当系统增加了膨胀容器后,制冷剂的充灌量 m_t 为

$$m_t = m_x + \frac{V_e}{v_x} \quad (\mathrm{kg}) \tag{4-22}$$

停机后系统中保持的压力一般取0.98~1.47 MPa。

4.5　自复叠式制冷循环

4.5.1　自复叠式制冷系统

自复叠制冷系统使用混合工质并通过单台压缩机实现了多级复叠,可以获得-60℃以下的低温,极大地简化了制冷系统。由于自复叠制冷系统具有比较大的工作温区,可以实现从低

于 80 K 的液氮温区到 230 K 的传统蒸气压缩制冷循环制冷温区，无论是在普冷领域还是在低温电子、低温医学、冷冻干燥、气体液化等低温领域，都有比较大的实用价值。

图 4 - 22 为采用 R23/R134a 的自复叠制冷系统流程图，流程如下。

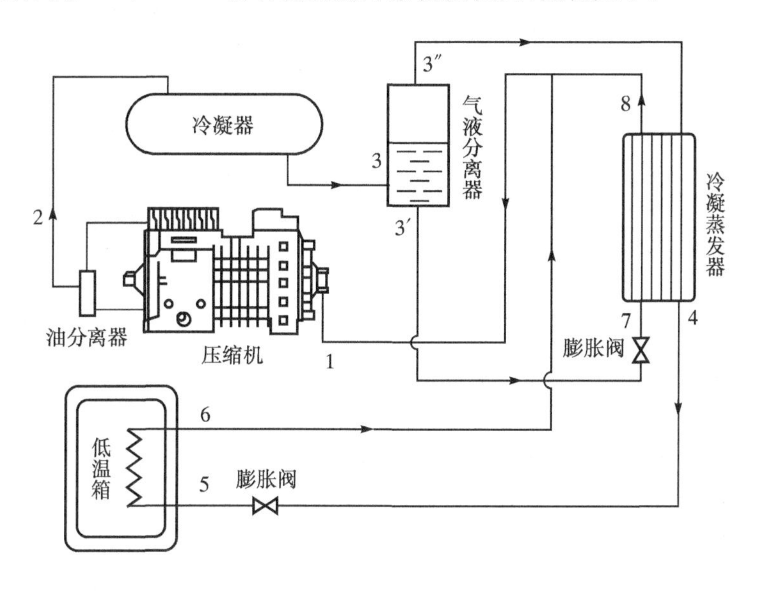

图 4 - 22　自复叠制冷系统流程图

从压缩机排出的高温高压 R23/R134a 混合工质蒸气进入冷凝器，在其中放热冷凝。由于二元组分的沸点不同，在冷凝器中大部分高沸点的 R134a 和少量低沸点的 R23 先冷凝成液体，而大部分 R23 仍保持气态。混合工质进入气液分离器分离为两路，一路是富含 R134a 的液态混合工质，经膨胀阀节流后进入冷凝蒸发器中吸热蒸发；另一路是富含 R23 的气态混合工质，在冷凝蒸发器中冷凝成液体后经膨胀阀进入蒸发器，在其中吸收被冷却物的热量，实现制冷。最后，富含 R23 的蒸气与富含 R134a 的蒸气混合后被压缩机吸入、压缩，从而完成整个循环。

4.5.2　焓-质量分数关系图

由于焓-质量分数关系图可以简单清晰地反映循环过程中混合工质气液平衡、分离、气体混合以及热量的交换过程，下面用焓-质量分数关系图来描述自复叠制冷系统的热力过程。

图 4 - 23 中，p_0 和 p_k 分别表示制冷循环的蒸发压力和冷凝压力，对应的蒸发温度和冷凝温度分别为 t_0 和 t_k 。处于 1 点状态的 R23/R134a 混合工质蒸气进入压缩机，压缩成为 2 点状态的过热蒸气，压力由蒸发压力 p_0 提高到冷凝压力 p_k ，线 1—2 为压缩过程；2 点的高温高压蒸气进入冷凝器放热冷凝，在冷凝器中大部分高沸点的 R134a 和少量低沸点的 R23 先冷凝成液体，而大部分 R23 仍保持气态，气液混合物的状态为 3 点，线 2—3 为冷凝过程；混合工质进入气液分离器分离为两路，一路是 3′点的富含 R134a 的液态混合工质，另一路是 3″点的富含 R23 的气态混合工质；3′点的液态混合工质经膨胀阀节流到 7 点，然后进入冷凝蒸发器吸热蒸发，成为 8 点的蒸气，线 7—8 为蒸发过程；3″点的气态混合工质在冷凝蒸发器中冷凝成 4 点的液体，经膨胀阀节流到 5 点，然后进入蒸发器，在其中吸收被冷却物的热量，实现制冷，线 3″—4 为冷凝过程，线 5—6 为蒸发过程；最后 6 点的富含 R23 的蒸气与 8 点的富含 R134a 的蒸气混

合成 1 点状态的混合物,然后被压缩机吸入,从而完成整个循环。

若 x 表示混合制冷剂在冷凝器中分凝后的干度,则在冷凝蒸发器中,可以写出热平衡式:

$$x(h_{3''}-h_4)=(1-x)(h_8-h_{3'}) \tag{4-23}$$

式中 $h_{3'}$,$h_{3''}$,h_4 和 h_8 分别表示 3′点、3″点、4 点和 8 点的比焓值,kJ/kg。

连接 3′—3″及 4—8 交于点 3,压缩机排气的质量分数(R23),即混合工质循环运行质量分数(R23):

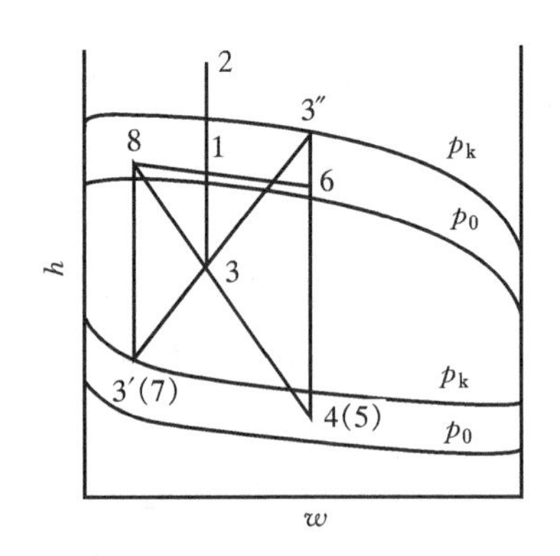

图 4-23 自复叠制冷系统焓-质量分数关系图

$$w=w_{3'}(1-x)+w_{3''}x=(w_{3''}-w_{3'})x+w_{3'}=w_3 \tag{4-24}$$

式中,w_3 ,$w_{3'}$,$w_{3''}$ 分别表示 3 点、3′点和 3″点的质量分数。

有关 $h-w$ (R23)图的绘制及其反映的混合物热力性质可参阅本书“5.5 两组分体系的焓-质量分数 $h-w$ 图”。

思考题

1. 为什么单级蒸气压缩式制冷压缩机的压力比一般不应超过 8～10?
2. 双级蒸气压缩式制冷循环的形式有哪些?
3. 一级节流与二级节流相比有什么特点?中间不完全冷却与中间完全冷却相比又有什么特点?
4. 如何确定双级蒸气压缩式制冷循环的最佳中间压力?
5. 什么是复叠式制冷循环?为什么要采用复叠式制冷循环?
6. 试述自复叠制冷循环的工作过程?

第 5 章

吸收式制冷机的溶液热力学基础

与蒸气压缩式制冷机不同，在吸收式制冷机中，制冷剂不断地被液体溶液吸收或放出，溶液在循环过程中发生压力、温度和浓度的变化，并与外界进行热量交换。溶液热力学研究溶液的热力学性质及溶液在加热（或放热）过程中状态的变化，因此是吸收式制冷机的重要热工理论基础，在学习吸收式制冷剂之前，有必要首先了解有关溶液的热力学特性。

5.1 溶液、溶液的成分

5.1.1 溶 液

由两种或两种以上的物质组成的均匀、稳定的体系称为溶液。溶液可分为气态溶液（即气体混合物）、液态溶液和固态溶液（或称固溶体）。在液态溶液中，能溶解其它物质的组分叫溶剂，被溶解的物质叫溶质。溶质可以是固体（如溴化锂）、液体（如酒精）和气体（如氨气）。溶剂一般为液体（如水）。

吸收式制冷机中常用的溶液有氨－水溶液和溴化锂－水溶液，它们由两个组分组成，称为二元溶液。

5.1.2 溶液的成分

溶液的成分表示各组分在溶液中所占的百分比。常见的表示方法有两种：质量分数和摩尔分数。

1. 质量分数

质量分数是溶液中某一组分的质量与溶液总质量之比，用 w 表示。对第 i 种组分

$$w_i = \frac{m_i}{m} \tag{5-1}$$

式中 m_i ——第 i 种组分的质量；

m ——溶液的总质量。

质量分数简称为浓度。

2. 摩尔分数

摩尔分数是溶液中某一组分的摩尔数与溶液的总摩尔数之比，用 x 表示。对第 i 种组分

$$x_i = \frac{n_i}{n} \tag{5-2}$$

式中 n_i ——第 i 种组分的摩尔数;

n ——溶液的总摩尔数。

上述定义,对气态、固体、液态溶液都适用。为叙述方便,第 i 种气体的摩尔分数用符号 x''_i 表示,液体的摩尔分数用符号 x'_i 表示。

5.2 相、独立组分数、自由度和相律

5.2.1 相

体系内物理和化学性质完全一致的部分称为相。相与相之间有明显的分界面。体系内相的数目用符号 ϕ 表示。因气体能充分混合,所以体系内不论有多少种气体,都只有一个相。液体则视其互溶程度,有一相或多相之分。

5.2.2 独立组分数

独立组分是平衡体系中能独立存在的物质。组分的数目称为组分数。在物质间无化学反应的情况下,独立组分数就是平衡体系中的物质数。独立组分数用符号 k 表示。例如冰和水的两相平衡体系中只含 H_2O, $k=1$,溴化锂和水构成的溴化锂 - 水溶液体系中有两种独立存在的物质 LiBr 和 H_2O, $k=2$。

5.2.3 自由度

体系的自由度指体系的独立可变因素,如温度、压力、浓度(即质量分数)等。在一定范围内,这些因素的数值可以任意改变而不会引起相数的改变。自由度用符号 f 表示。

5.2.4 相 律

体系处于平衡状态时,它的自由度 f、相数 ϕ 和组分数 k 之间存在着一定的关系。这个关系称为相律(或称吉普斯方程),具体表达式为

$$f = k - \phi + 2 \tag{5-3}$$

对单组分体系, $k=1$, $f+\phi=3$;当 $\phi=1$ 时, $f=2$,单纯气体就属于这种情况,因此只要确定两个状态参数,体系的状态就确定了; $\phi=2$ 时, $f=1$,饱和水和水蒸气构成的体系属于这种情况,此时只要一个状态参数(如温度或压力)确定,体系的状态就确定了。

对两组分体系,例如吸收式制冷机中常用的氨-水溶液或溴化锂-水溶液, $k=2$,自由度 $f=2-\phi+2$ 。当二元溶液处于气、液两相平衡状态时, $\phi=2$,因此 $f=2$ 。这就是说确定处于气、液平衡的二元溶液的状态,只需要知道两个独立的状态参数,其它状态参数就可确定。

5.3 理想溶液两组分体系的相图

5.3.1 溶液的相平衡

溶液易挥发的组分经常自发地通过相的分界面,从液相转移到气相,形成蒸气压。同时,

也有一些分子从气相转移到液相。这样，在气、液两相之间就产生了质量和能量的交换。从一相转移到另一相的速度恰好与相反方向的转移速度相等时，系统中各部分的全部状态参数值都保持不变，这种状态称为溶液的相平衡状态。

5.3.2　$p-x$ 图

两组分理想溶液服从拉乌尔定律。拉乌尔定律指出：在一定温度下，理想溶液任一组分的蒸气分压等于其纯组分的饱和蒸气压乘以该组分在液相中的摩尔分数，即

$$p_A = p_A^0 x'_A \tag{5-4}$$

$$p_B = p_B^0 x'_B \tag{5-5}$$

式中　p_A, p_B ——分别为给定温度下组分 A，B 的蒸气分压；

p_A^0, p_B^0 ——分别为给定温度下纯组分 A，B 的饱和蒸气压；

x'_A, x'_B ——分别为组分 A，B 在液相中的摩尔分数。

如果溶质是挥发性的，则二元理想溶液的饱和蒸气压力 p 为 p_A，p_B 之和

$$p = p_A + p_B = p_A^0 x'_A + p_B^0 x'_B = p_A^0 x'_A + p_B^0 (1 - x'_A) \tag{5-6}$$

另一方面，按照道尔顿分压定律：溶液中某一组分的蒸气分压等于溶液的饱和蒸气压乘以该组分在气相中的摩尔分数，故

$$p_A = p x''_A = p_A^0 x'_A \tag{5-7}$$

$$p_B = p x''_B = p_B^0 x'_B \tag{5-8}$$

式中　x''_A, x''_B ——分别为组分 A 和 B 在气相中的摩尔分数。

在给定温度下，按式(5-6)至式(5-8)可算出不同压力下的液相和气相摩尔分数值，从而得到二元理想溶液的 $p-x$ 图，如图 5-1 所示。

由式(5-7)，(5-8)得

$$\frac{x''_A}{x''_B} = \frac{p_A^0 x'_A}{p_B^0 x'_B}$$

若 A 为溶液中的易挥发组分，即 $p_A^0 > p_B^0$，则

$$\frac{p_A^0}{p_B^0} > 1$$

$$\frac{x''_A}{x''_B} > \frac{x'_A}{x'_B}$$

因为 $x''_A + x''_B = 1$，$x'_A + x'_B = 1$，故

$$x''_A (1 - x'_A) > x'_A (1 - x''_A)$$

$$x''_A - x''_A x'_A > x'_A - x''_A x'_A$$

$$x''_A > x'_A$$

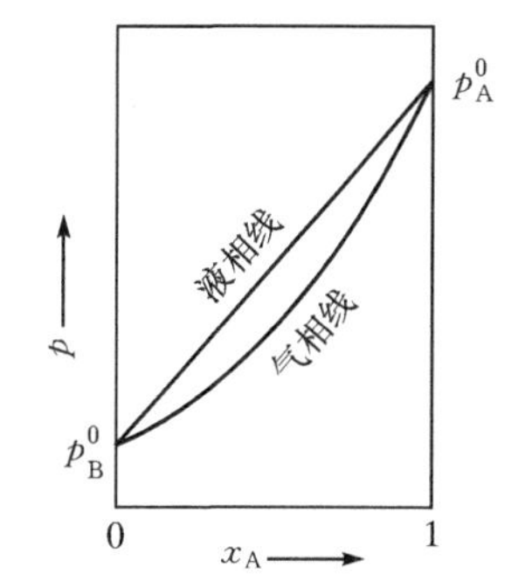

图 5-1　理想溶液两组分体系的 $p-x$ 图

即易挥发组分 A 在气相中的摩尔分数 x''_A 大于它在液相中的摩尔分数 x'_A，因而在 $p-x$ 图上，气相线始终处于液相线的下方。

5.3.3　$T-x$ 图

通常，液体在定压下蒸发，此时 T-x 图更便于应用。T-x 图可用实验数据绘制，也可以从

$p-x$ 图求得。在 $p-x$ 图上,取某一压力 p,作水平线,它与各等温线交于 x'_1,x'_2,x'_3 和 x'_4 点,见图 5-2(a)。将各交点投影到 $T-x$ 图上,便得到一条液相线,见图 5-2(b)。用同样的方法将 $p-x$ 图上的气相线投影到 $T-x$ 图上,便可得到 $T-x$ 图上的气相线。

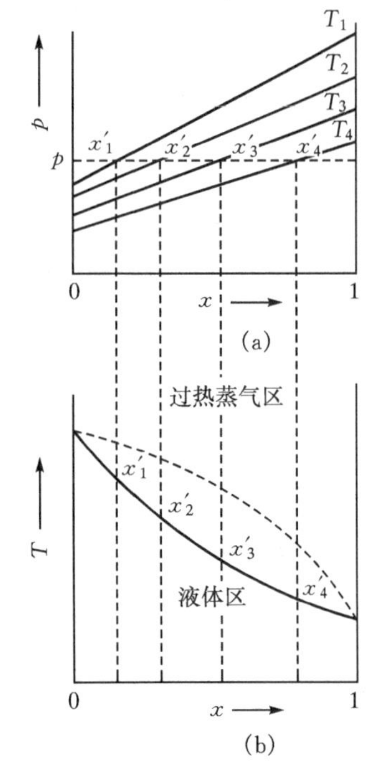

图 5-2　$T-x$ 图的绘制

5.3.4　杠杆规则

液相线和气相线将 $T-x$ 图分成三个区域:液相区、气相区和气-液两相区。

设 n_A 摩尔的 A 组分与 n_B 摩尔的 B 组分混合,混合后 A 组分的摩尔分数为 x_A。当温度为 T_1 时,体系处于 C 点,即处于气-液两相区,见图 5-3。

A 组分在饱和液体及饱和蒸气中的摩尔分数分别为 x'_1 和 x''_2。设在气相和液相中,组分的总摩尔数分别为 $n_{气}$ 和 $n_{液}$,按质量守恒定律,对于组分 A,有

$$n_{总}\ x_A = n_{液}\ x'_1 + n_{气}\ x''_2 \qquad (5-9)$$

因为

$$n_{总} = n_{液} + n_{气}$$

故

$$(n_{液} + n_{气})x_A = n_{液}\ x'_1 + n_{气}\ x''_2$$

移项并整理后得到:

$$n_{液}(x_A - x'_1) = n_{气}(x''_2 - x_A)$$

即

$$n_{液}\ CD = n_{气}\ CE \qquad (5-10)$$

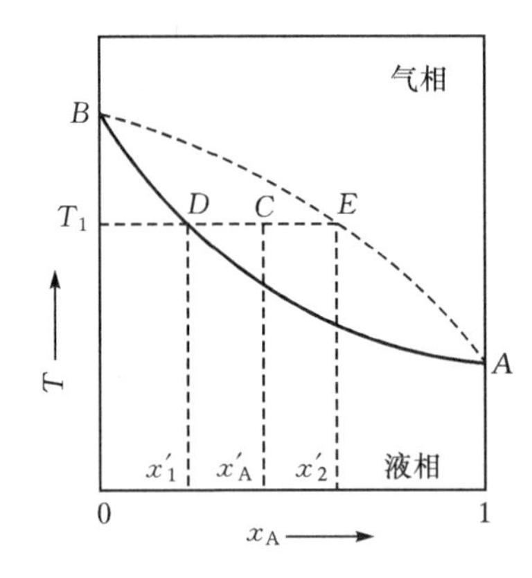

图 5-3　杠杆规则在 $T-x$ 图上的应用

若将 DE 看成以 C 点作为支点的杠杆,则液相的摩尔数乘以 CD 等于气相的摩尔数乘以 CE。这个关系称为杠杆规则。

$p-x$ 图,$T-x$ 图均以摩尔分数 x 为横坐标。若以质量分数(即质量浓度)w 作为横坐标,得 $p-w$ 图,$T-w$ 图。$p-w$,$T-w$ 图与 $p-x$ 图,$T-x$ 图类似。对于 $p-w$ 图,$T-w$ 图,杠杆规则仍然适用,即处在两相平衡状态下的二元溶液,在 $T-w$ 图上表示这个组分在系统中质量分数的点是在由两点连接起来的直线上,此两点分别表示该组分在两相平衡时每一相中的质量分数,表示系统中总质量分数的点把该直线分成两段,此两段的长度与各相所含质量成反比。

5.4　溶解与结晶、吸收与解析、蒸馏与精馏

5.4.1　溶解与结晶

当把固体溶质(如溴化锂)放入溶剂(如水)中,溶质表面上的分子(或离子)由于本身的振动和受到溶剂分子的吸引,脱离溶质表面并均匀地扩散到溶剂中而形成溶液,这个过程称为溶解。在溶解过程中,往往伴随着热量的放出或吸收,称为溶解热。产生溶解热的原因是由于物质溶解于水中时,一方面发生了溶质粒子在水中扩散时的吸热过程,一方面又发生溶质分子与水分子之间相互结合成水合物的放热过程。如果前一过程吸收的热量大于后一过程放出的热量,则溶解过程为吸热过程,溶液温度降低;反之,溶解过程为放热过程,溶液温度升高。溴化锂溶解于水的过程为放热过程。

在一定温度下,如果把固体溶质不断地加入一定量的溶剂中,开始时,溶解过程不断地进行,当增加到某一量时,加入的溶质就不再继续溶解,此时的溶液称为饱和溶液。饱和溶液中所含的溶质量称为该温度下的溶解度。通常用 100 克溶剂中所含溶质的克数表示。

溶解度的大小是相对的,它不仅与溶质和溶剂的特性有关,而且与温度有关。一定温度下的饱和溶液,当温度降低时,溶解度减小,溶液中就有固体溶质的晶体析出,这种现象称为结晶。

溶解和结晶是溶液中两个相反的过程,都在不断地进行着。如果溶解的速度等于结晶的速度,溶液中溶质的量保持不变,处于动态平衡。饱和溶液就是处于动态平衡的溶液。

压力对固体和液体的溶解度影响小,但对气体的溶解度影响大,如氨在水中的溶解度随压力的增加而增加。

5.4.2　吸收与解析

处于平衡状态的溶液,如果外界参数发生变化,平衡状态遭到破坏。图 5 - 4 表示了这种变化。

在外界参数 p_1,t_1 下,组分 A 的气相 x''_1 液相 x'_1 处于平衡状态,如果将溶液的温度降低到 t_2,显然,与 t_2 温度相对应的气、液相浓度应是 x''_2 与 x'_2,当溶液尚未达到这个浓度前,溶液处于非平衡状态,它具有吸收蒸气的可能性。这种状态我们称为可吸收状态。

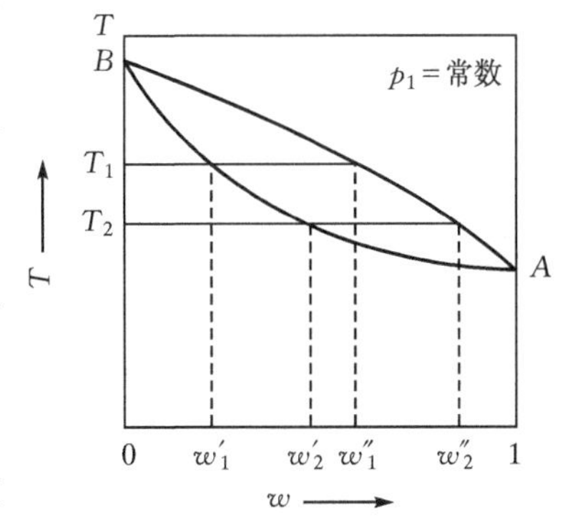

图 5 - 4　可吸收状态

与吸收过程相反,将溶解于溶液中的气体自溶液中析出的过程我们称为解析。如对处于平衡状态的溶液加热,溶液就具有解析(发生)的能力。

应当指出,在吸收与发生过程中经常伴随着热量的交换。例如氨蒸气被氨水溶液吸收时,氨蒸气的汽化潜热就传给了溶液,使溶液温度升高,为了使吸收过程能不断地进行,就必须不断地冷却氨水溶液。同理,在发生过程中,氨蒸气从溶液中逸出时带走汽化潜热,使溶液温度降低,为了使发生过程不断地进行,必须不断

地加热溶液。

5.4.3　蒸馏与精馏

在氨水吸收式制冷机中，氨水溶液在发生器中发生，经精馏塔蒸馏与精馏后可得到更纯的氨蒸气。蒸馏和精馏过程都可用 $T-x$ 图说明。

蒸馏的 $T-x$ 图如图 5-5 所示。组分 A 在溶液中的摩尔分数为 x'_1，当加热到温度 T_1 时，溶液开始沸腾，产生了与液相平衡的蒸气，其摩尔分数为 x''_1。由于 $x''_1>x'_1$，溶液中 A 组分减少，摩尔分数变为 x'_2，相应的沸点提高到 T_2。溶液在 T_2 下沸腾时产生的蒸气，其 A 组分的摩尔分数为 x'_2。将 T_1 至 T_2 温度范围内产生的蒸气引走，并加以冷凝，便可得到比原来溶液中含有更多 A 组分的溶液，这种溶液的蒸发和冷凝过程称为蒸馏。由图 5-5 看出，此时液体和蒸气的纯度均不高，为获得更高纯度的液体和蒸气，需进行精馏。

精馏过程就是多次重复这种蒸发和冷凝过程。精馏的 $T-x$ 图如图 5-6 所示。

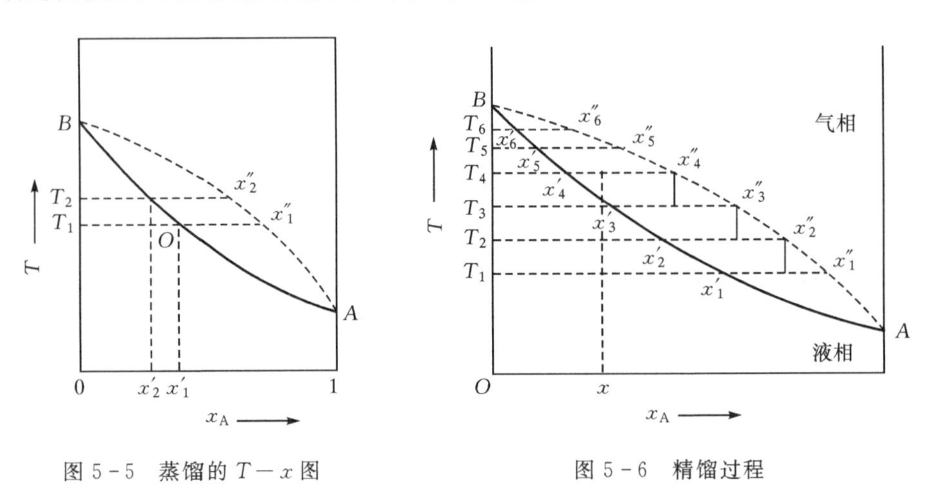

图 5-5　蒸馏的 $T-x$ 图　　　　图 5-6　精馏过程

在原始溶液中，A 组分的摩尔分数为 x，当溶液加热到 T_4 时，处于两相状态，此时液相中组分 A 的摩尔分数为 x'_4，气相中组分 A 的摩尔分数 x''_4。

引出蒸气并加以冷却，当温度降到 T_3 时，气相中 A 组分的摩尔分数升高，变为 x''_3，反复地引出气体，加以冷却，气相中组分 A 的摩尔分数由 x''_3 升至 x''_2，x''_1，…，最后获得相当纯的 A 组分。

另一方面，引出温度为 T_4 的液体，加热至 T_5，得到组分 A 的摩尔分数为 x'_5 的液体，反复地引出液体并加热，使溶液中 A 组分不断减少，最后可得到相当纯的 B 组分。

通过反复的蒸发和冷凝，使蒸气沿气相线下降，最后得到很纯的 A 组分；液体沿液相线上升，最后得到很纯的 B 组分。这就是精馏的实质。

5.5　两组分体系的比焓-质量分数($h-w$)图

吸收式制冷机中，常计算溶液的比焓差。例如：以氨-水作工质对的吸收式制冷机，在产生蒸气的过程中，需加入热量；在吸收蒸气过程中，需放出热量。由于这些过程都是在等压下进行的，故加入或放出的热量可用比焓差求得，因此绘制两组分体系的 $h-w$ 图是十分有用的。

5.5.1　$h-w$ 图上的等温线

物质混合时产生热效应。混合后的比焓等于混合前各纯组分的焓与混合时产生的热效应之和。对于用两种组分等温混合成的理想溶液，混合时的热效应为零，因此

$$h_{溶液} = h_1 w + h_2 (1-w) \tag{5-11}$$

式中　$h_{溶液}$ ——1 kg 溶液的比焓，kJ/kg；

h_1 ——第一种组分的比焓，kJ/kg；

h_2 ——第二种组分的比焓，kJ/kg；

w ——第一种组分的质量分数。

在图 5-7 中，公式(5-11)相当于一条直线。因此，理想溶液在 $h-w$ 图上的等温线为直线。对于实际溶液，混合过程往往为放热过程，混合热为负值，因此等温线是一条下凹的曲线，如图 5-7 所示。

改变温度，h_1，h_2 和混合热将同时改变，等温线的位置也相应地改变，从而形成一组不同温度下的曲线。

图 5-8 是压力不变、温度变化时，在 $h-w$ 图上画出的一组等温线。因气体混合时，混合热近似为零，故图上的等温线近似于直线。对于液态溶液，混合热不等于零，等温线为一组曲线。

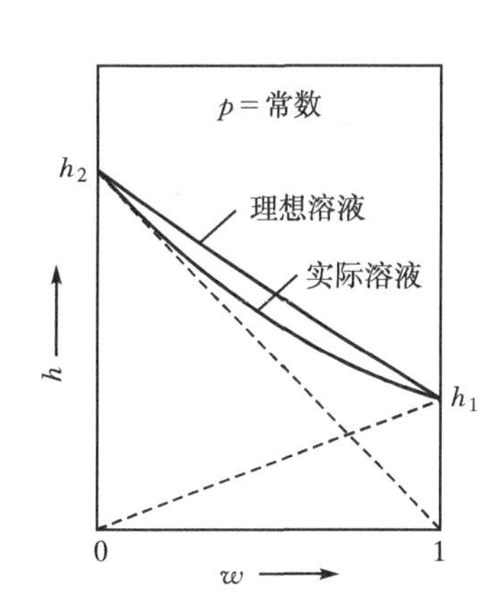

图 5-7　等温等压下理想溶液与实际溶液的比焓

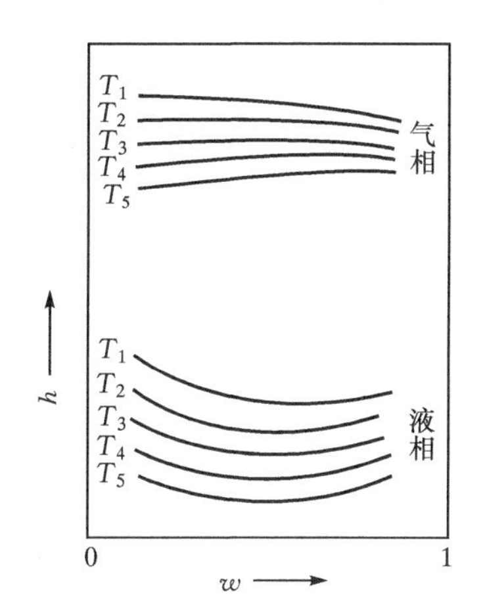

图 5-8　压力不变时，$h-w$ 图上的等温线

改变压力时，因气体组分的比焓值随压力的变化而变化，混合气体的等温线相应地发生变化，形成一组新的等温线；液体组分的比焓值虽然也随压力而变化，但变化很小，因此压力改变时，液体的等温线几乎不变，可用一组等温饱和液线表示。

5.5.2　$h-w$ 图上的等压饱和线

等压饱和线包括等压饱和液线和等压饱和气线，可从 $T-w$ 图上的等温线和 $h-w$ 图上的等温线联合求得，具体方法如图 5-9 所示。

在 $T-w$ 图上作等温线 T_1，它与等压饱和液线交于 a 点，与饱和气线交于 b 点。从 a，b 两点向下作垂线，由 a 点出发的垂线与 $h-w$ 图上的液态等温线 T_1 交于 c 点，因 c 点的温度、压

力和质量分数与 a 点相同,所以是 $h-w$ 图上等压饱和线上一个点,它与 $T-w$ 图上的 a 点相对应;从 b 点出发的垂线与 $h-w$ 图上的气态等温线交于 d 点,d 点是 $h-w$ 图上等压饱和气线上的一个点,它与 $T-w$ 图上的 b 点相对应。

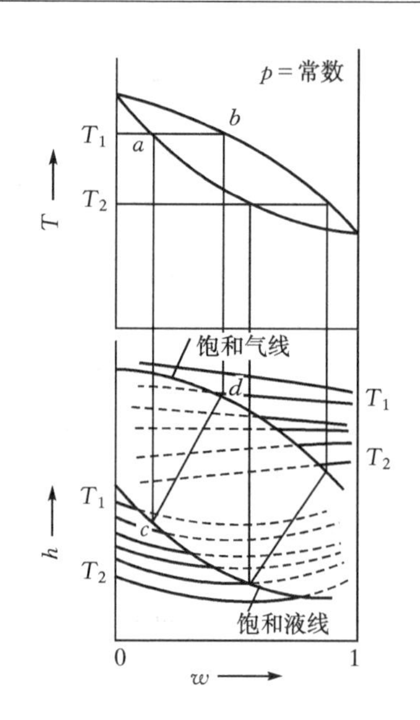

图 5-9　$h-w$ 图上等压饱和线的作法

改变温度,可在 $T-w$ 图上得到另外两个点,同时在 $h-w$ 图上得到相应的两个点。将 $h-w$ 图上许多等压饱和液态点相连,就得到 $h-w$ 图上的等压饱和液线。同理,画出 $h-w$ 图上的等压饱和气线。

改变压力,将改变 $T-w$ 图上的等压饱和液线和等压饱和气线的位置,因而改变 $h-w$ 图上等压饱和液线和等压饱和气线的位置。

综上所述,在 $h-w$ 图上有以下等参数曲线:

①一组液体等温线;

②若干组气体等温线;

③一组等压饱和气线;

④一组等压饱和液线。

5.5.3　氨-水溶液的 $h-w$ 图

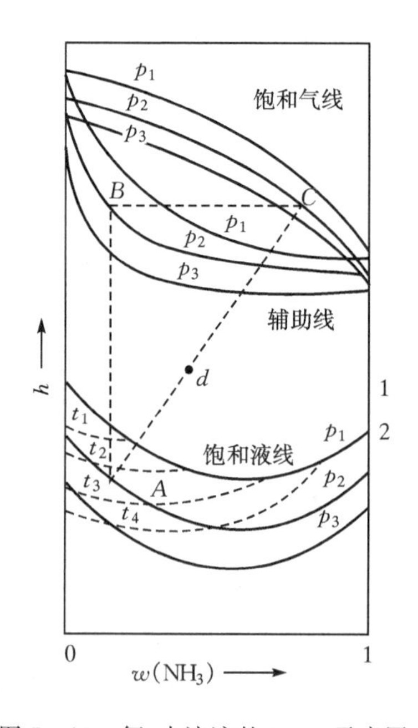

图 5-10　氨-水溶液的 $h-w$ 示意图

图 5-10 是氨-水溶液的 $h-w$ 示意图。图的下半部分为液态区,给出了不同压力下的等压饱和液线和不同温度下的液体等温线。图上的每一个点表示一个状态。例如图上的 A 点表示温度为 t_A、压力为 p_2 的饱和液体状态,它相应的比焓值和质量分数可从纵坐标和横坐标上读取。对于某一压力下的过冷液体,它在 $h-w$ 图上的位置处于该压力的饱和液线以下。

图的上半部分为气态区,只画出了等压饱和气线,没有画出等温线,因为气相的等温线随压力而变,全部画在 $h-w$ 图上反而影响图面的实用性。为了求温度,在图上给出一组平衡辅助线,利用辅助线求出等压饱和气线上各点的温度。以图 5-10 上的 A 点为例,从 A 点向上作垂线,与对应的 p_2 压力辅助线交于 B 点,从 B 点作水平线,与压力为 p_2 的饱和气线交于 C 点,C 点就是与 A 点相对应的饱和蒸气点,它们的压力和温度相同,即 A 点和 C 点的压力均为 p_2,温度均为 t_A 。

如果根据 t_A 数值,在氨的饱和蒸气性质表上查到它的饱和蒸气的比焓值,再在 $h-w$ 上的 $w=1$ 纵坐标上找到该比焓值的状态点(注意比焓的基准应一致),该点与 C 点相连,连线即为

气相区中压力为 p_2 、温度为 t_A 的等温线。

饱和气线与饱和液线之间的区域是湿蒸气区，该区域内每个点的质量分数及比焓值都可直接从 h 纵坐标和 w 横坐标上求得。该区域内每个点的温度，由饱和气线和饱和液线决定。例如：d 点处在湿蒸气区，已知它的比焓为 h_d，质量分数为 w_d，压力为 p_2，为了求得 d 点的温度 t_d，采用直角三角形试凑法，通过试凑，得到一个直角三角形，该三角形的三个顶点分别处在压力为 p_2 的饱和液线、饱和气线和辅助线上，其斜边经过 d 点。在图 5-10 上，该直角三角形就是 $\triangle ABC$，因 AC 是湿蒸气区内的等温线，因此 d 点的温度与 A 点的温度相等，$t_d = t_A$ 。

5.5.4　溴化锂-水溶液的 $h-w$ 图

溴化锂-水溶液 $h-w$ 图的上部不同于氨-水溶液的 $h-w$ 图，溴化锂-水溶液的 $h-w$ 图见图 5-11。

因为在气相区只有水蒸气，水蒸气的状态点都处于 $w=0$ 的纵坐标线上，为了找到与溶液相对应的水蒸气状态，在 $h-w$ 图的气相区画有一组辅助等压线。例如欲找与溶液 A 点相平衡的水蒸气状态，可由 A 点向上作垂直线，与相应的压力线 p_1 相交于 B 点，由 B 点作水平线，与 $w=0$ 的纵坐标交于 C 点，C 点即为所求。

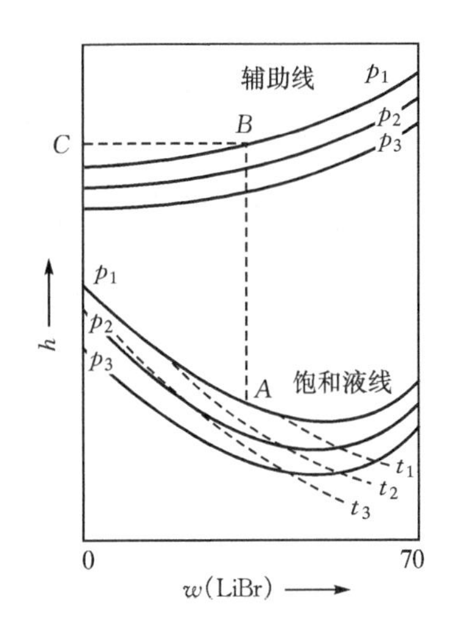

图 5-11　溴化锂-水溶液的 $h-w$ 示意图

5.5.5　溴化锂-水溶液的 $p-t$ 图

溴化锂-水溶液的 $p-t$ 图表明了溴化锂溶液中压力、温度和质量分数之间的关系，它也可以表示溶液在加热或冷却过程中热力状态的变化，如图 5-12 所示。图中为一簇等质量分数线，只要知道 p,t,w 三个状态参数中的任意两个，溶液的状态点就随之而定。例如已知溴化锂质量分数为 56%，压力为 9 kPa，从图中可查得它的温度为 80℃。

在双效或直燃式溴化锂吸收式制冷机的热力计算中，如果缺乏高温区溴化锂溶液的 $h-w$ 图，高温区状态点的比焓值的确定可首先借助于溴化锂溶液的 $p-t$ 图，由溴化锂质量分数和压力，在 $p-t$ 图上确定溶液的温度，然后通过计算的方法确定其比焓值（具体计算方法见第 7 章）。

由于 $p-t$ 图不能反映状态变化过程中比焓的变化，无法对溴化锂吸收式制冷机进行热力计算，因此设计时常用 $h-w$ 图。

5.6　稳定流动下溶液的混合与节流

实际计算中，常遇到溶液的混合与节流问题。溶液混合时，有绝热混合与非绝热混合两种情况。溶液节流时，可能发生相变，也可能不发生相变。确定溶液混合后或节流后的状态，是吸收式制冷机热工计算的内容之一。

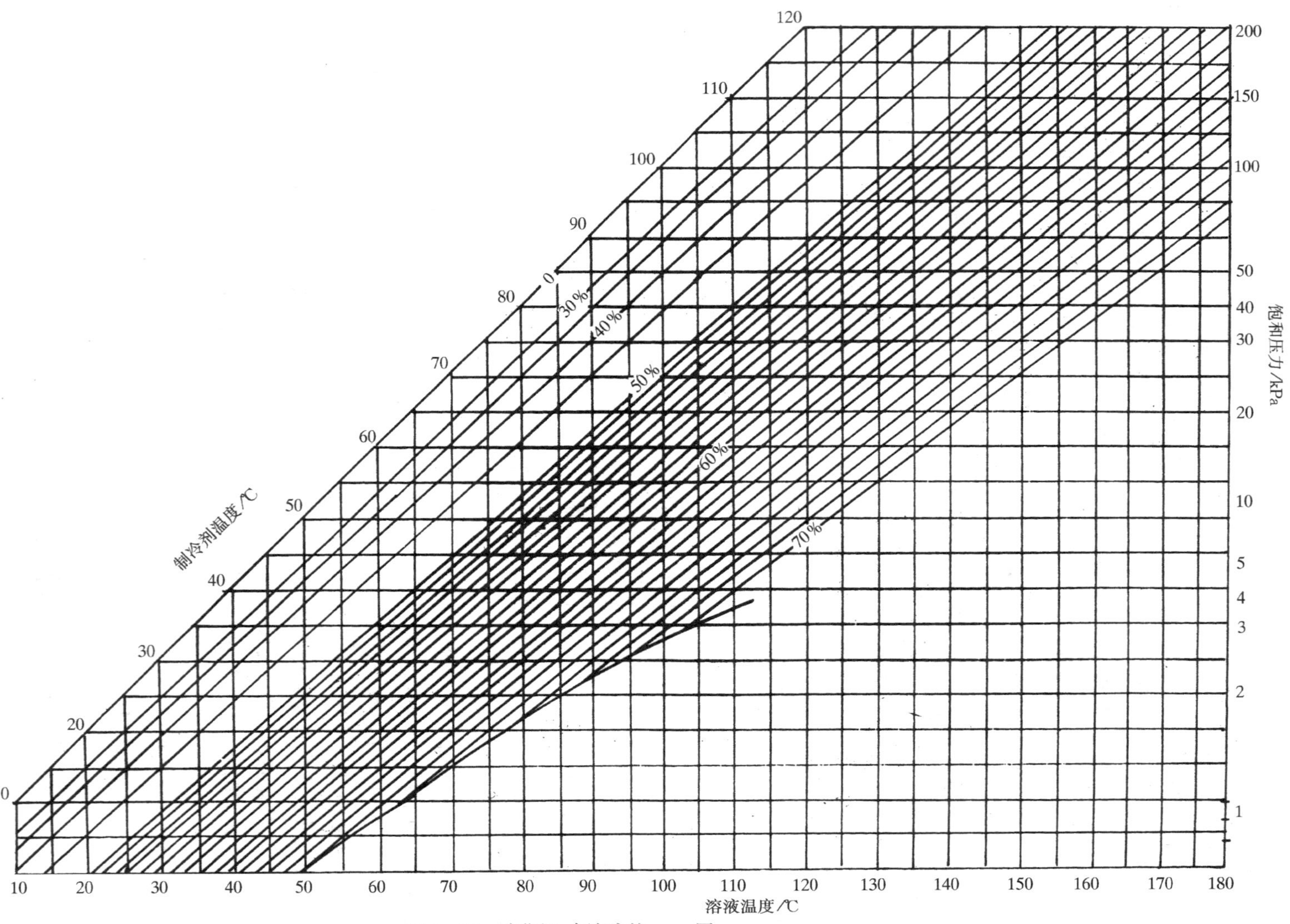

图 5-12　溴化锂-水溶液的 $p-t$ 图

5.6.1　两股两组分溶液的绝热混合

有两股两组分溶液，第一股的参数为 t_1，p_1，w_1，h_1，质量流量为 q_{m1}；第二股的参数为 t_2，p_2，w_2，h_2，质量流量为 q_{m2}。这两股溶液在混合室内绝热混合，混合后参数为 t_3，p_3，w_3，h_3，质量流量为 q_{m3}，见图 5-13。

按质量守恒定律，稳定流动时进入混合室的质量流量等于离开混合室的质量流量，即

$$q_{m3} = q_{m1} + q_{m2} \tag{5-12}$$

$$q_{m3}w_3 = q_{m1}w_1 + q_{m2}w_2 \tag{5-13}$$

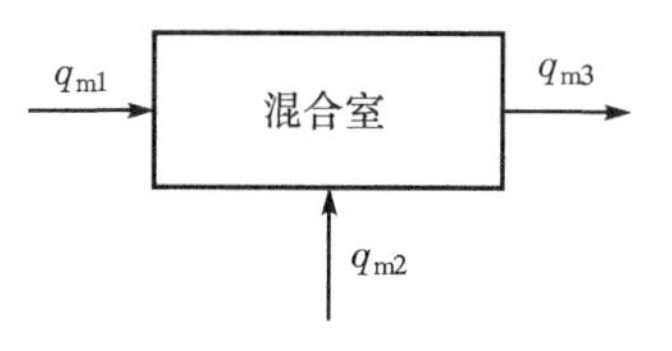

图 5-13　两股溶液的绝热混合

按热力学第一定律，当混合在绝热和无外功的情况下进行时，有

$$q_{m3}h_3 = q_{m1}h_1 + q_{m2}h_2 \tag{5-14}$$

将公式(5-12)，(5-13)，(5-14)联立求解，得到

$$\frac{q_{m1}}{q_{m2}} = \frac{w_2 - w_3}{w_3 - w_1}$$

$$\frac{q_{m1}}{q_{m2}} = \frac{h_2 - h_3}{h_3 - h_1}$$

移项并整理后，得

$$w_3 = w_1 + \frac{q_{m2}}{q_{m2} + q_{m1}}(w_2 - w_1) \tag{5-15}$$

$$h_3 = h_1 + \frac{q_{m2}}{q_{m2} + q_{m1}}(h_2 - h_1) \tag{5-16}$$

或

$$h_3 = h_1 + \frac{w_3 - w_1}{w_2 - w_1}(h_2 - h_1) \tag{5-17}$$

利用 $h-w$ 图也可求出混合后溶液的状态，如图 5-14 所示。

连接混合前的状态点 1 和 2，将 1 和 2 的连线分为两段，由△134 和△125，得到

$$h_3 = h_1 + \frac{q_{m2}}{q_{m2} + q_{m1}}(h_2 - h_1)$$

和

$$w_3 = w_1 + \frac{q_{m2}}{q_{m1} + q_{m2}}(w_2 - w_1)$$

从而证实 3 点即为溶液混合后的状态点，由 3 点可在 $h-w$ 图上确定混合后溶液的各状态参数值。

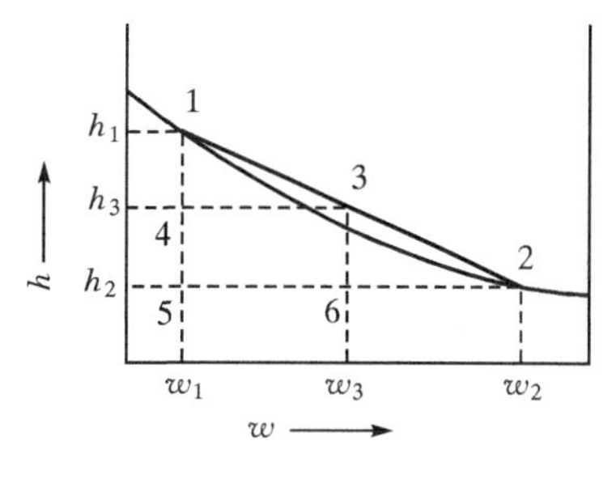

图 5-14　$h-w$ 图上的混合过程

例 5-1　质量流量 $q_{m1} = 0.0556$ kg/s 的饱和氨-水溶液，温度 $t_1 = 100$ ℃，压力 $p_1 = 0.7845$ MPa，与质量流量 $q_{m2} = 0.1112$ kg/s，$t_2 = 20$ ℃，压力 $p_2 = 0.7845$ MPa，$w_2 = 0.7$ 的氨-水溶液在稳定流动条件下绝热混合，求混合后溶液的状态。

解　在 $h-w$ 图上，状态点 1 由 $t_1 = 100$ ℃的等温线与 $p_1 = 0.7845$ MPa 的等压饱和线的交点确定。从图 5-15 上查得 $w_1 = 0.26$；状态点 2 由 $t_2 = 20$ ℃的等温线与 $w_2 = 0.7$ 的等质

量分数线的交点确定。从图 5－15 上可以看出，点 2 位于 $p_2=0.7845\ \mathrm{MPa}$ 的饱和线以下，表明该溶液处于过冷状态。

按公式(5－15)可得混合后溶液质量分数为

$$w_3=w_1+\frac{q_{m2}}{q_{m1}+q_{m2}}(w_2-w_1)$$

$$=0.26+\frac{0.1112}{0.0556+0.1112}(0.7-0.26)=0.55$$

按公式(5－17)，混合后的状态位于连接点 1 与点 2 的直线上，所以，将点 1 和点 2 用直线相连，它与 $w_3=0.55$ 的等质量分数线相交，即为混合后溶液的状态点 3，该状态点处于湿蒸气区。利用直角三角形法试凑后，得到相应于状态 3 的饱和液体 3′和饱和蒸气 3″。从状态 3′查得 $t_3=t_{3'}=48\ ℃$。因流体混合后压力不变，故 $p_3=0.7845\ \mathrm{MPa}$。

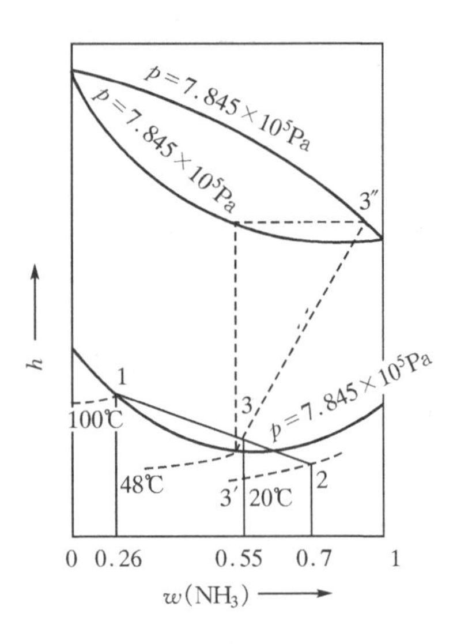

图 5－15 例 5－1 用 $h-w$ 图

5.6.2 两股两组分溶液的非绝热混合

根据质量守恒定律

$$q_{m3}=q_{m1}+q_{m2} \tag{5-18}$$

$$q_{m3}w_3=q_{m1}w_1+q_{m2}w_2 \tag{5-19}$$

按照热力学第一定律

$$q_{m3}h_3+\Phi=q_{m1}h_1+q_{m2}h_2 \tag{5-20}$$

式中 Φ——溶液与外界的热交换率。

由上述公式得到

$$h_3=h_1+\frac{q_{m2}}{q_{m2}+q_{m1}}(h_2-h_1)-\frac{\Phi}{q_{m2}+q_{m1}} \tag{5-21}$$

例 5－2 已知 $q_{m1}=0.139\ \mathrm{kg/s}$，$p_1=0.1961\ \mathrm{MPa}$，$t_1=50\ ℃$的饱和氨-水溶液与 $q_{m2}=0.013\ \mathrm{kg/s}$，$p_2=0.1961\ \mathrm{MPa}$，$w_2=1.0$ 的饱和氨蒸气混合成 $p_3=0.1961\ \mathrm{MPa}$ 的饱和氨-水溶液。求混合后溶液的质量分数、温度和混合时的热交换率。

解 根据已知参数，在氨-水溶液的 $h-w$ 图上找到状态点 1 和 2，得到 $w_1=0.28$，如图 5－16 所示。

按计算公式(5－15)，混合后

$$w_3=w_1+\frac{q_{m2}}{q_{m1}+q_{m2}}(w_2-w_1)$$

$$=0.28+\frac{0.0139}{0.139+0.0139}(1.0-0.28)=0.345$$

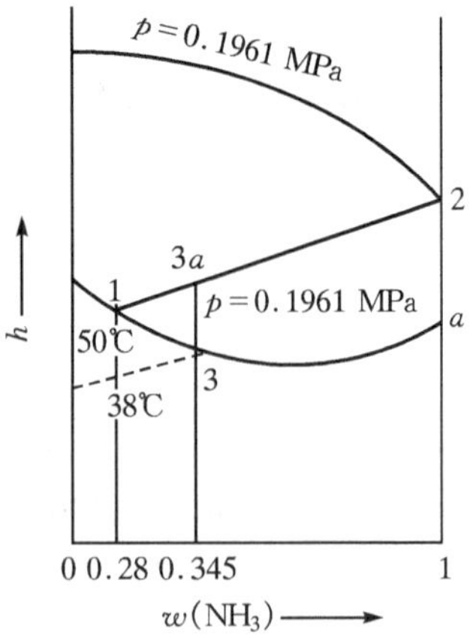

图 5－16 例 5－2 用 $h-w$ 图

若混合是绝热的，那么终态应在 3a 处(见图 5－16)，比焓为 251.2 kJ/kg，但按题意，混合后得到的是饱和液体，故状态点应在 3 点处。点 3 的温度、压力和比焓分别为

$$t_3=38\ ℃,\ p_3=0.1961\ \mathrm{MPa},\ h_3=50.2\ \mathrm{kJ/kg}$$

于是，混合过程中的放热率为

$$\Phi = (h_{3a} - h_3)(q_{m1} + q_{m2})$$
$$= (251.2 - 50.2)(0.139 + 0.0139) = 30.7\ \mathrm{kJ/s}$$

5.6.3 节　流

因节流时溶液与外界的热交换时间很短，通常作绝热处理，所以节流前后的比焓值不变，溶液的质量分数也不变。

在 $h-w$ 图上，若 h，w 节流前后都没有变化，这就意味着节流前后的状态点在 $h-w$ 图上处于同一位置。但这并不意味着节流前后溶液的状态不变，因为节流前压力高，节流后压力低，且节流前后溶液的温度也不同。

图 5-17 表明了节流前后溶液的状态。图上点 1 表示节流前状态，因为点 1 位于饱和液相压力线 p_1 的下面，因此溶液节流前处于压力为 p_1 的过冷状态；节流后，压力下降，尽管点 1 与点 2 在 $h-w$ 图上处于同一位置，但此时点 2 已处在 p_2 饱和液相线的上方，因此为湿蒸气状态。而且节流后的温度 t_2 低于节流前的温度 t_1 。

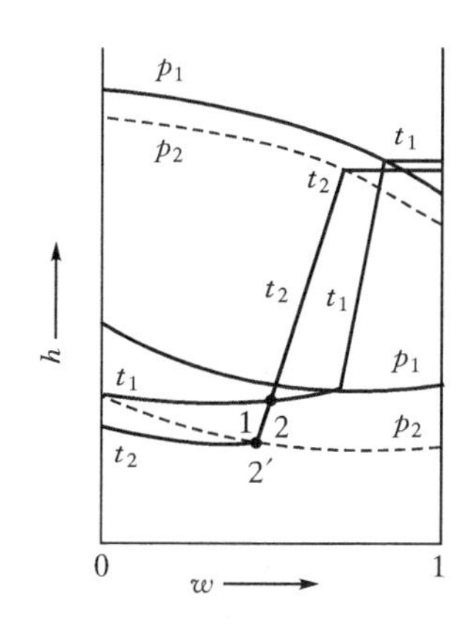

图 5-17　两组分溶液的节流

思考题

1. 试解释溶解、结晶、吸收、解析、蒸馏和精馏的含义。
2. 试画出节流过程在 $h-w$ 图上的表示。

第6章

氨吸收式制冷机

6.1 概　述

吸收式制冷机和蒸气压缩式制冷机都是利用制冷剂的汽化热制取冷量，两者的主要区别在于前者依靠消耗热能作为补偿实现制冷，后者则通过消耗机械功作为补偿实现制冷。

图6-1示出吸收式制冷机与压缩式制冷机工作原理比较。由图可见，它们的共同点是高压制冷剂蒸气在冷凝器中冷凝成液体，然后经节流机构节流，降压后进入蒸发器，在低压下液体制冷剂汽化，达到制冷的目的。因此它们都具有冷凝器、节流阀和蒸发器；不同点在于将低压蒸气变为高压蒸气时所采用的方式不同，压缩式制冷机通过原动机带动压缩机完成，而吸收式制冷机则是通过发生器、节流阀、吸收器和溶液泵完成。

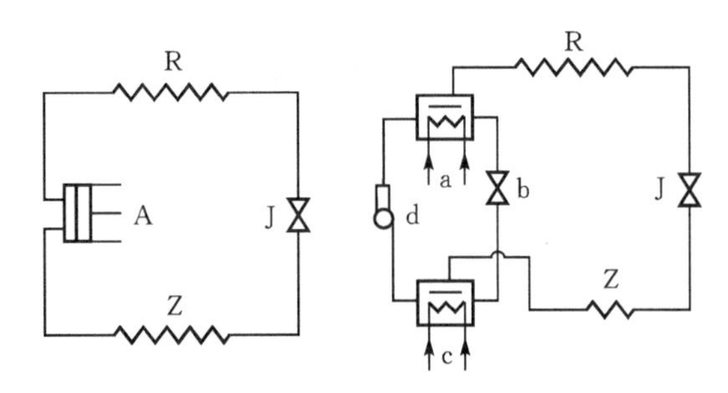

图6-1　蒸气压缩式与吸收式制冷机工作原理比较图
A—压缩机；R—冷凝器；J—节流机构；Z—蒸发器；
a—发生器；b—节流阀；c—吸收器；d—溶液泵

吸收式制冷机利用溶液在一定条件下能析出低沸点组分的蒸气，在另一条件下又能强烈吸收低沸点组分的蒸气这一特性完成制冷循环。吸收式制冷机大多采用二元溶液作工质对，低沸点组分为制冷剂，高沸点组分为吸收剂。

对制冷剂的要求，第3章中已有详细介绍。吸收剂应具有如下特性：

①有强烈吸收制冷剂的能力；

②在相同压力下，它的沸腾温度比制冷剂的沸腾温度高得多；

③不爆炸、燃烧，对人体无毒害；

④对金属材料的腐蚀性小；

⑤价格低廉，易于获得。

表6-1列出了部分已研究过的工质对，但获得广泛应用的只有NH_3-H_2O和$LiBr-H_2O$

溶液，前者用于低温系统，后者用于空调系统。

表 6-1　制冷剂-吸收剂工质对

名　称	制冷剂	吸收剂
氨水溶液	氨	水
溴化锂水溶液	水	溴化锂
溴化锂甲醇溶液	甲醇	溴化锂
硫氰酸钠-氨溶液	氨	硫氰酸钠
氯化钙-氨溶液	氨	氯化钙
氟里昂溶液	R22	二甲替甲酰胺
硫酸水溶液	水	硫酸
TFE-NMP 溶液	三氟乙醇	甲基吡咯烷酮

6.2　氨水溶液的性质

6.2.1　氨在水中的溶解

氨在水中的浓度用质量分数 w 表示，它等于溶液中氨的质量与溶液总质量之比。

水和氨能以任意比例完全互溶，在常温下能形成 w 等于 0 到 1 的全部溶液。在低温下，溶液的浓度受到纯水冰、纯氨冰或氨的水合物 $NH_3 \cdot H_2O$ 和 $2NH_3 \cdot H_2O$ 析出的限制。

氨溶于水后有轻微的离子化现象，故氨水溶液呈弱碱性。

6.2.2　对有色金属的腐蚀作用

氨水溶液与液氨的性质相似，它无色、有刺激性臭味，对有色金属材料(除磷青铜外)有腐蚀作用。所以，氨-水吸收式制冷系统中不允许采用铜及铜合金材料。

6.2.3　密度、比热容、导热率、黏度及表面张力

纯氨液在 0℃时的密度为 0.64 kg/l，对氨水溶液而言，它的密度随温度和氨的质量分数的变化而变化，图 6-2 给出了这种变化关系。通常也可用下面的公式近似地加以计算：

$$\rho_0 = 1 - 0.35w \quad (\text{kg/l}) \qquad (6-1)$$

式中　ρ_0——0℃时密度；

w——氨的质量分数。

图 6-3，6-4，6-5 分别给出了氨水溶液的比热容、导热率、黏度曲线，供传热计算用。表 6-2 列出了氨水溶液的表面张力值。

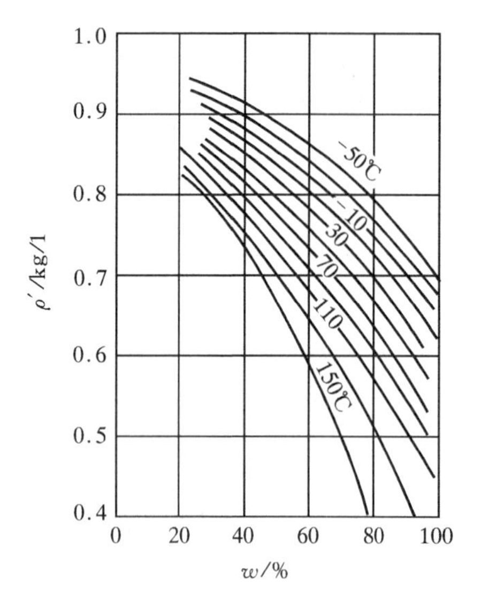

图 6-2 氨水溶液的密度

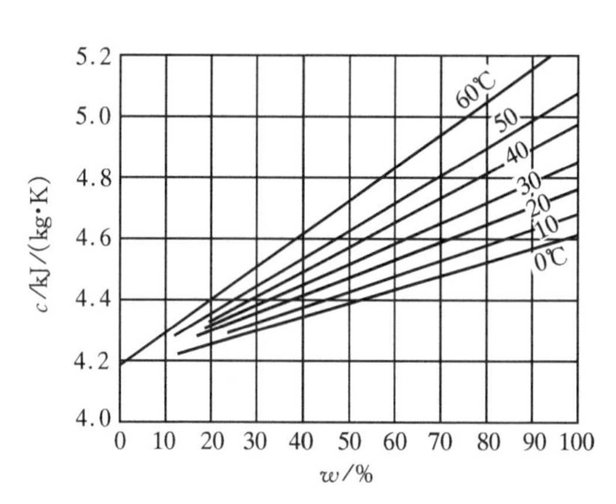

图 6-3 氨水溶液的比热容

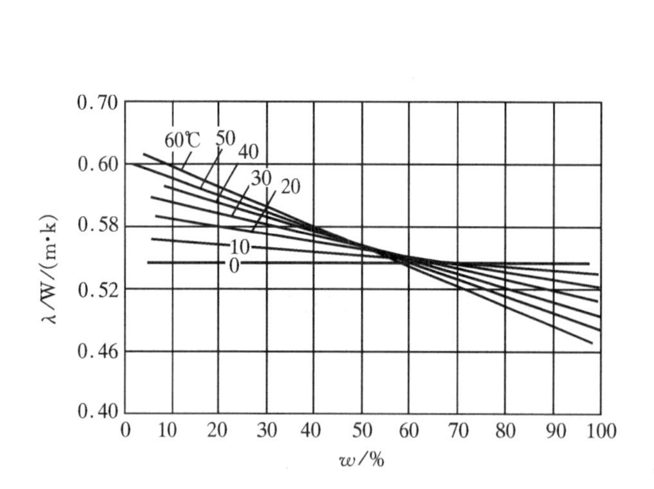

图 6-4 氨水溶液的导热率

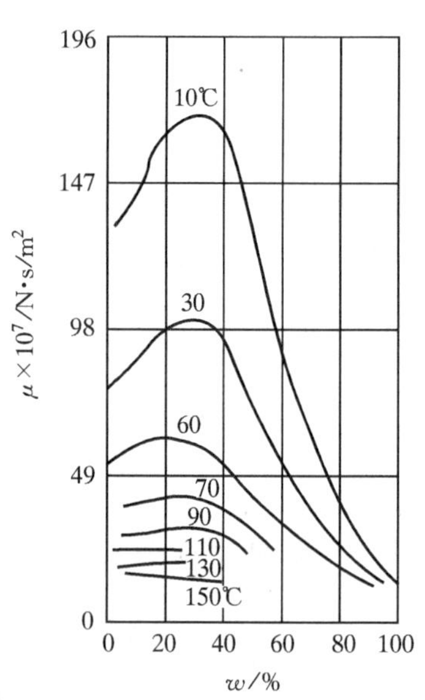

图 6-5 氨水溶液的黏度

其它温度下的表面张力用下式推算

$$\sigma = \sigma_{20}\left(\frac{t_{cr} - t}{t_{cr} - 20}\right)^{1.2}$$

式中 $\sigma_{20℃}$ ——20℃时溶液的表面张力；

t_{cr} ——溶液的临界温度；

t ——溶液的温度。

表 6-2　氨水溶液的表面张力(20℃)

氨的质量分数 /%	表面张力 10^{-5}/(N/cm)	氨的质量分数 /%	表面张力 10^{-5}/(N/cm)	氨的质量分数 /%	表面张力 10^{-5}/(N/cm)
0.45	72.55	61.16	37.90	89.81	25.11
7.72	65.72	63.64	36.40	90.81	24.57
14.61	62.15	64.51	35.37	90.94	24.42
24.14	58.02	70.47	32.99	91.41	24.70
29.70	55.85	72.49	31.84	96.66	23.02
35.98	52.29	72.56	31.44	96.68	23.09
44.56	48.08	75.07	30.57	97.18	22.78
47.45	46.62	78.38	29.34	100	22.03
53.48	42.65	80.95	28.11		
54.40	41.63	89.72	25.22		

6.3　单级氨水吸收式制冷机循环过程及其在 $h-w$ 图上的表示

6.3.1　系统中的压力和温度

吸收式制冷系统被分为高压侧和低压侧两部分。蒸发器和吸收器属于低压侧。蒸发压力由蒸发温度决定，该温度必须稍低于被冷却介质的温度；吸收器内压力稍低于蒸发压力，一方面是因为在它们之间存在流动阻力，另一方面也是溶液吸收蒸气时必须具有推动力。冷凝器和发生器属于高压侧，冷凝压力根据冷凝温度而定，该温度必须稍高于冷却介质的温度；发生器内的压力由于要克服管道阻力而稍高于冷凝器的压力。在进行下面的讨论时将忽略这些压差，然而在实际情况下，这种压差(尤其是蒸发器和吸收器之间的压差)必须加以考虑，特别是在低温装置中，蒸发器和吸收器之间的较小压差就能引起质量分数的较大差别。

由于冷凝器和吸收器用相同的介质(通常为水)冷却，如果冷却水平行地通过吸收器和冷凝器，它们的温度可近似地认为是一致的；如果冷却水先通过吸收器，再通过冷凝器，冷凝器内的温度将高于吸收器内的温度。发生器内溶液的温度稍低于加热介质温度。

6.3.2　单级氨水吸收式制冷机的循环过程

在氨水吸收式制冷机中，由于氨和水在相同压力下的汽化温度比较接近(在一个标准大气压力下，氨与水的沸点分别为-33.41℃和100℃，两者仅相差133.4℃)，因而对氨水溶液加热时，产生的蒸气中含有较多的水分。蒸气中氨的质量分数的高低直接影响装置的性能和设备的使用寿命。为了提高氨的质量分数，必须进行精馏。精馏原理已在第5章中介绍。实际上，精馏过程是在精馏塔内进行的。精馏塔进料口以下发生热、质交换的区域叫提馏段，进料口以上发生热、质交换的区域叫精馏段。精馏塔还有一个发生器(又称再沸器)和回流冷凝器，前者用来加热氨水浓溶液,产生氨和水蒸气,供进一步精馏用;后者用来产生回流液,也供精馏过程使用。

在精馏塔的发生器中被加热,吸收热量 q_h 后,部分溶液蒸发,产生的蒸气经过提馏段,得到 w''_d 的氨蒸气 $(1+R)$ kg,随后经过精馏段和回流冷凝器,使上升的蒸气得到进一步的精馏和分凝,提高到 w''_{Ra}(点 5″),由塔顶排出,排出的蒸气质量为 1 kg。回流冷凝器中,因冷凝 R kg回流液所放出的热量 q_R 被冷却水带走。在发生器底部得到 w'_a 的稀溶液 $(f-1)$ kg,用点 2 表示。

从精馏塔 A 顶部排出的几乎是纯氨的蒸气进入冷凝器 B 中,在等压、等质量分数下冷凝成液体(点 6),冷凝时放出的热量 q_k 由冷却水带走。液氨经过节流阀 I,压力由 p_k 降到 p_0,形成湿蒸气(点 7),然后进入蒸发器 C,在蒸发器 C 内,液氨吸收被冷却物体的热量 q_0 而汽化,然后由蒸发器 C 排出(点 8)。点 8 的状态可以是湿蒸气,也可以是饱和蒸气,甚至是过热蒸气,它取决于被冷却物体所要求的温度。

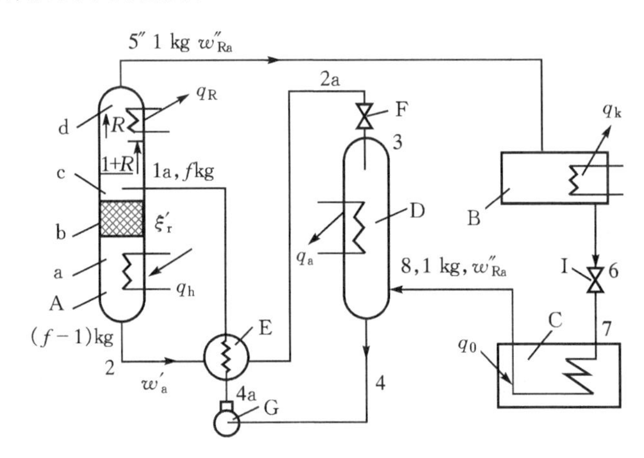

图 6-6　单级氨水吸收式制冷机流程图

A—精馏塔(a—发生器;b—提馏段;c—精馏段;d—回流冷凝器);

B—冷凝器;C—蒸发器;D—吸收器;E—溶液热交换器;F,I—节流阀;G—溶液泵

从发生器 a 的底部排出 w'_a 的$(f-1)$kg 稀溶液,经过溶液热交换器 E 后温度降低到点 2a 状态的温度,因为点 2a 状态的压力为 p_k,故溶液为过冷溶液。过冷溶液经过节流阀 F,压力由 p_k 降到 p_0,状态由点 3 表示,然后进入吸收器 D,吸收由蒸发器产生的 1 kg 蒸气,形成了 f kg, w'_r 的浓溶液(点 4),吸收过程中放出的热量 q_a 被冷却水带走。点 4 状态的浓溶液经溶液泵 G 升压,压力由 p_0 提高到 p_k(点 4a),再经溶液热交换器 E 加热,温度升高到状态点 1a,最后从精馏塔 A 的进料口 3 进入精馏塔,循环重复进行。

6.3.3　循环在 $h-w$ 图上的表示

上述系统的工作过程可在氨水溶液的 $h-w$ 图中表示,如图 6-7 所示。图中点号与图 6-6相对应。

假定进入精馏塔内的状态为 1a,质量分数为 w'_r 的浓溶液位于饱和液体线 p_k 的下方,即处于过冷状态。溶液经过提馏段到发生器,一路上与发生器中产生的氨蒸气进行热、质交换,

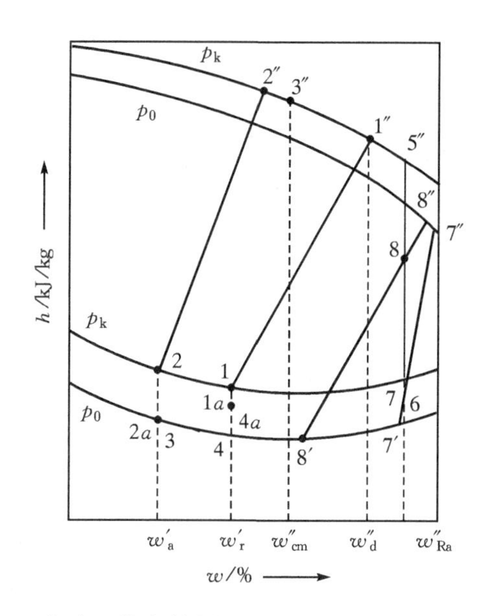

图 6 - 7　氨水吸收式制冷机工作过程在 $h-w$ 图上的表示

首先消除过冷，使浓溶液达到饱和状态 1，随后在发生器中被加热。随着温度的升高，溶液在等压条件下不断蒸发，逐渐变稀，到离开精馏塔底部时变为 w'_a，温度为 t_2，用点 2 表示。开始发生出来的蒸气状态和发生终了时的蒸气状态分别用点 1″和 2″表示，它们分别与质量分数为 w'_r 和 w'_a 的沸腾状态的溶液相平衡。因此离开发生器的蒸气状态应处于 1″和 2″之间，假定为状态 3″，质量分数为 w''_{cm}。经过提馏段时，与 w'_r 的浓溶液进行热、质交换，理想情况下，出提馏段的氨质量分数应与进料口处浓溶液 w'_r 的平衡蒸气 1″相对应，即由 w''_{cm} 提高到 w''_d，再经过精馏段和回流冷凝器，与从回流冷凝器冷凝下来的回流液进行热、质交换，氨的质量分数进一步提高，温度降低，离开塔顶时，为 w''_{Ra}，用点 5″表示。回流液在回流过程中，氨的质量分数逐渐降低，理想情况下，离开精馏塔最底下一块塔板时，应与进料口的 w'_r 相同。

质量分数为 w''_{Ra} 的饱和氨蒸气离开塔顶后进入冷凝器，在等压、等质量分数条件下冷凝成饱和液体，用点 6 表示(冷凝后的液体也可达到冷凝压力 p_k 下的过冷状态，视冷却水的温度和冷凝器的结构而定)，然后经过节流阀绝热节流到状态 7，由于节流前、后的比焓值与质量分数均未发生变化，故在 $h-w$ 图上点 6 与点 7 是重合的，但正象第 5 章中指出的那样，这两点代表的状态是不相同的，点 6 表示冷凝压力 p_k 下的饱和液体，点 7 表示蒸发压力 p_0 下的湿蒸气，它是由饱和液体(点 7′)和饱和蒸气(点 7″)所组成。节流后的干度为 $x = 77'/77''$，温度由试凑法确定，即首先在饱和蒸气压力液线上假定某一温度 t_7（点 7′)，通过辅助压力线找到相应压力下饱和蒸气状态点 7″，连 7′7″，如果该线正好通过点 7，假定的温度 t_7 即为节流后的温度，否则，重新假定 t_7，直到 7′7″通过点 7 为止。节流后的湿蒸气进入蒸发器，在等压、等质量分数下蒸发至状态点 8，点 8 一般仍处于湿蒸气状态，由点 8′的饱和液体和点 8″的饱和蒸气组成。它的温度同样用试凑法求出。

由发生器引出状态为点 2 的稀溶液，经过溶液热交换器，被冷却到 p_k 压力下的过冷状态 2a(假定 2a 正好处在蒸发压力 p_0 的饱和液线上)，再经节流阀节流到状态 3，然后进入吸收器。同样，节流前、后的状态点 2a 和 3 在 $h-w$ 图上是重合的，但代表的状态不同。在吸收器中，如果忽略蒸发器和吸收器之间的压力损失，吸收过程在 p_0 等压条件下进行，状态为 3 的饱和稀溶液吸收由蒸发器出来的蒸气(点 8)，沿等压线逐渐变浓，吸收终了时达到 w'_r ，用点 4 表示。点 4 状态的浓溶液经过溶液泵后，压力由 p_0 升高到 p_k ，用点 4a 表示，如果忽略因溶液泵对浓溶液做功引起的温度变化，则点 4 与点 4a 重合，点 4a 表示 p_k 压力下的过冷液体，过冷液体经过溶液热交换器，温度升高，用状态点 1a 表示，最后再进入精馏塔的进料口，循环重新开始。

应该强调，无论在冷凝过程还是蒸发过程中，尽管是在定压下发生相变，溶液的温度都不是定值。从图 6-7 可以看出，冷凝过程中，溶液的温度由 t_5 降至 t_6 ；蒸发过程中，溶液的温度由 t_7 升至 t_8 ，这与单一组分工质在等压下相变时温度不发生变化是不相同的。因为压力不变时，随着冷凝或蒸发过程的进行，溶液的质量分数在不断变化。冷凝过程中，溶液中低沸点组分(氨)越来越多，因此饱和温度越来越低；相反，蒸发过程中，溶液中低沸点组分越来越少，饱和温度逐渐升高。出蒸发器时的湿蒸气的干度越大，最终蒸发温度越高。因此，可以通过控制湿蒸气的干度来满足被冷却介质温度的要求。

系统中设置溶液热交换器能明显地提高整个装置的经济性，通过溶液进行热交换，一方面可以提高进入发生器的浓溶液的温度，减少发生器中加热蒸气的消耗量，另一方面可以降低进入吸收器的稀溶液的温度，从而减少吸收器中冷却水的消耗量，并增强溶液的吸收效果。溶液在热交换器中温度的变化与热交换器传热表面积的大小有关。稀溶液的温度变化将大于浓溶液的温度变化，因为稀溶液的流量 $(f-1)$ kg 小于浓溶液的流量 f kg，而它们的比热容相差不大。

氨水吸收式制冷系统有时也设置气-液热交换器，将从蒸发器出来的低温湿蒸气和从冷凝器出来的液体在逆流式换热器中进行热交换，使冷凝液体过冷，从而提高装置的制冷量，但进入吸收器的氨气焓值增加，使吸收器的热负荷增大。实践中是否采用这种换热器取决于发生器中热量的节省量和吸收器中冷却水消耗的增大量以及热交换器本身费用等因素。由于蒸气侧传热效率很低，特别是在低蒸发压力下更是如此，为达到一定的热交换量，热交换的面积必须足够大，因而成本提高，往往得不偿失。

图 6-6 所示的系统能制取的最低温度与加热热源温度和冷却水温有关，一般情况下不低于 -25℃，否则放气范围($w'_r-w'_a$)将小于 0.06，使装置经济性下降。如果热源温度较低，冷却水温度较高，而又要制取较低温度时，可采用双级氨吸收式制冷机或带有喷射器的单级氨吸收式制冷机。

6.4 氨水吸收式制冷机与蒸气压缩式制冷机性能的比较

6.4.1 氨水吸收式制冷机与蒸气压缩式制冷机性能的比较

吸收式制冷循环的性能系数和蒸气压缩式制冷循环的性能系数都是用来评价循环经济性的主要技术指标，但两者之间不能直接比较，因为压缩式制冷机消耗功，吸收式制冷机消耗热能，功比热能的品位高，产生功的成本也高。对这两个数值进行比较时，必须考虑电站内蒸气动力装置中的热交换情况及效率。即使如此，吸收式制冷机的性能系数仍然低于压缩式的性能系数，原因在于吸收式制冷机系统的运行存在更多的不可逆损失。

从两个系统的运行费用比较来看，在较低的蒸发温度下似乎采用吸收式制冷系统更为合适，特别是在有高温加热介质可以利用的情况下更是如此。因为这样有可能利用单级吸收式制冷系统获得需两级压缩式系统才能获得的低温。

6.4.2　氨水吸收式制冷机的特点

与其它形式的制冷机相比较，氨水吸收式制冷机有如下特点：

①采用蒸气或热水作热源，有利于废热的综合利用，特别适合于化工、冶金和轻工业中的制冷设备；

②以氨作为制冷剂，能制取 0℃以下的低温；

③整个装置除泵外均为塔、罐等热交换设备，结构简单，便于加工制造；

④振动、噪声较小，可露天安装，从而降低建筑费用；

⑤负荷在 30%～100%范围内调节时，装置的经济性没有明显变化；

⑥维修简单，操作方便，易于管理；

⑦氨价格低廉，来源充足；

⑧对大气臭氧层无破坏作用；

⑨对铜及铜合金(磷青铜除外)有腐蚀作用；

⑩钢材及冷却水消耗量大；

⑪性能系数较低；

⑫由于氨、水的沸点比较接近，为提高氨的质量分数，系统中必须增设精馏和分凝设备。

6.5　吸收-扩散式制冷机

6.5.1　概　述

前面介绍的是以二元溶液为循环工质的吸收式制冷机，适用于大、中型装置企业，对于家用冰箱或医疗用冰箱采用三组分为循环工质的吸收式制冷机。这种制冷机的制冷量较小，一般在 0.1 kW 左右，冰箱的容积为 25 升到 250 升。

在吸收式冰箱系统中，氨作为制冷剂，氨水溶液为吸收剂，氢气为平衡气体。由于整个系统处于相同压力之下，所以没有溶液泵和膨胀阀，也没有任何运动部件，各设备之间全部用管道焊接，系统运转平稳，无噪声和振动，不泄漏，寿命长，成本低，适合于家用，对缺电地区有使用价值。

系统压力的平衡是通过向吸收器和蒸发器导入氢气实现。因为蒸发器中的总压力大于蒸发温度下氨的饱和压力，因此蒸发器中的液氨不会沸腾，在液体表面下不能形成气泡。但如果氢气中的氨气未达到饱和，便有氨汽化，通过扩散进入氢气中。因此这种吸收式系统又称为吸收-扩散式系统。由于整个系统内压力是平衡的，系统中工质的运动完全依靠密度的差异、位置的高低、管路的倾斜及分压力的不同而流动扩散，因而各设备之间的相对位置及管道的倾斜度均有严格要求，否则将影响制冷效果，甚至丧失制冷能力。

6.5.2　吸收-扩散式制冷机的工作过程

图 6 - 8 示出吸收 - 扩散式制冷系统。氨水溶液、氨、氢的流动过程及状态变化简述如下。

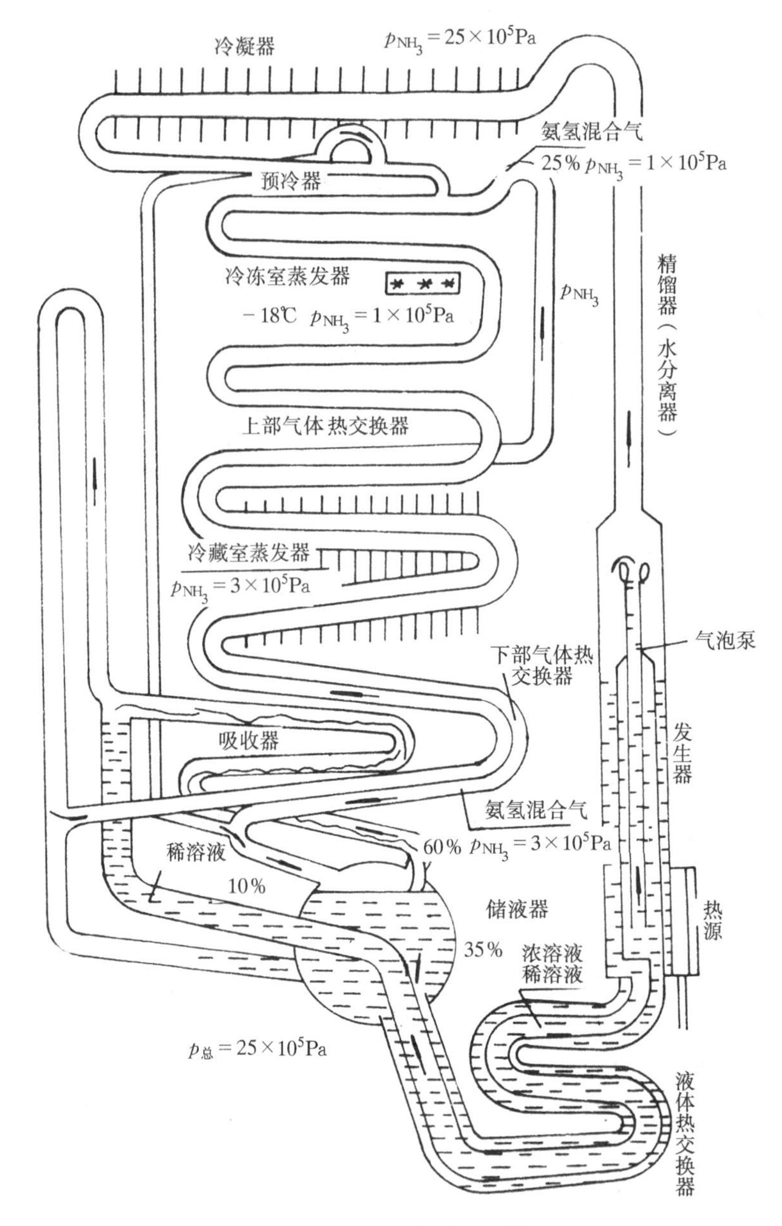

图 6-8 吸收-扩散式制冷机系统示意图

1. 氨水溶液的循环

从储液器出来的浓溶液经溶液热交换器到达发生器,在发生器中被电热器(或其它热源)加热,一部分氨气从溶液中排出,蒸气形成气泡将液柱推向气泡泵的泵管。由于气泡的产生和溶液被加热,引起垂直方向出口浓溶液的密度下降,借助于储液器中溶液的静压头,迫使溶液流向气泡泵顶部。液柱流出泵管后下降,经发生器的外套管,被进一步加热,溶液温度继续上升,使更多的氨蒸气从溶液中排出,剩余的溶液进一步变稀。从发生器出来的稀溶液,借助于发生器顶部与吸收器之间的高度差,经溶液热交换器的内管流到吸收器上端。与此同时,将热量传给由储液器出来的浓溶液,使进入发生器的浓溶液的温度升高。稀溶液由吸收器上端向下流动，与从储液器顶部出来的逆流而上的氢、氨混合气接触，吸收其中的氨气，使溶液浓度不断增加，出吸收器后流人储液器，又重新经溶液热交换器流入发生器。

2. 氨、氢气循环

从气泡泵出来离开发生器的氨气中含有较多水分，在精馏器（又称水分离器）内液滴因重力下降。氨蒸气和水蒸气上升时，因和外界环境空气进行热交换，温度降低，更多的水蒸气从氨蒸气中析出，凝为水珠流回发生器。浓度较高的氨蒸气出精馏器后流入带有翅片的风冷冷凝器，在空气的冷却下，氨气凝结成液体，依靠冷凝器本身的倾斜度，液氨流经过冷凝器后进入蒸发器，在蒸发器入口处与氢气相遇，由于氢气分压力高，氨气分压力低，因而液氨分子迅速向氢气中扩散。液氨蒸发扩散过程中，从冰箱内部吸取热量，达到制取冷量的目的。开始时，由于氢、氨混合气中氨气分压力较低，故蒸发温度较低。随着液氨不断地蒸发与扩散，混合气中氨气分压力缓缓上升，蒸发温度随之升高。由于含氨较多的低温氢氨混合气密度较大，在重力作用下经下部气体热交换器进入储液器，然后由吸收器下部向上流动，与自上而下的稀溶液接触，氨气不断地被稀溶液吸收。氢气因不溶解于水，密度又小，因而从吸收器上部上升，经气体热交换器降温后进入蒸发器入口，循环重新开始。

为了提高吸收-扩散式制冷机的热效率，必须选择适当的状态参数，合理地设计整个系统的结构，使发生、冷凝、吸收、蒸发及溶液热交换等各个过程均处于最佳状态。正确选取保温材料和保温层厚度，设法减少冰箱门封的漏热损失。

发生器要求漏热损失少，液氨提升速度快，氨蒸气发生量大，带入精馏器的水蒸气少。正确设计气泡泵对机器的效率尤为重要，影响它的因素除发生器本身结构外，主要还有热源加热量、管长、管径和浓度等。

图 6-8 所示的发生器结构称为三套管式，它的主要特点是提升管（气泡泵）位于发生器内部，最外层为稀溶液，中间是浓溶液，提升管插入其中，这样，套管本身形成保温层，减少热量损失，而且结构简单，焊口较少，提升速度稳定。这种结构已被广泛采用。

热源加热量的多少对制冷量及制冷效率均有较大影响，加热量少，产生的蒸气量少，溶液循环量不够；加热量过多，发生量增大，除热量损失增大外，蒸气中夹带的水蒸气量增多，使精馏装置不能适应，从而使冰箱蒸发温度升高，制冷量下降。

蒸发器通常分为低温和高温两个部分，低温蒸发器在顶部，因氨液入口处氨气分压力最小，蒸发温度最低。蒸发器分成两部分有利于冷量的充分利用和性能系数的提高。高、低温蒸发器的结构和面积大小对于产冷量在冷冻室和冷藏室之间的合理分配影响很大。蒸发器可以做成双套管式结构，与气体热交换器连成一体，从吸收器返回的氢气经过下部气体热交换器、冷藏室蒸发器、上部气体热交换器、冷冻室蒸发器后，温度大为降低，这样，进入蒸发器时有利于冷冻室温度的进一步下降。

为了增强吸收器的吸收效果，必须强化传热，使吸收时产生的热量尽快地散到环境中去。为此，除保证吸收器有足够的散热面积外，管内外均可采用强化和扰动措施，提高传热效果。否则，不仅放气范围减少，而且未被吸收的氨气返回蒸发器后，提高了氨蒸气的分压力，蒸发温度提高，影响制冷效果。

电加热吸收式冰箱由于性能系数较低（COP＝0.2～0.4），与同容积的压缩式冰箱相比，它的耗电量大得多，因而使用受到很大的限制。但吸收式制冷的主要优点之一恰恰在于可以利用多种能源，除电加热外，尚可采用可燃气体（如煤气、液化石油气、沼气等）、煤油、蜂窝煤、燃炉余热等来加热。太阳能吸收式冰箱已有商品出售。因此研制和推广多能源的吸收式冰箱是发展吸收式冰箱的重要途径。

思考题

1. 氨水溶液有何特点?
2. 吸收式制冷机的基本组成有哪些设备?
3. 吸收式制冷循环对工质选择的要求有哪些?
4. 常用工质对有哪些? 它们谁作制冷剂? 常用工质对的性质、特点有哪些?
5. 试述吸收-扩散制冷机的工作原理。

第 7 章

溴化锂吸收式制冷机

溴化锂吸收式制冷机以水为制冷剂、溴化锂为吸收剂，制取 0℃以上的空调用冷水。

7.1 溴化锂水溶液的性质

7.1.1 水

水无毒、不燃烧、不爆炸，汽化热大(约 2500 kJ/kg)，比体积大，常温下的饱和压力很低，例如温度为 25℃时，它的饱和压力为 3.167 kPa，比体积为 43.37 m^3/kg。一般情况下，水在 0℃时就结冰，因而限制了它的应用范围。

7.1.2 溴化锂

(1)溴化锂(LiBr)的性质与 NaCl(食盐)相似，属盐类，有咸味，呈无色粒状晶体，熔点为 549℃；

(2)沸点很高(沸点为 1265 ℃)；

(3)易溶于水；

(4)性质稳定，在大气中不变质、不分解；

(5)它由 92.01%的溴和 7.99%的锂组成，分子量为 86.856，密度为 3464 kg/m^3(25 ℃时)。

7.1.3 溴化锂水溶液

(1)无色液体，有咸味，无毒，加入铬酸锂后溶液呈淡黄色。

(2)溴化锂在水中的溶解度随温度的降低而降低，如图 7-1 所示。图中的曲线为结晶线，曲线上的点表示溶液处于饱和状态，它的左上方表示有固体溴化锂结晶析出，右下方表示溶液中没有结晶。溶解度是指饱和液体中所含溴化锂无水化合物的质量分数。由图中曲线可知，溴化锂的质量分数不宜超过 66%，否则溶液温度降低时有结晶析出，破坏制冷机的正常运行。

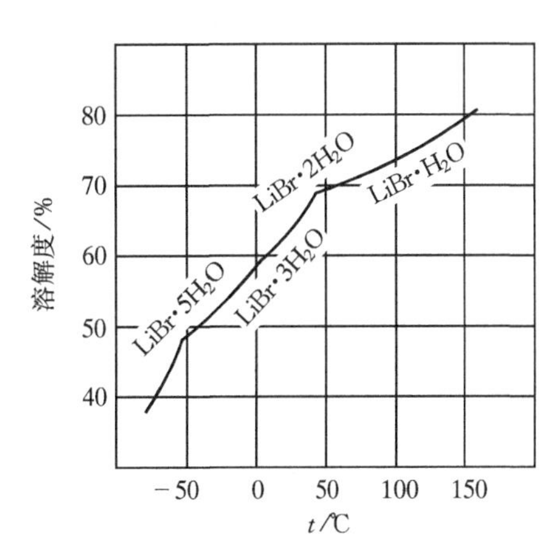

图 7-1 溴化锂在水中的溶解度

(3)有强烈的吸湿性。液体与蒸气之间的平衡属于动平衡,此时分子穿过液体表面到蒸气中去的速率等于分子从蒸气中回到液体内的速率。因为溴化锂溶液中溴化锂分子对水分子的吸引力比水分子之间的吸引力强,也因为在单位液体容积内溴化锂分子的存在而使水分子的数目减少,所以在相同温度的条件下,液面上单位蒸气容积内水分子的数目比纯水表面上水分子数目少。由于溴化锂的沸点很高,在使用的温度范围内不会挥发,因此和溶液处于平衡状态的蒸气总压力等于水蒸气的压力,从而可知温度相等时,溴化锂溶液液面上的水蒸气分压力小于纯水的饱和蒸气压力,且浓度愈高或温度愈低时水蒸气的分压力愈低。图 7-2 表示溴化锂溶液的温度、溴化锂的质量分数与压力之间的关系。由图可知,当 w 为 50%、温度为 25 ℃时,饱和蒸气压力为 0.85 kPa,而水在同样温度下的饱和蒸气压力为 3.1 67 kPa。如果水的饱和蒸气压力大于 0.85 kPa,例如压力为 1 kPa(相当于饱和温度为 71℃)时,上述溴化锂溶液就具有吸收它的能力,也就是说溴化锂水溶液具有吸收温度比它低的水蒸气的能力,这一点正是溴化锂吸收式制冷机的机理之一。同理,如果压力相同,溶液的饱和温度一定大于水的饱和温度,由溶液中产生的水蒸气总是处于过热状态。

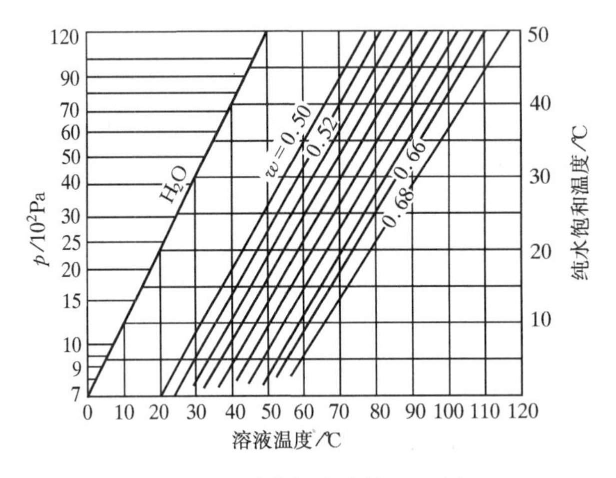

图 7-2　溴化锂溶液的 $p-t$ 图

(4)密度比水大,并随溶液的浓度和温度而变,如图 7-3 所示。

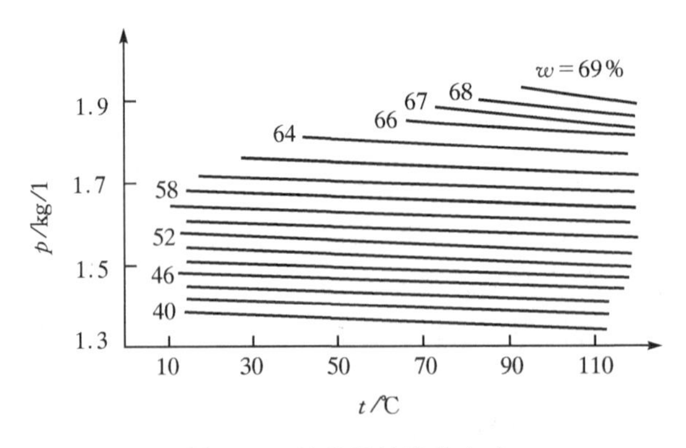

图 7-3　溴化锂溶液的密度

(5)比热容较小，如图 7－4 所示。当温度为 150 ℃，w 为 55%时，其比热容约为 2 kJ/(kg·K)，这意味着发生过程中加给溶液的热量比较少，再加上水的蒸发汽化热比较大这一特点，使机组具有较高的性能系数。

(6)黏度较大。图 7－5 示出溴化锂溶液的动力黏度随溴化锂的质量分数和温度的变化关系。例如 w 为 60%、温度为 40 ℃时，其黏度为 6.004×10^{-3} N·s/m^2(6.12×10^{-4}kg·s/m^2)，而水在 40 ℃时黏度为 6.53×10^{-4} N·s/m^2(6.66×10^{-5}kg·s/m^2)。

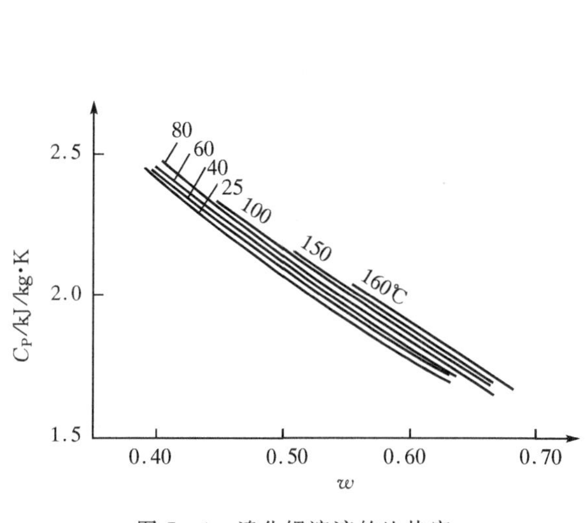

图 7－4　溴化锂溶液的比热容

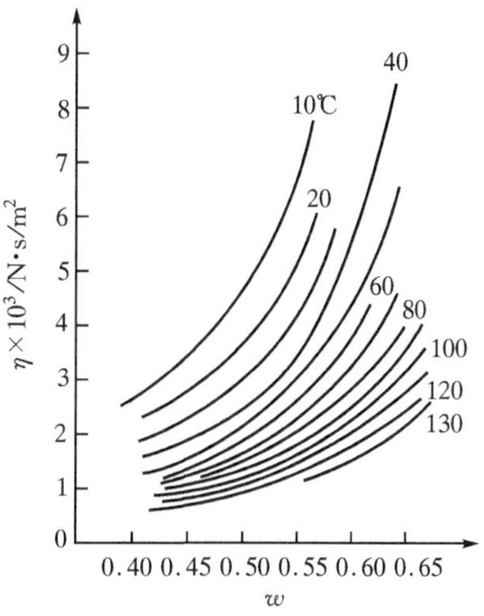

图 7－5　溴化锂溶液的动力黏度

(7)表面张力较大。图 7－6 示出溴化锂溶液的表面张力随溴化锂的质量分数和温度的变化关系。例如 w 为 60%，温度为 40 ℃时，表面张力为 6.96×10^{-2} N/m。

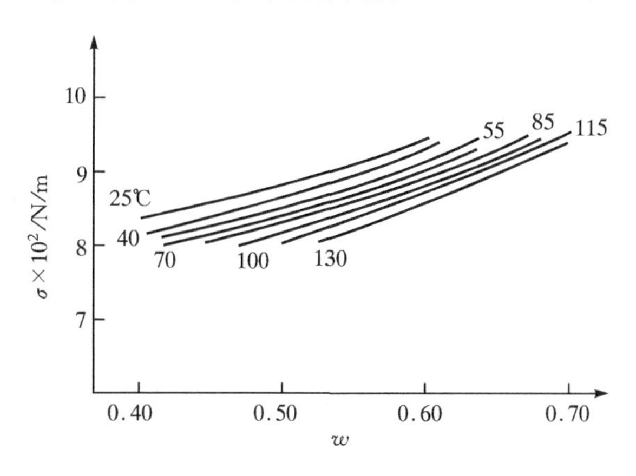

图 7－6　溴化锂溶液的表面张力

(8)溴化锂水溶液的导热系数随 w 之增大而降低，随温度的升高而增大，见表 7－1。

(9)对黑色金属和紫铜等材料有强烈的腐蚀性，有空气存在时更为严重。因腐蚀而产生的不凝性气体对装置的制冷量影响很大。

表 7－1　溴化锂水溶液的导热系数 $\lambda(t,w)$　　单位:W/(m·K)

w \ t/ ℃	0	25	50	75	100
0.20	0.50	0.55	0.57	0.60	0.62
0.40	0.45	0.49	0.51	0.53	0.55
0.50	/	0.45	0.49	0.51	0.52
0.60	/	0.43	0.45	0.48	0.50
0.65	/	/	0.43	0.45	0.48

7.1.4　溴化锂水溶液物性参数的计算公式

为了在计算机上处理实验数据和进行优化设计,需要将溴化锂水溶液的物性公式化。下面列出一些计算公式。

1. 溴化锂水溶液的平衡方程式

$$t = t'\sum_{n=0}^{3} A_n x^n + \sum_{n=0}^{3} B_n x^n \quad (℃) \tag{7-1}$$

$A_0 = 0.770033$　　$B_0 = 140.877$

$A_1 = 1.45455 \times 10^{-2}$　　$B_1 = -8.55749$

$A_2 = -2.63906 \times 10^{-4}$　　$B_2 = 0.16709$

$A_3 = 2.27609 \times 10^{-6}$　　$B_3 = -8.82641 \times 10^{-4}$

式中　t ——压力为 p 时,溶液的饱和温度,℃;

t ——压力为 p 时,水的饱和温度,℃;

x ——100kg 溶液中含有溴化锂的千克数。

2. 溴化锂水溶液的定压比热容公式

$$c_p = [\sum_{n=0}^{2}(A_n + B_n t + C_n t^2)(\frac{x}{100})^n] \times 4.1868 \quad (kJ/(kg \cdot k)) \tag{7-2}$$

$A_0 = 0.9928285$　　$B_0 = -3.18742 \times 10^{-5}$　　$C_0 = -3.0105 \times 10^{-6}$

$A_1 = -1.3169179$　　$B_1 = 2.9856 \times 10^{-3}$　　$C_1 = -1.7172 \times 10^{-6}$

$A_2 = 0.6481006$　　$B_2 = -4.0198 \times 10^{-3}$　　$C_2 = 8.3641 \times 10^{-6}$

式中　c_p ——溶液的定压比热容,kJ/(kg·k);

t ——溶液的温度,℃;

x ——100 kg 溶液中含有溴化锂的千克数。

3. 溴化锂水溶液的密度

$$\rho = a_0 + a_1 t + a_2 t^{1.2} + a_3 t^{1.5} + a_4 x + a_5 x^{1.2} + a_6 x^{1.5} \quad (kg/l) \tag{7-3}$$

$a_0 = 1.637442$　　$a_1 = -2.725975 \times 10^{-3}$

$a_2 = 1.358832 \times 10^{-3}$　　$a_3 = -1.319372 \times 10^{-4}$

$a_4 = -3.747908 \times 10^{-2}$　　$a_5 = -1.078937 \times 10^{-3}$

$a_6 = 5.379461 \times 10^{-3}$

式中　ρ——溶液的密度,kg/l;

t——溶液的温度,℃;

x——100kg 溶液中含有溴化锂的千克数。

4. 溴化锂水溶液的质量分数

$$w = (a_0 + a_1 t + a_2 t^2 + a_3 t^3 + a_4 \rho + a_5 \rho^2 + a_6 \rho^3)/100 \tag{7-4}$$

$a_0 = -54.26707$　　$a_1 = 3.609289 \times 10^{-2}$

$a_2 = 2.807792 \times 10^{-6}$　　$a_3 = -1.551979 \times 10^{-7}$

$a_4 = 24.60376$　　$a_5 = 60.99763$

$a_6 = -21.54662$

式中　w——溶液的质量分数;

t——溶液的温度,℃;

ρ——溶液的密度,kg/l。

5. 溴化锂水溶液的导热率

$$\lambda = 1.163(a_0 + a_1 t + a_2 t^2 + a_3 t^3 + a_4 x + a_5 x^2 + a_6 x^3) \quad (\mathrm{W/(m \cdot K)}) \tag{7-5}$$

$a_0 = 0.5218988$　　$a_1 = 1.412948 \times 10^{-3}$

$a_2 = -6.741987 \times 10^{-6}$　　$a_3 = 1.729977 \times 10^{-8}$

$a_4 = -5.514559 \times 10^{-3}$　　$a_5 = 7.640728 \times 10^{-5}$

$a_6 = -6.098338 \times 10^{-7}$

式中　λ——溶液的导热率,W/(m·K);

t——溶液的温度,℃;

x——100 kg 溶液中含有溴化锂的千克数。

6. 溴化锂水溶液的动力黏度

$$\eta = \left(\sum_{n=0}^{3} A_n x_n + \sum_{n=0}^{3} B_n x_n + t^2 \sum_{n=0}^{3} C_n x_n\right) \times 10^{-3} \quad (\mathrm{N \cdot s/m^2}) \tag{7-6}$$

$A_0 = 1.704152$　　$B_0 = -5.783394 \times 10^{-2}$　　$C_0 = -1.105483 \times 10^{-4}$

$A_1 = 0.1084067$　　$B_1 = 4.951459 \times 10^{-4}$　　$C_1 = 5.288185 \times 10^{-6}$

$A_2 = -2.735067 \times 10^{-3}$　　$B_2 = 7.123706 \times 10^{-5}$　　$C_2 = -2.111622 \times 10^{-7}$

$A_3 = -5.649458 \times 10^{-5}$　　$B_3 = -1.907971 \times 10^{-6}$　　$C_3 = 8.204797 \times 10^{-9}$

式中　η——溶液的动力黏度,N·s/m^2;

t——溶液的温度,℃;

x——100 kg 溶液中含有溴化锂的千克数。

7. 溴化锂水溶液的表面张力

$$\sigma = (a_0 + a_1 t + a_2 t^2 + a_3 t^3 + a_4 x + a_5 x^2 + a_6 x^3) \times 10^{-3} \quad (\mathrm{N/m}) \tag{7-7}$$

$a_0 = 49.48395$　　$a_1 = -1.462354$

$a_2 = 6.750326 \times 10^{-4}$　　$a_3 = -2.023934 \times 10^{-6}$

$a_4 = 1.750322$　　$a_5 = -3.078061 \times 10^{-2}$

$$a_6 = 2.477215 \times 10^{-4}$$

式中 σ——溶液的表面张力,N/m;

t——溶液的温度,℃;

x——100 kg 溶液中含有溴化锂的千克数。

7.2 溴化锂吸收式制冷机原理

7.2.1 工作原理与循环

溶液的蒸气压力是对平衡状态而言的。如果蒸气压力为 0.85 kPa 的溴化锂溶液与具有 1 kPa 压力(7 ℃)的水蒸气接触,蒸气和液体不处于平衡状态,此时溶液具有吸收水蒸气的能力,直到水蒸气的压力降低到稍高于 0.85 kPa(例如:0.87 kPa)为止。0.87 kPa 和 0.85 kPa 之间的压差用于克服连接管道中的流动阻力以及由于过程偏离平衡状态而产生的压差,如图 7-7 所示。水在 5 ℃下蒸发时,就可能从较高温度的被冷却介质中吸收汽化热,使被冷却介质冷却。

为了使水在低压下不断汽化,并使所产生的蒸气被吸收,从而保证吸收过程的进行,供吸收用的溶液的浓度必须大于吸收终了的溶液的浓度。为此,除了必须不断地供给蒸发器纯水外,还必须不断地供给新的浓溶液,如图 7-7 所示。显然,这样做是不经济的。

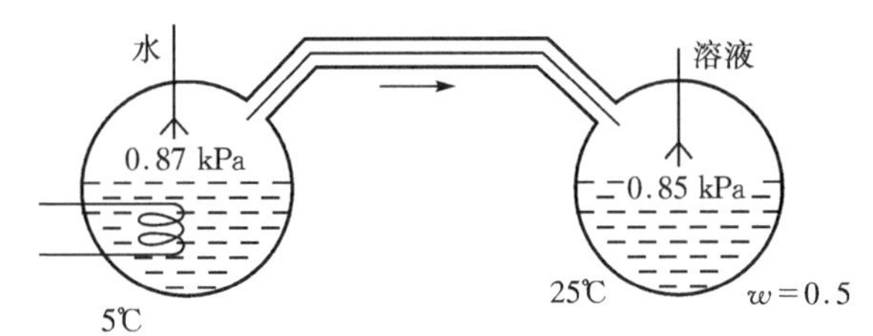

图 7-7 吸收制冷的原理

实际上采用对稀溶液加热的方法,使之沸腾,从而获得蒸馏水供不断蒸发使用,见图 7-8。系统由发生器 1、冷凝器 2、蒸发器 4、吸收器 5、节流阀 3、泵 7 和溶液热交换器 6 组成。稀溶液在加热前用泵将压力升高,使沸腾所产生的蒸气能够在常温下冷凝。例如,冷却水温度为 35 ℃时,考虑到热交换器中所允许的传热温差,冷凝有可能在 40 ℃左右发生,因此发生器内的压力必须是 7.37 kPa 或更高一些(考虑到管道阻力等因素)。

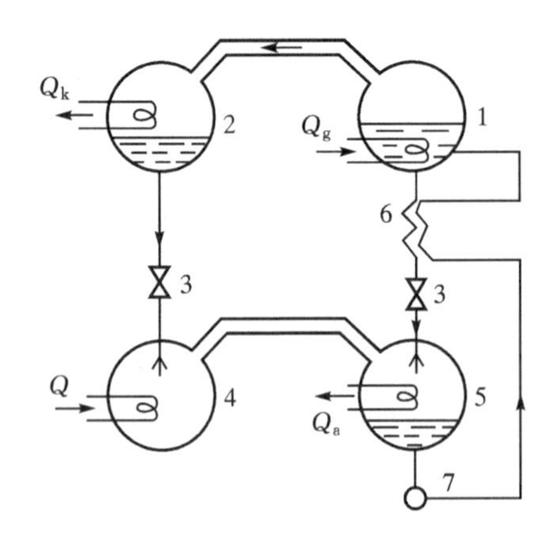

图 7-8 溴化锂吸收式制冷机的系统

1—发生器;2—冷凝器;3—节流阀;4—蒸发器;5—吸收器;6—溶液热交换器;7—泵

发生器和冷凝器(高压侧)与蒸发器和吸收器(低压侧)之间的压差通过安装在相应管道上的膨胀阀或其它节流机构来保持。在溴化锂吸收式制冷机中,这一压差相当小,一般只有 6.5~8 kPa,因而采用 U 型管、节流短管或节流小孔。

离开发生器的浓溶液的温度较高，而离开吸收器的稀溶液的温度却相当低。浓溶液在未被冷却到与吸收器压力相对应的温度前不可能吸收水蒸气，而稀溶液又必须加热到和发生器压力相对应的饱和温度才开始沸腾，因此通过一台溶液热交换器，使浓溶液和稀溶液在各自进入吸收器和发生器之前彼此进行热量交换，使稀溶液温度升高，浓溶液温度下降。

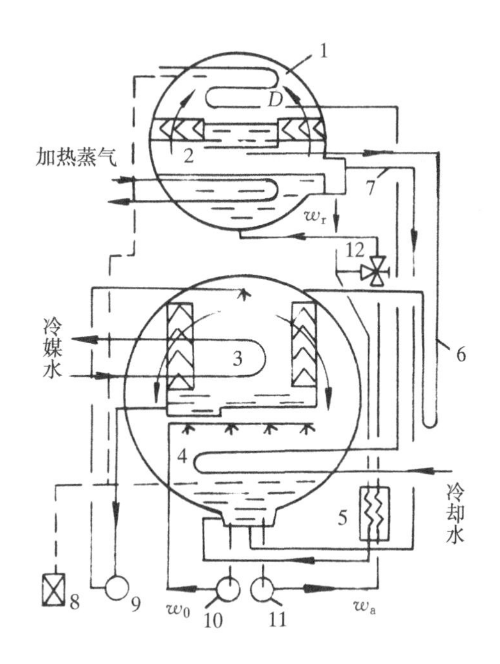

图 7－9　双筒溴化锂吸收式制冷机的系统

1—冷凝器；2—发生器；3—蒸发器；4—吸收器；5—热交换器；6—U 形管；7—防晶管；8—抽气装置；9—蒸发器泵；10—吸收器泵；11—发生器泵；12—三通阀

由于水蒸气的比体积非常大，为避免流动时产生过大的压降，需要很粗的管道。为此，往往将冷凝器和发生器放在一个容器内，将吸收器和蒸发器放在另一个容器内，如图 7－9 所示。也可以将这四个主要设备置于一个壳体内，高压侧和低压侧之间用隔板隔开，如图 7－10 所示。

综上所述，溴化锂吸收式制冷机的工作过程可分为两部分：

(1)发生器中产生的冷剂蒸气在冷凝器中冷凝成冷剂水，经 U 形管进入蒸发器，在低压下蒸发，产生制冷效应。这些过程与蒸气压缩式制冷循环在冷凝器、节流阀和蒸发器中产生的过程完全相同；

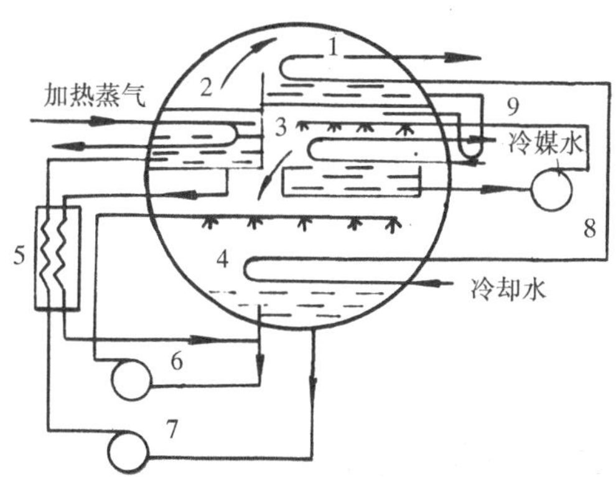

图 7－10　单筒溴化锂吸收式制冷机的系统

1—冷凝器；2—发生器；3—蒸发器；4—吸收器；5—热交换器；6，7，8—泵；9—U 形管

(2)发生器中流出的浓溶液降压后进入吸收器，吸收由蒸发器产生的冷剂蒸气，形成稀溶液，用泵将稀溶液输送至发生器，重新加热，形成浓溶液。这些过程的作用相当于蒸气压缩式制冷循环中压缩机所起的作用。

7.2.2 工作过程在 $h-w$ 图上的表示

溴化锂吸收式制冷机的理想工作过程可以用 $h-w$ 图表示,见图7-11。理想过程是指工质在流动过程中没有任何阻力损失,各设备与周围空气不发生热量交换,发生终了和吸收终了的溶液均达到平衡状态。

图中 p_k 为冷凝压力,也就是发生器压力。p_a 为吸收器压力,即蒸发压力。

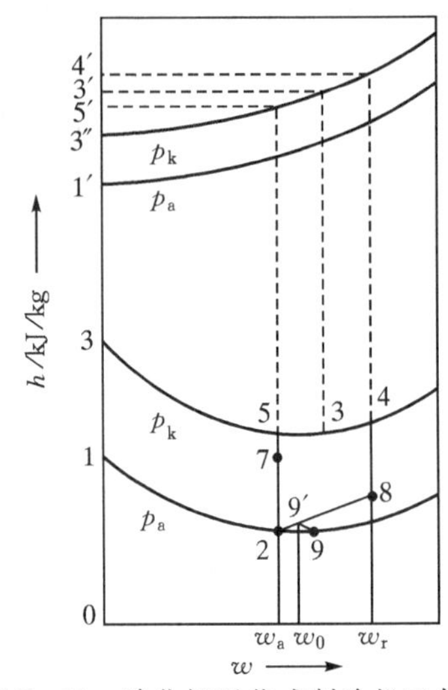

图7-11 溴化锂吸收式制冷机工作过程在图上的表示

1. 发生过程

点2表示吸收器的饱和稀溶液状态,溴化锂的质量分数为 w_a,压力为 p_a,温度为 t_2,经过发生器泵,压力升高到 p_k,然后送往溶液热交换器;在等压条件下温度由 t_2 升高至 t_7,质量分数不变,再进入发生器;被发生器传热管内的工作蒸气加热,温度由 t_7 升高到 p_k 压力下的饱和温度 t_5,并开始在等压下沸腾,溶液中的水分不断蒸发,质量分数逐渐增大,温度也逐渐升高,发生过程终了时溶液的质量分数达到 w_r,温度达到 t_4,用点4表示。2—7表示稀溶液在溶液热交换器中的升温过程,7—5—4表示稀溶液在发生器中的加热和发生过程,所产生的水蒸气状态用开始发生时的状态(点5′)和发生终了时的状态(点4′)的平均状态点3′表示,由于产生的是水蒸气,故状态3′位于 $w=0$ 的纵坐标轴上。

2. 冷凝过程

由发生器产生的水蒸气(点3′)进入冷凝器后,在压力 p_k 不变的情况下被冷凝器管内流动的冷却水冷却,首先变为饱和蒸气,继而被冷凝成饱和液体(点3),3′—3表示冷剂蒸气在冷凝器中冷却及冷凝的过程。

3. 节流过程

压力为 p_k 的饱和冷剂水(点3)经过节流装置(如U形管),压力降为 p_0($p_0=p_a$)后进入蒸发器。节流前后因冷剂水的比焓不变,故节流后的状态点(图中未标出)与点3重合。但由于压力的降低,部分冷剂水汽化成蒸气(点1′),尚未汽化的大部分冷剂水温度降低到与蒸发压力相对应的饱和温度 t_1(点1),并积存在蒸发器水盘中,因此节流前的点3表示冷凝压力 p_k 下的饱和水状态,而节流后的点3表示压力为 p_0 的饱和蒸气(点1′)和饱和液体(点1)相混合的湿蒸气状态。

4. 蒸发过程

积存在蒸发器水盘中的冷剂水(点1)通过蒸发器泵均匀地喷淋在蒸发器管簇的外表面,吸收管内冷媒水的热量而蒸发,使冷剂水在等压、等温条件下由点1变为1′,1—1′表示冷剂水在蒸发器中的汽化过程。

5. 吸收过程

质量分数为 w_r、温度为 t_4、压力为 p_k 的溶液,在自身的压力与压差作用下由发生器流至溶液热交换器，将部分热量传给稀溶液，温度降至 t_8（点 8），4—8 表示浓溶液在溶液热交换器中的放热过程。状态点 8 的浓溶液进入吸收器，与吸收器中的部分稀溶液（点 2）混合，形成质量分数为 w_0、温度为 t_9 的中间溶液（点 9′），然后由吸收器泵均匀喷淋在吸收器管簇的外表面。中间溶液进入吸收器后，由于压力的突然降低，首先闪发出一部分水蒸气，质量分数增大，用点 9 表示。由于吸收器管簇内流动的冷却水不断地带走吸收过程中放出的吸收热，因此中间溶液便具有不断地吸收来自蒸发器的水蒸气的能力，使溶液的质量分数降至 w_a，温度由 t_9 降至 t_2（点 2）。8—9′和 2—9′表示混合过程，9—2 表示吸收器中的吸收过程。

假定送往发生器的稀溶液的流量为 q_{mf} kg/s，质量分数为 w_a，产生 q_{md} kg/s 的冷剂水蒸气，剩下的流量为 $(q_{mf}-q_{md})$ kg/s、质量分数为 w_r 的浓溶液出发生器。根据发生器中的物量平衡关系得到下式

$$w_a q_{mf} = w_r(q_{mf}-q_{md})$$

$$w_a \frac{q_{mf}}{q_{md}} = w_r\left(\frac{q_{mf}}{q_{md}}-1\right)$$

令 $\frac{q_{mf}}{q_{md}} = a$，则

$$a = \frac{w_r}{w_r - w_a} \tag{7-8}$$

a 称为循环倍率。它表示在发生器中每产生 1 kg 水蒸气所需要的溴化锂稀溶液的循环量。$(w_r - w_a)$ 称为放气范围。

上面分析的过程是对理想情况而言的。实际上，由于流动阻力的存在，水蒸气经过挡水板时压力下降，因此在发生器中，发生压力 p_g 应大于冷凝压力 p_k，在加热温度不变的情况下将引起浓溶液质量分数的降低。另外，由于溶液液柱的影响，底部的溶液在高压力下发生，同时又由于溶液与加热管表面的接触面积和接触时间有限，使发生终了浓溶液的质量分数 w'_r 低于理想情况下的 w_r，$(w_r - w'_r)$ 称为发生不足；在吸收器中，吸收器压力 p_a 应小于蒸发压力 p_0，在冷却水温度不变的情况下，它将引起稀溶液质量分数的增大。由于吸收剂与被吸收的蒸气相互接触的时间很短，接触面积有限，加上系统内空气等不凝性气体的存在，均降低溶液的吸收效果，吸收终了稀溶液的 w'_a 比理想情况下的 w_a 大，$(w'_a - w_a)$ 称为吸收不足。发生不足和吸收不足会引起工作过程中参数的变化，使放气范围减少，从而影响循环的经济性。

7.3　溴化锂吸收式制冷机的热力及传热计算

溴化锂吸收式制冷机的计算包括热力计算、传热计算、结构设计计算及强度校核计算等，此处仅对热力计算和传热计算的方法与步骤加以说明。

7.3.1　热力计算

溴化锂吸收式制冷机的热力计算是根据用户对制冷量和冷媒水温度的要求，以及用户所能提供的加热热源和冷却介质的条件，合理地选择某些设计参数（传热温差、放气范围等），然后对循环计算，为传热计算等提供依据。

1. 已知参数

(1) 制冷量 Φ_0　它是根据生产工艺或空调要求，同时考虑到冷损、制造条件以及运转的

经济性等因素而提出的。

(2) 冷媒水出口温度 $t_{x'}$　它是根据生产工艺或空调要求提出的。由于 $t_{x'}$ 与蒸发温度 t_0 有关,若 t_0 下降,机组的制冷量及性能系数均下降,因此在满足生产工艺或空调要求的基础上,应尽可能地提高蒸发温度。对于溴化锂吸收式制冷机,因为用水作制冷剂,故一般 $t_{x'}$ 大于 5 ℃。

(3) 冷却水进口温度 $t_{w'}$　根据当地的自然条件决定。应当指出,尽管降低 $t_{w'}$,能使冷凝压力下降,吸收效果增强,但考虑到溴化锂结晶这一特殊问题,并不是 $t_{w'}$ 愈低愈好,而是有一定的合理范围。机组在冬季运行时尤应注意冷却水温度过低的问题。

(4) 加热热源温度　考虑到废热的利用、结晶和腐蚀等问题,采用 0.1～0.25 MPa 的饱和蒸气或 75 ℃以上的热水作热源较为合理。如能提供更高的蒸气压力,则热效率可获得进一步的提高。

2. 设计参数的选定

(1) 吸收器出口冷却水温度 t_{w1} 和冷凝器出口冷却水温度 t_{w2}　由于吸收式制冷机用热能作为补偿手段,所以冷却水带走的热量远大于蒸气压缩式制冷机。为了节省冷却水的消耗量,往往使冷却水串联地流过吸收器和冷凝器。考虑到吸收器内的吸收效果和冷凝器允许有较高的冷凝压力这些因素,通常让冷却水先经过吸收器,再进入冷凝器。冷却水的总温升一般取 7～9 ℃,视冷却水的进水温度而定。考虑到吸收器的热负荷 Φ_a 较冷凝器的热负荷 Φ_k 大,通过吸收器的温升 Δt_{w1} 较通过冷凝器的温升 Δt_{w2} 高。冷却水的总温升 Δt_w 为 $\Delta t_w = \Delta t_{w1} + \Delta t_{w2}$,如果水源充足或加热温度太低,可采用冷却水并联流过吸收器和冷凝器的方式,这时冷凝器内冷却水的温升可以高一些。采取串联方式时,有

$$t_{w1} = t_w + \Delta t_{w1} \tag{7-9}$$

$$t_{w2} = t_w + \Delta t_{w1} + \Delta t_{w2} = t_w + \Delta t_w \tag{7-10}$$

(2) 冷凝温度 t_k 及冷凝压力 p_k　冷凝温度一般比冷却水出口温度高 2～5 ℃,即

$$t_k = t_{w2} + (2 \sim 5) \quad (℃) \tag{7-11}$$

根据 t_k 求得 p_k,即

$$p_k = f(t_k)$$

(3) 蒸发温度 t_0 及蒸发压力 p_0　蒸发温度一般比冷媒水出水温度低 2～4 ℃。如果 $t_{x'}$ 要求较低,则温差取较小值,反之,取较大值,即

$$t_0 = t_{x'} - (2 \sim 4) \quad (℃) \tag{7-12}$$

蒸发压力 p_0 根据 t_0 求得,即

$$p_0 = f(t_0)$$

(4) 吸收器内稀溶液的最低温度 t_2　吸收器内稀溶液的出口温度 t_2 一般比冷却水出口温度高 3～5 ℃,取较小值对吸收效果有利,但传热温差的减小将导致所需传热面积的增大,反之亦然。

$$t_2 = t_w + \Delta t_{w1} + (3 \sim 5) \quad (℃) \tag{7-13}$$

(5) 吸收器压力 p_a　吸收器压力因蒸气流经挡水板时的阻力损失而低于蒸发压力。压降的大小与挡水板的结构和气流速度有关,一般取 $\Delta p_0 = (10 \sim 70)$ Pa,即

$$p_a = p_0 - \Delta p_0 \quad (\text{MPa}) \tag{7-14}$$

(6) 稀溶液质量分数 w_a　根据 p_a 和 t_2，由溴化锂溶液的 $h-w$ 图确定，即

$$w_a = f(p_a, t_2) \tag{7-15}$$

(7) 浓溶液质量分数 w_r　为了保证循环的经济性和安全可行性，希望循环的放气范围 $(w_r - w_a)$ 在 0.03～0.06 之间，因而

$$w_r = w_a + (0.03 \sim 0.06) \tag{7-16}$$

(8) 发生器内溶液的最高温度 t_4　发生器出口浓溶液的温度 t_4 可根据

$$t_4 = f(w_r, p_g) \tag{7-17}$$

的关系在溴化锂溶液的 $h-w$ 图中确定。尽管发生出来的冷剂蒸气流经挡水板时有阻力存在，但由于 Δp_k 与 p_k 相比其数值很小，可以忽略不计，因此取 $p_g = p_k$。一般希望 t_4 比加热温度 t_h 低 10～40 ℃，如果超出这一范围，则有关参数应作相应的调整。t_h 较高时，温差取较大值。

(9)溶液热交换器出口温度 t_7 与 t_8　浓溶液出口温度 t_8 由热交换器冷端的温差确定，如果温差较小，热效率虽较高，要求的传热面积会较大。为防止浓溶液的结晶，t_8 应比质量分数 w_r 所对应的结晶温度高 10 ℃以上，因此冷端温差取 15～25 ℃，即

$$t_8 = t_2 + (15 \sim 25) \quad (℃) \tag{7-18}$$

忽略溶液与环境介质的热交换，稀溶液的出口温度 t_7 可根据溶液热交换器的热平衡式确定，即

$$q_{mf}(h_7 - h_2) = (q_{mf} - q_{md})(h_4 - h_8)$$

$$h_7 = \frac{a-1}{a}(h_4 - h_8) + h_2 \quad (\mathrm{kJ/kg}) \tag{7-19}$$

再由 h_7 和 w_a 在 $h-w$ 图上确定 t_7，式中 $a = \dfrac{w_r}{w_r - w_a}$。

(10) 吸收器喷淋溶液状态　为强化吸收器的吸收过程，吸收器通常采用喷淋形式。由于进入吸收器的浓溶液量较少，为保证一定的喷淋密度，往往加上一定数量的稀溶液，形成中间溶液后喷淋，虽然浓度有所降低，但因喷淋量的增加而使吸收效果增强。

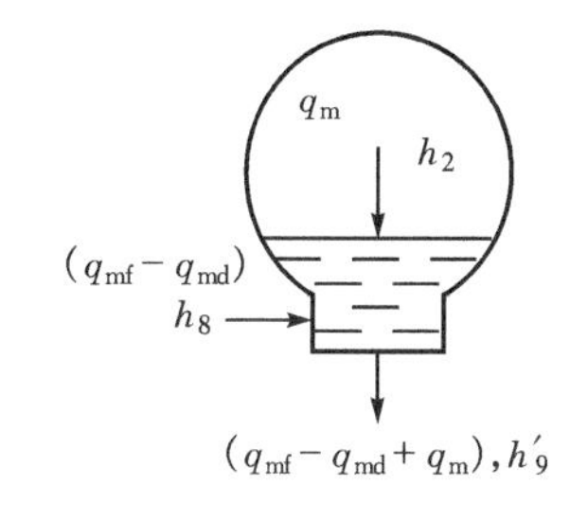

图 7-12　混合溶液热平衡图

假定在 $(q_{mf} - q_{md})$ kg/s 的浓溶液中再加入 q_m kg/s 的稀溶液，形成状态为 9′的中间溶液，如图 7-12 所示，根据热平衡方程式

$$(q_{mf} - q_{md} + q_m)h_9 = (q_{mf} - q_{md})h_8 + q_m h_2$$

$$(a - 1 + \frac{q_m}{q_{md}})h_9 = (a-1)h_8 + \frac{q_m}{q_{md}}h_2$$

令 $f = \dfrac{q_m}{q_{md}}$，则

$$h_{9'} = \frac{(a-1)h_8 + fh_2}{a+f-1} \quad (\mathrm{kJ/kg}) \tag{7-20}$$

f 称为吸收器稀溶液再循环倍率。它的意义是吸收 1 kg 冷剂水蒸气需补充稀溶液的千克数。一般 $f = 20 \sim 50$，有时用浓溶液直接喷淋，即 $f = 0$。同样，可由混合溶液的物量平衡式求出中间溶液的质量分数，即

$$w_0 = \frac{fw_a + (a-1)w_r}{a+f-1} \tag{7-21}$$

再由 $h_{9'}$ 和 w_0 通过 $h-w$ 图确定混合后溶液的温度 t'_9 。

3. 设备热负荷计算

设备的热负荷根据设备的热平衡式求出。

(1) 制冷机中冷剂水的流量 q_{mw}　冷剂水流量 q_{mw} 由已知的制冷量 Φ_0 和蒸发器中的单位热负荷 q_0 确定,即

$$q_{mw} = \frac{\Phi_0}{q_0} \quad \text{kg/s} \tag{7-22}$$

由图 7-13 可知

$$q_0 = h'_1 - h_3 \tag{7-23}$$

(2) 发生器热负荷 Φ_g　由图 7-14 可知

$$\Phi_g = (q_{mf} - q_{md})h_4 + q_{md}h'_3 - q_{mf}h_7$$

即

$$= q_{md}[(a-1)h_4 + h'_3 - ah_7] \quad (\text{kW}) \tag{7-24}$$

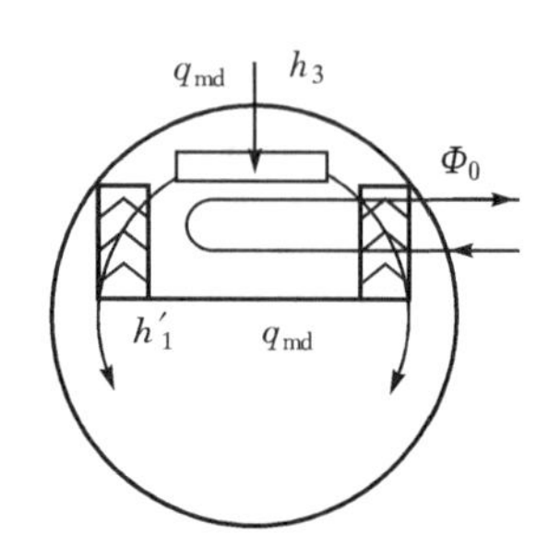

图 7-13　蒸发器热平衡图

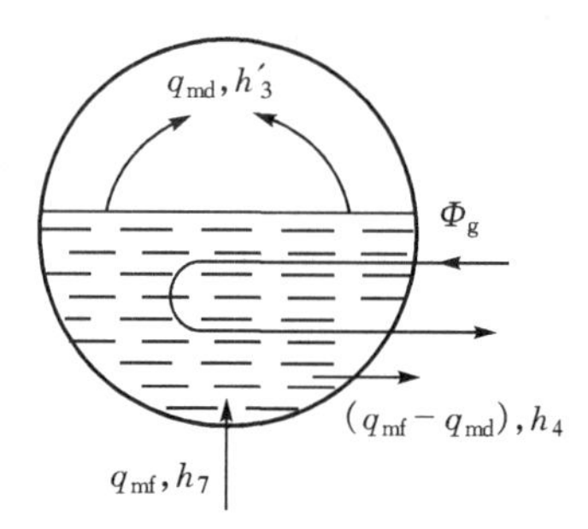

图 7-14　发生器热平衡图

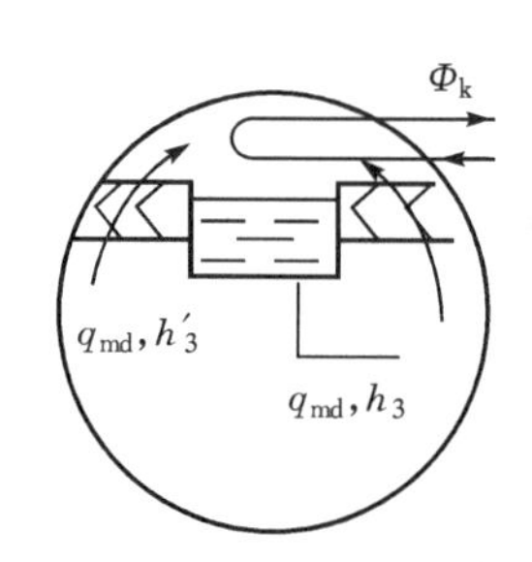

图 7-15　冷凝器热平衡图

(3) 冷凝器热负荷 Φ_k　由图 7-15 可知

$$\Phi_k = q_{md}(h'_3 - h_3) \quad (\text{kW}) \tag{7-25}$$

(4) 吸收器热负荷 Φ_a　由图 7-16 可知

$$\Phi_a = (q_{mf} - q_{md})h_8 + q_{md}h'_1 - q_{mf}h_2$$

$$= q_{md}[(a-1)h_8 + h'_1 - ah_2] \quad (\text{kW}) \tag{7-26}$$

(5) 溶液热交换器热负荷 Φ_{ex}　由图 7-17 可知

$$\Phi_{ex} = q_{mf}(h_7 - h_2) = (q_{mf} - q_{md})(h_4 - h_8)$$

$$= q_{md}[a(h_7 - h_2)] = q_{md}[(a-1)(h_4 - h_8)] \quad (\text{kW}) \tag{7-27}$$

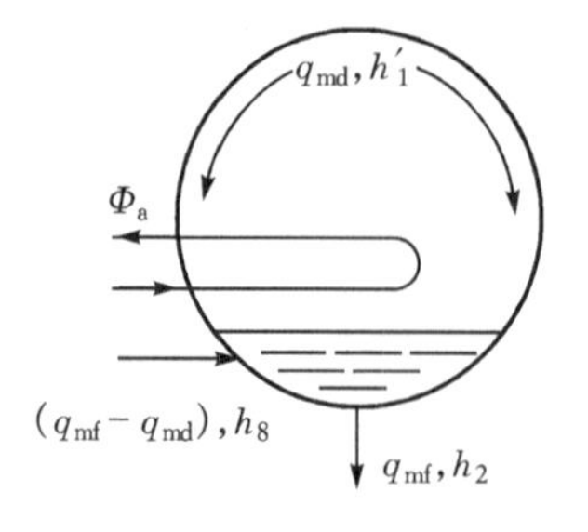

图 7-16　吸收器热平衡图

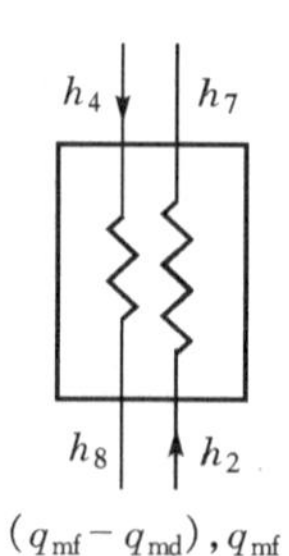

图 7-17　热交换器热平衡图

4. 装置的热平衡式、性能系数及热力完善度

若忽略泵消耗功带给系统的热量以及系统与周围环境交换的热量，整个装置的热平衡式应为

$$\Phi_g + \Phi_0 = \Phi_a + \Phi_k \tag{7-28}$$

性能系数用COP表示，它反映消耗单位蒸气加热量所获得的制冷量，用于评价制冷装置的经济性，按定义

$$COP = \frac{\Phi_0}{\Phi_g} \tag{7-29}$$

单效溴化锂吸收式制冷机的COP一般为0.65～0.75，双效溴化锂吸收式制冷机的COP通常在1.0以上。

热力完善度是性能系数与同样驱动热源、环境和低温热源温度下可逆制冷机的性能系数的比值。假设驱动热源温度为T_3，环境温度为T_2，低温热源温度为T_1，则可逆制冷机的性能系数为

$$COP_c = \left(\frac{T_3 - T_2}{T_3}\right)\left(\frac{T_1}{T_2 - T_1}\right) \tag{7-30}$$

热力完善度为

$$\eta = COP/\ COP_c \tag{7-31}$$

它反映制冷循环的不可逆程度。

5. 加热蒸气的消耗量和各类泵的流量计算

(1) 加热蒸气的消耗量q_{mv}

$$q_{mv} = A\frac{\Phi_g}{h'' - h'} \quad (kg/s) \tag{7-32}$$

式中　A——考虑热损失的附加系数，$A=1.05～1.10$；

h''——加热蒸气比焓，kJ/kg；

h'——加热蒸气凝结水比焓，kJ/kg。

(2) 吸收器泵的流量q_{va}

$$q_{va} = \frac{q_{ma}}{\rho_0 \times 10^3} \times 3600 = \frac{(a + f - 1)q_{md}}{\rho_0 \times 10^3} \times 3600 \quad (m^3/h) \tag{7-33}$$

式中　q_{ma}——吸收器喷淋溶液量，kg/s；

ρ_0——喷淋溶液密度，kg/l，由图7-3查取。

(3) 发生器泵的流量q_{vg}

$$q_{vg} = \frac{q_{mf}}{\rho_a \times 10^3} \times 3600 = \frac{aq_{md}}{\rho_a \times 10^3} \times 3600 \quad (m^3/h) \tag{7-34}$$

式中　ρ_a——稀溶液密度，kg/l，由图7-3查取。

(4) 冷媒水泵的流量q_{v0}

$$q_{v0} = \frac{\Phi_0}{1000(t_{x''} - t_{x'})c_p} \times 3600 \quad (m^3/h) \tag{7-35}$$

式中　c_p——冷媒水的比热容，$c_p = 4.1868\ kJ/(kg \cdot K)$；

$t_{x''}$ ——冷媒水的进口温度,℃;

$t_{x'}$ ——冷媒水的出口温度,℃。

(5) 冷却水泵的流量 q_{vb}　如果冷却水串联地流过吸收器和冷凝器,它的流量应从两方面确定。

对于吸收器

$$q_{vb1} = \frac{\Phi_a}{1000(t_{w1} - t_w)c_p} \times 3600 \quad (m^3/h) \tag{7-36}$$

对于冷凝器

$$q_{vb2} = \frac{\Phi_k}{1000(t_{w2} - t_{w1})c_p} \times 3600 \quad (m^3/h) \tag{7-37}$$

计算结果应为 $q_{vb1} = q_{vb2}$,如果两者相差较大,说明以前假定的冷却水总温升的分配不当,需重新假定,至两者相等为止。

(6) 蒸发器泵的流量 q_{vd}　由于蒸发器内压力很低,冷剂水静压力对蒸发沸腾过程的影响较大,所以蒸发器做成喷淋式。为了保证一定的喷淋密度,使冷剂水均匀地润湿蒸发器管簇的外表面,蒸发器泵的喷淋量要大于蒸发器的蒸发量,两者之比称为蒸发器冷剂水的再循环倍率,用 α 表示,$\alpha = 10 \sim 20$。蒸发泵的流量为

$$q_{vd} = \frac{\alpha q_{md}}{1000} \times 3600 \quad (m^3/h) \tag{7-38}$$

7.3.2 传热计算

1. 传热计算公式

简化的溴化锂吸收式制冷机的传热计算公式如下

$$F = \frac{\Phi}{K(\Delta - a\Delta t_a - b\Delta t_b)} \quad (m^2) \tag{7-39}$$

式中 F ——传热面积,m^2;

Φ ——传热量,W;

Δ——热交换器中的最大温差,即热流体进口和冷流体进口温度之差,℃;

a,b——常数,它与热交换器内流体流动的方式有关,具体数据见表 7-2;

Δt_a ——流体 a 在换热过程中的温度变化,℃;

Δt_b ——流体 b 在换热过程中的温度变化,℃。

采用公式(7-39)时,要求 $\Delta t_a < \Delta t_b$。

表 7-2　各种流动状态下的 a, b 值

流动方式	a	b	应用范围
逆流	0.35	0.65	
顺流	0.65	0.65	
叉流	0.425	0.65	两流体均作交叉流动
	0.5	0.65	一种流体作交叉流动

如果有一种流体在换热过程中发生集态改变，例如冷凝器中的冷凝过程，由于此时该流体的温度没有变化，故 $\Delta t_a = 0$，公式(7-39)简化为

$$F = \frac{\Phi}{K(\Delta - b\Delta t_b)} \quad (m^2) \tag{7-40}$$

2. 各种换热设备传热面积的计算

(1) 发生器的传热面积 F_g　进入发生器的稀溶液处于过冷状态(点 7)，必须加热至饱和状态(点 5)才开始沸腾，由于温度从 t_7 上升到 t_5 所需热量与沸腾过程中所需热量相比很小，因此在传热计算时均按饱和温度 t_5 计算。此外，如果加热介质为过热蒸气，其过热区放出的热量远小于潜热，计算时也按饱和温度计算。由于加热蒸气在换热过程中发生相变，故 $\Delta t_a = 0$，相应的发生器传热面积为

$$F_g = \frac{\Phi_g}{K_g(\Delta - b\Delta t_b)} = \frac{\Phi_g}{K_g[(t_h - t_5) - 0.65(t_4 - t_5)]} \quad (m^2) \tag{7-41}$$

式中　K_g ——发生器传热系数，W/(m^2·K)。

(2) 冷凝器的传热面积 F_k　进入冷凝器的冷剂水蒸气为过热蒸气，因为它冷却到饱和蒸气时放出的热量远小于冷凝过程放出的热量，故计算时仍按饱和冷凝温度 t_k 进行计算。由于冷剂水蒸气在换热过程中发生相变，故 $\Delta t_a = 0$，即

$$F_k = \frac{\Phi_k}{K_k(\Delta - b\Delta t_b)} = \frac{\Phi_k}{K_k[(t_k - t_{w1}) - 0.65(t_{w2} - t_{w1})]} \quad (m^2) \tag{7-42}$$

式中　K_k ——冷凝器传热系数，W/(m^2·K)。

(3) 吸收器的传热面积 F_a　如果吸收器中的冷却水作混合流动而喷淋液不作混合流动，则

$$F_a = \frac{\Phi_a}{K_a(\Delta - a\Delta t_a - b\Delta t_b)} = \frac{\Phi_a}{K_a[(t_9 - t_w) - 0.5(t_{w1} - t_w) - 0.65(t_9 - t_2)]} \quad (m^2) \tag{7-43}$$

式中　K_a ——吸收器传热系数，W/(m^2·K)。

(4) 蒸发器的传热面积 F_0　蒸发过程中冷剂水发生相变，$\Delta t_a = 0$，则

$$F_0 = \frac{\Phi_0}{K_0(\Delta - b\Delta t_b)} = \frac{\Phi_0}{K_0[(t_{x''} - t_0) - 0.65(t_{x''} - t_{x'})]} \quad (m^2) \tag{7-44}$$

式中　F_0 ——蒸发器传热系数，W/(m^2·K)。

(5) 溶液热交换器的传热面积 F_{ex}　由于稀溶液流量大，故水当量大，Δt_a 应为稀溶液在热交换器中的温度变化。两种溶液在换热过程中的流动方式常采用逆流形式，则

$$F_{ex} = \frac{\Phi_{ex}}{K_{ex}(\Delta - a\Delta t_a - b\Delta t_b)} = \frac{\Phi_{ex}}{K_{ex}[(t_4 - t_2) - 0.35(t_7 - t_2) - 0.65(t_4 - t_8)]} \quad (m^2) \tag{7-45}$$

式中　K_{ex} ——溶液热交换器传热系数，W/(m^2·K)。

3. 传热系数

在以上各设备的传热面积计算公式中，除传热系数外，其余各参数均已在热力计算中确定，因此传热计算的实质是怎样确定传热系数 K。由于影响 K 值的因素很多，因此在设计计

算时常根据同类型机器的试验数据作为选取 K 值的依据。表 7-3 列出了一些产品的传热系数,供参考。

近年来对溴化锂吸收式制冷机组采取了一系列改进措施,如对传热管进行适当的处理、提高水速、改进喷嘴结构等,使传热系数有较大的提高。设计过程中务必先综合考虑各种因素,再确定 K 值。

表 7-3 传热系数 K 单位:$W/(m^2 \cdot K)$

<table>
<tr><th>机型</th><th>冷凝器</th><th>蒸发器</th><th>吸收器</th><th colspan="2">发生器</th><th colspan="2">溶液热交换器</th></tr>
<tr><td>日立 HAU-100
(单效,日本)</td><td>5 234</td><td>2 791</td><td>1 163</td><td colspan="2">1 623</td><td colspan="2">465</td></tr>
<tr><td>三洋(单效,日本)</td><td>4 652</td><td>1 745</td><td>1 070</td><td colspan="2">1 163</td><td colspan="2"></td></tr>
<tr><td rowspan="2">2XZ-150
(双效,中国)</td><td rowspan="2">4 070</td><td rowspan="2">2 559</td><td rowspan="2">1 105</td><td>高压</td><td>1 047</td><td colspan="2" rowspan="2"></td></tr>
<tr><td>低压</td><td>987</td></tr>
<tr><td rowspan="2">川崎
(双效,日本)</td><td rowspan="2">5 815～6 978</td><td rowspan="2">2 675～3 024</td><td rowspan="2">1 163～1 396</td><td>高压</td><td>2 326</td><td>高压</td><td>349～465</td></tr>
<tr><td>低压</td><td>1 163</td><td>低压</td><td>291～349</td></tr>
</table>

7.3.3 单效溴化锂吸收式制冷机热力计算和传热计算举例

1. 热力计算

(1)已知条件

①制冷量 $\Phi_0 = 1744.5$ kW

②冷媒水进口温度 $t_{x''} = 15$ ℃

③冷媒水出口温度 $t_{x'} = 5$ ℃

④冷却水进口温度 $t_w = 32$ ℃

⑤加热工作蒸气压力 $p_h = 0.157$ MPa(表),相对于蒸气温度 $t_h = 122.7$ ℃

(2)设计参数的选定

①吸收器出口冷却水温度 t_{w1} 和冷凝器出口冷却水温度 t_{w2} 为了节省冷却水的消耗量,采用串联方式。假定冷却水总的温升 $\Delta t_w = 8$ ℃,取 $\Delta t_{w1} = 4.4$ ℃,$\Delta t_{w2} = 3.6$ ℃,则

$$t_{w1} = t_w + \Delta t_{w1} = (32 + 4.4) = 36.4 \text{ ℃}$$

$$t_{w2} = t_{w1} + \Delta t_{w2} = (36.4 + 3.6) = 40 \text{ ℃}$$

②冷凝温度 t_k 及冷凝压力 p_k 取 $\Delta t = 5$ ℃,则

$$t_k = t_{w2} + \Delta t = (40 + 5) = 45 \text{ ℃}$$

$$p_k = 9.6 \times 10^{-3} \text{ MPa}$$

③蒸发温度 t_0 及冷凝压力 p_0 取 $\Delta t = 2$ ℃,则

$$t_0 = t_{x'} - \Delta t = (5 - 2) = 3 \text{ ℃}$$

$$p_0 = 7.57 \times 10^{-4} \text{ MPa}$$

④吸收器内稀溶液的最低温度 t_2 取 $\Delta t = 3.6$ ℃,则

$$t_2 = t_{w1} + \Delta t = (36.4 + 3.6) = 40\ ℃$$

⑤吸收器压力 p_a　假定 $\Delta p_0 = 1.3 \times 10^{-5}$ MPa，则

$$p_a = p_0 - \Delta p_0 = (7.57 \times 10^{-4} - 1.3 \times 10^{-5})\mathrm{MPa} = 7.44 \times 10^{-4}\ \mathrm{MPa}$$

⑥稀溶液浓度 w_a　由 p_a 和 t_2 查 $h-w$ 图得 $w_a = 0.591$

⑦稀溶液浓度 w_r　取 $w_r - w_a = 0.044$，则

$$w_r = w_a + 0.044 = 0.591 + 0.044 = 0.635$$

⑧发生器内浓溶液的最高温度 t_4　由 p_k 和 w_r 查 $h-w$ 图得 $t_4 = 99.8$ ℃

⑨浓溶液出热交换器时的温度 t_8　取冷热端温差 $\Delta t = 15$ ℃，则

$$t_8 = t_2 + \Delta t = (40 + 15) = 55\ ℃$$

⑩浓溶液出热交换器时的比焓　由 t_8 和 w_r 查 $h-w$ 图得 $h_8 = 307.73$ kJ/kg

⑪稀溶液出热交换器时的温度 t_7　由式(7-8)和式(7-19)求得

$$a = \frac{0.635}{0.635 - 0.591} = 14.43$$

$$h_7 = \frac{(14.43 - 1)(389.08 - 307.73)}{14.43} + 275.74 = 351.44\ \mathrm{kJ/kg}$$

再根据 h_7 和 w_a 查 $h-w$ 图得 $t_7 = 79.7$ ℃。

⑫喷淋溶液的比焓值和浓度　分别由式(7-20)和式(7-21)求得，计算时取 $f = 30$

$$h_{9'} = \frac{(14.43 - 1) \times 307.73 + 30 \times 275.74}{14.43 + 30 - 1} = 285.62\ \mathrm{kJ/kg}$$

$$w_0 = \frac{30 \times 0.59 + (14.43 - 1) \times 0.635}{14.43 + 30 - 1} = 0.6$$

由 $h_{9'}$ 和 w_0 查 $h-w$ 图得 $t_{9'} = 45$ ℃。

根据以上数据，确定各点的参数，其数值列于表7-4中，考虑到压力的数量级，表中压力单位为kPa。

表7-4　循环各点的参数值

名　称	点号	温度/℃	质量分数	压力/kPa	比焓/(kJ/kg)
蒸发器出口处冷剂蒸气	1′	3.0		0.757	2924.48
吸收器出口处稀溶液	2	40.0	0.591	0.744	275.74
冷凝器出口处冷剂水	3	45.0		9.600	606.92
冷凝器进口处水蒸气	3′	94.8		9.600	3095.72
发生器出口处浓溶液	4	99.8	0.635	9.600	389.08
发生器进口处饱和稀溶液	5	89.7	0.591	9.600	370.95
吸收器进口处饱和浓溶液	6	48.5	0.635	0.744	295.75
热交换器出口处稀溶液 a	7	79.7	0.591		351.44
热交换器出口处浓溶液 b	8	55.0	0.635		307.73
吸收器喷淋溶液 c	9′	45.0	0.600		285.62

(3)设备热负荷计算

①冷剂水流量 q_{md}　由式(7-22)和式(7-23)得

$$q_0 = (2924.48 - 606.92) = 2317.6\ \mathrm{kJ/kg}$$

$$q_{md} = (\frac{1744.5}{2317.6}) = 0.753 \quad kJ/s$$

②发生器热负荷 Φ_g　由式(7-24)得

$$\Phi_g = 0.753 \times [(14.43 - 1) \times 389.08 + 3095.72 - 14.43 \times 351.44] = 2447.1 \quad kW$$

③冷凝器器热负荷 Φ_k　由式(7-25)得

$$\Phi_k = 0.753 \times (739.4 - 144.96) = 1874.1 \quad kW$$

④吸收器热负荷 Φ_a　由式(7-26)得

$$\Phi_a = 0.753 \times [(14.43 - 1) \times 307.73 + 2924.48 - 14.43 \times 275.74] = 2318 \quad kW$$

⑤溶液热交换器 Φ_{ex}　由式(7-27)得

$$\Phi_{ex} = 0.753 \times [14.43 \times (351.44 - 275.74)] = 822.5 \quad kW$$

(4)装置的热平衡、性能系数及热力完善度

①热平衡

吸收热量　$\Phi_1 = \Phi_g + \Phi_0 = (2447.1 + 1744.5) = 4191.6 \quad kW$

放出热量　$\Phi_2 = \Phi_k + \Phi_a = (1874.1 + 2318) = 4192.1 \quad kW$

Φ_1 和 Φ_2 十分接近,表明上式的计算是正确的。

②性能系数　由式(7-29)得

$$COP = \frac{1744.5}{2447.1} = 0.713$$

③热力完善度　冷却水的平均温度 t_{wm} 和冷媒水的平均温度 t_{xm} 分别为

$$t_{wm} = (t_w + t_{w2})/2 = (32 + 40)/2 = 36 \ ℃$$

$$t_{xm} = (t_{x''} + t_{x'})/2 = (5 + 15)/2 = 10 \ ℃$$

由式(7-30)得

$$COP_C = [\frac{(273.17 + 112.73) - (273.17 + 36)}{273.17 + 112.73}] \times \frac{273.17 + 10}{(273.17 + 36) - (273.17 + 10)} = 2.17$$

由式(7-31)得

$$\eta = \frac{0.713}{2.17} = 0.329$$

(5)加热蒸气的消耗量和各类泵的流量计算

①加热蒸气的消耗量 q_{mv}　由式(7-32)得

$$q_{mv} = 1.05 \times \frac{2447.1}{2695.5 - 472.9} = 1.156 = 4160 \quad kg/h$$

②吸收泵的流量 q_{V_a}　由式(7-33)得

$$q_{V_a} = \frac{(14.43 + 30 - 1)}{1.708 \times 10^3} \times 0.753 \times 3600 = 69 \quad m^3/h$$

式中 $\rho_0 = 1.708$ kg/l,由 w_0 和 $t_{9'}$ 查图 7-3 得。

③发生器泵流量 q_{V_g}　由式(7-34)得

$$q_{V_g} = \frac{14.43}{1.693 \times 10^3} \times 0.753 \times 3600 = 23 \quad m^3/h$$

式中 $\rho_a = 1.693$ kg/l,由 w_a 和 t_2 查图 7-3 而得。

④冷媒水泵流量 q_{V_0}　由式(7-35)得

$$q_{V_0} = \frac{1744.5}{1000(15-5)\times 4.1868} = 0.0417 = 150 \quad m^3/h$$

⑤冷却水泵流量 q_{V_b}　由式(7-36)和式(7-37)得

$$q_{V_{b1}} = \frac{2318}{1000(36.4-32)\times 4.1868} = 0.1258 = 453 \quad m^3/h$$

$$q_{V_{b2}} = \frac{1874.1}{1000(40-36.4)\times 4.1868} = 0.1243 = 448 \quad m^3/h$$

两者基本相同,表明开始假定的冷却水总温升的分配是合适的,并取 $q_{V_b} = 453\ m^3/h$。

⑥蒸发器泵流量 q_{V_p}　由式(7-38),并取 $a = 10$,得

$$q_{V_p} = \frac{10\times 0.753\times 3600}{1000} = 27.1\ m^3/h$$

2. 传热计算

①发生器的传热面积 F_g　由式(7-41),并取 $K_g = 1163\ W/(m^2\cdot K)$,得

$$F_g = \frac{2447.1\times 1000}{1163\times[(112.73-89.7)-0.65\times(99.8-89.7)]} = 127.8 \quad m^2$$

②冷凝器的传热面积 F_k　由式(7-42),并取 $K_k = 3489\ W/(m^2\cdot K)$得

$$F_k = \frac{1874.1\times 1000}{3489\times[(45-36.4)-0.65\times(40-36.4)]} = 85.8 \quad m^2$$

③吸收器的传热面积 F_a　由式(7-43),并取 $K_a = 873\ W/(m^2\cdot K)$,得

$$F_a = \frac{2318\times 1000}{873\times[(45-32)-0.5\times(36.4-32)-0.65\times(45-40)]} = 351.7 \quad m^2$$

④蒸发器的传热面积 F_0　由式(7-44),并取 $K_0 = 2326\ W/(m^2\cdot K)$,得

$$F_0 = \frac{1744.5\times 1000}{2326\times[(15-3)-0.65\times(15-5)]} = 136.4 \quad m^2$$

⑤溶液热交换器的传热面积 F_{ex}　由式(7-45),并取 $K_{ex} = 465\ W/(m^2\cdot K)$,得

$$F_{ex} = \frac{822.5\times 1000}{465\times[(99.8-40)-0.35\times(76.69-40)-0.65\times(99.8-55)]} = 99.1 \quad m^2$$

7.4　溴化锂吸收式制冷机的性能及其提高途径

7.4.1　溴化锂吸收式制冷机的性能

溴化锂吸收式制冷机的性能,除了受冷媒水和冷却水温度、流量以及水质等因素的影响外,还与加热蒸气的压力(温度)、溶液的流量等因素有关。了解以上因素对溴化锂吸收式制冷机的影响,对设计、操作和正确选择溴化锂吸收式制冷机有重要的指导意义。

1. 加热蒸气压力(温度)的变化对机组性能的影响

当其它参数不变时,加热蒸气压力对制冷量的影响如图7-18所示。由图可知,当加热蒸气压力提高时,制冷量增大。但蒸气压力不宜过高,否则,不但制冷量增加缓慢,而且浓溶液冷却时有结晶的危险,同时会削弱铬酸锂的缓蚀作用,因而一般加热蒸气压力不超过0.294 MPa(132 ℃)。

加热蒸气的压力降低时,情况相反。压力降低时,加热温度降低,发生器出口浓溶液的温度和溴化锂的质量分数降低,产生的水蒸气量减少,制冷量减少。

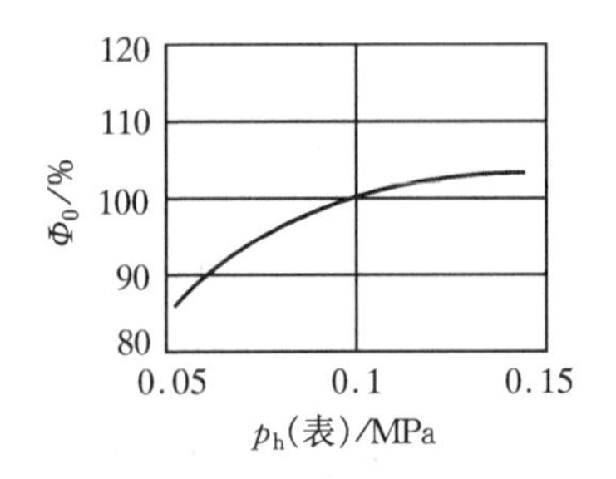

图 7-18 加热蒸气压力与制冷量的关系

2. 冷媒水出口温度的变化对机组性能的影响

当其它参数不变时,冷媒水出口温度对制冷量的影响如图 7-19 所示。由图可以看出,冷媒水出口温度降低时,制冷量随之下降。

这是因当冷媒水出口温度降低时,蒸发压力下降,吸收器内溶液吸收水蒸气的能力减弱,吸收终了稀溶液中溴化锂的质量分数升高,放气范围变小,制冷量下降,性能系数降低。

3. 冷却水进口温度的变化对机组性能的影响

其它参数不变时,冷却水进口温度对制冷量的影响如图 7-20 所示。由图可以看出,随冷却水进口温度的降低,制冷量增大。

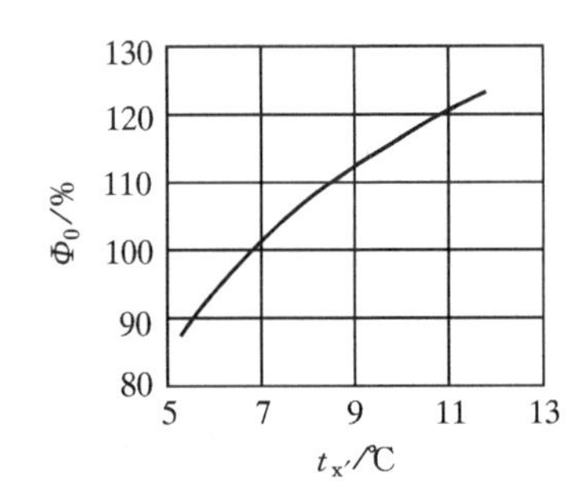

图 7-19 冷媒水出口温度与制冷量的关系

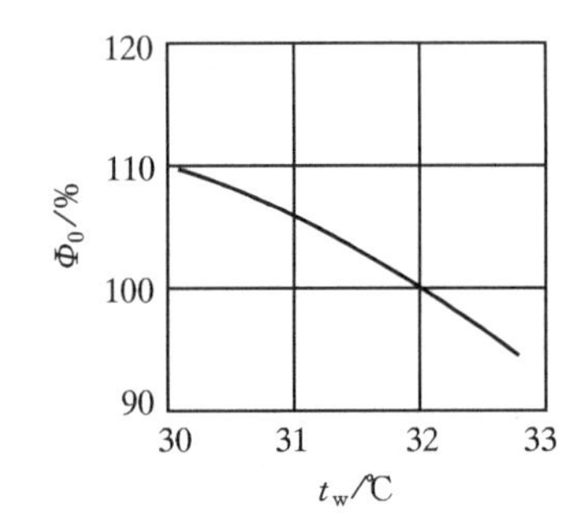

图 7-20 冷却水进口温度与制冷量的关系

冷却水进口温度降低时,吸收器出口稀溶液的温度和溴化锂的质量分数下降,使循环的放气范围增大,制冷量增加。但随着制冷量的增大,吸收器热负荷增加,冷凝器负荷增加,

必须指出,对于溴化锂吸收式制冷机,冷却水进口温度不宜过低,否则会引起浓溶液结晶、蒸发器泵吸空或冷剂水污染等问题。当冷却水温度低于 16 ℃时,应减少冷却水量,使其出口温度适当提高。

4. 冷却水量与冷媒水量的变化对机组性能的影响

其它参数不变时,冷却水量的变化引起冷却水温的改变,因而冷却水量变化对制冷量的影响与冷却水温度变化对制冷量的影响相似,但它除了引起循环各参数的变化外,还引起吸收器和冷凝器中传热系数的变化。冷却水量的变化对制冷量的影响如图 7-21 所示。

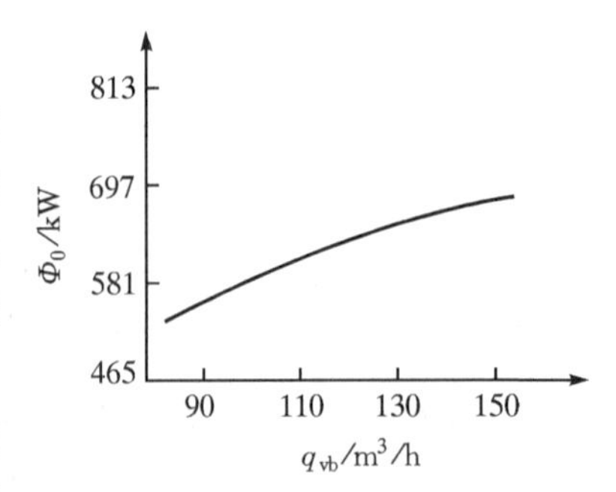

图 7-21 冷却水量与制冷量的关系

冷媒水出口温度不变时,冷媒水量的变化对制冷量的影响很小。例如当冷媒水量增大时,一方面使得蒸发器传热管内流速增加,传热系数增大,制冷量增加;另一方面,由于外界负荷不变,从而使冷媒水回水温度(即冷媒水的

进口温度)降低,导致平均温差降低,制冷量减少。两者综合的结果是机组的制冷量几乎不发生变化,见图 7－22。

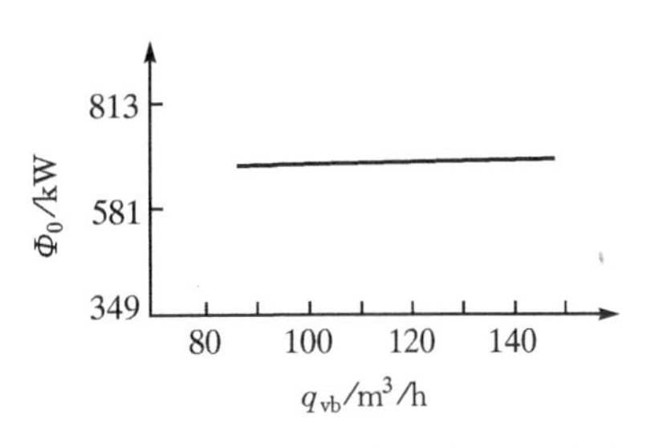

图 7－22　冷媒水流量与制冷量的关系

5. 冷媒水与冷却水水质的变化对机组性能的影响

图 7－23 是取自 ASHARE 手册的空调冷水机组冷却水侧污垢对机组性能系数 COP、功耗 P、制冷量 ϕ_0 和冷凝温度 t_k 的关系曲线。美国空调制冷协会标准规定冷却水侧污垢系数为 0.044 $m^2 \cdot ℃/kW$,以其为基准讨论污垢系数对机组性能的影响。由图可见,随着机组冷凝器冷却水侧污垢系数的增加,机组的冷凝温度 t_k 升高,制冷量 ϕ_0 下降,消耗功率 P 上升,显然机组的性能系数随着污垢系数的增加而下降。由图中曲线查得,同一台冷水机组在相同工况下,水侧污垢系数由 0.044 $m^2 \cdot ℃/kW$ 增加至 0.086 $m^2 \cdot ℃/kW$,其性能系数衰减 3.98%。

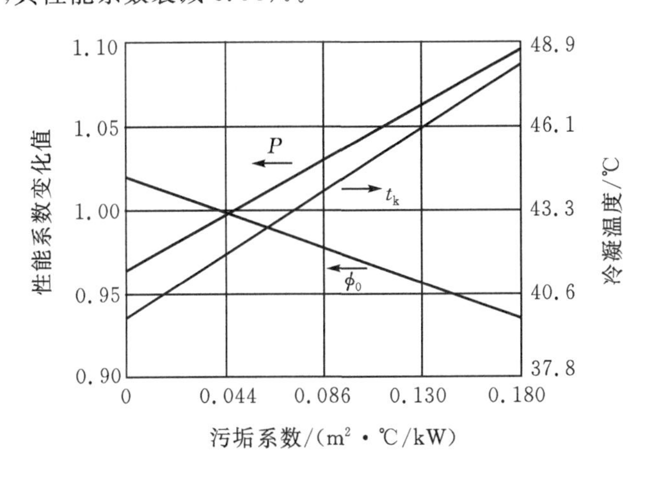

图 7－23　污垢系数对性能系数、功耗的影响

6. 稀溶液循环量的变化对机组性能的影响

稀溶液循环量与系统制冷量的变化关系如图 7－23 所示。当溶液的循环倍率 a 保持不变时,由于单位制冷量变化不大,因此机组的制冷量几乎与溶液的循环量成正比。

7. 不凝性气体怼机组性能的影响

不凝性气体是指在制冷机的工作温度、压力范围内不会冷凝、也不会被溴化锂溶液吸收的气体。不凝性气体的存在增加了溶液表面的分压力,使冷剂蒸气通过液膜被吸收时的阻力增加,吸收效果降低。另外,倘若有凝性气体停滞在传热管表面,会引成热阻,影响传热效果。它们均导致制冷量下降。

由图 7－25 看出,机组中加入 30gN_2(w_{N_2}=0.08),制冷同归于尽由原来的 2267.4 kW 降为 1162.8 kW,几乎下降 50%。

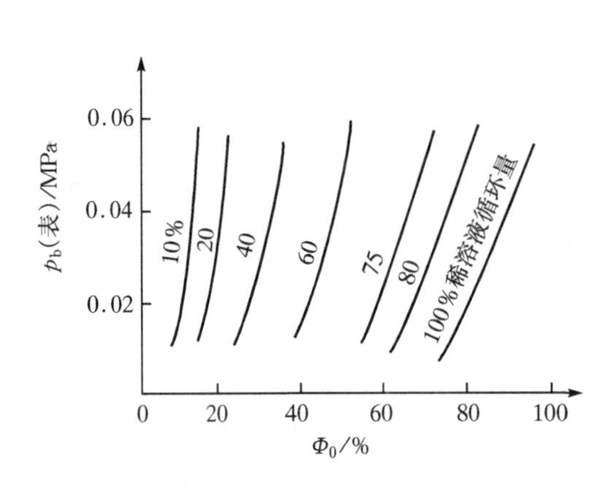

图 7-24　稀溶液循环量的变化对制冷量的影响

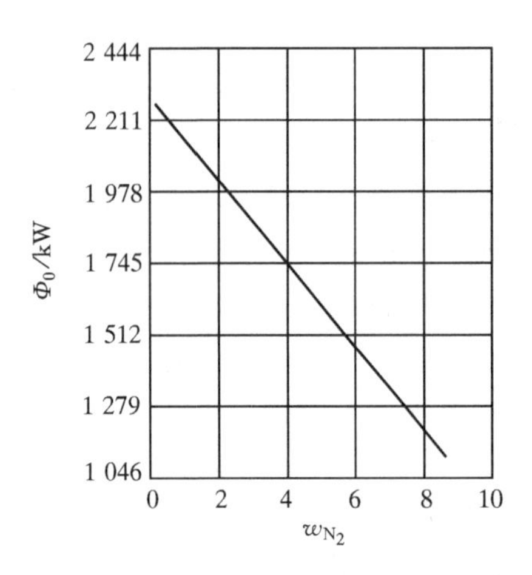

图 7-25　不凝性气体对制冷量的影响

另一种排除不凝结气体的装置是利用钯管排除系统内的氢气。在溴化锂机组的运行过程中,由于溶液对金属材料的腐蚀作用,会产生一定量的氢气。如果机组的气密性良好,则产生的氢气将是机组中的不凝性气体的主要来源。为了排除氢气,可以设置如图 7-26 所示的钯管排氢装置。钯及其合金对氢气具有选择透过性,可将机组内部产生的氢气排到机外,而外界的空气不泄漏至机内。钯管排氢装置通常装在自动抽气装置的集气室上。钯管排氢装置在工作时,必需保持 300 ℃左右的温度。因此,需要利用加热器进行加热。除长期停机外,一般不切断加热器的电源。

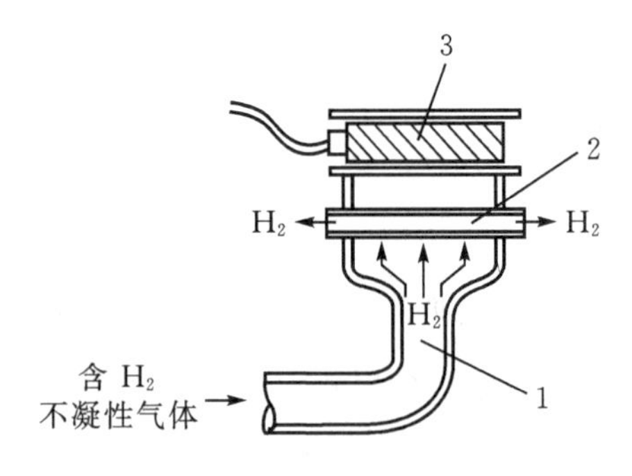

图 7-26　钯管排氢装置
1—储气室;2—钯管;3—加热器

7.4.2　提高溴化锂吸收式制冷机性能的途径

由上面分析可知,溴化锂吸收式制冷机的性能不仅与外界参数有关,而且与机组的溶液循环量、不凝性气体含量及污垢热阻有关。此外,机组的性能还与溶液中是否添加能量增强剂、热交换器管簇的布置方式等因素有关。我们可望通过下列途径提高机组的性能。

1. 及时抽除不凝性气体

由于溴化锂吸收式制冷机在真空中运行,蒸发器和吸收器中的绝对压力很低,外界空气容易漏入。不凝性气体积累到一定的数量,能破坏机组的正常工作。因而及时抽除机组内的不凝性气体是提高溴化锂吸收式制冷机性能的根本措施。

为了抽除漏入系统的空气以及系统内因腐蚀产生的不凝性气体(氢),机组中备有抽气装置。图 7 - 27 表示一套常用的抽气系统。不凝性气体分别从冷凝器 1 的上部和吸收器 4 的溶液上部抽出。由于抽出的不凝性气体中仍含有一定数量的冷剂水蒸气,若将它直接排走,不仅会降低真空泵的抽气能力,而且使机组内冷剂水量减少。同时,冷剂水和真空泵油接触后会使真空泵油乳化,油的黏度降低、恶化甚至丧失抽气能力。因此,应将抽出的冷剂水蒸气回收。为此,在抽气装置中设有水气分离器 7,让抽出的不凝性气体进入水气分离器,在分离器内,用来自吸收器泵的中间溶液喷淋,吸收不凝气体中的冷剂水蒸气,吸收了水蒸气的稀溶液由分离器底部返回吸收器;吸收过程中放出的热量由在管内流动的冷剂水带走,未被吸收的不凝性气体从分离器顶部排出,经阻油器 8 进入真空泵 9,压力升高后排至大气。阻油室内设有阻油板,防止真空泵停止运行时大气压力将真空泵油压入制冷机。

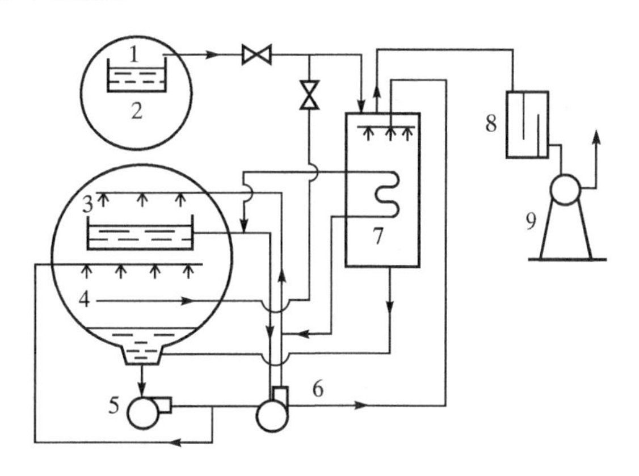

图 7 - 27　抽气装置

1—冷凝器;2—发生器;3—蒸发器;4—吸收器;5—吸收器泵;6—蒸发器泵;7—水气分离器;8—阻油器;9—片式真空泵

图 7 - 28 示出另一种抽气装置,它属于自动抽气装置类型。自动抽气装置虽有多种形式,但其基本原理都是利用溶液泵 8 排出的高压流体作为抽气动力,通过引射器 4 引射不凝性气体,然后不凝性气体随同溶液一起进入储气室 5(又称气液分离器),在储气室内部,不凝性气体与溶液分离后上升至顶部,溶液由储气室返回吸收器 2。当不凝性气体积累到一定数量时,关闭回流阀,依靠泵的压力将不凝性气体压缩到大气压力以上,然后打开放气阀 6,将不凝性气体排至大气。

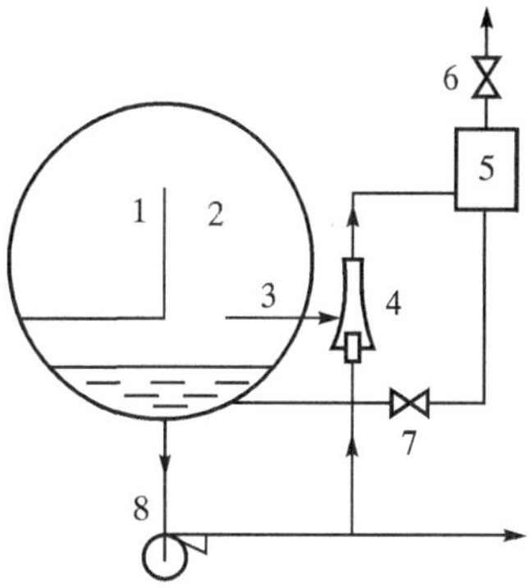

图 7 - 28　自动抽气装置

1—蒸发器;2—吸收器;3—抽气管;4—引射器;5—储气室;6—放气阀;7—回流阀;8—溶液泵

自动抽气装置的抽气效率较低,抽气量小,因此在机组中仍需设置如图 7 - 27 所示的机械真空泵抽气系统,以便在机组开始投入运行前或机组内积存较多的不凝性气体时使用。

2. 调节溶液的循环量

机组运行时,如果进入发生器的稀溶液量调节不当,可导致机组性能下降。发生器热负荷一定时,如果循环量过大,一方面使溶液的浓度差减小,产生的冷剂蒸气量减少;另一方面,进入吸收器的浓溶液量增大,吸收液温度升高,影响吸收效果。两者均使机组的制冷量下降,性能系数降低。如果循环量过小,机组处于部分负荷下运行,制冷能力得不到充分发挥,而且由于循环量过小,溶液的浓度差增大,浓溶液浓度过高,有结晶的危险。因此,机组运行时,应适当地调节溶液的循环量,以期获得最佳的制冷效果。

溶液循环量的调节可通过图7-9中的三通阀12完成。它将部分稀溶液旁通到由发生器返回到溶液热交换器的浓溶液管路中,直接流回吸收器,达到调节稀溶液循环量的目的。

3. 强化传热与传质过程

溴化锂吸收式制冷机基本上是一些热交换器的组合体,它的工作过程实质上是由传热和传质过程组成的,因此强化传热和传质过程将使机组的性能有所改善。

(1)添加能量增强剂 在溴化锂吸收式制机循环系统中往往添加辛醇,使传热和传质过程得到强化。

辛醇是一种表面活性剂,它能减小溴化锂溶液的表面张力,从而增强溶液与水蒸气的结合能力。此外,还能降低溴化锂水溶液的分压力,从而增加吸收推动力,使传质过程得到增强。

铜管表面几乎完全被辛醇浸润,在管表面形成一层液膜,而水蒸气与液膜几乎不溶,因而在辛醇液膜上呈珠状凝结,表面传热系数增强,强化了传热效果。

实验表明,辛醇的添加量约为溴化锂溶液量的0.1%~0.3%,添加辛醇后制冷量可提高10%~20%。

辛醇的密度约为0.83 kg/l,基本上不溶于溴化锂水溶液,随着机组的运行,辛醇不断地积聚在蒸发器和吸收器液面上,逐渐丧失提高机组制冷量的作用。因此必须定期地将蒸发器水盘中的冷剂水旁通到吸收器中,使辛醇聚层和溶液充分混合,然后循环使用。

(2)添加纳米微粒 最近的研究表明,添加纳米微粒于溴化锂水溶液中,不但可以强化传热传质能力,还可以降低溶液的沸腾温度,从而为吸收式制冷机组利用低品位能源(例如,废水、废气和废热)和提高能源效率开拓了领域。纳米微粒具有量子微粒的特点,添加于溶液后表现出小尺寸效应的微观特性,使得溴化锂溶液沸腾时液体表面张力产生变化,导致沸腾温度发生偏移。添加的纳米材料为固体微粒,具有量子的表面效应,纳米级的粉粒与相应分散剂的结合,大大增强液体的传热特性,改变了溶液的传热传质特性。图7-29是在溴化锂溶液中添加氧化铝纳米材料后溶液发生温度的变化。图7-30显示了在溴化锂溶液中添加氧化铝纳米材料后,表面传热系数 h 与雷诺数 Re 的关系。

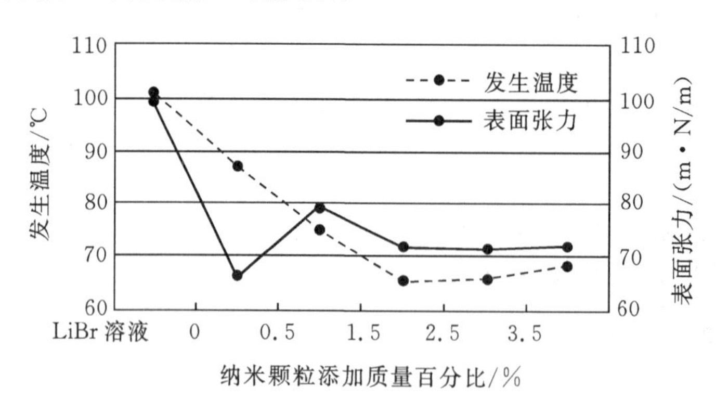

图7-29 纳米溴化锂溶液发生温度随添加纳米含量的变化

目前,于溴化锂溶液中添加纳米微粒的种类有:氧化铝(Al_2O_3)、氧化铜(CuO)、氧化钛(TiO_2)、氧化硅(SiO_2)、碳化硅(SiC)、氧化镁(MgO)、$\gamma-Al_2O_3$ 等。

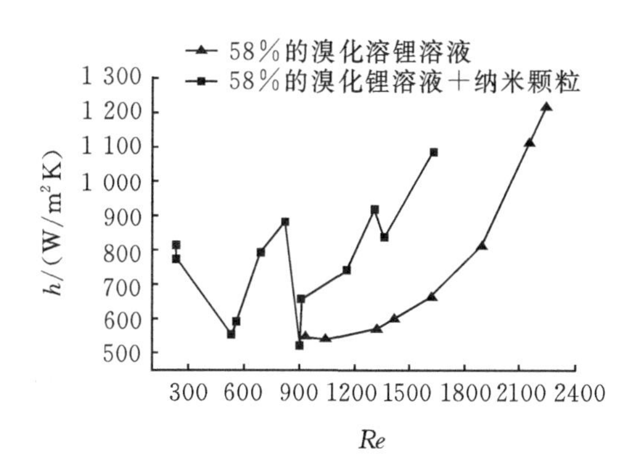

-30　纳米溴化锂溶液的对流换热系数与雷诺数关系

(3)少冷剂蒸气的流动阻力　减少冷剂蒸气的流动阻力可增强吸收推动力，强化传热和传质过程。通常采用的措施有改进挡液板结构型式，增大流通截面；布置蒸发器和吸收器管簇时留有气道，减少管簇间的流动阻力；吸收器采用热、质交换分开进行的结构形式等。

(4)提高换热器管内工作介质的流速　对于冷却水和冷媒水，流速一般取 1.5～3.0 m/s，加热蒸气的流速为 15～30 m/s，溶液的流速一般高于 0.3 m/s。

(5) 传热管表面进行脱脂和防腐蚀处理。

(6) 改进喷嘴结构，改善喷淋溶液的雾化情况。

(7) 提高冷却水和冷媒水的水质，减少污垢热阻。

(8) 采用强化传热管　例如采用锯齿形低肋管和多孔性镀层金属管等，提高传热效果。

(9) 合理地调节喷淋密度　在溴化锂吸收式制冷机中，因蒸发器内冷剂水的蒸发压力很低，为克服静液柱高度对蒸发过程的影响，通常将蒸发器做成喷淋的型式。合理地调节喷淋密度，可以得到最佳的经济效果。如果喷淋密度过小，有可能使部分蒸发器管簇外表面没有淋湿，影响制冷效果；但如果喷淋密度过大，管子外表面的液膜增厚，冷剂水的蒸发受影响，阻力损失增大，吸收推动力减少，影响吸收效果，同时液膜形成热阻，影响外层冷剂水与管内冷媒水的热交换，同样也影响制冷效果。吸收器中的喷淋密度也应适当调节，尽管喷淋量增大时在一定范围内对传热传质有利，但同样也存在着液膜增厚的问题，它将增加传热和传质的阻力，影响吸收效果。另外，随喷淋量的增大，溶液泵和蒸发器泵消耗的功也增大，这也是值得注意的问题。

4. 采取适当的防腐措施

由于溴化锂溶液对一般金属有强烈的腐蚀作用，特别是有空气存在的情况下腐蚀更为严重，因腐蚀而产生的不凝性气体又进一步降低了机组的制冷量，因此除了严格防止空气的漏入并加设抽气装置外，还必须采取适当的防腐措施。

最初人们采用昂贵的耐腐蚀材料，如不锈钢等，结果使装置的成本过高，推广受到限制。后来大量的试验研究和运行实践表明，在溴化锂溶液中加入 0.1%～0.3%(按质量计)的铬酸锂作为缓蚀剂，同时加入适量的氢氧化锂，使溶液呈弱碱性(pH＝9.5～10.5)，可以有效地延缓溴化锂溶液对金属的腐蚀作用。这是因为铬酸锂能在金属表面形成一层保护膜，使之不能与氧直接接触，达到了防腐蚀的目的。

除铬酸锂外，还有其它的缓蚀剂，如 Sb_2O_3，CrO_4 等。

5. 采用亚稳平衡增压吸收循环

通常，溴化锂吸收式制冷机组稳定工作时，吸收器与蒸发器之间在低压状况下运行，它们之间的压力是平衡的。蒸发器内水蒸气饱和压力对应于蒸发温度，吸收器内被吸收蒸气的压力与冷却水温度下溴化锂溶液中饱和水分压力相等。即：两个容器在相同压力下，吸收器内溴化锂溶液对应冷却水温度下的饱和状态，蒸发器内制冷剂对应蒸发温度的饱和状态，均处于稳态平衡状态。如图 7-31 所示，在蒸发器 10 和吸收器 12 之间添加一个制冷剂蒸气增压器 11，目的是提高吸收器内被吸收蒸气的压力。这样，增大了被吸收蒸气压力与溴化锂溶液中饱和水分压力差，加大了溶液的传质推动力，提高了溶液的吸收率。如果增大冷却水流量而维持其进出口温度不变，吸收压力增大意味着打破了两个容器间的平衡态，使吸收过程由平衡状态变为亚稳平衡过程。

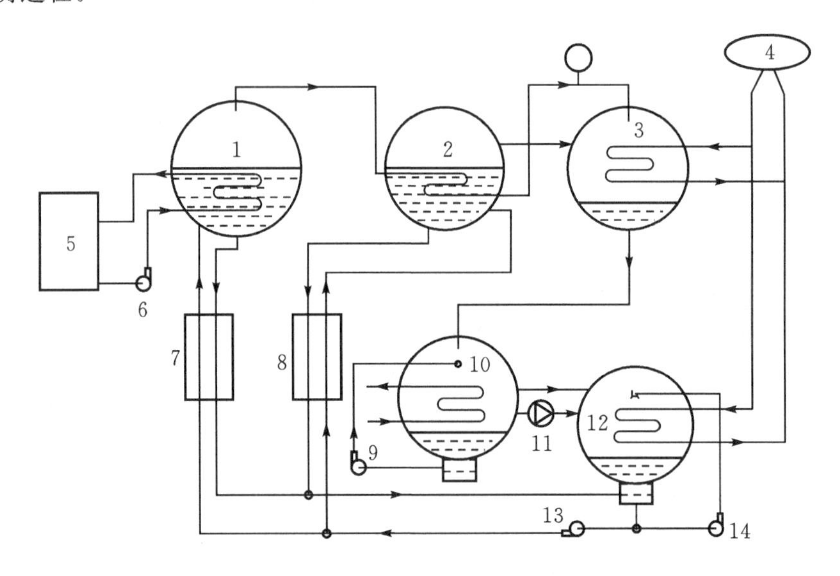

图 7-31　双效亚稳平衡增压吸收式制冷机组
1—高压发生器；2—低压发生器；3—冷凝器；4—冷却塔；
5—加热锅炉；6—热媒介循环泵；7—高温溶液热交换器；
8—低温溶液热交换器；9—冷剂水循环泵；10—蒸发器；
11—制冷剂蒸气增压泵；12—吸收器；13—稀溶液泵；
14—液体循环泵

7.5　溴化锂吸收式制冷机制冷量的调节及其安全保护措施

7.5.1　制冷量的自动调节

制冷量的自动调节系指根据外界负荷的变化，自动地调节机组的制冷量，使蒸发器中冷媒水的出口温度基本保持恒定，以保证生产工艺或空调对水温的要求，并使机组在较高的热效率下正常运行。

溴化锂吸收式制冷机冷量调节的方法很多，基本原理如图7-32所示。把制冷机作为调节对象，蒸发器的冷媒水出口温度作为被调参数，外界的变化作为扰动。当外界负荷发生变动时，蒸发器冷媒水的出口温度随之变化，通过感温元件发出信号，与比较元件的给定值比较后将信号送往调节器，然后由调节器发出调节信号，驱使执行机构朝着克服扰动的方向动作，以保持冷媒水出口温度的基本恒定。

目前采用下列几种方法调节制冷量：

①加热蒸气量调节法；

②加热蒸气压力调节法；

③加热蒸气凝结水量调节法；

④冷却水量调节法；

⑤溶液循环量调节法；

⑥溶液循环量与蒸气量组合调节法；

⑦溶液循环量与加热蒸气凝结水量组合调节法。

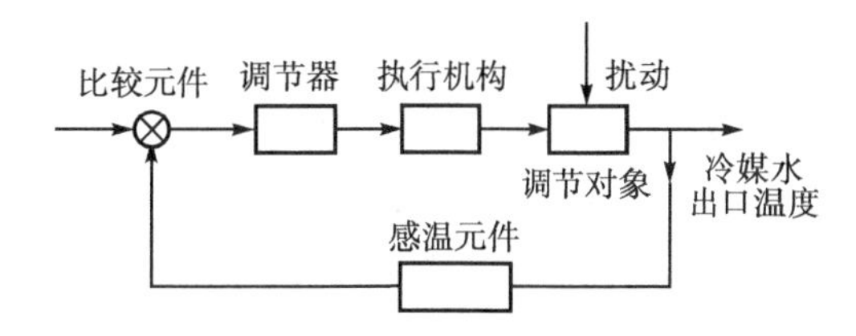

图7-32　制冷量自动调节系统

以上各种调节方法各有优缺点。目前多采用⑥，⑦两种组合调节法，其优点是调节制冷量时蒸气的单耗量没有显著变化，同时能减少浓溶液结晶的可能性。

7.5.2　安全保护措施

为保证机组正常运行，预防由意外原因所引起的事故，采用各种安全保护措施。

1. 防止溴化锂溶液结晶的措施

由溴化锂溶液的性质可知，当溶液的浓度过高或温度过低时，会产生结晶，堵塞管道，破坏机组的正常运行。为防止溴化锂溶液结晶，通常采取下列措施。

①设置自动溶晶管。在发生器出口处溢流箱的上部连接一条J形管，J形管的另一端通入吸收器，如图7-9中的元件7。机器正常运行时，浓溶液由溢流箱的底部流出，经溶液热交换器降温后流入吸收器。如果浓溶液在溶液热交换器出口处因温度过低而结晶，将管道堵塞，则溢流箱内的液位升高，当液位高于J形管的上端位置时，高温的浓溶液便通过J形管直接流入吸收器，使出吸收器的稀溶液温度升高，这样便提高了溶液热交换器中浓溶液出口处的温度，使结晶的溴化锂自动溶解(因而J形管又称自动溶晶管)，结晶消除后，发生器中的浓溶液又重新从正常的回流管流入吸收器。

自动溶晶管只能消除结晶，并不能防止结晶产生。为此机组必须配备一定的自控元件来预防结晶的产生。

②在发生器出口浓溶液管道上设温度继电器，用它控制加热蒸气阀门的开启度，预防溶液因温度过高而使浓度过高，从而防止浓溶液在热交换器出口处结晶。

③在蒸发器液囊中装设液位控制器，使冷剂水旁通到吸收器中，防止溶液因浓度过高而结晶。

④装设溶液泵和蒸发器泵延时继电器，使机组在关闭加热蒸气阀门后，两泵能继续运行10分钟左右，使吸收器中的稀溶液和发生器中的浓溶液充分混合，也可使蒸发器中的冷剂水能被喷淋溶液充分吸收，溶液得到稀释，防止停车后溶液因温度降低而结晶。

⑤加设手动阀门控制的冷剂水旁通管。如果运行时突然停电，打开手动阀门，使蒸发器中的冷剂水旁通到吸收器中，溶液被稀释，防止结晶的产生。

2. 预防蒸发器中冷媒水或冷剂水冻结的措施

外界负荷突然降低或冷媒水泵发生故障,均会使蒸发器中冷剂水或冷媒水温度下降,严重时会冻裂冷媒水管。为防止上述现象发生,可在冷剂水管道上装设温度继电器,在冷媒水管道上装设压力继电器或压差继电器。

3. 屏蔽泵的保护

由于整个制冷系统在高真空下工作,输送制冷剂和吸收剂过程中不允许有空气渗入,因此除冷却水和冷媒水泵外,其余泵均采用屏蔽泵。为保证屏蔽泵安全运行,采取下列措施。

①在蒸发器和吸收器液囊中装设液位控制器,保证屏蔽泵有足够的吸入高度,这样可以有效地防止气蚀的产生并使轴承润滑液有足够的压力。

②在屏蔽泵电路中装设过负荷继电器,对电动机和叶轮等起保护作用。

③在屏蔽泵出口管道上装设温度继电器,以防润滑液温度过高使轴承损坏。

4. 预防冷剂水污染的措施

当冷却水温度过低时(如机组在冬天运行),由于冷凝压力过低使得发生过程剧烈进行,有可能将溴化锂溶液溅入冷凝器中,使冷剂水受到污染,影响机组的性能。因此,在冷却水进口处装设水量调节阀,通过减少冷却水量的办法提高冷却水进冷凝器的温度及冷凝压力,从而预防冷剂水的污染。

7.6　双效溴化锂吸收式制冷机

单效溴化锂吸收式制冷机一般采用 0.1～0.25 MPa 的蒸气或 75～140 ℃的热水作为加热热源,循环的性能系数较低(一般为 0.65～0.75)。如果有压力较高的蒸气(例如表压力在 0.4 MPa 以上)可以利用,则可采用双效溴化锂吸收式制冷循环,性能系数可提高到 1 以上。

双效溴化锂吸收式制冷机在机组中同时装有高压发生器和低压发生器,在高压发生器中采用压力较高的蒸气(一般为 0.7～1 MPa)或燃气、燃油等高温热源加热,所产生的高温冷剂水蒸气用于加热低压发生器,使低压发生器中的溴化锂溶液产生温度更低的冷剂水蒸气,这样不仅有效地利用了冷剂水蒸气的潜热,而且可以减少冷凝器的热负荷,使机组的经济性提高。

7.6.1　双效溴化锂吸收式制冷机循环

双效溴化锂吸收式制冷机又分为两类:串联流程的吸收式制冷机和并联流程的吸收式制冷机。

1. 串联流程的吸收式制冷机

其系统如图 7-33 所示。从吸收器 5 底部引出的稀溶液经泵 10 输送至溶液热交换器 8 和 6 中,在热交换器中吸收浓溶液放出的热量后,进入高压发生器 1,在高压发生器中加热沸腾,产生高温水蒸气和较浓的溶液,此溶液经高温换热器 6 进入低压发生器 2,在发生器 2 中被来自高压发生器的高温蒸气加热,再一次产生水蒸气后成为浓溶液。浓溶液经热交换器 8 与来自吸收器的稀溶液热交换后,进入吸收器 5,与吸收器中的溶液混合后吸收水蒸气,成为稀溶液。

在高压发生器 1 中产生的高温水蒸气先进入低压发生器 2,放出热量后凝结成水,它与低

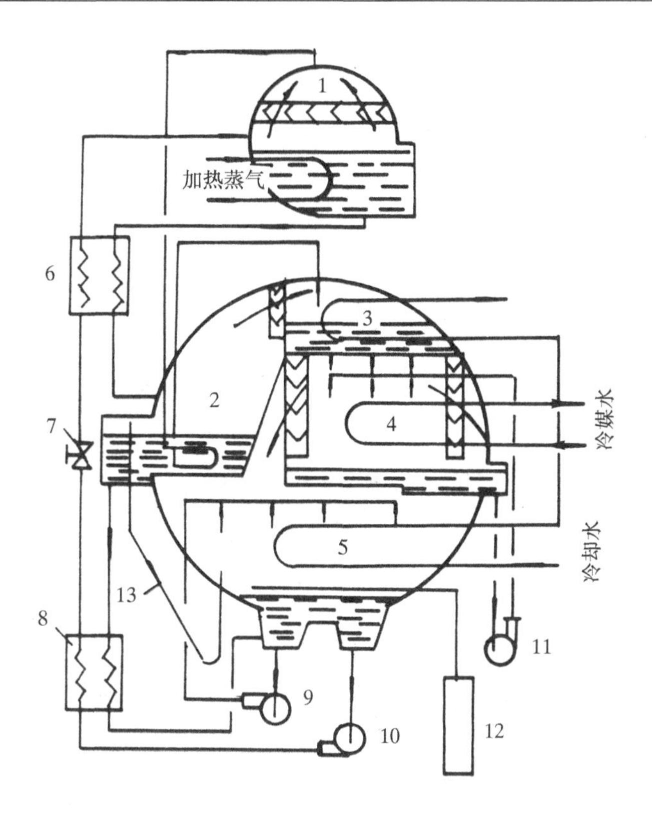

图7-33 双效溴化锂吸收式制冷机(串联流程)

1—高压发生器;2—低压发生器;3—冷凝器;4—蒸发器;5—吸收器;6—高温热交换器;7—溶液调节阀;8—低温热交换器;9—吸收器泵;10—发生器泵;11—蒸发器泵;12—抽气装置;13—防晶管

压发生器产生的水蒸气混合,在冷凝器中冷凝,再通过喷淋孔进入蒸发器4。水在蒸发器中制冷后成为蒸气,蒸气排入吸收器,被混合后的溶液吸收。

串联流程吸收式制冷机的工作过程如图7-34所示。

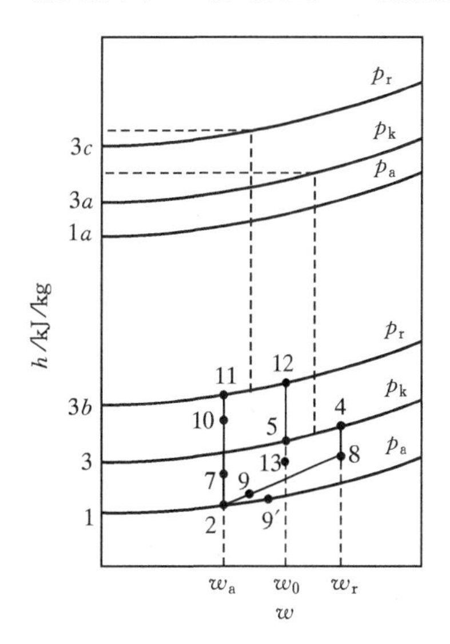

图7-34 串联流程吸收式制冷机的工作过程

点2的低压稀溶液加压后压力提高至 p_r,经低温溶液热交换器加热,达到点7,再经高温热交换器加热,达到点10(通常在低温热交换器和高温热交换器之间设有凝水换热器,此时点7的溶液先升温至点7′,再升温至点10)。溶液进入高压发生器后,先加热至点11,再升温至点12,在此过程中产生水蒸气,其比焓用点3c表示。从高压发生器流出的较浓的溶液在高温热交换器中放热后,达到点5,并进入低压发生器。溶液在低压发生器中被高温发生器产生的水蒸气加热,达到点4,同时产生水蒸气,其比焓由点3a表示。点4代表浓溶液。浓溶液流经低温热交换器时放出热量,至点8,成为低温的浓溶液,它与吸收器中的部分稀溶液混合后，达到点 9，闪发后至点 9′，再吸收水蒸气，成为低压的稀溶液。

高压发生器产生的水蒸气放热后，凝结成水，比焓降至 h_{3b}，进入冷凝器后又降至 h_3。低压发生器产生的水蒸气在冷凝器中冷凝后，比焓也降至 h_3。

冷凝水节流后进入蒸发器，在蒸发器中制冷后成为水蒸气，其比焓为 h_{1a}。此水蒸气在吸收器中被溴化锂溶液吸收。

2. 并联流程的溴化锂吸收式制冷机

并联流程的溴化锂吸收式制冷机系统如图 7－35 所示。

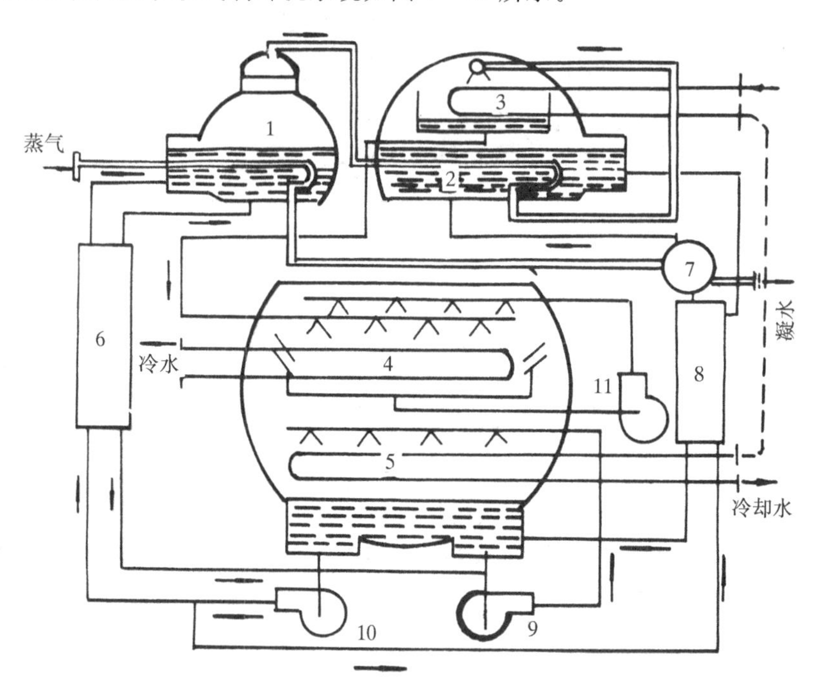

图 7－35　并联流程的溴化锂吸收式制冷机

1—高压发生器；2—低压发生器；3—冷凝器；4—蒸发器；5—吸收器；6—高温热交换器；7—凝水回热器；8—低温热交换器；9—吸收器泵；10—发生器泵；11—蒸发器泵

从吸收器 5 底部引出的稀溶液经泵 10 升压后分成两股。一股经高温热交换器 6 进入高压发生器 1。在高压发生器中被高温蒸气加热，产生蒸气。浓溶液在高温热交换器内放热后与吸收器中的部分稀溶液及来自低温发生器的浓溶液混合，经泵 9 输送至喷淋器。另一股稀溶液在低温热交换器和凝水回热器 7 中吸热后进入低压发生器，在低压发生器中被来自高压发生器的水蒸气加热，产生水蒸气及浓溶液。此溶液在低温热交换器中放热后，与吸收器中的部分稀溶液及来自高压发生器的浓溶液混合后，输送至吸收器的喷淋器。

并联流程的溴化锂吸收式制冷机的工作过程可用图 7－36 表示。

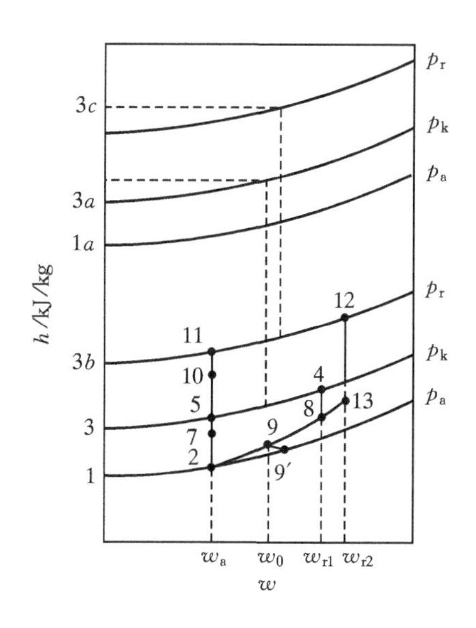

图 7-36　并联流程溴化锂吸收式制冷机的工作过程

(1)溶液流经高压发生器的工作过程　点 2 的低压稀溶液经泵 10 提高压力至 p_r。此高压溶液在高温热交换器中吸热后达到点 10,然后在高压发生器内吸热,产生水蒸气,达到点 12,成为浓溶液。所产生的水蒸气的比焓为 h_{3c}。浓溶液在高温热交换器中放热至点 13,然后与吸收器中的部分稀溶液及低温发生器的浓溶液混合,达到点 9,闪发后至点 9′。

(2)溶液流经低压发生器的工作过程　点 2 的低压稀溶液升压至 p_k,经低温热交换器升温至点 7,再经过凝水回热器和低压发生器升温至点 4,成为浓溶液。此时产生的水蒸气,其比焓为 h_{3a}。浓溶液在低温热交换器内放热,至点 8,然后与吸收器的部分稀溶液及来自高压发生器的浓溶液混合,达到点 9,闪发后至点 9′。

(3)制冷剂(水)的流动　高压发生器产生的水蒸气(比焓为 h_{3c})在低压发生器中放热,凝结成水(点 3b),再进入冷凝器中冷却至点 3。低压发生器产生的水蒸气(比焓为 h_{3a})也在冷凝器中冷却至点 3。冷剂水节流后在蒸发器中制冷,达到点 1a,然后进入吸收器,被溶液吸收。

7.6.2　并联流程的双效溴化锂吸收式制冷机热力计算举例

1. 基本参数

制冷量　1163 kW

加热蒸气温度　164 ℃

加热蒸气压力　0.684 MPa

冷却水进口温度　32 ℃

冷却水出口温度　38 ℃

冷媒水进口温度　13 ℃

冷媒水出口温度　8 ℃

2. 各点参数的确定

参阅图 7-30 和图 7-31,确定 $h-w$ 图上各点的参数。溴化锂吸收式制冷机的蒸发温度

应比冷媒水出口温度低,参照公式(7－12),本例中取低 2 ℃,则

蒸发温度 $t_0 = (8-2) = 6$ ℃

蒸发压力 $p_0 = 934.6$ Pa

(1)点 1——压力为 p_1 的饱和水。

① p_1 ——吸收器内的压力 p_a 。由于水蒸气从蒸发器流入吸收器的流动阻力损失,p_1 略低于蒸发压力 p_0 。参照公式(7－14),本例中取降低值为 13 Pa。据此

$$p_1 = p_0 - 13 = 9.346 \times 10^2 - 13 = 9.216 \times 10^2 \quad \text{Pa}$$

② t_1 t_1 和 t_0 十分接近。$t_1 \approx t_0 = 6$ ℃。

③ h_1 查 h-w 图,得 $h_1 = 444.2$ kJ/kg。由于 $t_1 \approx t_0$,$p_1 \approx p_0$ 。因此 h_1 可以看成是蒸发器内饱和水的比焓。

(2)点 1a——压力为 p_1(p_a)的饱和水蒸气。

① t_{1a} $t_{1a} = t_1 = 6$ ℃

② p_{1a} $p_{1a} = p_1 = 9.216 \times 10^2$ Pa

③ h_{1a} $h_{1a} = 2930.8$ kJ/kg(查 h－w 图)

(3)点 3——压力为 p_3 的饱和水 冷凝器和低压发生器内的压力几乎相同,可以认为

$$p_3 = p_k \ , t_3 = t_k$$

① t_3 ——冷凝温度应高于冷却水出口温度,参照公式(7－11),取为 2.5 ℃,则

$$t_3 = t_k = (38 + 2.5) = 40.5 \quad ℃$$

② p_3 $p_3 = 7.576$ kPa(查水蒸气表)

③ h_3 $h_3 = 586.2$ kJ/kg(查 h－w 图)

(4)点 3b——压力为 p_3 的饱和水 p_{3b} 即高压发生器内的压力 p_r ,由加热蒸气温度决定。加热蒸气温度高,高压发生器内的压力也高。通常 p_r 在 46.66～93.33 kPa 范围内。

① p_{3b} 本例中取 $p_{3b} = p_r = 80.56$ kPa

② t_{3b} $t_{3b} = 93.5$ ℃(查水蒸气表)

③ h_{3b} $h_{3b} = 808.9$ kJ/kg(查 h－w 图)

(5)点 2——吸收器出口处的稀溶液

① t_2 t_2 应高于流出吸收器的冷却水温度,约 3～6 ℃。按经验,双效溴化锂吸收式制冷机的吸收器中冷却水的温升约为冷却水总温升的 70%,据此,推测流出吸收器的冷却水温度 t_{w1} 为

$$t_{w1} = 32 + (38 - 32) \times 0.7 = 36.2 \quad ℃$$

本例中所取的 t_2 比 t_{w1} 高 4.3 ℃,则

$$t_2 = 36.2 + 4.3 = 40.5 \quad ℃$$

② p_2 $p_2 = p_a = 9.216 \times 10^2$ Pa

③ w_2 w_2 即稀溶液的质量分数,$w_2 = w_a$ 。已知 p_2 ,t_2 后,从 p－$1/T$ 图上查到 $w_2 = w_a = 0.575$

④ h_2 $h_2 = 277.0$ kJ/kg(查 h－w 图)

(6)点 4——低压发生器出口处浓溶液

① p_4 $p_4 = p_k = 7.576$ kPa

② w_4 w_4 即 w_{r1} 。低压发生器的放气范围($w_{r1} - w_a$)为 0.04～0.05。本例中取放气

范围为0.045,则

$$w_4 = w_{r1} = 0.575 + 0.045 = 0.62$$

③ t_4　　$t_4 = 90.0$ ℃(查 $p - 1/T$ 图)

④ h_4　　$h_4 = 370.5$ kJ/kg(查 $h - w$ 图)

(7)点 $3a$——低温发生器产生的水蒸气

① p_{3a}　　$p_{3a} = p_k = 7.576$ kPa

② h_{3a} $h_{3a} = 3100.0$ kJ/kg(查 $h - w$ 图)

(8)点12——高压发生器出口处浓溶液

① p_{12}　　$p_{12} = p_r = 80.56$ kPa

② w_{12}　　w_{12} 即 w_{r2}。高压发生器的放气范围($w_{r2} - w_a$)为0.045～0.055,本例中取0.05,则

$$w_{12} = w_{r2} = (w_a + 0.05) = 0.575 + 0.05 = 0.625$$

③ t_{12}　　从 $p_{12} = 80.56$ kPa 查水蒸气表,得到水的饱和温度 $t' = 93.85$ ℃。将 t' 和 w_{12} 的数值代入公式(7-1)中,求得

$$t_{12} = 156.0 \quad ℃$$

④ h_{12}　　由于 t_{12} 超过了130 ℃,已不能从 $h - w$ 图上查取 h_{12},因而需要用下式计算

$$h_{12} = h(w = 0.625, t = 130 ℃) + \int_{130}^{156} c_p(w = 0.625)\mathrm{d}t$$

式中的 $h(w = 0.625, t = 130 ℃) = 444.6$ kJ/kg(查 $h-w$ 图),c_p 用公式(7-2)计算。从上式求得

$$h_{12} = 488.1 \quad \text{kJ/kg}$$

(9)点 $3c$——高压发生器产生的水蒸气

① p_{3c}　　$p_{3c} = p_r = 80.56$ kPa

② h_{3c}　　$p_{3c} = 3220.4$ kJ/kg

(10)点8——低温热交换器出口处的浓溶液(过冷溶液)

① t_8　　浓溶液在低温时易结晶,这一点需在选取 t_8 时予以考虑。按公式(7—18),t_8 比稀溶液入口温度 t_2 高15～25 ℃。本例中取19.5 ℃,则

$$t_8 = t_2 + 19.5 ℃ = (40.5 + 19.5) = 60.0 \quad ℃$$

② p_8　　$p_8 = p_k = 7.576$ kPa

③ w_8　　$w_8 = w_{r1} = 0.62$

④ h_8　　$h_8 = 314.0$ kJ/kg(查 $h - w$ 图)

(11)低压发生器的循环倍率 a_1

$$a_1 = \frac{w_{r1}}{w_{r1} - w_a} = \frac{0.62}{0.62 - 0.575} == 13.78$$

(12)点7代表低温热交换器的稀溶液出口状况

① p_7　　$p_7 = p_k = 7.576$ kPa

② w_7　　$w_7 = w_a = 0.575$

③ h_7

$$h_7 = h_2 + \frac{a_1 - 1}{a_1}(h_4 - h_8) = [277.0 + \frac{13.78 - 1}{13.78}(370.5 - 314.0)] = 329.4 \quad \text{kJ/kg}$$

④ t_7 $t_7 = 67.2$ ℃(查 $h - w$ 图)

(13)凝结水在凝结水换热器内放出的热量 Φ_V(单位时间)

在计算 Φ_V 前,先参照已有产品的数值假设一个流量,待后面的计算中求出蒸气流量后,与此假定值比较,两者若不相符,需重新假设,并再次进行计算,至两者相符为止。

取蒸气质量流量 $q_{mv}=0.46$ kg/s;凝结水进入凝结水换热器的温度为 $t_{in}=164$ ℃,离开换热器时的温度为 $t_{out}=127$ ℃。查水蒸气表,得到 1 kg 凝结水的放热量 Δh_v,为

$$\Delta h_v = 163.7 \quad \text{kJ/kg}$$

凝结水总放热量 Φ_v 为

$$\Phi_v = q_{mv}\Delta h_v = (0.46 \times 163.7) = 75.3 \quad \text{kW}$$

(14)冷剂水质量流量 q_{md}

①1 kg 冷剂水的制冷量 q_0

$$q_0 = (h_{1a} - h_3) = (2930.8 - 586.2) = 2344.6 \quad \text{kJ/kg}$$

② q_{md}

$$q_{md} = \frac{\Phi_0}{q_0} = \frac{1163}{2344.6} = 0.496 \quad \text{kg/s}$$

(15)高压发生器的循环倍率 a_h

$$a_h = \frac{w_{r2}}{w_{r2} - w_a} = \frac{0.625}{0.625 - 0.575} = 12.5$$

(16)点 13——高温热交换器出口处浓溶液(过冷溶液)

① t_{13} 因为高温热交换器入口处浓溶液的温度较高,所以在热交换器中温降大于低温热交换器中浓溶液的温升。通常浓溶液的出口温度在 60~70 ℃,本例中,取 $t_{13}=65$ ℃。

② p_{13} $p_{13} = p_r = 80.56$ kPa

③ w_{13} $w_{13} = w_{r2} = 0.625$

④ h_{13} $h_{13} = 324.2$ kJ/kg(查 $h-w$ 图)

(17)点 10——离开高温热交换器的稀溶液

① h_{10}

$$\begin{aligned} h_{10} &= h_2 + \frac{a_h - 1}{a_h}(h_{12} - h_{13}) \\ &= \left[277.0 + \frac{12.5 - 1}{12.5}(488.1 - 342.2)\right] = 427.8 \quad \text{kJ/kg} \end{aligned}$$

② p_{10} $p_{10} = p_r = 80.56$ kPa

③ w_{10} $w_{10} = w_a = 0.575$

④ t_{10} $t_{10} = 116.8$ ℃(查 $p-1/T$ 图)

(18)单位时间在高压发生器中产生的水蒸气量 q_{mdh} 和低压发生器中产生的水蒸气量 q_{mdl}。

单位时间高压发生器产生的水蒸气凝结时,放出的热量传递给低压发生器的溴化锂溶液为

$$q_{mdh}(h_{3c} - h_{3b}) = q_{mdl}q_{gl}$$

$$q_{gl} = [(a_1 - 1)h_4 - a_1 h_7 + h_{3a}] - \frac{\Phi_v}{q_{mdl}}$$

式中的 $[(a_1-1)h_4 - a_1 h_7 + h_{3a}]$ 表示产生 1 kg 水蒸气时,低压发生器的溴化锂溶液从点 7 加热至点 4 时吸收的热量;$\frac{\Phi_v}{q_{mdl}}$ 表示低压发生器产生 1 kg 水蒸气时,凝结水放出的热量。两者

之差表示低压发生器内产生 1 kg 水蒸气时，从高压发生器蒸气中吸收的热量即 q_{g1}。

上述两式合并后成为

$$\frac{q_{mdh}}{q_{mdl}} = \{[(a_1 - 1)h_4 - a_1 h_7 + h_{3a}] - (\frac{\Phi_v}{q_{mdl}})\}/(h_{3c} - h_{3b})$$

此外，按质量平衡

$$q_{md} = q_{mdh} + q_{mdl}$$

将以前的数据代入后，得到

$$\frac{q_{mdh}}{q_{mdl}} = \{[(13.78 - 1) \times 370.5 - 13.78 \times 329.4 + 3100.0] - (\frac{75.3}{q_{mdl}})\}/(3220.4 - 808.9)$$

以及

$$q_{mdh} + q_{mdl} = 0.496 \quad \text{kg/s}$$

联立求解，得到

$$q_{mdl} = 0.2228\ \text{kg/s},\ q_{mdh} = 0.2732 \quad \text{kg/s}$$

(19)单位时间进入高压发生器的稀溶液质量 q_{mh} 和进入低压发生器的稀溶液质量 q_{ml}

$$q_{mh} = a_h q_{mdh} = (12.5 \times 0.2732) = 3.415 \quad \text{kg/s}$$

$$q_{ml} = a_1 q_{mdl} = (13.78 \times 0.2228) = 3.070 \quad \text{kg/s}$$

(20)点 9 代表吸收器的喷淋溶液　前面已提及，进入喷淋器的溶液，除了来自发生器的浓溶液，还要补充 fq_{md} 的稀溶液，f 称为吸收器的再循环倍数。$f = 20 \sim 50$(采用浓溶液直接喷淋时，$f = 0$)。本例中取 $f = 20$，则单位时间喷淋溶液的质量为

$$[(q_{mh} + q_{ml}) - q_{md}] + fq_{md}$$

① h_9　按能量平衡，有

$$(q_{ml} - q_{mdl})h_8 + (q_{mh} - q_{mdh})h_{13} + fq_{md}h_2 = \{[(q_{mh} + q_{ml}) - q_{md}] + fq_{md}\}h_9$$

将前面的数据代入后，得

$$(3.070 - 0.2228) \times 314.0 + (3.415 - 0.2732) \times 324.2 + 20 \times 0.496 \times 271.0$$
$$= \{[(3.415 + 3.070) - 0.496] + 20 \times 0.496\}\ h_9$$

则

$$h_9 = 287.7 \quad \text{kJ/kg}$$

② w_9　按质量平衡，有

$$(q_{mh} - q_{mdh})w_{13} + (q_{ml} - q_{mdl})w_8 + fq_{md}w_2 = \{[(q_{mh} + q_{ml}) - q_{md}] + fq_{md}\}w_9$$

代入已知的数据后，得到

$$(3.415 - 0.2732) \times 0.625 + (3.070 - 0.2228) \times 0.62 + 20 \times 0.496 \times 0.575$$
$$= \{[(3.415 + 3.070) - 0.496] + 20 \times 0.496\}\ w_9$$

则

$$w_9 = 0.593$$

(21)循环过程中各点的参数列于表 7 - 5 中。

表 7-5　循环过程中各点的参数

点　号	温度/℃	压力/kPa	质量分数	比焓/(kJ/kg)
1	6.0	0.921	0	444.2
1a	6.0	0.921	0	2930.8
2	40.5	0.921	0.575	277.0
3	40.5	7.576	0	586.0
3a		7.576	0	3100.0
3b	93.5	80.56	0	808.9
3c		80.56	0	3220.4
4	90.0	7.576	0.620	370.5
7	67.2	7.576	0.575	329.4
8	60.0	7.576	0.620	314.0
9			0.593	287.7
10	116.8	80.56	0.575	427.8
12	156.0	80.56	0.625	488.1
13	65.0	80.56	0.625	324.2

3. 各设备的单位热负荷

(1)蒸发器

$$q_0 = h_{1a} - h_3 = 2930.8 - 586.2 = 2344.6 \quad \text{kJ/kg}$$

(2)吸收器

①高压发生器产生 1 kg 水蒸气时，在吸收器内产生的热负荷 q_{ah}

$$q_{ah} = (a_h - 1)h_{13} - a_h h_2 + h_{1a}$$
$$= (12.5 - 1) \times 324.2 - 12.5 \times 277.0 + 2930.8 = 3196.6 \quad \text{kJ/kg}$$

②低压发生器产生 1 kg 水蒸气时，在吸收器内的热负荷 q_{al}

$$q_{al} = (a_l - 1)h_8 - a_l h_2 + h_{1a}$$
$$= (13.78 - 1) \times 314.0 - 13.78 \times 277.0 + 293.08 = 3126.6 \quad \text{kg/kg}$$

(3)发生器

①高压发生器产生 1 kg 水蒸气时的热负荷 q_{gh}

$$q_{gh} = (a_h - 1)h_{12} - a_h h_{10} + h_{3c}$$
$$= (12.5 - 1) \times 488.1 - 12.5 \times 427.8 + 3220.4 = 3486.1 \quad \text{kJ/kg}$$

②低压发生器产生 1 kg 水蒸气时的热负荷 q_{gl}

$$q_{gl} = [(a_l - 1)h_4 - a_l h_7 + h_{3a}] - \frac{\Phi_v}{q_{mdl}}$$
$$= [(13.78 - 1) \times 370.5 - 13.78 \times 329.4 + 3100] - (75.3/0.2228)$$
$$= 2957.9 \quad \text{kJ/kg}$$

4. 各设备的总热负荷

(1)蒸发器的总热负荷 Φ_0　$\Phi_0 = 1163 \quad \text{kW}$

(2)吸收器的总热负荷 Φ_a

$$\Phi_a = q_{mdh}q_{ah} + q_{mdl}q_{al} = 0.2732 \times 3196.6 + 0.2228 \times 3126.6 = 1570 \quad kW$$

(3)高压发生器的总热负荷 Φ_{gh}

$$\Phi_{gh} = q_{mdh}q_{gh} = 0.2732 \times 3486.1 = 952.4 \quad kW$$

(4)低压发生器的总热负荷 Φ_{gl}

$$\Phi_{gl} = q_{mdl}q_{gl} = (0.2228 \times 2957.9) kW = 659 \quad kW$$

(5)冷凝器的总热负荷 Φ_k

$$\begin{aligned}\Phi_k &= q_{mdh}(h_{3b} - h_3) + q_{mdl}(h_{3a} - h_3)\\ &= 0.2732 \times (808.9 - 586.2) + 0.2228 \times (3100 - 586.2)\\ &= 620.9 \ kW\end{aligned}$$

(6)高压溶液热交换器的总热负荷 Φ_{exh}

$$\Phi_{exh} = q_{mh}(h_{10} - h_2) = 3.415 \times (427.8 - 277.0) = 515 \quad kW$$

(7)低压溶液热交换器的总热负荷 Φ_{exl}

$$\Phi_{exl} = q_{ml}(h_7 - h_2) = 3.070 \times (329.4 - 277.0) = 160.9 \quad kW$$

(8)凝结水热交换器的总热负荷 Φ_{exv}

$$\Phi_{exv} = \Phi_v = 75.3 \quad kW$$

(9)热平衡计算

①吸热量 Φ_1

$$\Phi_1 = \Phi_0 + \Phi_{gh} + \Phi_{exv} = 1163 + 952.4 + 75.3 = 2190.7 \quad kW$$

②放热量 Φ_2

$$\Phi_2 = \Phi_a + \Phi_k = 1570 + 620.9 = 2190.9 \quad kW$$

③相对偏差 δ

$$\delta = \frac{\Phi_2 - \Phi_1}{\Phi_2} = \frac{2190.9 - 2190.7}{2190.9} = 0.01\%$$

5. 性能系数 COP

$$COP = \frac{\Phi_0}{\Phi_{gh} + \Phi_{exv}} = \frac{1163}{952.4 + 75.3} = 1.13$$

6. 加热蒸气量 q_{mv}

加热蒸气的饱和压力为 0.684 MPa，相应的饱和温度为 164 ℃。

$$q_{mv} = a\left(\frac{\Phi_{gh}}{\gamma}\right) = 1.06 \times \frac{952}{2069.0} = 0.488 \ kg/s = 1.757 \times 10^3 \quad kg/h$$

式中的 γ 为汽化热，$\frac{\Phi_{gh}}{\gamma}$ 为理论上需要的水蒸气量，a 为附加系数，用以考虑加热蒸气的热损失，通常 $a=1.05\sim1.10$，本例中取 1.06。

$\frac{\Phi_{gh}}{\gamma} = 0.460$ kg/h，它与本例中 2.(13)的假定值 $q_{mv} = 0.46$ kg/s 相同，表明该假定是正确的。

7. 各种流量

(1)冷媒水流量 q_{V0}　冷媒水在蒸发器内降低温度，从 13 ℃降至 8 ℃，则

$$q_{V0}=\frac{\Phi_0}{1000c_p\Delta t_c}=\frac{1163}{1000\times 4.1868\times(13-8)}=0.0556\ \text{m}^3/\text{s}=200.2\quad \text{m}^3/\text{h}$$

(2)冷却水泵流量 q_{Vb}　冷却水在吸收器和冷凝器内以串联方式流动，温度从 32 ℃升高至 38 ℃，则

$$q_{Vb}=\frac{\Phi_2}{1000c_p\Delta t_w}=\frac{2190.9}{1000\times 4.1868\times(38-32)}=0.0872\ \text{m}^3/\text{s}=314\quad \text{m}^3/\text{h}$$

(3)蒸发器泵的流量 q_{Vd}

$$q_{Vd}=\frac{f_0 q_{md}}{1000}=\frac{10\times 0.496}{1000}=4.96\times 10^{-3}\ \text{m}^3/\text{s}=17.86\quad \text{m}^3/\text{h}$$

式中，f_0 为蒸发器的再循环倍率，通常 $f_0=8\sim15$，本例中取 $f_0=10$。

(4)发生器泵的流量 q_{Vg}

$$q_{Vg}=\frac{q_{ml}+q_{mh}}{\rho_a}=\frac{3.070+3.415}{1.66\times 10^3}=3.907\times 10^{-3}\ \text{m}^3/\text{s}=14.06\quad \text{m}^3/\text{h}$$

式中，ρ_a 为进入发生器的稀溶液密度。

(5)吸收器泵的流量 q_{Va}

$$q_{Va}=\frac{(q_{ml}+q_{mh}-q_{md})+fq_{md}}{\rho_9}$$

$$=\frac{(3.070+3.415-0.496)+20\times 0.496}{1.69\times 10^3}=9.4\times 10^{-3}\quad \text{m}^3/\text{s}=33.9\quad \text{m}^3/\text{h}$$

式中，f 为吸收器溶液再循环倍率，一般 $f=20\sim50$，本例中取 $f=20$；ρ_9 是浓溶液和稀溶液混合后的溶液密度。

双效溴化锂吸收式制冷机的传热计算与单效溴化锂吸收式制冷机相同，不再重复。

双效溴化锂吸收式制冷机的流程形式是多种多样的。除了串联流程和并联流程外，尚有串并联流程的方案。此外，为了更有效地利用高温热源，可以利用双效机和单效机串联使用的方式，即将双效机中排出的高温凝结水作为单效机的加热热源；也可采用吸收式制冷机与透平机组联合运行的方式，即将高压蒸气先通过透平膨胀机，以此来带动离心式制冷压缩机，蒸气在透平膨胀机中降压后再进入吸收式制冷机，作为加热发生器的热源。

7.7　双效直燃溴化锂吸收式冷热水机

直燃吸收式冷热水机对环境的污染小，在大量排放可燃气体的场合(如油田)使用，更具优越性。根据获取热水方式的不同，直燃吸收式冷热水机可分成三类：

①将冷却水回路切换成热水回路；

②将冷媒水回路切换成热水回路；

③在高压发生器上设置一台热水器。

1. 将冷却水回路切换成热水回路的直燃吸收式冷热水机

其系统如图 7－37 所示。供应冷媒水和供应热水时分别按制冷循环和采暖循环运行。

(1) 制冷循环　运行时各阀门的启闭情况如图 7－37(a)所示。稀溶液被溶液泵 4 输送至低温热交换器 6 和高温热交换器 7，吸收热量后进入高压发生器 8。稀溶液在高压发生器中被燃气加热，产生的高温水蒸气送至低压发生器 9，在低压发生器的冷剂水管中冷凝，冷凝时放出的热量

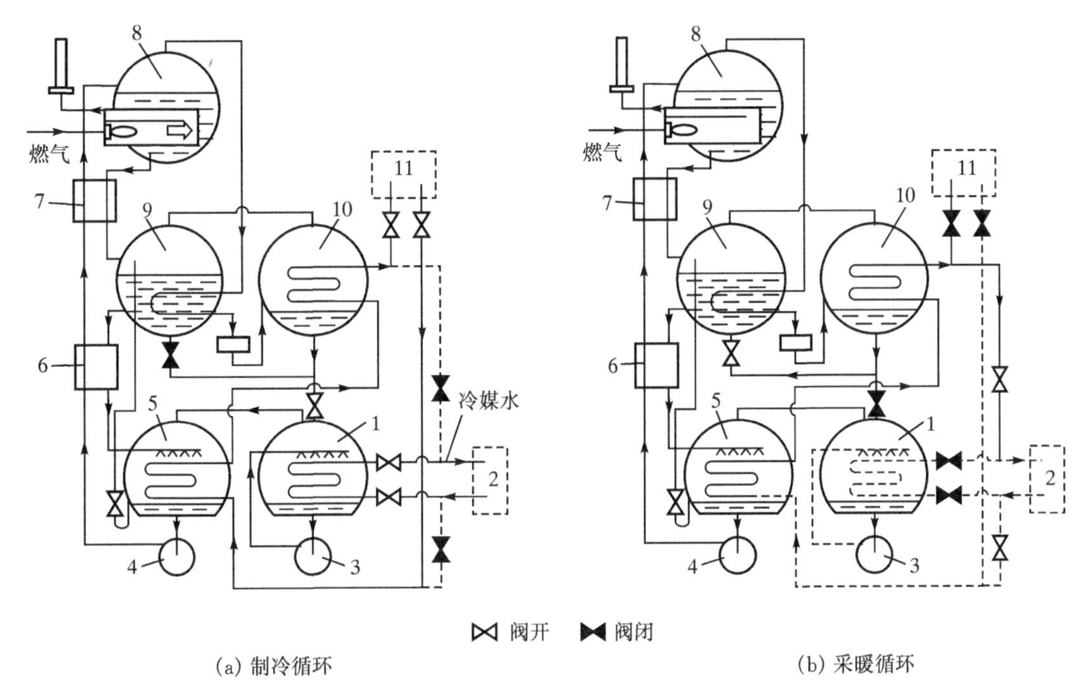

(a) 制冷循环　　(b) 采暖循环

图 7－37　将冷却水回路切换成热水回路的直燃吸收式冷热水机

1—蒸发器；2—空调器；3—冷剂泵；4—溶液泵；5—吸收器；6—低温热交换器；7—高温热交换器；8—高压发生器；9—低压发生器；10—冷凝器；11—冷却塔

使低压发生器内的溴化锂溶液产生蒸气，蒸气在冷凝器 10 中冷凝，与来自低压发生器的冷剂水混合后，进入蒸发器 1 制冷，产生的水蒸气被吸收器 5 内的溶液吸收。另一方面，从高压发生器流出的溴化锂溶液在低压发生器 9 内被再一次加热后，浓度进一步增加，在低温热交换器 6 中放出热量后，流入（喷淋）吸收器，在吸收器内吸收来自蒸发器的水蒸气，成为稀溶液。

图 7－37 所示的循环为串联流程，与图 7－33 的串联流程基本相同，两者的区别是图 7－37所示的系统中无吸收器泵，因而浓溶液不经稀释直接进入吸收器。

（2）采暖循环　此时冷凝器 10 的底部与低压发生器 9 的底部相通（图 7－37(b)）。冷媒水回路关闭，冷凝器和蒸发器 1 之间的通路也被切断，蒸发器不起作用。稀溶液经溶液泵 4、低温热交换器 6、高温热交换器 7、流入高压发生器 8，在高压发生器中被燃气加热产生蒸气。此蒸气进入低压发生器 9，凝结成水，并加热低压发生器内的溶液，也产生蒸气。从低压发生器内产生的冷剂水和水蒸气都积聚在冷凝器内。在冷凝器内放出的热量加热流经冷凝器的冷却水，提供冷却水温度升高所需的一部分热量。冷凝水流入低压发生器中，将溶液稀释。稀释后的溶液因被来自高温发生器的蒸气加热，成为高温稀溶液。它流经低温热交换器后进入吸收器，在吸收器中冷却，同时加热冷却水，提供冷却水温升的另一部分热量。冷却水经两次加热，成为热水，输往空调器 2。

2. 将冷媒水回路切换成热水回路的直燃吸收式冷热水机

这种冷热水机的系统如图 7－38 所示。

该系统的制冷循环即串联流程的溴化锂吸收式制冷机的循环，此时切换阀 14 关闭。

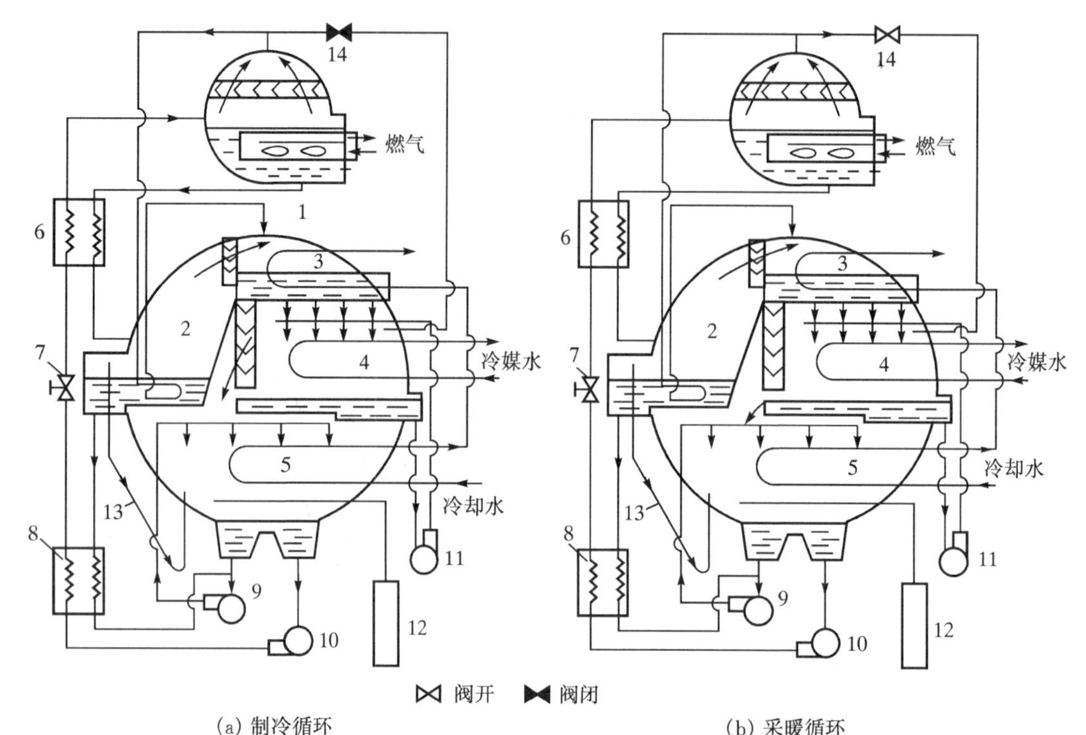

(a) 制冷循环　　(b) 采暖循环

图 7-38　冷媒水回路切换成热水回路的直燃吸收式冷热水机

1—高压发生器；2—低压发生器；3—冷凝器；4—蒸发器；5—吸收器；6—高温热交换器；7—溶液调节阀；8—低温热交换器；9—吸收器泵；10—发生器泵；11—蒸发器泵；12—抽气装置；13—防晶管；14—切换阀

当系统按采暖循环运行时，切换阀14开启，高压发生器1中产生的水蒸气直接进入蒸发器4，冷却水路被切断，蒸发器泵11停止运转。来自高压发生器1的水蒸气在蒸发器4中对冷媒水加热并凝结成水，积聚在蒸发器底部的水盘中，再溢入吸收器5。产生水蒸气后的浓溶液在高温热交换器6中放出热量后，进入低压发生器2。因高压发生器中产生的水蒸气不在低压发生器2中加热，所以低压发生器中几乎无水蒸气产生(除极少量闪发蒸气外)。出低压发生器的浓溶液经低温热交换器进入吸收器5的底部，与稀溶液混合成中间溶液。经吸收器泵9增加压力，喷入吸收器。中间溶液在吸收器内与来自蒸发器4的冷剂水混合，并吸收与冷剂水对应的饱和水蒸气(来自蒸发器上部)，成为稀溶液，被发生器泵10输送至低温热交换器8、高温热交换器6、高压发生器1，完成了采暖循环。

冷媒水回路切换成热水回路的直燃吸收式冷热水机，向空调系统供冷的冷媒水与供热的热水(此时冷媒水成了热水)用同一管道，避免了冷却水回路切换方案中冷媒水和冷却水交替进入空调系统造成的冷媒水被冷却水污染的缺陷。这种回路切换的另一个优点是从制冷循环转换成采暖循环比较方便。

3. 另外设置与高压发生器连通的热水器

在高压发生器上附加一个热水器，利用高压发生器中产生的水蒸气加热热水器中的水，产生热水。它又可分为以下两类，见图7-39。

(1)不同时制冷和采暖　制冷时按串联流程运行，阀15，16和17开启，阀18和19关闭。

采暖时，阀 15，16 和 17 关闭，阀 18 和 19 开启，高压发生器 1 中产生的水蒸气进入热水器 14，凝结成水后返回高压发生器。凝结时放出的热量用于供应热水。

(2)同时制冷和采暖　同时制冷和采暖时，阀 15，16，17，18 和 19 开启。高压发生器 1 中产生的水蒸气分两路输出，一路经高温热交换器 6 进入低压发生器 2，然后按串联流程制冷；另一路进入热水器，为采暖提供热水。同时制冷和采暖时，单位时间供给采暖的热量约为制冷量的 10%。

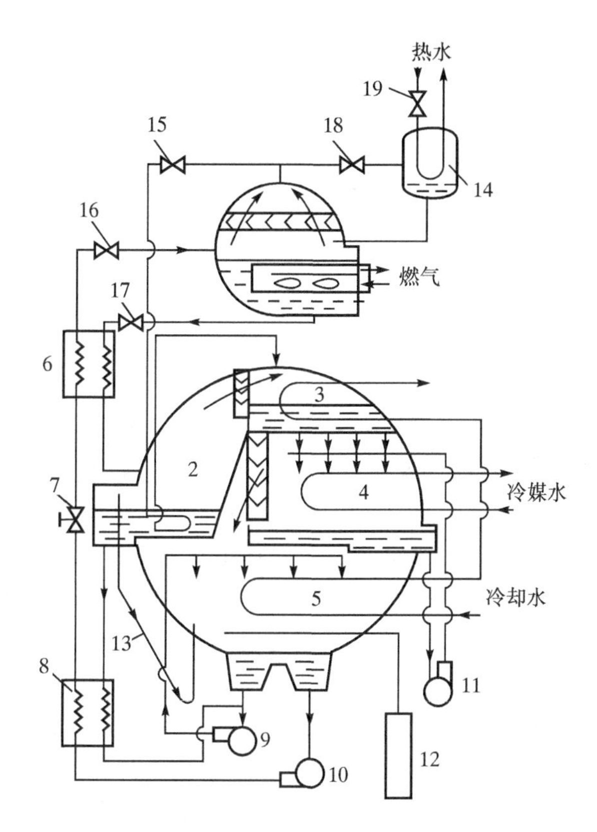

图 7－39　另外设置与高压发生器相连的热水器的吸收式冷热水机

1—高压发生器；2—低压发生器；3—冷凝器；4—蒸发器；5—吸收器；6—高温热交换器；7—溶液调节阀；8—低温热交换器；9—吸收器泵；10—发生器泵；11—蒸发器泵；12—抽气装置；13—防晶管；14—热水器；15，16，17，18，19—阀

7.8　吸收式热泵循环

7.8.1　两类吸收式热泵的区别

第一类吸收式热泵(Absorption Heat Pumps，AHP)也称增热型热泵，利用高温热能作驱动，回收低温热量，将高温热源和低温热源提供的热量提供给用户，提高能源利用率。第二类吸收式热泵(Absorption Heat Transformer，AHT)又称吸收式热变换器，也称升温型热泵，它利用中低温热源驱动，将部分热能转化为高温热能，加以利用，提高热能的品位。

第一类吸收式热泵的性能系数大于 1,一般为 1.5～2.5,其循环原理如图 7－40 所示。热泵供热量为 Q_k 和 Q_A

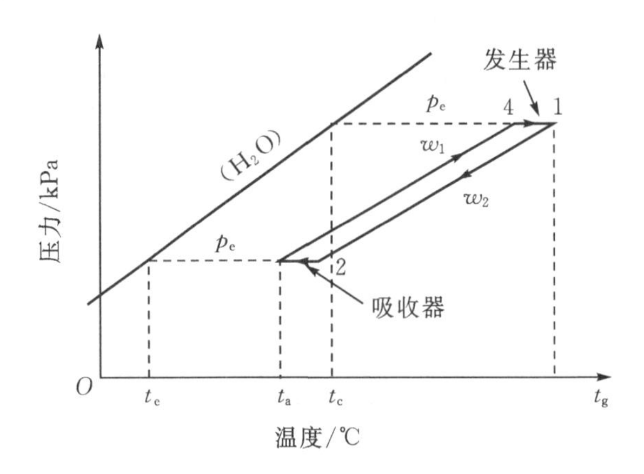

图 7－40　第一类吸收式热泵的 $p-t$ 循环图

图 7－40 是第一类吸收式热泵的 $p-t$ 循环图。其循环类似于单效吸收式制冷循环,质量组分为 w_1、压力 p_e、温度 t_a 的稀溶液由溶液泵送入发生器内被高温热源加热,压力为 p_c,制冷剂蒸发而稀溶液浓缩后温度为 t_g、质量组分 w_2 节流后进入吸收器内重新吸收制冷剂蒸气而还原为稀溶液状态,完成溶液循环。蒸发器内制冷剂在压力 p_e、温度 t_e 状态下发生相变时,由低温热源吸收汽化潜热而气化,将部分低温热量汲取到蒸气中。吸收器在吸收制冷剂蒸气的同时,释放出吸收热于供热水(制冷时的冷却水),使供热水温度升高,将低温热源的热量传递给供热水。由发生器发生出的蒸气,在压力为 p_e、温度为 t_c 的冷凝器内冷凝。因为供热水串联流过冷凝器,所以供热水在冷凝器内接受制冷剂凝结热后温度进一步升高,最后热水以供热温度提供给用户用以采暖或热水。

第二类吸收式热泵的循环原理如图 7－41 所示,热泵中蒸发器和吸收器处在相对高压区,蒸发器吸收低品位热源的热量使制冷剂蒸发,吸收器中在较高温度条件下进行吸收制冷剂蒸气达到吸收平衡,放出的高温吸收热使热水的温度提高。低压区的发生器利用低品位废热使吸收剂溶液沸腾而发生出制冷剂蒸气,该蒸气在冷凝器内释放部分热量而被冷却水冷凝。第二类吸收式热泵的目的是升温,通常可以将 70－80 ℃的热水的温度提高 1.5～2.0 倍。第二类吸收式热泵其性能系数小于 1,一般为 0.4～0.5。

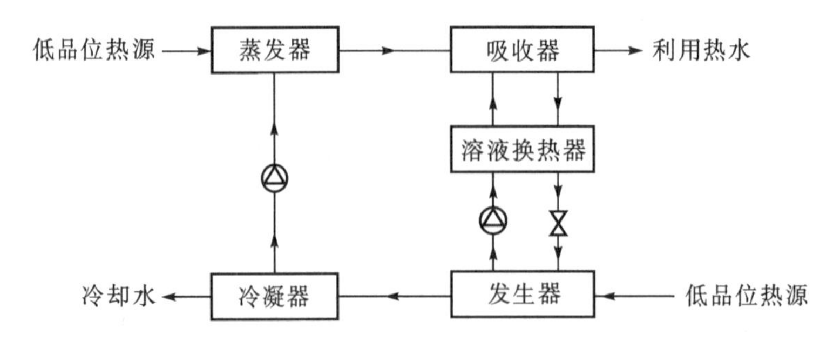

图 7－41　第二类吸收式热泵循环原理图

图 7－42 是第二类吸收式热泵的 $p-t$ 循环图。低品位热源(如废水、废气等)流体通入压

力 p_e、温度 t_e 的蒸发器将热量传递给冷剂水，并使其蒸发；蒸发的制冷剂蒸气进入相同压力下的吸收器，在吸收器内被质量分数 w_2、温度 t_a 的浓溶液吸收，溶液的质量分数降低为 w_1 的稀溶液，同时释放出温度高的吸收热量使水温升高甚至由液体变为蒸气。吸收器内压力较高的稀溶液流经溶液热交换器降温后，通过节流阀降压后进入压力为 p_c 的发生器。在发生器内，来自吸收器的稀溶液在压力 p_c 状态下被低品位热源加热沸腾放出制冷蒸气，最后浓缩为质量分数 w_2、温度 t_g 的浓溶液，由溶液泵升压并经过溶液热交换器升温后送入吸收器再次吸收制冷剂蒸气。发生器产生的压力为 p_c 的制冷剂蒸气由冷却水在冷凝器内冷却，凝结为温度 t_c 的液体，通过冷剂水泵升压并送入蒸发器进行蒸发。第二类吸收式热泵的升温功能主要体现在低品位热量由蒸发器输入，产生与蒸发温度对应的饱和压力。在该压力下所对应的吸收器内浓溶液的饱和温度远远高于饱和水温度，从而使热水温度大幅上升或气化，达到升温之目的。例如，由低品位热源加热的蒸发温度 t_e＝80 ℃，对应的制冷剂蒸气的包压力约为 46.71 kPa。如果忽略蒸发器和吸收器间的阻力，在该压力下，从吸收器浓溶液（w_2＝64％、t_2＝133 ℃）开始吸收制冷剂蒸气，至成为稀溶液（w_1＝58％、t_1＝125 ℃），则溶液吸收制冷剂蒸气始末的平均温度为 t_{21}＝129 ℃。如果考虑吸收温度与热水或蒸气的传热温差为 Δt＝3 ℃，那么，即可获得 126 ℃的热水或压力蒸气。

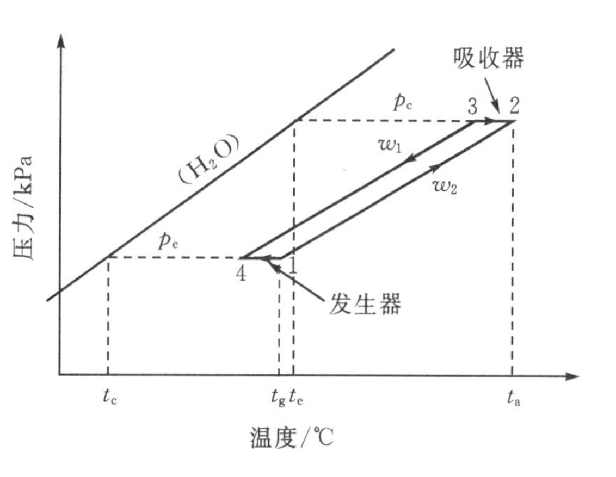

图 7－42　第二类吸收式热泵 $p-t$ 循环图

7.8.2　改进型吸收式热泵

基于两类吸收式热泵的基本工作原理，针对吸收式热泵的工程应用特点，为了提高吸收式热泵的效率和应用范畴，提出了改进型吸收式热泵。

1. 第一、二类联合型吸收式热泵

为了提高第二类吸收式热泵的升温效率，同时可以兼顾提供采暖热水以及制取冷量的特点，就产生了第一、二类吸收式制冷循环进行联合循环。其循环流程见图 7－43，$p-t$ 图如图 7－44所示。联合吸收式热泵循环的上部为第二类吸收式热泵，下部为第一类吸收式热泵。第一类吸收式热泵与第二类吸收式热泵共用一个发生器和一个冷凝器，共由六个容器组成。溶液采用串联循环。第一、二类联合型吸收式热泵循环中出现三个压力和四个热源温度。三个压力：第一蒸发器 9 和第一吸收器 6 内压力 p_{A1}；共用发生器 3 和冷凝器 11 内压力为 p_c；第二吸收器 1 和第二蒸发器 12 内压力为 p_{A2}。四个热源温度：低品位热源的加热温度；高温热水温度；低温热水温度；冷媒水温度。

联合吸收式热泵循环工作时，低品位热源由相发生器 3 和第二蒸发器 12 输出热量。在下部的第一吸收式热泵循环中，第一吸收器 6 中质量分数为 w_1 的稀溶液由第一溶液泵驱动流经第一热交换器 5 预热后，进入发生器 3 被低品位热源加热而产生制冷剂蒸气后变为浓溶液 w_2，由第二溶液泵送入第二热交换器加温后进入第二吸收器 1，浓溶液在第二吸收器内吸收

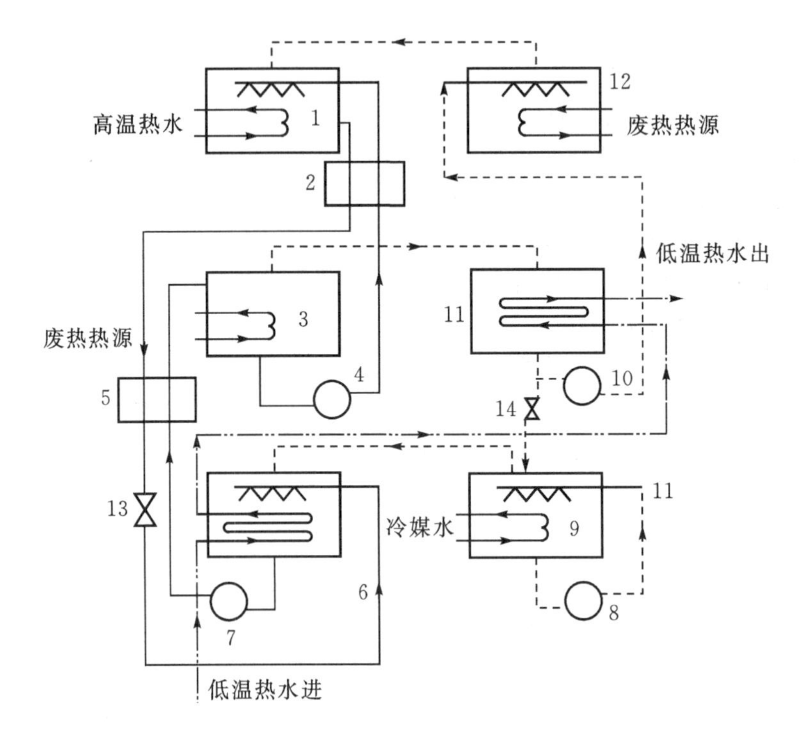

图7-43　第一、二类联合型吸收式热泵循环流程

1—第二吸收器；2—第二热交换器；3—发生器；4—第二溶液泵；5—第一热交换器；6—第一吸收器；7—第一溶液泵；8—第一冷剂水泵；9—第一蒸发器；10—第二冷剂水泵；11—冷凝器；12—第二蒸发器；13—溶液节流阀；14—冷剂水节流阀

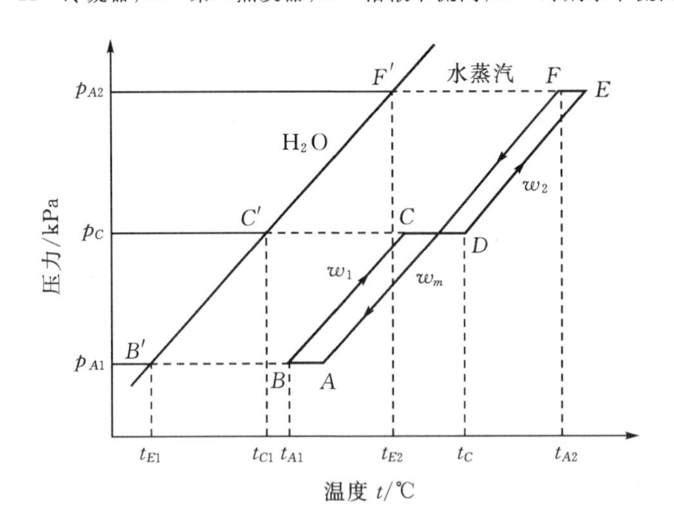

图7-44　第一、二类联合型吸收式热泵 $p-t$ 循环图

来自第二蒸发器12的高压制冷剂气体而变为中间溶液 w_m，然后流经第二热交换器2、第一热交换器和溶液节流阀13，到第一吸收器内吸收来自第一蒸发器9的低压制冷剂蒸气，最后又重新成为稀溶液 w_1。由浓溶液在第二吸收器内吸收来自第一蒸发器9的制冷剂蒸气时放出

吸收热来加热高温热水，得到温度较高的热水或压力蒸气，达到提升温度的目的。由发生器发生的制冷剂蒸气进入冷凝器 11 被低温热水冷凝为压力为 p_c 的冷剂水，一部分经过冷剂水节流阀 14 节流后进入第一蒸发器 9 内蒸发，蒸发后的气体进入第一吸收器 6 内被质量分数为 w_m 的中间溶液吸收，将中间溶液还原为稀溶液 w_1。第一蒸发器 9 提供部分低压制冷剂蒸气的同时，吸收汽化潜热而降低冷媒水的温度，达到制取冷量之目的。从冷凝器分流出的另一部分压力为 p_c 的冷剂水由第二冷剂水泵 10 提压后送入第二蒸发器 12 内被低品位热源加热气化，然后进入第二吸收器内被浓溶液 w_2 吸收而使溶液成为中间溶液 w_m。对于联合热泵循环的下部循环中，低温热水分别串联流过第一吸收器 6 和冷凝器 11，使其温度升高，可作为供热媒介使用。

2. 吸收式热泵与电驱动热泵复叠运行

空气源热泵有电驱动型、吸收式型和吸附式型等。但是无论哪一种形式的热泵，当应用于冬天寒冷地域时，一个主要影响循环效率的问题是高温和低温热源的温差大。对电驱动热泵来说压力比增大，循环效率下降，可靠性恶化。对于溴化锂吸收式热泵来说，以水作为制冷剂的循环受到低温结冰的限制。如果吸收式制冷循环使用其它吸收对，也受到高低温热源温差大的限制。因此，对于有低品位热源的地域和供热场合，一种复叠式的热泵循环应运而生。图 7-45 是吸收式热泵与电驱动热泵复叠循环的流程图。

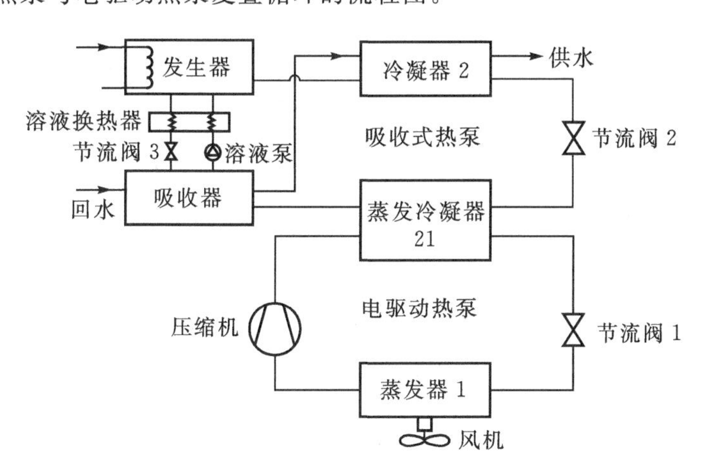

图 7-45　吸收式热泵与电驱动热泵复叠循环示意图

在图 7-45 中，高温级是一个吸收式热泵循环，低温级是一个电驱动型热泵循环，高、低温级循环利用蒸发冷凝器 21 复叠在一起。低温级是蒸气压缩式热泵循环，循环系统充灌氟里昂、氨、CO_2、碳氢化合物、混合工质等制冷剂，通过压缩机、蒸发冷凝器 21、节流阀 1 和蒸发器 1 完成低温级热泵循环。高温级是吸收式热泵循环，$LiBr-H_2O$ 作为吸收对，在发生器、溶液换热器、节流阀 3、溶液泵和吸收器内进行溶液浓和稀的交替循环；制冷剂在冷凝器 2、节流阀 2 和蒸发冷凝器 21 内进行相变而完成高温级热泵循环。低温级制冷剂在蒸发冷凝器 21 放出热量，作为高温级蒸发器的热源。高温级制冷剂在蒸发冷凝器 21 中汲取热量。这样可以使低温级的冷凝温度较低，高温级的蒸发温度较高，两级热泵都在较高的效率下运行。

3. 增压式吸收式热泵

增压式吸收式制冷的目的是提高吸收机的制冷量和 COP,以及用来降低所需驱动热源的温度,从而利用太阳能、余热及废热等低品位热能。这里所论述的增压吸收式热泵(见图 7-46),主要特点为:

①吸收式热泵系统使用的是 NH_3-H_2O 或 NH_3-LiNO_3 作为吸收对,其蒸发温度可以低于零度;

②该热泵系统应用到寒冷地域作为空气源热泵;

③降低所需驱动热源的温度,且使该循环系统更适宜于从低温空气汲取热量;

④蒸发器使用风冷形式。

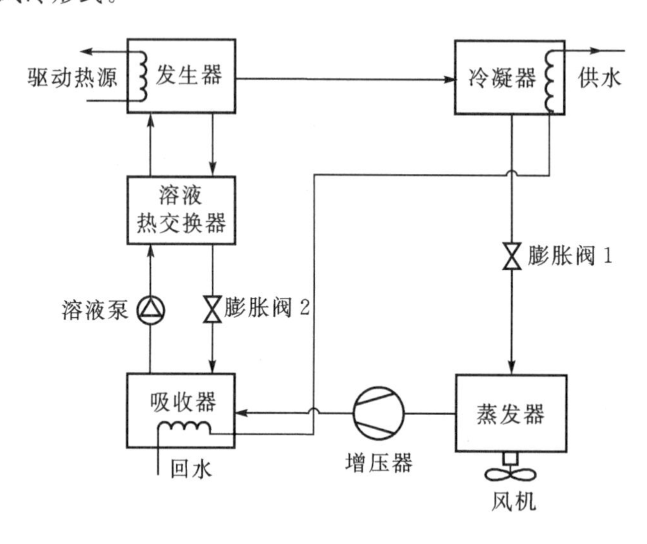

图 7-46 增压式吸收式热泵循环示意图

增压式吸收式热泵,提高了吸收器内被吸收蒸气的压力,从而提高溶液的吸收率,改善热泵的性能。

思考题

1. 单效溴化锂吸收式制冷循环的主要组成是什么?工作过程有哪些?
2. 双效溴化锂吸收式制冷循环的主要组成是什么?工作过程有哪些?
3. 溴化锂吸收式制冷机中溶液热交换器起什么作用?不设行不行?
4. 试述溴化锂吸收式制冷机的主要特点和应用场合?
5. 溴化锂溶液结晶最可能发生的位置在哪里?如何防止溴化锂溶液的结晶?
6. 第一类吸收式热泵和第二类吸收式热泵有什么区别?简述它们的工作原理。

第 8 章

热电制冷

8.1 热电制冷原理及分析

8.1.1 热电效应

热电效应是温差和电压之间的直接转换。当热电装置两侧的温度不同时,产生电压;反之产生温差。热电效应可用于产生电流、测量温度或改变物体温度。由于热流的大小随电压值变化,且热流方向随电压的极性而变,故热电装置是有效的温度控制器。

热电效应包括三个效应:西伯克(Seebeck)效应、帕尔帖(Peltier)效应和汤姆逊(Thomson)效应。

1. 西伯克(Secbeck)效应

由两种不同导体组成的开路中,如果导体的两个结点存在温度差,则开路中将产生电动势 E 。这就是西伯克效应。由西伯克效应产生的电动势称作温差电动势。

材料的西伯克效应的大小,用温差电动势率 α 表示。材料相对于某参考材料的温差电动势率为

$$\alpha = \frac{\mathrm{d}E}{\mathrm{d}T} \quad (\mathrm{V/K}) \tag{8-1}$$

由两种不同材料 P、N 所组成的电偶,它们的温差电动势率 α_{PN} 等于 α_{P} 与 α_{N} 之差,即

$$\alpha_{\mathrm{PN}} = \frac{\mathrm{d}E_{\mathrm{PN}}}{\mathrm{d}T} = \alpha_{\mathrm{P}} - \alpha_{\mathrm{N}} \quad (\mathrm{V/K}) \tag{8-2}$$

热电制冷中用 P 型半导体和 N 型半导体组成电偶。两种材料对应的 α_{P} 和 α_{N} ,一个为负,一个为正,取其绝对值相加,并将 α_{PN} 记作 α ,有

$$\alpha = |\alpha_{\mathrm{P}}| + |\alpha_{\mathrm{N}}| \tag{8-3}$$

2. 帕尔帖(Peltire)效应

电流流过两种不同导体的界面时,从外界吸收热量,或向外界放出热量。这就是帕尔帖效应。由帕尔帖效应产生的热流量称作帕尔帖热,用符号 Φ_{p} 表示。

对帕尔帖效应的物理解释是:电荷载体在导体中运动形成电流。由于电荷载体在不同的材料中处于不同的能级,当它从高能级向低能级运动时,便释放出多余的能量;反之,从低能级向高能级运动时,需要从外界吸收热量。能量在两材料的交界面处以热的形式吸收或放出。

材料的帕尔帖效应强弱用它相对于某参考材料的帕尔帖系数 π 表示

$$\pi = \frac{\mathrm{d}\Phi_{\mathrm{p}}}{\mathrm{d}I} \quad (\mathrm{W/A}) \tag{8-4}$$

式中　I——流经导体的电流,A。

类似的,对于 P 型半导体和 N 型半导体组成的电偶,其帕尔帖系数 π_{PN}(或简单记作 π)有

$$\pi_{PN} = \pi_P - \pi_N \tag{8-5}$$

帕尔帖效应与西伯克效应都是温差电效应,二者有密切联系。事实上,它们互为反效应,一个是说电偶中有温差存在时会产生电动势;一个是说电偶中有电流通过时会产生温差。温差电动势率 α 与帕尔帖系数 π 之间存在下述关系

$$\pi = \alpha T \tag{8-6}$$

式中　T——结点处的温度,K。

3. 汤姆逊(Thomson)效应

电流通过具有温度梯度的均匀导体时,导体将吸收或放出热量,这就是汤姆逊效应。由汤姆逊效应产生的热流量,称汤姆逊热,用符号 Φ_T 表示

$$\Phi_T = -\tau I \Delta T \quad (W) \tag{8-7}$$

式中　τ——汤姆逊系数,W/(A·K);

ΔT——温度差,K;

I——电流,A。

在热电制冷分析中,通常忽略汤姆逊效应的影响。另外,需指出,以上热电效应在电流反向时是可逆的。

8.1.2　基本热电偶的制冷特性

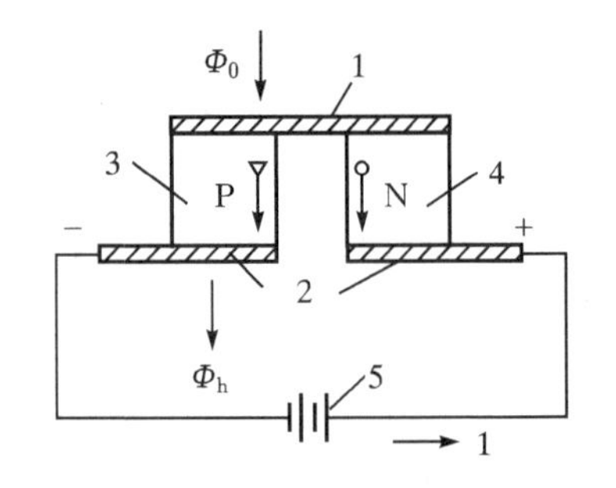

图 8-1　基本热电偶
1,2—金属电桥(结点);
3,4—电臂;5—直流电源

热电制冷器的基本单元是半导体电偶。组成电偶的材料一个是 P 型半导体(空穴型),一个是 N 型半导体(电子型)。取它们作热电制冷的材料是由于其帕尔帖效应比普通的金属电偶强得多,能够在冷结点处表现出明显的制冷效应。

图 8-1 示出基本热电偶构成的热电制冷电路。用金属电桥(铜板)连接两个半导体电臂 P 和 N,组成电偶,再用铜导线接到直流电源上构成回路。在外电场作用下,N 型半导体中的电子由负极流向正极;P 型半导体中的空穴由正极移向负极。电子和空穴又称为载流子,它们在半导体中的势能大于在金属中的势能。当图 8-1 所示的热电对中通以电流后,电子从金属片 1 流入 N 型半导体,因势能提高,需吸收热量,使金属片 1 和 N 型半导体的结合处温度降低;电子从 N 型半导体流入金属片 2 时,因能级降低,放出热量,使金属片 2 和 N 型半导体的结合处温度升高。因 P 型半导体中的空穴移动方向和电流方向相同,当空穴从金属片 1 流入 P 型半导体时,势能提高,吸收热量,降低了金属片 1 和 P 型半导体的结合处温度;当空穴从 P 型半导体流入金属片 2 时,因势能下降放出热量,使金属片 2 和 P 型半导体的结合处温度升高。

由于电子和空穴的移动均使金属片 2 升温,形成热端;使金属片 1 降温,形成冷端,所以热电对在冷端吸收周围介质的热量,达到制冷的目的。图 8-1 中示出给定电流方向时结点的热流方向,若电流反向,则结点 1 和 2 的热流方向与图示相反,可见,热电偶既可制冷,又可加热,只需改变电流方向就能切换。

设热结点的温度是 T_h，冷结点的温度是 T_c，回路中的电流为 I。电臂的几何参数用横截面积 A、长度 L、面长比 $r(r=A/L)$ 表示；电臂的材料特性用热导率 λ，电阻率 ρ 表示，并分别用下标 P,N 区别两个电臂。

加在一个电偶两端的电压 V_1，一部分用来克服电臂电阻引起的电阻压降 V，一部分用来克服西伯克温差电动势 V_{PN}，即

$$V_1 = V + V_{PN} = IR + (\alpha_p - \alpha_N)(T_h - T_c) = IR + \alpha \Delta T \quad (V) \tag{8-8}$$

式中　$R = R_P + R_N = \rho_P / r_p + \rho_N / r_N$。

(1) 制冷量

①冷端的帕尔帖热(吸热)为

$$\Phi_T = \pi_{PN} I = \alpha T_c I \quad (W) \tag{8-9}$$

②单位时间从两条臂流入冷端的热量 Φ_l，该热量可通过分析图 8-2 的含有均匀内热源的等截面棒内温度场确定。

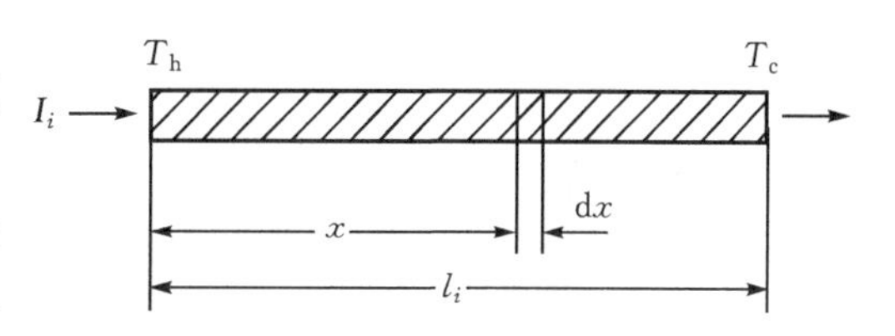

图 8-2　含有均匀内热源的等截面棒

设棒长为 l_i；截面积为 A_i；棒两端的温度为 T_h 和 T_c ($T_h > T_c$)；棒的导电率为 σ_i；导热率为 λ_i；电流为 I_i；除两端面外，棒的其它表面与外界无热交换，则含均匀内热源等截面棒的温度分布为

$$T_x = T_h - (T_h - T_c)\frac{x}{l_i} + \frac{1}{2}\frac{I_i^2}{A_i^2 \sigma_i \lambda_i} x(l_i - x) \tag{8-10}$$

在 $x = l_i$ 处，温度梯度为

$$\left(\frac{dT_x}{dx}\right)_{x=l_i} = -\frac{(T_h - T_c)}{l_i} - \frac{1}{2}\frac{I_i^2}{A_i^2 \sigma_i \lambda_i} l_i \tag{8-11}$$

因温度梯度传入冷端的热量为

$$\Phi_{l_i} = \frac{1}{2}\frac{I_i^2}{A_i \sigma_i} l_i + \lambda_i A_i \frac{(T_h - T_c)}{l_i} \tag{8-12}$$

$i = P$，$\Phi_{l_i} = \Phi_{l_P}$；$i = N$，$\Phi_{l_i} = \Phi_{l_N}$。

$$\Phi_l = \Phi_{l_P} + \Phi_{l_N} \tag{8-13}$$

③制冷量 Φ_0

$$\Phi_0 = \Phi_T - \Phi_l \tag{8-14}$$

将式(8-9)，(8-12)和(8-13)代入式(8-14)，整理后

$$\Phi_0 = \alpha I T_c - K \Delta T - \frac{1}{2} I^2 R \quad (W) \tag{8-15}$$

式中　K ——电偶上的热导，W/K；

$$K = K_p + K_N = \lambda_P r_p + \lambda_N r_N$$

(2)输入电功率

$$P = V_1 I = I^2 R + \alpha \Delta T I \quad (W) \tag{8-16}$$

(3)性能系数

$$\mathrm{COP}=\Phi_0/P=\frac{\alpha IT_c-K\Delta T-\frac{1}{2}I^2R}{I^2R+\alpha\Delta TI} \tag{8-17}$$

利用电阻压降 $V=IR$，式(8-17)又可写作

$$\mathrm{COP}=\frac{\alpha T_c-KR\Delta T/V-\frac{1}{2}V}{V+\alpha\Delta T} \tag{8-18}$$

8.1.3 热电制冷性能的影响因素

热电制冷性能由工作参数和电偶本身的材料特性所决定。

1. 最佳 COP_{opt}

由式(8-18)，应使 KR 最小，并使电阻压降 V 满足 $\frac{\partial \mathrm{COP}}{\partial V}=0$ 的条件。

由 K 和 R 的定义得

$$KR=(\lambda_P r_p+\lambda_N r_N)(\rho_P/r_p+\rho_N/r_N)$$

利用上式，按 $\frac{d(KR)}{d(r_P/r_N)}=0$，求出电偶尺寸优化条件为

$$r_P/r_N=\sqrt{\frac{\rho_P}{\rho_N}\frac{\lambda_N}{\lambda_P}} \tag{8-19}$$

这时，(KR)取得最小值

$$(KR)_{min}=(\sqrt{\rho_P\lambda_p}+\sqrt{\rho_N\lambda_N})^2 \tag{8-20}$$

利用式(8-18)，按 $\frac{\partial \mathrm{COP}}{\partial V}=0$，求出电阻压降(或工作电流)的优化值 $V_{cop_{opt}}$（或 $I_{cop_{opt}}$），以及在该条件下的性能系数最佳值 COP_{opt}

$$V_{\mathrm{COP}_{opt}}=\frac{\alpha\Delta T}{\sqrt{1+ZT_m}-1}\quad (\mathrm{V}) \tag{8-21}$$

$$I_{\mathrm{COP}_{opt}}=V_{\mathrm{COP}_{opt}}/R=\frac{\alpha\Delta T/R}{\sqrt{1+ZT_m}-1}\quad (\mathrm{A}) \tag{8-22}$$

$$\mathrm{COP}_{opt}=\frac{T_c}{T_h-T_c}\frac{\sqrt{1+ZT_m}-T_h/T_c}{\sqrt{1+ZT_m}+1} \tag{8-23}$$

式中

$$T_m=\frac{1}{2}(T_h+T_c)\quad (\mathrm{K}) \tag{8-24}$$

$$Z=\frac{(\alpha_P-\alpha_N)^2}{(KR)_{min}}=\frac{\alpha^2}{(KR)_{min}}\quad 1/(\mathrm{K}) \tag{8-25}$$

Z 称为电偶的优值系数，它的值只与电偶材料的物理性质(温差电动势率、电阻、热导率)有关。Z 是评价电偶热电性能的一个综合参数。

通常，热电偶的优值系数 $Z=3\times10^{-3}$ 1/K。当电偶冷端、热端温度分别是 $T_c=273$ K，$T_h=293$ K 时，依公式(8-23)可得 $\mathrm{COP}_{opt}=1.66$。而相同工作温度区间的逆卡诺循环性能系数 $\mathrm{COP}=\frac{273}{293-273}=13.65$。可见，热电制冷的循环效率即使在性能系数达到最佳值时也只

有逆卡诺循环的 12%，远不及蒸气压缩式制冷的理论循环效率。这是由于热电制冷的热力学不可逆程度较高。所以，热电制冷并不是一种能效经济的制冷方式。

2. 最大制冷量

式(8-15)是电偶制冷量的表达式。可见，电偶的制冷量与工作电流 I 有关。帕尔帖热越大，焦耳热损失越小，则制冷量越大。但帕尔帖热与电流成正比，焦耳热与电流的平方成正比，故存在使制冷量最大的工作电流 $I_{\varphi\max}$。利用式(8-15)，按 $\frac{\partial \Phi_0}{\partial I}$ 的条件，求得

$$I_{\varphi\max} = (\alpha_P - \alpha_N)T_c/R = \alpha T_c/R \quad \text{A} \tag{8-26}$$

该电流下制冷量最大。将 $I_{\varphi\max}$ 代入式(8-8)，整理后得到

$$V_1 = \alpha T_h$$

式(8-26)代入式(8-5)后

$$\Phi_{0,\max} = \frac{(\alpha T_c)^2}{2R} - K\Delta T \tag{8-27}$$

3. 最低冷端温度，最大制冷温差

由式(8-15)或式(8-27)可以看出，若冷端负荷减小，则制冷量变小，这时冷端温度 T_c 将降低或者制冷温差 ΔT 将增大。极限情况 $\Phi_0 = 0$ 时，达到最低冷端温度 $T_{c,\min}$ 或最大制冷温差 $\Delta T_{\max}$。利用式(8-27)和式(8-25)得

$$\Delta T_{\max} = \frac{(\alpha T_c)^2}{2RK} = \frac{1}{2}ZT_c^2 \quad (\text{K}) \tag{8-28}$$

当 T_h 给定时，$T_{c,\min}$ 用下式求取

$$T_{c,\min} + \frac{1}{2}ZT_{c,\min}^2 = T_h \quad (\text{K}) \tag{8-29}$$

不同 Z 值时，用公式(8-28)和(8-29)求得的最大温差和最低冷端温度见表 8-1。

表 8-1　不同 Z 值时的最大温差和最低温度(T_h=300 K)

Z /1/K	1×10^{-4}	5×10^{-4}	1×10^{-3}	5×10^{-3}
$T_{c,\min}$ /K	295.6	280.4	264.9	200
$\Delta T_{\max}$	4.4	19.6	35.1	100

4. 材料的影响

式(8-23)，(8-28)和(8-29)表明，工作参数优化后，热电制冷性能都取决于电偶的优值系数 Z。材料是否适合作热电偶元件，由材料的优值系数 Z 决定。

$$Z = \frac{\alpha^2}{\rho\lambda} \tag{8-30}$$

Z 值越高，材料越好。Z 中所包含的三个物理参数 α，ρ，λ 的值是相互联系的。它们的大小主要取决于电荷载体(电子或离子)的浓度。离子传导型导体中，载荷体是离子；电子传导型导体中，载荷体是电子。电流可以由电子运动形成，也可以是"空穴"移动形成。

优值系数 Z 及组成它的三个参数 α，ρ，λ 与载荷体密度 n 之间的关系见图 8-3。由图中看出，在 $n = 10^{19}$ 个/cm^2 附近，Z 有峰值。这恰恰是半导体的范围。

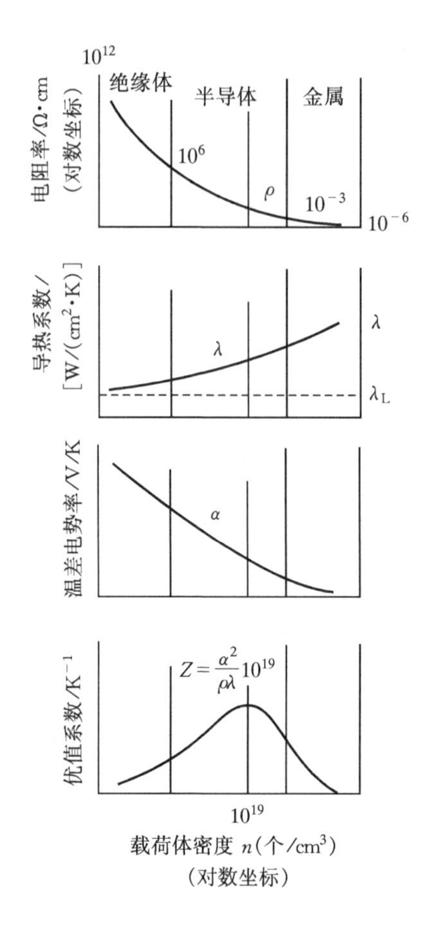

图 8-3　载荷体密度 n 与材料性能 α，ρ，λ 和 Z 的关系

所以热电制冷中使用的材料，应是落在元素周期表的金属与非金属转换线两侧的元素的化合物对。最常用的元素为：铋(Bi)、锑(Sb)、碲(Te)、硒(Sc)。它们已经被做成各种半导体化合物在热电制冷装置中使用，例如：PbTe，SnTe，Bi_2Te_3，Bi_2Sc_3，Sb_2Te_3，ZnSb 等等。

国产 P 型的材料有碲化铋-碲化锑($Bi_2Te_3-Sb_2Te_3$)固溶体合金；N 型的材料是碲化铋-硒化铋($Bi_2Te_3-Bi_2Sc_3$)固溶体合金。它们在温室下的温差电性能见表 8-2。实验材料铋-锑化合物在 200 K 时 Z 值为 0.004～0.005。各种材料的 Z 值与温度有关。

表 8-2 半导体材料在室温下的温差电性能($\alpha=1/\rho$)

性能 \ 半导体材料	区熔法制备		粉末冶金法制备	
	P 型	N 型	P 型	N 型
α /μV/K	215～210	200～230	180～200	180～200
σ /$(\Omega\cdot cm)^{-1}$	1 050～1 150	800～1 200	800～900	900～1 000
λ/W/(m·k)	1.6～1.9	1.8～2.0	1.1～1.3	1.3～1.5
Z /1/K	$(3.2\sim3.5)\times10^{-3}$	$(3.0\sim3.2)\times10^{-3}$	$(2.3\sim2.8)\times10^{-3}$	$(2.2\sim2.7)\times10^{-3}$

8.1.4　多级热电制冷器

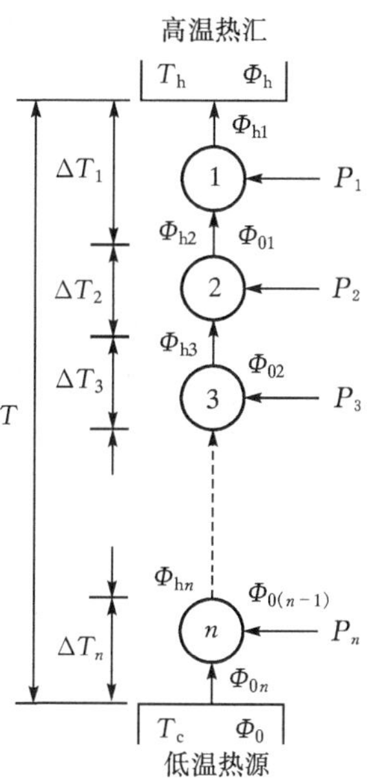

图 8－4　多级热电制冷的热量传递

为了获得更低的制冷温度(或更大的温差)可以采用多级热电制冷。它由单级电堆联结而成。前一级(较高温度级)的冷端是后一级的热端散热器。利用图 8－4 分析 n 级热电制冷器的性能(不考虑级间传热温差及各种损失)。

(1)总温差

$$\Delta T = \Delta T_1 + \Delta T_2 + \cdots + \Delta T_n = \sum_{i=1}^{n} \Delta T_i \quad (8-31)$$

(2)制冷量

$$\Phi_0 = \Phi_{on} \quad (8-32)$$

(3)热端散热量

$$\Phi_h = \Phi_{h1} \quad (8-33)$$

(4)总输入功率

$$P = P_1 + P_2 + \cdots + P_n = \sum_{i=1}^{n} P_i \quad (8-34)$$

(5)性能系数　　$COP = \Phi_0 / P$

由多级电堆的能量平衡有

$$\Phi_h = \Phi_0 + P = \Phi_0(1 + 1/COP) \quad (8-35)$$

分别对各级电堆建立能量平衡,并考虑到前一级的制冷量就等于下一级的散热量即 $\Phi_{0i} = \Phi_{h(i+1)}$,可得出下列关系

第一级　$\Phi_{01} = \Phi_{h1}(1 + 1/COP_1)$;

第二级　$\Phi_{02} = \Phi_{h2}(1 + 1/COP_2) = \Phi_{h1}/(1 + 1/COP_1)(1 + 1/COP_2)$

第三级　$\Phi_{03} = \Phi_{h3}(1 + 1/COP_3) = \Phi_{h1}/(1 + 1/COP_1)(1 + 1/COP_2)(1 + 1/COP_3)$

⋮

第 n 级　$\Phi_{0n} = \Phi_{h1} / \prod_{i=1}^{n}(1 + 1/COP_i)$　　(8－36)

将式(8－32)和(8－33)代入式(8－36)

$$\Phi_0 = \Phi_h / \prod_{i=1}^{n}(1 + 1/COP_i) \quad (8-37)$$

式(8－35)代入式(8－37)

$$1 + 1/COP = \prod_{i=1}^{n}(1 + 1/COP_i)$$

所以

$$COP = [\prod_{i=1}^{n}(1 + 1/COP_i) - 1]^{-1} \quad (8-38)$$

由于热电制冷的每一级电堆散热量远大于制冷量,所以高温级的热电偶数目要比低温级大得多。此外,随着温度的降低,元件的温差电性能变差,总的温差 ΔT 并不随级数的增多成比例提高。所以实际上多级热电制冷的级数也不宜很多,一般为 2～3 级,最多达 8 级。例如,

某二级热电制冷器,第二级用电偶22对;第一级则需用电偶56对,串联,风冷,总温差可达70℃。某三级热电制冷器,采用同样的电偶,第三级用4对;第二级要18对;第一级则需114对,串联,水冷,总温差可达99℃。6～8级的热电制冷器,若热端温度50℃,冷端温度可低到140～160K(－113～－133℃)。

多级热电堆的实际连接方式见图8-5。有串联、并联,或者串并联三种连接型式。

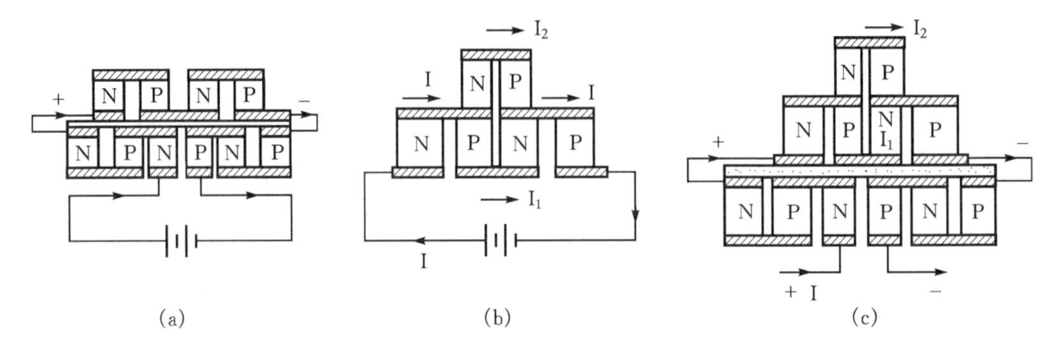

图8-5　多级热电堆的连接

(a)串联二级;(b)并联二级;(c)串、并联三级

串联型多级热电堆的特点是各级的工作电流相同。级与级之间的连接处需要一层导热的电绝缘层隔开,其材料一般采用阳极氧化铍、氧化铝等。要求该绝缘层的导热系数大,以减少级间传热温差引起的损失。

并联型多级热电堆的工作电流大,由于级间既要导热又要导电,所以不需要级间电绝缘,也无级间温差。当要求的温差和负荷与串联型电堆相同时,并联型的电堆耗电要小些,但是线路设计比较复杂。

8.2　热电制冷的特点及应用

8.2.1　热电制冷的特点

(1)结构简单　整个制冷器由热电堆和导线连接而成,没有机械运动部件,因而无噪声,无摩擦,可靠性高,寿命长,维修方便。

(2)体积小　在小体积、小负荷的用冷场合,使用热电制冷有其独到的好处。

(3)启动快,控制灵活　只要接通电源,即可迅速制冷。冷却速度和制冷温度都可以通过调节工作电流简单而方便地实现。

(4)操作具有可逆性　既可以用来制冷,又可以改变电流方向用于制热,因而可以用来制做高于室温到低于室温范围内的恒温器。

(5)主要缺点是效率低、耗电多　由于缺少更好的半导体材料,限制了它的发展。另外,半导体电堆的元件价格高。综合效率和价格等因素,在大容量情况下,热电制冷的能效不及蒸气压缩式制冷,电堆庞大,价格昂贵。但是蒸气压缩式制冷机的能效随容量的减小而下降,而热电制冷的能效与容量大小无关;且压缩机也不可能做得过于小,而热电制冷小到可以仅由一对基本电偶组成。制冷量在20 W以下,温差不超过50℃时,热电制冷的能效高于压缩式制冷。

8.2.2　热电制冷的应用

需要微型制冷的场合，热电制冷发挥很好的作用，广泛地用作电子器件、仪表的冷却器，或用在低温测量器械中，或制作小型恒温器等。

1. 热电制冷在电子器件上的应用

使用条件严格、对温度反应敏感的电子元器件，必须保证它们在低温或恒定的温度条件下工作，才能发挥其性能。例如，红外探测器在低温下才能有高灵敏度和探测率。硫化铅、硒化铅红外探测器在 −10 ℃时的响应比 20 ℃时的响应要高出几倍；在 −78 ℃时，其探测率可以提高一个数量级。为此用途的热电制冷器，一种由 4 级电堆组成，在真空中输入功率 10 W，达到 −95 ℃的低温，而制冷器本身仅 750 g，连散热器、电风扇加在一起的体积也只有 322 cm^3。另一种是二级电堆组成，耗电 6 W，冷却硫化铅红外探测器，使其信噪比提高许多倍。

许多电子元件要求在恒温条件下工作，例如电阻、电容、电感、晶体管、石英晶体管等。用热电制冷的方法制做恒温器，为它们提供恒温工作条件。各种小型热电式恒温器容积从2.5 cm^3到 300 cm^3。采用热电制冷方式使恒温器的温度控制简单、精确。用热敏电阻作感温件，它们的温控精度可达±0.05 ℃。

在标准电器（电池、电容）标定测量中，需要超级恒温槽。采用热电制冷，其恒温控制精度可达±0.005 ℃。

石英晶体振荡器用的热电恒温器在外界温度变化幅度为 45～−15 ℃时，工作室内温度可以稳定在 10±0.5 ℃，所配备的热电堆功率 30 W，电流 3 A。恒温工作室尺寸为 ϕ50 mm×138 mm，整个外形尺寸为：144×56×56(mm^3)，其结构如图 8-6 所示。

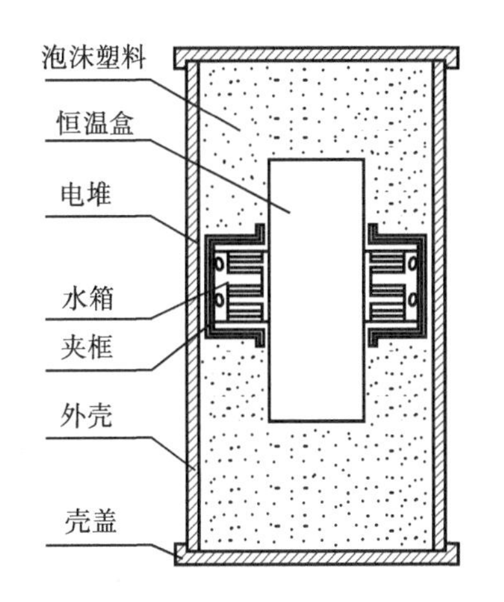

图 8-6　石英晶体振荡器用恒温器

多路通信机用的恒温器结构如图 8-7 所示。它使用的热电制冷器工作电流为 3 A；功率为 5 W；实际效率为 36%。采用空气自然对流的散热方式，散热片面积 0.3 m^2。当外界环境温度在 −5～45 ℃之间变化时，恒温室内温度可以稳定在 25±1 ℃。

原子物理、天文学等科技领域中广泛使用的光学倍增管，其暗电流、噪声、灵敏度等参数主要取决于光电阴极的温度。用二级热电制冷器为它提供低温，可以有效地降低其噪声和暗电流，提高灵敏度。

又如，美国的 M14010 型 4 级微型半导体制冷器，用在手提式热观察仪上。热端温度 300 K 时，冷端温度 195 K，制冷量 50 mW，输入电功率 7.2 W。

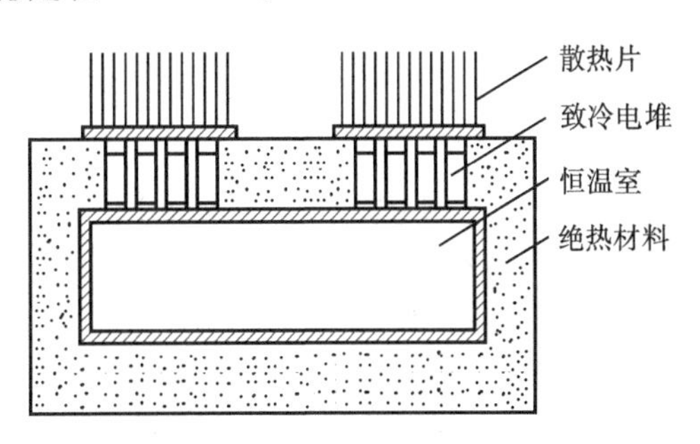

图 8-7　多路通信机用恒温器

2. 热电制冷在工业上的应用

(1)高真空技术　为了提供极高的真空度，需要在扩散泵上加冷阱。用热电制冷的冷阱与用液态气体(如液态空气、液氮、……)制冷的冷阱相比，前者可以将真空度提高约1个数量级。

(2)工业气体含水量的测定与控制　冶金、化工、机械制造工业中，常常需要准确地测定气体的露点。测定装置中的露点温度计是很关键的部件。用热电制冷元件制作的露点温度计具有结构简单、精度高的优点。图8-8是69式露点仪的示意图。它可以测至-90 ℃的露点温度。其工作过程如下：被测气体由入口流入工作室，开动仪器，使镜面开始降温，首先调节光栅G，G′，使硅光电池A，A′的光电压差等于零，这时没有信号输出。在整个过程中镜面温度由露点温度显示器Ⅶ自动追踪显示。当温度降到一定程度，镜面出现露珠时，硅光电池A′的受光显著减弱，A与A′通过Ⅰ的比较，有信号输出。这个信号经过放大及一系列过程去带动继电器Ⅲ，使指示灯Ⅷ发出指示。同时，制冷电堆的电源停止供电，温度跟踪也随之停止。这时露点温度显示器Ⅶ显示出的值即为露点温度。

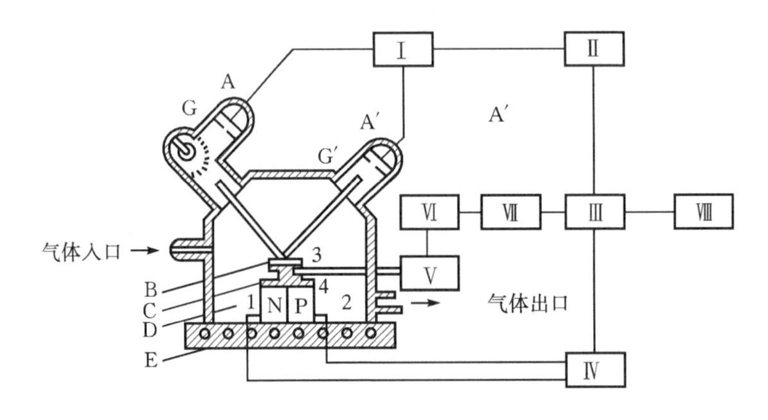

图8-8　露点测量仪装置示意图

A，A′—硅光电池；B—光反射镜面；C—铂电阻测温计；D—半导体制冷电堆；E—散热器；G，G′—光栅；1，2—热电堆的电极；3，4—铂电阻的两端；Ⅰ—硅光电池A，A′比较器；Ⅱ—放大器；Ⅲ—继电器；Ⅳ—制冷电堆的电源；Ⅴ—平衡电桥；Ⅵ—功率放大器；Ⅶ—露点温度显示器；Ⅷ—指示灯

为了重复进行测量，需要消露。这时，只要改变制冷电堆的电流方向将对镜面的制冷作用转变成加热作用即可实现。不过需要注意反向电流一般应小于正向电流，以免过热烧坏制冷电堆的元件。

(3)测量仪和分析仪　热电偶温度测量装置中必须使用零点仪。一般多用冰水混合物作零点，使用起来不够方便。可以用热电制冷器做成人工零点仪，使测量方便可靠。图8-9示出半导体零点仪的一种结构。

又譬如，在石油、化工工业中需要测量各种冷凝液、油品的物理性质，比如石油倾点、石油凝点等，这些测量仪和分析仪也用到热电制冷。

精密机床的油箱冷却也可以用热电制冷提供冷源。

3. 热电制冷在畜牧业和医学上的应用

在畜牧业中热电制冷主要用于储存良种畜的精液。

动物的精子在室温下很快会死亡；在 0 ℃时可存活几天；在－78 ℃时则可存活几年。用热电制冷的冷藏瓶在低温下保存和输送动物精液十分方便。

热电制冷在医学上的应用更为广泛。例如，在外科小手术中，用热电制冷器对浅表的腔壁很薄的小脓肿施行冷冻麻醉，然后施行切开排脓手术。又如冷冻止血、冷冻切除白内障等。组织切片中用热电制冷器，设备简单、小巧，降温快，大大缩短制片时间，并能提高制片质量。热电制冷器还是低温手术的冷却设备，用热电制冷器做成降温帽为患者头部降温。药用热电冷藏箱，容积在 1 0～20 升时，经济性比机械式制冷好，用于保存血浆、疫苗、血清、药品等。生物试验用的小型恒温槽也采用热电制冷方式。

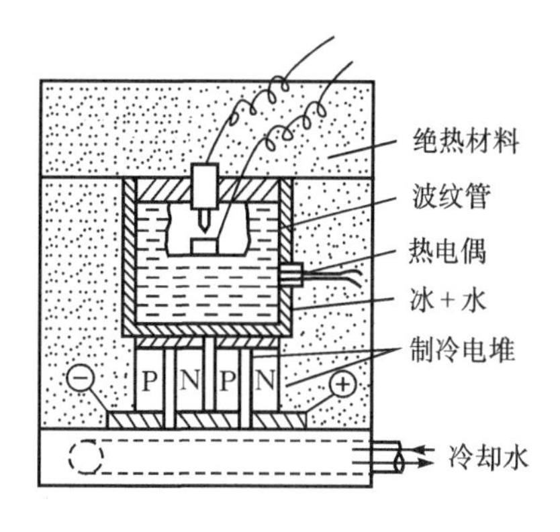

图 8－9　半导体零点仪

4. 其它方面的应用

在电源充足，运行经济性不作为首要考虑的应用场合，取热电制冷可靠、简单、无噪声、无振动、无工质泄漏等长处，用作空调或冷藏装置。如核潜艇、卫星站、飞机、地下建筑的空调器。

此外，在国外（电费比较便宜的国家），尽管热电制冷效率低，但由于方便，它的使用仍在不断增加。手提式半导体冰箱在野营、出游及兵营中获得较多应用。

8.3　热电堆设计

热电制冷设备主要由热电堆、导热的电绝缘层、冷板和散热器组成，见图 8－10。其电路组成如图 8－11 所示。

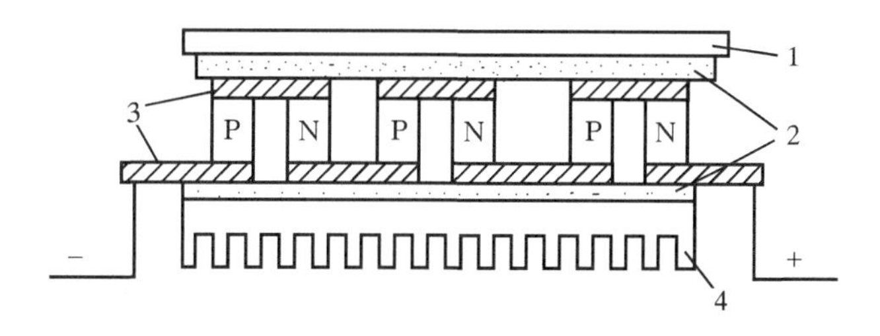

图 8－10　热电制冷设备的结构

1—冷板；2—导热的电绝缘层；3—金属板；4—散热器

由于一对基本电偶的制冷量很小，实际使用时为了满足指定的冷量要求，需要将许多电偶连接成电堆。连接时，必须将所有的冷结点放在一侧，所有的热结点放在另一侧。电偶可以串连，也可以并联。电偶臂之间的缝隙用绝缘树脂注塑充填或用合成树脂泡沫材料充填，使整个热电堆形成一个刚性整体。

冷板起导出冷量的作用。冷板应与被冷却物体保持良好的热接触。在某些情况下，也可以不用冷板，让冷端直接接触被冷却对象。这时，接触面应具有良好的导热性和电绝缘性。

散热器起热端散热的作用。按冷却条件可以做成不同形式。采用水冷却时，将散热器作

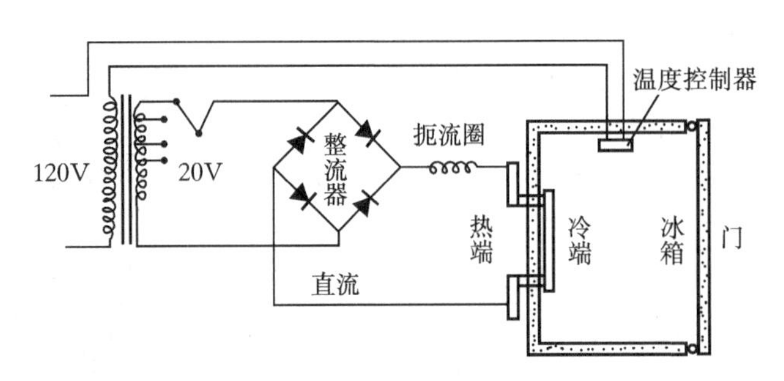

图 8-11　热电制冷装置的电路组成

成水箱,用冷却水带走热量。采用空气冷却时,散热器可从做成带有翅的表面,翅型有片状和针状。如果制冷设备的功率不大,还可以直接用被冷却件的机壳散热,不必另设热端散热器。如果制冷设备是瞬时或者间歇工作的,可以用某些低熔点的盐类散热,也可以利用某种液体的汽化来散热。由于盐类熔化或者液体汽化时潜热大、温度不变,提供了定温吸热的条件,而且散热强度高。

为了使同一侧结点的热量都能汇集到金属板(冷板或散热器)上,而又保证各电偶元件之间能够有相互的电隔离性,在电堆冷端与冷板之间、电堆热端与散热器之间用一层能导热却不能导电的物质隔开,该隔层即导热的电绝缘层。云母片、涂漆层或不导电的金属氧化物膜片都可以作为导热的电绝缘层材料。该层的厚度越小越好,因为它夹在电堆结点与热交换器之间,将产生附加热阻和附加温度差。通常每层引起的附加温差都在 2 K 以上。

根据使用要求确定电堆的元件(电偶)数目、连接方式、输入电功率以及确定各部分的结构尺寸是热电堆设计的基本任务。本章 8.1 节中给出了基本电偶(即一个元件)的制冷特性计算公式,这些公式是进行热电堆设计的基本依据。下面简要说明热电堆的设计思想和设计步骤。

1. 设计已知条件

制冷量 Φ_{0t} 由热负荷确定;

欲达到的低温 T_r ,由使用要求给定;

冷却介质温度 T_a ;

热结点与冷却介质的传热温差 ΔT_h ,由热端散热方式(如空气自然对流散热、空气强制对流散热、液体对流散热……)及表面传热系数 h_h [W/(m^2 · K)]决定;

冷结点与被冷却对象的传热温差 ΔT_c ,由冷端传热方式(如紧密接触导热、冷却空气、冷却液体……)及表面传热系数 h_c [W/(m^2 · K)]决定。

2. 工作参数确定

热端温度　$T_h = T_a + \Delta T_h$

冷端温度　$T_c = T_r - \Delta T_c$

冷热端温差　$\Delta T = T_h - T_c$

3. 热电堆级数

按 ΔT 确定热电堆采用几级制冷。单级电堆的最大温差为 50 K 左右。温差更高时,就要考虑采用多级电堆。

4. 元件尺寸及其连接方式

在“8.1.3”中已给出电偶尺寸的优化，电偶元件的最佳尺寸关系由公式(8-19)确定

$$r_P/r_N = \sqrt{\frac{\rho_P}{\rho_N}\frac{\lambda_N}{\lambda_P}}$$

电偶元件的材料选定后，一定的工作温度范围内，具有相同面长比 r 的电偶元件，其制冷量不受自身体积大小的影响。因此，如果元件长度 L 大，则横截面积 A 也大，使重量增加。例如两个电偶元件 $r_1 = r_2$；若 $L_1 : L_2 = 2:1$，则 $A_1 : A_2 = 2:1$。二者的重量比为 $W_1 : W_2 = 4:1$。所以，为了减轻重量和节省半导体材料，应尽量减小元件的截面。但 A 不应小到使元件的接触电阻过分明显。

如果选定了电偶元件的长度 L，又由制冷量确定了电臂的面长比 r，元件所需的横截面积即可确定，该面积可以以不同的方式构成。图 8-12示出使 A 所示的电偶负荷增加 3 倍所采用的三种不同方式。B 方式与 C 方式本质上是相同的，属于并联，它们的电压与图中 A 的情况相同，但电流及热流与截面积成正比，是 A 的 3 倍。D 方式为串连型，电压与电偶个数成正比，所以 D 的电压是 A 的 3 倍，而电流与 A 相同。同一级中电偶的上述两类连接方式，B，C 适合于大电流；D 适合于较高的电源电压。

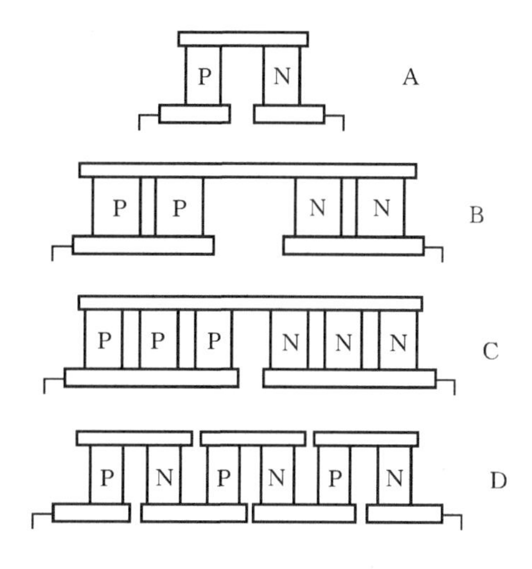

图 8-12　一级中增加热电偶功率的不同方法

5. 设计工作状态的选择

按性能系数最优还是按制冷量最大设计热电堆，应综合考虑负荷的大小、温差的大小、散热方式及具体工作条件而选择。

在相同的设计条件下，依制冷性能数优化的原则设计电堆，则能量转换的效率高，耗电少，热端散热少，但需要的电偶元件多，体积大，材料成本高。若依制冷能力优化的原则设计电堆，利弊与上相反。微型制冷中，能量转换效率不是主要问题，缩小尺寸和发挥制冷能力是主要目的。

6. 设计计算步骤

(1)若已给定电源电压 V_t，确定电堆的元件尺寸和需用电偶数目 n　计算一个电偶的 R，K 值

$$R = \rho_P/r_p + \rho_N/r_N = \frac{1}{r_P}\left(\rho_P + \frac{r_p}{r_N}\rho_N\right)$$

$$K = \lambda_P r_p + \lambda_N r_N = r_P\left(\lambda_P + \frac{r_N}{r_p}\lambda_N\right)$$

令
$$\rho_m = \rho_P + \frac{r_p}{r_N}\rho_N \tag{8-39}$$

$$\lambda_m = \lambda_P + \frac{r_N}{r_p}\lambda_N \tag{8-40}$$

则
$$R = \rho_m/r_P \tag{8-41}$$

$$K = \lambda_m r_P \tag{8-42}$$

按最大制冷量设计,一个电偶上的电流为 $I_{\varphi max}$,电压为 V_1 ,用式(8-8)和(8-26)

$$V_1 = I_{\phi max}R + \alpha\Delta T = \alpha T_c + \alpha\Delta T = \alpha T_h \tag{8-43}$$

设电偶串连,则需要电偶数目为

$$n = V_t/V_1 \tag{8-44}$$

由式(8-27),(8-41)和(8-42)得到一个热电偶的制冷量

$$\frac{\Phi_{0t}}{n} = \Phi_{max} = \left(\frac{\alpha^2 T_c^2}{2\rho_m} - \Delta T\lambda_m\right)r_p$$

P 型电臂的面长比为

$$r_p = \Phi_{0t}/\left[\left(\frac{\alpha^2 T_c^2}{2\rho_m} - \Delta T\lambda_m\right)n\right] \tag{8-45}$$

N 型电臂的面长比由式(8-19)确定。

取两臂长度相等为 L,则电偶两臂的横截面积分别为

$$A_P = r_P L \tag{8-46}$$

$$A_N = r_N L \tag{8-47}$$

(2)若已知电偶元件的尺寸(r_p , r_N),求电源电压 V_t 及 n 此条件下 R,K 值直接由式(8-41)和(8-42)计算出。按式(8-27)算出一个电偶的制冷量 $\Phi_{0,max}$ 及其电压降 V_1 。则所需电偶数及电源电压分别为

$$n = \Phi_{0t}/\Phi_{0,max} \tag{8-48}$$

$$V_t = nV_1 \tag{8-49}$$

例 8-1　试为一台小型恒温器设计热电堆。恒温器的热负荷为 3 W,内部温度维持在 -3 ℃,冷端与恒温器内部之间的温差为 2 ℃。热端用水冷却,冷却水温度为 25 ℃,传热温差 3 ℃。电源电压为 1.5 V。热电偶元件材料的性质为

$$\alpha_P = \alpha_N = 1.8\times10^{-4} \quad V/K;$$

$$\rho_P = \rho_N = 1.25\times10^{-3} \quad \Omega\cdot cm;$$

$$\lambda_P = \lambda_N = 1.4\times10^{-2} \quad W/(m\cdot K);$$

解　由已知条件可知热电堆的工作温度为

$$T_h = 25+3 = 28\ ℃ = 301 \quad K$$

$$T_c = (-3-2)\ ℃ = -5\ ℃ = 268 \quad K$$

$$\Delta T = 33 \quad K \quad 故采用单级电堆$$

因为 P 型和 N 型电臂材料性质相同, $r_P = r_N = r$,所以

$$R = (\rho_P + \rho_N)/r = 2.5\times10^{-3}/r$$

$$K = (\lambda_P + \lambda_N)r = 2.8\times10^{-2}r$$

按制冷量最大设计电堆

$$V_1 = \alpha T_h = 2\times1.8\times10^{-4}\times301 = 0.108 \quad V$$

$$n = V_t/V_1 = \frac{1.5}{0.108} = 14$$

$$r = \Phi_{0t}/[(\frac{\alpha^2 T_c^2}{2\rho_m} - \Delta T\lambda_m)n]$$

$$= \frac{3}{\left[\frac{(2\times1.8\times10^{-4}\times268)^2}{2\times2\times1.25\times10^{-3}}-33\times2\times1.4\times10^{-2}\right]\times14}$$

$=0.23\ \text{cm}=2.3\quad \text{mm}$

取电臂长度 $L=9$ mm，则横截面积

$$A = rL = 2.3\times9=20.7=(4\times5.2)\quad \text{mm}^2$$

因此，用所给的 P 型和 N 型半导体材料制作电偶元件，每个电臂的尺寸为 9×5.2×4。单级串连 14 个电偶组成电堆。该电堆的设计工作参数为

电流　$I = I_{\phi\max} = \frac{\alpha T_c r}{\rho_m} = \frac{3.6\times10^{-4}\times268}{2.5\times10^{-3}}\times0.23 = 8.9\quad \text{A}$

功率　$P_t = V_t I = 1.5\times8.9 = 13.4\quad \text{W}$

性能系数　$\text{COP}= \Phi_{0t}/P_t = 3/13.4=0.223$

例 8-2　试为 20 W 的半导体冰箱设计热电堆。已知箱外环境温度 30 ℃，热端采用风冷散热，温差为 8 ℃，箱内温度 −2 ℃，冷端温差 2 ℃。电臂的面长比 $r=0.185$ cm，材料性质为

$$\alpha_P = \alpha_N = 2.15\times10^{-4}\quad \text{V/K};$$
$$\rho_P = \rho_N = 8.7\times10^{-3}\quad \Omega\cdot\text{cm};$$
$$Z=2.95\times10^{-3}\quad 1/\text{K};$$

解　工作温度

$$T_h = 30+8=38\ ℃=311\quad \text{K}$$
$$T_c = (-2-2)\ ℃ = -4\ ℃=269\quad \text{K}$$
$$\Delta T = 42\quad \text{K}$$ 故采用单级电堆。

按性能系数最佳设计，利用式(8-23)得

性能系数　　$\text{COP}_{opt}=0.559$

电源功率　　$P = \Phi_{ot}/\text{COP}_{opt} = \frac{20}{0.559} = 35.75\quad \text{W}$

工作电流由式(8-22)确定　　$I_{\text{COP}_{opt}} = 5.3\quad \text{A}$

每个电偶上的电压降，由式(8-8)　$V_1 = =0.0679\quad \text{V}$

电偶串连，要求电源电压　　$V_t = \frac{P_t}{I_{\text{COP}_{opt}}} = \frac{35.75}{5.3} = 6.7= nV_1$

需要电偶数目　　$n = V_t/V_1 = 6.7/0.0679=99$ 个

例 8-3　被冷却物要求温度降至 −30 ℃，冷负荷为 5 W，用半导体制冷实现冷却。若环境温度 27 ℃，热端传热温差 13 ℃，采用空气对流散热；冷端传热温差 2 ℃。电源电压为 $V_t =$ 6 V。试设计热电堆。电偶材料的性质为

$$\alpha_P = \alpha_N = 2.0\times10^{-4}\quad \text{V/K};$$
$$\rho_P = \rho_N = 0.9\times10^{-3}\quad \Omega\cdot\text{cm};$$
$$Z=2.3\times10^{-3}\quad 1/\text{K};$$

解　冷、热端温差

$$\Delta T = (27+13)-(-30-2)=72\quad \text{K}$$

故采用两级热电堆。

设级间传热温差为 3 ℃。各级温差的分配应使每级的性能系数尽量相等，在无级间温差

时,两级电堆的中间温度 T_z 可以近似按下式计算

$$T_z = \sqrt{T_h T_c} = \sqrt{313 \times 241} = 274.6 \quad \text{K}$$

据此,初步确定各级的工作温度

$$T_{h1} = 313\ \text{K};\ T_{c1} = 271\ \text{K};\ \Delta T_1 = 42\ \text{K};\ T_{m1} = 292\ \text{K};$$

$$T_{h2} = 274\ \text{K};\ T_{c2} = 241\ \text{K};\ \Delta T_2 = 33\ \text{K};\ T_{m2} = 257.5\ \text{K}$$

两级均按性能系数最佳设计电堆。利用式(8-23),分别计算两级的性能系数得

$$\text{COP}_1 = 0.388, \quad \text{COP}_2 = 0.404$$

则总性能系数为　$\text{COP} = [(1 + 1/\text{COP}_1)(1 + 1/\text{COP}_2) - 1]^{-1} = 0.0875$

采用两级串连,故各级工作电流相同

总功率　　$P = \Phi_{ot} / \text{COP} = 5/0.0875 = 57 \quad \text{W}$

工作电流　　$I = P_t / V_t = 57/6 = 9.5 \quad \text{A}$

利用式(8-22)和式(8-41)分别求出各级电偶元件的面长比

$$r_1 = \frac{(\sqrt{1 + ZT_{m1}} - 1)\rho_m I}{\alpha \Delta T_1}$$

$$= \frac{(\sqrt{1 + 2.3 \times 10^{-3} \times 292} - 1) \times 2 \times 0.9 \times 10^{-3} \times 9.5}{2 \times 2.0 \times 10^{-4} \times 42} = 0.3 \quad \text{cm}$$

$$r_2 = \frac{(\sqrt{1 + ZT_{m2}} - 1)\rho_m I}{\alpha \Delta T_2} = 0.34 \quad \text{cm}$$

利用式(8-8)和式(8-21)计算各级中每一个电偶上的电压降

$$V_{1(1)} = \frac{\alpha \Delta T_1}{\sqrt{1 + ZT_{m1}} - 1} + \alpha \Delta T_1 = 0.0741 \quad \text{V}$$

$$V_{1(2)} = \frac{\alpha \Delta T_2}{\sqrt{1 + ZT_{m2}} - 1} + \alpha \Delta T_2 = 0.0635 \quad \text{V}$$

每一级上的功率

$$P_{t2} = \Phi_{ot} / \text{COP}_2 = 5/0.404 = 12.4 \quad \text{W}$$

$$P_{t1} = P_t - P_{t2} = 57 - 12.4 = 44.6 \quad \text{W}$$

每一级上的电压

$$V_{t1} = P_{t1} / I = 44.6/9.5 = 4.7 \quad \text{V}$$

$$V_{t2} = V_t - V_{t1} = 6 - 4.7 = 1.3 \quad \text{V}$$

每级所需电偶数目

$$n_{t1} = V_{t1} / V_{t(1)} = 4.7/0.0741 = 64\ 个$$

$$n_{t2} = V_{t2} / V_{t(2)} = 1.3/0.0635 = 20\ 个$$

两级电堆第一级采用面长比 $r_1 = 0.3$ cm 的电偶 64 个;第二级(低温级)采用面长比 $r_2 = 0.34$ cm 的电偶 20 个,串联连接。实际上,为了制作方便,两级电偶元件可以采用相同尺寸。例如取 $L_1 = L_2 = 0.7$ cm, $A_1 = A_2 = 0.21$ cm^2。不过这时的工作参数与上面的计算有一定的出入。

需要指出,以上列举的理论设计计算都没有考虑损失。事实上,从交流电源变压、整流到直流电,存在着变压和整流损失;热电堆连接处存在着接触热阻,也要引起损失。所以理论计算与实际情况是有偏差的,有时偏差还比较大。应根据实测性能对理论设计加以调整,或者在

理论设计时,参考一些已有的经验数据进行修正。

思考题

1. 试述热电制冷的机理和目前的使用场合。
2. 热电制冷的特点有哪些?

第 9 章

制冷机的热交换设备

热交换器是制冷机的重要设备,其特性对制冷机的性能有重大影响。热交换器中包括多种传热方式(冷凝、沸腾、强制对流、自然对流、导热等等),因而有关制冷机热交换设备的计算是多样的。本章主要介绍蒸发器和冷凝器,也适当介绍一些制冷机的辅助热交换器。

9.1 热交换设备中的传热过程

制冷系统中需要交换热量的流体常常分别处在固体壁面的两侧。例如在氟里昂卧式冷凝器中,冷却水在管内流动,氟里昂蒸气在管外凝结。蒸气凝结时放出的热量通过管壁传递给冷却水。这种热量由壁面一侧的流体穿过壁面传给另一侧流体的过程,称为传热过程。制冷机热交换设备涉及的传热过程包括通过平壁的传热过程、通过圆管的传热过程以及通过肋壁的传热过程。

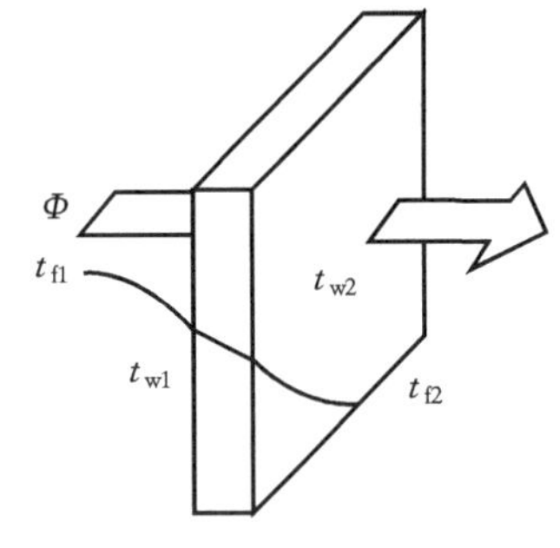

图 9-1 通过平壁传热方式

9.1.1 平壁传热

图 9-1 表示通过平壁的传热方式,平壁左侧的高温流体经平壁把热量传递给平壁右侧的低温流体。

传热过程中传递的热量正比于冷、热流体的温差及传热面积,它们之间的关系可用传热方程式表示

$$\Phi = KF\Delta t \quad (\mathrm{W}) \tag{9-1}$$

式中 Φ——单位时间通过平壁的传热量,W;

F——传热面积,m^2;

Δt——冷、热流体间的温差,℃;

K——传热系数,$W/(m^2 \cdot ℃)$。

当 $F = 1\ m^2$,$\Delta t = 1$ ℃时,$\Phi = K$,表明传热系数在数值上等于温差为 1 ℃,面积为 1 m^2 时的传热率。传热系数是热交换设备的一个重要指标,传热系数愈大,传热过程愈激烈。

公式(9-1)可改写成热流密度的形式

$$q = K\Delta t \quad (\mathrm{W/m^2}) \tag{9-2}$$

式中,q 为热流密度。

传热系数可用下列方法求取。将整个传热过程分成三个分过程:高温流体向壁面传热、平壁导热以及壁面向低温流体传热。设高温流体与壁面间的表面传热系数为 h_1;平壁的热导率

为 k；壁厚为 δ；壁面与低温流体间的表面传热系数为 h_2；则热阻的计算公式为

$$\frac{1}{K}=\frac{1}{h_1}+\frac{\delta}{k}+\frac{1}{h_2} \tag{9-3}$$

式中，$\frac{1}{K}$ 是整个传热过程的热阻，$\frac{1}{h_1}$，$\frac{\delta}{k}$ 和 $\frac{1}{h_2}$ 是各分过程的热阻。

传热系数 K 为

$$K=\frac{1}{\frac{1}{h_1}+\frac{\delta}{k}+\frac{1}{h_2}} \tag{9-4}$$

对于 n 层平壁，热阻的计算公式为

$$\frac{1}{K}=\frac{1}{h_1}+\frac{\delta_1}{k_1}+\frac{\delta_2}{k_2}+\cdots+\frac{\delta_n}{k_n}+\frac{1}{h_2}$$

9.1.2　圆管传热

图 9-2 表示通过圆管的传热方式。

设圆管长度为 l，内、外径分别为 d_i 和 d_o，相应的半径为 r_i 和 r_o，管壁材料的热导率为 k，管子内侧流体的表面传热系数为 h_i，外侧为 h_o，管子内外侧流体的温度分别为 t_i 和 t_o。

与平壁传热不同，由于圆管的内、外表面积不相等，所以传热系数也有内、外之分。以圆管外表面积 F_o 为基准时，单位时间传热量 Φ 为

$$\Phi=K_oF_o(t_i-t_o)=K_o\pi d_o l(t_i-t_o)\quad(\mathrm{W}) \tag{9-5}$$

单位长度的传热密度 q_l 为

$$q_l=\frac{\Phi}{l}=K_l(t_i-t_o)\quad(\mathrm{W/m}) \tag{9-6}$$

$$K_l=K_o\pi d_o \tag{9-7}$$

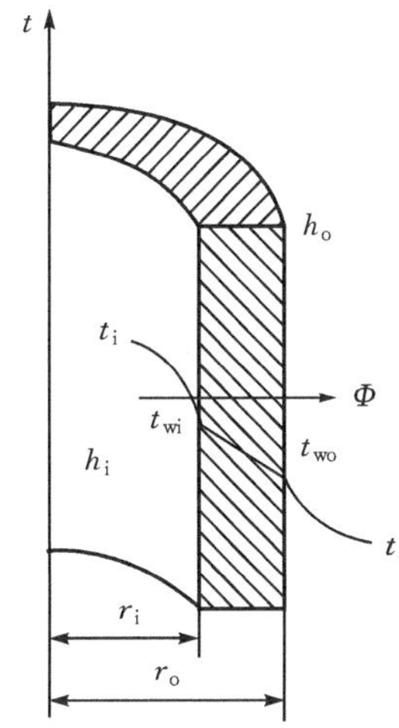

图 9-2　通过圆管的传热方式

热阻的计算公式

$$\frac{1}{K_l}=\frac{1}{h_i\pi d_i}+\frac{1}{2\pi k}\ln\frac{d_o}{d_i}+\frac{1}{h_o\pi d_o} \tag{9-8}$$

式中，$\frac{1}{K_l}$ 是单位长度圆管的热阻，$\frac{1}{h_i\pi d_i}$，$\frac{1}{2\pi k}\ln\frac{d_o}{d_i}$，$\frac{1}{h_o\pi d_o}$ 是单位长度圆管的局部热阻。

按传热系数 K_o 与 K_l 的关系，得

$$K_o=\frac{1}{\frac{1}{h_i}\frac{d_o}{d_i}+\frac{d_o}{2k}\ln\frac{d_o}{d_i}+\frac{1}{h_o}} \tag{9-9}$$

在工程计算中，当圆管的内、外径之比 $\frac{d_o}{d_i}<2$ 时，公式(9-9)可改写成

$$K_o=\frac{1}{\frac{1}{h_i}\frac{d_o}{d_i}+\frac{\delta}{k}\frac{d_o}{d_m}+\frac{1}{h_o}} \tag{9-10}$$

或

$$K_o = \frac{1}{\frac{1}{h_i}\frac{F_o}{F_i}+\frac{\delta}{k}\frac{F_o}{F_m}+\frac{1}{h_o}} \tag{9-11}$$

式中，δ 为圆管壁厚，k 为圆管热导率，d_m 为圆管内、外径的算术平均值，F_m 为圆管内、外表面积的算术平均值。

热交换器投入使用后，传热表面会产生污垢，使总热阻增加。为考虑污垢的热阻，引入污垢系数 γ_i 和 γ_o。γ_i 表示内表面的污垢系数，γ_o 表示外表面的污垢系数。传热系数的计算公式为

$$K_o = \frac{1}{\left(\frac{1}{h_i}+\gamma_i\right)\frac{F_o}{F_i}+\frac{\delta}{k}\frac{F_o}{F_m}+\left(\frac{1}{h_o}+\gamma_o\right)} \tag{9-12}$$

或

$$K_o = \frac{1}{\left(\frac{1}{h_i}+\gamma_i\right)\frac{d_o}{d_i}+\frac{\delta}{k}\frac{d_o}{d_m}+\left(\frac{1}{h_o}+\gamma_o\right)} \tag{9-13}$$

污垢系数可用实验确定，也可近似地按表9-1选取。

表9-1　换热器传热表面的污垢系数　　单位：$m^2 \cdot ℃/kW$

部位及介质	污垢系数	部位及介质	污垢系数
冷凝器氨侧	0.43	蒸发器氨侧	0.6
氟里昂(钢管)侧	0.09	冷媒水、水蒸气侧	0.045
城市生活用水垢层	0.17	混浊河水垢层	0.5
经处理的工业循环用水垢层	0.17	井水、湖水垢层	0.17
未经处理的工业循环用水垢层	0.43	近海海水垢层	0.17
处理过的冷水塔循环用水垢层	0.17	远海海水垢层	0.086
清净河水垢层	0.34		

已知表面传热系数后，才能求得传热系数 K_o、壁面温度 t_w 以及热流密度 q，但表面传热系数是壁面温度 t_w 或热流密度 q 的函数，因此 t_w 和 q 不能直接求取，要用迭代法或图解法求取。应用迭代法计算时，将壁面外表面温度 t_{wo} 作为参变数，并把传热方程式分解成下面两个方程式进行计算

$$q = \frac{\Phi}{F_o} = h_o \Delta t_o \quad (W/m^2) \tag{9-14}$$

$$q = \frac{\Delta t_i}{\left(\frac{1}{h_i}+\gamma_i\right)\frac{d_o}{d_i}+\frac{\delta}{k}\frac{d_o}{d_m}+\gamma_o} \quad (W/m^2) \tag{9-15}$$

式中，q 是以外表面为基准的热流密度；Δt_o 是管外流体温度与管外污垢层外表面温度 t_{wo} 之对数平均温差；Δt_i 是 t_{wo} 与管内流体温度之对数平均温差。用迭代法解这一组方程式，即可求得 q 及 t_{wo}，进而求出传热系数的数值。

用图解法求解时，以 q 为纵坐标，温度 t 为横坐标。根据管外流体温度 t_o 和管内、外流体

间的总对数平均温差 Δt_m 确定点 a 和点 b，见图 9－3。从点 a 和点 b 出发，分别画出代表公式(9－14)和公式(9－15)的曲线。曲线的交点给出了要求的 q 及 t_{wo} 。

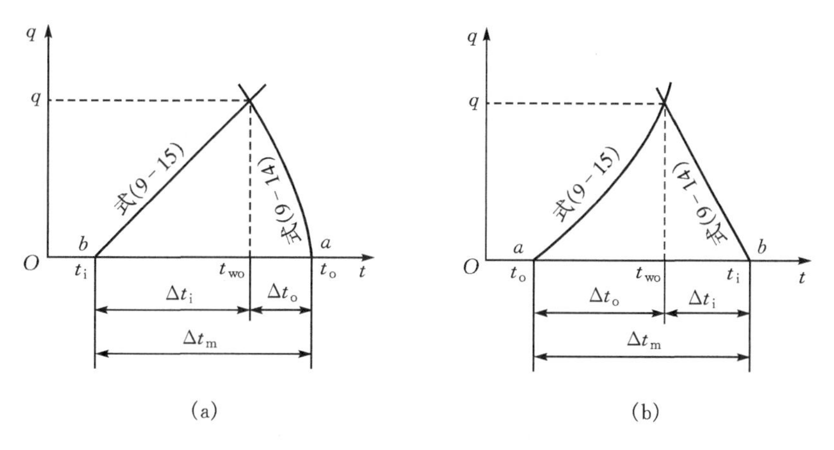

图 9－3　换热器的 $q-t$ 图

(a)壳管式冷凝器；(b)满液式蒸发器

9.1.3　肋壁传热

从传热方程式可以看出，单位时间的传热量 Φ 不仅与传热系数 K 有关，而且与传热面积有关。提高流体的流速可以增大传热系数，但流动阻力也相应地增大，因此通过增大流体的流速以增加传热系数有一定的限度。增强传热的另一种方法是扩大传热面积，工程上常采用的扩大传热面积的方法是表面肋化。

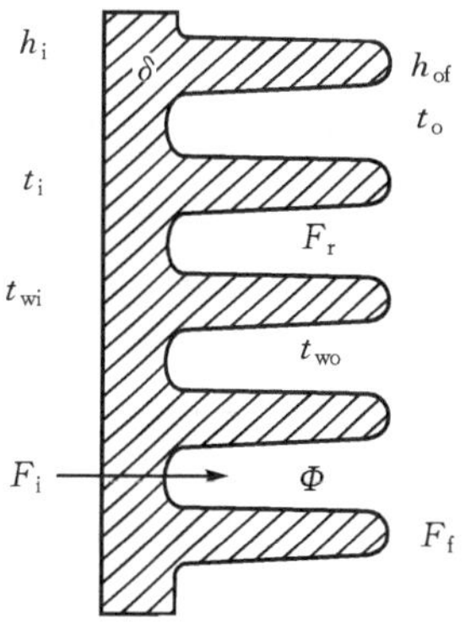

图 9－4 表示外表面肋化后的传热形式。

设肋侧的总面积为 F_{of} ，F_{of} 包括两部分：一部分是肋根部的壁面 F_r ，另一部分是肋的外表面积 F_f 。稳定传热时肋侧的换热计算公式为

图 9－4　通过肋片传热方式

$$\begin{aligned}\Phi &= h_{of}F_r(t_{wo}-t_o)+h_{of}F_f\eta_f(t_{wo}-t_o)\\ &= h_{of}F_{of}\eta_o(t_{wo}-t_o)\end{aligned} \tag{9-16}$$

式中，各符号的意义见图 9－4。η_f 为肋效率，η_o 为肋面总效率。

$$\eta_o = \frac{F_r + F_f\eta_f}{F_{of}} \tag{9-17}$$

冷、热流之间的传热率为

$$\Phi = \frac{t_i - t_o}{\dfrac{1}{h_iF_i} + \dfrac{\delta}{kF_i} + \dfrac{1}{h_{of}F_{of}\eta_o}} \tag{9-18}$$

以肋侧总表面积为基准，传热计算公式为

$$\Phi = K_{of}F_{of}\Delta t \tag{9-19}$$

于是

$$K_{of}=\frac{1}{\frac{1}{h_i}\frac{F_{of}}{F_i}+\frac{\delta}{k}\frac{F_{of}}{F_i}+\frac{1}{h_{of}\eta_o}} \tag{9-20}$$

考虑污垢产生的热阻,引入污垢系数,得到

$$K_{of}=\frac{1}{\left(\frac{1}{h_i}+\gamma_i\right)\frac{F_{of}}{F_i}+\frac{\delta}{k}\frac{F_{of}}{F_i}+\left(\gamma_o+\frac{1}{h_{of}}\right)\frac{1}{\eta_o}} \tag{9-21}$$

若传热面为带肋的圆管,且 $\frac{d_o}{d_i}<2$,上式可改写成

$$K_{of}=\frac{1}{\left(\frac{1}{h_i}+\gamma_i\right)\frac{F_{of}}{F_i}+\frac{\delta}{k}\frac{F_{of}}{F_m}+\left(\gamma_{of}+\frac{1}{h_{of}}\right)\frac{1}{\eta_o}} \tag{9-22}$$

其中

$$F_m=\frac{l}{2}(\pi d_i+\pi d_o)=\frac{\pi l}{2}(d_i+d_o) \tag{9-23}$$

式中,l 为管长;d_i 和 d_o 分别为管子的内径和肋根部直径。

9.2 蒸发器

制冷剂液体在蒸发器内吸热汽化。为了使蒸发器效率高、体积小,蒸发器应具有高的传热系数。制冷剂离开蒸发器时不允许有液滴,以保证压缩机的正常运转。在实际系统中,有时在蒸发器出口处装设气-液分离器,使压缩机得到进一步的保护。

按公式(9-4),为提高传热系数 K,必须提高制冷剂与管壁间的表面传热系数。由于液体沸腾时的表面传热系数远大于蒸气与管壁间的表面传热系数,所以在设计蒸发器时要尽量使液体与管壁接触,并尽快将沸腾产生的蒸气排走。

蒸发器的类型很多,按制冷剂在蒸发器内的充满程度及蒸发情况进行分类,主要可分为满液式蒸发器、干式蒸发器和再循环式蒸发器。

9.2.1 干式蒸发器

制冷剂在管内一次完全汽化的蒸发器称为干式蒸发器。如图 9-5 所示,在这种蒸发器中,来自膨胀阀出口处的制冷剂从管子的一端进入蒸发器,吸热汽化,并在达到管子的另一端时全部汽化。管外的被冷却介质通常是载冷液体或空气。

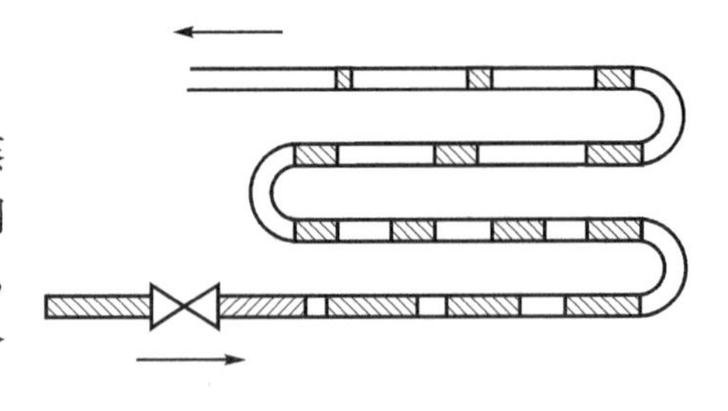

图 9-5 干式蒸发器

在正常的运转条件下,干式蒸发器中的液体容积约为管内容积的 15%~20%。假定液体沿管子均匀分布,且润湿周长为圆周的 30%,则管子的有效传热面积为管子内表面的 30%。增加制冷剂的质量流量,可增加液体润湿面积,但蒸发器进、出口处的压差将因流动阻力的增加而增大,从而降低了性能系数。

在多管路组成的蒸发器中,为了充分利用每条管路的传热面积,应将制冷剂均匀地分配到每条管路中去。为此采用了许多方法,常见的方法如图 9-6 所示。图中的分配器为六通道分

配器。每条通道有相同的流动阻力，制冷剂经分配器进入各条管路中。管道的布置应使蒸发后的制冷剂与温度最高的气流接触，以保证蒸气进入压缩机吸气管道时略有过热。

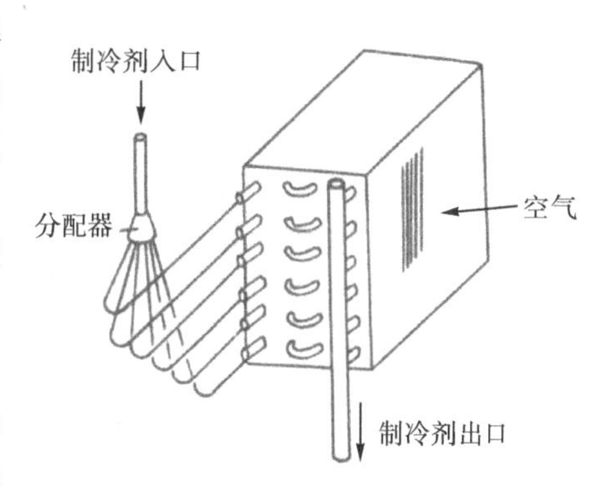

图 9－6　多管路干式蒸发器

干式蒸发器按其冷却对象的不同可分为冷却液体型和冷却空气型两种。

1. 冷却液体型干式蒸发器

这类蒸发器按其管组的排列方式又可分为直管式和 U 形管式两种。直管式干式蒸发器如图 9－7 所示。制冷剂在管内流动，载冷剂在管外流动。机器运转时制冷剂从左端盖的下部进入，在管内经一次(或多次)往返后汽化，全部汽化后的蒸气由端盖上部的导管引出。由于制冷剂在汽化过程中蒸气量逐渐增多，比体积不断增大，因此在多流程的蒸发器中，每流程的管子数也依次增加。载冷剂从蒸发器的左端进入，右端流出。为了提高载冷剂的流速，并使载冷剂更好地与管外壁接触，在蒸发器壳体内装有折流板。折流板的形状多为圆缺形，如图 9－8 所示。

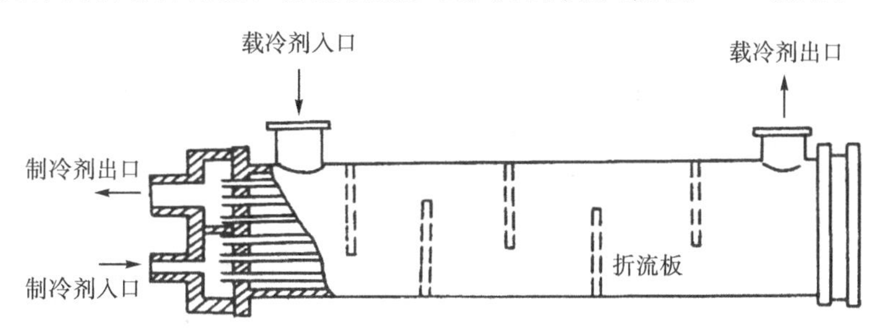

图 9－7　直管式干式蒸发器

折流板的数量取决于载冷剂的流速，一般载冷剂横向流过管簇时的速度为 0.7～1.2 m/s。折流板用拉杆固定，相邻两块折流板之间装有定距管，以保证折流板的间距。

U 形管式干式蒸发器如图 9－9 所示。这种蒸发器的壳体、折流板以及载冷剂在壳侧的流动方式和直管式干式蒸发器相同。两者的不同之处在于 U 形管式是由许多根不同弯曲半径的 U 形管组成。U 形管的开口端胀接在管板上，制冷剂液体从 U 形管的下部进入，蒸气从上部引出。U 形管组可预先装配，而且可以抽出来清除管外的污垢。此外，还可消除传热管热胀冷缩所造成的内应力。制冷剂在流动过程中始终沿同一管道内流动，分配比较均匀，不会出现多流程的气、液分层现象，因而传热效果较好。其缺点是：由于每根传热管的弯曲半径不同，制造时需采用不同的加工模具；不能采用纵向内肋片管，当管组的管子损坏时不易更换。

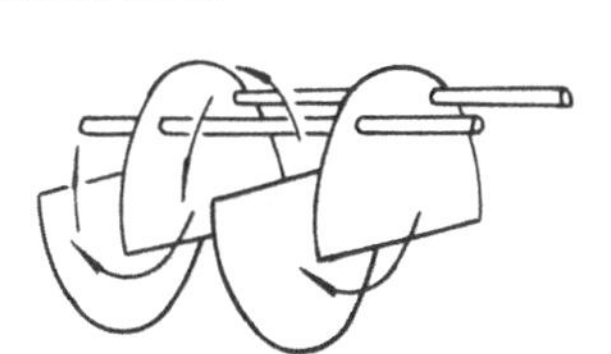
短圆缺形板

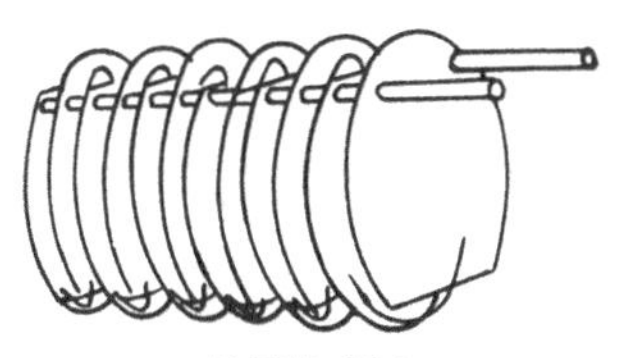
长圆缺形板

图 9－8　圆缺形折流板

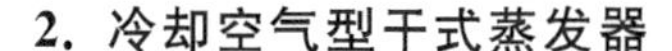

2. 冷却空气型干式蒸发器

这类蒸发器(简称空气冷却器)广泛应用于冰箱、冷藏柜、空调

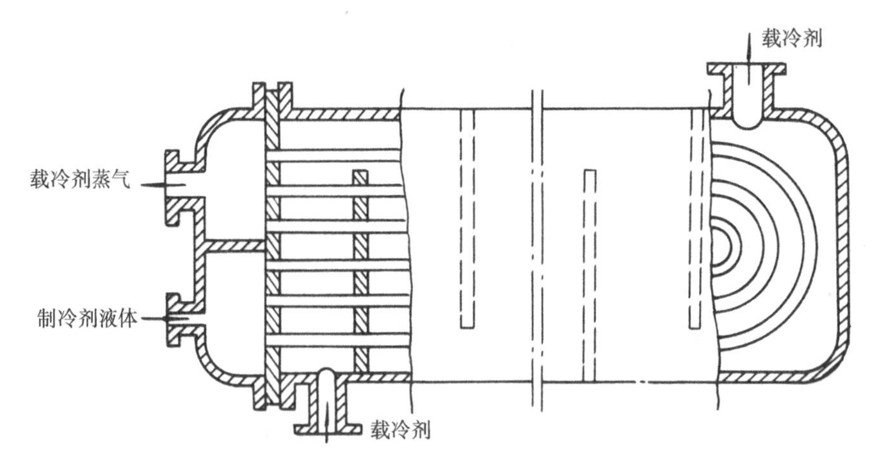

图 9-9 U形管式干式蒸发器

器和冷库中。多做成蛇管式，制冷剂在管内蒸发，空气在管外流过而被冷却。按空气在管外的流动方式可分为自然对流和强制对流两种。

(1) 自然对流空气冷却器 根据蒸发器结构形式的不同，自然对流蒸发器主要有以下几种。

①管板式。管板式蒸发器有两种典型结构，见图 9-10 和图 9-11。图 9-10(a)示出的无搁架式蒸发器是将直径为 6～8 mm 的紫铜管贴焊在铝板或薄钢板制成的方盒上，这种蒸发器制造工艺简单，不易损坏泄漏，常用于冰箱的冷冻室。在立式冷冻箱中，此类蒸发器常做成

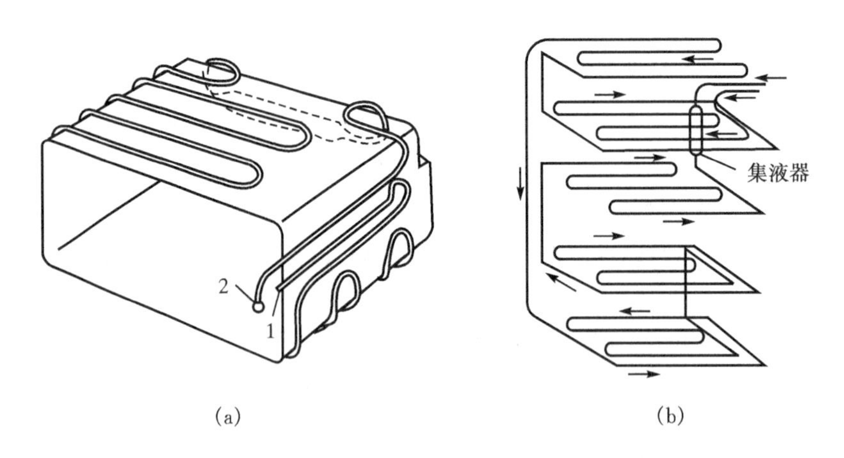

图 9-10 管板式蒸发器
(a) 无搁架式；(b) 多层搁架式

多层搁架式，将蒸发器兼作搁架，如图 9-10(b)所示，具有结构紧凑，冷冻效果好等优点。图 9-11是另一种管板式蒸发器结构，管子装在两块四边相互焊接的金属板之间，管子和金属板之间充填共晶盐溶液并抽真空，使金属板在大气压力的作用下，紧压在管子外壁，保证管和板的良好接触。充填的共晶盐溶液用于储蓄冷量。这种蒸发器常用作冷藏车的顶板及侧板，也可用作冷冻食品的陈列货架。

② 吹胀式。吹胀式蒸发器是利用预先以铝-锌-铝三层金属板冷轧而成的铝复合板，平

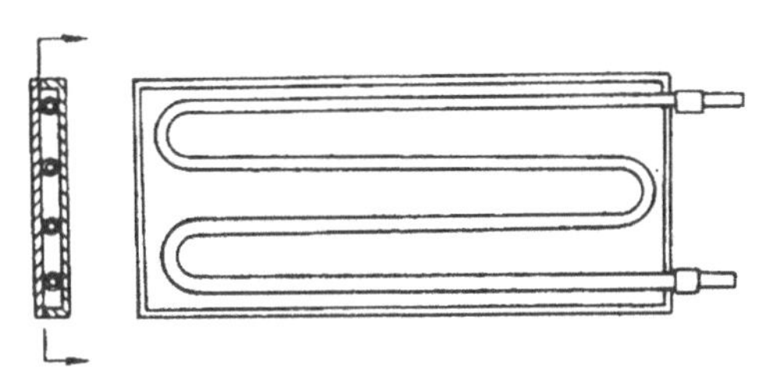

图9-11　由管子和平板组成的板面式蒸发器

放在刻有管路通道的模具上，加压加热使复合板中间的锌层熔化后，再用高压氮气吹胀形成管形，冷却后锌层和铝层粘合，并可根据需要弯曲成各种形状，如图9-12所示。这种蒸发器传热性能好，管路分布合理，广泛应用于家用冰箱中。

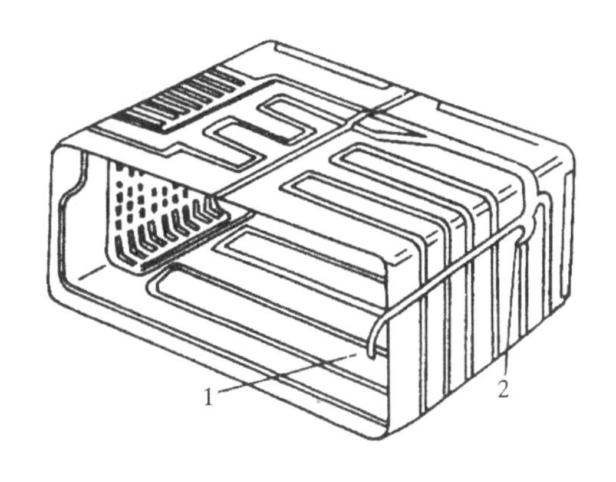

图9-12　铝复合板吹胀式蒸发器
1—出口铜铝接头；2—进口铜铝接头

③冷却排管。冷却排管主要应用于低温实验箱及冷库的冷藏库房中。图9-13所示为光滑管式冷却排管，这种蒸发器的结构简单，是一组沿天花板或墙壁安装的光滑管组。制冷剂从管组的一端进入，蒸气从另一端排出。氨制冷机使用的光滑管是无缝钢管，氟里昂制冷机用的光滑管是紫铜管。为了提高传热效率，也有采用肋片管的。

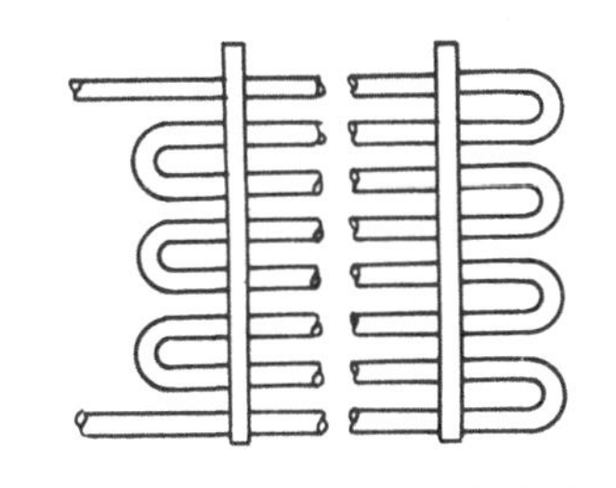

图9-13　光滑管式冷却排管

肋片管式蒸发器是在光滑管上套上金属片（整体套片式）或绕金属带（绕片式）后制成的。由于肋片的作用，提高了蒸发器外侧的传热效果，肋片应和管壁接触良好，以保证良好的导热性能。对于换热管为钢管的蒸发器，肋片多采用绕片式，即用薄钢带绕在钢管外侧，并点焊固定而成；对于换热管为铜管的蒸发器，肋片则采用整体套片式或L型肋片，即将整张的铝箔肋片冲出很多管孔，然后换热管从管孔中穿过，可以使用高压流体或机械方法将管经扩张；随着铝制品的应用和机械加工技术的进步，也有采用铝管整体轧制的肋片，图9-14示出了四种肋片管的形式。

图9-15所示为铝合金翼片管蒸发器。每根翼片管翅片与管一体挤压成型，耐压高，强度好，并可配置电热化霜装置。具有换热效果好、重量轻、化霜方便等优点。可应用于氟里昂系统和氨系统，适于在冷库使用。

(2) 强制对流空气冷却器　强制对流空气冷却器又常称为表面式蒸发器，广泛用于冷库、空调器及低温试验装置中。冷库中使用的强制对流式空气冷却器，习惯上又称冷风机。

表面式蒸发器的结构如图9-16所示，一般做成蛇管式，并在管外装有各种类型的肋片，以强化空气侧的换热，蒸发器外面的肋片主要也是绕片式和整体套片式两种，形式及胀紧方式与冷却排管相同。此类蒸发器需配置风机，实现空气的强制对流。

绕片式肋片管虽不需要复杂的胀管设备，但它消耗金属多，工艺复杂，换热效果差，空气流

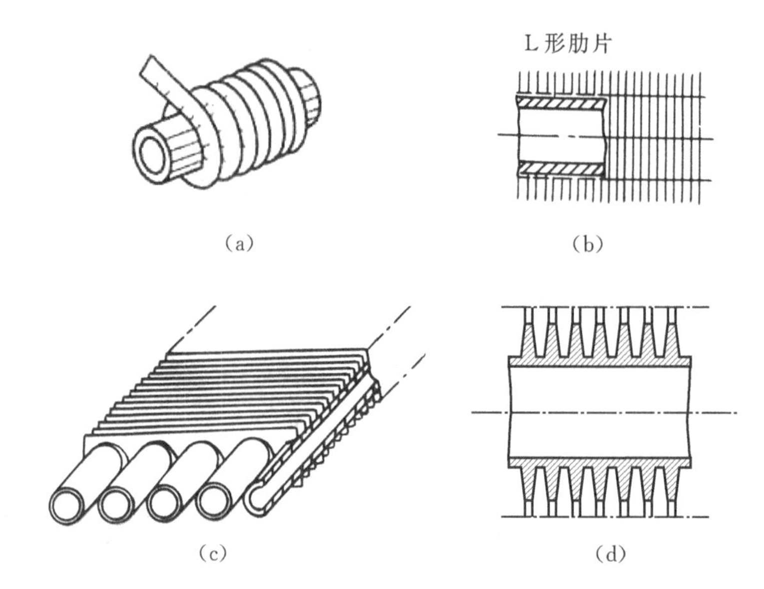

图 9-14　四种肋片管的形式

(a)绕片式;(b)L 型套片式;(c)整体套片式;(d)轧片式

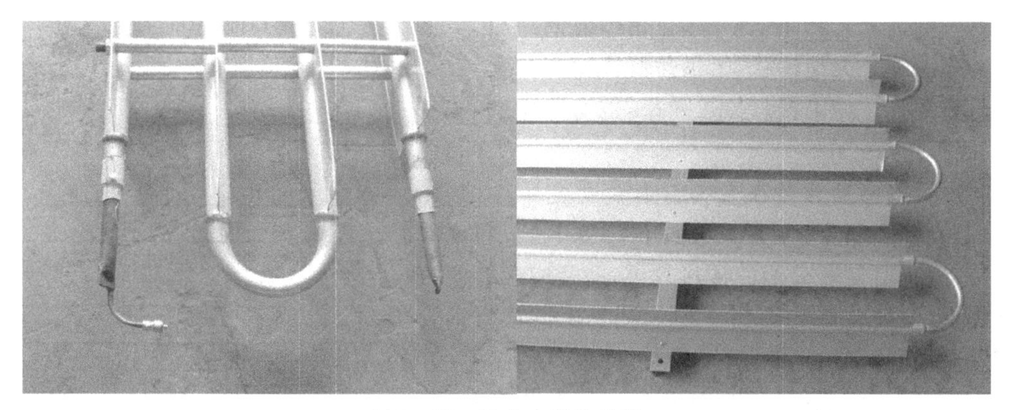

图 9-15　铝合金翼片排管

动阻力大,除霜困难,现已较少采用。

与冷却排管相比,强制对流式空气冷却器具有结构紧凑、体积小、换热效果好、安装简便、金属消耗量少、库温均匀、易于调节、传热温差小等一系列优点,因而被广泛采用。缺点是采用了风机,不仅消耗电能,增加了库房热负荷,而且噪声较大,同时由于库内风速较大,食品干耗增加。

空气冷却器无论是自然对流式还是强制对流式,均有干式和湿式之分。所谓干式空气冷却器是指空气被冷却后其温度仍高于相应条件下的露点温度,空气中的水蒸气不析出。湿式空气冷却器是指空气被冷却过程中,其温度降低到相应条件下的露点温度,空气中的水蒸气在蒸发器表面上凝结,水分被析出。这种现象通常称为凝露,当蒸发器表面温度低于凝固温度时,析出的水分还会冻结成霜。

与满液式蒸发器相比,干式蒸发器具有以下优点:

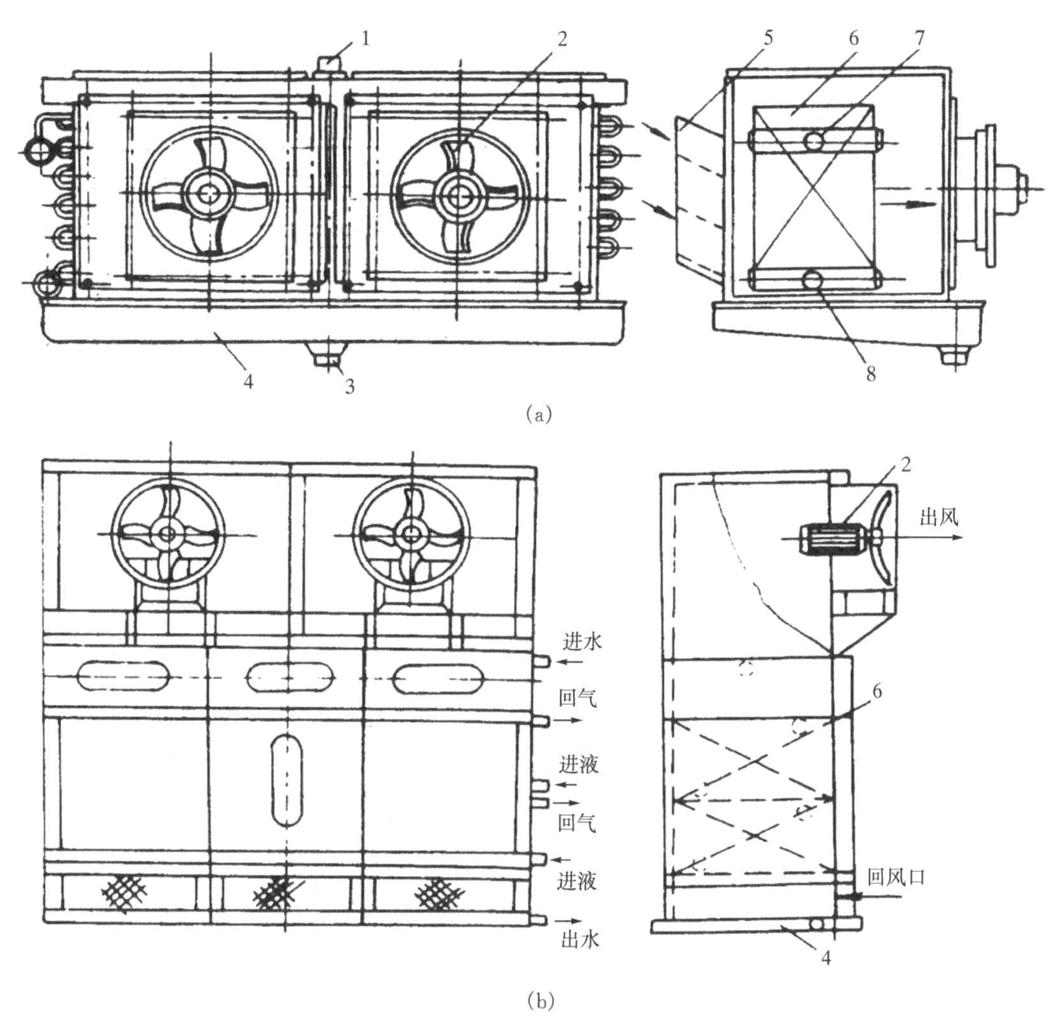

图 9-16　冷风机结构

(a) 吊顶式；(b) 落地式

1—进水管；2—轴流风机；3—下水管；4—水盘

5—进口导风板；6—蒸发盘管；7—回气管；8—供液管

①制冷剂充灌量少，仅为满液式充灌量的 1/3 左右；

②回油方便，避免润滑油在蒸发器内积存，影响换热效果；

③制冷剂在管内沸腾，不受运输设备摇摆的影响，故适合于运输用冷藏装置；

④对于壳管式蒸发器，如果用水作为载冷剂，因水在壳侧，热容量大，而且水能充分混合，因此不易出现水的冻结现象；

⑤可采用热力膨胀阀供液，比使用浮球阀简单、可靠。

缺点是：

①受管内润湿程度的影响，传热系数较低；

②在多流程的干式壳管式蒸发器中，制冷剂在端盖处转向时会出现气、液分层现象；

③因折流板与外壳之间、折流板与传热管之间均有一定间隙，故存在载冷剂的旁通泄漏问

题,影响载冷剂侧的换热效果;

④因传热管要同时穿过十数块乃至数十块折流板,故安装较困难;

⑤水侧污垢清除困难。

9.2.2 再循环式蒸发器

顾名思义,再循环式蒸发器中制冷剂需经过几次循环才能完全汽化。由蒸发管出来的两相混合物进入分离器,分离出蒸气和液体。蒸气被吸入压缩机内,液体再次进入蒸发管中蒸发,如图9-17所示。

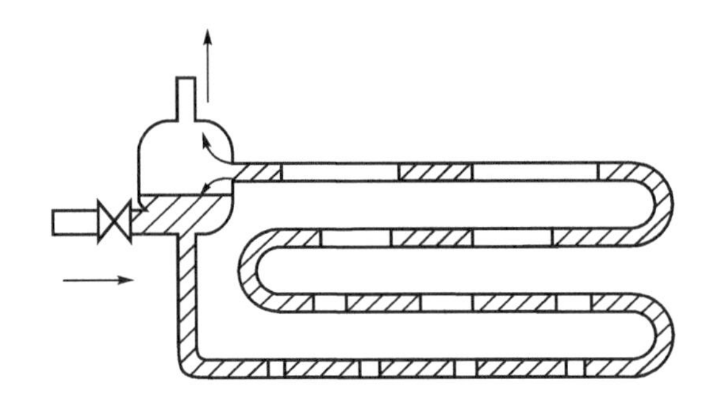

图9-17 重力型再循环式蒸发器

实际上蒸发管由若干平行的上升管组成,这些管子的上下段均与集管相连。下端的集管由下降液体供液,上端的集管与气液分离器相连。由冷凝器向气液分离器供液的数量由浮球阀控制。

在再循环式蒸发器的管子中,液体所占的体积约为管内总容积的50%,因而管子内表面得到良好的润湿。

对于重力型再循环式蒸发器,其气液分离器应设置在顶部。如果液体用泵循环,就不一定这样布置,此时最好将气液分离器安装在压缩机附近,这样管路的损失就小一些,如图9-18所示。

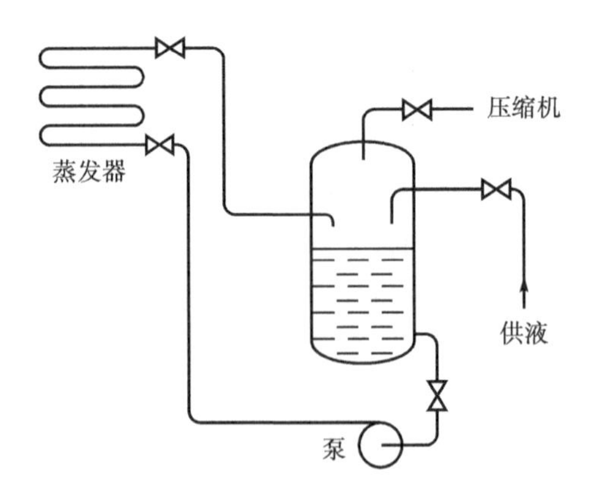

图9-18 用泵输送液体的再循环式蒸发器

在图9-18所示的回路中,气液分离器有水平和垂直的两种。不管采用哪一种形式的气液分离器，都必须保证泵入口处的液柱高度，同时要有充分的空间进行气液分离。制冷剂在气液分离器内的流速（按分离器的直径计算）应低于 0.5 m/s。

立管式冷水箱型蒸发器是气泡泵型再循环式蒸发器，这种蒸发器只用于氨制冷机，其结构如图 9－19 所示，蒸发器的每一管组有上、下两个水平集管，两集管之间沿轴向在两侧焊有许多直径较小、两端微弯的立管，中间焊接一根直径较大的直立管，管中插有中间进液管，如图 9－20所示。

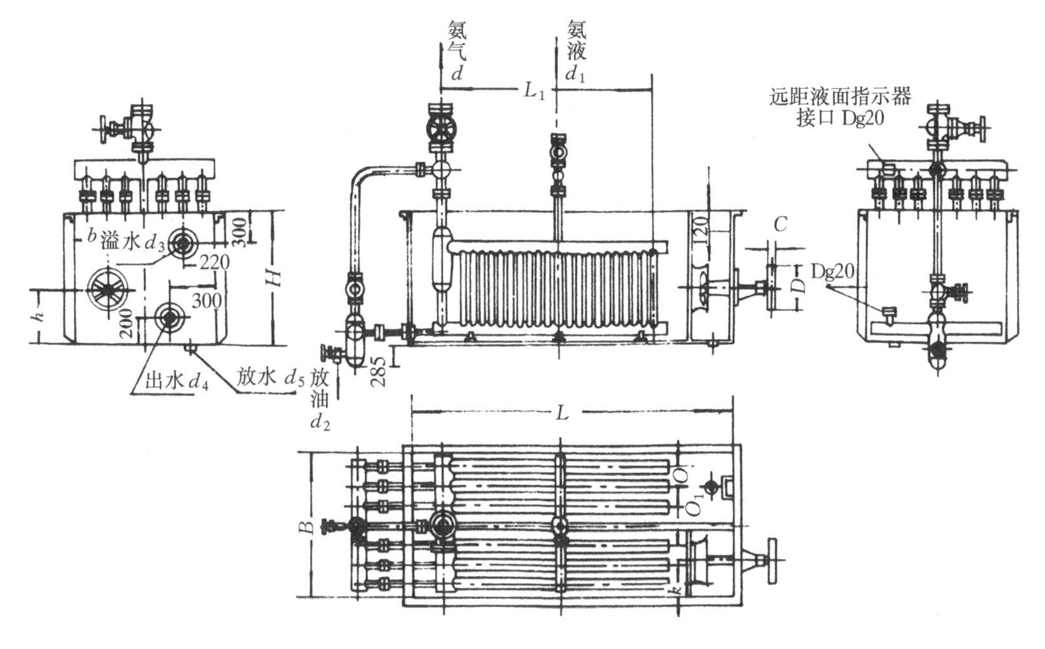

图 9－19　立管式冷水箱型冷凝器

氨液从中间进液管进入，进液管一直插到直立管的下部，这样可以利用氨液流入时的冲力扰动蒸发器内的氨液，有利于提高传热能力。制冷剂在汽化过程中形成的气泡起气泡泵的作用，将气液混合物提升，使它沿弯曲立管上升进入气液分离器，在气液分离器中流速降低，使液滴分离出来，蒸气从上面引出，液体返回下集管中。蒸发器中的润滑油积存在集油管中，定期排出。整个蒸发器沉浸在水箱中，蒸发管组视制冷量的大小由一组或几组并列安装后构成。水箱用钢板制成，外侧敷设绝缘层，以减少冷量损失。水箱中的载冷剂在电动搅拌器的作用下循环流动，载冷剂流速通常取为0.5 m/s。水箱还设有溢流管和泄水管等。

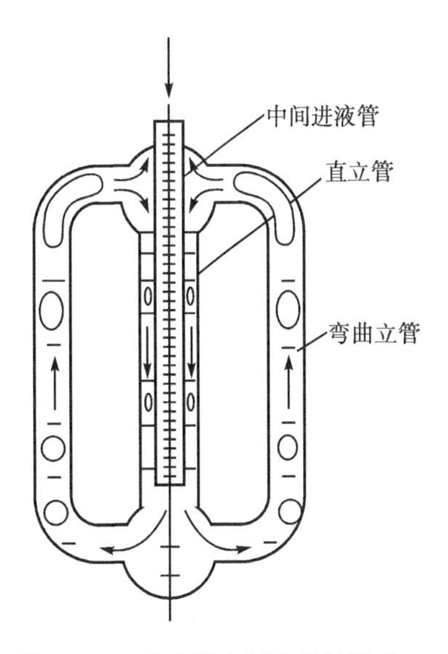

图 9－20　直立管内制冷剂的流动

与干式蒸发器相比，再循环式蒸发器的主要优点是蒸发管子的内壁润湿比较充分，因而有高的表面传热系数。其主要缺点是体积大，需要的制冷剂多。用泵输送液体的再循环式蒸发器中，需密封泵等设备。

9.2.3　满液式蒸发器

满液式蒸发器广泛应用于制冷机中。这种蒸发器结构紧凑,传热效果好,易于安装,使用方便。图9-21是满液式蒸发器的原理图。在满液式蒸发器中,制冷剂在管外蒸发,液体载冷剂在管内流动冷却。

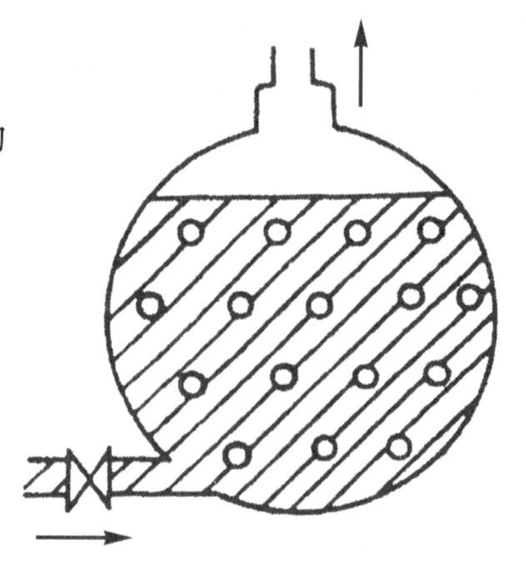

图9-21　满液式蒸发器

卧式满液式蒸发器如图9-22所示。这种蒸发器有一个用钢板卷制成的圆筒形外壳,外壳两端焊有两块圆形的管板。管板上钻了许多小孔,每个小孔内装一根管子,管子的两端用涨接法或焊接法紧固在管板的管孔中,形成一组直管管束。如果管子太长,可在筒体内装一块或几块支撑板,以防管子下垂。筒体两端装有封头,封头可用铸铁铸成,也可用钢板制成。封头内设有隔板,将管子按一定的管数和流向分成几个流程,使载冷剂按规定的流速和流向在管内往返流动,一般做成双流程,使载冷剂在同一端进出。制冷剂按一定的液面高度充灌在壳体内,它在管间吸收载冷剂的热量后汽化,使载冷剂得到冷却。为防止蒸气从蒸发器引出时夹带液体,除了控制液面高度外,有时在筒体上部设置气包,达到气液分离的目的。与离心式压缩机配套的满液式蒸发器,在管束上装有挡液板,以阻挡从蒸气中带出的液滴,此外,容器上部不装管束,以减少蒸气流动时的阻力。为保证安全运行,在壳体上部还设有压力表、安全阀,在端盖上装有放空气阀及放水阀。

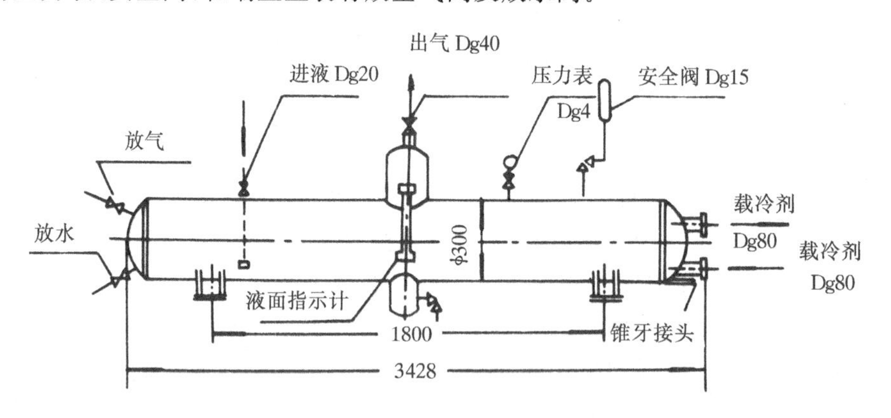

图9-22　卧式满液式蒸发器

对于氨用满液式蒸发器,壳体下部焊有集油包,用来放油或排污。氟里昂满液式蒸发器与氨满液式蒸发器类似。由于油的密度比氟里昂小,油漂浮在氟里昂液面上,无法从底部排出,因而壳体下部不设集油包。由于油能溶解于氟里昂,沸腾时产生大量泡沫,使液位上升,故充灌量应比氨少。为了强化制冷剂侧的换热,传热管多采用低肋铜管或机械加工表面多孔管,以增加汽化核心数和增强对液体的扰动,使沸腾强化。

和干式蒸发器相比,满液式蒸发器具有如下缺点:

①制冷剂的充灌量大。对价格昂贵的制冷剂,这个缺点尤为突出。

②当蒸发器壳体的直径较大时,受液体静压力的影响,底部液体的蒸发温度将有些提高,

减小了蒸发器的传热温差。

③当用作船用制冷装置时，船体的摇摆可能使制冷剂液体进入压缩机。

④对于氟里昂蒸发器，制冷剂中溶解的润滑油较难排出。

应用各种蒸发器时，其载冷剂采用闭式循环，即可不与空气接触，对系统中设备的腐蚀性小；可以使用挥发性载冷剂；使用盐水作载冷剂时，不会因吸收空气中的水分而稀释。但在载冷剂系统中需设置膨胀容器，以消除载冷剂温度变化时因容积变化而引起的压力变化。

9.2.4　水平降膜蒸发器

水平降膜蒸发器，如图 9－23 所示，属于壳管式换热器的范畴，冷媒介质在传热管内流动；而来自节流阀的低温低压制冷剂液体，通过分布器均匀地喷淋在传热管束上，并在管壁上铺展成膜，吸收管内冷媒介质的热量而部分蒸发。没有蒸发完的制冷剂液体在重力作用下，下降到蒸发器底部，浸没一部分换热管，这部分成为降膜蒸发器的浸没区，蒸发产生的蒸汽经挡液板等气液分离装置后，被吸入压缩机。

制冷剂经过分布器均匀喷洒在传热管束后，流过蒸发器内部竖直方向相邻的两排水平管之间的流动模式，称为管间流型，随着液体流量的增加，管间流型可能呈现滴状流、柱状流和膜状流以及它们之间的过渡流型，如图 9－24 所示。

制冷剂蒸气　制冷剂液体

矩形布液器

冷冻水

管束

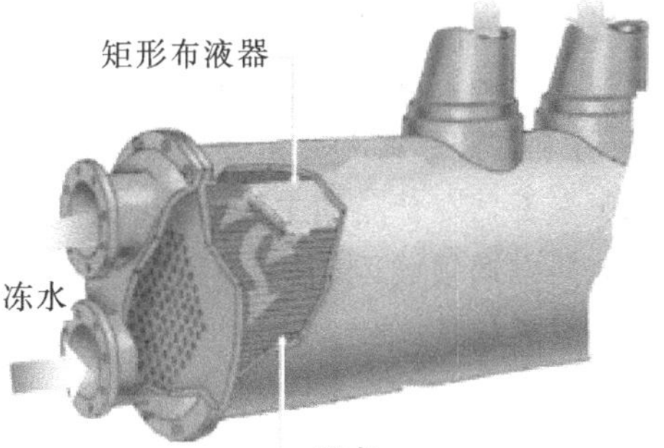

图 9－23　降膜蒸发器示意图

相对于满液式蒸发器而言，水平降膜蒸发器具有以下特点。

1. 制冷剂的充注量少

制冷剂的充注量要比满液式蒸发器节约 25%左右，一方面降低了制冷剂的投入和维护成本，另一方面也大大降低了制冷剂泄漏的概率，从而使制冷剂的筛选范围扩大。

2. 传热性能好

由于制冷剂液体呈传热效果较好的膜态流动，液膜很薄，且有波动性质，有利于液膜与管壁间的传热，并且在液固、气液界面上都可能发生相变，所以降膜蒸发器表现出很高的换热性能。

3. 传热温差损失小

因为降膜蒸发器没有液位静压差引起的沸点升高而带来的温差损失，避免了蒸发器壳体的直径较大时液体静压力对蒸发温度的影响。

4. 结构更加紧凑

较高的传热性能允许蒸发温度升高，改善了系统的循环效率，另外高的传热系数可以减少蒸发器的体积，节省空间投入成本。

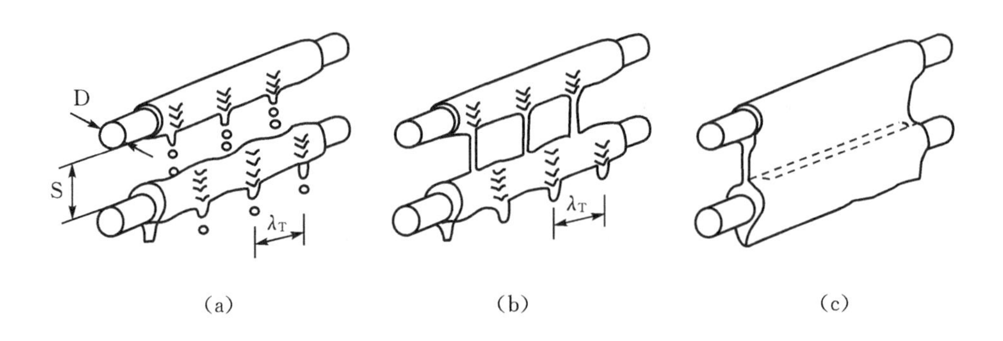

(a) (b) (c)

图 9-24 管间流型示意图

(a)滴状流; (b)柱状流; (c)膜状流

5. 改善去油效果

因为水平管式降膜蒸发器中润滑油沉积于蒸发器底部,直接经由回油泵抽出即可。

6. 需装置液体分布器

为了使制冷剂沿换热管轴向、环向均匀连续布膜,需在换热管的上方装置液体分布器,其结构直接影响到液体的分布及成膜质量,因而,液体分布器是水平管降膜蒸发器的关键部件之一,其设计和安装显得尤其重要。

降膜蒸发器在食品加工、石油化工、海水淡化及污水源热泵等领域的应用技术已比较成熟。在制冷空调领域,水平管降膜蒸发器取代满液式蒸发器,在中央空调行业大中型冷水机组有很好的发展前景。

9.3 冷凝器

冷凝器是制冷装置中的主要热交换设备之一。高温高压的制冷剂过热蒸气在冷凝器中冷却并冷凝成饱和液体或过冷液体,制冷剂在冷凝器中放出的热量由冷却介质(水或空气)带走。

冷凝器按冷却方式可分为三类:空气冷却式冷凝器;水冷式冷凝器;蒸发式冷凝器。

9.3.1 空气冷却式冷凝器

空气冷却式冷凝器用于电冰箱、冷藏柜、空调器、冷藏车、汽车及铁路车辆用小型制冷装置。由于城市水源紧张,空气冷却式冷凝器在大中型制冷装置中也逐步采用。

空气冷却式冷凝器中,制冷剂在管内冷凝,空气在管外流动,带走制冷剂放出的热量。由于制冷剂蒸气在管内凝结的表面传热系数远大于管外空气侧的表面传热系数,因而通常在管外都加翅片,以增强传热效果。

根据管外空气的流动情况,空气冷却式冷凝器可分为空气自然对流冷却和空气强制对流冷却两种。

1. 自然对流空气冷却式冷凝器

它依靠空气受热后产生自然对流,将制冷剂放出的热量带走。由于自然对流的空气流动速度小,传热效果差,只用于家用电冰箱及微型制冷装置。但由于不用风机,节省了风机电耗,还避免了风机运转时的噪声。

图9-25所示为丝管式冷凝器，它由两面焊有钢丝的蛇形管组成。蛇形管通常采用外径为4.5～6 mm的邦迪管，钢丝采用外径为1.2～1.5 mm的镀铜钢丝。钢丝间距为5～7 mm，蛇形管上下两相邻管的中心距为35～50 mm。钢丝间距与钢丝直径的比值为4～4.2。钢管间距与钢管外径的比值约为9.1～9.4。

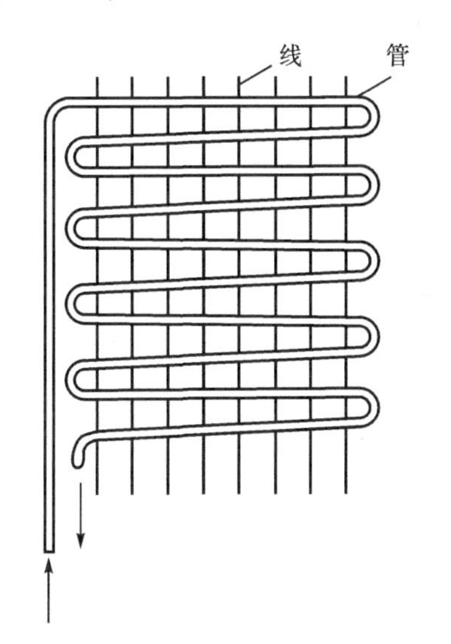

图9-25 丝管式冷凝器

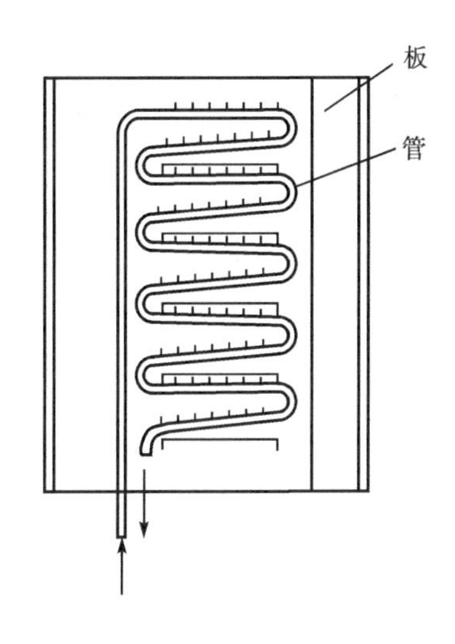

图9-26 箱体表面式冷凝器

丝管式冷凝器用于家用冰箱时，安装在箱体后面，并与箱体和墙壁保持一定距离，以利于空气循环流动。

图9-26所示为箱体表面式冷凝器，将蛇形管组胶合在冰箱箱体壁面上，制冷剂蒸气冷凝时，放出的热量通过管壁传给箱体壁面，再由箱体壁面向空气散发。它的优点是箱体外表面平整，可在冰箱箱体两侧散热，以增加散热面积。但要求胶合剂具有良好的导热性能。缺点是冷凝器的散热性能较差，冰箱冷损较大。

因自然对流换热的换热强度不大，故设计时不能忽视冷凝器的辐射换热。

2. 空气强制对流的空气冷却式冷凝器

这类冷凝器有翅片管式和平行流式等。

翅片管式冷凝器广泛应用于小型制冷与空调装置中，结构如图9-27所示，由一组或几组蛇形管组成，管外套有翅片，空气在轴流风机的作用下横向流过翅片管。

翅片多采用铝套片，套片与管子之间用液压机械胀管法来保证其紧密接触。制冷剂蒸气从上部的分配集管5进入每根蛇管，冷凝后的液体由液体集管2排出。由于使用了风机，故耗电及噪声均较大。为降低室内噪声、改善冷凝器的冷却条件，可将冷凝器置于室外，与压缩机一起构成室外机组。

平行流式冷凝器基本构成见图9-28，扁管两端分别插入左集管和右集管，利用设置在左集管和右集管上的隔板分隔而形成串连通道，翅片和集管表面涂敷有钎料和钎剂，通过钎焊炉整体焊接而成。制冷剂在扁管内流动，其流程布置可以通过设置隔片来实现，如图9-29(a)

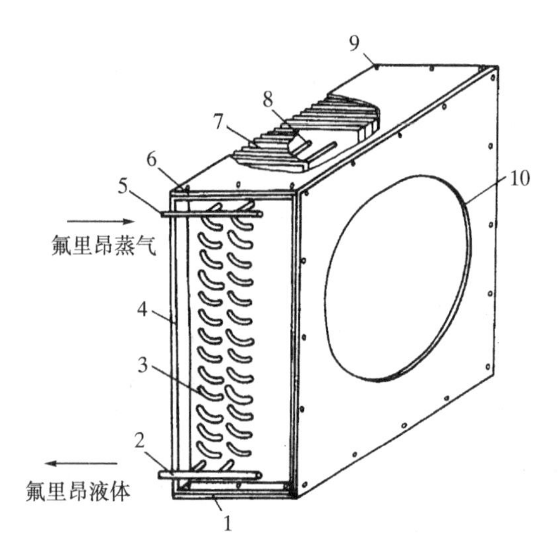

图 9-27　翅片管式冷凝器

1—下封板；2—出液集管；3—弯头；4—左端板

5—进气集管；6—上封板；7—翅片；8—传热管

9—装配螺钉；10—进风口面板

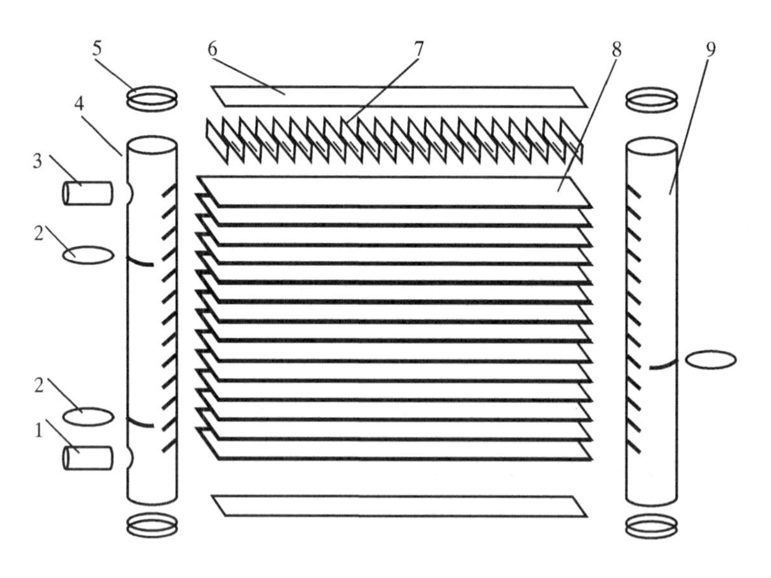

图 9-28　平行流式冷凝器分解图

1—出口管；2—隔板；3—入口管；4—左集管；5—堵帽

6—护板；7—翅片；8—扁管；9—右集管

所示。平行流式冷凝器的局部结构见图 9-29(b)，扁管中设有一些加强筋，一方面可以增加扁管的强度，另一方面形成微型通道，增强换热。翅片上可以开裂缝，形成百叶窗翅片，加强空气侧的换热。国内平行流式冷凝器已在汽车空调中使用，技术成熟，其它制冷空调领域中也在探索和逐渐应用中。和翅片管式换热器相比，平行流式有以下优点。

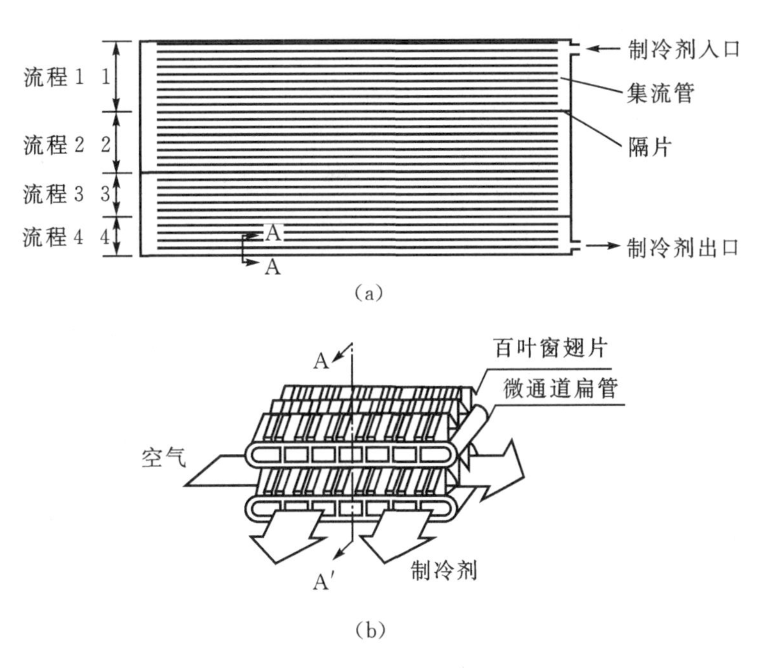

图 9-29　平行流式流程图及局部结构图
(a) 制冷剂侧流程图;(b) 局部结构图

①扁管内的通道属于微通道,传热效率高;

②翅片效率和翅片当量高度成反比,翅片管式冷凝器受 U 型弯头的弯曲半径限制,而平行流式无此限制,可以降低翅片高度,提高翅片效率;

③平行流式可以灵活调整流程的扁管分布,使制冷剂侧换热能力增加时阻力减小;

④扁管和翅片的焊接方式决定了扁管和翅片的接触热阻小。

平行流式换热器不仅可用于冷凝器,也可用于蒸发器。

9.3.2　水冷式冷凝器

在这种冷凝器中,制冷剂放出的热量被冷却水带走。水冷式冷凝器有壳管式、套管式、板式等几种形式。冷却水可用天然水、自来水或者经过冷却水塔冷却后的循环水。使用天然水冷却时容易使冷凝器结垢,影响传热效果,因此,必须经常清洗。耗水量不大的小型装置可以用自来水冷却。大中型水冷式冷凝器用循环水冷却,以减少水耗。

1. 立式壳管式冷凝器

立式壳管式冷凝器仅用于大中型氨制冷装置,它的结构如图 9-30 所示。它的外壳是由钢板卷制焊接成的圆柱形筒体,垂直安放,筒体两端焊有管板,两块管板上钻有许多位置一一对应的小孔,在每对小孔中穿入一根传热管,管子两端用焊接法或胀管法将管子与管板紧固。冷凝器顶部装有配水箱,水从水箱中通过多孔筛板由每根冷却管顶部的水分配器进入传热管内,在重力作用下沿管子内表面呈液膜层流入水池。在冷凝器中升温后的水,一般由水泵送入冷却塔,冷却后循环使用。由压缩机排出的高温高压氨气,从筒体上部进入,在竖直管外凝结成液体,由筒体底部导出。

图 9－31(a)所示的斜槽式水分配器,水经过斜槽流入管内,在管子内壁上呈膜状流动,同时空气在管子中心部分向上流动,这不但可节省冷却水量,也可增强对流换热作用,水分配器一般为铸铁或陶瓷制造。图 9－31(b)所示的盖式水分配器的应用越来越广。

冷凝器的筒体上除有进气管和出液管外,还装有放空气管、均压(平衡)管、安全阀、混合气体管、压力表、放油阀等接头,以便与相应的管路连接。

这种冷凝器的优点是:①可以露天安装或直接安装在冷却塔下面,节省机房的面积;②冷却水靠重力一次流过冷凝器,流动阻力小;③清除水垢时不必停止制冷系统的工作,且较为方便,因而对冷却水的水质要求较低。缺点是:①因为冷却水一次流过,冷却水温升小,故冷却水的循环量大;②因室外安装,水速又低,故管内易结垢,需经常清洗;③无法使制冷剂液体在冷凝器内过冷;④因水不能始终沿管壁流动、水速又低,故传热系数比卧式壳管式冷凝器低。

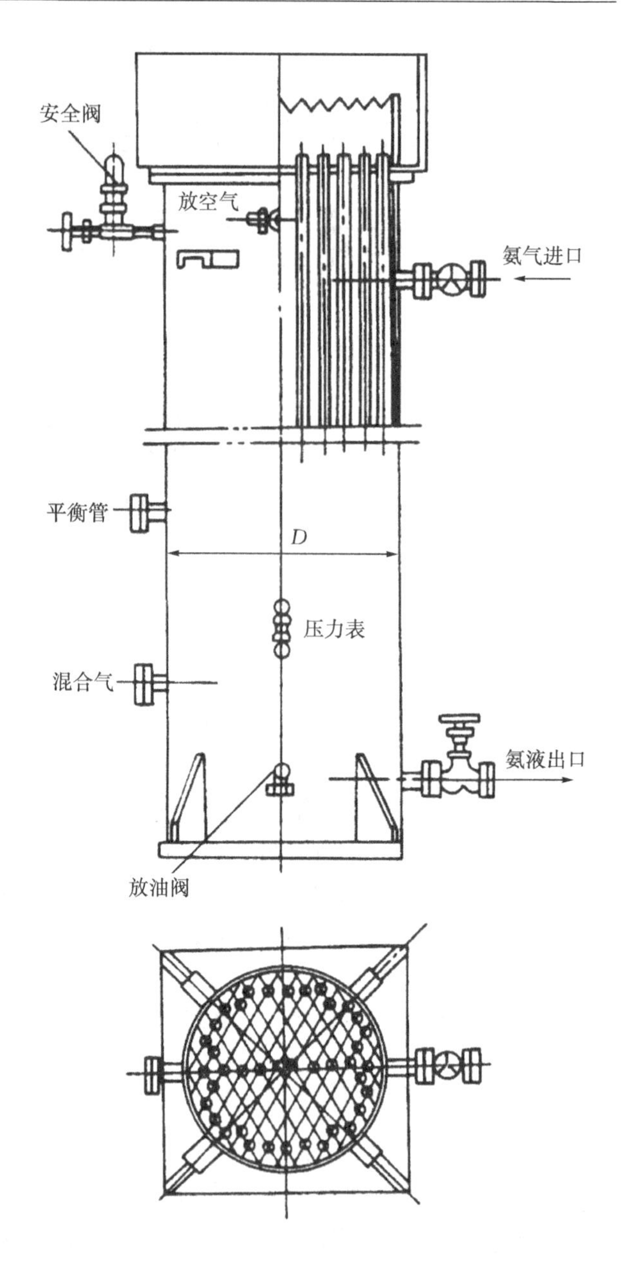

图 9－30　立式壳管式冷凝器

2. 卧式壳管式冷凝器

卧式壳管式冷凝器适用于大、中、小型氨和氟里昂制冷装置。图 9－32 所示为氟里昂用卧式壳管式冷凝器,和立式壳管式冷凝器类似,也是由筒体、管板、传热管等组成;由于是水平安置,故在筒体两端设有端盖,端盖与管板之间用橡皮垫密封。端盖顶部有放气旋塞,以便供水时排除其中的空气。下部有放水旋塞,当冷凝器冬季停用时,用以排除其中的积水以免管子冻裂。

制冷剂蒸气由冷凝器顶部进入,在管子外表面上冷凝成液体,然后从壳体底部(或侧面)的出液管排出。冷却水在水泵的作用下由端盖下部进入,在端盖内部隔板的配合下,在传热管内多次往返流动,最后由端盖上部流出。这样可保证在运行中冷凝器管内始终被水充满。端盖内隔板应互相配合,使冷却水往返流动。冷却水每向一端流动一次称为一个流程,一般做成偶数流程,使冷却水进、出口安装在同一端盖上。

氨卧式壳管式冷凝器内传热管采用 $\phi32$ mm ×3 mm 或 $\phi25$ mm ×2.5 mm 的无缝钢管。为强

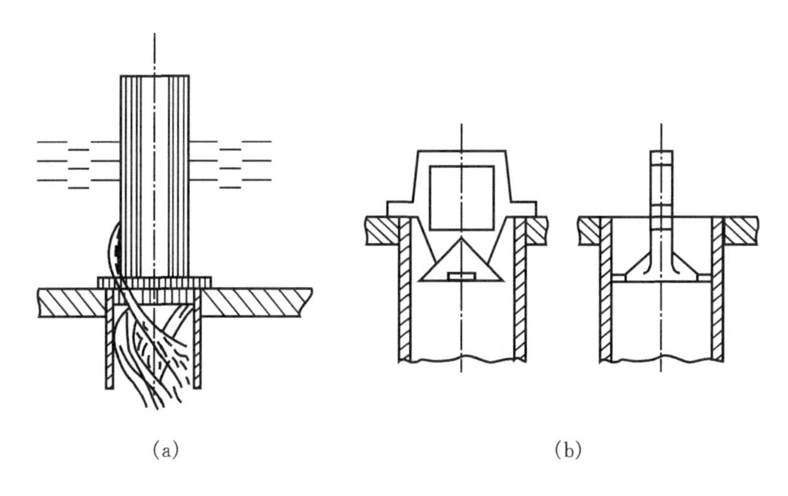

图 9-31　立式壳管式冷凝器的水分配器
(a)斜槽式水分配器；(b)盖式水分配器

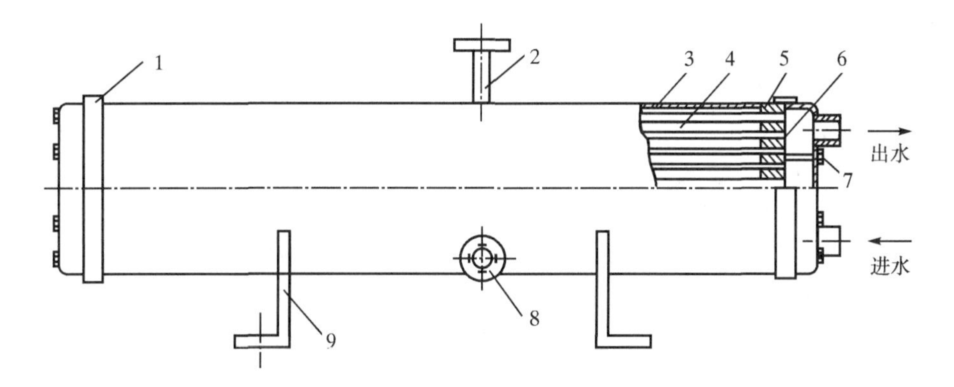

图 9-32　氟里昂卧式壳管式冷凝器
1—盖板；2—进气管；3—筒体；4—传热管；5—管板；6—密封橡胶
7—紧固螺钉；8—出液管口；9—支座

化传热，可采用表面绕金属丝的翅片管。据实验报导，它比光管的表面传热系数可提高 60%～100%。氟里昂卧式壳管式冷凝器内传热管多采用铜管，且大多数采用滚压肋片管，以强化传热。

由于氨与润滑油互不溶解，且氨液的密度比油小，故氨用冷凝器在底部设有集油包，集存的润滑油由集油包上的放油管引出。氟里昂与润滑油互溶，油可随氟里昂一起循环，而且液体氟里昂的密度比油大，故氟里昂用冷凝器底部不设集油包。另外，在卧式壳管式冷凝器筒体的上部设有平衡管、安全阀、压力表、放空气管等接头。

正常运转时，冷凝下来的液体流入储液器，冷凝器筒体下部存有少量的冷凝液，对于小型制冷机，为简化系统起见，不另设储液器，而是在冷凝的下部少设几排传热管，将下部空间当作储液器使用。

卧式壳管式冷凝器的优点是：①由于水侧可做成多流程，故管内水速较高，传热系数较大，因而冷却水循环量少，并且有可能获得过冷液体；②结构紧凑，占地面积小。缺点是：①冷却水流动阻力较大，因而水泵功耗较大；②清洗水垢比较麻烦，故对水质要求较高。

3. 套管式冷凝器

套管式冷凝器广泛用于制冷量小于 40 kW 的小型立柜式空调器机组中，其结构如图9－33所示。它由两根或几根大小不同的管子组成。大管子内套小管子，小管子可以是一根，也可以有数根。套管根据机组布置的要求绕成长圆形或圆形螺旋型式。制冷剂蒸气从上部进入外套管空间，冷凝后的液体由下部流出。冷却水由下部进入内管，吸热后由上部流出，与制冷剂蒸气呈逆流传热。

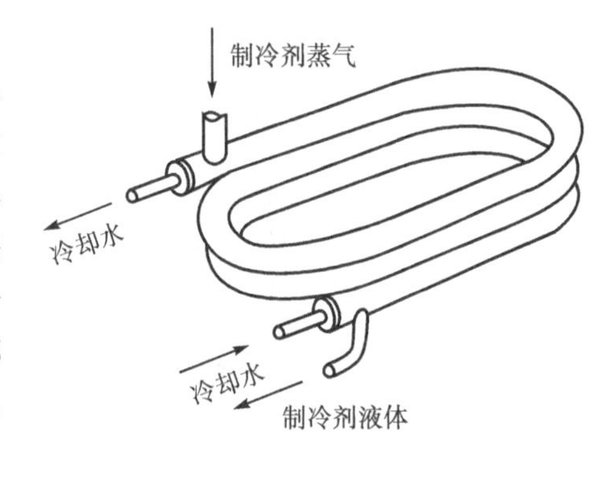

图 9－33　套管式冷凝器

冷却水流速为 1～2 m/s，由于冷却水的流程较长，进、出水温差一般在 6～10 ℃之间。制冷剂蒸气同时受到水及管外空气的冷却，换热效果较好。

套管式冷凝器结构紧凑，制造简单，价格便宜，冷却水消耗量少。但是水侧流动阻力损失较大，对水质要求较高，且金属材料消耗量较多。

4. 波纹板式冷凝器

波纹板式冷凝器是由一系列具有一定波纹形状的金属片叠装而成的一种新型高效换热器。图 9－34(a)为波纹板式冷凝器的总体分解图。波纹薄板分 A 板和 B 板两种(如图 9－34(b)所示)，交替叠装，四周通过垫片密封，并用框架和压紧螺旋重叠压紧而成。板片和垫片的四个角孔形成了流体的分配管和汇集管，同时又合理地将制冷剂和冷却水分开，使其分别在每块板片两侧的流道中流动，通过板片进行热交换。流体的速度和方向不断地发生突变，激起流体的强烈扰动，破坏边界层，减少液膜热阻，从而强化了传热效果。

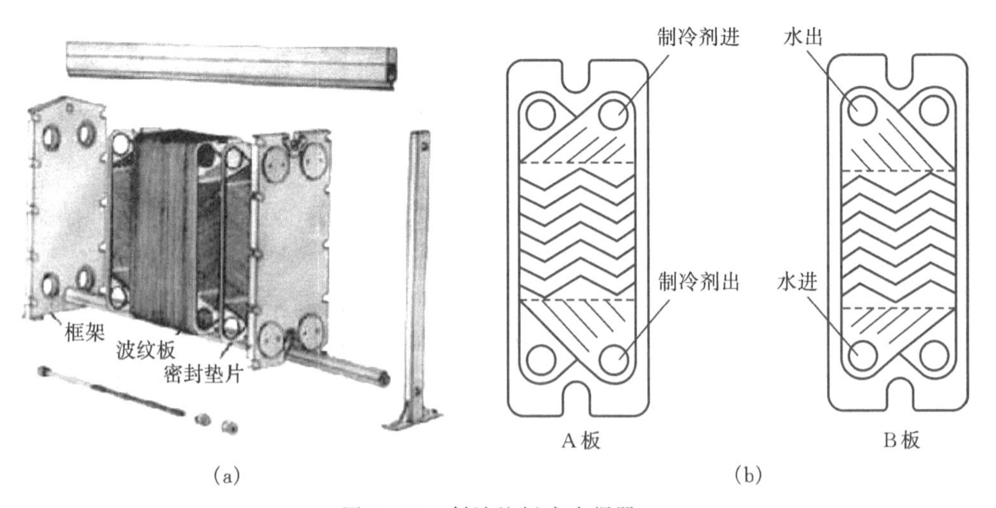

图 9－34　斜波纹板式冷凝器
(a)总体分解图；(b)斜波纹板

板片大都用冲压法制成各种形状，如平直纹板片、人字形板片、斜波纹板片等。板片要求压延性和承压强度高的材料制造，目前多用不锈钢或钛合金钢材料，承压能力可达到 2～2.5 MPa。

板片除采用螺栓夹紧外，还可采用99.9%纯铜整体真空烧焊而成，后者承压能力高达3 MPa。

波纹板式冷凝器的优点是：①体积小，结构紧凑，它比同样传热面积的壳管式换热器小60%，因而占地面积小；②传热系数高，这种换热器的当量直径小，流体扰动大，在较小雷诺数(Re ≅100)下即可形成紊流；③流速小，流动阻力损失小；④能适应流体间的小温差传热，因而可降低冷凝温度，使压缩机性能得到提高；⑤制冷剂充灌量少；⑥质量轻，热损失小；⑦组合灵活，可以很方便地利用不同板片数组成不同的换热面积。缺点是：①制造困难，对板片的冲压模具精度要求高；②换热器本身价格较高；③整体烧焊型清洗困难，故对水质要求较高。

目前，波纹板式冷凝器已广泛用于模块式空调机组。

5. 壳-盘管式冷凝器

它由一根或几根盘管装在一个壳体内构成，见图9-35。冷凝器管内通水，管外是制冷剂。制冷剂蒸气从顶部进入壳体后在管外冷却并冷凝，冷凝液汇集在壳体底部后引出。用壳-盘管式冷凝器时，不可在系统内充注过多的制冷剂，否则太多的制冷剂会减少有效传热面积。壳-盘管式冷凝器结构简单，适用于小型制冷装置，主要用在氟里昂制冷系统中，因为氟里昂系统中盘管的材料为铜，容易加工。但壳-盘管式冷凝器无法机械清洗，应当使用符合水质要求的水，并定期进行化学清洗。

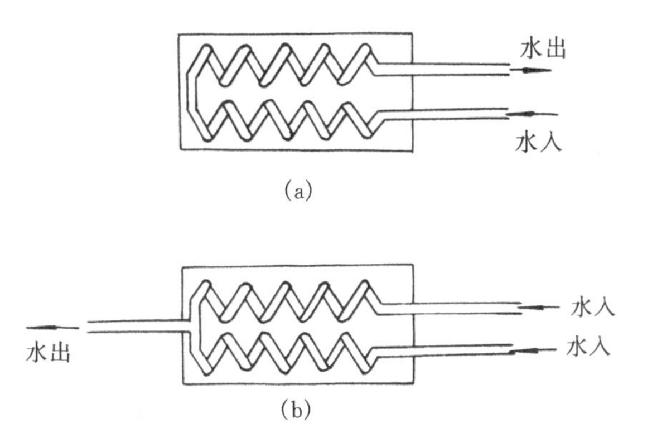

图9-35　壳-盘管式冷凝器
(a) 水流串联；(b) 水流并联

6. 螺旋式冷凝器

螺旋板式冷凝器由两个螺旋体加上顶盖和接管构成。螺旋体是由两张平行钢板卷制而成，构成一对同心的螺旋板通道，中心部分用隔板将两个通道分开，如图9-36所示。制冷剂蒸气由螺旋中心流入，由内向外作螺旋形流动，冷凝后的液体由外侧接管切向引出。冷却水从螺旋板外侧接管切向进入，由外向中心作螺旋运动，最后由中间管子流出。

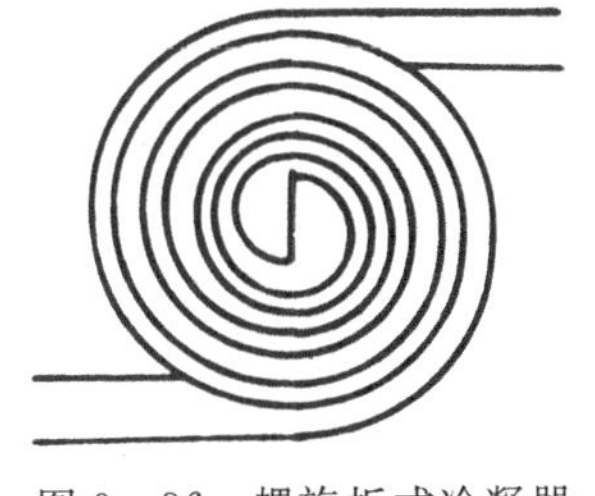

图9-36　螺旋板式冷凝器

为保证螺旋形流道的间距，增强螺旋板的刚度，在通道内每隔一定的距离便设有支撑。当冷凝器承受的压力较高时，应在其外围焊加强筋。

螺旋板式冷凝器体积小、重量轻、结构紧凑，传热性能好。但是内部不易清洗和检修，只能用软水或低硬度的水，而且承压能力较差。

9.3.3　蒸发式冷凝器

蒸发式冷凝器利用水蒸发时吸收热量，使管内的制冷剂蒸气凝结。它的结构示意图见图9-37，在薄钢板制成的箱体内装有蛇形管组。管组上面为喷水装置。制冷剂蒸气从蛇形管上面进入管内，冷凝液由下部流出。制冷剂放出的热量使喷淋在管表面的液膜蒸发。箱体上方装有挡水板，阻挡被空气带出的水滴，减少水的飞散损失。未蒸发的喷淋水落入下面的水池，并有部分水排出水池。水池中有浮球阀调节补充水量,使之保持一定水位和含盐量,在挡水板上面设有预冷管组,降低进入淋水管的制冷剂蒸气温度,减少管外表层的结垢。

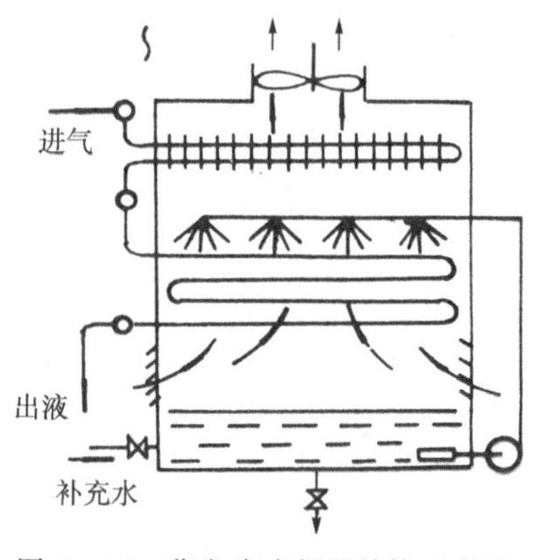

图 9-37　蒸发式冷凝器结构示意图

蒸发式冷凝器的通风设备安装在箱体顶部,空气从箱体下侧的窗口吸入,由顶部排出,这种结构称为吸风式。它的优点是箱内始终保持负压,水容易蒸发,且蒸发温度较低。缺点是潮湿的空气流经风机,使风机易于腐蚀损坏,且要采用防潮电动机。空气也可从箱体下部用鼓风机鼓入冷凝器,这种结构称为鼓风式,如图 9-38 所示,其优缺点正好与吸风式相反。

蒸发式冷凝器的优点是耗水量少,空气流量也不大。1 kW的冷凝负荷需要的循环水量为 100～120 L/h,补充水

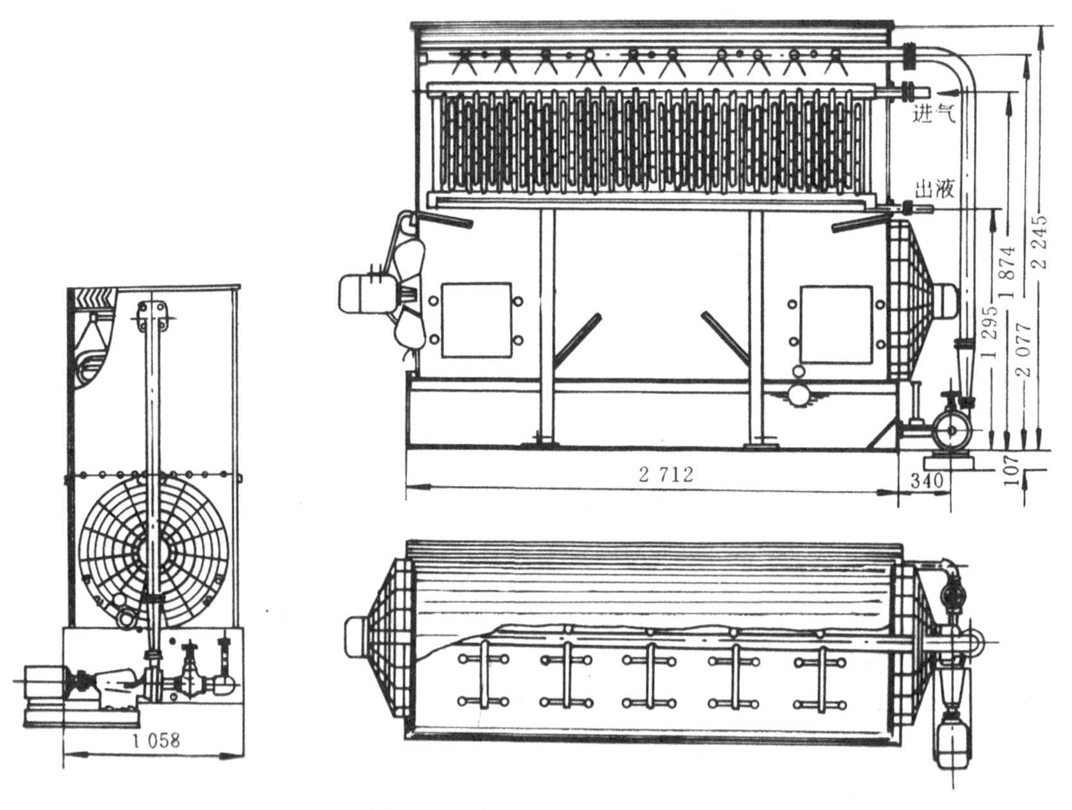

图 9-38　鼓风式蒸发式冷凝器

量为 5～6 L/h,空气流量为 90～180 m^3/h,水泵及风机功率为 20～30 W。特别适用于缺水地区,在气候干燥地区更为适用。由于强制通风,加速了水的蒸发,故传热效果较好。缺点是水垢难以清除,喷嘴易堵塞,因此冷却水应经过软化处理。另外,由于冷却水为循环水,故水温较高。

通常这种冷凝器装在屋顶上,不占地面或厂房面积。

9.4　水冷式冷凝器中的冷却水系统

水冷式冷凝器的冷却水系统可分成两类：废水系统和再循环水系统。

在废水系统中，冷却水在冷凝器中吸热后排入地沟，见图9-39(a)。在再循环水系统中，离开冷凝器的水经管道送入冷却塔中，在冷却塔中降温后再进入冷凝器中，循环使用，见图9-39(b)。

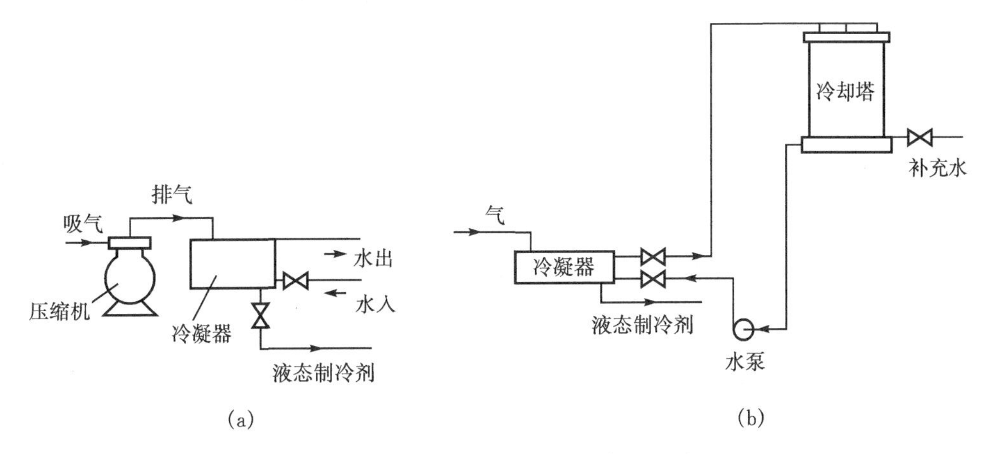

图9-39　水冷式冷凝器的冷却水系统
(a) 废水系统；(b)再循环水系统

当使用废水系统时，由于水排入地沟，水的价格及供水来源是考虑的重要因素。有些地方由于缺水，水费昂贵，再加上废水处理设施的容量有限，严格地限制使用废水系统。即使在一些水源充足的大城市，为了城市的未来，也应适当地限制使用废水系统。

与蒸发式冷凝器相似，再循环水系统的冷却塔也分为自然通风冷却塔和强制通风冷却塔两种。图9-40是喷淋式自然通风冷却塔。

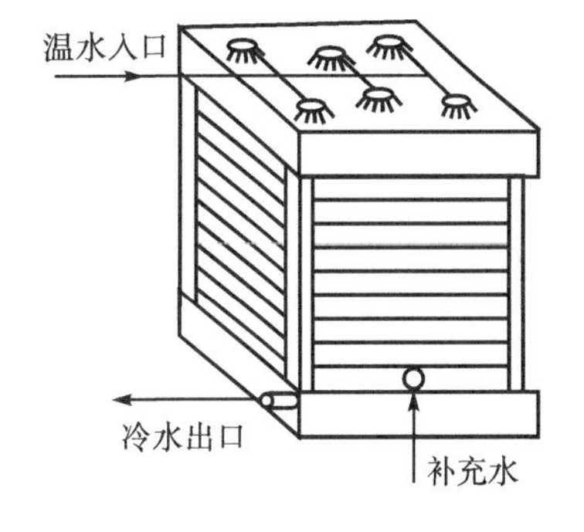

图9-40　自然通风冷却塔

从冷凝器来的温水用水泵送入塔顶后，由许多喷嘴向下喷淋。喷淋水的形态与冷却效率有很大关系，因为水与空气接触表面积的大小与喷淋水的形态有关。实践证明，喷淋前后的压差为0.05～0.07 MPa时，可产生合适的喷淋水形态。在有些自然通风冷却塔内，填有木板或其它填充物，以增加塔内的润湿表面，并可将水变成水滴，同时可降低水的下降速度。在这样的塔内，水滴由水和填充物之间的撞击产生，不需要喷嘴。

流经自然通风冷却塔的空气量与风速有关，而且塔的冷却能力随风速而变。此外，这种塔必须设置在通风处，通常装在屋顶上。

强制通风的冷却塔用风机强迫空气流动，具体可分为吸风式和鼓风式，见图9-41。

小型的冷却塔可置于室内。这种冷却塔的空气流量大、速度高，因而其冷却能力明显地大于自然通风冷却塔。在大多数强制通风冷却塔内填有木板或其它填充物，以进一步提高冷却效率。塔顶装有挡水板，以防止水滴被空气带走。

即使应用冷却塔，仍需不断地补充自来水或其它清洁的水。补充的水应比蒸发掉的水多。

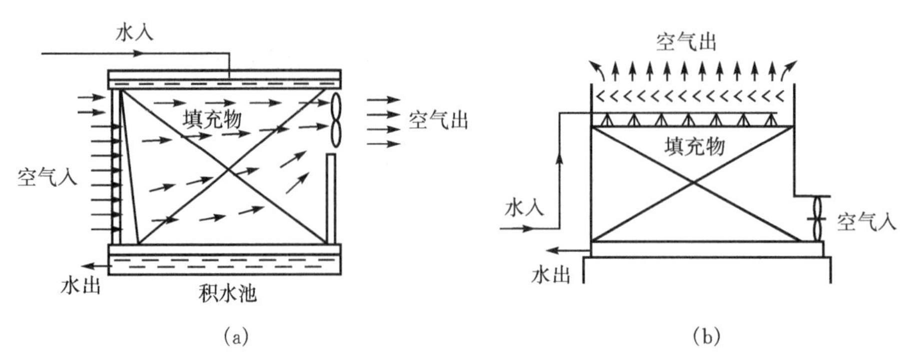

图 9－41　强制通风冷却塔

(a)吸风式；(b)鼓风式

多补充一些水是为了放掉一些含盐量较多的水。假定冷却系统中循环水量为每小时 100 t,约有 1％被蒸发掉,倘若补充的水量每小时也只有 1 t,那么水内的盐分将积累在冷却系统中,引起管道结垢。如果补充的水量大于蒸发量,就可以不断地排除一部分含盐量高的水,保证冷却系统中水的硬度保持在允许范围内。

排除的水量取决于系统中允许的盐分质量分数。按质量守恒定律,可溶盐分的质量平衡式为

$$m_1 w_1 = m_2 w_2 \tag{9-24}$$

式中　m_1 和 w_1 分别为放掉的水的质量和放掉的水的盐分质量分数；

m_2 和 w_2 分别为补充的水的质量和补充水的盐分质量分数。

蒸发掉的水的质量 m_3 为

$$m_3 = m_2 - m_1 \tag{9-25}$$

代入公式(9－24)中,得

$$m_1 w_1 = (m_1 + m_3) w_2 \tag{9-26}$$

移项后

$$\frac{w_1}{w_2} = 1 + \frac{m_3}{m_1} \tag{9-27}$$

令 $m_1/m_3 = W$ ，$w_1/w_2 = \gamma$ 则

$$\gamma = 1 + \frac{1}{W} \tag{9-28}$$

γ 即系统中水的盐分质量分数与补充水的盐分质量分数之比；W 为放掉的水与蒸发的水之质量比。

因此蒸发 1 kg 水所需补充的水为

$$\frac{m_2}{m_3} = \frac{m_3 + m_1}{m_3} = 1 + W \tag{9-29}$$

它与 γ 的关系为

$$1 + W = 1 + \frac{1}{\gamma - 1} = \frac{\gamma}{\gamma - 1} \tag{9-30}$$

放出的水引入废水处理站。为控制放水量,可使用自动放水阀。阀的启闭由循环水中盐的质量分数控制。

允许的 γ 值主要取决于水中的碳酸盐含量。如果水中的碳酸盐含量接近饱和,温度升高时将会引起盐的沉淀。通过化学处理可以减慢结垢速度或使垢层软化,从而易于被水冲掉。但即使采取了这些措施,γ 也不应超过 1.5～2.0,相应的放水量与蒸发量之比为 1～2。

除了上述结垢问题外,水对金属的腐蚀作用也会影响系统的使用。为了减少腐蚀,回路中的水应略带碱性。例如:pH 值等于 7.0～7.5。在一些特殊的回路中,还需要对水作进一步的

处理。当冷却塔顶暴露在大气中时，塔中容易生长绿藻，应连续或定期地投放化学品以阻止藻类生长。在喷淋式结构中，喷淋过程中从空气里吸收的灰尘将积累在系统中，大部分形成一层薄薄的泥垢，这种灰尘颗粒很小，水泵吸入口的滤网对它无能为力，为此需定期清洗管子。

9.5　制冷装置中的其它换热器

这类热交换器包括两种传热介质均是制冷剂的热交换器，如复叠式制冷机中的蒸发-冷凝器、两级压缩制冷机的中间冷却器和回热热交换器。这些热交换器在制冷机制造中所占比重不大，但对制冷技术的发展仍然是重要的。

9.5.1　过冷器

为了防止液体制冷剂在节流前汽化，并减少节流后的干度，提高整个循环的经济性，装置中可设置过冷器，使从冷凝器出来的制冷剂液体在过冷器中进一步降温。在过冷器中使用的冷却介质的温度，应比冷凝器中使用的要低。例如在冷凝器中采用循环冷却水，在过冷器中则采用深井水。

过冷器结构简单，有套管式和壳管式。图 9－42 所示为氨用套管式过冷器结构。它是由两根直径分别为 $\phi57$ mm 及 $\phi76$ mm 的无缝钢管组成。液氨自上而下在管间流动，冷却水则以逆流方式由下而上在管内流动。管子两端由 U 型铸铁盖相连，以便于拆卸后清除水垢。

套管式过冷器换热效果较好，但金属消耗量大。

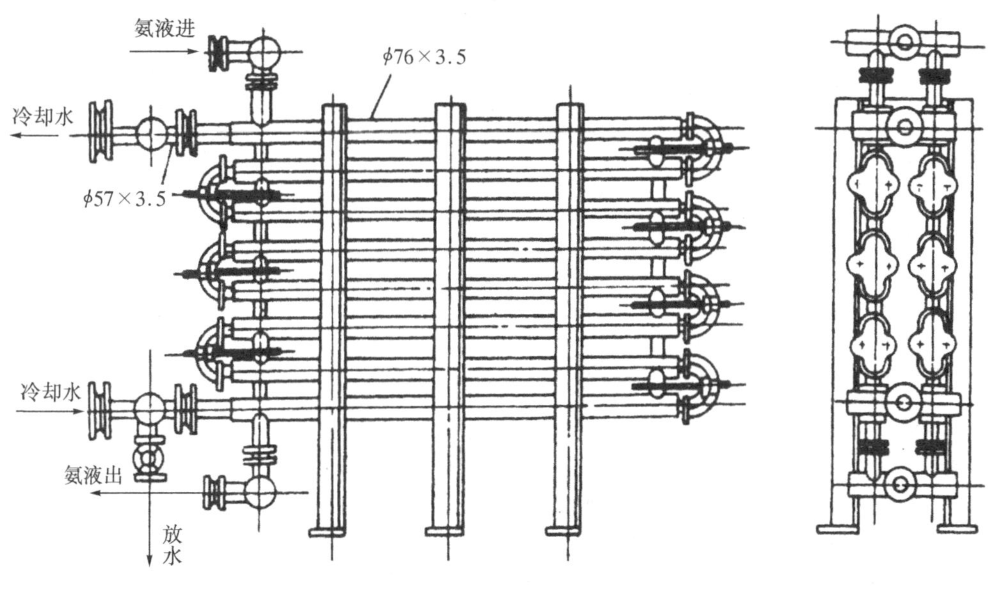

图 9－42　过冷器

9.5.2　中间冷却器

中间冷却器用于两级或三级压缩制冷系统中，利用一部分制冷剂液体在其中汽化制冷，用以冷却低压级排气，同时使进入蒸发器之前的高压制冷剂液体在节流阀前过冷。其目的在于提高整个制冷装置的经济性和安全可靠性。

1. 氨制冷系统用中间冷却器

双级氨制冷系统多采用一级节流中间完全冷却循环,其中间冷却器的结构如图 9-43 所

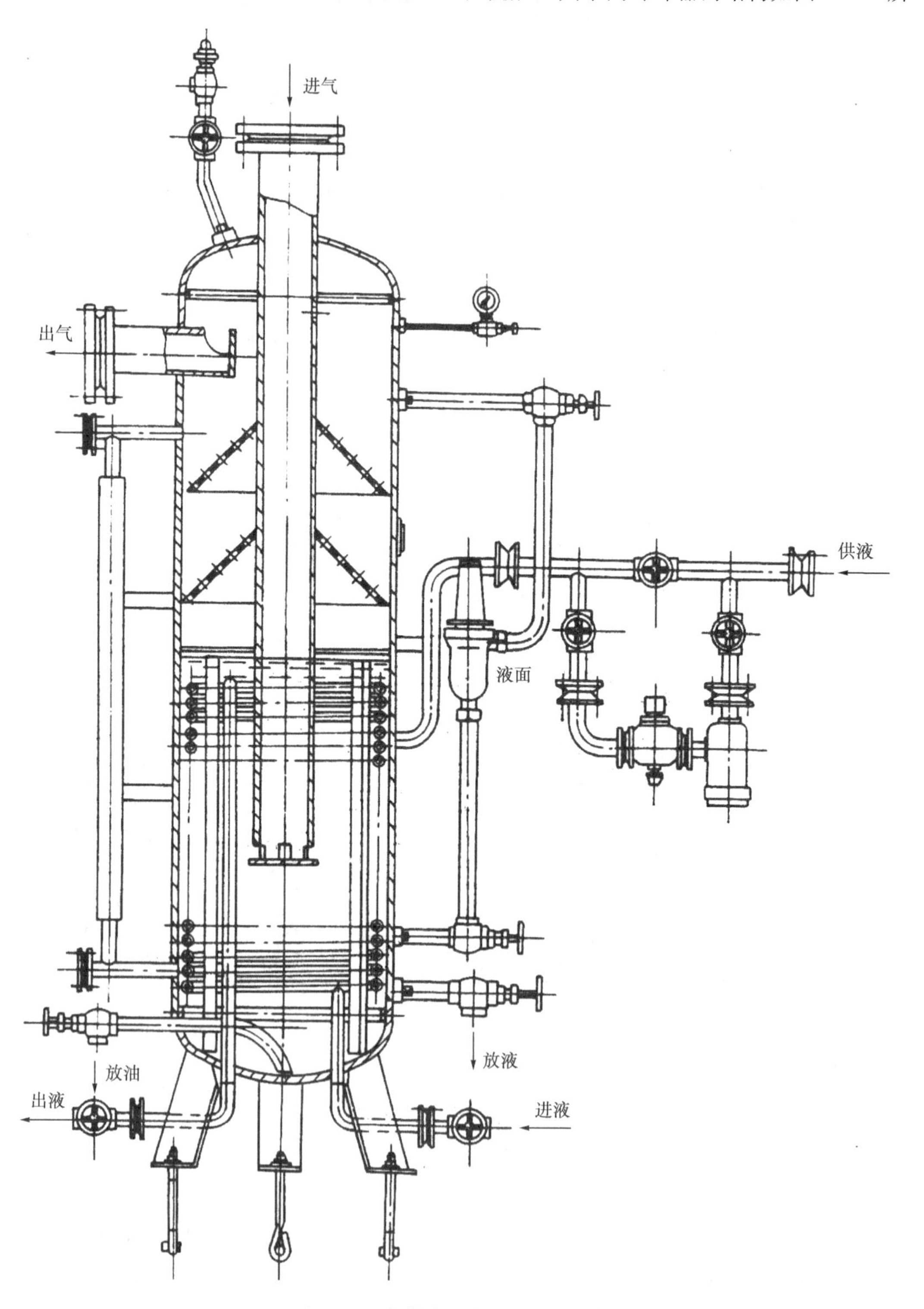

图 9-43　氨制冷系统用中间冷却器

示。它为立式、带有上下封头的钢板制造的容器。一般采用洗涤型,即在中间冷却器中保持一定高度的液氨,低压级排气由顶部进气管直接伸入液氨面之下,被冷却后连同蒸发和因节流产生的氨气一起通过伞形挡板,将其中挟带的液滴分离后,由上部侧面的排气口排出,被高压级压缩机吸走。容器下部装有冷却盘管,沉浸在液氨中,通往蒸发器的高压氨液在管内流过,被管外液氨的蒸发而过冷。

容器中的氨液面由液位控制器和浮球阀控制。容器上还装有压力表、安全阀、放油阀及必要的液氨过滤器、接管和阀门等。

2. 氟里昂制冷系统用中间冷却器

两级压缩氟里昂制冷系统多采用一级节流不完全冷却循环,中间冷却器仅用来冷却高压液体,故结构比较简单,多做成壳盘管式,如图 9－44 所示。

部分高压氟里昂液体由上部进入,在盘管内被冷却后由下部流出。另一部分高压氟里昂液体经热力膨胀阀节流至中间压力后,由壳侧下方进入,蒸发后产生的蒸气由上方引出。

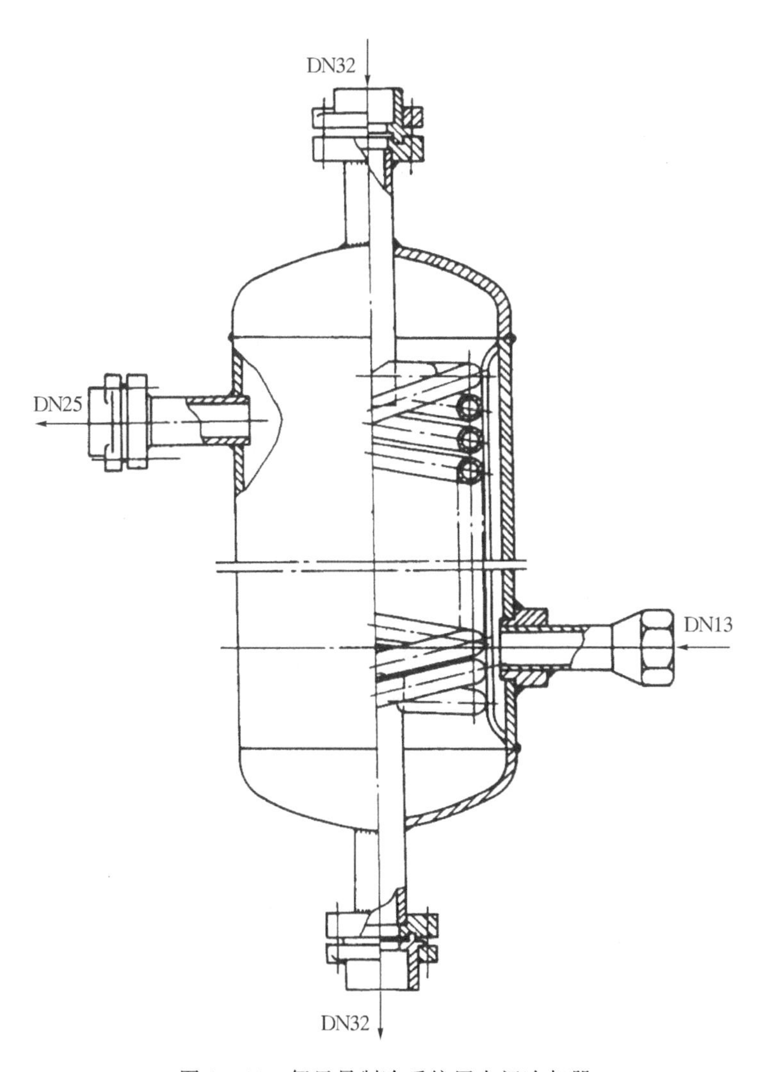

图 9－44　氟里昂制冷系统用中间冷却器

9.5.3 气-液热交换器

气-液热交换器俗称回热器,只用于氟里昂制冷系统。蒸发器出来的低压低温蒸气,与节流前的液体热交换,液体温度降低,达到:①使液体过冷,以免在节流前汽化;②提高压缩机吸气温度,减少吸气管路中的有害过热损失,改善压缩机的工作条件;③提高循环的性能系数;④使蒸气中挟带的液滴汽化。

气-液热交换器通常采用如图 9 - 45 所示的壳盘管式结构。它的外壳由无缝钢管制成。氟里昂液体在盘管内流动,蒸气在管外横掠流过管束。为保证蒸气流动时具有一定的流速以及与盘管很好地接触,在盘管中间装有心管。

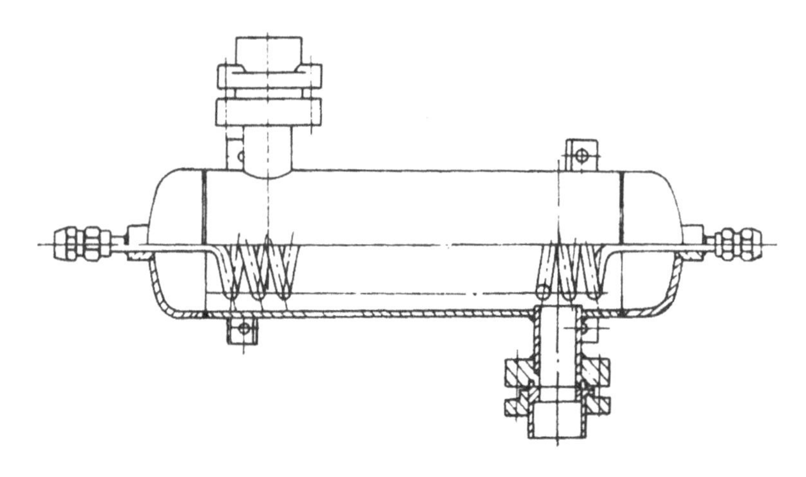

图 9 - 45 壳-盘管式气液热交换器

在小型制冷装置中,气-液热交换器也可采用更为紧凑的绕管式、套管式或板翅式结构。

对于较大型的制冷装置,气-液热交换器也有采用卧式壳管式,其结构与卧式壳管式冷凝器类似,气体在管间流动,液体在管内流动。

9.5.4 冷凝-蒸发器

冷凝-蒸发器用于复叠式制冷机。它利用高温级制冷剂的蒸发将低温级制冷剂冷凝。因此它既是高温级的蒸发器,又是低温级的冷凝器。通过它将高温级与低温级联系在一起,构成一个完整的复叠式循环。冷凝蒸发器的结构形式有立式壳管式、立式盘管式和套管式等。

立式壳管式冷凝-蒸发器结构与一般立式壳管式冷凝器相同,高温级制冷剂在管内汽化,低温级制冷剂在管外冷凝。它结构简单,但高温级制冷剂的充灌量大,静液柱对蒸发温度的影响也较大。

立式盘管式冷凝-蒸发器结构如图 9 - 46 所示。它是由一组盘管装在一个圆形筒体中组成。高温级制冷剂液体从上面的液体分配器进入盘管,在管内汽化后蒸气由下部引出。低温级制冷剂蒸气从上部进入筒体,冷凝后由下部引出。它的结构和制造工艺较复杂,但传热效果较好,制冷剂充灌量较少,静液柱影响极小。

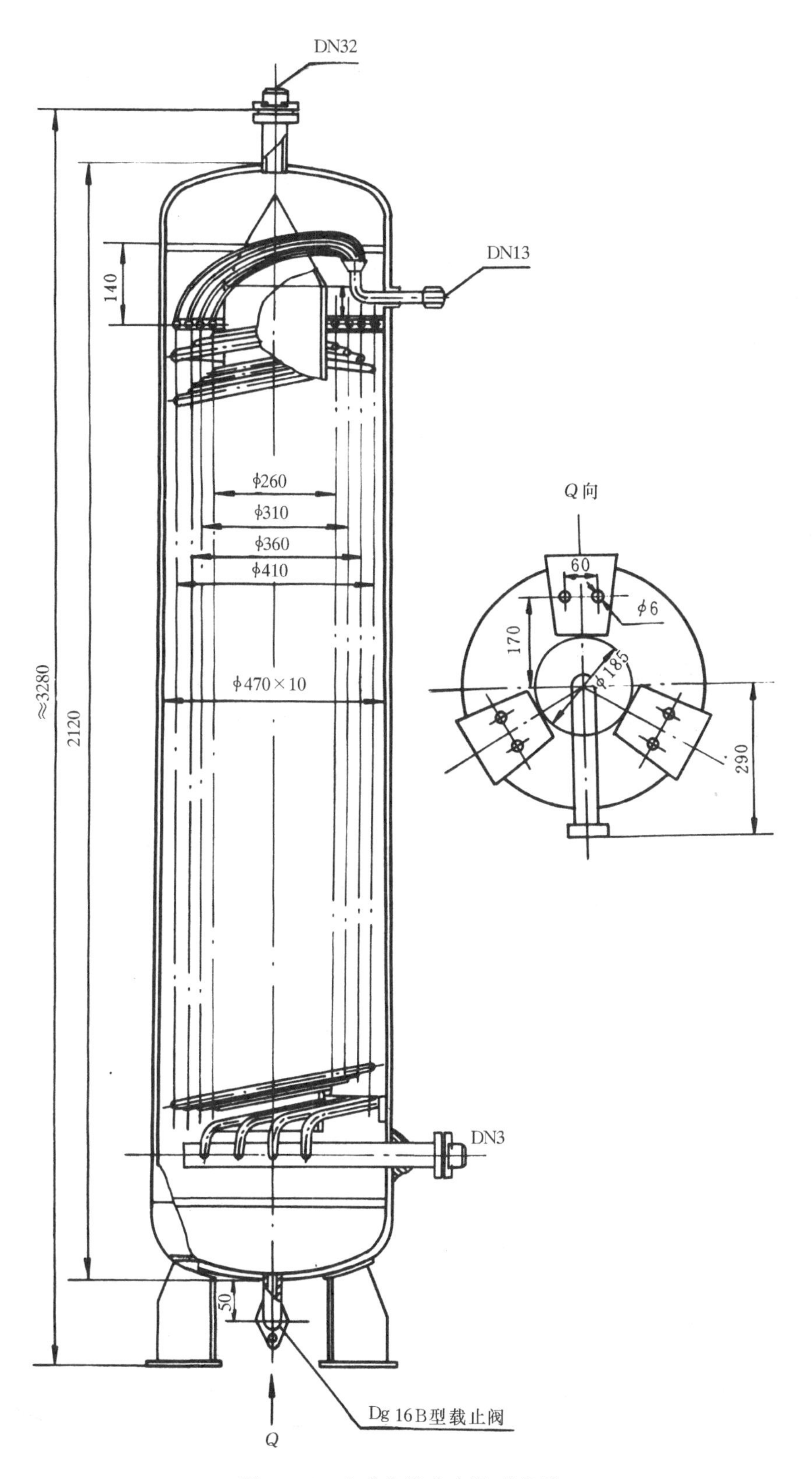

图 9-46　立式盘管式冷凝-蒸发器

套管式冷凝-蒸发器结构将两根直径不同的铜管套在一起后弯曲而成，与套管式冷凝器相似。高温级制冷剂在内管中蒸发，低温级制冷剂在两管间冷凝。它结构简单，便于制造，但外形尺寸较大，两侧制冷剂流动阻力也较大。适用于小型低温复叠式制冷系统。

9.6 制冷机热交换器的对数平均温差及介质表面传热系数

进行传热计算之前，热交换器的型式和热负荷已在选型和循环计算中确定。但是热交换器中的传热温差、传热面积、冷却介质流速或被冷却介质流速需在传热计算过程中确定。传热温差和介质流速与热交换器的型式有关，可应用技术经济分析的方法确定其最佳值，也可按经验数值选用。

9.6.1 对数平均温差

计算传热量时，传热温差 Δt 为冷、热流体间的温度差。对于热交换器，由于冷热流体沿传热面进行热交换，其温度沿流动的方向不断变化，所以冷、热流体间的温差也在不断地变化。为此，在进行传热计算时需取温差的平均值，以符号 Δt_m 表示，称为平均温差。相应的传热计算公式为

$$\Phi = KF\Delta t_m$$

平均温差与介质的流动方向有关。就冷热流体的流动方向来分，两者平行且同向流动时称为顺流；两者平行而反向流动时称为逆流；彼此垂直的交叉流动称为叉流，见图 9-47。

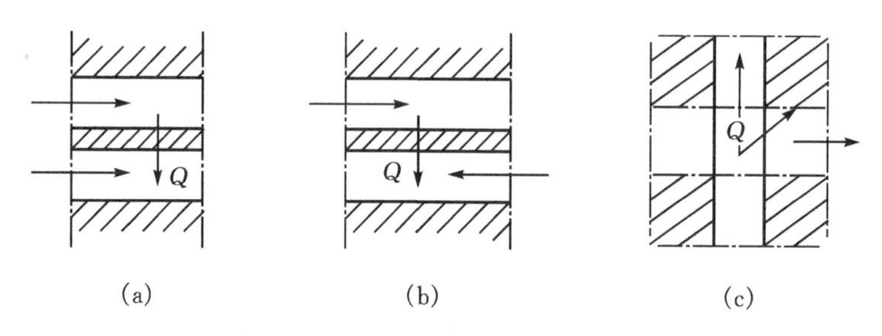

图 9-47 三种不同的流动方式

(a) 顺流；(b)逆流；(c)叉流

在顺流和逆流情况下，冷热流体的温度变化如图 9-48 所示。图中的 $q_m c$ 表示质量流量为 q_m 的流体温度升高 1 ℃所需要的热量，称为热容量。

按图 9-48，在下列条件下，导出对数平均温差的计算式。

① 冷热流体的热容量在整个换热面上均为常量；

② 传热系数 K 在整个换热面上不变；

③ 换热器无散热损失；

④ 沿换热面轴向的导热量可以忽略不计；

⑤ 在换热器中，任何一种流体都不能既有相变又有单相介质换热。

对数平均温差的计算公式为

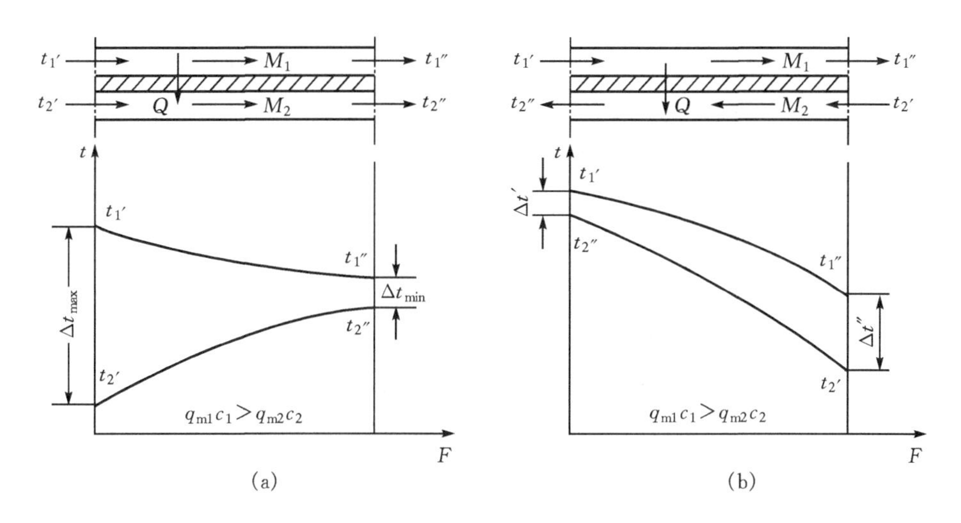

图 9 - 48　顺流和逆流传热时流体温度的变化

(a)顺流传热；(b)逆流传热

$$\Delta t_{m} = \frac{\Delta t_{max} - \Delta t_{min}}{\ln \dfrac{\Delta t_{max}}{\Delta t_{min}}} \quad ℃ \tag{9-31}$$

式中　Δt_{max} 为换热器两端冷热流体间温差的最大值；Δt_{min} 是最小值。

当 $\dfrac{\Delta t_{max}}{\Delta t_{min}} \leqslant 1.7$ 时，可用算术平均温差代替对数平均温差。即

$$\Delta t_{m} = \frac{1}{2}(\Delta t_{max} + \Delta t_{min}) \tag{9-32}$$

代替后的误差不超过 2.3%。

在 $\dfrac{\Delta t_{max}}{\Delta t_{min}} \leqslant 5$ 的范围内，用下式计算平均温差

$$\Delta t_{m} = \frac{1}{2}(\Delta t_{max} + \Delta t_{min}) - 0.1(\Delta t_{max} - \Delta t_{min}) \tag{9-33}$$

公式的误差不超过 4%。

顺流和逆流是各种流动型式的两种极端情况。在冷热流体进出口温度为一定值的条件下，逆流换热的平均温差最大，顺流换热的平均温差最小。顺流时，冷流体的出口温度总是低于热流体的出口温度；逆流时，冷流体的出口温度可以高于热流体的出口温度。一般说来，换热器应尽量布置成逆流型式。逆流布置的一个缺点是换热器一端的温度比另一端高得多，因为冷热流体的高温区都在换热器的同一端。

当冷热流体的一方发生相变时，冷热流体的温度变化如图 9 - 49 所示。其中图 9 - 49(a)表示冷凝器中的温度变化，图 9 - 49(b)表示蒸发器中的温度变化。此时换热器无顺流、逆流之分。

同样，当两种流体的 $q_{m1}c_{1}$ 和 $q_{m2}c_{2}$ 相差较大时，顺流和逆流的区别也不显著。

纯粹的顺流和逆流，只有套管式换热器或螺旋板式换热器才能实现，但对于工程计算，图 9 - 50 所示的流经蛇形管的流动可作顺流或逆流处理。

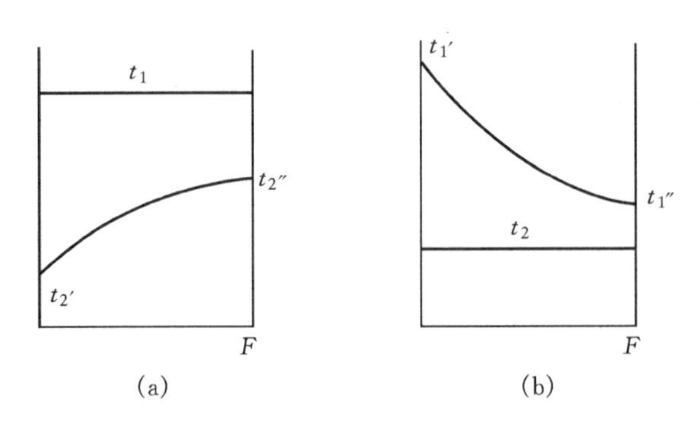

(a)　　(b)

图 9-49　相变时流体的温度变化

(a)冷凝器；(b)蒸发器

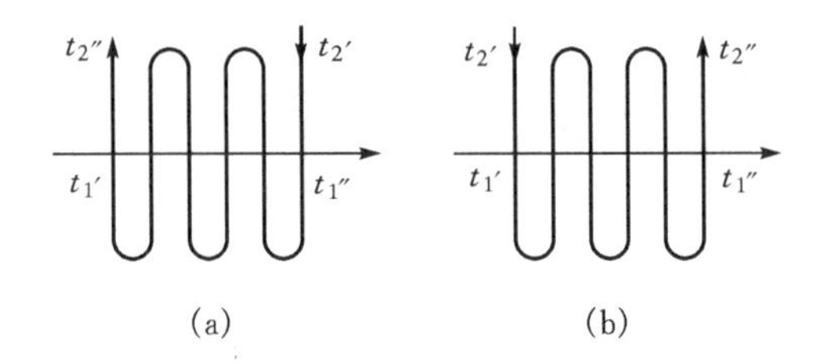

(a)　　(b)

图 9-50　蛇形管换热器做逆流和顺流处理

(a)作逆流处理；(b)作顺流处理

9.6.2　制冷剂蒸气冷凝时的表面传热系数

1. 制冷剂在光滑管外的冷凝传热

在制冷机的冷凝器中，蒸气冷凝时都是“膜层”冷凝，因此用努谢尔特(Nusselt)公式计算光管外表面的凝结表面传热系数

$$h_{co}=c\left(\frac{\beta}{\Delta tl}\right)^{0.25}\quad \mathrm{W/(m^2\cdot ℃)} \tag{9-34}$$

$$h_{co}=c'\left(\frac{\beta}{ql}\right)^{1/3}\quad \mathrm{W/(m^2\cdot ℃)} \tag{9-35}$$

式中　c,c'——系数，对于垂直面呈波形流动时，$c=1.13$，$c'=1.18$；对于水平单管，$c=0.725$，$c'=0.65$；

l——特性尺度，对于垂直面取高度 H，对于水平单管取外径 d_o，m；

Δt——冷凝温度与壁面温度之差，℃；

q——热流密度，W/m^2；

β——物性系数，等于 $\frac{k^2\rho^2 g\gamma}{\mu}$。$k,\rho,\gamma$ 和 μ 等参数取冷凝液膜温度下的数据，由于冷凝时冷凝液膜温度与冷凝温度十分接近，故可取冷凝温度下的数据。

k——冷凝液的热导率，W/(m·℃)；

ρ——冷凝液的密度，kg/m^3；

γ ——汽化热，J/kg；

μ ——冷凝液的动力黏度，$N \cdot s/m^2$；

g —— 重力加速度，m/s^2。

2. 制冷剂在水平低肋管上的冷凝传热

对于水平低肋管，其外表面的冷凝表面传热系数可按相同条件下的水平光滑管的表面传热系数乘以增强因子得到，增强因子可按下式计算

$$\varepsilon_1 = 1.3\eta_f^{0.75}\left(\frac{F_h}{F_{of}}\right)\left(\frac{d_o}{H_e}\right)^{0.25} + \frac{F_p}{F_{of}} \tag{9-36}$$

式中 d_o ——基管外径，m；

H_e ——肋片的当量高度，m；

$$H_e = \frac{\pi}{4}\left(\frac{d_f^2 - d_o^2}{d_f}\right)$$

d_f ——肋片外径，m；

F_h，F_p 和 F_{of} ——分别表示 1 m 长肋管的垂直部分表面积，水平部分表面积和肋的总外表面积，m^2；

η_f ——肋片效率

$$\eta_f = \frac{\text{th}(ml)}{ml}$$

$$m = \sqrt{\frac{2h_{co}}{\lambda\delta}}$$

$$l = \frac{d_f - d_o}{2}\left(1 + 0.805\lg\frac{d_f}{d_o}\right)$$

式中，δ 为肋片厚度，λ 为肋片材料的热导率。低肋片管的 η_f 约为 0.7～0.8，低螺纹紫铜管的 η_f 等于 1。

3. 制冷剂在水平管束和低螺纹管束上的冷凝传热

对于水平管束和低螺纹管束，由于凝结时下落的冷凝液使下部管束外侧的液膜增厚，表面传热系数下降。制冷剂在水平管束和低螺纹管束外表面冷凝时的平均表面传热系数 h_o 可以按单管上的表面传热系数乘以管排修正系数 ε_n 得到

$$\varepsilon_n = \frac{n_1^{0.75} + n_2^{0.75} + n_3^{0.75} + \cdots + n_z^{0.75}}{n_1 + n_2 + n_3 + \cdots + n_z} \tag{9-37}$$

式中，n_1，n_2，n_3，…，n_z ——管排垂直方向上各列的管子数。

4. 制冷剂在水平管内冷凝时的传热

当制冷剂在水平管内冷凝时，由于管底积聚凝液，表面传热系数下降。对于氟里昂，其计算公式为

$$h_i = 0.555\left(\frac{\beta}{\Delta t d_i}\right)^{0.25} \quad \text{W/(m}^2\cdot℃) \tag{9-38}$$

或

$$h_i = 0.455\left(\frac{\beta}{q d_i}\right)^{1/3} \quad \text{W/(m}^2\cdot℃)$$

式中，d_i 是管子内径；β 为物性系数，等于 $\frac{\lambda^2\rho^2 g\gamma}{\mu}$。

公式(9－38) 适用于 $Re''\leqslant 35000$ 时。Re'' 按进口蒸气状态计算。

对于 R717，管内冷凝时的计算公式为

$$h_i = 2116\Delta t^{-0.167} d_i^{-0.25} \quad \mathrm{W/(m^2 \cdot ^\circ C)} \tag{9-39}$$

或

$$h_i = 86.88 q^{-0.2} d_i^{-0.33} \quad \mathrm{W/(m^2 \cdot ^\circ C)}$$

当制冷剂在水平蛇形管内冷凝时，上述四个公式乘 ε_c 以后即可使用

$$\varepsilon_c = 0.25 q^{0.15}$$

9.6.3　制冷剂液体沸腾时的表面传热系数

制冷剂沸腾时，其表面传热系数随热流密度的增加而增加。

1. 制冷剂在大空间内沸腾时的表面传热系数

制冷剂在水平光管束外沸腾的表面传热系数 h_o 为

$$h_o = aq^b \tag{9-40}$$

系数 a 和 b 与制冷剂种类有关。对于

R717：　$a = 4.4(1+0.007t_0)$，$b = 0.7$，t_o 为蒸发温度

R134a：　$a = 8.57$，$b = 0.696$

R142b：　$a = 7.59$，$b = 0.667$

对于低肋管，氟里昂的沸腾表面传热系数与光管时相近。

2. 制冷剂在管内沸腾时的表面传热系数

制冷剂在管内沸腾时，其表面传热系数与物性、热流密度、管内液体的质量流速及流向有关。

对于 R717，管内沸腾传热时的表面传热系数为

$$h_i = 4.57(1+0.03t_o)q_i^{0.7} \tag{9-41}$$

式中，t_o 为制冷剂的蒸发温度，℃；q_i 为按管内表面计算的热流密度，W/m²。

对于氟里昂制冷剂，管内沸腾时的表面传热系数可以采用凯特里卡(Kandlikar)公式计算，这个公式是一个具有较高精度的通用关联式，公式形式为

$$\frac{h_{TP}}{h_l} = C_1 (C_0)^{C_2} (25Fr_l)^{C_5} + C_3 (B_0)^{C_4} F_{fl} \tag{9-42}$$

$$h_l = 0.023 \left(\frac{g(1-x)D_i}{\mu_l}\right)^{0.8} \frac{\mathrm{Pr}_l^{0.4} k_l}{D_i}$$

$$C_0 = \left(\frac{1-x}{x}\right)^{0.8} \left(\frac{\rho_g}{\rho_l}\right)^{0.5}$$

$$B_0 = \frac{q}{gr}$$

$$Fr_l = \frac{g^2}{9.8\rho_l^2 D_i}$$

式中　h_{TP}——管内沸腾的两相表面传热系数，W/(m²·K)；

h_l ——液相单独流过管内的表面传热系数，W/(m^2 · K)；

C_0 ——对流特征数；

B_0 ——沸腾特征数；

Fr_l ——液相弗劳得数；

g —— 质量流率，kg/(m^2 · s)；

x ——质量含气率；

D_i ——管内径，m；

μ_l ——液相动力黏度，Pa · s；

k_l ——液相热导率，W/(m · K)；

Pr_l ——液相普朗特数；

ρ_g ——气相密度，kg/m^3；

ρ_l ——液相密度，kg/m^3；

q ——按管内表面计算的热流密度，W/m^2；

r ——潜热，J/kg；

F_{fl} 是取决于制冷剂性质的无量纲数，按表 9 - 2。

表 9 - 2　各种制冷剂的 F_{fl} 值

制冷剂	F_{fl}	制冷剂	F_{fl}
水	1.00	R152a	1.10
R13B1	1.31	氮	4.70
R22	2.20	氖	3.50
R134a	1.63		

F_{fl} 的值为 0.5～5.0。

式中的 C_1，C_2，C_3，C_4 和 C_5 为常数，它们的值取决于 C_0 的大小。

当 $C_0 < 0.65$

$C_1 = 1.1360$　　$C_2 = -0.9$　　$C_3 = 667.2$　　$C_4 = 0.7$　　$C_5 = 0.3$

当 $C_0 > 0.65$

$C_1 = 0.6683$　　$C_2 = -0.2$　　$C_3 = 1058.2$　　$C_4 = 0.7$　　$C_5 = 0.3$

3. 制冷剂在细微内肋管中的沸腾传热

近年来细微肋管在小型制冷装置的蒸发器中被广泛采用。图 9 - 51 为细微肋管的剖面图，管内的微肋数目一般为 60～70，肋高为 0.1～0.2 mm，螺旋角为 10°～30°，其中对传热性能和流动阻力影响最大的为肋高。与其它形式管内强化管相比，微细内肋管有两个突出的优点。首先，与光管相比它可以使管内蒸发表面传热系数增加 2～3 倍，而压降的增加却只有 1～2倍，即传热的增强明显大于压降的增加；其次，微肋管与光管相比，单位长度的重量增加的很少，因而这种强化管的成本低，微肋管除在表面式蒸发器被广泛采用时，在壳管式蒸发器中也大量被应用。设计时可先计算出光管内的表面传热系数(与管径有关)，再乘以增强因子即得微肋管内的表面传热系数。增强因子可从相关文献上查得，一般为 1.6～1.9。

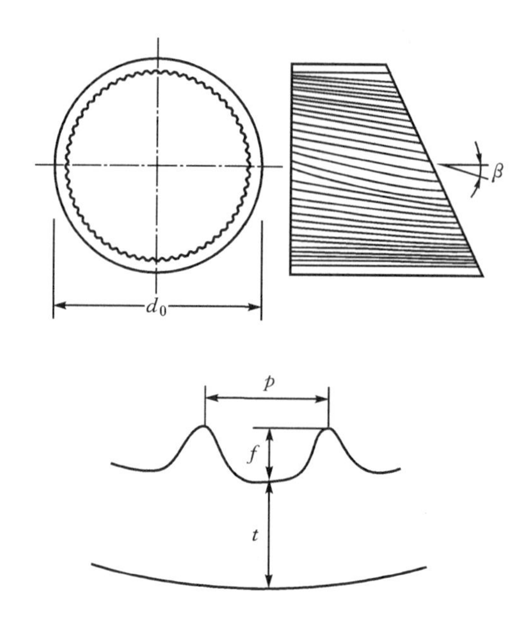

图 9－51　微细内肋管剖面图

9.6.4　无集态改变时换热器的表面传热系数计算

在这种传热过程中传热介质不发生集态改变。制冷机热交换设备中冷却介质(水及空气)以及液体载冷剂的传热均属于这一类。过冷器中制冷剂的放热过程也属于这一类。无集态改变时的传热过程在制冷机中常见的有以下几种情况。

1. 流体在管内受迫流动的传热

制冷机管内的流动多数是紊流,层流是很少的。对于紊流,广泛采用迪图斯-玻尔特(Dittus-Boelter)公式计算表面传热系数,计算公式为

$$\mathrm{Nu} = 0.023\,\mathrm{Re}^{0.8}\,\mathrm{Pr}^{n} \tag{9-43}$$

当流体受热时 $n=0.4$,冷却时 $n=0.3$,适用于 $\mathrm{Re}=10^4 \sim 1.2\times10^5$,$\mathrm{Pr}=0.7\sim100$,$l/d>60$ 的光滑管,且流体和壁面温差不太大的场合。计算时取流体的平均温度为定性温度,管子内径 d 为特性尺度,l 为管长。

另一个可用来计算流体在管内受迫流动时的表面传热系数的公式是彼多霍夫-波波夫(Petukhov-Popov)公式

$$\mathrm{Nu} = \frac{(f/8)\mathrm{Re}\mathrm{Pr}}{1.07+12.7(f/8)^{0.5}(\mathrm{Pr}^{2/3}-1)} \tag{9-44}$$

式中 f ——湍流摩擦因数,是 Re 的函数

$$f=(1.82\lg\mathrm{Re}-1.64)^{-2}$$

上式适用于 $\mathrm{Re}=10^4\sim5\times10^6$,$\mathrm{Pr}=0.5\sim2000$。

对于各种制冷剂,包括 R22,R134a 等,式(9－44)比式(9－43)有更高的精度。

如果管道截面不是圆形,特性尺度应取其当量直径 d_e:

$$d_e=\frac{4F}{L}\quad \mathrm{m}$$

式中　F ——通道截面积,m^2;

L ——通道的周界，m。

流体在螺旋管内或螺旋形槽道内流动时，传热过程有所增强，其表面传热系数可先按公式(9-43)或公式(9-44)计算，再乘以校正系数 ε_R

$$\varepsilon_R = 1 + 1.77\frac{d}{R} \tag{9-45}$$

式中　d ——管子内径，m；

R ——螺旋管的曲率半径，m。

2. 流体横向流过光滑管束

这里也仅讨论受迫运动的情况。对于光管管束，液体的流动方向与管子的中心线垂直，$Re_f = 200 \sim 200000$ 时，第三排管子以后的平均表面传热系数可按下列准则式计算

空气：顺排管束　$h_o = 0.21\frac{k}{d_o}Re_f^{0.65}$　W/(m² · K)　(9-46)

错排管束　$h_o = 0.37\frac{k}{d_o}Re_f^{0.6}$　W/(m² · K)　(9-47)

液体：顺排管束　$h_o = 0.23\frac{k}{d_o}Re_f^{0.65}Pr_f^{0.33}$　W/(m² · K)　(9-48)

错排管束　$h_o = 0.41\frac{k}{d_o}Re_f^{0.6}Pr_f^{0.33}$　W/(m² · K)　(9-49)

式中　h_o ——表面传热系数，W/(m² · K)；

d_o —— 管子外径，m；

k ——热导率，W/(m · K)。

计算时取管子外径 d_o 为特性尺度，取流体的平均温度为定性温度。确定 Re_f 时，取通道最窄截面上的流速 u。第一排和第二排管子的表面传热系数低于第三排以后管子的表面传热系数。对于沿流动方向有 n 排管子的管束，其平均表面传热系数也可先按公式(9-46)，(9-47)，(9-48)和(9-49)计算，再乘以管排校正系数 ε_n，ε_n 的数值见表 9-3。

表 9-3　管排校正系数 ε_n 的数值

总排数	1	2	3	4	5	6	7	8	9	10 以上
ε_n（顺排）	0.64	0.80	0.87	0.90	0.92	0.94	0.96	0.98	0.99	1.0
ε_n（错排）	0.68	0.75	0.83	0.89	0.92	0.95	0.97	0.98	0.99	1.0

3. 流体在管外纵向、横向流动

液体在具有折流板的壳管式热交换器管外流动就属于这一情况。表面传热系数为

$$h_o = n\frac{k}{d_o}Re_f^{0.6}Pr_f^{0.33} \quad W/(m^2 \cdot K) \tag{9-50}$$

式中各符号的意义同式(9-49)，当筒体镗削时，系数 $n=0.25$，当筒体不镗削时，表面传热系数略降，系数 $n=0.22$。计算时取流体的平均温度为定性温度；取管子外径 d_o 为特性尺度；Re_f 按壳体中心线附近管子之间横流截面上的流速与折流板缺口处流速的几何平均值计算。

4. 流体横向流过肋片管束时的表面传热系数

较常用的平直肋片有以下三种：

① 圆肋片；

② 正方形肋片,见图 9-52(a)和图 9-53；

③ 六角形肋片,见图 9-52(b)。

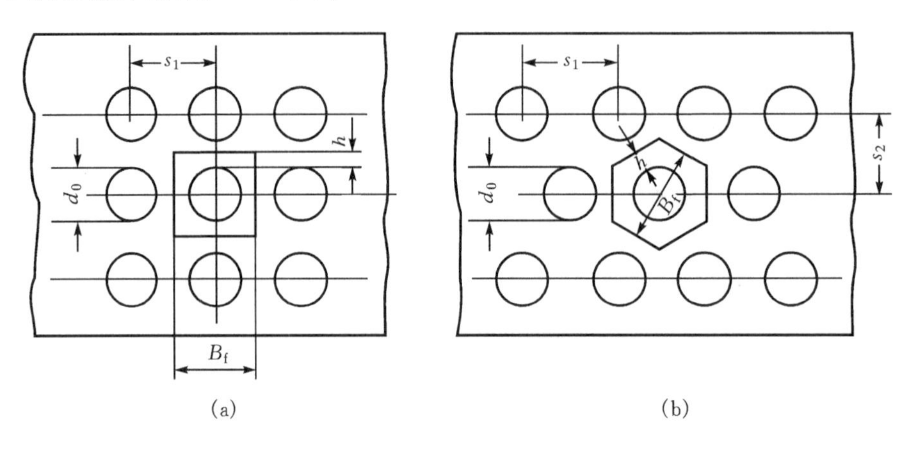

图 9-52 正方形肋片和六角形肋片

(a)正方形肋片；(b)六角形肋片

计算表面传热系数时,可分为肋片管束用于蒸发器和肋片管束用于冷凝器这两种情况。

(1) 肋片管束用于蒸发器 表面传热系数 h_{of} 的计算公式为

$$h_{of} = c\,\frac{k}{b}\,\mathrm{Re}^n\left(\frac{d_o}{b}\right)^{-0.54}\left(\frac{h}{b}\right)^{-0.14} \quad \mathrm{W/(m^2 \cdot K)} \tag{9-51}$$

$$\mathrm{Re}_f = \frac{ub}{\nu}$$

式中 b——肋片间距,m；

d_o——肋片管外径,m,见图 9-52；

h——肋片高度,m,见图 9-52；

u——空气在管束最窄截面上的流速,m/s；

ν——空气的运动黏度,m^2/s；

k——空气的热导率,W/(m·K)。

上式的适用范围是 $\mathrm{Re}_f = (3 \sim 25) \times 10^3$,$\dfrac{d_o}{b} = 3 \sim 4.8$ 。式中的常数 c 及 n 的值如下：

顺排:圆肋片 $c = 0.104$,$n = 0.72$

正方形肋片 $c = 0.096$,$n = 0.72$

错排:圆肋片 $c = 0.223$,$n = 0.65$

正方形肋片 $c = 0.205$,$n = 0.65$

六方形肋片 $c = 0.205$,$n = 0.65$

对于错排的绕片管式蒸发器,h_{of} 的计算公式为

$$h_{of} = 0.051\,\frac{k}{d_o}\,\mathrm{Re}_f^{0.76} \quad \mathrm{W/(m^2 \cdot K)} \tag{9-52}$$

用公式(9-51),(9-52)计算时,取管子的外径为特性尺度;取空气的平均温度为定性温度。

(2) 肋片管束用于冷凝器　此时计算表面传热系数 h_{of} 的公式有三种。

①对于圆芯管圆肋片管束

$$h_{of} = c\frac{k}{d_o}\mathrm{Re}_f^{0.718}\,\mathrm{Pr}_f^{0.33}\left(\frac{b}{h}\right)\varepsilon_n \tag{9-53}$$

式中　b ——管中心距，m；

h ——肋片高度，m；

ε_n ——流动方向管排校正系数；

d_o ——管子的外径，m；

Re_f ——雷诺数，计算时取空气的平均温度为定性温度，d_o 为特性尺度，按最窄截面上空气的流速计算；

c ——系数（对正方形顺排，$c=0.0896$；三角形错排，$c=0.1378$）。当空气流速 $u=5\sim7$ m/s 时，ε_n 与管排数 n 的关系如表 9－4 所示。

表 9－4　ε_n 与管排数 n 的关系

n	2	3	4	5	6	8	10	12
ε_n	0.82	0.88	0.91	0.93	0.945	0.96	0.97	0.985

②错排正方形肋片管束。此时空气的流向如 9－53 图所示。表面传热系数的计算公式为

$$h_{of} = 0.251\frac{k}{d_e}\mathrm{Re}_f^{0.67}\left(\frac{s_1-d_o}{d_o}\right)^{-0.2}\left(\frac{s_1-d_o}{b}+1\right)^{-0.2}\times\left(\frac{s_1-d_o}{s_3-d_o}\right)^{0.4}\quad \mathrm{W/(m^2\cdot K)} \tag{9-54}$$

$$\mathrm{Re}_f = \frac{ud_o}{\nu}$$

$$d_e = \frac{F_o d_o + F_f\sqrt{F_f/(2n_f)}}{F_o+F_f}$$

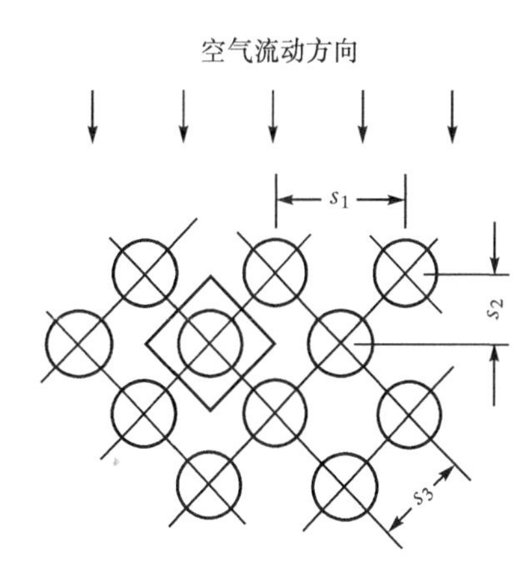

图 9－53　s_1，s_2 和 s_3 代表的尺寸

式中　u ——最窄截面上空气的流速，m/s；

b ——肋片间距，m；

n_f ——每米长管子上的肋片数；

F_o ——每米长管子无肋片部分的管子外表面积，$\mathrm{m^2}$；

F_f ——每米长管上肋片的表面积，$\mathrm{m^2}$；

ν ——空气的运动黏度，$\mathrm{m^2/s}$；

k ——空气的热导率，W/(m·℃)。

当量直径 d_e 为特性尺度，液体平均温度为定性温度。符号 s_1，s_2 和 s_3 的意义见图 9－53。

③顺排正方形肋片管束和错排六角形肋片管束。表面传热系数用下式计算

$$h_{of} = c\frac{k}{d_o}\mathrm{Re}_f^{0.625}\left(\frac{F_o+F_f}{F_o}\right)^{-0.375}\mathrm{Pr}_f^{0.33}\quad \mathrm{W/(m^2\cdot K)} \tag{9-55}$$

$$\mathrm{Re}_f = \frac{ud_o}{\nu}$$

式中 c——系数(对正方形肋片管束，$c=0.30$；对六角形肋片管束，$c=0.45$)；

k——空气的热导率，W/(m·K)；

u——最窄截面上空气的流速，m/s；

d_o——管子外径，m；

F_o——每米长管子无肋片部分的管子外表面积，m^2；

F_f——每米长管上肋片的表面积，m^2；

ν——空气的运动黏度，m^2/s。

对使用波形翅片和有缝翅片的管束，其空气侧的表面传热系数目前尚无简单准确的计算式，计算波形翅片和有缝翅片管束空气侧表面传热系数时，可在相同条件下平直翅片的表面传热系数乘以相应的修正系数进行计算。对于波形翅片，修正系数可取1.3，对于冲缝形翅片，修正系数可取1.8，对于波形条缝翅片，修正系数可取2～3。

(3) 肋片效率　进行肋片管束的传热计算时，需知道肋片效率。肋片效率用下列公式计算。

①等厚度圆肋片的肋片效率

$$\eta_f=\frac{\text{th}(mR_o\zeta)}{mR_o\zeta} \tag{9-56}$$

式中 m——肋片参数；

ζ——圆肋片的校正系数；

R_o——肋片的根圆半径，m。

肋片参数 m 为

$$m=\sqrt{\frac{2h_{of}\xi}{\lambda\delta}} \tag{9-57}$$

式中 ξ——析湿系数，其意义将在9.7节中说明；

δ——肋片厚度，m；

λ——肋片的热导率，W/(m·K)。

校正系数 ζ 按下式计算

$$\zeta=(\rho-1)(1+0.35\ln\rho) \tag{9-58}$$

$$\rho=\frac{d_f}{d_o}$$

式中，d_f 表示肋片外径；d_o 表示管子外径。

②正方形和六角形肋片的效率

$$\eta_f=\frac{\text{th}(mR_o\zeta')}{mR_o\zeta'} \tag{9-59}$$

式中，m 为肋片参数，用公式(9-57)计算。

校正系数 ζ' 的计算公式为

$$\zeta'=(\rho-1)(1+0.351n\rho') \tag{9-60}$$

对正方形肋片：$\rho=B_f/d_o$，$\rho'=1.145\rho$

对六角形肋片：$\rho=B_f/d_o$，$\rho'=1.063\rho$

式中，B_f 表示正方形肋片或六角形肋片二对边之间的距离，d_o 表示管子外径，见图9-52。

5. 丝管式冷凝器空气侧传热

丝管式冷凝器的几何尺寸如图 9-54 所示，下列公式可用于计算其空气侧的自然对流表面传热系数。

$$h_{of} = 0.94\frac{k_f}{d_e}\left[\frac{(s_b - d_b)(s_w - d_w)}{(s_b - d_b)^2 + (s_w - d_w)^2}\right]^{0.155}(\mathrm{Pr_f Gr_f})^{0.26} \tag{9-61}$$

式中　k_f ——空气热导率，W/(m · K)；

d_b ——管外径，m；

s_b ——蛇管上下相邻管的中心距，m；

d_w ——钢丝外径，m；

s_w ——钢丝节距，m；

d_e ——当量直径，m。

$$\mathrm{Gr_f} = \frac{g\beta\Delta t d_e^3}{\nu^2} \tag{9-62}$$

式中　g —— 重力加速度，m/s²；

β ——空气的体积膨胀系数，1/ ℃；

Δt ——传热温差，℃；

ν ——空气的运动黏度，m²/s；

d_e ——当量直径，m。

$$d_e = \left[s_b \frac{1 + 2\dfrac{s_b}{s_w}\dfrac{d_w}{d_b}}{\left(\dfrac{s_b}{2.76 d_b}\right)^{0.25} + 2\dfrac{s_b}{s_w}\dfrac{d_w}{d_b}\eta_f}\right] \tag{9-63}$$

式中，η_f 为肋效率。对冰箱用丝管式冷凝器，在常用结构参数及温度参数条件下可取 $\eta_f = 0.85$ 。

公式(9-61)和(9-62)的定性温度为壁面与空气的平均温度。

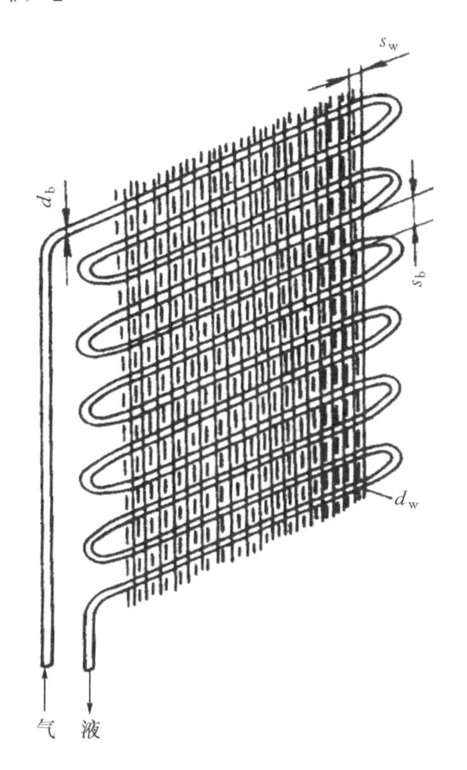

图 9-54　丝管式冷凝器

因丝管式冷凝器的自然对流表面传热系数较小，故换热器壁面的幅射传热不可忽略。幅射传热量约占总传热量的 40% 左右。

9.7　冷凝器、蒸发器的设计计算

本节叙述的设计计算，主要针对冷凝器和蒸发器的传热计算，不包括强度计算。由于许多结构方面的知识已在前几节中作了比较详细的介绍，因此本节中只作一些简单的说明。

9.7.1　水冷冷凝器

1. 给定条件

对于水冷冷凝器，一般是根据冷凝器的额定负荷设计的，并给出制冷压缩机的型式、制冷剂的种类、冷凝器热负荷 Φ_k 和冷凝温度 t_k 。设计的任务就是根据上述条件确定冷凝器的型式、传热面积和结构，最后求出冷却水在冷凝器中的流动阻力。

2. 水冷冷凝器设计时几个主要参数的选择

(1) 冷凝器的结构型式　冷凝器的结构型式应根据冷凝器的工作条件选择。中小型氨制冷机可采用立式或卧式壳管式冷凝器;中等容量的氟里昂制冷机宜采用卧式低螺纹管的壳管式冷凝器;小型氟里昂制冷机可用套管式冷凝器。在冷却水供应比较紧张的地区,可采用蒸发式冷凝器。

(2) 冷却水流速的选择　冷却水的流速已有标准规定,应按标准规定取值。套管式冷凝器和管壳式冷凝器的水速分别为2.5 m/s和2 m/s。

冷却水在管内的流动速度对表面传热系数有较大的影响,流速增加,水侧表面传热系数增加,但冷却水在冷凝器内的流动阻力也增加,且水对管子的腐蚀加快。管子的腐蚀与管子材料、冷却水种类和冷凝器的年使用小时数有关。在氨冷凝器中,由于水对钢管的腐蚀作用较大,常选用较低的流速。表9-5中列出氟里昂卧式管壳式冷凝器中按年使用小时数选择的冷却水的流速。

表9-5　冷凝器设计水速

年使用小时/h	1500	2000	3000	4000	6000	8000
设计水速/(m/s)	3.0	2.9	2.7	2.4	2.1	1.8

在水冷冷凝器中,由于水在管内的流动状态与水速、管径及水温有关,在一定管径和水温条件下,所选取的水速应保证水的流动状态处于湍流状态,即雷诺数$Re > 10^4$。若$Re < 10^4$,水侧表面传热系数会大大降低。

(3) 冷却水进口温度t'_2和冷却水进口温差$(t_k - t'_2)$的选择　冷却水进口温度t'_2应根据当地气象资料取高温季节的平均水温。冷却水进口温度与冷凝温度t_k之差一般选为$(t_k - t'_2) = 8 \sim 10$ ℃,国外有的选择在12 ℃以上。

(4) 冷却水温升的选择　冷却水在冷凝器内的温升$(t''_2 - t'_2)$与冷却水的流量有关。流量愈大,温升愈小。若冷却水的温升小,则冷凝器中的对数平均温差大,所需的冷凝传热面积小,但大的冷却水流量将引起耗水量和水泵耗功的增大。因此,冷却水温升应根据技术经济条件及当地供水状况决定。在氟里昂卧式管壳式冷凝器中,取温升$t''_2 - t'_2 = 3 \sim 5$ ℃,在氨用立式管壳式冷凝器中,取$t''_2 - t'_2 = 2 \sim 4$ ℃,氟里昂用套管式冷凝器的温升可取得大一些,一般$t''_2 - t'_2 = 5 \sim 8$ ℃。

(5) 冷凝器中水垢和油垢的污垢热阻　冷凝器中水垢和油垢的形成会影响传热性能。通常换热器中制冷剂侧的温度越低或制冷剂液体与润滑油的互溶性越弱,润滑油越容易在传热面上形成油膜,则污垢系数越大。一般在氟里昂冷凝器中,氟里昂与润滑油能相互溶解,可不考虑氟里昂侧的污垢系数。

对于水冷凝器,水侧表面的温度越高、水的流速越低、水中含盐量越大、传热表面的粗糙度越大,那么水中的盐分容易沉积在传热面上形成水垢,则污垢系数越大。冷却水的污垢系数值可按表9-1选取。

3. 冷却水流动阻力Δp

冷却水在冷凝器内的总流动阻力用下式计算

$$\Delta p=\frac{1}{2}\rho u^{2}\left[\xi N\frac{l}{d_{i}}+1.5(N+1)\right]\quad(\mathrm{Pa})\tag{9-64}$$

式中　u——冷却水在管内的流速，m/s；

ρ——冷却水的密度，kg/m^3；

l——单根传热管长度，m；

d_i——管子内径，m；

N——流程数；

ξ——沿程阻力系数。

对于水，ξ用下式求取

$$\xi=\frac{0.3164}{\mathrm{Re}^{0.25}}\tag{9-65}$$

上式的适用范围是 $\mathrm{Re}=3\times10^{3}\sim10^{5}$。管子外侧制冷剂的流动阻力一般不计。

9.7.2　空气冷却冷凝器

1. 空气冷却冷凝器的选用与给定条件

空气冷却冷凝器主要用于中小型氟里昂制冷机。它的主要优点是不需要冷却水，安装和使用都很方便。缺点是体积庞大、冷凝温度较水冷式的高。由于不需冷却水，故在家用和车用制冷装置中用得较多。

设计空气冷却冷凝器时的给定条件与设计水冷冷凝器的条件相同。要求根据制冷机的额定工况，确定空气冷却冷凝器的结构和空气流经冷凝器时的阻力，并选择合适的通风机。

2. 几个主要参数的选择

(1)结构型式　空气冷却式冷凝器选用带肋片管的蛇管式冷凝器。氟里昂在管内凝结，空气在管外横向流过。整台冷凝器由几排(一般 3～6 排)蛇形管并联组成，氟里昂蒸气从上部的分配集管进入每条蛇形管内，凝结成的液体沿蛇形管流下，经液体集管流入储液器中。

由于空气侧的表面传热系数小，故采用肋片管，增强换热能力。肋片管一般都采用等边三角形排列。肋片的片距约为 2～3.5 mm，肋高 7～12 mm，肋化系数≥13。

(2)空气进口温度 t'_2 和温升 $(t''_2-t'_2)$ 的选择　空气进口温度应根据当地高温季节的日平均气温计算。空气在冷凝器内的温升一般取 10 ℃左右。

(3)管子列数的选择　在空气冷却冷凝器中，进口处空气与制冷剂的温差约为 13～15 ℃，出口处的温差约为 3～5 ℃。考虑到空气流经管束时温度不断升高，对于后面几排管子而言，出口处的温差将更小，因此管子排数不宜过多，一般选用 3～6 排。

(4)迎面风速的选择　冷凝器的传热效果与风速有很大的关系。迎面风速愈高，冷凝器的传热效果愈好，但风机消耗的功率也相应地增加，通常选择的迎面风速在 3～5 m/s 之间。

3. 空气流动阻力

空气在管外的流动阻力与管束的排列方式、肋片型式及气体的流动情况有关。空气流经顺排平板肋片管冷凝器进行换热时，流动阻力按下式计算

$$\Delta p=0.1107\left(\frac{l}{d_{e}}\right)(u\rho)^{1.7}\quad(\mathrm{Pa})\tag{9-66}$$

式中 ρ——空气密度,kg/m^3;

l——每根肋管的长度,m;

d_e——当量直径,m;

u——空气在最窄截面上的流速,m/s。

$$d_e = \frac{2(s_1 b - d_o b - 2h\delta)}{2h + b - \delta}$$

式中,s_1,b,h,δ,d_o分别为管子中心距、肋片间距、肋片高度、肋片厚度、肋管外径。对于错排平板肋片管束,流动阻力比按公式(9-66)求得的数值大20%左右。

4. 风机所需的功率

风机产生的压头,除克服热交换器的阻力Δp以外,还要克服外部风道的阻力Δp_t,因此所需的功率为

$$P = \frac{q_{ma}(\Delta p + \Delta p_t)}{\eta \rho} \quad (W) \tag{9-67}$$

式中,P为风机功率;η是风机效率;q_{ma}是空气质量流量;ρ是空气密度。

9.7.3 满液式蒸发器

1. 满液式蒸发器的选用和给定条件

这种蒸发器结构简单,可用于封闭式盐水循环中。设计满液式蒸发器时,先给定制冷剂种类,制冷量Φ_0和蒸发温度t_0,并按给定的条件确定蒸发器的传热面积和结构。

2. 几个主要参数的选择

(1)结构型式 满液式蒸发器的总体结构及液体载冷剂在管内的流动方式与卧式管壳式冷凝器相似,不同的是制冷剂液体由底面或侧面进入,产生的蒸气从上部引出。为了使蒸气中的液滴分离出来,小型蒸发器常在壳体上部焊接一个气包,大型蒸发器则在上部留出一定的分离空间或装有分离挡板等液滴分离装置。蒸发器运转时应有1~3排管子露在液面以上,以防止液滴带出。液体沸腾时这几排管子会被蒸气带上来的液体润湿,仍起传热管的作用。

在氨蒸发器中一般采用钢管,在氟里昂蒸发器中常采用低螺纹铜管。

(2)盐水与水流速度的选择 氨蒸发器常用于冷却盐水。由于盐水对钢管的腐蚀性较大,故选用的流速较低,约为0.5~1.5 m/s。氟里昂蒸发器用于冷却淡水,蒸发管采用低螺纹管或锯齿形肋片管,水在管内的流速约为2.0~2.5 m/s。

(3)水在蒸发器内的降温 水在蒸发器内的温降$(t'_1 - t''_1)$一般在4~5 ℃之间。降温过大会使水与制冷剂之间的传热温差减小,传热面积增大。温降过小会使水流量增大,水泵耗功增加。

3. 流体流动阻力

管外侧制冷剂的流动阻力一般不予考虑。管内冷却水的流动阻力计算公式与卧式冷凝器内冷却水的流动阻力计算公式相同。

9.7.4 干式管壳式蒸发器

干式管壳式蒸发器具有制冷剂充灌量少,便于把蒸发器中的润滑油排回压缩机等优点。

由于载冷剂在管外，所以冷损较小，并且还可减少冻结的危险性。在制冷系统中不用储液器，因而机组的重量和体积较小。但这种蒸发器有载冷剂侧泄漏较严重、制冷剂在管内分配不均匀等缺点。

1. 主要参数的选择

设计时应给定制冷剂及额定工况下的制冷量 Φ_0，然后根据以下原则选择主要参数。

(1)制冷剂质量流速的选择　在额定工况下，制冷剂质量流速的选择对于干式蒸发器的设计具有重要的意义。质量流速愈大，制冷剂在管内蒸发时的表面传热系数愈高，因而传热性能提高，但制冷剂在管内的阻力也增加，这将使制冷剂的进出口的温差增大。在制冷剂出口温度不变的前提下，制冷剂入口温度的提高将使制冷剂与载冷剂之间的对数平均温差减小。因此，存在一个最佳质量流速，此时单位面积的热流量为最大值，这就是干式蒸发器存在最佳设计的概念。因为最佳质量流量与管子的规格及流程数等因素有关，故最佳设计方案要通过多次计算和比较才能确定。

由于在干式蒸发器中制冷剂和载冷剂的温度都是降低的，如图 9－55 所示，逆流传热的平均温差为

$$\Delta t_{\mathrm{m}}=\frac{(t'_1-t_{01})-(t''_1-t_{02})}{\ln\dfrac{(t'_1-t_{01})}{(t''_1-t_{02})}} \tag{9-68}$$

逆流传热的平均温差大于顺流传热的平均温差，因此在安排干式蒸发器进出口接管时应尽可能使之符合逆流传热。

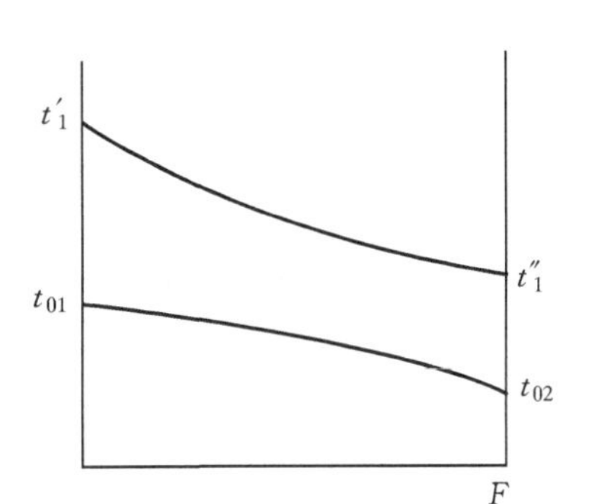

图 9－55　干式蒸发器的传热温差

(2)流程数的选择　流程数的选择与管子的型式有关。采用内肋管时，一般都选二流程的 U 型管结构，可以防止制冷剂转向时产生的气液分离现象。用光管时，可选择四流程或六流程。

(3)载冷剂降温的选择　在氟里昂水冷却器中，水侧的温降 $(t'_1-t''_1)$ 一般为 4～6 ℃。

(4)载冷剂侧折流板数的选择　在干式管壳式蒸发

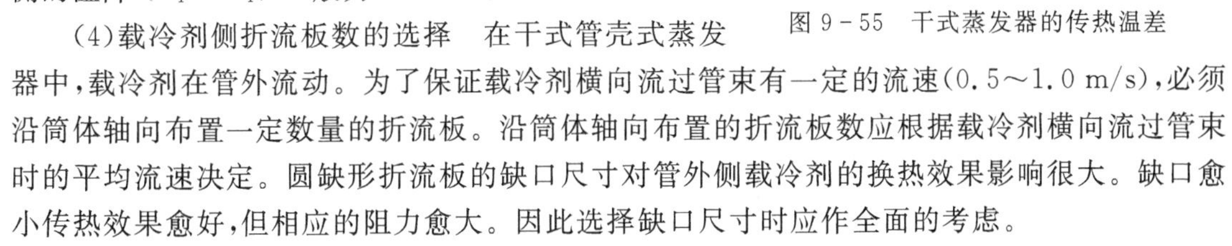
器中，载冷剂在管外流动。为了保证载冷剂横向流过管束有一定的流速(0.5～1.0 m/s)，必须沿筒体轴向布置一定数量的折流板。沿筒体轴向布置的折流板数应根据载冷剂横向流过管束时的平均流速决定。圆缺形折流板的缺口尺寸对管外侧载冷剂的换热效果影响很大。缺口愈小传热效果愈好，但相应的阻力愈大。因此选择缺口尺寸时应作全面的考虑。

2. 流体流动阻力的计算

计算时要对管内和管外的流动分别进行。

(1)管外液体载冷剂纵向混合流动　使用圆缺形流板时，纵向流速 u_{b} 是折流板缺口中的流速，见图 9－56。

$$u_{\mathrm{b}}=\frac{q_{\mathrm{Vs}}}{F_{\mathrm{b}}} \tag{9-69}$$

式中，q_{Vs} 为体积流量，$\mathrm{m^3/s}$；F_{b} 为折流板的缺口面积，$\mathrm{m^2}$。

横向流速 u_{c} 是壳体中心线附近的流速，如图 9－56 所示。

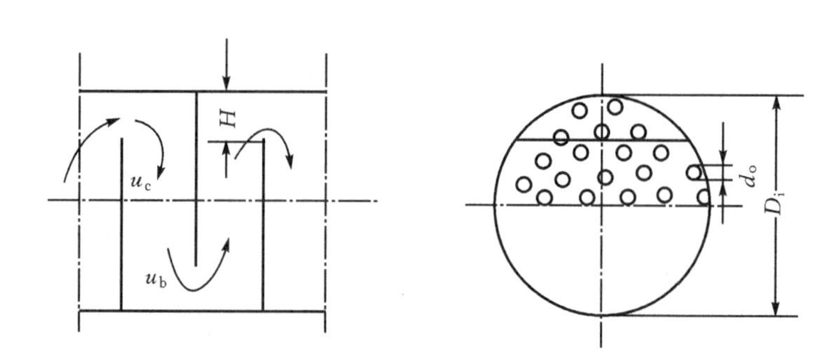

图 9-56　干式壳管式蒸发器壳侧的流通截面

$$u_c = \frac{q_{Vs}}{F_c} \tag{9-70}$$

式中，F_c 为横向流通面积，m^2。

若折流板缺口高度为 H (m)，壳体内径为 D_i (m)，包含 n_b 根传热管，管子外径为 d_o (m)，则

$$F_b = K_b D_i^2 - n_b \times \frac{1}{4}\pi d_o^2 \quad \mathrm{m^2} \tag{9-71}$$

式中，K_b 是折流板缺口面积的折算系数，其值见表 9-6。

表 9-6　K_b 的数值

H/D_i	0.15	0.20	0.25	0.30	0.35	0.40	0.45
K_b	0.0739	0.112	0.154	0.198	0.245	0.293	0.343

如果上下折流板的缺口面积不同，应取两者的算术平均值。

壳体中心线附近的横向流通面积 F_c，按下式计算

$$F_c = (D_i - n_c d_o)s \quad \mathrm{m^2} \tag{9-72}$$

式中　n_c ——壳体直径附近的管子数；

　　s ——折流板间距，m。

在蒸发器两端，为了安装进出口管而使折流板的间距较大，此时 s 应取加权平均值。

管外阻力由四部分组成：流经进出口管接头时的阻力，流经折流板缺口时的阻力，与管子平行流动时的阻力以及横掠管束时的阻力。

流经每块折流板缺口的阻力为

$$\Delta p_b = 0.103\rho u_b^2 \tag{9-73}$$

流体横掠管束时的阻力为

$$\Delta p_c = 2n_c \xi \rho u_c^2 \tag{9-74}$$

u_b 和 u_c 的意义如图 9-56 所示。ρ 为流体密度；n_c 为壳体直径附近的管子数；ξ 是阻力系数，其值与管子的中心距 s 及流体的流动情况有关。层流时 ($\mathrm{Re} < 1000$)

$$\xi = \frac{15}{\mathrm{Re}\left(\frac{s - d_o}{d_o}\right)}$$

紊流时

$$\xi = \frac{0.75}{\left[\mathrm{Re}\left(\frac{s-d_o}{d_o}\right)\right]^{0.2}}$$

其余两项阻力按一般的公式计算。

(2)制冷剂在管内的流动阻力　制冷剂在管内流动时，总的流动阻力包括沿程阻力 Δp_1 及局部阻力 Δp_m 两部分，即

$$\Delta p_0 = \Delta p_1 + \Delta p_m \tag{9-75}$$

两相流动时制冷剂的沿程阻力 Δp_1 可表示为

$$\Delta p_1 = \psi_R p''_1 \tag{9-76}$$

$$\Delta p''_1 = \xi N\left(\frac{l}{d_i}\right)\frac{1}{2}(u'')^2\rho'' \tag{9-77}$$

式中　$\Delta p''_1$ ——制冷剂饱和蒸气流动时的沿程阻力，Pa；

ξ ——沿程阻力系数；

l ——传热管长度，m；

d_i ——传热管内径，m；

u'' ——制冷剂饱和蒸气的流速，m/s；

ρ'' ——制冷剂饱和蒸气的密度，kg/m^3；

ψ_R ——两相流动时，阻力的换算系数，它与制冷剂的种类及质量流速有关。

R22 的数值见表 9-7。

表 9-7　两相流动时 R22 的流动阻力换算系数

$u''\cdot\rho''$ /kg/(m·s)	40	60	80	100	150	200	300	400
ψ_R	0.53	0.59	0.63	0.67	0.75	0.82	0.98	1.20

沿程阻力系数 ξ 为

$$\xi = \frac{0.3164}{(\mathrm{Re}'')^{0.25}} \tag{9-78}$$

$$\mathrm{Re}'' = \frac{u''d_i}{\nu''} \tag{9-79}$$

$$u'' = \frac{4q_{m0}}{\rho'' Z_m(\pi d_i^2)}$$

式中　ν'' ——制冷剂饱和蒸气的运动黏度，m^2/s；

q_{m0} ——制冷剂的质量流量，kg/s；

ρ'' ——制冷剂饱和蒸气的密度，kg/m^3；

Z_m ——每流程的平均管数。

试验表明，沿程阻力约占总阻力的 20%～50%，因而总阻力为

$$\Delta p_0 = (2\sim 5)\Delta p_1 \tag{9-80}$$

9.7.5　冷却空气型干式蒸发器

这种蒸发器主要用于中小型空调装置。由于不需要用中间冷却介质冷却空气，又称为直

接蒸发式空气冷却器。

空气流经蒸发器时等压冷却。冷却过程与空气的入口状态及管子外壁的温度 t_{wo} 有关。当入口空气的露点温度 t_1 低于管子外壁面温度时,空气中的水蒸气不会在管子外壁上凝结。此时空气只是单纯地被冷却,其冷却过程如图 9-57(a)所示。

当入口空气的露点温度 t_1 高于管子外壁面温度时,空气中的水蒸气就要凝结,此时空气不但被冷却而且被脱水,过程变化如图 9-57(b)所示。

过程如图 9-57(a)所示时,称为干式冷却。过程如图 9-57(b)所示时,称为湿式冷却。在湿式冷却过程中,当 t_{wo} 大于 0 ℃时,水从壁面上流下;而当 t_{wo} 小于 0 ℃时,凝结水结冰,在管子表面上形成冰壳。

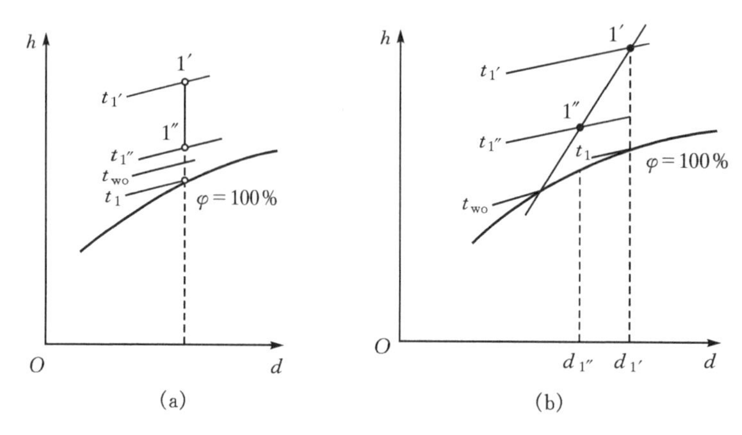

图 9-57 蒸发器中空气状态的变化过程

(a)干式冷却;(b)湿式冷却

1. 主要参数的选择

已知冷却器所处理的空气量、空气进出口参数后,需要选取一些主要参数。

(1) 结构参数 一般采用以下数据:管径 $\phi10\sim\phi20$;肋化系数 10~15;肋片高度 10~12 mm;肋片厚度 0.2~0.4 mm;肋片间距 3~4 mm,如结霜则可达 6~8 mm;肋管排数一般取4 或 6排;每一回路的肋管长度不超过 12 m。

(2) 用于空气调节的冷却器常采用正三角形排列的管束 制冷剂为氨时用钢管钢肋片;制冷剂为氟里昂时用铜管,肋片为铜肋片或铝肋片。

(3) 空气流速较大时可提高表面传热系数 但空气阻力也增加,并产生空气带水现象。一般迎面风速取 1.5~3 m/s,空气流经最窄截面的流速取 3~6 m/s。

2. 传热系数的计算

空气冷却过程的差别将影响到蒸发器的传热过程。干式冷却时传热系数可按下式计算

$$K_{of}=\frac{1}{\left(\frac{1}{h_i}+\gamma_i\right)\frac{F_{of}}{F_i}+\frac{\delta}{k}\frac{F_{of}}{F_i}+\left(\gamma_{of}+\frac{1}{h_{of}}\right)\frac{1}{\eta_o}} \tag{9-81}$$

湿式冷却时,水蒸气的凝结有利于表面传热系数的提高,但管外的冰壳及水膜使传热系数降低,由于冰或水膜的存在使空气流动阻力增加、流量减少,故对流表面传热系数也要降低。考虑上述因素后,蒸发器的传热系数可表示为

$$K_{of}=\frac{1}{\left(\frac{1}{h_i}+\gamma_i\right)\frac{F_{of}}{F_i}+\frac{\delta}{k}\frac{F_{of}}{F_m}+\left(\frac{\delta_u}{k_u}+\gamma_{of}+\frac{1}{\xi\xi_e h_{of}}\right)\frac{F_{of}}{F_r+\eta_f F_f}} \tag{9-82}$$

式中，h_{of} 是干式冷却时空气的表面传热系数；ξ 是考虑水蒸气凝结对 h_{of} 的影响的系数，称为析湿系数；ξ_e 是考虑冰壳或水膜使空气阻力增加、风速下降从而使空气侧对流表面传热系数降低的系数，$\xi_e=0.8\sim0.9$；δ_u 为一个融霜周期中平均的霜层厚度(或水膜厚度)；k_u 为霜层(或水膜)的热导率。公式(9-82)用于干式冷却时，$\delta_u=0$，$\xi=1$，$\xi_e=1$。

污垢系数 γ_{of} 的数值较小，计算时可以忽略不计。如果近似地取 $F_m=F_i$，则上式简化成

$$K_{of}=\frac{1}{\left(\frac{1}{h_i}+\gamma_i+\frac{\delta}{k}\right)\frac{F_{of}}{F_i}+\left(\frac{\delta_u}{k_u}+\frac{1}{\xi\xi_e h_{of}}\right)\frac{F_{of}}{F_r+\eta_f F_f}} \tag{9-83}$$

一个融霜周期中平均的霜层厚度与析湿量 W，运行时间 τ，换热面积 F_{of} 以及霜密度 ρ_u 有关

$$\delta_u=0.5[0.8M\tau\times3600/(\rho_u F_{of})]\quad(\mathrm{m}) \tag{9-84}$$

$$\rho_u=341\,|t_s|^{-0.455}+25u_f\quad(\mathrm{kg/m^3}) \tag{9-85}$$

式中 t_s ——冷表面温度，可近似取为壁面温度，℃；

u_f ——迎面风速，m/s。

3. 析湿系数

$$\xi=\frac{\Phi_a}{\Phi_p} \tag{9-86}$$

式中 Φ_a ——空气流经蒸发器时放出的全部热量，它包括显热及水蒸气的潜热两个部分，W；

Φ_p ——显热，W。

(1)析水工况的析湿系数 由温差引进的显热传递量为

$$\Phi_p=hF(t_m-t_w)\quad(\mathrm{W}) \tag{9-87}$$

式中 h ——表面传热系数，W/(m^2 · ℃)；

t_m ——湿空气进出冷却设备时的平均温度，℃；

t_w ——壁面温度，℃；

F ——传热面积，m^2。

(2)潜热传递

$$\Phi_j=\alpha_m F\frac{(d_m-d_w)}{1000}(h_m-h_w)\quad(\mathrm{W}) \tag{9-88}$$

式中 Φ_j ——潜热传递量，W；

α_m ——对流传质系数，W · kg/(kJ · m^2)；

d_m ——湿空气进出冷却设备的平均含湿量，g/kg 干空气；

d_w ——饱和湿蒸气在壁面温度时的含湿量，g/kg 干空气；

h_m ——水蒸气的平均比焓值，kJ/kg；

h_w ——壁面温度下饱和水的比焓，kJ/kg。

$$h_m=\gamma_0+c_{pv}t_m \tag{9-89}$$

式中 γ_0 ——水的汽化潜热，$\gamma_0=2501.6$ kJ/kg；

c_{pv} ——水蒸气的比定压热容，$c_{pv} = 1.86\ kJ/(kg \cdot ℃)$。

$$h_w = t_w c_w \tag{9-90}$$

式中 t_w ——壁面温度，℃；

c_w ——水的比热容，$c_w = 4.19\ kJ/(kg \cdot ℃)$。

将 h_m 和 h_w 引入公式(9-88)中，得到

$$\Phi_j = \alpha_m F \frac{d_m - d_w}{1000}(\gamma_0 + t_m c_{pv} - t_w c_w)$$

对流表面传热系数与对流传质系数间存在下列关系

$$\alpha_m = h/c_{pm} \tag{9-91}$$

式中 c_{pm} ——湿空气的比定压热容，kJ/(kg · ℃)。

综合上列诸公式后，得到析水工况的析湿系数 ξ

$$\begin{aligned}\xi &= \frac{\Phi_p + \Phi_j}{\Phi_p} \\ &= 1 + \frac{\alpha_m(d_m - d_w)(\gamma + t_m c_m - t_w c_w)/1000}{h(t_m - t_w)} \\ &= 1 + \frac{\gamma_o + t_m c_{pv} - t_w c_w}{c_{pm}} \frac{(d_m - d_w)/1000}{t_m - t_w}\end{aligned} \tag{9-92}$$

(3)结霜工况的析湿系数　结霜工况的析湿系数与析水工况类同，其计算公式为

$$\xi = 1 + \frac{\gamma'_o + c_{pv} t_m - c_i t_w}{c_{pm}} \frac{(d_m - d_w)/1000}{t_m - t_w} \tag{9-93}$$

式中 γ'_0 ——0 ℃的水蒸气转变成霜时放出的潜热，$\gamma'_0 = 2.835\ kJ/kg$；

c_i ——霜的比热容，$c_i = 2.05\ kJ/(kg \cdot ℃)$。

4. 流动阻力

空气的流动阻力与空气冷却冷凝器中的阻力相似，可用公式(9-66)计算。

制冷剂的流动阻力与干式蒸发器中制冷剂的流动阻力相似，可用公式(9-78)和(9-80)计算。

9.7.6 蒸发器和冷凝器计算实例

例 9-1 设计一台用于小型冷库的冷风机。已知：制冷量 $\Phi_0 = 2.664$ kW；蒸发温度 $t_0 = -31$ ℃；工质为 R134a；制冷剂循环量 $m' = 50.5$ kg/h，空气的送风温度为 -25 ℃，相对湿度 $\varphi = 95\%$；空气的回风温度为 -23 ℃，相对湿度 $\varphi = 90\%$。

解

1. 主要参数的选择

(1)冷空气的有关参数

①送风、回风温度下水蒸气的饱和压力 p_{gd} 查附表 17。

送风：$p_{gd1} = 0.06324$ kPa

回风：$p_{gd2} = 0.07922$ kPa

②空气的含湿量 d

$$d = 0.622 \frac{p_g}{B - p_g} = 0.622 \frac{\varphi p_{gd}}{B - \varphi p_{gd}}$$

式中，B 为空气压力，取 $B = 1.01 \times 10^2$ kPa；p_g 为水蒸气的分压力。

按上式求得：

送风　$d_1 = \left(0.622 \times \dfrac{0.95 \times 0.06324}{101 - 0.95 \times 0.06324}\right) \times 10^3 = 0.37$　g/kg 干空气

回风　$d_2 = \left(0.622 \times \dfrac{0.90 \times 0.07922}{101 - 0.90 \times 0.07922}\right) \times 10^3 = 0.44$　g/kg 干空气

③空气的比焓 h

$$h = 1.01t + d(2500 + 1.84t) \quad \text{kJ/kg 干空气}$$

式中，t 为空气的温度。按此公式，得到

送风　$h_1 = 1.01 \times (-25) + 3.7 \times 10^{-4}[2500 + 1.84 \times (-25)] = -24.3$　kJ/kg 干空气

回风　$h_2 = 1.01 \times (-23) + 4.4 \times 10^{-4}[2500 + 1.84 \times (-23)] = -22.15$　kJ/kg 干空气

h_1 和 h_2 的数值均为负值。这并不影响换热器的设计计算，因计算热量时取比焓差。

(2)风量选择　风量 q_{V_a} 为

$$q_{V_a} = \frac{v_a \phi_0 \times 3600}{(h_2 - h_1)} \quad (\text{m}^3/\text{h})$$

式中，v_a 为空气的比体积。按送风、回风的平均温度 -24 ℃确定。由附表 17 查得 $v_a = 0.7057$ m³/kg，则

$$q_{V_a} = \frac{0.7057 \times (2.644 \times 10^3) \times 3600}{(-22.15) - (-24.3)} = 3147 \quad \text{m}^3/\text{h}$$

按此风量选用两台轴流风机，每台的风量为 1550 m³/h，两台共 3100 m³/h。

(3)选定风机后，空气的比焓值及送风温度

①空气通过蒸发器的比焓差 Δh

$$\Delta h = \frac{\Phi_0 \times 3600}{q_{V_a}/v_a} = \frac{2.664 \times 3600}{3100/0.7057} = 2.18 \quad \text{kJ/kg}$$

②送风时空气的比焓值 h_1

$$h_1 = h_2 - \Delta h = (-22.15) - 2.18 = -24.33 \quad \text{kJ/kg}$$

③查 $h-d$ 图，查得送风温度仍为 -25 ℃。

(4)蒸发器结构的初步规划

①取 ϕ10 × 1 的铜管，外套铝片。铝片间距 $b = 10$ mm，厚度 $\delta = 0.2$ mm，管排数 $N = 5$，每排的管子数 $n = 12$ 根。管子按三角形排列，管间距 $s = 0.028$ m。

②最窄流通面积 F_e 与迎风面积 F_y 之比

$$\frac{F_e}{F_y} = \frac{(s - d_0)(b - \delta)}{sb} = \frac{(28 - 10) \times (10 - 0.2)}{28 \times 10} = 0.63$$

③最窄通流面积 F_e 与迎风面积 F_y

$$F_e = \frac{q_{V_a}}{u}$$

式中，u 为最小截面处流速，通常 $u = 3 \sim 6$ m/s，本例中取 $u = 4.5$ m/s。将 u 的数值代入上式后

$$F_e = \frac{3100/3600}{4.5} = 0.191 \quad \text{m}^2$$

再求出 F_y

$$F_y = \frac{F_e}{F_e/F_y} = \frac{0.191}{0.63} = 0.303 \quad \text{m}^2$$

④蒸发器高度,厚度及管长

高度　$A = ns = 12 \times 0.028 = 0.336 \quad \text{m}$

厚度　$B = Ns\cos 30^\circ = 5 \times 0.028 \times \cos 30^\circ = 0.12 \quad \text{m}$

每根管子的长度　$l' = \dfrac{F_y}{A} = \dfrac{0.303}{0.364} = 0.906 \quad \text{m}$

管子总长度　$l = l'nN = 0.906 \times 13 \times 7 = 82.5 \quad \text{m}$

(5)肋片管参数及管内、外表面积

①按图 9-51(b),六角形肋片单侧的表面积

$$F = 6\left(\frac{B_f}{2}\right)\left(\frac{B_f}{2}\cot 60^\circ\right) - \frac{\pi}{4}d_o^2 = 6 \times \left(\frac{28}{2}\right) \times \left(\frac{28}{2}\cot 60^\circ\right) - \frac{3.14}{4} \times 10^2$$
$$= 600.4 \quad \text{mm}^2$$

②1 m 长管上,肋片的表面积 F_{f1}

$$F_{f1} = 2Fn_f$$

式中,n_f 为每米管子上的肋片数

$$F_{f1} = 2Fn_f = 2 \times (600.4 \times 10^{-6}) \times \left(\frac{1000}{10}\right) = 0.120 \quad \text{m}^2/\text{m}$$

③1 m 长管子上铜管的表面积 F_{r1}

$$F_{r1} = \pi d_o(1 - n_f\delta)$$
$$= 3.14 \times 0.01 \times \left(1 - \frac{1000}{10} \times 0.0002\right) = 0.0308 \quad \text{m}^2/\text{m}$$

④1 m 长管子上,总的外表面积 F_{of1}

$$F_{of1} = F_{f1} + F_{r1} = 0.120 + 0.0308 = 0.151 \quad \text{m}^2/\text{m}$$

⑤总的外表面积、肋片表面积和铜管外表面积

外表面积　$F_{of} = F_{of1}l = 0.151 \times 82.5 = 12.45 \quad \text{m}^2$

肋片表面积　$F_f = F_{f1}l = 0.120 \times 82.5 = 9.9 \quad \text{m}^2$

铜管外表面积　$F_r = F_{r1}l = 0.0308 \times 82.5 = 2.541 \quad \text{m}^2$

⑥总的内表面积 F_i

$$F_i = \pi d_i l = 3.14 \times 0.008 \times 82.5 = 2.073 \quad \text{m}^2$$

⑦外表面积与内表面积之比值

$$\beta = \frac{F_{of}}{F_i} = \frac{12.45}{2.073} = 6$$

2. 传热计算

(1)空气侧放热表面传热系数 h_{of}

按公式

$$h_{of} = c\frac{k}{b}\text{Re}_f^n\left(\frac{d_o}{b}\right)^{-0.54}\left(\frac{h}{b}\right)^{-0.14}$$

$$\text{Re}_f = \frac{ub}{\nu}$$

式中　b——肋片间距，m；

d_o——管外径，m；

h——肋片高度，m；

u——空气在管束最窄截面处的流速，m/s；

ν——空气的运动黏度，m^2/s；

k——空气的热导率，W/(m·℃)；

c,n——系数，对六角形肋片 $c=0.205$，$n=0.65$。

将各种数据代入计算公式中，得

$$h_{of}=0.205\times\frac{0.0248}{0.01}\left(\frac{4.5\times0.010}{11.286\times10^{-6}}\right)^{0.65}\times\left(\frac{10}{10}\right)^{-0.54}\times\left(\frac{9}{10}\right)^{-0.14}$$

$$=112.4\quad W/(m^2\cdot℃)$$

(2)管内沸腾放热

①质量流速

每 12 根管子连接成一根蛇形管，共得 5 根管。因制冷剂的循环量 $m'=50.5$ kg/h，故质量流速为

$$v_m=\frac{(m'/3600)}{n\times\frac{\pi}{4}d_i^2}=\frac{50.5/3600}{5\times\frac{3.14}{4}\times0.008^2}=55.84\quad kg/(m^2\cdot s)$$

②管内放热表面传热系数 h_i

R134a 在管内蒸发的表面传热系数可由式(9-42)计算。

R134a 在 $t_0=-31$℃时的物性为

饱和液体比定压热容　$c_{pl}=1.271$　kJ/(kg·k)

饱和蒸汽比定压热容　$c_{pg}=0.77755$　kJ/(kg·k)

饱和液体密度　$\rho_l=1391.4$　kJ/m^3

饱和蒸气密度　$\rho_l=4.2316$　kJ/m^3

气化热　$r=220.17$　kJ/kg

饱和压力　$p_a=0.80444$　MPa

表面张力　$\sigma=16.196\times10^{-3}$　N/m

液体粘度　$\mu_l=412.98\times10^{-6}$　Pa·s

蒸气粘度　$\mu_g=9.48\times10^{-6}$　Pa·s

液体热导率　$k_l=106.28\times10^{-3}$　W/(m·k)

蒸气热导率　$k_g=8.91\times10^{-3}$　W/(m·k)

液体普朗特数　$pr_l=4.94$

蒸气普朗特数　$pr_g=0.83$

计算 R134a 离开蒸发器时的干度 $x_2=1$，则出口干度 x_1 为

$$x_1=x_2-\frac{3600Q_0}{rm'}=1-\frac{3600\times2.664}{220.17\times50.5}=0.14$$

作为迭代的初始值，取管内表面计算的热流密度 $q=2.5$ kW/m^2，将各种数据代入上列各式中，得到

$$B_0 = \frac{q}{gr} = \frac{2.5}{55.84 \times 220.17} = 2.0335 \times 10^{-4}$$

$$C_0 = \left(\frac{1-\bar{x}}{\bar{x}}\right)^{0.8}\left(\frac{\rho_g}{\rho_l}\right)^{0.5} = \left[\frac{1-\frac{x_1+x_2}{2}}{\frac{x_1+x_2}{2}}\right]^{0.8}\left(\frac{\rho_g}{\rho_l}\right)^{0.5}$$

$$= \left(\frac{1-0.57}{0.57}\right)^{0.8} \times \left(\frac{4.2316}{1391.4}\right)^{0.5} = 0.0440$$

$$F_{rl} = \frac{g^2}{9.8\rho_l^2 D_i} = \frac{55.84^2}{9.8 \times 1391.4^2 \times 0.008} = 0.02054$$

$$h_l = 0.023\left(\frac{g(1-\bar{x})D_i}{\mu_l}\right)^{0.8} \frac{\mathrm{pr}_l^{0.4} k_l}{D_i}$$

$$= 0.023 \times \left(\frac{55.84 \times (1-0.57) \times 0.008}{412.98 \times 10^{-6}}\right)^{0.8} \times \frac{4.94^{0.4} \times 106.28 \times 10^{-3}}{0.008}$$

$$= 78.82 \quad \mathrm{W/(m^2 \cdot ℃)}$$

$$h_l = h_l[C_1(C_0)^{C_2}(25F_{rl})^{C_5} + C_3(B_0)^{C_4}F_{fl}]$$

$$= 78.82 \times [1.1360 \times 0.0440^{-0.9} \times (25 \times 0.02054)^{0.3} + 667.2 \times (2.0335 \times 10^{-4})^{0.7} \times 1.63]$$

$$= 1442.41 \quad \mathrm{W/(m^2 \cdot ℃)}$$

③析湿系数 ξ

按公式(9－93)

$$\xi = 1 + \frac{\gamma'_0 + c_{pv}t_m - c_i t_w}{c_{pm}} \cdot \frac{(d_m - d_w)/1000}{t_m - t_w}$$

因管内热阻很小,故可近似地取壁面温度为蒸发温度,$t_w = t_0 = -31$ ℃。其它数据为 $d_w = 0.2$ g/kg 干空气;$\gamma'_0 = 2835$ kJ/kg;$c_i = 2.05$ kJ/(kg · ℃);$c_{pv} = 1.86$ kJ/(kg · ℃);$t_m = \frac{t_1 + t_2}{2} = \frac{-23-25}{2} = -24$ ℃。此外

$$d_m = \frac{d_1 + d_2}{2} = \frac{0.37 + 0.44}{2} = 0.405 \quad \text{g/kg 干空气}$$

$$c_{pm} = 1.0049 + 1.8842 \times \frac{(d_1 + d_2)/2}{1000}$$

$$= 1.0049 + 1.8842 \times \frac{(0.37 + 0.44)/2}{1000}$$

$$= 1.0057 \quad \mathrm{kJ/(kg \cdot ℃)}$$

将各种数据代入计算公式中,得到

$$\xi = 1 + \frac{2835 + 1.86 \times (-24) - 2.05 \times (-31)}{1.0057} \cdot \frac{(0.405 - 0.2)/1000}{-23.9 - (-31)} = 1.082$$

④迎面风速 W_f

$$W_f = \frac{q_{va}}{F_y} = \frac{3100/3600}{0.303} = 2.84 \quad \mathrm{m/s}$$

⑤霜密度 ρ_u

按公式(9－85)

$$\rho_u = 340\ |t_s|^{-0.455} + 25W_f$$

近似地取 t_s 等于蒸发温度，$t_s = t_0 = -31$ ℃，则

$$\rho_u = 340 \times |-31|^{-0.455} + 25 \times 2.84 = 142 \quad m^3/kg$$

⑥析湿量 W

$$W = \frac{(q_{v_a}/3600)}{v_a}\frac{d_2 - d_1}{1000} = \frac{3100/3600}{0.7057} \times \frac{0.44 - 0.37}{1000} = 7.8 \times 10^{-5} \quad kg/s$$

⑦一个融霜周期的霜平均厚度 δ_u

取融霜周期 τ 为 15 h，按公式(9－84)

$$\delta_u = 0.5\left(\frac{0.8W\tau \times 3600}{\rho_u F_{of}}\right) = 0.5\left(\frac{0.8 \times 7.8 \times 10^{-5} \times 15 \times 3600}{142 \times 12.45}\right) = 1.45 \times 10^{-3} \quad m$$

⑧肋效率 η_f

按公式(9－55)

$$\eta_f = \frac{\text{th}(mR_o\zeta')}{mR_o\zeta'}$$

$$m = \sqrt{\frac{2\xi h_{of}}{k\delta}}$$

$$\zeta' = (\rho - 1)(1 + 0.35\ln\rho')$$

$$\rho' = 1.063\rho = 1.063B_f/d_o$$

则

$$\rho = B_f/d_o = 28/10 = 2.8$$

$$\rho' = 1.063 \times 2.8 = 2.976$$

$$\zeta' = (2.8 - 1) \times (1 + 0.35\ln 2.976) = 2.49$$

$$R_o = \frac{1}{2}d_o = \frac{1}{2} \times (10 \times 10^{-3}) = 0.005 \quad m$$

$$m = \sqrt{\frac{2 \times 1.082 \times 112.4}{203.5 \times (0.2 \times 10^{-3})}} = 77.3$$

$$\eta_f = \frac{\text{th}(77.3 \times 0.005 \times 2.49)}{77.3 \times 0.005 \times 2.49} = 0.774$$

⑨对数平均温差 Δt_m

本例中不考虑蒸发温度沿管道之变化，即假定蒸发温度始终为－31 ℃，则

$$\Delta t_m = \frac{t_2 - t_1}{\ln\left(\dfrac{t_0 - t_2}{t_0 - t_1}\right)} = \frac{-23 - (-25)}{\ln\left[\dfrac{-31 - (-23)}{-31 - (-25)}\right]} = 6.96 \quad ℃$$

⑩传热系数 K_0

按公式(9－83)

$$K_0 = \frac{1}{\left(\dfrac{1}{h_i} + \gamma_i + \dfrac{\delta}{k}\right)\dfrac{F_{of}}{F_i} + \left(\dfrac{\delta_u}{k_u} + \dfrac{1}{\xi\xi_e h_{of}}\right)\left(\dfrac{F_{of}}{F_r + \eta_f F_f}\right)}$$

式中 h_{of}——空气侧放热表面传热系数，$h_{of} = 112.4$，W/(m^2 · ℃)；

h_i——管内制冷剂放热表面传热系数，$h_i = 847.1$，W/(m^2 · ℃)；

γ_i——管内表面的污垢系数，取 $\gamma_i = 0.09$，m^2 · ℃/kW；

F_{of}，F_f，F_r——分别为管外的总面积、肋表面积和铜管表面积；

ξ——析湿系数，$\xi = 1.082$；

ξ_e——因 h_{of} 下降引入的修正系数，取 $\xi_e = 0.88$；

k，k_u——分别为管壁热导率和霜热导率，取 $k = 203.5$ W/(m·℃)，$k_u = 1.2$ W/(m·℃)。

δ，δ_u——分别为管子壁厚和一个融霜周期的平均霜厚度。

将各种数据代入 K_0 的计算公式后，得到

$$K_0 = \frac{1}{\left(\frac{1}{1442.4}+0.09\times10^{-3}+\frac{0.001}{203.5}\right)\times6+\left(\frac{0.00145}{1.2}+\frac{1}{1.082\times0.88\times112.4}\right)\left(\frac{8.17}{1.666+0.774\times6.5}\right)}$$

$$=58.71 \quad \text{W/(m}^2\cdot℃)$$

按管内表面积计算的热流密度 q_i 为

$$q_i = \beta K_0 \Delta t_m = 6\times58.71\times6.96 = 2451.73 \quad \text{W/m}^2$$

计算表面，假设的 q 初值 2500 W/m² 与核算值 2451.73 W/m² 较接近，偏差小于 2.5%，故假设有效。

则所需管内面积初步设计的内表面积 F_i

$$F_i = \frac{\Phi_0}{q_i} = \frac{2.664\times10^3}{2451.73} = 1.09 < 1.36 \text{ m}^2\text{(初步设计的内表面积)}$$

初步设计的内表面积有充足的裕量。考虑到干式蒸发器出口处换热条件之恶化，留此裕量是合适的。

(3)融霜管功率 P

设计规定，每 15 h 要融霜 1 次，以保证冷风机之正常运转。

① 一个融霜周期的结霜量 m

$$m = W\times3600\times\tau$$

式中　W——每秒析湿量，$W = 7.8\times10^{-5}$ kg/s；

τ——融霜周期，取 $\tau = 15$ h。

将 W 和 τ 的数值代入上式，得

$$m = 7.8\times10^{-5}\times3600\times3600\times15 = 4.2 \quad \text{kg}$$

②将融霜化成水所需之热量 Q

$$Q = c_i m\Delta t + m\gamma_i$$

式中　c_i——冰的比热容，$c_i = 2.05$ kJ/(kg·℃)；

γ_i——冰的融解热，$\gamma_i = 334$ kJ/kg；

Δt——库温与 0 ℃之差。

各种数据代入计算式中，有

$$Q = 2.05\times4.2\times[0-(-23)]+4.2\times334 = 1610.5 \quad \text{kJ}$$

③融霜管功率 P

$$P = \frac{Q}{t}$$

式中，t 为融霜周期，取 $t = 10$ min，则

$$P = \frac{1610.5}{10\times60} = 2.68 \quad \text{kW}$$

取 $P = 3$ kW。

例 9-2　设计一台小型冷库用的冷凝器，冷凝器热负荷 $\Phi_k = 9.5\ \mathrm{kW}$，冷凝温度 $t_k = 40\ ℃$，制冷剂为 R134a。

解

1. 冷凝器的结构型式

参考已有小型冷库的制冷系统，选择卧式壳管式冷凝器。

2. 冷却水进口温度 t'_1 和冷却水温升 Δt 的选择

$t'_1 = 32\ ℃$，在卧式壳管式冷凝器中，一般取 $\Delta t = 3 \sim 5\ ℃$，本例中取 $\Delta t = 4\ ℃$，则冷却水出口温度 $t''_1 = t'_1 + \Delta t = 32 + 4 = 36\ ℃$

3. 冷凝器中污垢的热阻

管外热阻：$\gamma_o = 0.9 \times 10^{-4}\quad \mathrm{m^2 \cdot ℃/W}$

管内热阻：$\gamma_i = 0.9 \times 10^{-4}\quad \mathrm{m^2 \cdot ℃/W}$

4. 冷凝器的设计计算

(1)冷却水流量 q_{Vs} 和平均传热温差 Δt_m　冷却水流量 q_{Vs} 为

$$q_{Vs} = \frac{\Phi_k}{\rho c \Delta t} = \frac{9.5}{1000 \times 4.187 \times 4} = 0.56 \times 10^{-3}\quad \mathrm{m^3/s}$$

平均传热温差 Δt_m，为

$$\Delta t_m = \frac{t''_1 - t'_1}{\ln \dfrac{t_k - t'_1}{t_k - t''_1}} = \frac{36 - 32}{\ln \dfrac{40 - 32}{40 - 36}} = 5.8\quad ℃$$

(2)初步规划的结构尺寸　选用 $\phi 10 \times 1$ 的铜管，取水流速度 $u = 2.0\ \mathrm{m/s}$，则每流程的管子数 Z 为

$$Z = \frac{4q_{V_s}}{\pi d_i^2 u} = \frac{4 \times 0.56 \times 10^{-3}}{3.14 \times (10-2)^2 \times 10^{-6} \times 2.0} = 5.6\quad 根$$

圆整后，$Z = 5$ 根。

实际水流速度　$$u = \frac{4q_{Vs}}{\pi d_i^2 Z} = \frac{4 \times 0.56 \times 10^{-3}}{3.14 \times (10-2)^2 \times 10^{-6} \times 5} = 2.2\quad \mathrm{m/s}$$

(3)管程与有效管长　假定热流密度 $q = 10000\ \mathrm{W/m^2}$，则所需的传热面积 F_o 为

$$F_o = \frac{\Phi_k}{q} = \frac{9.5 \times 10^{-3}}{10000} = 0.95\quad \mathrm{m^2}$$

管程与管子有效长度的乘积

$$Nl_c = \frac{F_o}{\pi d_o Z} = \frac{0.95}{3.14 \times 0.01 \times 5} = 6.1\quad \mathrm{m}$$

采用管子成三角形排列的布置方案，管距 $s = 20\ \mathrm{mm}$，对不同流程数 N，有不同管长 l_c，及筒径 D，见表 9-8。

表 9-8 不同流程数 N 对应的管长 l_c 及筒径 D

N	l_c /m	NZ	D /m	l_c/D
2	3.05	10	0.12	25.4
4	1.52	20	0.16	9.5
6	1.02	30	0.18	5.7
8	0.76	40	0.20	3.8

从 D 及 l_c/D 值看,8 流程是可取的。

(4)传热系数

①管内冷却水与内壁面的表面传热系数 h_i,按公式(9-43)

$$h_i = 0.023 \frac{\lambda}{d_i} \mathrm{Re}_f^{0.8} \mathrm{Pr}_f^{0.4}$$

计算时取冷却水的平均温度 t_s 为定性温度

$$t_s = \frac{t'_1 + t''_1}{2} = \frac{32+36}{2} = 34 \quad ℃$$

$$\mathrm{Re}_f = \frac{ud_i}{\nu} = \frac{2.2 \times 0.008}{0.7466 \times 10^{-6}} = 23572$$

$$\mathrm{Re}_f^{0.8} = 3147$$

$$\mathrm{Pr}_f = 4.976 \text{(查物性表中的数据)}$$

$$\mathrm{Pr}_f^{0.4} = 1.9$$

$$k = 62.48 \times 10^{-2} \quad \mathrm{W/(m \cdot ℃)} \text{(查物性表中的数据)}$$

$$h_i = 0.023 \times \frac{62.48 \times 10^{-2}}{0.008} \times 3147 \times 1.9 = 10741 \quad \mathrm{W/(m^2 \cdot ℃)}$$

②修正系数。因流程数 $N=8$,总的管子数 $NZ=40$ 根,将这些管子布置在 15 纵列内,每列管子数分别为 2,2,2,3,3,3,3,4,3,3,3,3,2,2,2,见图 9-58,则按公式(9-37)

$$\varepsilon_n = \frac{40}{(6 \times 2^{0.75} + 8 \times 3^{0.75} + 4^{0.75})^4} = 1.25$$

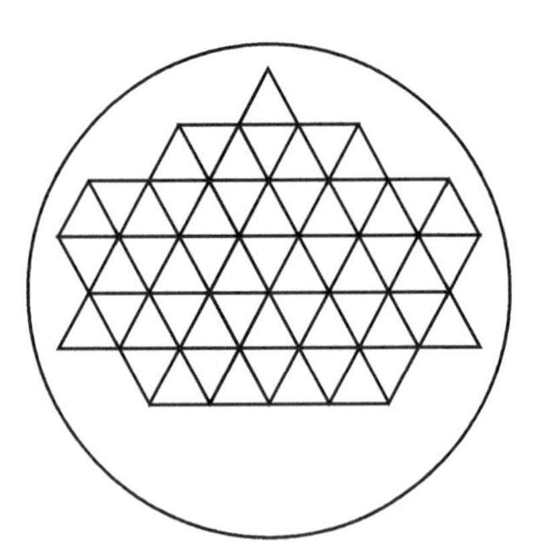

图 9-58 管子的布置

③管外表面传热系数 h_o 的计算

按公式(9-34)和(9-37)

$$h_o = c \left(\frac{\beta}{\Delta t_o d_o}\right)^{0.25} \varepsilon_n$$

计算时取 $c = 0.725$。$\beta^{0.25}$ 通过计算确定,按公式(9-34)的说明

$$\beta^{0.25} = \left(\frac{k^3 \rho^2 g \gamma}{\mu}\right)^{0.25}$$

$$= \left(\frac{(74.7 \times 10^{-3})^3 \times 1147^2 \times 9.8 \times 163.1 \times 10^3}{163.4 \times 10^{-6}}\right)^{0.25} = 1522.57$$

将各种数据代入 h_o 的公式中，得到

$$h_o = 0.725 \times \frac{1522.57}{(\Delta t_o \times 0.01)^{0.25}} \times 1.25 = 5450\Delta t_o^{-0.25} \quad \text{W/(m}^2 \cdot ℃)$$

④传热系数 K_O 。传热过程分成两部分：第一部分是热量经过制冷剂的传热过程，其传热温差为 Δt_o；第二部分是热量经过管外污垢层、管壁、管内污垢层以及冷却水的传热过程。

第一部分的热流密度

$$q = h_o\Delta t_o = 5450\Delta t_o^{0.75} \quad \text{W/m}^2$$

第二部分的热流密度

$$q = \frac{\Delta t_i}{\left(\frac{1}{h_i} + \gamma_i\right) \times \frac{d_o}{d_i} + \frac{\delta}{\lambda} \times \frac{d_o}{d_m} + \lambda_o}$$

式中为管子的平均直径。将有关数字代入后得

$$q = \frac{\Delta t_i}{\left(\frac{1}{10741} + 0.9 \times 10^{-4}\right) \times \frac{10}{8} + \frac{1 \times 10^{-3}}{398} \times \frac{10}{9} + 0.9 \times 10^{-4}} = 3133\Delta t_i \quad \text{W/m}^2$$

将上面两个公式表示在 $q-t$ 图上，如图 9－59 所示，作图时先根据冷凝温度 $t_k = 40$ ℃找到点 a，再根据平均传热温差 $\Delta t_m = 5.8$ ℃找到点 b，然后分别以点 a 和点 b 为始点，利用上述两个热流密度公式作出两条曲线，两条曲线的交点给出了外污垢层表面的温度 t_{wo} 及冷凝器的热流密度 q 。

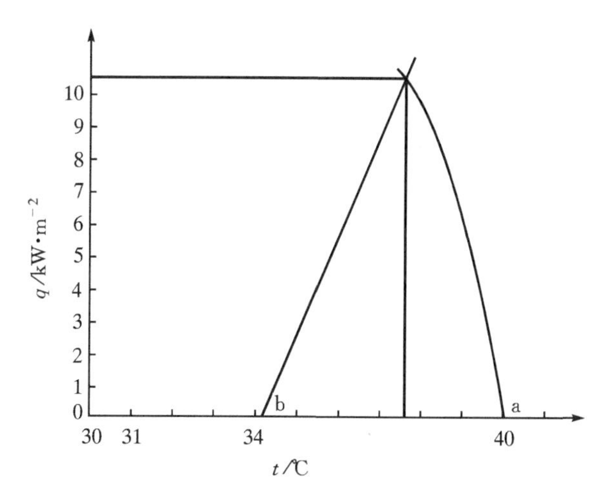

图 9－59　求 q 和 t_{wo} 时应用的 $q-t$ 图

$$t_{wo} = 37.6 \quad ℃$$

$$q = 10652 \quad \text{W/m}^2$$

q 与前面假定的 $q = 10000$ W/m² 只差 6.5%，表明以前的假定是可取的。

传热系数 K_o 为

$$K_o = \frac{q}{\Delta t_m} = \frac{10652}{5.8} = 1836 \quad \text{W/(m}^2 \cdot ℃)$$

(5)传热面积和管长的确定　根据 q 求传热面积 F。

$$F_o = \frac{\Phi_k}{q} = \frac{9.5 \times 10^3}{10652} = 0.891 \quad m^2$$

管子的有效长度 l 为

$$l = \frac{F_o}{\pi d_o NZ} = \frac{0.891}{3.14 \times 0.01 \times 8 \times 5} = 0.71 \quad m$$

适当增加后，取长度为 0.9 m。

(6)水的流动阻力　冷却水流动时的阻力系数按公式(9-64)计算。其中沿程阻力系数 ξ 为

$$\xi = \frac{0.3164}{Re_f^{0.25}} = \frac{0.3164}{23572^{0.25}} = 0.0255$$

冷却水的流动阻力 Δp 为

$$\Delta p = \frac{1}{2}\rho u^2 \left[\xi N \frac{l}{d_i} + 1.5(N+1)\right]$$

$$= \frac{1}{2} \times 1000 \times 2.2^2 \times \left[0.0255 \times 8 \times \frac{0.9}{0.008} + 1.5 \times (8+1)\right]$$

$$= 8.82 \times 10^4 \ Pa = 0.088 \quad MPa$$

考虑到外部管路损失，冷却水泵的总压头约为

$$\Delta p' = 0.1 + \Delta p = 0.1 + 0.088 = 0.188 \quad MPa$$

取离心水泵的效率 $\eta = 0.6$，则水泵所需功率 P_e 为

$$P_e = \frac{q_{V_s} \Delta p'}{\eta} = \frac{0.56 \times 10^{-6} \times 0.188 \times 10^6}{0.6} = 0.175\ kW = 175 \quad W$$

例 9-3　设计一台卧式壳管式蒸发器。管内 R22 蒸发制冷，最低蒸发温度 $t_{02} = 2$ ℃，冷媒水进口温度 $t'_1 = 12$ ℃，冷媒水出口温度 $t''_1 = 7$ ℃。制冷量 $\Phi_0 = 61$ kW。制冷剂质量流量 $q_{mt} = 0.356$ kg/s。

解

1. 冷媒水流量 q_{V_s}

$$q_{V_s} = \frac{\Phi_0}{\rho C_p (t'_1 - t''_1)} = \frac{61}{1000 \times 4.187 \times (12-7)} = 2.91 \times 10^{-3} \quad m^3/s$$

2. 蒸发器结构的初步规则

结构的初步规划见图 9-60。具体参数如下：

壳体内径 $D_i = 260$ mm，流程数 $N = 4$，每一流程的平均管子数 $Z_m = 42$ 根，总管数 $Z_t = 168$ 根，管板厚度 $\delta_B = 30$ mm，折流板厚度 $\delta_b = 5$ mm，折流板数 $N_b = 20$，折流板间距 $s_1 = 120$ mm，间距 $s_2 = 75$ mm，上缺口高 $H_1 = 56$ mm，上缺口内管子数 $n_{b1} = 23$ 根，下缺口高 $H_2 = 60$ mm，下缺口内管数 $n_{b2} = 26$ 根。

管子为 $\phi 12 \times 1$ mm 的铜管，按正三角形排列，管距为 16 mm，壳体直径附近的管数 $n_c = 16$ 根，管长 $l = 1825$ mm。R22 从下端进入管子，在管中蒸发，从上端出蒸发器。从上往下，各流程管数依次为 66，46，33，23。

(1)蒸发器的外表面积 F_o

$$F_o = \pi d_o Z_t (l - 2\delta_B) = 3.14 \times 0.012 \times 168 \times (1.825 - 2 \times 0.030) = 11.18 \quad m^2$$

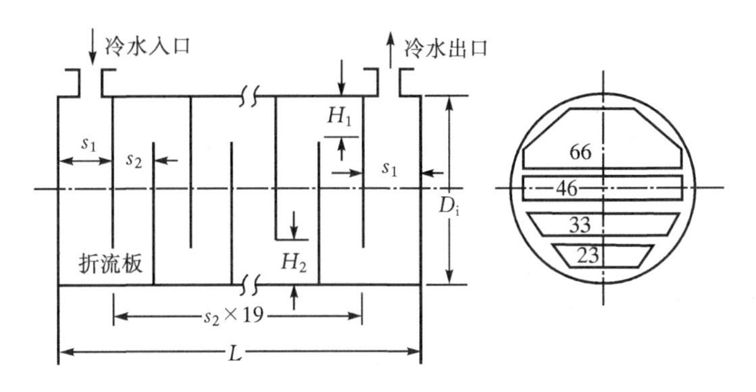

图 9-60　结构规划

(2)有效传热面积 F'。

$$F'_o = \pi d_o Z_t (l - 2\delta_B - N_b \delta_b)$$
$$= 3.14 \times 0.012 \times 168 \times (1.825 - 2 \times 0.030 - 20 \times 0.005) = 10.54 \quad m^2$$

3. 管外表面传热系数的计算

(1)折流板的平均间距 s

$$s = \frac{2s_1 + (N_b - 1)s_2}{N_b + 1} = \frac{2 \times 120 + (20 - 1) \times 75}{20 + 1} = 79.3\ \text{mm} = 0.0793 \quad m$$

(2)横向流通截面积 F_c 按公式(9-72)

$$F_c = (D - n_c d_o)s = (0.260 - 16 \times 0.012) \times 0.0793 = 5.39 \times 10^{-3} \quad m^2$$

(3)横向流速 u_c

$$u_c = \frac{q_{V_s}}{F_c} = \frac{2.91 \times 10^{-3}}{5.39 \times 10^{-3}} = 0.54 \quad m/s$$

(4)折流板上下缺口面积　按公式(9-71)计算这两个面积。计算时 K_b 值取自表 9-7。

$$F_{b1} = K_{b1} D_i^2 - n_{b1} \frac{1}{4} \pi d_o^2$$
$$= 0.125 \times 0.26^2 - 23 \times \frac{1}{4} \times 3.14 \times 0.012^2 = 5.845 \times 10^{-3} \quad m^2$$

$$F_{b2} = K_{b2} D_i^2 - n_{b2} \frac{1}{4} \pi d_o^2$$
$$= 0.138 \times 0.26^2 - 26 \times \frac{1}{4} \times 3.14 \times 0.012^2 = 6.379 \times 10^{-3} \quad m^2$$

(5)上下缺口面积的平均值 F_b

$$F_b = \frac{1}{2}(F_{b1} + F_{b2}) = \frac{1}{2} \times (5.845 + 6.379) \times 10^{-3} = 6.112 \times 10^{-3} \quad m^2$$

(6)纵向流速 u_b

$$u_b = \frac{q_{V_s}}{F_b} = \frac{2.91 \times 10^{-3}}{6.112 \times 10^{-3}} = 0.476 \quad m/s$$

(7) u_c 与 u_b 的几何平均值

$$u = \sqrt{u_c u_b} = \sqrt{0.540 \times 0.476} = 0.507 \quad m/s$$

(8)管外表面传热系数 h_o　冷却水平均温度

$$t_s = \frac{1}{2}(t'_1 + t''_1) = \frac{1}{2} \times (7 + 12) = 9.5 \quad ℃$$

据此温度查得水的物性数据为：$Pr_f = 9.73$，运动黏度系数 $\nu = 1.282 \times 10^{-6}$ m²/s，热导率 $k = 0.575$ W/(m·℃)，则

$$Re_f = \frac{ud_o}{\nu} = \frac{0.507 \times 0.012}{1.282 \times 10^{-6}} = 4746$$

管外表面传热系数 h_o 按公式(9-50)计算

$$h_o = 0.022 \frac{\lambda}{d_o} Re_f^{0.6} Pr_f^{0.33} = 0.022 \times \frac{0.575}{0.012} \times 4746^{0.6} \times 9.73^{0.33} = 3587.5 \quad W/(m^2 \cdot ℃)$$

4. 管内表面传热系数的计算

假定蒸发器按内表面计算的热流密度 $q_i > 4000$ W/m²(此假定将在后面检验)，管内表面传热系数 h_i 为

$$h_i = 57.8c \frac{q_i^{0.6} v_m^{0.2}}{d_i^{0.2}}$$

式中，$d_i = 0.010$ m，$c = 0.02332$ 。因每根管内R22的质量流量 q_m 为

$$q_m = \frac{q_{mt}}{Z_m} = \frac{0.356}{42} = 8.476 \times 10^{-3} \quad kg/s$$

且质量流速 v_m 为

$$v_m = \frac{q_m}{\frac{\pi}{4} d_i^2} = \frac{8.476 \times 10^{-3}}{\frac{3.14}{4} \times 0.010^2} = 107.9 \quad kg/(m^2 \cdot s)$$

故

$$h_i = 57.8 \times 0.02332 \times \frac{q_i^{0.6} \times 107.9^{0.2}}{0.010^{0.2}} = 8.635 q_i^{0.6} \quad W/(m^2 \cdot ℃)$$

5. 制冷剂流动阻力及传热温差的计算

(1)制冷剂的流动阻力计算

①R22饱和蒸气的流速 u'' 为

$$u'' = \frac{4q_{mt}}{\rho'' Z_m \pi d_i^2} = \frac{4 \times 0.356}{22.57 \times 42 \times 3.14 \times 0.010^2} = 4.78 \quad m/s$$

②$Re'' = \frac{u'' d_i}{\nu''}$　蒸发器出口处的蒸发温度 $t_{02} = 2$ ℃，据此从物性表中查得R22的参数为：密度 $\rho'' = 22.57$ kg/m³；普朗特数 $Pr = 0.726$；运动黏性系数 $\nu'' = 0.5352 \times 10^{-6}$ m²/s。

将上述数据代入 Re'' 的计算式中，得到 $Re'' = \frac{u'' d_i}{\nu''} = \frac{4.78 \times 0.010}{0.5352 \times 10^{-6}} = 89312$。

③沿程阻力系数 ξ

$$\xi = \frac{0.3164}{(Re'')^{0.25}} = \frac{0.3164}{(89312)^{0.25}} = 0.0183$$

④饱和蒸气的沿程阻力 $\Delta p''_1$，$\Delta p''$ 按公式(9-77)计算

$$\Delta p''_1 = \left(\xi N \frac{l}{d_i} \frac{1}{2} \rho'' u''^2\right) \times 10^{-6}$$

$$= 0.0183 \times 4 \times \frac{1825}{10} \times \frac{1}{2} \times 22.57 \times 4.78^2 \times 10^{-6} = 0.0034 \quad \text{MPa}$$

⑤两相流动时 R22 的沿程阻力 Δp_1 为

$$\Delta p_1 = \psi_R \Delta p''_1 = 0.67 \times 0.0034 = 0.0023 \quad \text{MPa}$$

⑥总阻力为

$$\Delta p = 5\Delta p_1 = 5 \times 0.0023 = 0.0115 \quad \text{MPa}$$

(2)对数平均温差 Δt_m　在 2 ℃附近,压力每变化 0.1 MPa,饱和温度约变化 5.5 ℃,因此蒸发器进口处 R22 的温度 t_{01} 为

$$t_{01} = t_{02} + 5.5\frac{\Delta p}{0.1} = 2 + 5.5 \times \frac{0.0115}{0.1} = 2.63 \quad ℃$$

对数平均温差

$$\Delta t_m = \frac{(t'_1 - t_{01}) - (t''_1 - t_{02})}{\ln\frac{t'_1 - t_{01}}{t''_1 - t_{02}}}$$

$$= \frac{(12 - 2.63) - (7 - 2)}{\ln\frac{12 - 2.63}{7 - 2}} = 6.95 \quad ℃$$

6. 传热系数 K_o 及按内表面计算的热流密度 q_i

(1)传热系数 K_o　管内侧与管外侧的污垢系数均取为 2×10^{-5} m²・℃/W,则传热系数 K_o 为

$$K_o = \frac{1}{\left(\frac{1}{h_i} + \gamma_i\right) \times \frac{d_o}{d_i} + \frac{\delta}{\lambda} \times \frac{d_o}{d_m} + \left(\frac{1}{h_o} + \gamma_o\right)}$$

$$= \frac{1}{\left(\frac{1}{8.635 q_i^{0.6}} + 2 \times 10^{-5}\right) \times \frac{12}{10} + \frac{0.001}{380} \times \frac{12}{11} + \left(\frac{1}{3587.5} + 2 \times 10^{-5}\right)}$$

$$= \frac{1}{0.1389 q_i^{0.6} + 3.256 \times 10^{-4}} \quad \text{W/(m}^2 \cdot ℃)$$

(2) 按内表面计算的热流密度 q_i

$$q_i = \frac{d_i}{d_o}(K_o \Delta t_m) = \frac{10}{12} \times \left(\frac{1}{0.1389 q_i^{0.6} + 3.256 \times 10^{-4}}\right) \times 6.95$$

迭代,解得

$$q_i = 9204 > 4000 \quad \text{W/m}^2$$

说明前面假定 $q_i > 4000$ W/m² 是正确的。

(3)传热系数 K_o 的数值

$$K_o = \frac{q_i\left(\frac{d_i}{d_o}\right)}{\Delta t_m} = \frac{9204 \times \frac{10}{12}}{6.95} = 1103.6 \quad \text{W/(m}^2 \cdot ℃)$$

7. 所需之传热面积 F_o

$$F_o = \frac{\Phi_0}{K_o \Delta t_m} = \frac{61 \times 10^3}{1103.6 \times 6.95} = 7.95 \quad \text{m}^2$$

此值比初步规划的有效传热面积小 $F'_o = 10.48$ m²,约小 26%。因而初步规划所定的尺寸有足够的裕量。

9.8　强化传热元件

上面所介绍的各种冷凝器和蒸发器都是表面式换热器,也就是说冷、热流体是通过金属间壁进行换热。整个传热过程由热流体与金属壁面之间的对流换热(或冷凝传热)、金属壁的导热和冷流体与金属壁面之间的对流换热(或蒸发传热)三个传热过程串联而成,其中冷、热流体与金属壁面之间的传热热阻是整个传热热阻的主要部分,远远高于金属壁的导热热阻。因此强化传热就要从流体与金属壁面之间的对流换热(或相变传热)入手。而制冷空调中所使用的流体主要是制冷剂、液体载冷剂(如水)和空气,制冷剂和液体载冷剂与金属壁面之间的传热主要通过采用高效传热管以提高表面传热系数而强化,而空气与金属壁面的传热主要通过在空气侧加翅片以增加传热面积而强化。

目前可采用的高效传热管和翅片有许多种类,下面将介绍几种主要的高效传热管和翅片以及空气侧的传热强化。

9.8.1　高效冷凝传热管

1. 管外冷凝换热强化

(1)纵槽管　纵槽管因管上有纵向槽沟而得名。如图 9-61所示。纵槽管用于立式冷凝器,由于凝液张力的作用,凝液被拉向槽沟,靠重力作用向下坠流。由于凝液膜是冷凝时的最大热阻区,减薄凝液膜将使热阻下降,所以纵槽管的外表面积虽然仅比光滑管增加 1.5 倍左右,但其表面传热系数却是光滑管的 4～6 倍。

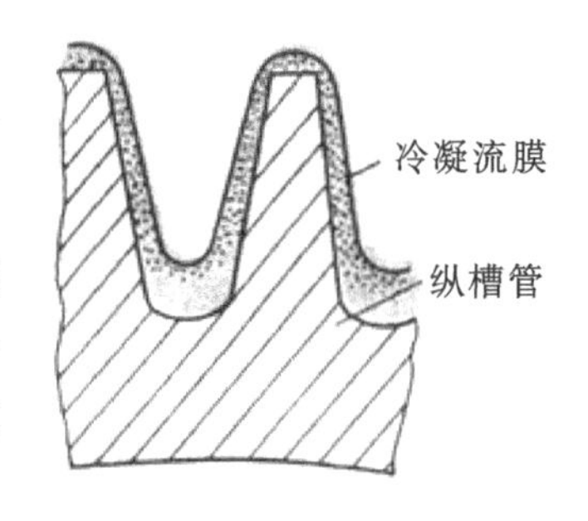

图 9-61　纵槽管横截面图

(2)低肋管　低肋管翅顶应有较小的曲率半径,以利减薄翅顶的液膜厚度;从翅顶到翅根的曲率应逐渐减小,以使液膜保持一定的表面张力产生的压力梯度,有利于冷凝液从翅顶迅速排向翅根;翅片根部应有较广阔的排液空间,以利于冷凝液沿管壁从管顶部往下流动。理论分析和实验证明,翅片曲线为近似抛物线的平底翅片最好,这种形状的低肋管其冷凝传热系数比光滑管增大 3～5 倍(以坯管外表面积为基准)。低肋管由于轧制后管外径缩小易于穿换管,是广泛应用的一种强化冷凝传热管型。甚至可以在低肋管的基础上继续轧制,形成锯齿状的三维低肋管,如图 9-62 所示。

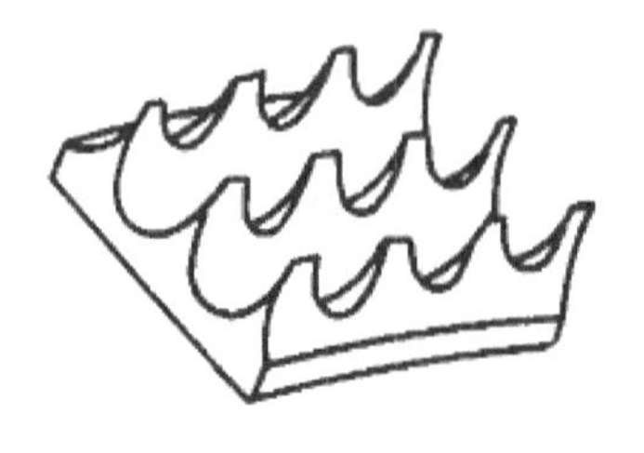
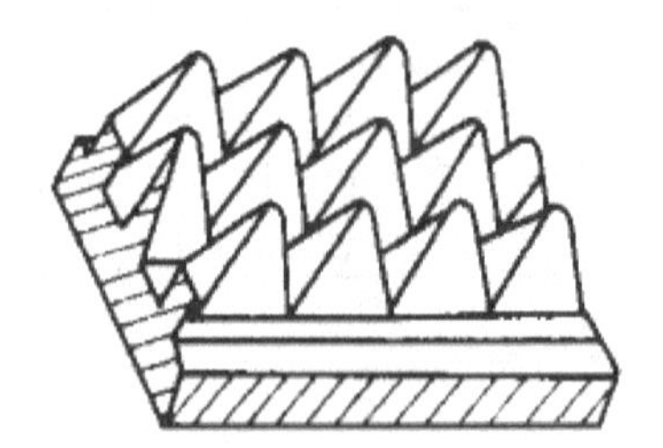

图 9-62　低肋管

(3)锯齿形翅片管　锯齿形翅片管如图 9-63 所示,锯齿形翅片管比低肋管具有更密的肋距，加上其肋片外缘开有锯齿形缺口（翅片距 0.6～0.7 mm，翅片高 1.0～1.2 mm），因而具有更大的外表面积，且有利于凝液表面张力发挥作用。在齿尖上冷凝下来的凝液被拉向肋片的槽缝，然后从传热管的下部迅速地脱离。由于减少了凝液的积聚，故降低了热阻。在相同冷凝传热温差下，锯齿形翅片管的冷凝传热系数是光滑管的 8～12 倍，是普通低肋管的 1.5～2 倍。将锯齿形翅片管应用于制冷系统中壳管式的水冷冷凝器中，与低肋管对比，冷凝器节省铜材 59%，体积缩小 1/3。

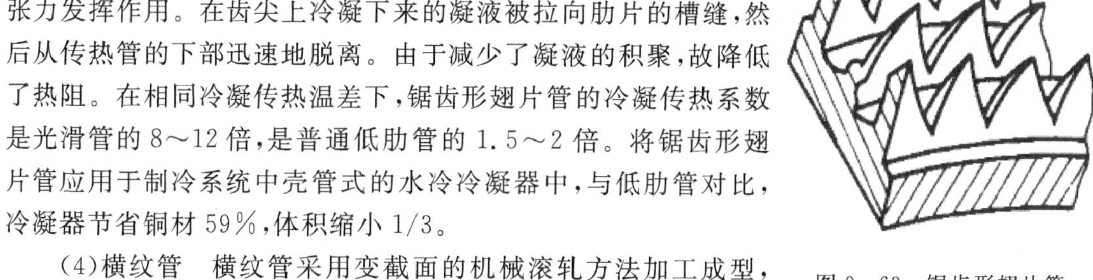

图 9-63　锯齿形翅片管

（4）横纹管　横纹管采用变截面的机械滚轧方法加工成型，用于氨冷凝器。氨在管外冷凝，水在管内流动。成型后的横纹管外表面有许多横向沟槽，管内相应地呈凸肋状。氨在横纹管外的冷凝情况与管子节距有关，见图 9-64。

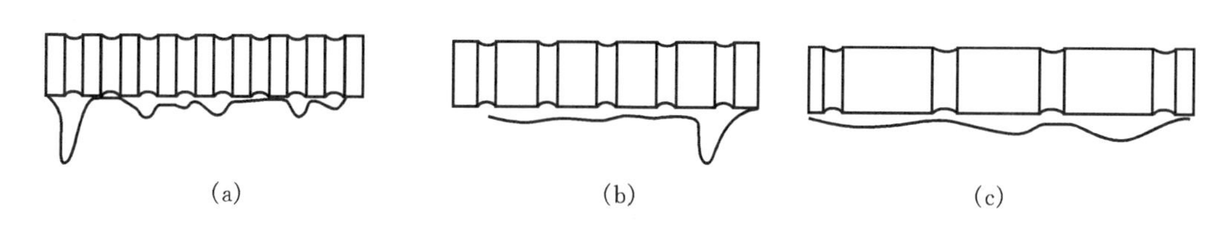

图 9-64　横纹管结构

(a)节距合适；(b)节距偏大；(c)节距太大

节距合适的横纹管，冷凝液的表面张力起控制作用。凝液全由沟槽下方滴落，光滑段的液膜薄，换热效果好。节距太大的横纹管，重力起控制作用，冷凝液不是从沟槽处滴落，而是从光滑段中间滴落，液膜很厚。节距偏大的情况介于上述两者之间。

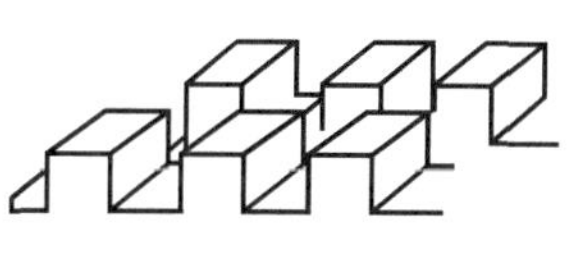

图 9-65　板翅式表面

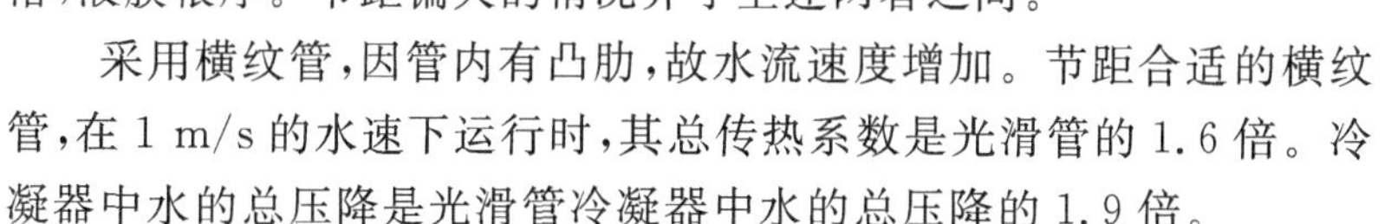

采用横纹管，因管内有凸肋，故水流速度增加。节距合适的横纹管，在 1 m/s 的水速下运行时，其总传热系数是光滑管的 1.6 倍。冷凝器中水的总压降是光滑管冷凝器中水的总压降的 1.9 倍。

2. 管内冷凝换热强化

（1）板翅式表面　板翅表面增强了流体的扰动和传热面积，故增强了传热，换热过程十分激烈，如图 9-65 所示。

（2）内螺旋肋片管　内螺旋肋片管如图 9-66 所示，它同样增强了流体的扰动和传热面积，因而增强了传热，换热过程十分激烈。内螺旋肋片管的肋片和沟槽截面有多种形式，如图 9-67 所示。

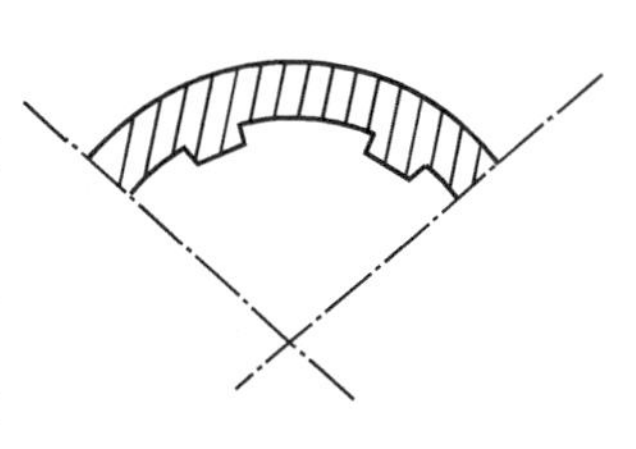

图 9-66　内螺旋肋片管

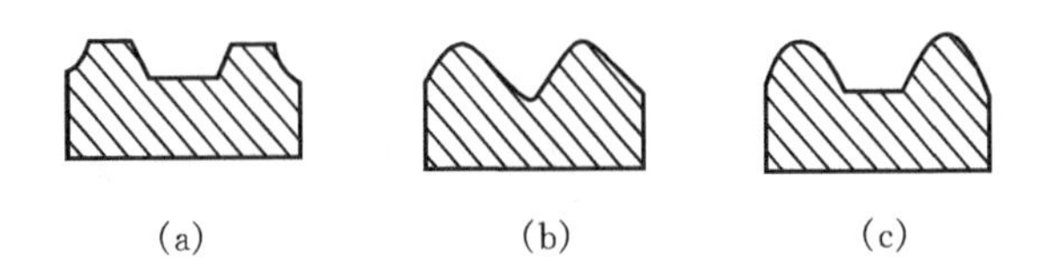

图 9-67　内螺旋肋片管的几种形式
(a)A 型管;(b)B 型管;(c)C 型

表 9-9 中列出这三种内螺旋肋片管冷凝时的换热和流动特性。表内数据在单位截面积的质量流量为 200 kg/(m^2. s)时测得。

表 9-9　三种内螺旋肋片管表面传热系数与阻力的增长率

管形	表面传热系数增加率	阻力增加率
光滑管	1.0	1.0
A 型管	1.55	1.03
B 型管	2.0	1.03
C 型管	2.4	1.06

内肋片管用于蒸发器时,其表面传热系数与流动阻力的增加率与冷凝时相近。

(2)扁平椭圆管　在扁平椭圆管内,冷凝液膜被拉至扁平管的圆角处,换热过程十分激烈,其结构见图 9-68。

这三种高效传热管可以强化管内的冷凝换热,主要用于小型制冷机空气冷却式冷凝器中。

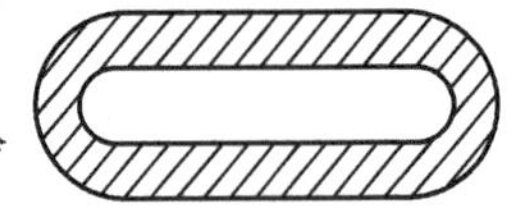

图 9-68　扁平椭圆管

9.8.2　高效沸腾传热管

1. 内翅片管

为提高管内制冷剂的表面传热系数,通常采用内肋铜管或铝心铜管。图 9-69(a)为轧制而成的整体式内肋管结构。图 9-69(b)为管内插入一根扭曲的梅花状铝芯,铝芯可做成 6,8,10 肋,其传热性能较好,使用较为普遍。图 9-69(c)为在传热管内装入一根小直径管,然后在两管之间装入波纹形翅片,再用钎焊固定。这种结构换热效果好,肋化系数大,但加工工艺复杂。

近年来,在干式壳管式蒸发器中采用了 DAE 内梯齿形传热管,DAE 管如图 6-70 所示,管内有微细螺旋肋,同时从管外向内轧制了一条大螺纹管槽,用 DAE 管替代具有铝制梅花芯插入物的传热管,具有传热系数大,压力损失小,节省有色金属的显著优越性。

2. 机械加工表面多孔管

这种多孔管具有独特的表面结构,即在其表面下有环形隧道,管表面有许多与隧道相通的三角形小孔(小孔的密度每平方厘米可达 300～400 个),见图 9-71。制冷剂能经隧道循环加热,由于表面小孔与隧道相通,当隧道中的一部分液体加热变成蒸气后,蒸气由小孔以气泡的形式离开。

多孔管的特殊表面结构既人为地提供了大量的稳定的气化核心,又促使液体的气化过程

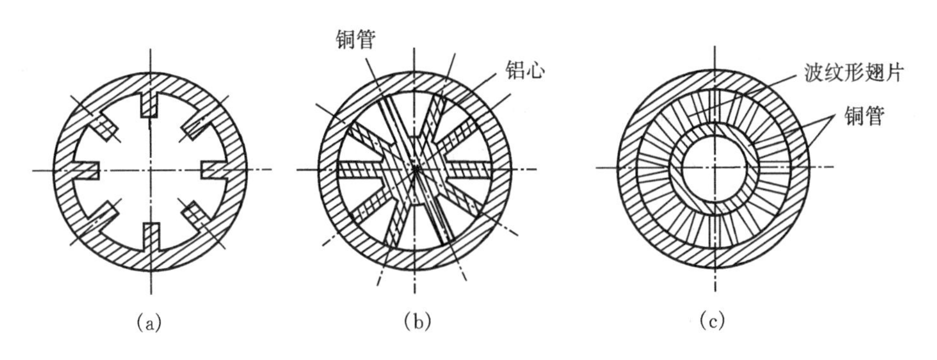

图 9－69　内翅片管截面图

(a)整体式；(b)铝心内肋式；(c)波纹式

变成在隧道壁上进行的效率极高的液膜蒸发，还能在蒸发过程中产生频繁进出隧道、促使单相流体对流传热的大量液体内循环。对单管的实验表明，在单位面积热负荷相同的情况下，多孔管的沸腾传热温差可降低到光滑管的 1/10。工业现场的实验表明，多孔管的单位面积热负荷比低肋管高 36％。可较低肋管节省 26％的换热面积。

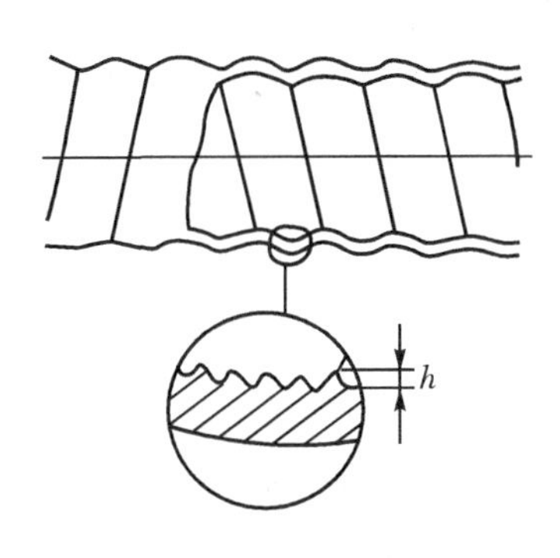

图 9－70　DAE 管

3. T 型肋片管(T 管)

这种管子滚轧成型。其结构是管外表面有一系列带螺旋状的 T 字形肋片，肋片表面上具有一道道宽度只有 0.2～0.25 mm 的狭窄小缝，小缝下面是螺旋形隧道，见图 9－72。在 T 管的隧道内，蒸气泡从生长到脱离，其沿加热面所走过的路程比低肋管的路程长，且在其所经过的路程中不断冲刷着壁面上还在生长的其它气泡，使加热面上气泡的发射频率增加，从而强化了沸腾换热。由于进行 T 型表面机械加工时管子内表面也形成螺旋肋，促进了管内的湍流，从而强化了管内换热。

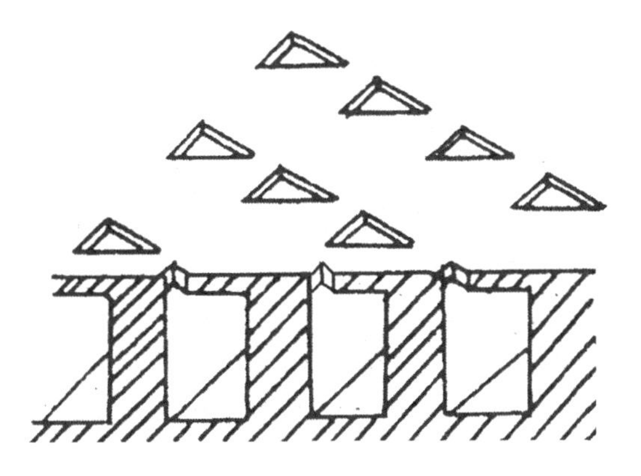

图 9－71　机械加工表面多孔管(E 型管)

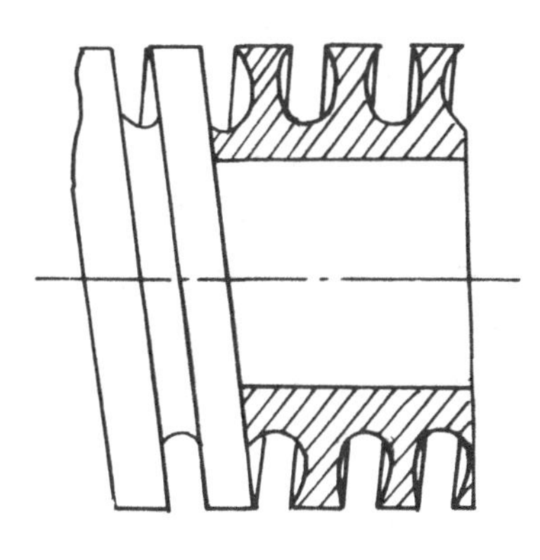

图 9－72　T 型管结构

4. 单头螺旋槽管

螺旋槽管在管壁上加工成外凹内凸的螺旋形槽管，其形状如图 9—73 所示。它加工简单，流动阻力明显减小，强化了管内、外的表面传热系数。研究表明，单头螺旋管管内的表面传热系数比光滑管提高了 70%，管外水侧提高了 37%～58%。管内表面传热系数比光滑管提高 50%～100%，管外水侧可提高 30%～40%。

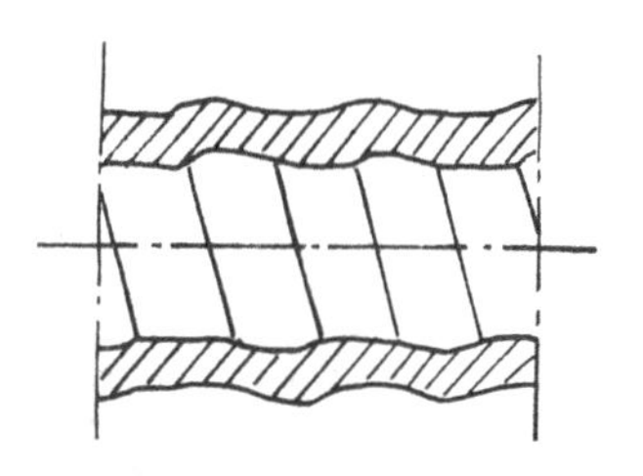

图 9-73　单头螺旋槽管的截面

由于单头螺旋槽管的管内、外表面传热系数均得到提高，而压力降很小，所以更适宜于干式蒸发器。

9.8.3　微通道换热器

微通道换热器是指通道当量直径在 10～1000 μm 的换热器。这种换热器的扁平管内有数十条细微流道，在扁平管的两端与圆形集管相联。集管内设置隔板，将换热器流道分隔成数个流程，其结构见 9.3.1 节的平行流冷凝器(图 9-29)。

研究表明，当流道尺寸小于 3 mm 时，气液两相流动与相变传热规律将不同于常规较大尺寸，通道越小，这种尺寸效应越明显。当管内径小到 0.5～1 mm 时，对流换热系数可增大 50%～100%。将这种强化传热技术用于空调换热器，适当改变换热器结构、工艺及空气侧的强化传热措施，预计可有效增强空调换热器的传热，提高其节能水平。

另外，与常规换热器相比，微通道换热器不仅体积小、换热系数大、换热效率高、可满足更高的能效标准，而且具有优良的耐压性能，可以 CO_2 为工质制冷，符合环保要求，已引起国内外学术界和工业界的广泛关注。目前，微通道换热器的关键技术——微通道平行流管的生产方法在国内已渐趋成熟，使得微通道换热器的规模化使用成为可能。汽车空调行业和家用空调行业已经开始生产相关产品，空气能热水器行业也已经开始进军微通道领域。

9.8.4　空气侧传热的强化

空气在风冷冷凝器和冷风机的管外流动。由于空气侧的表面传热系数低，必须进行换热的强化。强化的措施很多，改进翅片的形状、增加管子的排列密度、对蒸发器翅片的表面处理、减少翅片与管子的接触热阻等均可提高空气侧的表面传热系数。

1. 翅片形式的改进

最初的翅片为平直式翅片，这种翅片的结构简单，易于加工，但空气流经翅片时产生的层流边界层较厚，在相邻翅片构成的通道中，它两个侧面上形成的边界层很快汇合，使表面传热系数下降。为了克服此缺点，又开发出复杂断面形状的翅片，促使通边界层不断受到扰动或破坏，可使空气侧传热得到显著增强。常见的有波纹翅片，冲缝形翅片以及波纹条缝片。

(1)波形翅片　图 9-74 示出两种常用的波形翅片；(a)为正弦波形，(b)为三角波形。波纹翅片使气流沿其表面曲折地流动，增强了气流的紊流程度，从而提高表面传热系数。这种翅片的强度高，加工容易，表面不易结灰。

(2)冲缝形翅片　冲缝形翅片又称 OSF 翅片、条状翅片、隙缝翅片等，见图 9-75。它是在平直翅片上冲压和切开，形成许多凸出的条状狭条。为了进一部强化气流的扰动，条缝可布置成 X 型，如图 9-76 所示。

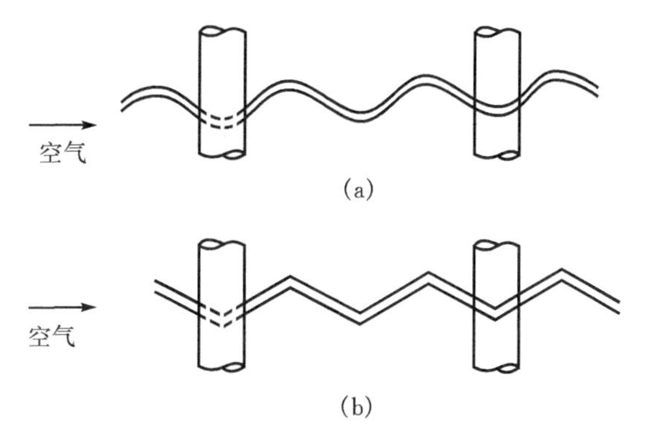

图 9－74　波形翅片
(a)是正弦波形；(b)是三角波形

(3)波纹条缝翅片　它是将冲缝形翅片制成波纹形而成，如图 9－77 所示。波纹条缝翅片和冲缝翅片均属中断形翅片。当气体流经平直翅片时，热边界层逐渐增加，中断翅片的裂缝能破坏热边界层的增厚，达到增强换热之效果。其传热性能明显高于平直翅片和波形翅片，但压降也明显增大。此外，当这两类翅片在较脏的环境下使用时易被沾污。

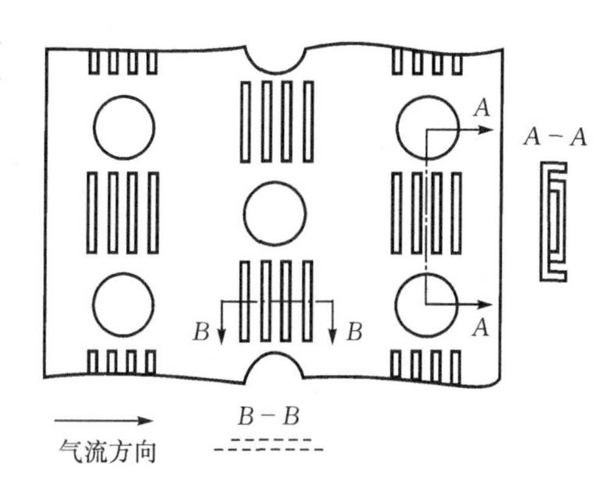

图 9－75　冲缝形翅片

波纹形翅片表面传热系数比平直翅片高 20％，冲缝翅片比平直翅片高 80％，波纹条缝翅片比平直翅片高 1～2 倍。采用强化传热的翅片后，空气侧流动阻力增加。波纹翅片和冲缝翅片的阻力较平直翅片高，波纹条缝翅片比波纹翅片高。

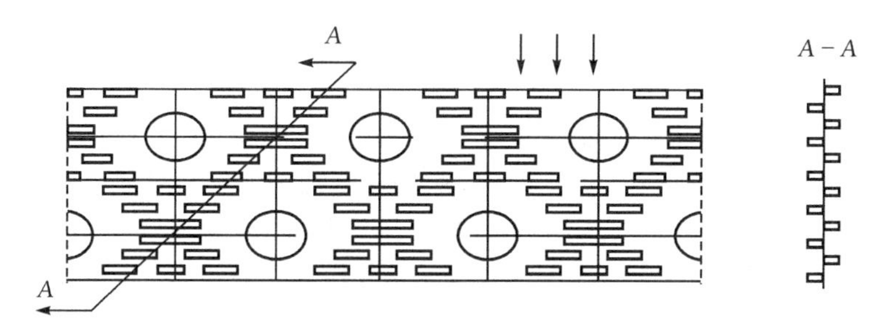

图 9－76　X 型开缝翅片

翅片的形式宜与管内的换热强化相配合。波纹条缝翅片与内螺纹管组合后，其传热系数比光滑管套平直翅片时高 40％～60％，而波形翅片与内螺纹管的组合只比光滑管套平直翅片时高 7％，可见使用内螺纹管后翅片的形式影响更大。

2. 翅片距离

通常情况下，翅片管换热器的翅片间距与片高主要是影响着翅化比。翅片的片距主要是

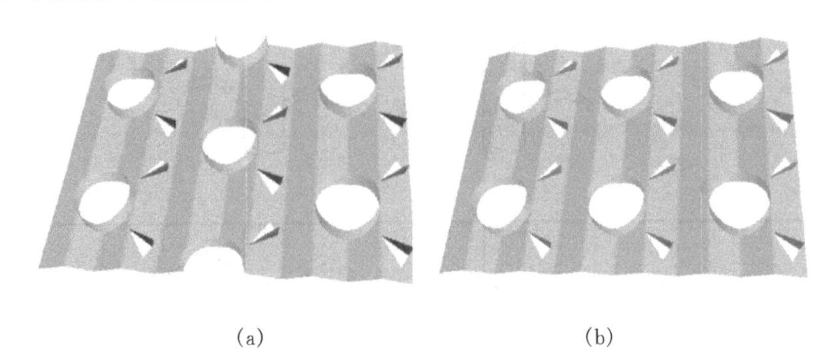

(a) (b)

图 9-77 三角翼波纹翅片
(a)叉排;(b)顺排

考虑积灰、结尘、结霜等因素,同时需严格符合设备对压力降等要求。

翅片管式冷凝器不存在积水和结霜的情况,可以采用小片距,冷凝器的翅片间距通常小于 2 mm。空调用蒸发器不会结霜,但会因为空气的凝露而积水,蒸发器表面的积水情况与间距有关,大间距可减少翅片上的积水,但使换热面积减少,试验表明,空调器用蒸发器的翅片间距宜取 1.7～2 mm。

冷风机表面结霜均将导致热阻增大,风量减少,从而使表面传热系数下降。考虑到这种蒸发器前面几排管子的结霜较严重,而后面几排管子的结霜比较缓和,因而可采用变间距的翅片设置。前面几排管子采用大翅片间距,后面几排采用小翅片间距。采用变间距翅片设置时,通常将管子分为 2～4 组,每组的间距不同,最大片距达 22 mm。

3. 空调用蒸发器的表面处理

因翅片间距小,湿空气在蒸发器表面冷凝时,会产生水珠的积聚,形成"水桥",从而使空气阻力增加,风量减少,传热恶化。为了减少翅片表面滞置的冷凝水,国外从 20 世纪 80 年代起,发展了亲水性膜技术。利用化学方法在翅片上形成一层稳定的高亲水性膜,使翅片表面的水珠集在一起,再沿翅片表面流下,水桥消失。

制造亲水性膜的方法有多种,如"一水氧化铝法"、"水玻璃法"、"水软铝石法"和"有机树脂-二氧化硅法"。其中以"有机树脂-二氧化硅法"较为先进,采用的材料由超微粒状的胶体二氧化硅、有机树脂及表面活性剂构成。亲水性膜的厚度约为 1～2 μm。

采用亲水性膜后,由于凝结水迅速排除,即使风速较高,水也不会飞溅。采用亲水性膜可以节能,但对不同翅片形状、不同几何尺寸的蒸发器,其节能效果是不同的。由于翅片采用亲水性膜后空气阻力下降,因此配套的风机宜重新选择。

4. 减少翅片与管子的接触热阻

铝片与铜管的接触热阻占总热阻的 10%左右。接触热阻与涨管率有关,涨管率减少时接触热阻增加。接触热阻与翅片的翻边有关。两次翻边虽然加工困难,但热阻较低,且有利于套片和控制片距。

9.9 热绝缘

采用热绝缘的主要目的是减少不必要的冷量损失,提高运转的经济性。同时,热绝缘层可使其外表面温度高于环境空气的露点，防止表面出现凝结水甚至结霜的现象。

热绝缘的方法是敷设热绝缘材料。比较理想的热绝缘材料应符合如下要求：

热导率小，抗湿性及耐火性强，不易霉烂并能避免虫蛀鼠咬，机械强度高，经久耐用，便于加工和施工等。

可用于制冷装置的绝热材料很多，按其组织结构分为纤维材料、多孔性材料及颗粒状材料；按其性质分为有机质材料及矿物质材料等。表 9-10 给出了一些常用绝缘材料的基本特性。一般说来，有机质绝缘材料的优点是密度小（一般在 300 kg/m³ 以下），热导率小（一般在 0.1 W/(m·K)以下），易于获得和易于加工；其缺点是易受潮、易燃、易被霉菌腐蚀，而且耐久性较差。矿物质材料则相反，其优点是机械强度大、经久耐用、不易被霉菌腐蚀，缺点是比重和热导率都比较大。

绝热材料通常制成板材或管壳形材料。在设备和管道上敷设绝热层时，可用制成的管壳型材，也可将板材割成所需要的形状使用。在包扎绝热材料前，应预先清洗容器及管道表面上的铁锈、污垢和油脂，再涂上一层沥青或红丹漆，形成防锈层。然后敷设绝热材料，此时应将扇形板或管壳浸以热的沥青，砌敷在设备上。砌敷时应错缝排列，并在接缝处填以玛碲脂。第一层砌好后涂热沥青，再以同样方法砌敷第二层、第三层，直到达到所要求的厚度为止。绝热层外还需敷设防潮层，防止空气中的水分渗入。通常用作防潮层的材料有沥青码碲脂夹玻璃布、沥青油毡及塑料薄膜等。在防潮层外再用金属丝网或玻璃丝布包扎，并涂一层石棉水泥，作为保护层。然后在保护层外涂上规定的颜色，以资区别。

表 9-10　一些热绝缘材料的基本特性

材料名称	密度 ρ kg/m³	热导率 k W/(m·K)	比热容 c kJ/(kg·K)	吸水率 %	适用温度 ℃
软木板	150～200	0.04～0.07	～2.1	≤50	−60～150
软木颗粒	100～250	0.04～0.06	～2.1		−60～150
聚苯乙烯泡沫塑料	20～50	0.03～0.046			−80～75
硬质聚氯乙烯泡沫塑料	40～45	0.03～0.043		＜3	
软质聚氨基甲酸乙脂泡沫	24～40	0.04～0.046			−30～130
硬质聚氨基甲酸乙脂泡沫	45～65	0.022～0.024		＜1.5	−100～120
锯木屑	200～250	0.07～0.093	1.884		
稻壳	155	0.14		8～10	
泡沫混凝土	400～600	0.174～0.233	1.046		
矿渣棉	100～180	0.038～0.046			
工业玻璃棉		0.384			
超细玻璃棉	18～22	0.033		～2	＜100
普通膨胀珍珠砂	120～300	0.034～0.061	0.67		−100～450
石棉砖	470	0.151			

对于硬质聚氨基甲酸乙脂泡沫塑料（简称聚氨脂泡沫塑料），可用现场发泡的方法形成冷库、设备或管道的隔热层。

9.9.1 管道的热绝缘厚度

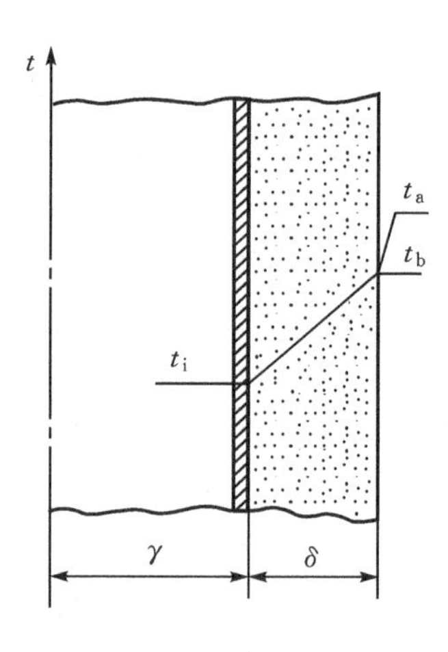

图 9-78 绝热层厚度

通常用两种方法确定管道热绝缘层的厚度，第一种方法是将绝热结构的传热系数或冷量损失限制在一定范围内；第二种方法是限制绝热结构外表面的温度，使其不低于环境空气的露点温度，以免在外表面上出现结露现象。即使按第一种方法确定绝热层厚度，也需要对外表面温度进行校核，若低于环境空气的露点温度，需改变绝热层的厚度。

1. 按限定的冷量损失计算热绝缘层厚度 δ

如图 9-78 所示，设备外半径为 r，绝热层厚度为 δ，设备内介质的温度为 t_i，环境空气温度为 t_a。忽略设备金属壁的热阻以及管内介质强制对流换热的热阻，从外到内存在着两个温度梯度，即从 t_a 到绝热层外表面的温度 t_b，再从 t_b 到 t_i，这两个传热过程的冷量损失分别为

$$\Phi = h2\pi(r+\delta)l(t_a - t_b) \tag{9-94}$$

$$\Phi = \frac{2\pi kl}{\ln\frac{r+\delta}{r}}(t_b - t_i) \tag{9-95}$$

式中 k——绝热材料的热导率；

h——空气与绝热层外表面的自然对流表面传热系数；

l——设备的计算长度。

由公式(9-94)和(9-95)中解出温差

$$t_a - t_b = \frac{\Phi}{2\pi(r+\delta)hl} \tag{9-96}$$

$$t_b - t_i = \frac{\Phi}{2\pi kl}\ln\frac{r+\delta}{r} \tag{9-97}$$

公式(9-96)和(9-97)相加，可得

$$t_a - t_i = \frac{\Phi}{2\pi l}\left[\frac{1}{k}\ln\frac{r+\delta}{r} + \frac{1}{h(r+\delta)}\right] \tag{9-98}$$

公式(9-98)中只有 Φ 及 δ 两个未知数。只要给出限定的冷量损失 Φ，即可求出绝热层厚度 δ。

2. 按表面不结露的要求计算绝热层厚度 δ

公式(9-96)除公式(9-98)，得到

$$\frac{t_a - t_i}{t_a - t_b} = 1 + \frac{h}{k}(r+\delta)\ln\frac{r+\delta}{r} \tag{9-99}$$

为保证表面不结露，表面温度应大于露点温度 t_l，通常取

$$t_b = t_l + 1.5\ ℃ \tag{9-100}$$

以此代入公式(9-99)中，得到

$$\frac{t_a - t_i}{t_a - (t_b + 1.5)} = 1 + \frac{h}{k}(r+\delta)\ln\frac{r+\delta}{r} \tag{9-101}$$

公式(9－98)和公式(9－101)计算得到的 δ 值不同，应取其中数值大的 δ 作为设计的绝热层厚度。

9.9.2　冷库的绝热层厚度

过去常用的方法与前面介绍的计算管道绝热层厚度的方法相似，即按限定的冷量损失求出绝热层厚度 δ，再按外表面不结露的要求计算出另一个绝热层厚度 δ。取这两个 δ 数值中较大的一个作为设计厚度。

近年来开始采用另一种计算方法. 即按经济性最好的要求求出绝热层厚度 δ，然后与不结露的绝热层厚度比较，取其中较大的一个为设计厚度。

1. 保证冷库墙壁不结露的绝热层厚度 δ

当外表面的温度为 t_b（$t_b = t_l + 1.5$ ℃，t_l 为露点温度），环境温度为 t_a，库内温度为 t_i 时通过墙壁平面单位面积的传热率 q 为

$$q = \frac{1}{\dfrac{1}{h_i} + \dfrac{\delta_1}{k_1} + \dfrac{\delta}{k} + \dfrac{\delta_2}{k_2}}(t_b - t_i) \tag{9-102}$$

式中　h_i ——墙内侧空气的对流换热表面传热系数；

$\delta_1, \delta, \delta_2$ ——分别为砖砌体厚度、中间绝热层厚度和饰面材料厚度；

k_1, k, k_2 ——分别为砖砌体材料热导率、中间绝热材料热导率和饰面材料热导率。

由平壁传热方程，墙外侧单位面积传热率 q 为

$$q = h_a(t_a - t_b) \tag{9-103}$$

式中，h_a 为墙外侧空气的对流换热表面传热系数。

联立公式(9－102)和(9－103)并整理后，得到

$$\begin{aligned}\delta &= \frac{k}{h_a}\left(\frac{t_b - t_i}{t_a - t_b}\right) - k\left(\frac{1}{h_i} + \frac{\delta_1}{k_1} + \frac{\delta_2}{k_2}\right) \\ &= \frac{k}{h_a}\left(\frac{t_l + 1.5 - t_i}{t_a - t_l - 1.5}\right) - k\left(\frac{1}{h_i} + \frac{\delta_1}{k_1} + \frac{\delta_2}{k_2}\right)\end{aligned} \tag{9-104}$$

2. 按经济性最好的要求，计算绝热层厚度

冷库墙体的总费用由四部分组成：①建造费，包括墙体造价、所占建筑面积造价及制冷设备投资；②运行管理费，包括人工费、维修费等；③运行过程中的能耗费；④因货物干耗损失的费用。

在折旧年限内，使各项费用之总和为最小的中间绝热层厚度即为经济性最好的绝热层厚度，简称经济绝热层厚度。

(1)冷库墙体的总热阻 R_0

$$R_0 = \frac{1}{h_i} + \frac{\delta_1}{k_1} + \frac{\delta}{k} + \frac{\delta_2}{k_2} + \frac{1}{h_a} \tag{9-105}$$

式中　h_i, h_a ——分别为库内侧和库外侧空气的对流换热表面传热系数；

$\delta_1, \delta, \delta_2$ ——分别为砖砌体厚度、中间绝热层厚度和饰面材料厚度；

k_1, k, k_2 ——分别为砖砌体材料热导率、中间绝热材料热导率和饰面材料热导率。

(2) 折算至每平方米墙体的各项费用

①建造费

墙体造价：　$P(\delta_1 s_1 + \delta_2 s_2 + \delta s_3)$

制冷设备投资：$PBq = PB \dfrac{t_a - t_i}{R_0}$

建筑面积造价：$P(\delta_1 + \delta_2 + \delta)A$

②运行管理费

$$cMq = cM\left(\frac{t_a - t_i}{R_0}\right)$$

③能耗费

$$mMEqs_4 = mMEs_4\left(\frac{t_a - t_i}{R_0}\right)$$

④干耗损失费

$$mMGqs_5 = mMGs_5\left(\frac{t_a - t_i}{R_0}\right)$$

以上各项费用中所用符号的意义如下：

P——利息系数，它是折旧期内偿还本息与贷款数之比值；

s_1——砖砌体造价，元/m^3；

s_2——饰面材料造价，元/m^3；

s_3——绝热材料造价，元/m^3；

s_4——电价，元/(kW·h)；

s_5——货物价格，元/kg；

B——单位负荷的制冷设备投资，元/W；

q——每平方米壁面的冷负荷，W/m^2；

c——单位负荷年运行管理费，元/(y·W)；

M——折旧年限，y；

m——每年运行时间，h/y；

E——单位负荷所消耗电能，kW/W；

G——单位负荷每小时引起的货物干耗，kg/(W·h)；

A——冷库单位墙厚度单位面积的造价，元/(m·m^2)；

t_a——环境空气温度，℃；

t_i——库内空气温度，℃。

(3)在折旧年限内折算至每平方米冷库墙体所需的总费用 I 为

$$\begin{aligned} I &= P(\delta_1 s_1 + \delta s_3 + \delta_2 s_2) + PB\frac{(t_a - t_i)}{R_0} + P(\delta_1 + \delta + \delta_2)A \\ &\quad + cM\frac{(t_a - t_i)}{R_0} + mMEs_4\frac{(t_a - t_i)}{R_0} + mMGs_5\frac{(t_a - t_i)}{R_0} \\ &= \frac{(t_a - t_i)(PB + cM + mMEs_4 + mMGs_5)}{\left(\dfrac{1}{h_i} + \dfrac{\delta_1}{k_1} + \dfrac{\delta_2}{k_2} + \dfrac{1}{h_a}\right) + \dfrac{\delta}{k}} \\ &\quad + P(s_3 + A)\delta + P(\delta_1 s_1 + \delta_2 s_2 + \delta_1 A + \delta_2 A) \end{aligned}$$

$$= \frac{k(t_a - t_i)(PB + cM + mMEs_4 + mMGs_5)}{k\left(\frac{1}{h_i} + \frac{\delta_1}{k_1} + \frac{\delta_2}{k_2} + \frac{1}{h_a}\right) + \delta}$$

$$+ P(s_3 + A)\delta + P(\delta_1 s_1 + \delta_2 s_2 + \delta_1 A + \delta_2 A) \quad (9-106)$$

(4) 经济绝热层厚度　将总费用 I 对绝热层厚度 δ 求导，并令其为零。

$$\frac{dI}{d\delta} = -\left\{\frac{k(t_a - t_i)(PB + cM + mMEs_4 + mMGs_5)}{\left[k\left(\frac{1}{h_i} + \frac{\delta_1}{k_1} + \frac{\delta_2}{k_2} + \frac{1}{h_a}\right) + \delta\right]^2}\right\} + P(s_3 + A) = 0 \quad (9-107)$$

移项后

$$\delta = \sqrt{\frac{k(t_a - t_i)(PB + cM + mMEs_4 + mMGs_5)}{P(s_3 + A)}} - k\left(\frac{1}{h_i} + \frac{\delta_1}{k_1} + \frac{\delta_2}{k_2} + \frac{1}{h_a}\right) \quad (9-108)$$

例 9-4　确定一土建冷库的中间绝热层厚度。墙由砖、绝热层和饰面材料组成，绝热材料为硬质聚氨基甲酸乙脂泡沫塑料(简称聚氨脂泡沫塑料)。已知：

$t_a = 33.5$ ℃，　$t_i = -23$ ℃，　$t_1 = 29$ ℃(露点温度)

$k_1 = 0.81$ W/(m·K)，　$k = 0.022$ W/(m·K)

$h_i = 8.7$ W/(m^2·K)，　$k_2 = 0.93$ W/(m·K)

$\delta_1 = 0.37$ m，　$h_a = 10.2$ W/(m^2·K)，　$\delta_2 = 0.02$ m

解

1. 经济绝热层厚度

取：$B = 1.86$ 元/W　$c = 0.58$ 元/(y·W)　$M = 20$ y

$s_1 = 130$ 元/m^3　$s_2 = 380$ 元/m^3

$s_3 = 1300$ 元/m^2　$s_4 = 0.79$ 元/(kW·h)

$s_5 = 9.6$ 元/kg　$m = 8760$ h/y

$E = 0.504 \times 10^{-3}$ kW/W　$G = 1.0368 \times 10^{-4}$ kg/(W·h)

$A = 950$ 元/(m·m^2)　$P = 1.6458$

代入公式(9-108)中，得

$$\delta = \sqrt{\frac{k(t_a - t_i)(PB + cM + mMEs_4 + mMGs_5)}{P(s_3 + A)}} - k\left(\frac{1}{h_i} + \frac{\delta_1}{k_1} + \frac{\delta_2}{k_2} + \frac{1}{h_a}\right)$$

$$= 0.279 \text{ m}$$

2. 表面不结霜的厚度

$$\delta = \frac{k}{h_a}\left(\frac{t_1 + 1.5 - t_i}{t_a - t_1 - 1.5}\right) - k\left(\frac{1}{h_i} + \frac{\delta_1}{k_1} + \frac{\delta_2}{k_2}\right)$$

$$= \frac{0.022}{10.2} \times \left(\frac{29 + 1.5 - (-23)}{33.5 - 29 - 1.5}\right) - 0.022 \times \left(\frac{1}{8.7} + \frac{0.37}{0.81} + \frac{0.02}{0.93}\right) = 0.025 \text{ m}$$

因经济厚度大于表面不结露的厚度，故取硬质聚氨脂泡沫塑料的厚度为 0.158 m。计算表明，在土建库中，当砖砌部分有足够厚度时，经济厚度是最终的设计厚度。

思考题

1. 什么叫顺流？什么叫逆流？什么叫叉流？

2.传热基本公式中各量的物理意义是什么？影响总传热系数的因素有哪些？

3.影响蒸发器传热的主要因素有哪些？说明蒸发器的作用和分类。

4.比较干式壳管式蒸发器、再循环蒸发器和满液式蒸发器的优缺点。

5.影响冷凝器传热的主要因素有哪些？说明冷凝器的作用和分类。

6.举例说明如何强化换热器的换热效率。

7.举例说明制冷空调产品上强化传热采取的措施。

8.氟用中间冷却器与氨用中间冷却器的冷却原理有何不同？

第 10 章

制冷机的其它辅助设备及管道

在蒸气压缩式制冷系统中，除了压缩机及各种热交换器外，还需要膨胀机构，使制冷剂节流后降低温度和压力，并控制制冷剂的流量。

制冷系统还包括一些辅助设备，如润滑油的分离及收集设备、制冷剂的储存及分离设备、制冷剂的净化设备以及安全设备等，以保证制冷机正常运转，提高运行的经济性和安全性。

10.1 膨胀机构及阀门

10.1.1 膨胀机构

膨胀机构位于冷凝器后，从冷凝器来的高压制冷剂液体流经膨胀机构后，压力降低，然后进入蒸发器中。膨胀机构除了起节流作用外，还起调节进入蒸发器的制冷剂流量的作用。通过膨胀机构的调节，使制冷剂离开蒸发器时有一定的过热度，保证制冷剂液体不会进入压缩机。

流体流经膨胀机构时，由于时间很短，可看作是绝热节流。节流后液体变成湿蒸气，其中蒸气的含量约占总制冷剂质量的10%～30%。液体节流产生的蒸气是饱和蒸气，又称闪发蒸气，以区别于加热液体后产生的饱和蒸气。

膨胀机构的种类很多，根据它们的应用范围，可分为以下五类：

①手动膨胀阀，用于工业用的制冷装置；

②热力膨胀阀，用于工业、商业和空气调节装置；

③热电膨胀阀，用途与热力膨胀阀相同；

④毛细管，用于家用制冷装置；

⑤浮球调节阀，用于工业、商业和生活用制冷装置。

1. 手动膨胀阀

手动膨胀阀用于干式或湿式蒸发器。在干式蒸发器中使用手动膨胀阀时，操作人员需频繁地调节流量，以适应负荷的变化，保证制冷剂离开蒸发器时有轻微的过热度。

图 10-1 表示应用手动阀时检测仪表的位置。检测仪表能指出蒸发器出口处的压力和温度。

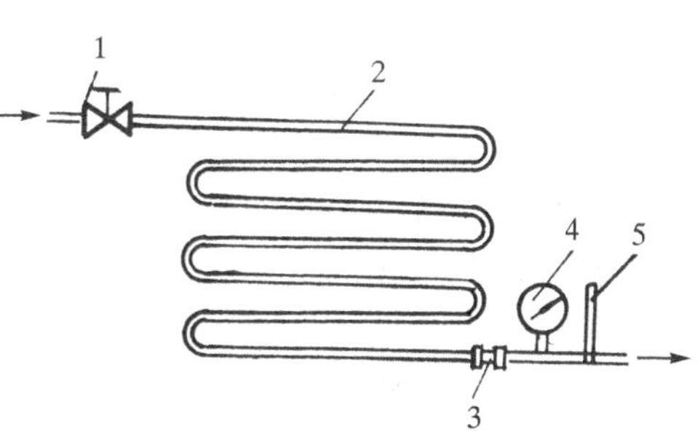

图 10-1 手动膨胀阀工作时检测仪表的位置
1—手动膨胀阀；2—蒸发器；3—观察镜；
4—压力表；5—温度表

从观察玻璃也可看出制冷剂离开蒸发器时的情况。

大多数手动膨胀阀都由喷嘴形阀孔和阀针组成,如图 10-2 所示。

过去应用很广的手动膨胀阀现已大部分被自动控制阀取代,只有氨制冷系统还在使用。

手动膨胀阀也可用在油分离器至压缩机曲轴箱的回油管路上,如图 10-3 所示。此时,节流阀用于控制流量。图中的电磁阀用于阻止液体制冷剂在停机后流动。

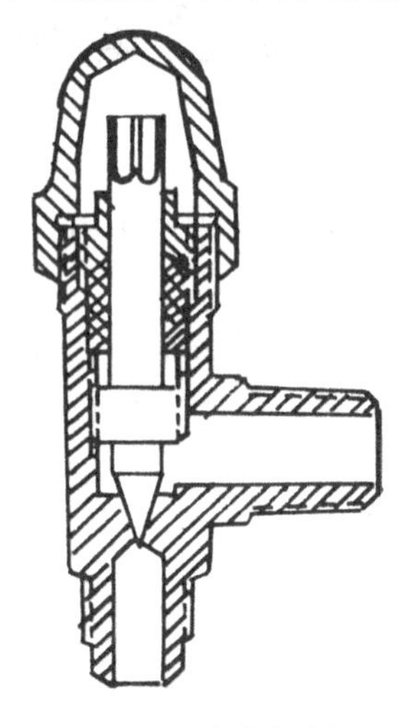

图 10-2 手动膨胀阀

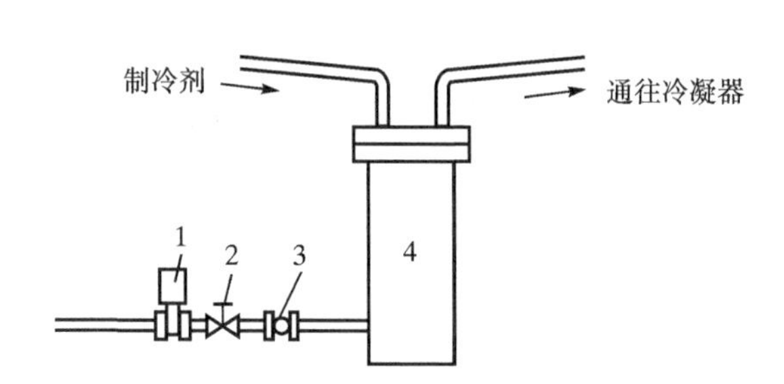

图 10-3 用在回油管路上的手动膨胀阀
1—电磁阀;2—手动膨胀阀;
3—观察玻璃;4—油分离器

2. 热力膨胀阀

这种型式的膨胀阀在氟里昂制冷系统中得到普遍使用,如风冷式冻结间、制冷装置、冰淇淋保藏箱以及空调装置等。其优点是在蒸发器负荷变化时,可以自动调节制冷剂液体的流量,以控制蒸发器出口处制冷剂的过热度。热力膨胀阀由蒸发器出口处的温度控制,主要有两种类型:内平衡式和外平衡式。

(1)内平衡式热力膨胀阀 在内平衡式热力膨胀阀中,来自感温包(感温包装在蒸发器出口处,用于感受出口处蒸气的温度)的蒸气(或液体)压力作用在膜片的一侧,蒸发器入口处的制冷剂蒸气压力作用在膜片的另一侧。膜片与针阀连接,以便按蒸发器出口处制冷剂的温度调节制冷剂流量。

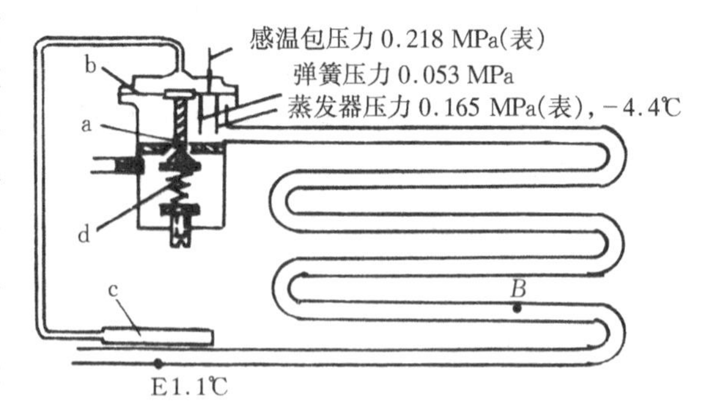

图 10-4 内平衡式热力膨胀阀

按图 10-4 工作时,膜片底部受到的蒸发器饱和压力为0.165 MPa(表压),弹簧压力为 0.053 MPa,膜片上部受到的感温包压力为 0.218 MPa(表压)。感温包内充注的工质与蒸发器内的制冷剂相同,蒸发器的饱和温度为-4.4 ℃,感温包内的温度为 1.1 ℃。由此可见,制冷剂在蒸发器内先转变为饱和蒸气,到达 B 点。从 B 点至 E 点,制冷剂继续吸收热量,转变为过热蒸气。

当蒸发器负荷增大时,E 点的蒸气过热度增加,膜片上部的压力上升,针阀向下移动,更多的制冷剂流入蒸发器,使 E 点蒸气的过热度下降。

当蒸发器的负荷减少时,E 点蒸气的过热度下降,作用在膜片上部的压力减少,针阀向上移动,进入蒸发器的制冷剂减少,使 E 点蒸气的过热度上升。

感温包应安装在合适的位置上。通常应处于不受积液和油的作用的位置,如图 10－5 所示。

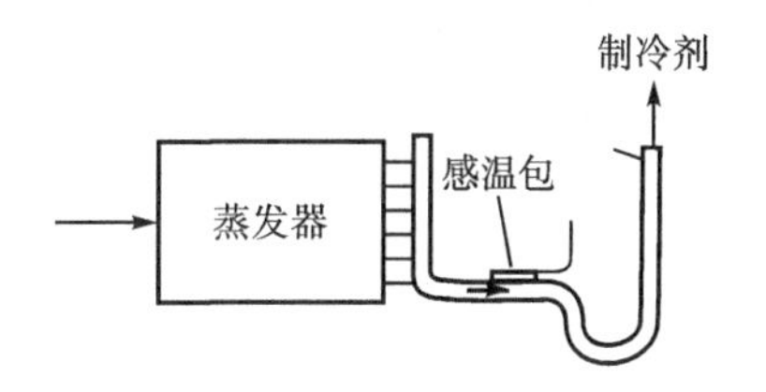

图 10－5　感温包安装位置示例

当吸气管需要提高时,提高处应有弯头。感温包装在弯头前,以避免与积液直接接触而感受不到过热度或感受到的过热度很小。

(2)外平衡式热力膨胀阀　制冷剂流经蒸发器时产生压力降,使蒸发器出口处的制冷剂饱和温度低于入口处的饱和温度。如果使用内平衡膨胀阀,随着制冷剂压力的下降,在出口处将有一个较大的过热度。这意味着蒸发器中有更多的传热面积用于产生过热蒸气,降低了蒸发器传热面的利用率。为了解决此问题,发展了外平衡式热力膨胀阀。

外平衡式热力膨胀阀有一条外部连接管,将膜片下部的空间与蒸发器出口相连,从而使膨胀阀所提供的过热度与蒸发器出口处的饱和温度相适应。图 10－6 示出了外平衡式热力膨胀阀的工作系统。为了保证阀的正常工作,膜片下的空间与蒸发器入口处隔绝,膜片的运动通过密封片传递给阀针。在图 10－6 中,蒸发器入口处的压力为 0.165 MPa(表压),入口处的蒸发温度为－4.4 ℃;制冷剂经过蒸发器的压力降是 0.069 MPa;出口压力为 0.096 MPa(表压),饱和温度为－12.8 ℃。设弹簧压力为 0.053 MPa,则制冷剂离开蒸发器时的过热度为 6.5 ℃,过热蒸气温度为－6.3 ℃。如果用内平衡式膨胀阀代替外平衡式膨胀阀,则蒸发器出口温度为 1.1 ℃,实际的蒸发器出口处蒸气过热度为 13.9 ℃,可见蒸发器没有得到充分利用。

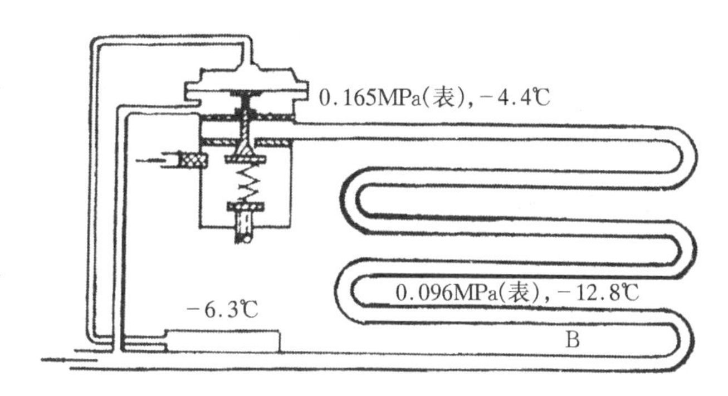

图 10－6　外平衡式热力膨胀阀的工作系统

(3)热力膨胀阀的温包充注　热力膨胀阀的特性取决于蒸发压力、弹簧压力和感温元件的性能。感温包内工质的充注形式有多种,如液体充注式、液体交叉充注式、气体充注式和吸附充注式等。

①液体充注。采用液体充注式感温包时,感温包中充注的液体与制冷系统中使用的制冷剂相同。感温包内液体的充灌量应足够大,保证在任何温度下感温包内总含有液体,感温系统内的压力始终为饱和压力。为此,膜片上部空间和连接管的容积之和应小于充注液体的体积,同时,感温包的容积应大于所充注的液体体积。

图 10－7 表示用液体充注热力膨胀阀所控制的过热度。随着蒸发温度的提高,作用在膜片下部的蒸发压力及弹簧力之和也提高。此时,感温包压力也相应地增高,从而保证了制冷剂在离开蒸发器时始终有过热度,但过热度的大小随蒸发温度而变。蒸发温度愈高,过热度愈

小,这是其缺点。

液体充注式热力膨胀阀的另一个缺点是它对蒸发温度没有限制,而过高的蒸发温度会使制冷压缩机的电动机超负荷,甚至发生烧毁电动机的现象。

②液体交叉充注。液体交叉充注式感温包内充注的工质与制冷系统中的制冷剂不同。感温包的饱和蒸气压力曲线与膜片下面作用力的变化曲线如图10－8所示。在不同的蒸发温度条件下,热力膨胀阀维持的过热度几乎不变。

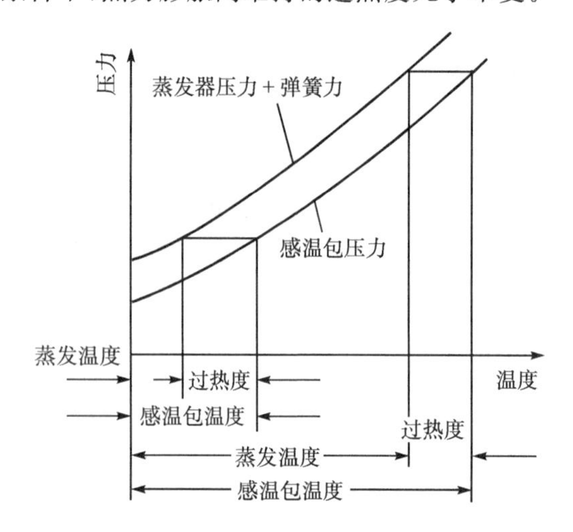

图10－7　采用液体充注感温包时,制冷剂的过热度

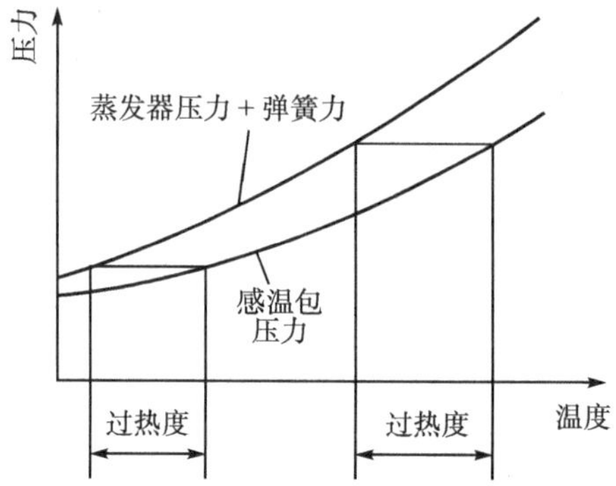

图10－8　液体交叉充注热力膨胀阀的特性曲线

③气体充注。气体充注式感温包又称为限量充注或最大压力充注式感温包,如图10－9所示。在此感温包内只注入与制冷剂相同的限量工质。当蒸发温度(或蒸发器内的压力)低于规定值时,感温包内工质的压力-温度关系与液体充注式感温包相同。但是,当蒸发温度超过规定值后,由于感温包内的工质已全部蒸发,其压力-温度关系发生了变化,尽管温度增加很多,压力的增量却很小。因此,当蒸发温度超过规定温度时,蒸发器出口处制冷剂虽有很高的过热度,仍不能将阀门开大。这样,就可以控制蒸发器的供液量和蒸发压力,避免蒸发温度过高导致制冷压缩机的电动机超负荷运转。

气体充注式热力膨胀阀的缺点是有时包内工质以液体形式积聚在膜片上,而不返回感温包内。这种现象发生在膜盒温度低于感温包温度的情况下,因此设计时必须保证在膨胀阀关闭时,膜盒内有较高的温度,使盒内液体蒸发,回到感温包内。在有些设计中,让温度较高的制冷剂绕膜盒流动来达到这个要求。

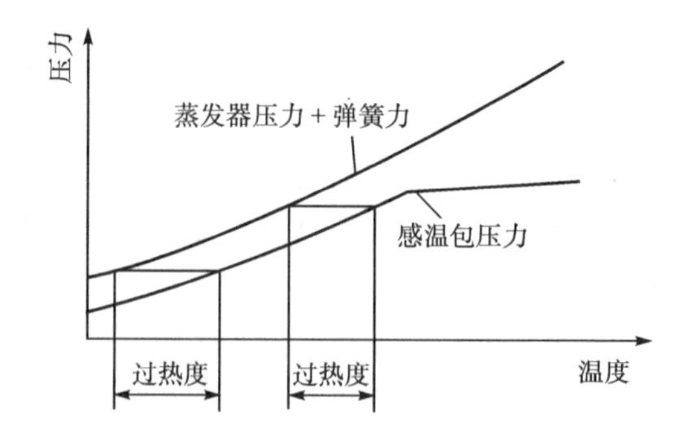

图10－9　气体充注式热力膨胀阀的特性曲线

④吸附式充注。吸附充注式感温包内充满了吸附性气体与吸附剂,如活性炭、分子筛、硅胶、铝胶、惰性气体等。最普遍使用的是活性炭与CO_2气体。活性炭吸附气体的能力随感温包温度而变。当感温包的温度增加时,包内的气体压力因被吸附气体的释放而增大;当感温包的温度降低时,气体被活性炭吸附,包内压力下降。吸附充注式感温包不可能发生气体积累在膜

盒中而不返回感温包的现象。其缺点是膨胀阀对过热度变化的反应较缓慢。

热力膨胀阀的工作能力受阀前制冷剂过冷度的影响，其影响程度用影响因子表示，表10-1中列出了阀前液体过冷度对阀的影响因子。

表 10-1　阀前液体过冷度对阀的影响因子

制冷剂	过冷度 Δt									
	4K	10K	15K	20K	25K	30K	35K	40K	45K	50K
R22	1.00	1.06	1.11	1.15	1.20	1.25	1.30	1.35	1.39	1.44
R410A	1.00	1.08	1.15	1.21	1.27	1.33	1.39	1.45	1.50	1.56
R407C	1.00	1.08	1.14	1.21	1.27	1.33	1.39	1.45	1.51	1.57
R134a	1.00	1.08	1.13	1.19	1.25	1.31	1.37	1.42	1.48	1.54
R404A/R507	1.00	1.10	1.20	1.29	1.37	1.46	1.54	1.63	1.70	1.78

3. 热电膨胀阀

热力膨胀阀以蒸发器出口处的温度为控制信号。通过感温包，将此信号转换成感温包内蒸气的压力，进而控制膨胀阀阀针的开度，达到反馈调节之目的。热力膨胀阀的不足之处是：

①信号的反馈有较大的滞后。蒸发器处的高温气体首先要加热感温包外壳。感温包外壳有较大的热惯性，导致反应滞后。感温包外壳对感温包内工质的加热引起进一步的滞后。信号反馈的滞后导致被调参数的周期性振荡。

②控制精度较低。感温包中的工质通过薄膜将压力传递给阀针。因薄膜的加工精度及安装均会影响它受压产生的变形以及变形的灵敏度，故难以达到高的控制精度。

③调节范围有限。因薄膜的变形量有限，使阀针开度的变化范围较小，故流量的调节范围较小。在要求有大的流量调节范围时(例如在使用变频压缩机时)，热力膨胀阀无法满足要求。

热电膨胀阀的应用，克服了热力膨胀阀的上述缺点，并为制冷装置的智能化提供了条件。热电膨胀阀利用被调节参数产生的电信号，控制施加于膨胀阀上的电压或电流，进而控制阀针的运动，达到调节之目的。

热电膨胀阀可分为电磁式、电动式和电热式三大类。

(1)电磁式热电膨胀阀　这种膨胀阀的结构如图10-10所示。被调参数先转化为电压，施加在膨胀阀的电磁线圈上。电磁线圈通电前，阀针处于全开的位置。通电后，受磁力的作用，阀针的开度减小。开度减小的程度取决于施加在线圈上的控制电压。电压愈高，开度愈小，流经膨胀阀的制冷剂流量也愈小。制冷剂流量 q_v 随控制电压 U 的变化情况如图 10-11 所示。

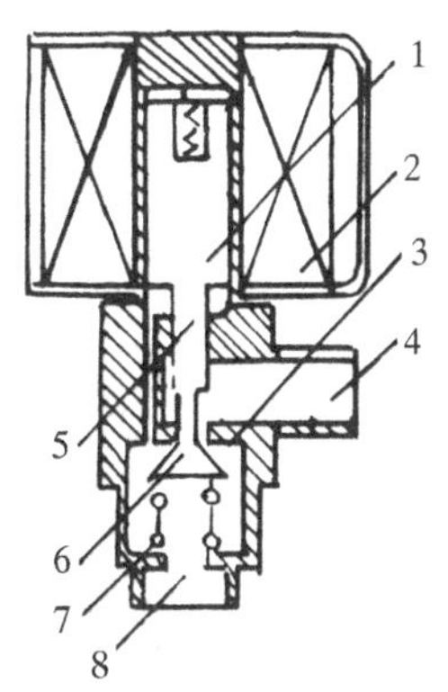

图 10-10　电磁式热电膨胀阀

1—柱塞；2—线圈；3—阀座；4—入口；5—阀杆；6—阀针；7—弹簧；8—出口

电磁式热电膨胀阀的结构简单，对信号变化的响应快。但在制冷机工作时，需要一直向它提供控制电压。

(2)电动式热电膨胀阀　电动式热电膨胀阀的阀针由电动机驱动。这种阀广泛使用脉冲电动机驱动阀针。

直动型电动式热电膨胀阀的结构如图10－12所示，它用脉冲电动机直接驱动阀针。当控制电路产生的脉冲电压作用到电动机定子上时，永久磁铁制成的电动机转子转动，通过螺纹的作用，使转子的旋转运动转变为阀针的上下运动，从而调节阀针的开度，进而调节制冷剂的流量。直动型电动式热电膨胀阀的流量特性见图10－13。图中q_v为制冷剂流量，N为脉冲数。

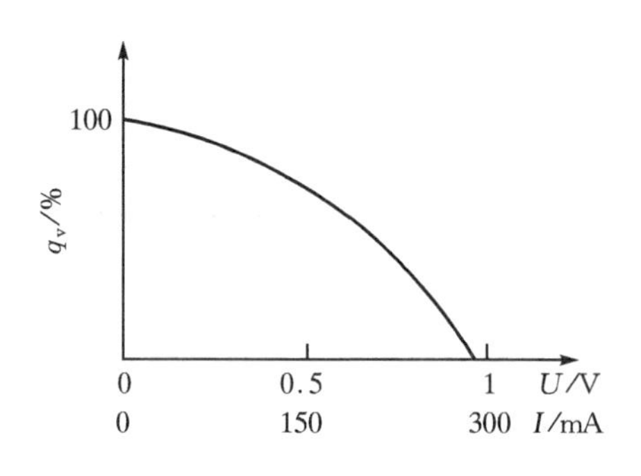

图10－11　电磁式热电膨胀阀的流量(SMX型)

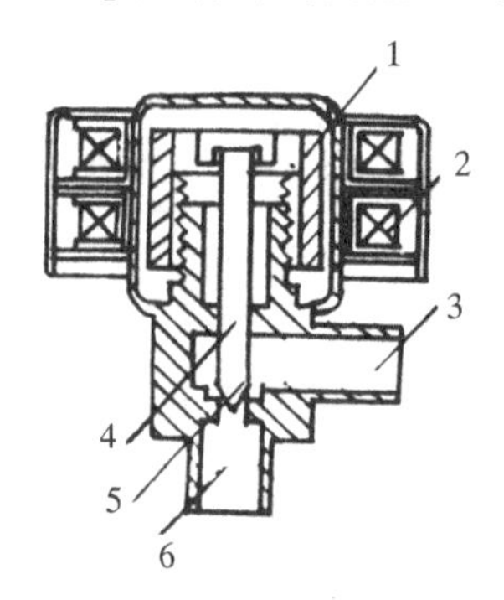

图10－12　电动式热电膨胀阀(直动型)

1—转子；2—线圈；3—入口；4—阀杆；5—阀针；6—出口

在直动型电动式热电膨胀阀中，驱动阀针的力矩直接来自定子线圈的磁力矩。由于电动机尺寸所限，所以这个力矩是较小的。为了获得较大的力矩，开发了减速型电动式电子膨胀阀。

减速型电动式热电膨胀阀内装有减速齿轮组。脉冲电动机通过减速齿轮组将其磁力矩传递给阀针。减速齿轮组起放大磁力矩的作用，因而配有减速齿轮组的脉冲电动机可以方便地与不同规格的阀体配合，满足不同流量调节范围之需。

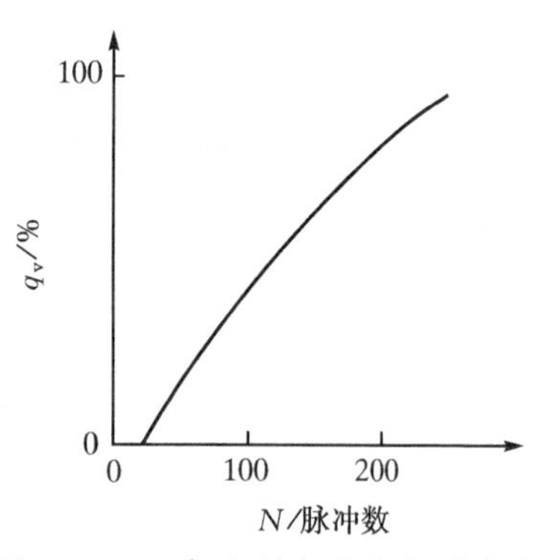

图10－13　直动型电动式电子膨胀阀的流量q_v(DKV型)

今以调节蒸发器出口处制冷剂的过热度为例，说明电磁式和电动热电膨胀阀的应用。为了获得调节信号，在蒸发器的两相区段管外和蒸发器出口处管外各贴热敏电阻一片，见图10－14。图中的θ_{1w}表示

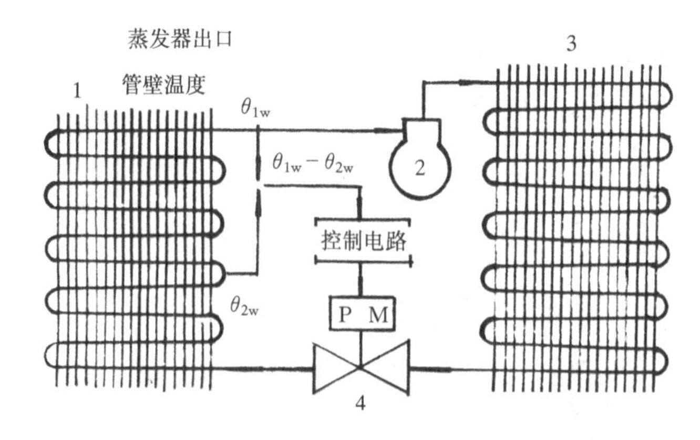

图10－14　空调器应用热电膨胀阀的过热度调节系统

1—蒸发器；2—压缩机；3—冷凝器；4—热电膨胀阀

蒸发器出口处管壁温度；θ_{2w} 表示蒸发器两相区管壁温度。

由于管壁的热阻很小，故热敏电阻感受的温度即该两处制冷剂的温度，两电阻片反映的温度之差，即制冷剂的过热度。

按图 10－14，用两片热敏电阻测得的制冷剂过热度输入控制电路中，按规定的程序转换成脉冲信号后，控制阀针的运动。

(3)电热式热电膨胀阀　电热式热电膨胀阀的感温元件是电阻系数为负值的热敏电阻(温度升高时电阻下降)，它与膨胀阀内的双金属片串联(见图 10－15)。当安装在蒸发器出口处的热敏电阻温度升高时，串联电路的电阻下降，电流增大，双金属片变形加剧，阀孔开启度增大，制冷剂流量增大，蒸发器出口处温度降低。这种膨胀阀结构简单，使用方便，但它测得的温度是蒸发器出口温度，而非过热度，因此只适合在蒸发压力变化较小时使用。电热式热电膨胀阀的结构见图 10－16。

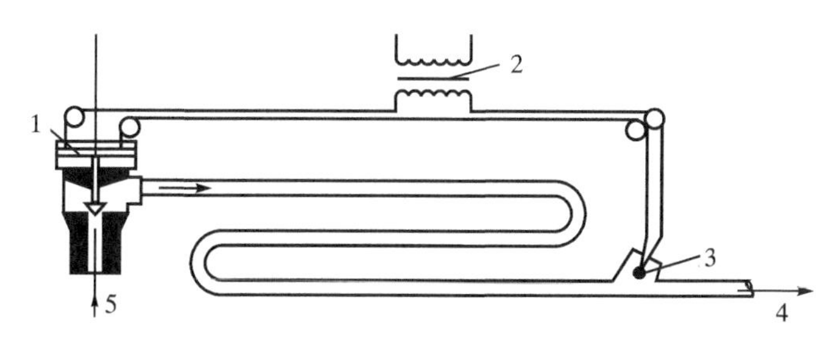

图 10－15　电热式热电膨胀阀的加热电路
1—双金属片；2—电源；3—热敏电阻；4—回气；5—进液

图 10－17 表明了负荷突然变化时，采用热电膨胀阀和热力膨胀阀对过热度调节的过渡过程。采用热电膨胀阀的过渡过程始终在制冷剂处于过热状态下完成，而采用热力膨胀阀的过渡过程出现过热度为负的情况，此时蒸发器出口处的制冷剂带液。

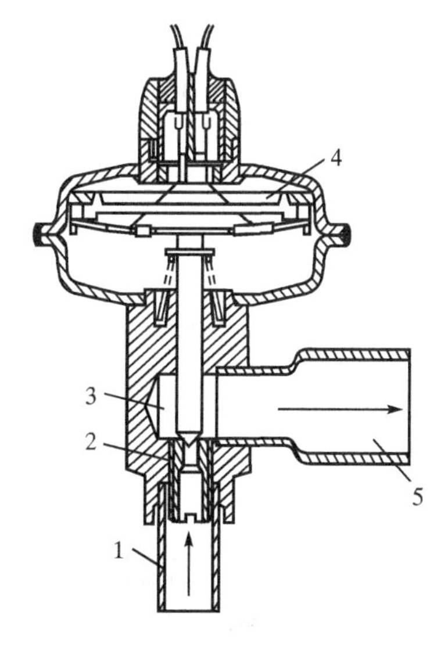

图 10－16　电热式热电膨胀阀
1—双金属片；2—电源；
3—热敏电阻；4—回气；5—进液

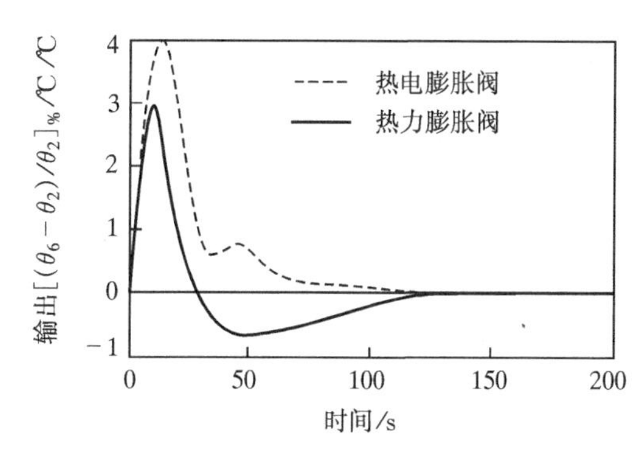

图 10－17　过热度调节的过渡过程

制冷系统同时使用变频压缩机及热电膨胀阀时，因变频压缩机的运转受到主计算机指令的控制，热电膨胀阀的开度也随之受该指令的控制。一般而言，阀开度与变频的频率成一定的比例,但由于制冷系统的蒸发器和冷凝器已定,其传热面积为定值,使阀的开度不应完全与频率成固定的比例。试验表明,在不同频率下存在一个能效比最佳的流量,因而在膨胀阀开度的控制指令中,应包含压缩机频率和蒸发温度等因素。

表10-2中列出了热力膨胀阀及热电膨胀阀的特点。

表10-2　热力膨胀阀与热电膨胀阀特点之比较

比较的项目	热力膨胀阀	热电膨胀阀
制冷剂与阀的选择因素	由感温包充注决定	不限
制冷剂流量调节范围	较大	大
流量调节机构	阀开度	阀开度
流量反馈控制的信号	蒸发器出口过热度	蒸发器出口过热度
调节对象	蒸发器	蒸发器
蒸发器过热度控制偏差	较小,但蒸发温度低时大	很小
流量调节特性补偿	困难	可以
过热度调节的过渡过程特性	较好	优
允许负荷变动	较大,但不适合于能量可调节的系统	很大,也适合于能量可调节的系统
价格	较高	高

4. 毛细管

毛细管常用于家用制冷装置,如冰箱、干燥器、空调器和小的制冷机组。它是一种便宜、有效、没有磨损的节流元件。由于直径小,其通路容易被阻塞,为此,通常在毛细管的前面安装过滤器,以阻止脏东西进入。

进入毛细管的制冷剂是过冷液体。过冷液体在毛细管内先经过线性压力降阶段,直到产生气泡为止。在这个阶段中,制冷剂温度不变。此后,制冷剂再经过非线性压力降阶段。在此阶段中,压力与温度的关系为饱和压力与饱和温度之关系。图10-18表示与毛细管长度相应的压力与温度的变化曲线。从毛细管入口至产生第一个气泡的毛细管长度称为液态长度,紧连着的长度称为两相长度。

通常,毛细管受蒸发器出口处低温制冷剂的冷却,以进一步冷却毛细管内的制冷剂,其原理图如图10-19所示。

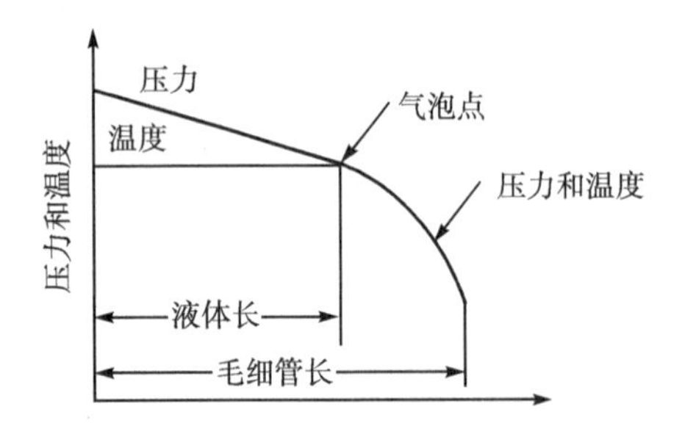

图10-18　毛细管内的压力与温度

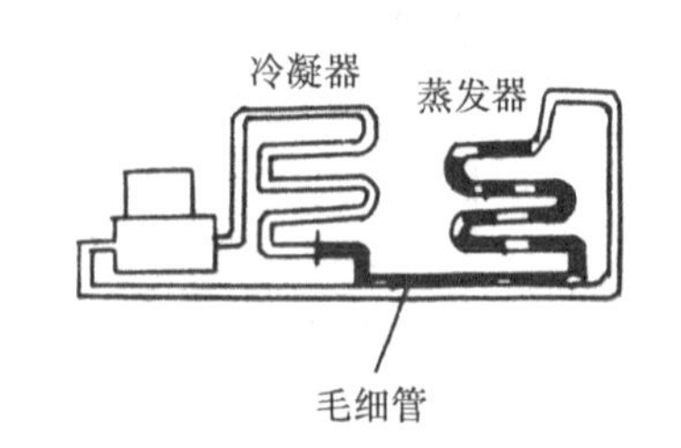

图10-19　蒸发器出口处制冷剂冷却毛细管

毛细管的功能取决于五个因素:管长、管内径、热交换作用、毛细管的等圆程度以及毛细管的安装位置。

5. 低压浮球调节阀

低压浮球调节阀用于满液式制冷系统，安装在满液式蒸发器的端部或侧面，用来控制蒸发器内制冷剂的液面，使其保持定值。图 10－20 表示低压浮球阀的结构。浮球阀由壳体、浮球、浮球杆、阀座、阀针和平衡块组成。壳体的上下两个带法兰的孔分别与蒸发器的蒸气空间和液体空间连通。这样，浮球室与蒸发器具有相同的液面。浮球阀中用以启闭阀门的动力是一钢制浮球，当蒸发器的负荷改变而引起液面发生变化时，浮球即随液面在浮球室中升降。浮球杆通过杠杆推动节流阀的阀针，因此阀门可随着蒸发器中液面的下降或上升，自动开大或关小，以保持大致恒定的液面。浮球阀的这种调节方式为比例调节。大容量的浮球阀一般不用阀针，而采用滑阀结构。

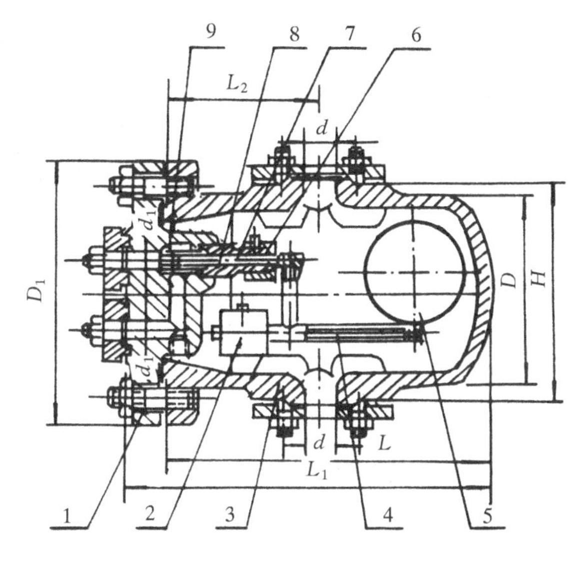

图 10－20　低压浮球阀结构

1—端盖；2—平衡块；3—壳体；4—浮球杆；
5—浮球；6—帽盖；7—接管；8—阀针；9—阀座

10.1.2　截止阀

截止阀安装在制冷设备和管道上，起接通和切断制冷剂通道的作用。截止阀分为直通式和直角式两种，结构如图 10－21 所示。

制冷压缩机上的截止阀和管路上的截止阀结构基本相同，主要区别在于前者具有多用通道。多用通道可以开启和关闭，其用途很多，如装接压力表、对系统进行抽真空操作以及添加制冷剂与润滑油等，给操作与检修带来很大的方便。

压缩机截止阀如图 10－22 所示。

有些压缩机截止阀的多用通道被压力表或压力继电器管路占用，只留下一个通道供检修用。使用时要注意掌握正确的操作方法。当阀杆以逆时针方向退足后，阀门虽全部开启，但多用通道均被关闭，这样就切断了通往压力表或压力继电器的管路。所以还要按顺时针方向回旋 1/2～1 圈，以保持多用通道的畅通。

当截止阀关闭时，多用通道处于全部开启状态。如果此时需要添加制冷剂，还必须先将阀

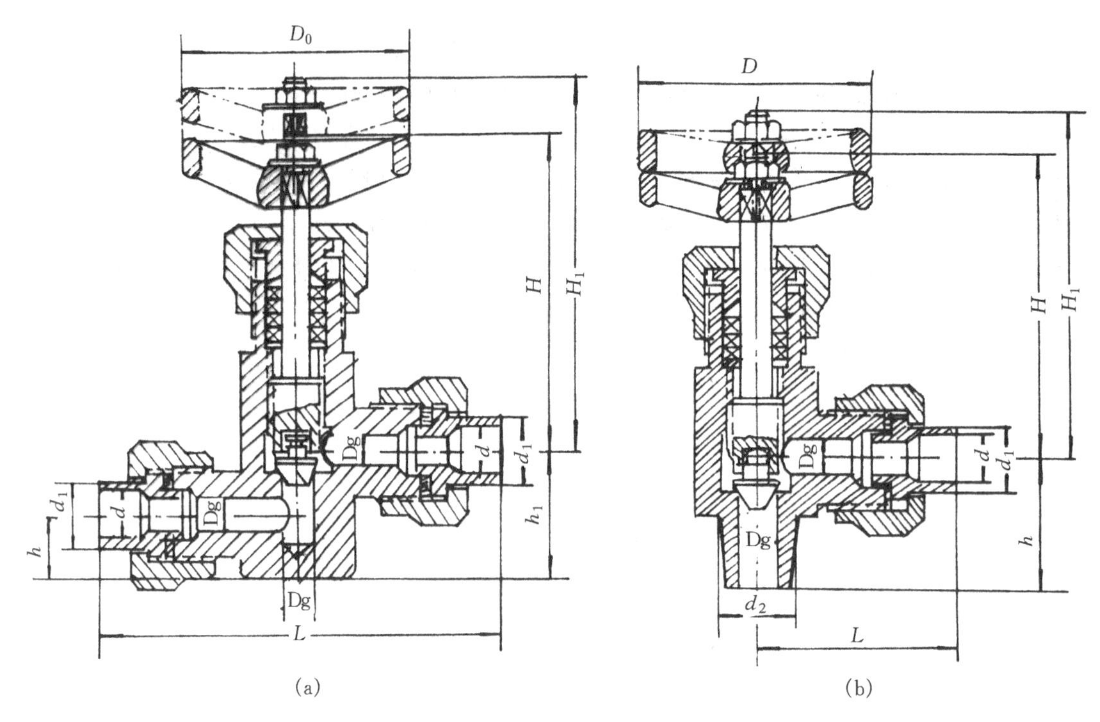

图 10-21　截止阀
(a)直通截止阀;(b)直角截止阀

杆沿逆时针方向旋转,使阀杆退足,将多用通道与压缩机之间的通路切断,待添加制冷剂的容器与系统接通后,再将阀杆顺时针方向旋转。多用通道不用时,应用铜制六角螺栓堵塞。

为防止氟里昂泄漏,截止阀的阀杆与阀体之间都用填料密封,一般用丁腈耐氟橡胶模压而成。填料下面有填圈,上面有压紧螺钉。发现沿阀杆有泄漏现象时,可适当旋紧压紧螺钉,提高密封性。

小口径截止阀阀芯的密封是在平面上浇铸软铅形成的。使用时如发现阀门关闭不严,可对密封面进行修复。

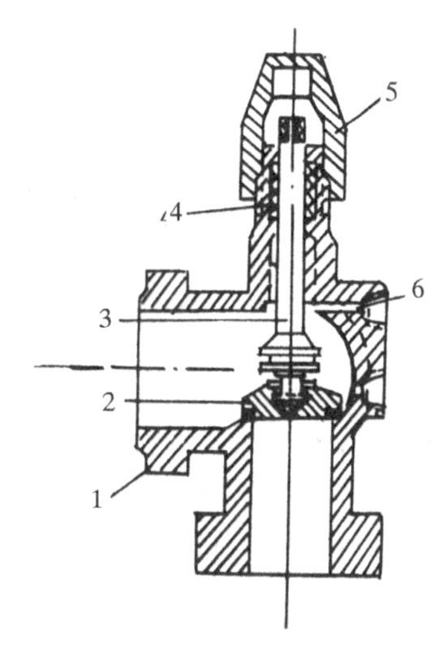

图 10-22　压缩机截止阀
1—阀体;2—阀芯;3—阀杆;4—填料;5—阀帽;6—多用通道

10.1.3　电磁阀

电磁阀是一种自动启闭的阀门,用于自动接通和切断制冷系统的管路,广泛应用于氟里昂制冷机中。

电磁阀通常安装在膨胀阀与冷凝器之间。位置应尽量靠近膨胀阀,因为膨胀阀只是一个节流元件,本身无法关严,因而需利用电磁阀切断供液管路。

电磁阀和压缩机同时开动。压缩机停机时电磁阀立即关闭,停止供液,避免停机后大量制冷剂流入蒸发器中，造成再次启动时压缩机中发生液击。

电磁阀分为直接作用式和间接作用式两种。

直接作用式电磁阀，如图 10－23 所示。

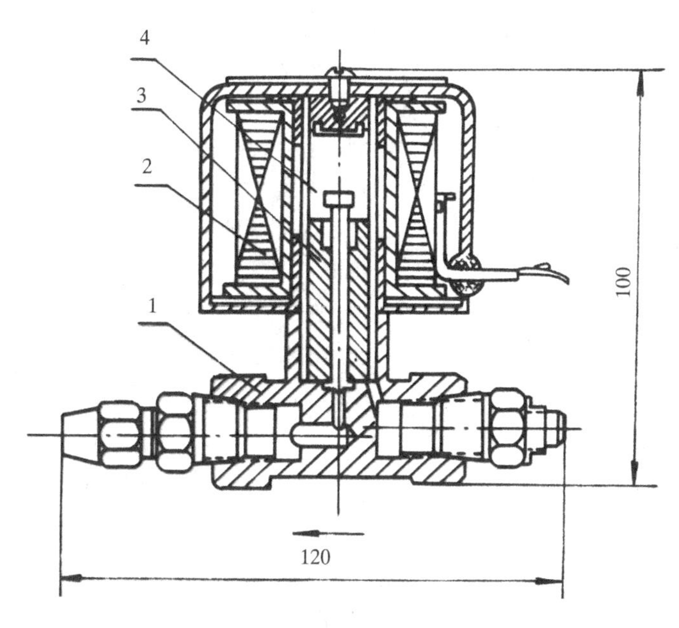

图 10－23　直接作用式电磁阀

1—阀体；2—线圈；3—衔铁；4—阀针

这种阀主要由阀体、线圈、衔铁和阀针等组成。线圈用漆包线绕制而成，套在铁心外面。铁心又称衔铁，可以带动阀针上下移动。当线圈通电后，产生磁场，将衔铁提起，带动阀针，开启阀门。切断电流时，磁力消失，衔铁和阀针在重力作用下自动下落，关闭阀门，切断供液管道。直接作用式电磁阀结构简单，但它依靠电磁力开启阀门，在进出口压力差较大的情况下，电磁阀开启困难，并且不能快速动作。因此，这种电磁阀仅适用于小型氟里昂制冷装置。

间接作用式电磁阀如图 10－24 所示。

间接作用式电磁阀主要由阀体、浮阀、线圈、衔铁、阀针和调节杆组成。当线圈通电后，电磁力吸引衔铁，衔铁带动阀针上升，开启浮阀上的小孔，使浮阀上部空腔内的制冷剂液体通过该小孔流向电磁阀的出口端，减小了浮阀上部的压力。由于浮阀下部受到高压制冷剂液体的作用，在浮阀的上下形成压差，使其慢慢升起，从而开启了电磁阀。当电磁阀出现故障，不能自动启、闭时，可使用阀体下部的调节杆顶起浮阀，实现手动开启和关闭。

间接作用式电磁阀，虽然结构较为复杂，但电磁阀只控制阀针的起落，可以大大减少线圈功率，缩小电磁阀的体积。一般多用在中型氟里昂制冷装置中。

电磁阀的电压有交流 380 V，220 V 和 36 V，直流 220 V 和 110 V 几种。使用时，要按照铭牌上标明的电压供电，还要满足最大压力差等要求。电磁阀必须垂直地安装在水平管路上，线圈在上方，并使制冷剂液体的流向与阀体上标明的箭头指向一致。只有注意到以上几点后，才能使电磁阀正确、可靠地工作。

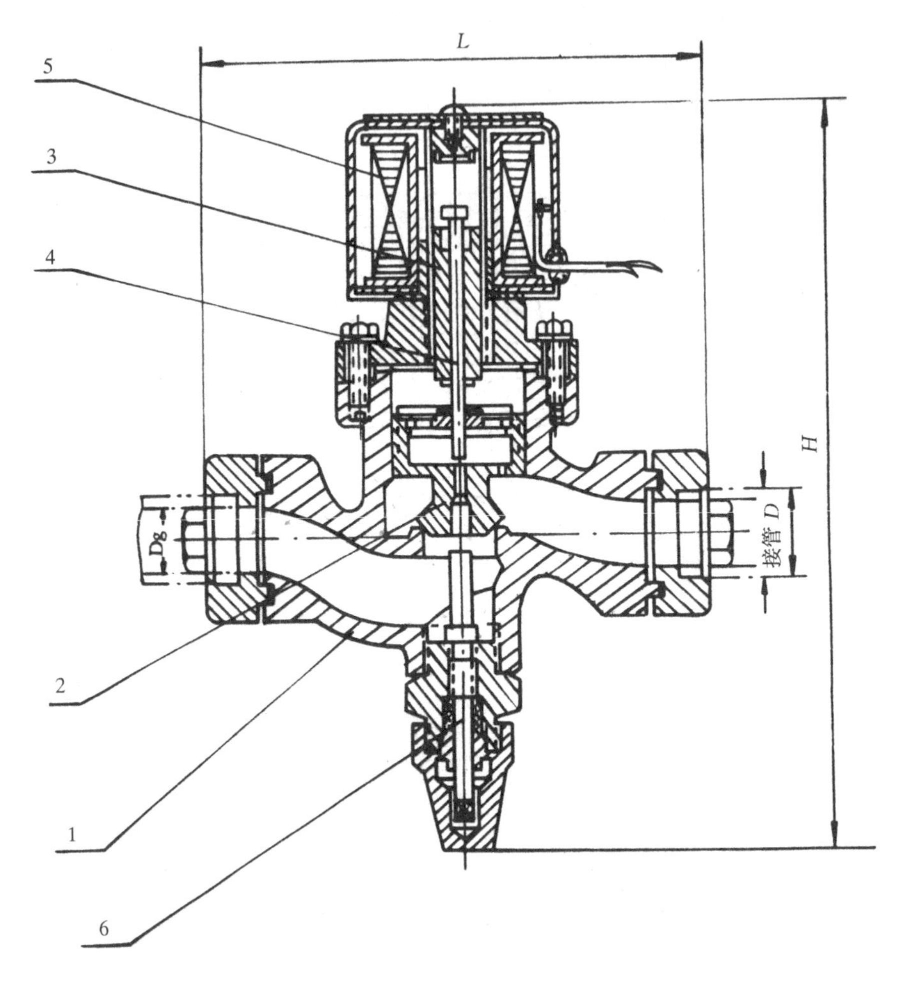

图 10 - 24　间接作用式电磁阀

1—阀体;2—浮阀;3—衔铁;4—阀针;5—线圈;6—调节杆

10.2　蒸气压缩式制冷机的辅助设备及管道

10.2.1　润滑油分离器

润滑油分离器用于分离压缩机排出气体中夹带的润滑油。分离器的型式随制冷机制冷量的大小和使用的制冷剂而定。

较常用的润滑油分离器有洗涤式、离心式、过滤式和填料式等几种型式。

洗涤式油分离器用于氨制冷机中,其结构如图 10 - 25 所示。在油氨分离器的下部保持一定高度的液氨。压缩机的排气从顶部的管子进入分离器,经液氨洗涤,与其中的润滑油分离后,从上部侧面的管子引出,进入冷凝器。润滑油依靠排气的减速、改变流动方向、在液氨中冷却和洗涤等四种作用而分离。分离出的润滑油沉淀在油分离器的底部,定期输入集油器后排出。油分离器中的液氨由冷凝器或储液器连续供给。这种油分离器分油效率不高,已逐渐被其它型式的油分离器代替。

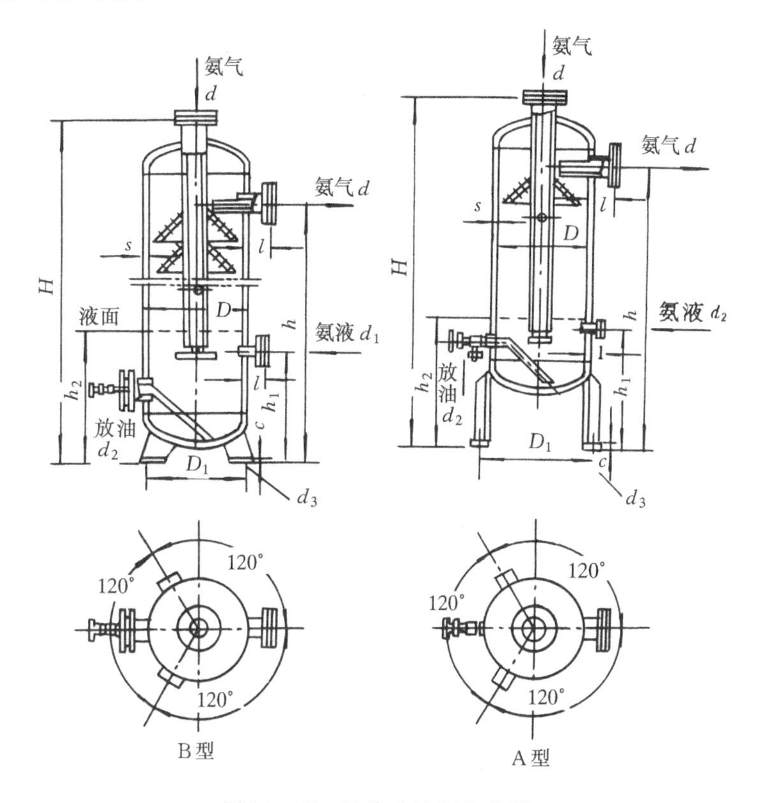

图 10－25　洗涤式油氨分离器

离心式油分离器如图 10－26 所示。压缩机的排气进入油分离器后沿导向叶片呈螺旋状流动，使油滴在离心力作用下从排气中分离出来，沿筒体的内壁流下，而气体经多孔挡板由顶部的管子引出。分离出的润滑油集于分离器的下部，可定期排出，或在排油管前装一浮球阀，使之自动回到压缩机的曲轴箱中。这种型式的油分离器适用于中等制冷量的压缩机。

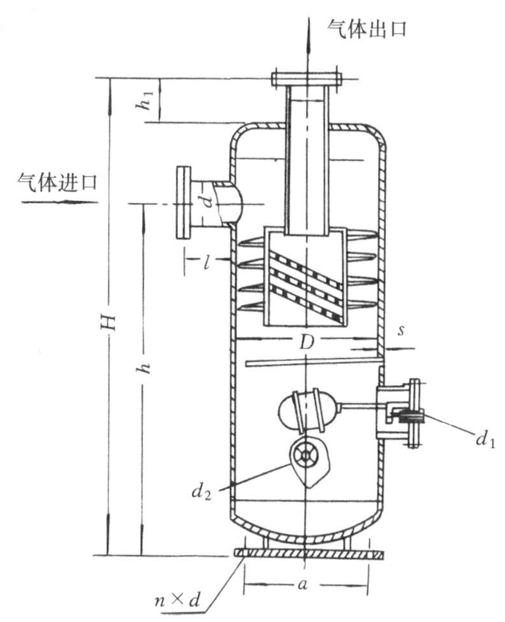

图 10－26　离心式油分离器

填料式油分离器适用于中小型制冷机。图 10－27 所示为填料式油分离器的一种结构型式。在分离器的桶内装有填料。油滴依靠气流速度的降低以及填料层的过滤作用而分离，流速应在 0.5 m/s以下。填料可用金属丝网、陶瓷或金属屑，以金属丝网填料的分离效率最高，可达 96%～98%，但其阻力也较大。

过滤式油分离器通常用于小型制冷装置中，其结构如图 10－28 所示。压缩机的排气从顶部

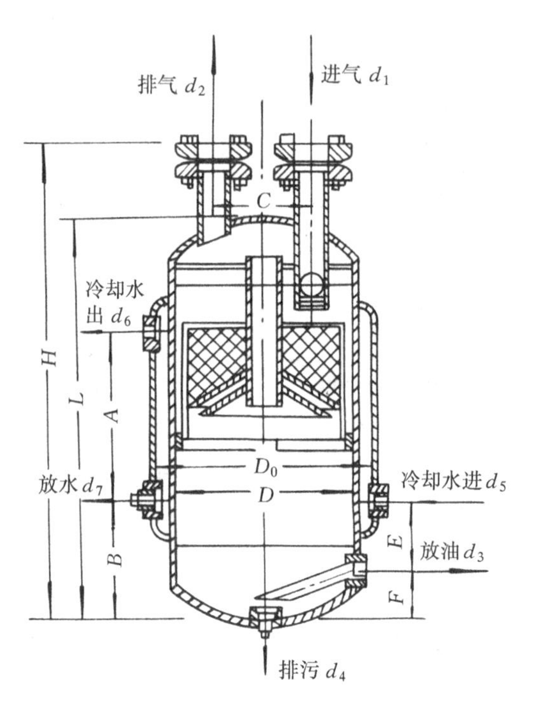

图 10－27　填料式油分离器

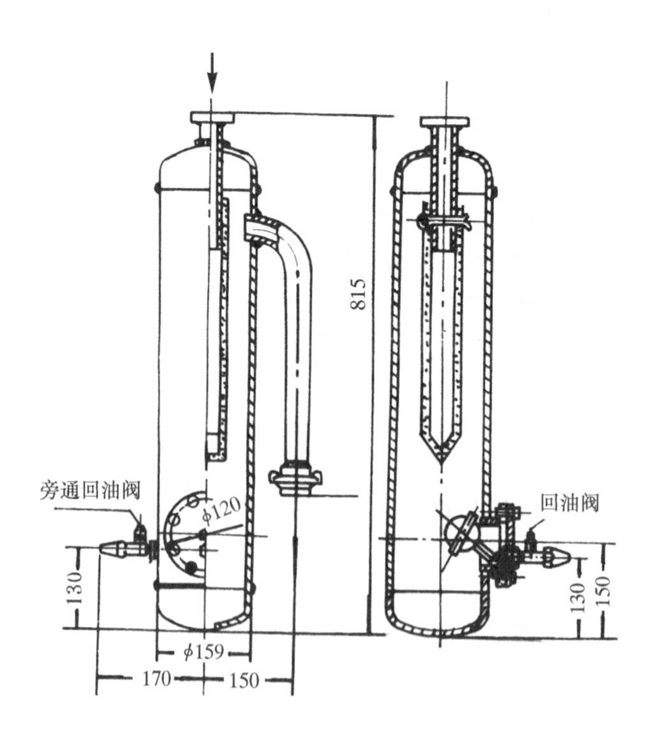

图 10－28　过滤式油分离器

管子进入，与其中的润滑油分离后从上部侧面的管子引出。在这种分离器中，润滑油依靠排气的减速、改变流动方向以及通过金属丝网过滤等作用进行分离。分离出的润滑油积集于分离器下部,通过回油管在进、排气压力差作用下进入曲轴箱。回油管上装有浮球阀,当分离器下部的润滑油积集到一定高度时,浮球阀自动开启,润滑油回到曲轴箱中,油面下降后浮球下落,回油管关闭。正常运行时,浮球阀间断启闭。这种分离器结构简单,制造方便,但分油效果较差。

10.2.2　集油器与储液器

1. 集油器

集油器也称放油器。它用于氨制冷机中,用来存放从油分离器、中间冷却器、冷凝器及储液器中分离出来的润滑油,并在低压下将油放出。

图 10-29 示出一种集油器。从油分离器、冷凝器及其它设备放出的润滑油从进油阀进入并集存,当集存到一定量时从放油阀放出。放油时先关闭进油阀,打开回气阀,使集油器与压缩机的吸气管相通并将其中的氨抽去,直到压力降至大气压力时再关闭回气阀。此时溶解在油中的氨将继续从油中析出,使集油器中的压力回升,等到集油器中的压力略高于大气压力时,打开放油阀将油放出。放油前抽气是为了减少制冷剂的损失。

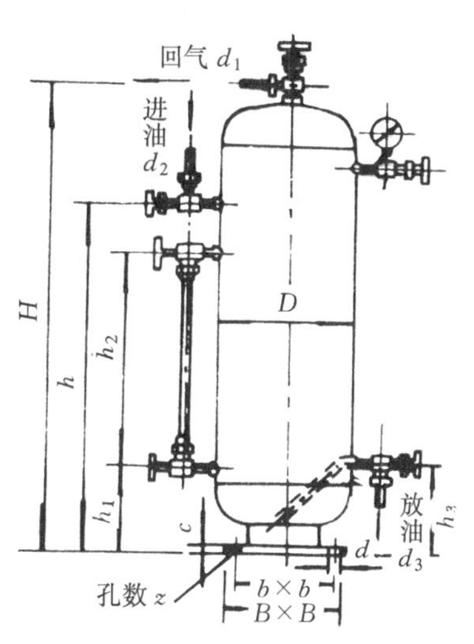

图 10-29　集油器

2. 储液器

储液器又称储液筒,用于储存制冷剂液体。按储液器功能和用途的不同,分为高压储液器和低压储液器两类。高压储液器用于储存由冷凝器来的高压液体制冷剂,以适应工况变化时制冷系统中所需制冷剂量的变化,并减少每年补充制冷剂的次数。高压储液器一般为卧式结构,如图 10-30 所示。高压储液器上应装有液位计、压力表以及安全阀,同时应有气体平衡管与冷凝器连通,以利液体流入储液器中。高压储液器的充灌高度一般不超过筒体直径的 80%。

低压储液器仅在大型氨制冷装置中使用。其结构与高压储液器相似,也需要装压力表、液

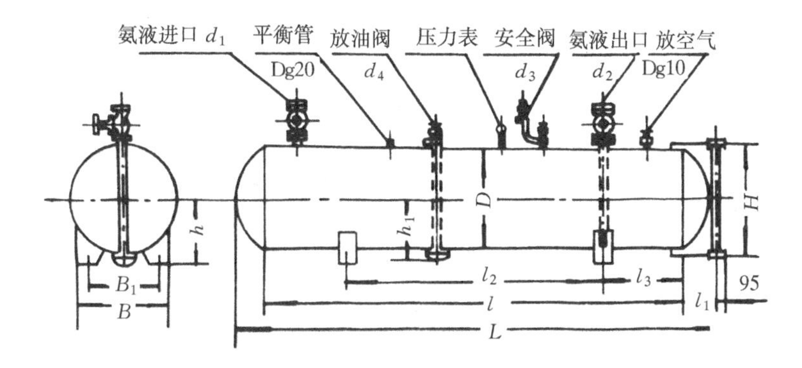

图 10-30　高压储液器

位计以及安全阀等设备。低压储液器有各种用途,有的用于氨泵供液系统以储存循环使用的低压液氨(又称循环储液筒);有的专门供蒸发器融霜或检修时排液之用(又称排液桶)。除循环储液器外,在其它的低压储液器中,当储液量增多后,可通入高压氨气,使储液器中压力升高,将氨液输送到供液管路中去。

10.2.3　气液分离器、空气分离器与过滤器

1. 气液分离器

气液分离器有两种,一种用于分配液氨,同时用于分离由蒸发器来的低压蒸气中的液滴。一般用于大中型氨制冷装置。这种气液分离器有立式和卧式两种。图 10-31 示出了氨制冷装置用立式气液分离器的结构。这种气液分离器中的液滴是依靠气流速度的减慢和流动方向的改变而分离的。设计和使用时,蒸气在筒体内的流速不应大于 0.5 m/s。

另一种气液分离器只用于分离蒸发器所排出的低压蒸气中的液滴。

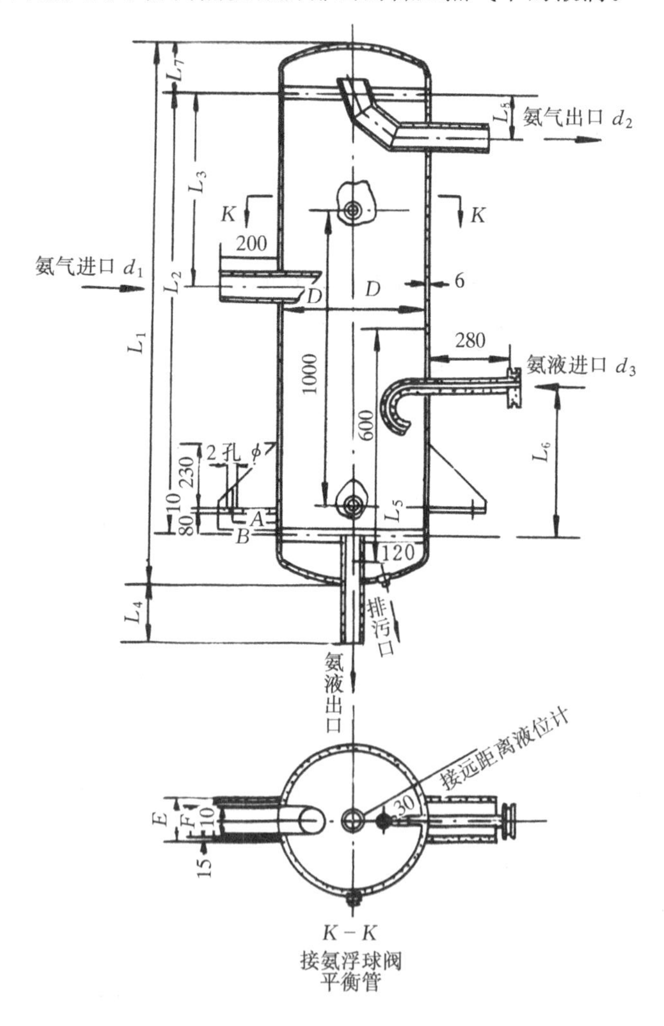

图 10-31　氨用气液分离器

2. 空气分离器

在运行过程中，系统中有时会混有空气及其它不凝性气体，这些气体的来源有：

①在第一次充灌制冷剂前系统中有残留空气；

②补充润滑油、制冷剂或检修机器设备时，空气混入系统中；

③当蒸发压力低于大气压力时，空气从不严密处渗入系统中；

④制冷剂及润滑油分解时产生的不凝性气体。

机器运行时，系统中存在的空气和其它不凝性气体集中在冷凝器中，妨碍冷凝器传热，使压缩机的排气压力和排气温度升高，消耗的电能增加。因此需将空气从系统中，主要从冷凝器中排除出去。

因为空气与制冷剂蒸气混合在一起，直接从冷凝器中排放时不可避免地要同时放掉一部分制冷剂蒸气，不仅造成损失，而且会污染环境。为了减少所排空气中制冷剂蒸气的含量，通常使用空气分离器。空气分离器的作用是在排放空气的同时将其中的制冷剂蒸气凝结下来，予以回收。

空气分离器有多种不同的结构型式。图 10 - 32 示出了广泛用于氨制冷装置的卧式套管

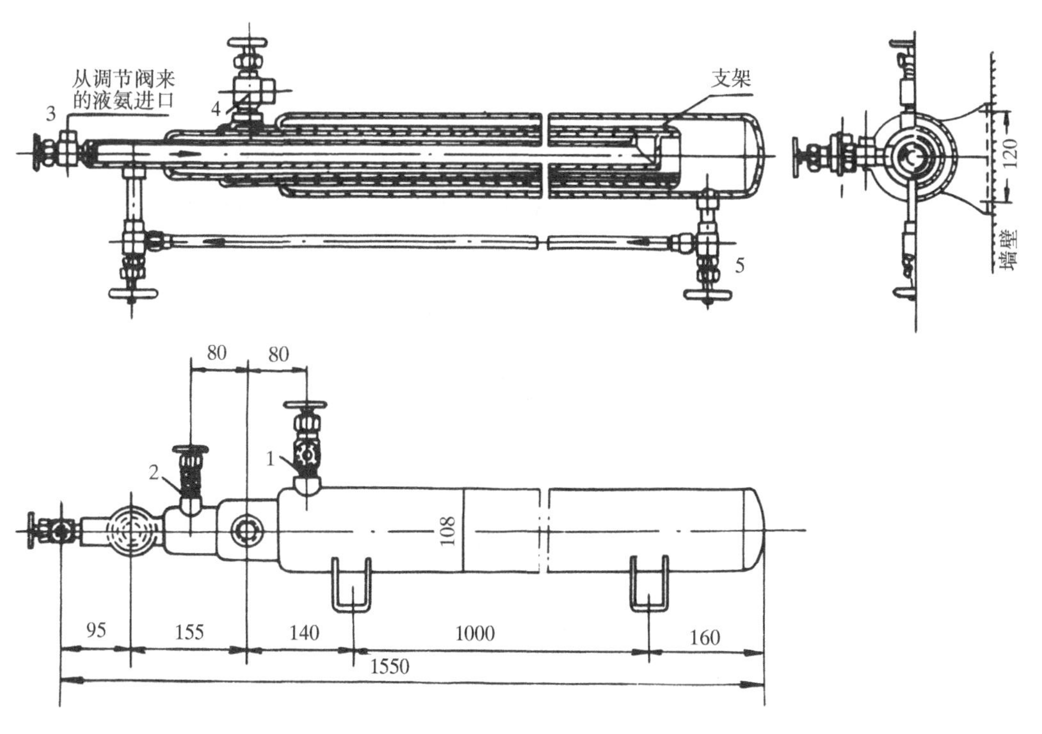

图 10 - 32　卧式套管式空气分离器

1—阀门；2—阀门；3—接头；4—接头；5—节流阀

式空气分离器的结构图。它由四个同心套管焊接而成。空气分离器的工作过程是这样的：高压液氨经节流阀降压后由接头 3 进入内管中，并在内管及第三层管腔内蒸发，产生的蒸气从接头 4 引出，至压缩机的吸气管路上。从冷凝器来的混合气体经阀门 1 进入最外层管腔底部，在

流动过程中被内管及第三层管腔内蒸发的液氨冷却,混合气体中的氨变成液体,积存一定数量的液体后打开节流阀 5,使之进入内管中蒸发,剩余的空气经阀门 2 通入水池中,这样可使与空气混杂的少量氨气溶解于水中,不致污染周围环境,同时也可检查空气是否已被排净。当空气排净时,水池中不再出现大气泡。

图 10－33 表示一种盘管式(立式)空气分离器。制冷剂液体经节流后从氨液入口处进入,蒸发的蒸气从氨液出口处引入压缩机吸气管中。混合气体从混合气进口处进入,在壳体内冷却,使其中的制冷剂蒸气凝结成液体,液体经节流阀后进入盘管。使用节流阀前,应关闭氨液入口前的节流阀,分离的空气由阀门放空。

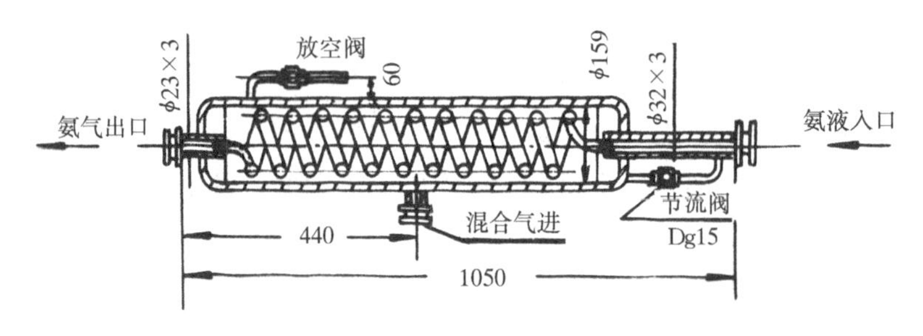

图 10－33　盘管式空气分离器

3. 过滤器

过滤器用于清除制冷剂中的机械杂质,如金属屑及氧化皮等。氨用过滤器一般由 2～3 层网孔为 0.4 mm 的钢丝网制成,氟里昂过滤器则由网孔为 0.1～0.2 mm 的铜丝网制成。图 10－34表示氨液过滤器的结构,图 10－35 表示氨气过滤器的结构。

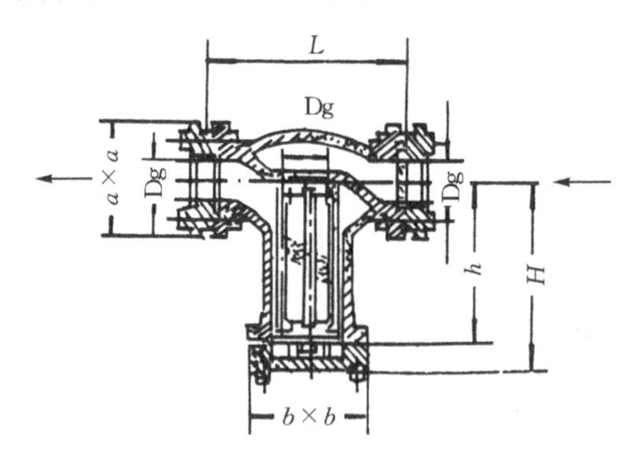

图 10－34　氨液过滤器

在制冷设备中氨液过滤器装设在浮球阀、节流阀和电磁阀前的输液管道中。氨气过滤器装在压缩机吸气管道上,防止氨中的机械杂质进入压缩机气缸。

图 10－36 表示氟里昂液体过滤器的结构。它的外壳为一段无缝钢管,壳体内装有铜丝网,两端的端盖先用螺纹与壳体连接,再用锡焊焊接,以防止泄漏。端盖上有管接头,以便与管路连接。壳体上有流向的指示标记。

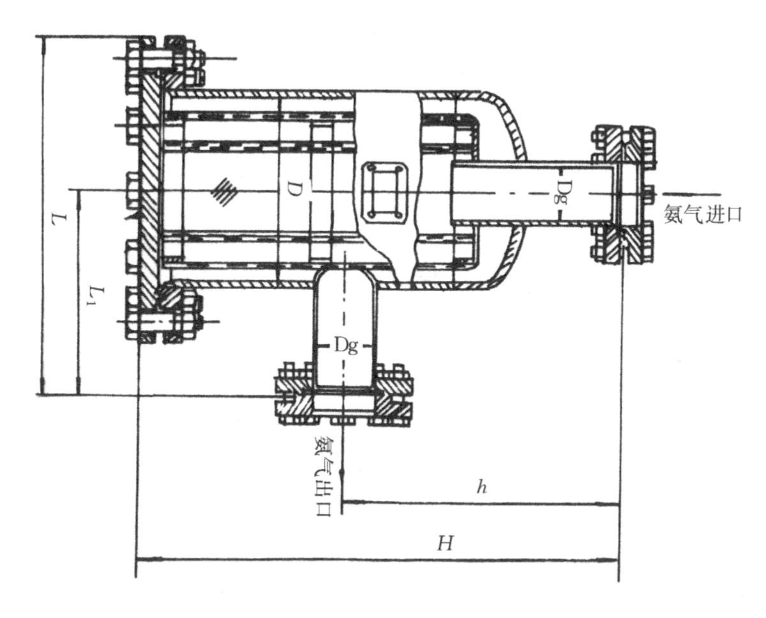

图 10-35　氨气过滤器

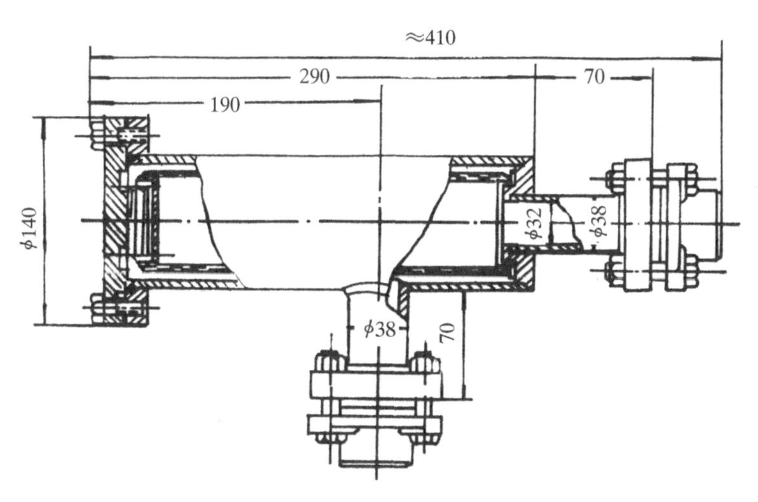

图 10-36　氟里昂液体过滤器

10.2.4　干燥器及紧急泄氨器

1. 干燥器

干燥器只用在氟里昂制冷机中，装在液体管路上用以吸附制冷剂中的水分。干燥器一般用硅胶作干燥剂，也有使用分子筛作干燥剂的。干燥器装在节流阀之前，通常和干燥器平行设置旁通管路，以便在干燥器堵塞或拆下清理时制冷机能够继续工作。近年来由于安装工艺的改进，制冷系统清理得比较彻底，再加上密封性的提高，在小型制冷机中往往不装干燥器。液体在干燥器中的流速是 0.013～0.033 m/s，流速太大易使干燥剂粉碎。干燥剂吸附能力降低时应及时更换，或取出来再生后使用。

在小型氟里昂制冷装置中,通常将过滤器与干燥器合为一体,称为干燥过滤器,如图10－37所示。为防止干燥剂进入管路系统中,干燥过滤器两端装有铁丝网或铜丝网、纱布和脱脂棉等过滤层。

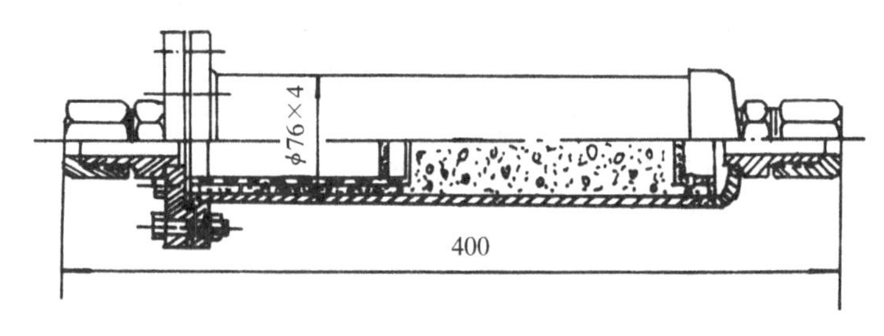

图10－37 干燥过滤器

2. 紧急泄氨器

制冷系统中充装的氨较多时,一般应设置紧急泄氨器,以便在紧急情况下,例如发生火灾时,迅速将液氨放掉,以保护设备和人身安全。紧急泄氨阀由一段在管壁上钻有很多小孔的内管和一根外管套叠而成。内管连接液氨泄出口,外管接自来水,在泄氨时使氨与水溶解成氨水后再排放。

10.2.5 管 道

制冷装置中各设备或部件需用管道连接才能构成完整的系统。制冷剂所产生的冷量也要通过管道才能输送至需要冷量的地方。若将压缩机比作制冷系统的心脏,那么管道就是血管。因此,管道尺寸确定得正确与否,直接影响制冷机的能力,甚至影响制冷机的正常运转。

对于氟里昂制冷机管道,当管径在ϕ20 mm以下时都使用铜管,管径较大时为节省铜材可采用无缝钢管。对于氨制冷机,其管道为无缝钢管。冷凝器的冷却水管及蒸发器的盐水管可使用无缝钢管或焊接管。

钢管与钢管之间的连接采用焊接。管道与设备及阀门的联接处以及需要拆修的地方采用法兰连接,但注意不能使用天然橡胶垫片,也不能涂矿物油,必要时可以涂甘油。铜管与铜管之间采用铜焊。对于公称直径在ϕ20 mm以下的细铜管,可拆除部位均采用带螺纹和喇叭口的接头丝扣联接。

在设计制冷系统时,管道内径是根据管内流体流动的速度及管道总压力损失的许可值计算的。表10－3中列出了几种制冷剂的常用流速及总压力损失的许可值,这些许可值对于吸气管来说相当于饱和温度降低了1 ℃,对于排气管相当于饱和温度升高了1～2 ℃。

在选定了管内流速后,管子直径用下式计算:

$$d = \sqrt{\frac{4q_m v}{\pi u}} \tag{10-1}$$

式中 d ——管子内径,m;

v ——流体在工作压力和工作温度下的比体积,m^3/kg;

q_m ——流体的质量流量,kg/s;

u ——流体速度,m/s。

按上述公式算出管子内径后，还要核算其压力损失是否超过许可值。

表 10-3　管道流速及压力损失的许可值

管道名称及蒸发温度/℃		制冷剂	速度/(m/s)	总压力损失的许可值/kPa
压缩机吸气管	$t_0=5$	R12	8～15	12
		R22		18
		R502		20
	$t_0=0$	R12	8～15	10
		R22		17
		R502		18
	$t_0=-15$	R12	8～15	7
		R22		11
		R502		12
	$t_0=-25$	R12	8～15	5
		R22		8
		R502		9
	$t_0<-25$	R12		<7
		R22		
		R502		
	$t_0=0\sim-30$	NH_3	10～20	20～5
	$t_0>-30$	NH_3	10～20	<5
压缩机排气管		R12	10～18	14～28
		R22	10～18	21～41
		NH_3	12～25	14～28
储液器至节流阀之间的液体管		NH_3，R12，R22	0.5～1.5	<20

管道的压力损失按下式计算：

$$\Delta p = \sum \Delta p_m + \sum \Delta p_l = \frac{\rho u^2}{2}\sum\left(\xi_s \frac{l}{d} + \xi\right) \tag{10-2}$$

式中，ρ 是流体的密度；l 是管长；ξ_s 和 ξ 分别是沿程阻力系数和局部阻力系数，具体数值可从有关手册中查得。若按上式求得的压力损失大于许可值，需另行选择较小的流速，重新计算管径和压力损失，直到符合要求为止。

在有些单位（如设计院），用专用的图表计算管径，使设计工作更加简便。

思考题

1. 在制冷系统中膨胀阀的功能是什么？安装在什么位置？

2. 热力膨胀阀是怎样根据热负荷变化实现制冷量自动调节，并保证蒸发器出口的过热度的？

3. 分析内平衡式热力膨胀阀和外平衡式热力膨胀阀的优缺点？各适用于什么场合？

4. 试述毛细管节流的工作过程和优缺点。

5. 通过调查,制冷空调上还有哪些节流装置应用?

6. 举例说明实际制冷系统中辅助设备的作用。

7. 油分离器有哪些类型,每种类型又是如何实现油分离的?

8. 制冷系统中为什么要除水、除杂质,并如何消除? 干燥过滤器安装在什么位置?

9. 有哪些常用的排空气装置,它们是如何排除空气的?

10. 紧急泄氨器什么时候使用,并如何保证系统的安全?

第 11 章

小型制冷装置

本章介绍的小型制冷装置是指小型冷藏、冷冻装置，空调器和展示柜。

11.1　小型冷藏、冷冻装置

11.1.1　家用电冰箱

电冰箱是一种小型的整体式冷藏、冷冻装置，它在生活、生产和科研等方面均有广泛的用途。

1. 电冰箱的分类

电冰箱用途广泛，品种繁多。通常按以下几个方面进行分类。

(1)按冰箱的制冷方式可分为　电动机驱动压缩机式、电磁振荡压缩机式、吸收式、半导体式、磁性制冷式等。其中以电动机驱动压缩机式的应用最广。

(2)按冰箱的用途可分为　家用冰箱、商用冰箱、厨房冰箱及低温冰箱等。

(3)按冰箱的冷却方式分为

①直冷式电冰箱(有霜电冰箱)，制冷剂在蒸发器内汽化吸热，借助空气自然对流，实现电冰箱降温；

②风冷式电冰箱(无霜电冰箱)，制冷剂在蒸发器内汽化吸热，借助空气强迫对流，实现电冰箱降温；

③直接冷却与吹风冷却兼备的电冰箱。

(4)按冰箱的使用功能和制冷能力分为

①冷藏箱，调节温度为 0～10 ℃；

②冷冻箱，温度保持在－18 ℃以下；

③冷藏冷冻箱，冷冻室为－12～－18 ℃。

(5)按箱门形式可分为　单门、双门、对开门、三门或多门。

(6)按冰箱的容积可分为　小型、中型和大型三种。目前普遍按有效容积划分。容积小于 180 升的称为小型、180～300 升的称为中型，300 升以上为大型。

(7)按冷冻室温度可分为　一星级冰箱、二星级冰箱、高二星级冰箱、三星级冰箱及四星级冰箱。表 11－1 是星级划分规定，高二星级为日本标准，四星级是德国标准，表中每一个“*”表示－6 ℃。

(8)按电冰箱的使用气候类型分为

①亚温带型(SN 型),适用气候环境温度为 10～32 ℃;

②温带型(N 型),适用气候环境温度为 16～32 ℃;

③亚热带型(ST 型),适用气候环境温度为 18～38 ℃;

④热带型(T 型),适用气候环境温度为 18～43 ℃。

表 11-1　电冰箱星式符号表示法

环境温度/℃	调温装置调定位置	冷藏室温度/℃	冷冻室温度/℃	冷冻室级别
15～32	在可调节范围的某一点	0～10	不高于-6	*
			不高于-12	* *
			不高于-15	(* *)
			不高于-18	* * *

2. 箱体结构

冰箱制冷系统由压缩机、冷凝器、毛细管及蒸发器组成。制冷剂经压缩后送到冷凝器内,冷凝成液体后经毛细管节流进入箱体内的蒸发器中,吸收箱内的热量,蒸发成低压气体,再回到压缩机内。

直冷式双门冰箱的冷冻室和冷藏室分别设门,便于冻结食品和冷藏食品的存取。直冷双门电冰箱的结构如图 11-1 所示。箱内有冷冻室、冷藏室和果菜盒,用于不同温度食品的存放。在压缩机的上部设置有接水盘,接水盘将冷藏室壁流下的水滴收集后,送入水盘中。当水盘中安放部分冷凝器管路时,成为水冷的副冷凝器。制冷剂通过这部分管路时水蒸发,同时也减轻了主冷凝器的负荷。

电冰箱以箱体为支架,固定安装各组成部分。全封闭式压缩机固定在最下层。箱体为双层结构,即外壳和内胆。外壳用优质薄钢板压制焊接而成,经喷砂或酸洗后喷涂磁漆或塑料。内胆用塑料真空成型。在外壳和内胆之间填以隔热材料。常用的隔热材料是现场发泡的聚氨脂泡沫塑料,厚约 30～40 mm。这种泡沫塑料保温性能好,且有较高的硬度和粘结强度,对箱体可起到一定的增固作用。发泡时按一定的配方配齐原料,混合后注入已装配好的箱体夹层内,使之发泡成型。发泡质量的好坏对电冰箱的运行费用有很大的影响。VIP 板,即真空绝热板,是近年出现的一种新型高效隔热材料,导热系数在 0.005 W/mK 以下;它采用聚苯乙烯(PS)、聚氨酯泡沫、玻璃纤维等为芯材,内置气体吸附剂和干燥剂,在抽真空状态下双面用气体隔绝材料密封成板材;采用 VIP 板,可有效减小冰箱发泡层厚度,增大有效容积,降低能耗,但成本增加较多。

冰箱门的外壳与箱体外壳采用同样的材料,门衬板为塑料真空成型。为增大冰箱的有效容积,在门衬板上制有格架,可放置蛋类、各种瓶装液体及少量扁平包装的食物。门外壳与衬板之间填以泡沫塑料绝热层。箱门壁四周装有磁性橡胶封条,如图 11-2 所示。

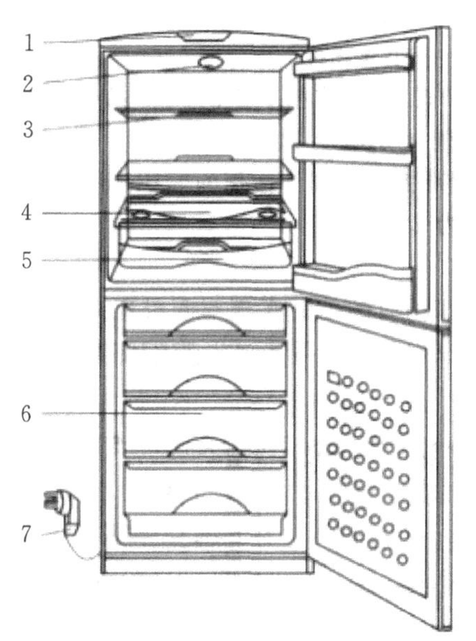

图11-1　直冷式双门双温电冰箱

1—主控制屏;2—照明灯;3—搁架;4—保温盖板;5—果蔬盒;
6—抽屉;7—电源插头

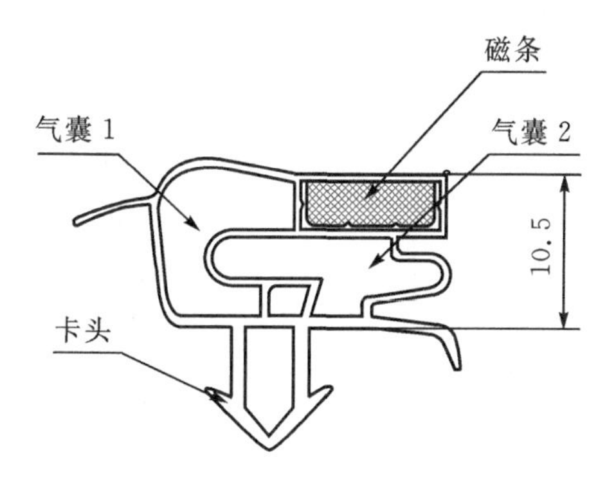

图11-2　门封结构

利用磁力作用将门封与箱体铁皮紧紧吸合,既可防止冷气外泄,又可防止潮气侵入。试验表明,当冰箱门关闭时,箱内冷量的15%是从门缝处泄漏的。因此,门封性能的好坏是衡量冰箱质量的一个不可忽视的因素。

用温度控制器控制箱内温度。冷冻室内温度见表11-1,冷藏室内的温度一般控制在0～10 ℃。

箱内装有照明灯,灯的开关由箱门的启、闭自动控制。有些冰箱内还装有杀菌灯,杀菌灯发出的紫外线有很强的杀菌消毒作用,可延长冷藏食品的存放时间。

在气候潮湿地区或梅雨季节,冰箱门缝附近常会因结露而滴水,因此不少冰箱设有防露装置。较常见的是将热电丝或冷凝器后的常温液体管道埋入箱门四周的防露部位形成防露装置。

3. 冰箱循环流程

冰箱制冷系统的基本工作过程如下:压缩机不断地抽吸蒸发器中产生的蒸气,并将它压缩成高温高压的气体,送往冷凝器;在冷凝压力下等压冷却并冷凝成高压中温的液体,然后经过干燥过滤器;在干燥过滤器中去除制冷剂中的水分、杂质后,流过毛细管;离开毛细管后,制冷剂以低温低压的两相混合物形式进入蒸发器,混合物中的液体在蒸发器中蒸发后经低压吸气管返回压缩机,完成一个制冷循环。

(1)直冷式单循环冰箱循环流程　图11-3所示为直冷双门单循环冰箱典型制冷系统。冷冻室和冷藏室分别装有一个蒸发器。冷冻室蒸发器为管板式,并加工成矩形,以存放冻结食品。冷藏室蒸发器装在冷藏室上方或后侧内壁上部,靠空气自然对流实现冷藏室的降温。两个蒸发器的管路为串联,压缩机排气先经过副冷凝器冷却,然后在主冷凝器中凝结,凝结液体流经箱门防露管,防止冰箱门冻结,然后经干燥过滤器、节流毛细管节流后,先进冷冻室蒸发器,再进冷藏室蒸发器,汽化吸热后,返回压缩机。因制冷剂的吸热汽化是在同一蒸发压力下进行,为保证冷冻室的低温,其蒸发压力应满足冷冻室的工况要求。这样的连接方法有利于低压气体过热,且能有效地避免液击。这种方法的缺点是由于一般情况下冷冻室蒸发器的热负荷比冷藏室热负荷大得多,一旦冷冻室的热负荷变大,就有可能使流入后面冷藏室蒸发器的制冷剂全部为蒸气,在冷藏室蒸发器内不再有蒸发过程,冷藏室温度升高。因此,冷冻室与冷藏室的温度调节,需要通过两室蒸发器换热面积的合理分配来实现。

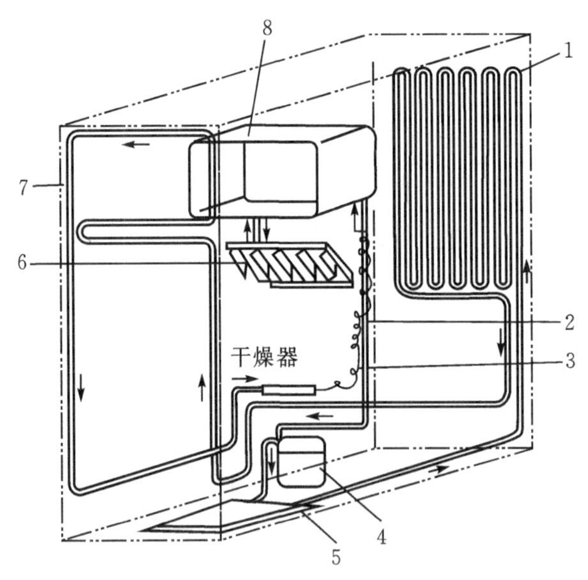

图11-3　直冷式双门双温电冰箱制冷系统

1—主冷凝器(内藏式);2—回气管;3—节流毛细管;4—全封闭式制冷压缩机;
5—副冷凝器;6—冷藏室蒸发器;7—箱门防露管;8—冷冻室蒸发器

设计冰箱时应考虑到冷冻室蒸发器与冷藏室蒸发器的传热温差是截然不同的。根据设计要求,冷冻室与冷藏室要分别保持各自的室内温度。这两个温度相差10 ℃以上,而在这两台蒸发器中制冷剂的蒸发温度几乎相等(低于冷冻室所要求的最低温度)。这就要求根据两室各自的温差及热负荷,求取两台蒸发器的传热面积。

(2)直冷式双循环冰箱循环流程　图11—4为一种直冷双门、具有双循环的电冰箱制冷系统。这类系统常用于较大容积的电冰箱，它既可以满足大容积电冰箱制冷量大的要求，又可以较好地调节冷冻室与冷藏室的工况要求并节能。该系统设有两根节流毛细管，增设一个二位三通电磁阀（如 DCF 电磁阀）。从冷凝器、过滤干燥器来的制冷剂，通过电磁阀的转向作用，可以使制冷剂经节流毛细管 11，先流入冷藏室蒸发器，再流入冷冻室蒸发器，或制冷剂经节流毛细管 10，直接进入冷冻室蒸发器，再返回压缩机。

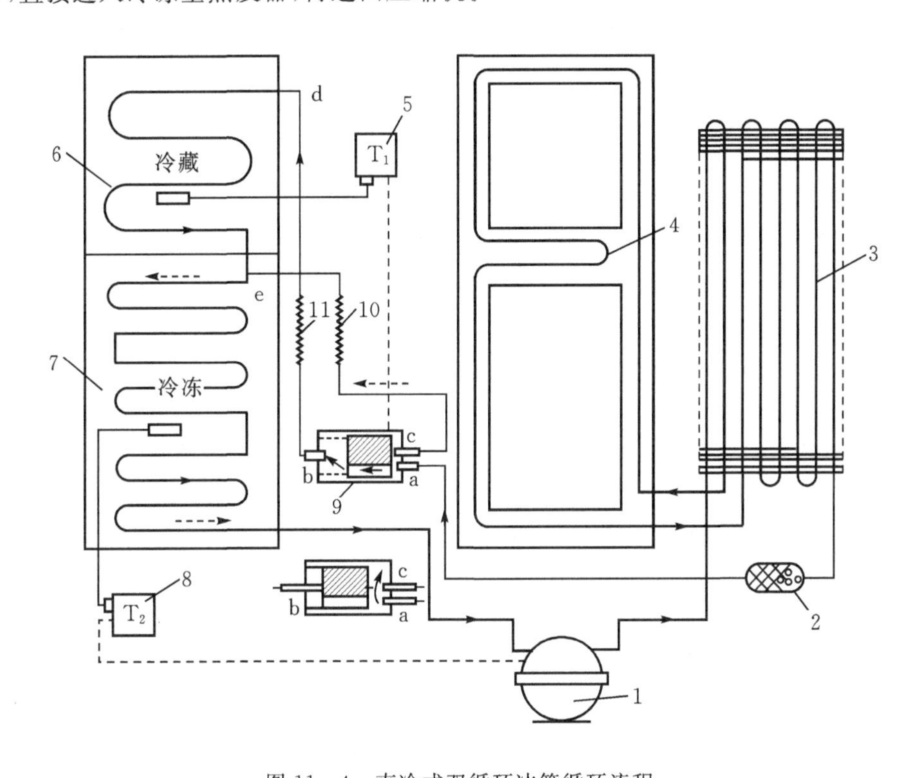

图 11-4　直冷式双循环冰箱循环流程

1—压缩机；2—过滤干燥器；3—冷凝器；4—门防露管；5、8—温度控制器；6—冷藏室蒸发器；7—冷冻室蒸发器；9—二位三通电磁阀；10、11—节流毛细管

该系统设有两个温度控制器 T_1、T_2，分别用于启闭二位三通电磁阀 9 和起停压缩机 1。制冷开始，电磁阀的线圈不通电，这时由过滤干燥器 2 来的制冷剂通过电磁阀 a、b 通路及节流毛细管 11，先进入冷藏室蒸发器 6，再进入冷冻室蒸发器 7，然后返回压缩机；当达到冷藏室的给定温度（如 3.5 ℃）时，温控器 T_1 动作，接通电磁阀 9 的线圈电路，电磁阀开启通路 ae，同时关闭通路 ab，制冷剂通过节流毛细管 10 进入冷冻室蒸发器 7，使冷冻室较快降温。冷冻室温度下降到控制温度（如 −18 ℃）后，温控器 T_2 动作，关闭压缩机，停止制冷。这种控制系统技术合理，缩短了压缩机运行时间，实现电冰箱的经济运行。

国内有些双门直冷式电冰箱，为改善电冰箱冷藏室的制冷性能，在冷藏室内壁、温度控制器感温包附近，增设一根小功率（3～5 W）电热丝。压缩机停止工作后，电热丝通电，使感温包在一定的时间内温度升至 3.5～5 ℃，既保证了冷藏室 0 ℃以上温度和冷冻室的给定低温范围，又使冷藏室内壁蒸发器表面的霜层及时融化，保持蒸发器良好的换热。近来有些电冰箱生产厂家通过数字技术自动感应，在冬季低温环境下实现同步低温补偿，无须手动调节，实现自动低温起动运行。

(3)双门风冷(无霜)式电冰箱制冷系统　双门风冷式电冰箱的箱内空气为强制对流循环,蒸发器换热效率较高,箱内降温速度快,温度分布较均匀,但食品干耗比直冷式电冰箱大,而且增加了风机的能耗。图 11-4 所示为一台双门风冷式电冰箱制冷原理图。该系统设有翅片管式蒸发器 4,并与一台小风机组成一个吹风冷却系统,再加上箱内结构的特殊设计,并通过风门式温度控制器 2 调节冷风循环,实现电冰箱冷藏室和冷冻室的降温。蒸发器一般装在箱体后面隔热结构内侧,也可装在冷藏室和冷冻室之间。

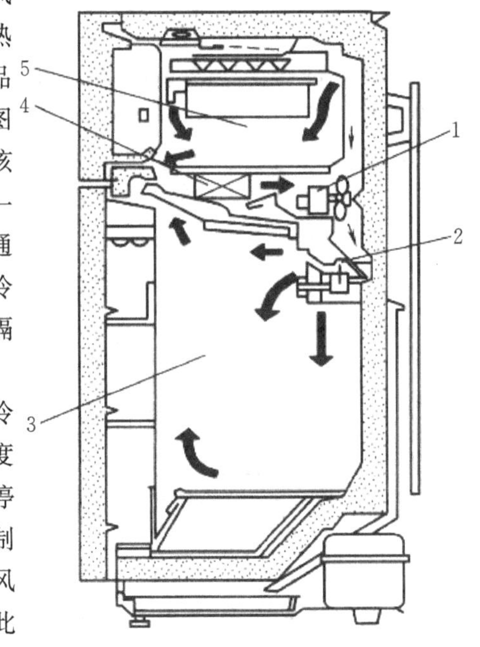

图 11-5　双门风冷式电冰箱制冷原理
1—冷却风扇;2—风门式温度控制器;
3—冷藏室;4—蒸发器;5—冷冻室

双门风冷式电冰箱设有两个温度控制器,实现冷冻室和冷藏室的温度独立控制和调节。冷冻室温度控制器根据冷冻室给定温度值控制压缩机的起动、停止。双门风冷式电冰箱冷藏室采用风门式温度控制器,控制进入冷藏室的冷风进口风门开度,调节冷风量,冷藏室温度升高时,风门开大,反之则关小,以此控制冷藏室的温度。风门的动作靠温度控制器或感温管、膜盒、波纹管等组成的调节系统操纵,温度变化时,波纹管或膜盒发生伸缩,通过传动机构改变风门开度。

双门风冷式电冰箱采用两个温度控制器控制箱内温度,可取得较理想的温度控制效果。但有时为简化结构,也可采用一个温度控制器控制冷冻室温度,并控制压缩机起动、停止,而冷藏室采用手动风门来控制温度,在气温比较稳定时,这时控制一般可满足使用要求。

双门风冷式电冰箱风机一般与压缩机同步运行,但当开启箱门时,风机也停止工作,以减少冷量损失。另外,鉴于风冷的需要,该类电冰箱均配有自动或半自动融霜系统和排水管系统,以保持电冰箱蒸发器良好的换热性能。

4. 主要部件

(1)压缩机　压缩机起着压缩和输送制冷剂蒸气并保持蒸发器中低压力、冷凝器中高压力的作用,是整个系统的心脏。家用电冰箱用压缩机一般为全封闭容积式压缩机,其中,滑管式压缩机应用最为广泛。

(2)冷凝器　冷凝器的主要作用是将压缩机出来的高温高压的制冷剂经过与外界换热,成为中温高压液体的热交换部件。冷凝器包括侧冷凝器、背冷凝器、底冷凝器等,除露管也是冷凝器的一种,但其主要作用是防止冰箱门封处的凝露。冷凝器的种类按其结构形式分为内藏式冷凝器(将冷凝器贴附在薄钢板的内侧,外侧作为箱体的侧壁或后壁,由此向外散热,这种冷凝器散热效果较差,但是箱体美观,容易清洁,现在家用制冷设备均采用内藏式)和外露式冷凝器;按形状结构可分为百叶窗式(把冷凝器蛇形管道嵌在冲压成百叶窗形状的铁制薄板上,靠空气的自然流动来散发热量)、丝管式(在冷凝器蛇形盘管平面两侧点焊上数十条钢丝)和翅片式冷凝器(在普通的基管上加装翅片,用于风冷冰箱);按冷却方式可分为水冷却和空气冷却,其中空气冷却方式又分为空气自然对流冷却和风扇强制对流冷却,前者依靠空气的自然对流将热量带走，后者利用风扇强制空气流动而实现散热。功率在 200 W 以下的冰箱一般均采用自然对流冷凝器。家用冰箱的冷凝器均为空气冷却式冷凝器。冷凝器材料早先为铜管，目前已大量使用邦迪管或镀锌钢管，它价格低，但焊接难度较大。

(3)毛细管　毛细管在冰箱系统中实际上是一个节流元件。通过毛细管的节流作用，可将冷凝器的中温高压液体转化为低温低压液体。毛细管是铜管，直径为 0.3～1 mm，长度为 2～4 m。毛细管的内径与长度最终需在试验的基础上确定，不能随意选取。毛细管的流量取决于其长度和内径。毛细管越长，内径越细，其流量越小；反之，其流量就越大。孔内表面越粗糙，流阻越大，制冷剂流量将减少。

装有毛细管的制冷系统，在压缩机停机后，需等 3～5 min 才能再启动。因为正常运行时冷凝器内为高压，蒸发器内为低压，猝然停机时，由于毛细管的节流作用使冷凝器内的压力仍很高，此时如立即启动，所需的驱动力矩太大。经过 3～5 min 后，冷凝器的高压与蒸发器的低压便可趋于平衡，启动力矩大为减小。

在制冷系统中，常将毛细管的最后一段与压缩机的低压吸气管组合成热交换器，使毛细管中的制冷剂被低压吸气管中的低温制冷剂进一步冷却降温。试验表明，这可使制冷量提高 3%～5%。

热交换器的构成方法有两种：外焊法与内含法，见图 11 - 5。前者将毛细管绕在铜制低压吸气管上，并以锡焊焊接，见图 11 - 5(a)；后者将毛细管穿入低压吸气管内，见图 11 - 5(b)。前一种方法可以节省一个铜铝接头(即铜毛细管与铝蒸发器之间的接头)，并因此减少了一个可能泄漏制冷剂的点。后一种方法的换热效果好。

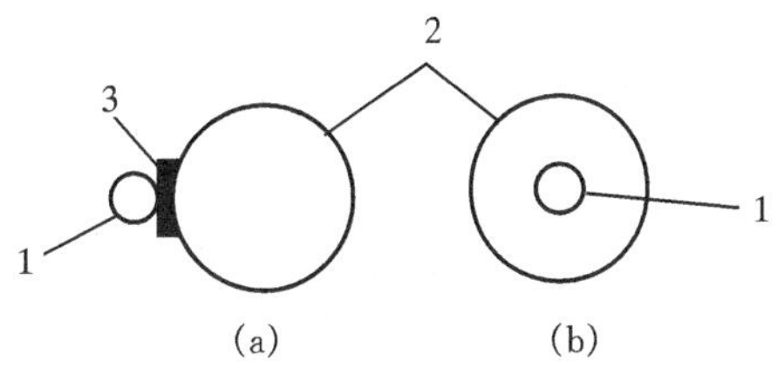

图 11 - 6　热交换器的构成方法
(a)外焊法；(b)内含法

(4)蒸发器　蒸发器是冰箱中产生冷量的部件。当液态制冷剂自毛细管进入蒸发器时，处于两相状态。制冷剂在导热性能良好的蒸发器管壁上蒸发，吸收热量，实现制冷。

蒸发器有多种形式，如图 11 - 7 所示。按其用途分为冷藏室蒸发器、冷冻室蒸发器、软冷冻室蒸发器等；按其结构形式分为板管式蒸发器、丝管式蒸发器、翅片式蒸发器、吹胀式蒸发器等。其中直冷冰箱的冷冻室蒸发器多为丝管式和板管式、吹胀式结构，直接放置在冷冻室内腔中间，同时作为搁架使用；直冷冰箱的冷藏室蒸发器多为板管式、单侧翅片式结构，贴在冷藏腔的后部内壁上；风冷冰箱的冷冻室蒸发器多为翅片式结构；吹胀式蒸发器多用在带冰温室的冷藏箱中。

蒸发器产生的冷量在箱体内有两种传递方法：

①自然对流。由于与蒸发器表面接触的空气较冷，比重较大，所以向下降落，而冰箱下部温度较高的空气向上浮升，形成自然对流。

②强制对流。依靠设在箱内的风扇强制空气循环流动，完成冷量的传递。此种方式常用于风冷冰箱和风直冷冰箱。在风冷冰箱中，通过借助风道和风门分配冷量，获得冷冻室和冷藏室的不同温度。

(5)干燥过滤器　干燥过滤器的主要作用是将管路中的制冷剂加以净化：过滤其中的杂质和水分，防止系统在运行过程中因含水含杂量超出标准而导致管路堵塞，系统无法正常工作。

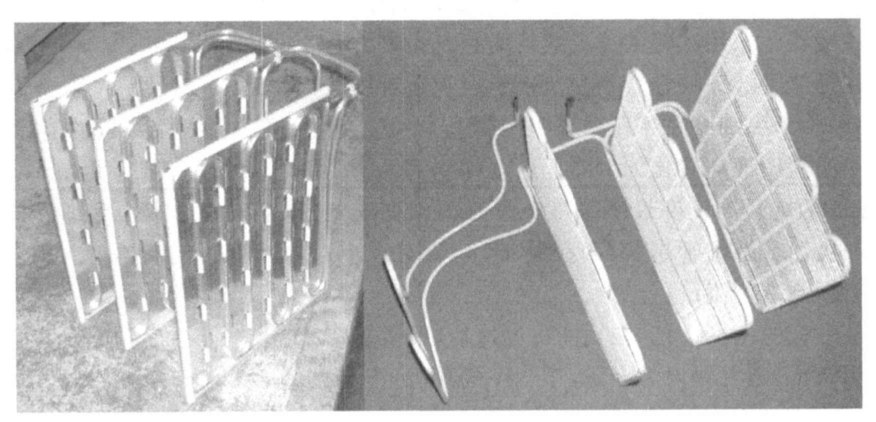

(a)板管式蒸发器　　(b)丝管式式蒸发器

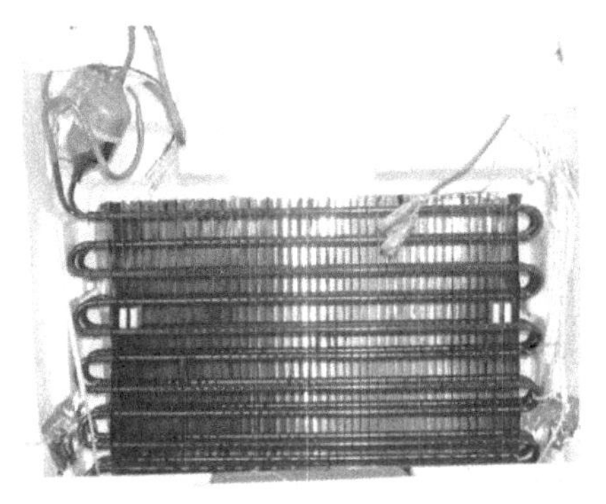

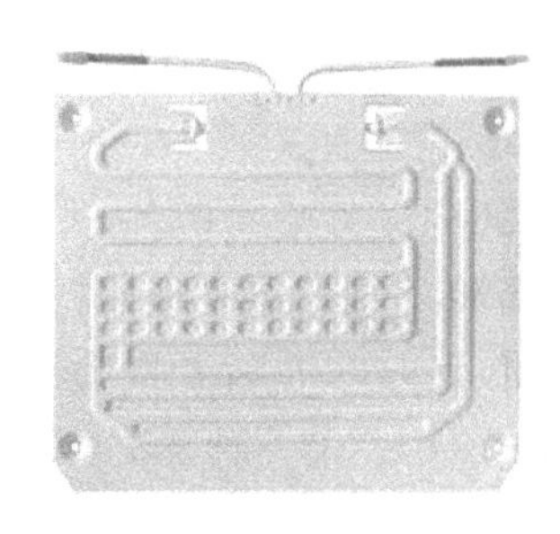

(c)翅片式蒸发器　　(d)吹胀式蒸发器

图 11－7　各种蒸发器形式

在冰箱的生产返修或是售后返修过程中,若涉及到重新抽真空、灌冷媒的情况,一定要更换干燥过滤器(特别是 R134a 制冷剂),并在短时间内(一般要求在 15 min 之内)将管路焊好。

(6)储液器　储液器的主要作用是将未完全蒸发的液态制冷剂收集在一个容器内,使其不会对压缩机产生液击,并能有效地防止回气管结露。大部分储液器是一个从下进、从上出的金属小容器。但也有从成本和噪声方面考虑的小容积冰箱,取消了该种装置,用一个较长的"U"型管代替。

5. 电冰箱中新技术的应用

我国电冰箱生产中,近年来新技术得到了广泛的应用,提高了电冰箱生产技术水平,不少名牌电冰箱已走上国际市场。电冰箱技术的进步主要有以下几方面:

①为了执行《蒙特利尔议定书》的规定,我国电冰箱已完成了新制冷剂对 R12 的替代,广泛采用 R134a 或 R600a,并以环戊烷替代了传统的 R11 发泡剂,实现了向"绿色"(环保)电冰箱的过渡。

②传统电冰箱采用温带型(N)气候设计,在环境温度低于 16 ℃、高于 32 ℃时,难以保持标准工作状态。现在多数以亚热带型(ST)气候类型设计,环境温度达 38 ℃,冬季低温达到 0 ℃,电冰箱仍能正常工作,充分保证夏季电冰箱的制冷保鲜。电冰箱设计时充分考虑了城市用电峰谷电压变化和边远地区供电不足等问题,保证电压在 165～240 V 的范围内波动仍能正常工作。

③电冰箱结构设计上也有较大变化。随着电冰箱容积的不断增加,电冰箱门也在增加,一门电冰箱几近淘汰、三门或左右对开门大容积电冰箱更受到欢迎。另外,传统的双门电冰箱上置冷冻室、下置冷藏室的布局已对调位置,更适合人体结构原理,使用更为方便。下置大冷冻室更改成抽屉式,减少了开门时冷气的损失。某些较大的抽屉式冷冻室电冰箱,还设有储存信息标志。蓄冷器是冷藏冷冻电冰箱新配置的蓄冷装置,它可以在意外停电期间继续提供冷源,保证在一定时间内维持电冰箱的低温和食品的良好储藏。

④电冰箱的控制已逐步从机械控温发展到电子控温,更发展到微机控温。传统的机械式温度控制系统简单,能保证食品不变质,但温度不稳定,冷冻室温度不能单独调节,温度波动较大,难以保证食品的保鲜要求。机械式温度控制冷冻室一般没有速冻功能,食品通过最大冰晶生成带的时间长,影响冻结质量。机械控温的电冰箱制冷系统会受环境影响,易出现冬天不起动、夏季不停机的现象。电冰箱采用电子感温头控制温度,温度控制灵敏、稳定,但制冷系统仍为单循环,不能独立调节冷藏室和冷冻室温度。运用微机温控技术,箱内温控精确度高、温度恒定。采用双循环制冷,冷藏室和冷冻室温度可以分别调节,并实现冷冻室的速冻,提高食品的储藏品质,且在不同季节始终保持较高的制冷效率。

⑤节能型电冰箱的出现,反映了电冰箱的结构设计和性能上又上了一个新的台阶。采用超厚隔热层和新式密封技术,可有效节约能源。采用超微孔发泡工艺,可防止隔热层的老化。高效制冷压缩机与优化系统匹配,达到节能和降低噪声的效果。

⑥采用细胞保活技术。以超强制冷能力,实现食品速冻,可有效保持食品组成细胞的活力,不降低食品的营养成分。电冰箱超大的冷冻能力,保证了食品冷藏和冻结的质量。

⑦较大容积的冷藏冷冻箱,充分考虑直冷和风冷的特点,巧妙地设计出风、直冷结合技术。冷藏室采用直冷式,保湿保鲜,保持食品细胞活力,适合储存蔬菜水果;冷冻室采用风冷,不需要人工除霜。

⑧电冰箱设计、系统匹配时对噪声予以极大重视,可防止使用时振动噪声对居住环境的污染。

⑨电冰箱在制冷系统上有新的改进。大容积风冷、直冷和风直冷式电冰箱采用双循环系统,实现了制冷系统的全面优化。风冷式电冰箱多路风道或前置送风口,均匀送风冷却。全自动融霜已取代了半自动和手动融霜,保证了制冷系统长时间在较高效率下工作。

⑩设计上更采用了大圆弧、大波浪流线型外壳造型。内设活动透明层架、蓄冷托盘、回转门架等。电冰箱更加节能、实用、卫生、安全,更自动化,也更豪华典雅。

11.1.2　温度控制与除霜

1. 温度控制

温度控制的目的是使冰箱内的温度始终保持在预定的范围内。温度控制器由两部分构成:感温元件与动作开关。当冰箱内温度的变化超过预定范围时,感温元件接收这一信息并传递给动作开关,使其动作,从而改变电路状态,控制制冷循环的间隙运行,达到控制箱内温度的目的。

冰箱温控器按照控制方式分为机械式和电子式。

(1)机械式蒸气压力温控器　感温囊式温控器在家用冰箱中应用较多,其工作原理如图11－8所示。

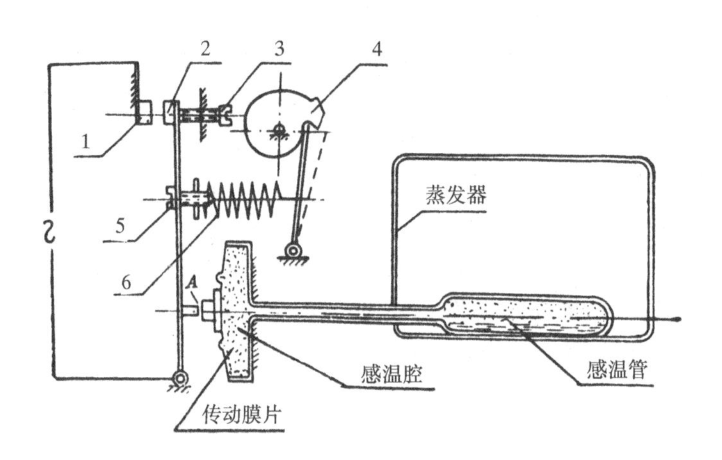

图 11-8 感温囊式温度控制器

1—固定接点;2—快跳活动接点;3—温差调节螺钉;4—温度高低调节轮;5—可按温度范围调节的螺钉;6—主弹簧

感温管紧压在蒸发器表面靠近吸气管的一端。图中所示为压缩机停止运转时的位置。此时蒸发器表面的温度随时间的延长而上升,感温剂压力也随之提高,到了一定程度后感温腔端点 A 会顶动杠杆,使快跳触点 2 与固定触点 1 闭合,接通压缩机电源。当制冷循环开始后,蒸发器表面温度开始下降,感温剂压力也随之降低,到 A 点对杠杆的推力小于主弹簧 6 的拉力时,触点 2 跳开。上述过程交替进行,便可将箱内温度控制在一定的范围内。冰箱内温度高低的调节依靠凸轮 4 来达到。凸轮 4 位置的变化会引起主弹簧 6 对杠杆拉力的变化,从而使 A 点顶动杠杆的压力发生变化。因此可利用这个凸轮将冰箱内的控制温度调高或调低。此外,还可通过螺钉 5 调节最低极限温度;通过螺钉 3 调节温控器的开停温差。这两个调节螺钉必须在出厂前按设计要求调节到适当的位置后用漆封固,以免用户随便旋动。温控器的开停温差一般为 2～3 ℃。

(2)电子式温控器　电子式温度控制器(电阻式)是采用电阻感温的方法来测量的。

热敏电阻式温控器是根据惠斯通电桥原理制成的。如图 11-9,在 BD 两端接上电源 E,根据基尔霍夫定律,当电桥的电阻 $R_1 \times R_4 = R_2 \times R_3$ 时,A 与 C 两点的电位相等,输出端 A 与 C 之间没有电流流过,热敏电阻的阻抗 R_1 的大小随周围温度的上升或下降而改变,使平衡受到破坏,AC 之间有输出电流。因此,在构成温控器时,可以很容易地通过选择适当的热敏电阻来改变温度调节范围和工作温度。

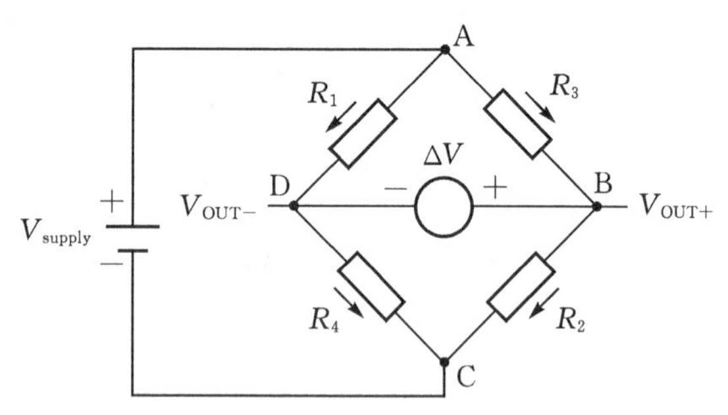

图 11-9 惠斯通电桥原理图

2. 除霜

在电冰箱使用过程中,蒸发器表面的温度很低,当冷冻室内空气的温度降低到露点温度时，空气中的水蒸气就会结成霜，凝聚在蒸发器表面上。这些水蒸气主要来自从门封漏入的环境中的水汽、开门取物时进入的环境中的水汽、冰箱储物的失水量。如果霜层太厚，蒸发器便不能正常工作，导致制冷效果下降。此外，压缩机须不停地运转，这样不仅耗电量大，而且有可能使压缩机发生故障。一般在霜层大于 4 mm 时就需除霜。目前生产的电冰箱大多带有除霜装置，并逐步由半自动除霜向全自动除霜过渡。

(1)人工除霜　人工除霜是最简单的除霜方法。具体做法是将温度调节器调节到压缩机停止运转点，使压缩机停止工作，箱内温度自然升高，霜层就会化掉。

(2)半自动除霜　冰箱温度调节器上附有除霜控制钮。需要除霜时按下此钮，压缩机即停转，待箱内温度自然上升使蒸发器表面温度上升到 6 ℃时便停止除霜，恢复正常运转。

(3)自动除霜　最初的自动除霜是在箱内安一时间继电器，每隔 8 h 或 12 h 除霜一次。除霜期间压缩机停转，蒸发器表面以电热丝加热融霜，此后立即恢复运转。用这种方法除霜不会过大地影响箱内温度，但不分季节、不管有无结霜，都定时地用电加热融霜显然会浪费一部分电能。随后又改进成积算式自动除霜，按箱门的启、闭次数或压缩机开动的时间积算，到一定程度后便自动除霜一次，然后重新开始累积。此法虽比上述定时除霜法有所进步，但仍然不是直接根据蒸发器表面的积霜厚度来确定是否需要除霜的。

随着技术的发展，又出现了新的除霜技术。比如，在某一具体测量点设置结霜传感器或采用霜层图象处理技术判定霜层厚度来进行化霜；应用模糊推理，在冰箱温度最稳定的时间，进行快速化霜；对于风冷冰箱的冷藏室，利用回风进行化霜。

(4)快速除霜装置　快速除霜装置有两种：电加热或高温蒸气加热。

用电加热法除霜时，除霜电加热器附在管板式蒸发器上，呈软管形。电热丝先由耐热纤维缠住，外面套上耐热软管，再用耐热树脂粘在蒸发器表面上；附在肋片管式蒸发器上的电加热器呈电热管状，管内由电热丝和绝缘填料构成，电热管镶嵌在肋片中。

用高压热蒸气除霜的方法如图 11－10 所示。在高压排气管上引出一旁通管，用一电磁阀控制管口，管的另一端与蒸发器连接。当需要除霜时，开启电磁阀，制冷剂的高温蒸气通过旁通管进入蒸发器，对其加热融霜。除霜结束后关闭电磁阀，制冷系统恢复正常循环。

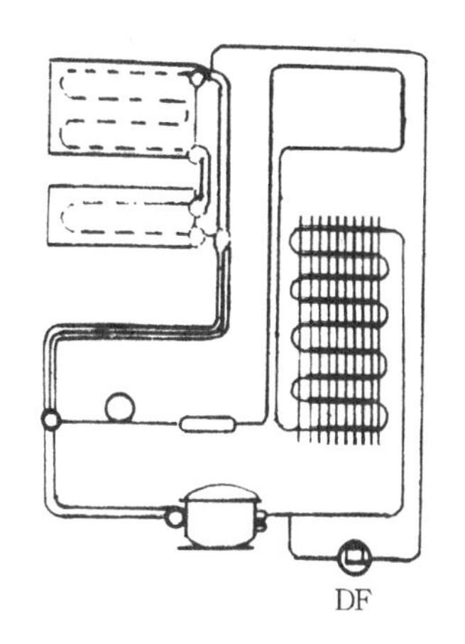

图 11－10　用高压热蒸气除霜

直冷冰箱和风冷冰箱的化霜系统有以下差别：①机械控制的直冷冰箱化霜是靠停机后冷藏室自然升温来实现的，冷冻室则需要人工化霜；电脑控制的直冷冰箱化霜也是靠冷藏室自然升温来实现的，但主要通过累积的冰箱停机时间和冷藏室化霜感温头来控制化霜的。②风冷冰箱的化霜是通过化霜定时器和化霜加热丝来实现的。

11.1.3　冰箱热负荷的计算

冰箱热负荷计算是冰箱的设计基础。只有在确定了热负荷以后，才能进行制冷系统的设计。热负荷的大小与冰箱的箱体结构、冰箱的内容积，箱体绝热层的厚度和绝热材料的优劣等因素有关。冰箱热负荷 Φ 用下式计算：

$$\Phi = \Phi_1 + \Phi_2 + \Phi_3 + \Phi_4 \tag{11-1}$$

式中,Φ_1 是冰箱箱体每小时的漏热量,Φ_2 是冰箱内存放物品每小时放出的热量,Φ_3 是开启箱门引起的每小时漏热量,Φ_4 是其他热量。

(1)冰箱箱体每小时的漏热量 Φ_1 用下式计算:

$$\Phi_1 = \Phi_a + \Phi_b + \Phi_c \tag{11-2}$$

式中,Φ_a 是箱体隔热层每小时的漏热量,Φ_b 是箱门门封条每小时的漏热量,Φ_c 是箱体结构形成热桥每小时的漏热量。

①箱体隔热层每小时的漏热量 Φ_a 用传热公式计算:

$$\Phi_a = KF(t_r - t_i) \tag{11-3}$$

式中 K——箱壁的传热系数;

F——箱壁传热面积;

t_r——室内温度;

t_i——箱内温度,按设计要求而定。若箱内温度处于一定范围内,取其下限值为计算值。

由于箱体有一定的厚度,工程计算中常用其中层面积作为计算的箱壁传热面积。也可用下列经验公式计算 F

$$F = F_i + 0.5s\sum l + 1.2s^2 \tag{11-4}$$

式中 F_i——冰箱内腔表面积;

s——冰箱绝热层厚度;

$\sum l$——冰箱各传热面在内腔接缝线的总长度。

②箱门门封条每小时的漏热量 Φ_b。由于 Φ_b 很难用计算法计算,一般根据经验数据给出,可取 Φ_b 为 Φ_1 的 15%。

③箱体结构形成热桥每小时的漏热量 Φ_c。箱体内外壳体之间支撑方法不同,Φ_c 值也不同,因此同样也不易通过公式计算。一般可取 Φ_c 值为 Φ_1 值的 3%左右。目前采用聚氨酯发泡成型隔热结构的箱体,无支撑架形成的冷桥,因此 Φ_c 值可不计算。

(2)箱内存放物品每小时放出的热量 Φ_2 用下式求得

$$\Phi_2 = \frac{1}{24}\sum Mc(t - t_i) \tag{11-5}$$

式中 M——一昼夜放入箱内物品的质量;

c——物品的比热容,见表 11-2;

t——物品入箱前的温度;

t_i——箱内温度。

对于冷冻食品,Φ_2 还应包括食品中水分冻结时放出的凝固热。

(3)开启箱门引起的每小时漏热量 $\Phi = \Phi_1 + \Phi_2 + \Phi_3 + \Phi_4$ 可按下式粗略估算

$$\Phi_3 = 0.3(\Phi_1 + \Phi_2) \tag{11-6}$$

表 11－2　部分食品的比热容

食品名称	比热容/[kJ/(kg·C)]		食品名称	比热容/[kJ/(kg·C)]	
	冰点以上	冰点以下		冰点以上	冰点以下
鲜蛋	3.18	0.419	香蕉	3.35	0.502
牛肉(冷却)	3.18	1.758	桔子	3.76	1.93
猪肉(冷却)	2.26	1.339	桃	3.76	1.93
鲜家禽	3.35	0.54	梨	3.76	2.01
鲜鱼	3.43	1.80	西瓜	4.06	2.01
牛奶	3.76	1.93	土豆	3.43	1.80
苹果	3.85	2.09	洋葱	3.76	1.93

(4)其它热量 Φ_4　这里所说的其它热量，是指箱内照明灯、各种加热器、冷却风扇电机的散发热量，可将其电耗功率折算热量计入。因此，在电冰箱箱体热负荷计算时，一般还增加10%～15%的余度。

11.1.4　电冰箱的能效等级

为了节能，我国已颁布了电冰箱的能效能级，共分为五个等级。衡量能效能级的重要参数是能效指数 η

$$\eta = \frac{E_{test}}{E_{base}} \tag{11-7}$$

式中　E_{test}——实测耗电量，kW·h/24h；

E_{base}——基准耗电量，kW·h/24h。

根据能效指数确定的能效等级见表 11－3，取自 GB12021.2—2008。

表 11－3　电冰箱的能效等级

能效等级	能效指数 η	
	冷藏冷冻箱	其它类型(类型 1、2、3、4、6、7)
1	$\eta \leqslant 40\%$	$\eta \leqslant 50\%$
2	$40\% < \eta \leqslant 50\%$	$50\% < \eta \leqslant 60\%$
3	$50\% < \eta \leqslant 60\%$	$60\% < \eta \leqslant 70\%$
4	$60\% < \eta \leqslant 70\%$	$70\% < \eta \leqslant 80\%$
5	$70\% < \eta \leqslant 80\%$	$80\% < \eta \leqslant 90\%$

11.1.5　冷柜

冷柜的容积比较大，常用的冷柜内部容积有 0.5，1，1.5，2 和 3 m^3 等几种。有些冷柜分上、下两层，上层温度在冰点以上，可供存放熟食或食品的保鲜，下层温度在冰点以下，存放生食品与冻结物品。

冷柜的外型如图 11－11 所示,可分为立式和卧式两种。由于冷柜容积较大,存放物品多,箱体负荷较大,因此一般都用角钢或钢板焊接成箱架。箱体外壳为薄钢板,并经防锈涂漆处理。内侧采用镀锌钢板,中间填充绝热性能良好的保温材料。

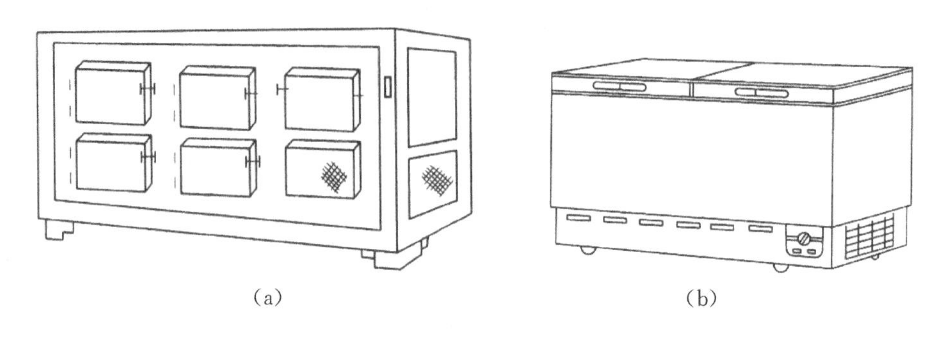

(a)　　　　(b)

图 11－11　冷柜外形

(a)立式;(b)卧式

冷柜比家用电冰箱制冷量大,系统中充灌的制冷剂也多,因此常在冷凝器后装一储液器,储液器出口处安装截止阀(可用电磁阀),在制冷系统停止工作时关闭截止阀,使制冷剂液体存于储液器中,防止大量液体进入蒸发器而引起再次启动时液体进入压缩机。

制冷机组多采用全封闭式制冷压缩机,性能良好,运行可靠。其中,采用热力膨胀阀节流供液,具有更好的制冷降温性能和节能效果;冷凝器有自然对流和强制对流冷却。目前冷柜用蒸发器形状多为圆形,材料一般是镀锌钢管和铝管,卧室冷柜采用内藏式蒸发器,紧贴在花纹防锈铝内胆上,换热面积大,制冷效果好,冷凝机组置于冷柜下方;立式冷柜采用翅片管式蒸发器,吹风间接冷却,冷凝机组置于冷柜上部。控制、指示装置均装在柜体外面的控制板上,方便使用和调节。

较大的冷柜还可将制冷机组单独安装,置于冷柜附近。这样虽然占地面积大,而且增加了现场安装和调试工作量,同时也不易搬迁,但提高了柜体的利用率,且制冷机组便于操作和检修。

11.1.6　小型冷库

小型冷库以储存食品为主。食品数量从几吨到几十吨。这类冷库主要用于食堂、宾馆、食品加工厂及肉食门市部等处。

小型冷库用氟里昂制冷机,其运转实现自动化。冷库有土建库和装配库两种。土建库采用砖木和混凝土结构,建成固定的建筑物。围护结构内部用隔热材料隔热。图 11－12 示出了一个小型冷库的平面图。它只有一个冷藏室,另有一个外室,用于安装制冷压缩机。冷库可与其它建筑物建在一起,也可单独建造。

另一种建造小型冷库的方法,就是先由工厂制造好一系列的预制板和装配用附件,用户可根据需要现场装配,这样的冷库称为装配式冷库。这种冷库可安装在室内而无须搞建筑,根据需要还可搬迁、改装。现场安装快速、简便,一般只要几天即可装好。对于边远地区、牧区、部队及小城镇尤为适用。

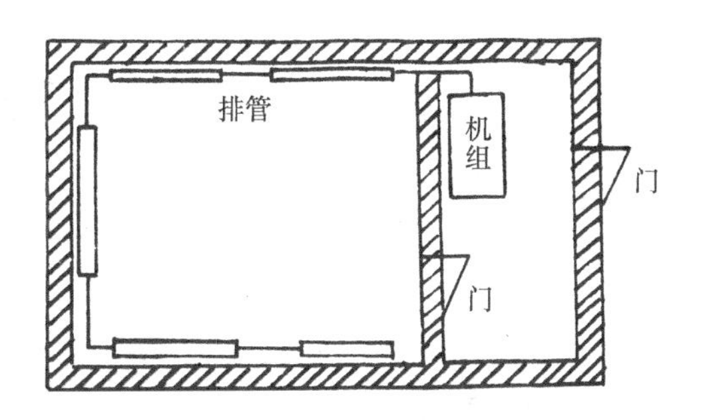

图 11-12 小型土建库平面图

图 11-13 为一台装配式冻结库，每次可冻结 1 吨物品。库内温度为 −35 ℃，冻结时间 6～8 h。库长 3.65 m、宽 3.05 m、高 3.05 m。墙板、顶板和地坪的保温材料均为硬质聚氨脂泡沫塑料。库内设置吊顶式冷风机一台，配有三台 0.25 kW 的风扇。该库的库内布置比较合理，风机紧贴顶板，与两侧库壁和搁架顶面的距离较小，使冷风机出口处的气体紧贴着顶板迅速到达回风板。气流在回风板的作用下较好地转过 90°，贴着侧墙自上向下地流动，并通过导风板的引导，均匀地流向搁架，将搁置在搁架上的盘冷却，使盘中的鲜虾快速冻结。流出搁架的气流，沿库壁由下向上流动，进入冷风机的吸风口，在冷风机中放出热量，温度和湿度均下降。实践表明，库内空气的速度场比较均匀，说明库内的气流组织是合理的。回风板和导风板在气流组织中起重要的作用。冻结库安装完毕进行调试时，应对其位置及安装角度予以调整，以获得良好的循环气流。

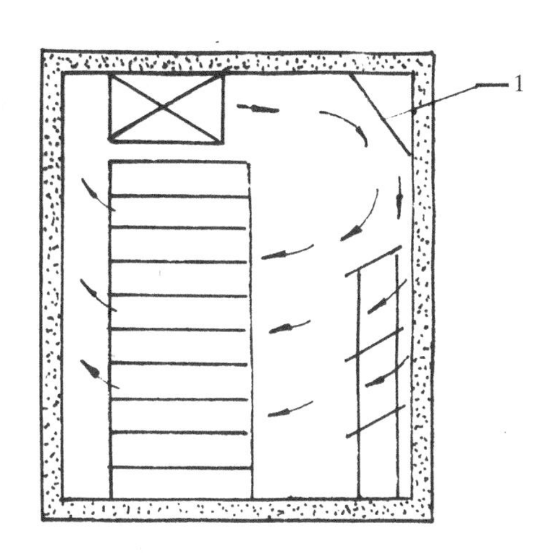

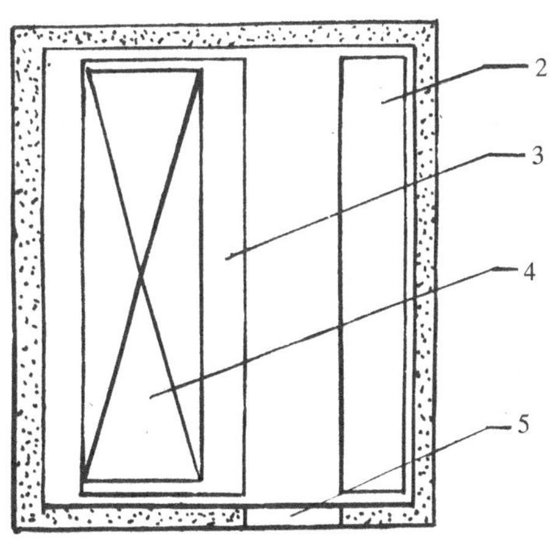

图 11-13 冻结库示意图

1—回风板；2—导风板；3—搁架；4—冷风机；5—库门

冷库配用功率为 22 kW 的半封闭制冷压缩机，它与冷凝器储液器共同安装在一个底座上，构成冷凝机组，使结构紧凑、安装方便。冷风机用电热器除霜，机组采用直接膨胀供液。

由于食品种类不同，所需的库内温度也不同。库温约 −10 ℃的冷库为低温冷库，供冷藏鱼、肉等食品；库温约 4 ℃的冷库称为高温冷库，用于蔬菜、乳制品和蛋的冷藏。用同一套压缩机和冷凝器满足不同冷库温度的小型冷库制冷系统如图 11-14 所示

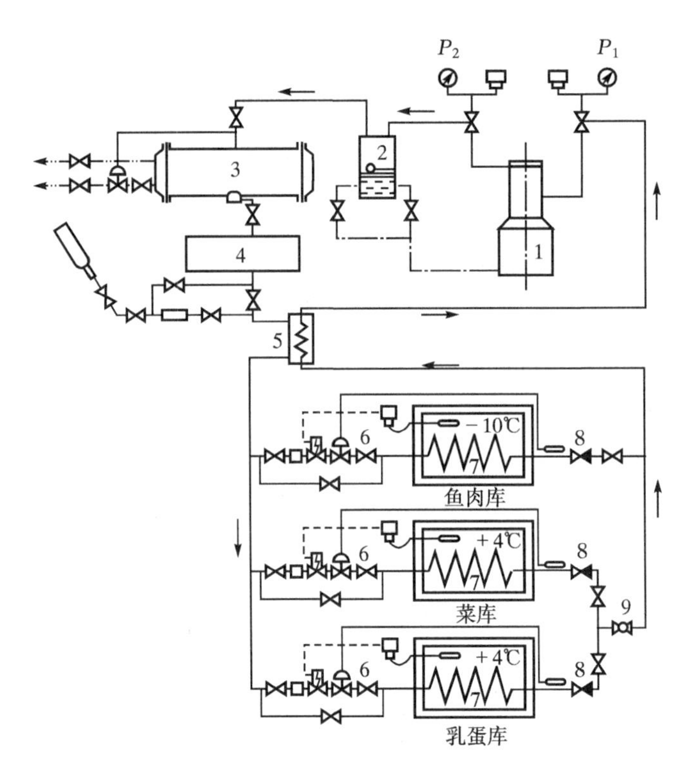

图 11－14　小型冷库的制冷系统

1—制冷压缩机；2—油-气分离器；3—冷凝器；4—储液器；5—回热器；
6—热力膨胀阀；7—冷库；8—单向阀；9—背压阀

从压缩机 1 排出的高温、高压制冷剂蒸气，在油-气分离器 2 中除油后进入冷凝器 3，冷凝液储存在储液器 4 中。出储液器的液体先在回热器 5 中与出冷库 7 的低温气体(有时还夹着液滴)热交换，增加了液体的过冷度和气体的过热度。过冷液体经热力膨胀阀 6 节流后进入高、低温冷库 7。鱼、肉库的温度低，蒸发器内压力较低；蔬菜、乳制品和蛋的库温高，蒸发器内压力较高。出低温库的制冷剂蒸气经单向阀 8 进入压缩机吸气管；出高温库的制冷剂蒸气经单向阀 8、背压阀 9 进入压缩机吸气管。

背压阀 9 的作用是：维持高温库蒸发器内较高的蒸发压力。单向阀 8 的作用是：一旦压缩机停车，高温库蒸发器中压力较高的制冷剂不会进入压力较低的低温库蒸发器，并冷凝成液体。否则，压缩机重新启动时，容易产生液击。

有些带冻结库和冷藏库的小型冷库，因为两类库房的蒸发压力相差太大，流出冷藏库蒸发器的制冷剂因节流产生的有效能损失大，且库温不易控制，因而采用各自独立的制冷系统，配置更合理，控温更方便，但多了一套制冷设备和相应的投资。

11.2　空调器(机)及去湿机

空调装置根据规模的大小及型式的不同，分别称为空调机或空调器。由于空气处理的要求不同，空调器的类型也不同。如冷风机或冷、热风机用于调节室内的温度；去湿机用于去除室内空气中的水蒸气,降低空气的湿度;恒温、恒湿机既可加热或冷却室内空气,又可对空气加湿或去湿,并能自动调节。在某些特殊场合还应用有特殊要求的空调器,如有空气净化功能的空调器和特高温型的冷风机。空调器按照空气处理要求的不同,分为热泵型、去湿型和恒温、恒湿型;按照型式的不同,分为窗式、柜式、壁挂式、嵌入式、吊顶式;按照机组的结构,分为整体式和分体式;按照压缩机的转速,分为定速空调器和变频空调器。

11.2.1 小型空调器(机)

1. 窗式空调器

窗式空调器又称为房间空调器,是应用很广泛的一种小型空调设备,制冷量一般为 1.5～7 kW,风量在 1400 m^3/h 以下。由于其冷量及风量都很小,属于家用电气的范围。目前窗式空调器均做成热泵型,不带加湿装置。一般由两部分组成:制冷剂循环系统和空气循环系统。

空调器的结构和制冷剂循环流程如图 11-15 所示。制冷时,小型全封闭式制冷压缩机将制冷剂(如 R22)压缩成高温、高压气体经换向阀送至室外换热器。室外侧的轴流风机使空气快速流过肋片管式换热器,将制冷剂冷凝成高压液体,然后,制冷剂经过滤器和毛细管进入室内换热器,在换热器中蒸发、吸热,变成过热蒸气后再经过换向阀进入压缩机,如此反复循环。室内侧的离心式风机从室内抽吸空气。空气经滤网进入空调器壳体内,再穿过肋片管蒸发器。空气与蒸发器内的制冷剂发生热交换后降温成冷风,冷风由风机经风道从出风栅吹入室内,使室内温度降低。

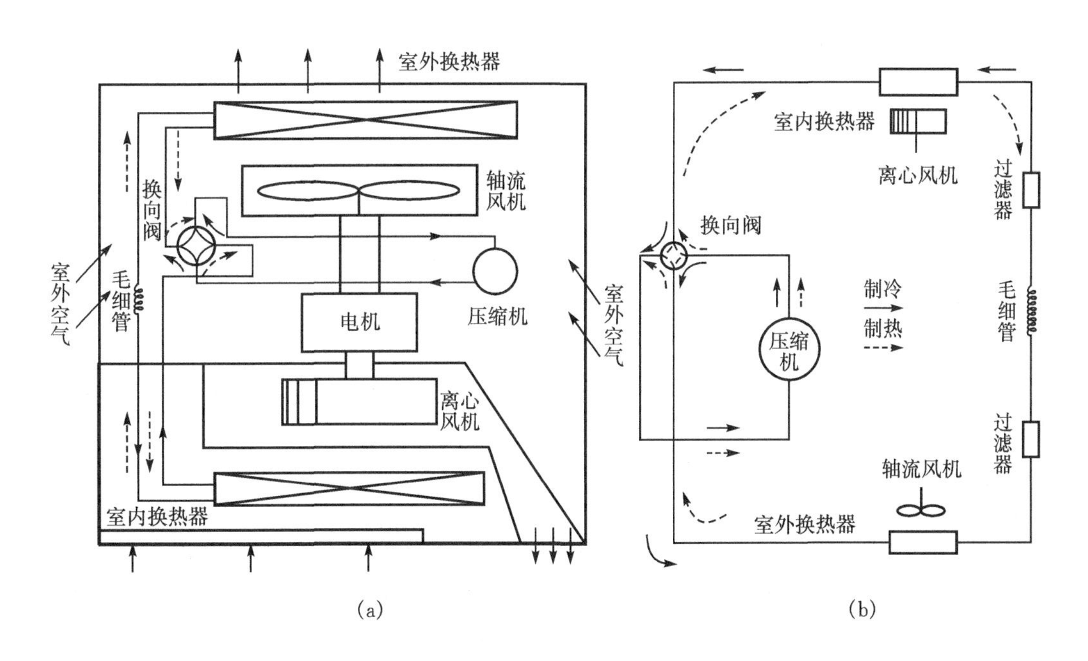

图 11-15 热泵型窗式空调器的结构和循环流程
(a) 结构;(b) 循环流程

上述过程为空调器作为冷风机时的制冷循环。若冬季需用空调器给房间供暖时,采用热泵循环。

此时,压缩机排出的高压、高温气体经换向阀流入室内换热器,在换热器内放出热量并冷凝成液体,液体经过滤器和毛细管进入室外换热器,在换热器中吸收室外空气的热量蒸发成气体。蒸气经换向阀后被压缩机吸入。

2. 分体式热泵空调器

(1)结构　分体式空调器又称为分离式空调器,是将整台空调器分为两个组件后构成的,分别称为室外机组和室内机组,见图 11-16。

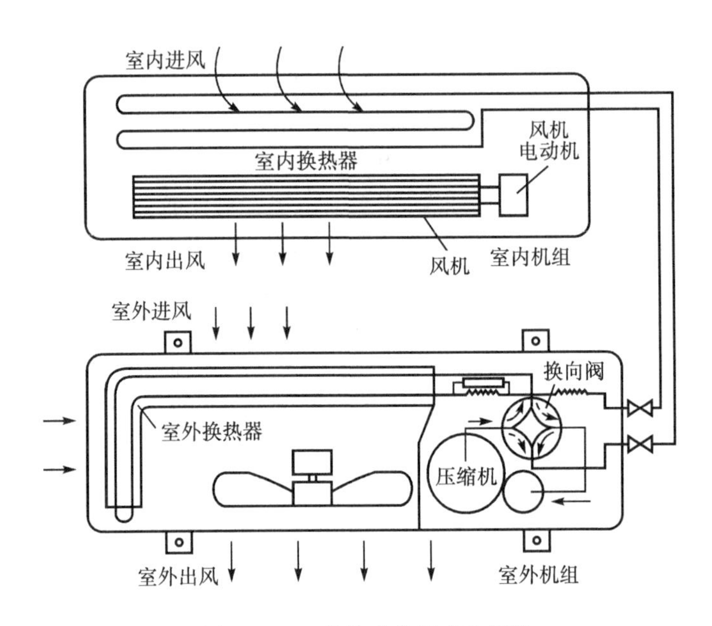

图 11-16　分体式热泵型空调器

(2)制冷剂循环系统　由于空调器作制冷运行和供热运行时,压缩机的压力比和制冷剂的流量变化很大,因而制冷运行所需的毛细管长度与供热运行所需的毛细管长度相差很大,为此采用双毛细管系统,见图 11-17。供热时,制冷剂先经过副毛细管再经过主毛细管;制冷时,制冷剂只经过主毛细管。与热泵型窗式空调器相同,分体式热泵空调器也用四通换向阀转换制冷循环和供热循环。

分体式空调器的主要优点如下:

①噪声低。一般低于 50dB(A),较窗式空调器低。

②室外换热器有较好的热交换条件。因换热器置于室外,对外形尺寸的限制较小,换热器传热面积和风量都可适当放大,不像整体式那样受外形尺寸的限制。室内换热器也有较大的换热面积,因而分体式空调器的 COP 高于窗式空调器。

③外形美观。根据需要可将室内机制成挂壁式、落地式、埋入天花板式等新颖式样,为房间的家具布置增添色彩

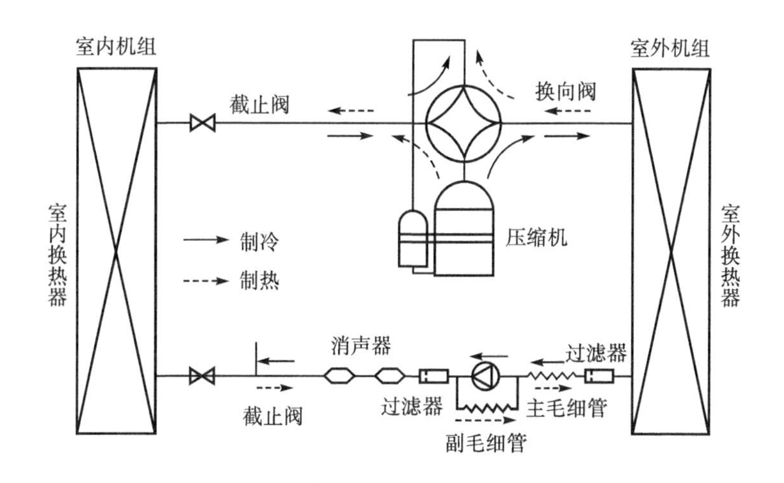

图 11-17　双毛细管系统

3. 分体热泵型落地式房间空调器(简称柜式热泵型空调器)

商用(大型)分体热泵机组,其形式有立柜式、天花板嵌入式、天花板悬吊式和屋顶式空调机等,其制冷及制热量一般为 7～100 kW,电源为 280 V、50 Hz。立柜式热泵机组是目前我国用得最多的一种商用空调机组,制冷或制热量 5～15 kW 的立柜式热泵型空调机,其风机的余压较小,适合于直接装在房间里使用。从 20 到 100 为大型立柜式热泵空调机,其风机的余压较大,可用接风管的方式将风送入各个需要制冷或制热的空调房间。柜式空调机根据冷凝器的冷却排热方式的不同,有风冷式和水冷式两种。水冷式柜机采用水冷式冷凝器,通常冷凝器、压缩机与蒸发器、风机、电气控制等零件装在一个柜内,属整体式空调机。风冷式柜机采用风冷冷凝器,与压缩机一起组合成室外机,也属分体式空调机。

图 11-18 为小型柜式热泵型空调器的外形示意图及循环流程图,适合于直接放在房间里使用。风冷柜式热泵型空调器由室内机组和室外机组两部分组成。室内机组的出风口是风栅,其叶片是可动的。可根据需要板动叶片,使其倾斜一个角度,从而改变出风口冷气流的方向。

制冷时,压缩机排出的高压蒸汽经过四通换向阀、室外换热器、分液器、止回阀、干燥过滤器、热力膨胀阀、分液器、室内换热器、四通换向阀、气液分离器,最后回到压缩机,即制冷剂顺着图 11-18 上的实线箭头方向流动。供热时,制冷剂顺着虚线箭头方向运动。

为了适应供热、制冷时压缩机压力比和制冷剂流量的较大变化,小型柜式热泵型空调器采用双热力膨胀阀,并因此增加了两个分液器。

4. 变频空调器

变频空调器的基本结构和制冷原理与普通空调器几乎是相同的,其不同之处是变频空调器在普通空调器的基础上选用了变频专用压缩机,增加了变频控制系统,使压缩机输气量始终与负荷处于匹配的转速,从而提高能效比(比常规的空调节能 20%～30%)。

变频器通过对电流的转换来实现电动机转速的自动调节,从而改变压缩机的输气量。变频空调器每次开始使用时,通常是让空调器以最大压缩机输气量、最大风量进行制热或制冷,迅速接近所设定的温度。由于变频空调器通过提高压缩机输气量,增大在低温时的制热能力,

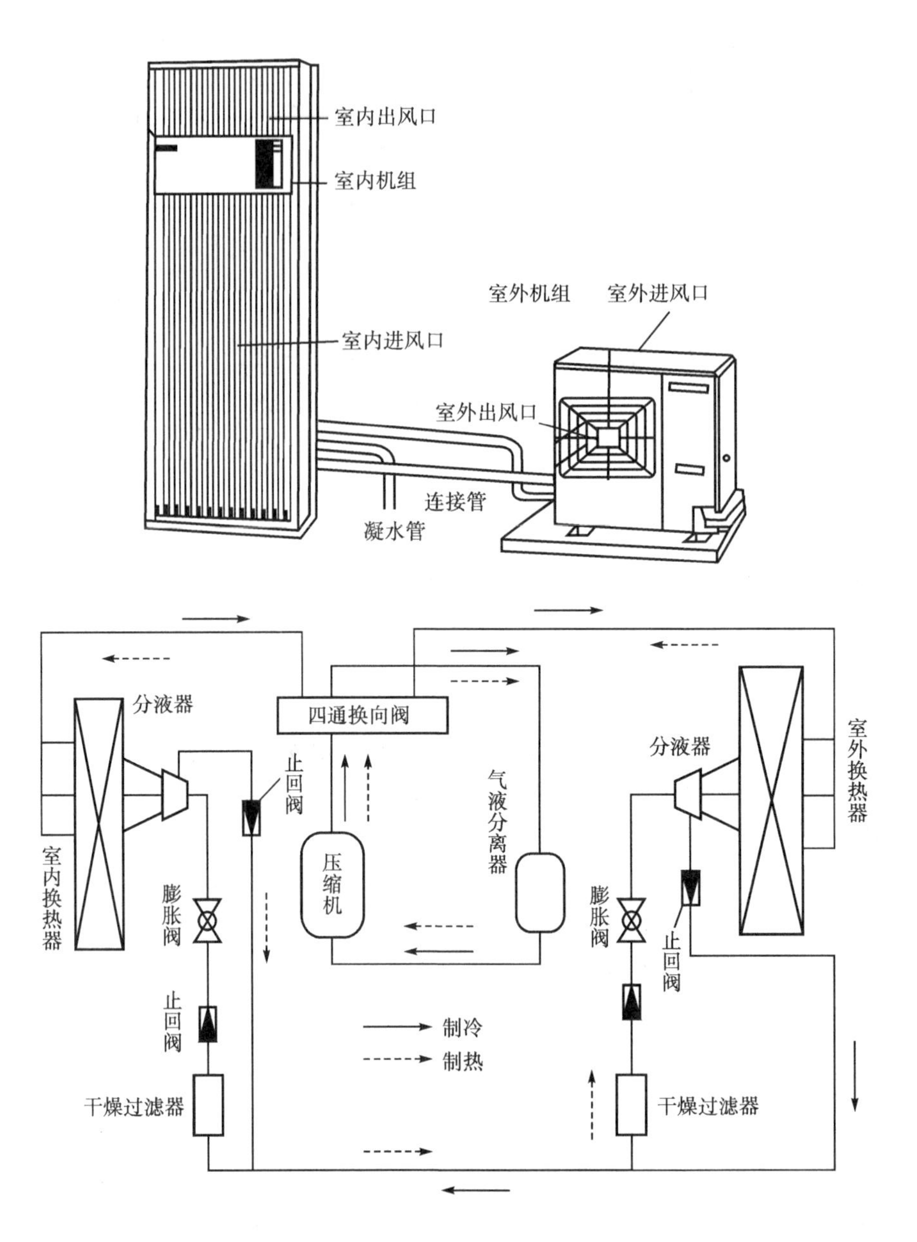

图 11-18　小型柜式热泵型空调器

使最大制热量可达到同级别空调器的1.5倍,低温下仍能保持良好的制热效果。此外,一般的分体机只有四档风速可供调节,而变频空调器的室内风机自动运行时,转速会随压缩机的工作频率在12档风速范围内变化,由于风机的转速与空调器的能力配合较为合理,实现了低噪音的宁静运行。当空调器开机时,压缩机高转速运转,迅速接近所设定的温度后,压缩机便在低转速、低能耗状态运转,仅以所需的功率维持设定的温度。这样不但温度稳定,避免了压缩机频繁开停所造成的对机组寿命的衰减,而且耗电量大大下降,实现了高效节能。

变频调节框图如图11-19所示。交流电源经过整流滤波后转变成直流电,根据微机系统发出不同数字信号再逆变成不同频率的交流电,输入到压缩机的电动机,达到改变转速的目的。

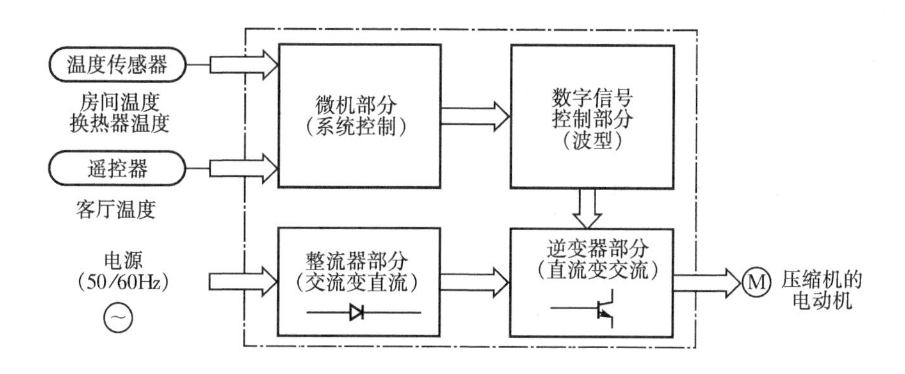

图 11 - 19　变频调节框图

5. 风冷热泵型冷热水机组

它与空气-空气式热泵的主要区别在于室内侧为水换热器,用于提供冷水和热水。

图 11 - 20 所示的是使用全封闭往复式压缩机的风冷热泵冷热水机组系统。提供冷水时(制冷工况),从压缩机 2 排出的制冷剂蒸气沿实线箭头经四通阀 3 进入空气侧换热器 1 冷凝成液体,冷凝液通过止回阀 5 流入储液器 10,再进入回热器 6,在回热器 6 中液体被低温回气过冷后进入单向膨胀阀 7,节流降温后在板式换热器 4 中与进水热交换,进水冷却成所需的低温水,供用户使用。制冷剂吸热蒸发,蒸气经四通阀 3 与来自储液器 10 的液体热交换后进入压缩机。

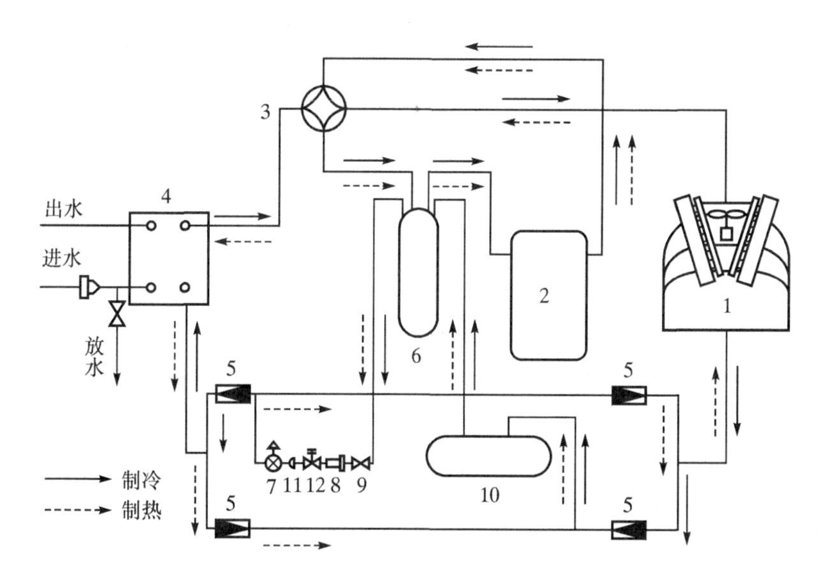

图 11 - 20　使用单向膨胀阀的冷热水机组

1—空气侧换热器;2—压缩机;3—四通阀;4—板式换热器;5—止回阀;6—回热器;
7—单向膨胀阀;8—干燥过滤器;9—截止阀;10—储液器;11—视液镜;12—电磁阀

提供热水时(供热工况),制冷剂沿着虚线箭头流动,从压缩机 2 排出的高温蒸气通过四通阀3进入板式换热器4,对进水加热后,被冷凝成液体,液体经逆止阀3、储液器10、回热器6和单向膨胀阀,节流降温后通过单向阀5进入空气侧换热器1,吸收来自空气的热量成为蒸气,蒸气经四通阀3和回热器6返回压缩机2。在板式换热器4中加热产生的热水(出水)供用户使用。在供热工况运行时,空气侧换热器可能结霜,当霜层达到一定厚度时,系统自动转变成制冷工况,进行除霜。

6. 风冷热泵型空调器(机)室外换热器的除霜

风冷热泵型空调器供热时,从室外空气吸热,向室内供热,提供的热量随室外空气状态的变化而变化。当室外温度较低时,室外换热器翅片表面会结霜。在结霜初期,一方面由于水蒸气凝华释放的潜热和表面粗糙的霜层的翅片效应;另一方面霜层的厚度很小,对室外换热器空气侧的流量基本上不产生影响;所以吸热量增大。但随着结霜过程的发展,霜层厚度增加,虽然蒸发温度 t_0 会随之下降,吸热量仍不断下降,当达到图11-21的 A 点时,吸热量增强的效应结束。之后的结霜过程转变为对换热器吸热的阻碍,为从空气中吸取热量,蒸发温度大。继续下降,最终导致压缩机不能正常运行。为此必须对室外换热器及时除霜。由于热泵型空调器使用四通换向阀,因而除霜时通过四通换向阀,将系统转入制冷循环,此时压缩机排气先经过室外换热器,实现除霜。对启动除霜和结束除霜时间的控制,有两种方法:

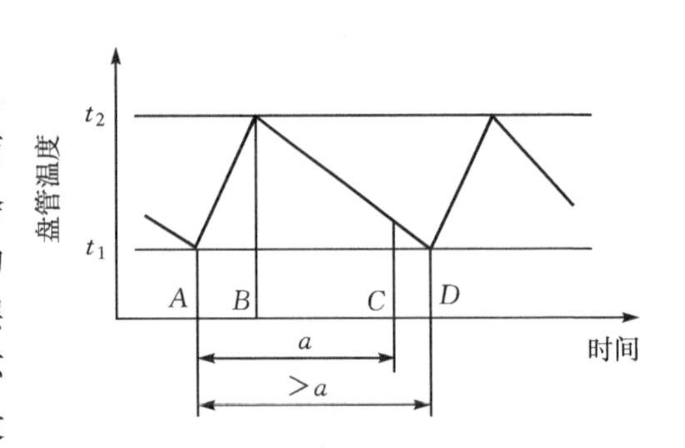

图11-21　盘管温度随时间的变化

(1)用温度 时间方法控制启动时间和结束时间　不断测量换热器盘管表面温度,当换热器盘管表面温度(它反映了蒸发温度,实际上反映了室外换热器表面的霜层厚度)下降到设定值 t_1 时,将信号输入时间继电器,开始计时。同时四通阀换向,进行除霜。等到换热器盘管表面温度上升到设定温度 t_2 时(或除霜时间已达到规定值),四通阀复位,除霜结束。

在采用这种除霜模式时,如果制热时盘管表面温度下降过快,两次除霜时间间隔太短,不利于室内温度的保持,为此需要增加一个子程序,维持合理的两次除霜的时间间隔,但此时盘管的温度将低于设定值。

(2)用温差-时间方法控制启动除霜,用温度-时间方法控制结束除霜　换热器盘管表面结霜后,进风温度和盘管表面温度之差逐渐变化,当此温差达到设定值,且距上一次除霜时间也达到设定值时,四通阀换向,除霜开始。当盘管表面温度上升到设定值或除霜时间已达到设定的最长除霜时间时,结束除霜。

第二种方法不但考虑了盘管表面温度,同时考虑了空气温度对蒸发温度,进而对盘管表面温度的影响,也就是说,随着空气温度的变化,允许的盘管表面温度也是变化的,因而比较合理,但控制系统比第一种方法复杂。

7. 房间空调器的能效及能效等级

房间空调器的能效以性能系数(或能效比)表示并按性能系数的大小,将房间空调器分为三个能效等级,见表11-4。

表11-4 空调能效等级指标 GB 12021.3—2010

类型	额定制冷量(CC)/W	能效等级(COP)W/W		
		1	2	3
整体式		3.30	3.10	2.90
分体式	CC≤4500	3.60	3.40	3.20
	4500<CC≤7100	3.50	3.30	3.10
	7100<CC≤14000	3.40	3.20	3.00

其中2级能源效率的COP是达到节能要求的指标。要达到高的能效等级,仅靠增加室内外换热器的面积是不够的,还应开发更加高效的热交换器、压缩机以及更好的热泵系统,制冷剂的热力性质也影响空调器的能效。此外,提高部分负荷时空调器的性能也是十分重要的。

8. 蒸气压缩式热泵设备的发展趋势

其主要发展方向是输气量的控制(使输气量与负荷匹配)和机组的设计

(1)变转速技术的应用　通过变频,改变输入电动机定子的电源频率,进而改变转子(即压缩机主轴)的转速,使压缩机输气量与负荷匹配,达到节能的目的。常用的电动机为异步电动机,因转子中感生交流电,称为交流变转速(又称交流变频);若电动机转子中置有永磁体使转子转动,称为直流变转速。

为了改善压缩机电动机低频下的特性,往往在变频器输出压-频曲线的起始阶段采用电压提升技术,以提高压缩机电动机的驱动力矩。

(2)节流元件的改进　至今,热力膨胀阀仍是常用的控制流量的节流元件。采用双向热力膨胀阀不仅使热泵型空调器的流程简单,而且能充分发挥控制效果。此外,控制性能更佳的热电膨胀阀与变转速压缩机配套,可取得良好的节能效果。

(3)压缩机设计　用于新流程的压缩机(如用于喷气增焓系统的涡旋式压缩机),在制热工况时由于压缩机排气口的流量为制冷剂在蒸发器中的流量 q_{m1} 和用于喷气增焓的制冷剂流量 q_{m2} 之和,提高了制热量。

环境友好制冷剂的应用,对于压缩机提出了新的要求,例如,用于跨临界循环的 CO_2 制冷压缩机,因其高的排气压力,以及与润滑油的相容性等一些列问题,必须重新设计。

(4)强化换热技术大幅度地提高了管内外流体的表面传热系数,例如,目前普遍使用的空气侧换热器采用均匀开缝的翅片,而新的研究表明不均匀开缝的翅片有更好的传热性能。

11.2.2 风机盘管机组及去湿机

1. 风机盘管机组

风机盘管机组是空气-水系统的末端装置,是一种空气处理设备,通常将它设在空调房间内就地处理空气。目前国产风机盘管机组大多采用空气再循环机型。盘管机组运转时,风机不断地再循环室内空气,使它流过盘管。空气的热量被盘管内的冷水带走,使室内空气得到冷却。机组还有降湿作用,使房间内的空气维持一定的相对湿度。风机盘管机组如图11-22所示。

机组由换热器、离心风机和空气过滤装置等组成，装在一个壳体内。壳体可根据要求设计成立式、卧式或挂壁式等式样。按照安装形式不同，可分为明装和暗装两种。为节省空间，一般采用暗装式。

风机为离心式，叶轮直径一般不超过150 mm，静压头在10 Pa左右。考虑到对噪声的要求，风机电机一般采用电容式电路。

换热器即肋片管式蒸发器，采用铜管套铝片的形式。铝片套在铜管上以后，进行胀管，以保证管子与肋片的充分接触。肋片管的排数一般为2～3排。

采用空气过滤器不但可以改善房间的卫生条件，也可以保护换热器，使它不被灰尘堵塞。过滤材料采用粗孔泡沫塑料或纤维织物制作，机组设计时应考虑过滤材料更换方便，以利定期清洗或更换。

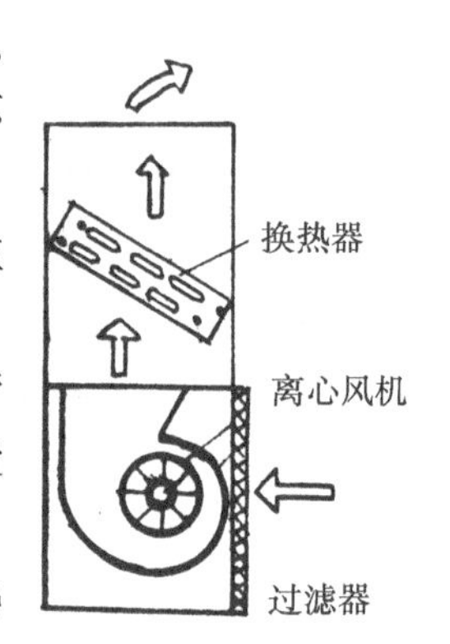

11-22 风机盘管机组

风机盘管机组的名义风量为250～2500 m^3/h。所谓名义风量是指紧扣空气干球温度为14～27 ℃时标准状态的风量。每种型号的机组都提供夏季工况的“名义供冷量”和冬季工况的“名义供热量”。所谓名义供冷量是指进口空气干球温度为27 ℃、湿球温度为19.5 ℃、进口温度为7 ℃、进出口水温差为5 ℃时的供冷量(以W计)。名义供热量是指进口空气干球温度为21 ℃、进口水温为60 ℃，其供水量与名义供冷工况时的流量相同条件下的供热量(以W计)。

一般情况下，风机盘管机组的风机在额定最高转速时，进出口空气的静压差为0 Pa，即机外余压为零。如机组需要外接风管，则选用高静压型的产品。目前，只有卧式暗装风机盘管机组才有高静压型产品。

由于风机盘管机组直接设置在空调房间内，机组的噪声大小对用户至关重要。国家标准规定，机组最大允许噪声级随型号的不同而有差别，通常在35～54 db(A)范围内。

普通型的风机盘管机组，盘管的最大工作压力为1.0 MPa，有的厂家为适应高层建筑的需要，生产非标高压型盘管，其最大允许承压为2.0 MPa。

对任何一种形式的风机盘管机组来说，供、回水管的接管方向有“左式”和“右式”之分。人面对机组的出风口，接管在左侧的称为左式(或左进水)，接管在右侧的称为右式(或右进水)。接管方式为“下进上出”。

目前，风机盘管机组已广泛应用于宾馆、公寓、医院和办公楼等高层、多室的建筑物中。其主要优点是灵活调节各个房间的温度，占地面积小，噪声低；但由于每个房间都要安装风机盘管机组，设备的初投资费用较高。

2. 空气去湿机

空气去湿机(又称降湿机、除湿机)是一种机械式空气干燥器.它用制冷方法降低空气湿度，使空气中的水分凝结析出而得到干燥。空气去湿机属于空调装置的范畴，一般用于精密量具室、档案室、金属仓库及粮食仓库等地，以防止金属材料因潮湿而产生锈蚀或粮食、纸张、用具等因潮湿而发霉。对于地下建筑，通常都使用空气去湿机使室内空气得到干燥。

空气去湿机由一个制冷系统、一台通风机与一个风道组成.如图11-23所示。

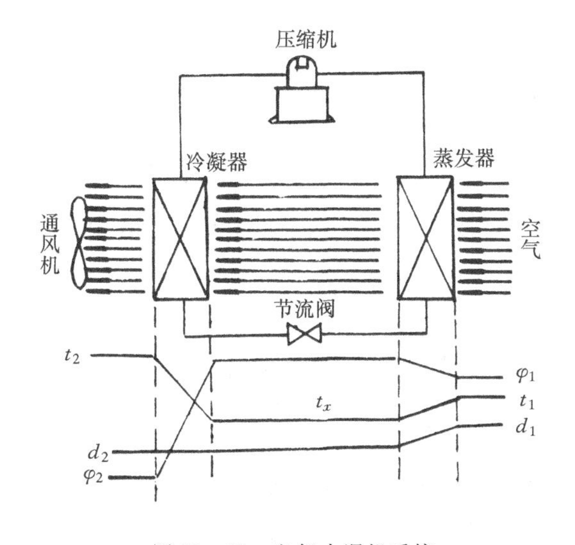

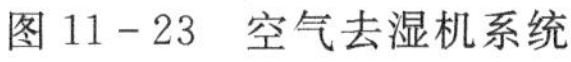
图 11－23　空气去湿机系统

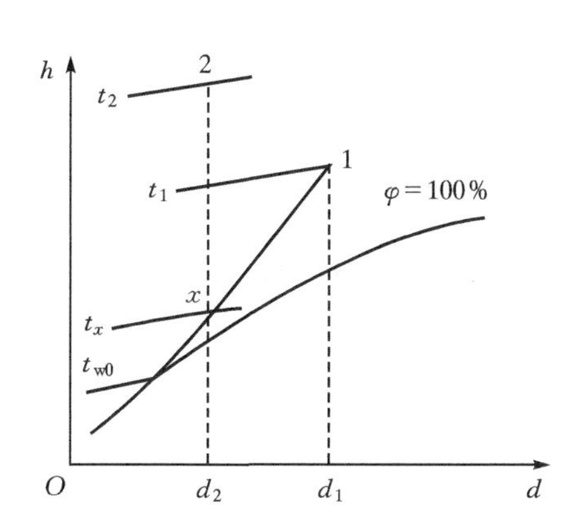

图 11－24　去湿机中的过程

被处理的空气在风机吸引下从去湿机进口进入，首先与蒸发器接触，进行热交换。由于蒸发器表面温度低于空气的露点温度，所以在冷却空气的过程中.空气中所含的水分有一部分被冷凝下来，从装在蒸发器下部的集水盘排出。去湿时，空气所含的水分减少，但相对湿度增加。在蒸发器中被冷却了的空气再流经冷凝器吸热，使冷空气的温度升到略高于进蒸发器的空气温度，此时空气的含湿量并不增加，但相对湿度降低。当温度和湿度均达到要求后排出去湿机。空气这样循环，不致使去湿后的空气降温很多，且可使制冷剂的冷凝压力降低，有利于节能。空气流经去湿机时，温度 t、含湿量 d 及相对湿度 φ 的变化表示在图 11－23 的下方。空气在去湿机中的处理过程如图 11－24 所示。图中点 1 表示蒸发器前待处理的空气，点 x 表示蒸发器后、冷凝器前空气的状态。直线 1—x 表示空气通过蒸发器时的热、湿交换过程。在此过程中，空气的比焓值与含湿量均下降。点 2 表示空气流经冷凝器后的状态。1—x 线延长后与饱和线的交点表示与蒸发器外表面平均温度 t_{w0} 相对应的饱和湿空气的状态。去湿机的去湿量按下式计算

$$W=\frac{\Phi_0}{\Upsilon_0}\left(1-\frac{1}{\xi}\right)\quad(\mathrm{kg/s})\tag{11-7}$$

式中　W——去湿量，kg/s；

Φ_0——实际制冷量(随冷凝温度和蒸发温度而变)，kW；

Υ_0——水的汽化潜热，　$\Upsilon_0=2501.6$ kJ/kg；

ξ——析湿系数。

空气在去湿机中的温升可近似地用下式计算

$$\Delta t=t_2-t_1=\frac{P+\Phi_0\left(1-\frac{1}{\xi}\right)}{q_m c_p}\tag{11-8}$$

式中　q_m——空气质量流量，kg/s；

P——输入压缩机的功率。

从上式看出，当析湿系数增大时，温升也增大。

图11－25为KQF—6型空气去湿机的结构简图。该机制成柜式，采用全封闭压缩机，装在箱体的底层；蒸发器与冷凝器垂直安装，均为肋片管式结构。应用离心式通风机，装在箱体上层。被处理的空气从箱体正前方进入，经过过滤、冷却及除湿，并在冷凝器中加热后，从箱体顶部排出。空气中凝结出来的水经一弯管从蒸发器的底盘导出，或用一水桶盛接并定期倒掉。使用时只要将去湿机放在需要除湿的房间内，接通电源即可，其进出口不需另加风道。图11－26示出这种空气去湿机的性能曲线。其中(a)是去湿量与进口空气温度及相对湿度的关系，(b)是出口空气温度与进口空气温度及相对湿度的关系。从性能曲线看出，随着进口空气温度与相对湿度的降低，湿度及出口空气温度都将降低。这种变化关系可根据上面介绍的去湿量和温升计算公式分析得出，因为当空气进口温度降低时，制冷机的蒸发温度降低，制冷量 Φ_0 减小；当进口空气相对湿度降低时析湿系数减少，因而去湿量和出口空气温度降低。

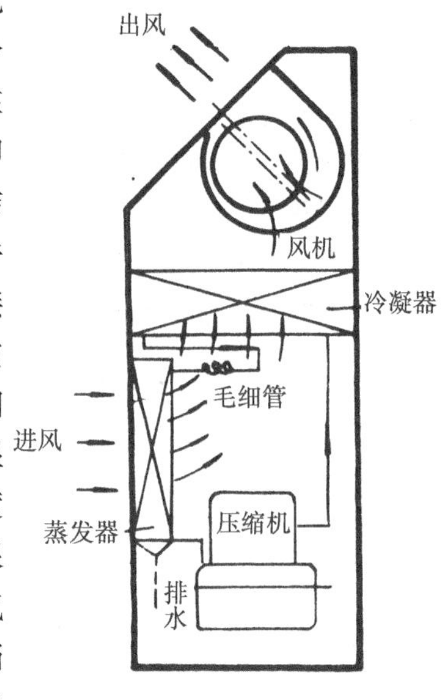

图11－25　KQF—6型去湿机

此外，还有调温型的去湿机。这种机器的制冷系统中增加了一台水冷冷凝器，它与风冷冷凝器串联，通过调节冷却水量改变空气出口温度。也可以单独采用水冷循环，以获得较低温度的空气。出口温度调节范围为15～43 ℃，这样就减少了对去湿机出口空气进行二次调节的麻烦，达到一机多用的目的。

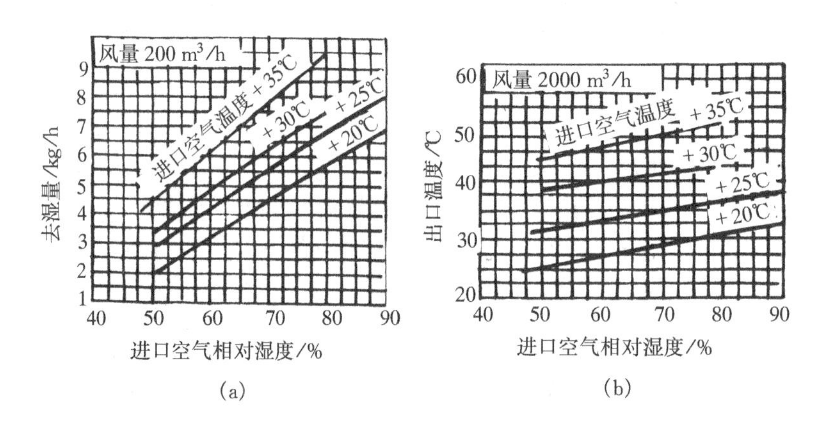

图11－26　去湿机的性能曲线

(a)去湿量变化规律；　(b)出口温度变化规律

11.3　展示柜

展示柜是用于商业食品展示、销售的冷柜总称，它是冷柜的一种。根据其结构、制冷或制热方式、工作温度范围、柜内冷却和控制手段等，则又有多种形式，如表 11－5 所示。

表 11－5　展示柜的基本类型

分类方式	类型	符号	温度范围/℃	储藏食品种类或备注
结构	货架式	H		水平货架，柜体立式，上送风下回风
	岛式	D		具有敞开的上开口，冷风水平吹送
	柜台式	G		柜体同货架式，较矮，直接盘管冷却
	平式	P		类似于岛式，一侧靠墙，结构较小
	组合式	Z		两种或几种单柜组合
	拉门式	L		立式冷柜，设金属框的玻璃拉门
冷藏机组	内藏式	N		制冷机组置于冷柜内部
	外置式	F		制冷机组置于室外，蒸发器在柜内
	冷冻柜	D	－18 ～ －20	冷冻食品
			－20 ～ －25	冰淇淋
	冷藏柜	C	－2 ～ ＋2	冰鲜鱼、冰鲜肉
			2 ～ 8	奶制品、饮料、啤酒、熟食
			5 ～ 10	水果、蔬菜
	冷冻冷藏柜	S		可做冷冻柜或冷藏柜用
	温藏柜	R	电热 55～65	烤鸡、烤鸭、烤肉等
			蒸汽 70～90	包子、馒头等蒸品

展示柜主要用于超市、中小食品店、餐饮酒店和宾馆等场所，以展示、销售各类食品，如冷冻食品、肉类、水产品、奶制品、冷饮品、点心、果蔬，甚至用于花卉等的保鲜展示。在超市和专业食品批发、零售市场，食品在冷藏冷冻展示柜内展示，向顾客充分展示商品，方便顾客选择和比较，并在一定时间内保证食品品质和销售价格，还能起商品储存周转的作用。冷藏冷冻展示柜已成为商场、超市、食品店不可缺少的重要设备，其使用也愈加广泛。

11.3.1　展示柜的型式

1. 带冷凝机组的展示柜

图 11－27 是带冷凝机组的展示柜，柜体内有一套完整的制冷系统，可以移动并兼有售货便利的功能。这种展示柜的食品存放区用玻璃与外界隔开，因此可以放一些熟食品。食品柜后面有一块板，做成一个小桌子，上面可放台秤，以秤量食品。滑动玻璃供售货员开启后取食

品用。蒸发器与食品存放区用带孔的板隔离,冷空气透过小孔进入食品存放区。

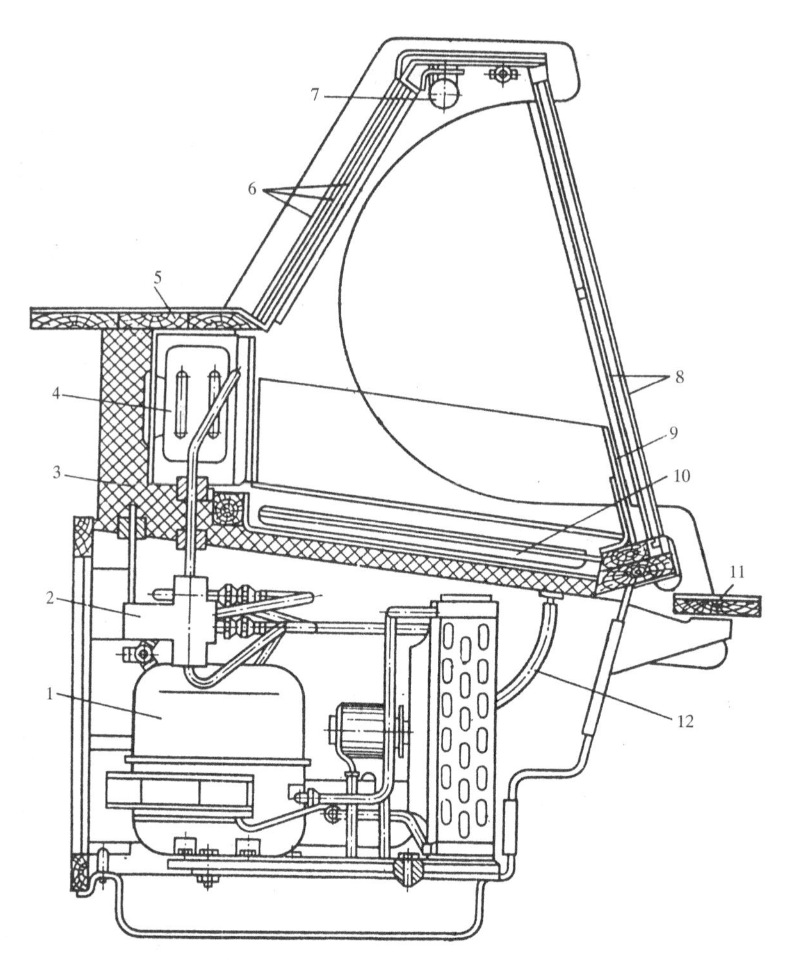

图 11-27　带冷凝机组的展示柜

—冷凝机组;2—热力膨胀阀;3—绝热外壳;4—蒸发器;5—桌面;6—滑动门;
7—照明灯;8—双层玻璃窗;9—保护玻璃;10—集水盘;11—搁架;12—管道

2. 岛式展示柜

岛式展示柜的压缩冷凝机组多数单独安装在机房中,它有单边型也有双边对称型,双边对称型如图 11—28 所示,冷风从中间向两边吹送。单边型岛式展示柜取消了中间出风隔离,内容积相对较大,更适于大量存货陈列。岛式展示柜都为敞开式,置于超市商场中央,呈一字形排列,可长达数十米,顾客可以从四周选购食品,敞开的开口方便顾客选购。岛式展示柜四周装有高 240 mm 左右的玻璃围栏,既有利于柜内温度的稳定,减少冷量损失,又可以让顾客多方位看清食品。

岛式展示柜有时也设计成封闭式,即在顶部增加玻璃罩,以减少冷量损失,既节能又保护食品清洁,柜内温度可降得更低,加上顶部照明,更能突出商品的新鲜、稚嫩。这类岛式展示柜更适用于储藏、展示冷冻食品、冰淇淋等。其温度控制可以转换,作为冷藏柜使用时,柜内温度可调到 $-2\sim5$ ℃,以展示新鲜食品,如鲜肉、鲜鱼之类。当作为冷冻柜使用时,温度可调到

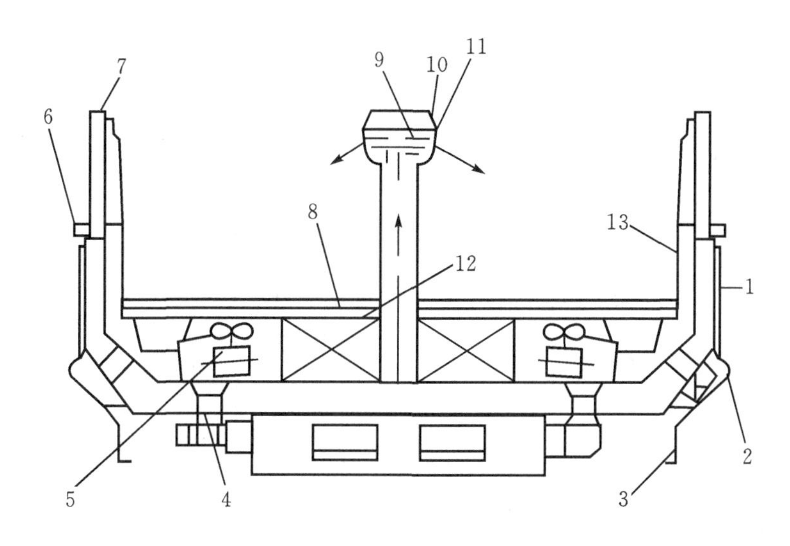

图 11－28　双边对称型岛式展示柜

一前面板；2－保险杠；3－挡板；4－泄水管；5－风机；6－前面罩；7－玻璃围栏；8－水平网架底板；9－出风栅；10－液晶温度计；11－食品价格栏；12－检查窗；13－蜂窝状回风栅

－18～－20 ℃，甚至更低，以展示各类冻结或小包装等食品。

3. 壁式展示柜

壁式展示柜又称货架式展示柜，常沿超市墙壁放置，它可以有效地展示商品，方便顾客选购，并能保持商品陈列的低温环境，是目前超市中应用较多的展示柜。货架式展示柜的温度调节范围较大，可以根据冷藏展示的食品特性，选择合适的温度范围。货架式展示柜又分为开式和闭式。

开式货架式展示柜其正面敞开，柜顶缘下端至地面高度 1.8 m 左右，加上宽阔的开口，顾客可方便选择柜内食品而无压迫感。货架内的食品在冷风幕的作用下，实现低温储存和展示。新型货架式展示柜采用了两层甚至三层冷风幕，有效地保持冷柜储藏或冻结温度，也可减少冷气损失，实现节能。开式货架式展示柜如图 11－29 所示，它由两个模块组成，每个模块中装有一台蒸发器和相应的风机。蒸发器置于柜的底部。风机吸入冷风后，将空气沿风道输送至蒸发器中冷却，被冷却的空气一路经过壁面上的孔隙进入食品存放区，另一路通过格栅自上而下地流动，构成风幕。

闭式货架式展示柜如图 11－30 所示，其四周全封闭，正面设有金属框玻璃拉门。相对于开式陈列柜，其柜内温度比较稳定，更适合某些对温度波动较敏感，且卫生要求较高的食品，如奶油、蛋糕或高档低温冷冻食品等。

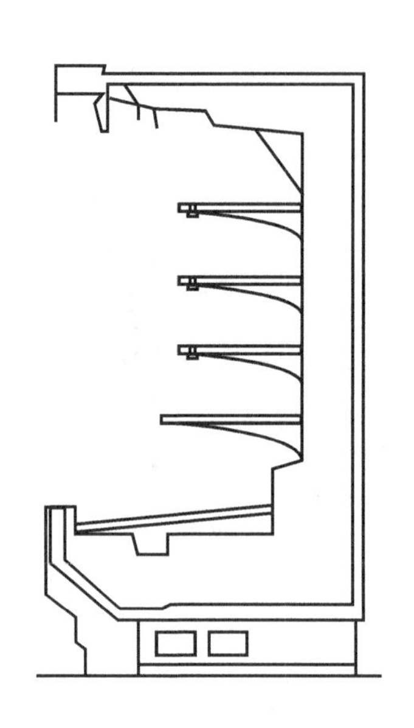

图 11-29　开式货架式展示柜

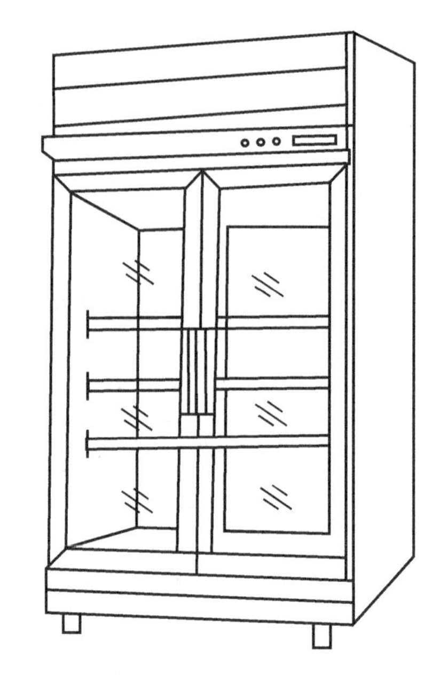

图 11-30　闭式货架式展示柜

此外,按设计需要,还有"平式展示柜"、"组合展示柜"、"拉门式展示柜"等等。这些展示柜的型式和结构互不相同,但冷藏、冷冻原理是相同的。

11.3.2　展示柜的除霜

集中供冷的低温展示柜工作时,会在蒸发器中结霜。为此,经过一段时间后,应进行除霜。除霜的方法有多种,例如电热除霜、热气除霜等。电热除霜简便、易行;热气除霜具有快速、节能、柜内温度波动小等优点。

图 11-31 为一台冷凝机组带动三台低温展示柜进行集中供冷的制冷系统,用热气除霜。对一台展示柜除霜时,另外两台展示柜继续正常运转。除霜的展示柜融霜时产生的制冷剂冷凝液直接供给另外两台展示柜,在这两台展示柜中制冷。

当三台展示柜同时运转时,从压缩机 1 排出的高压制冷剂蒸气经冷凝器 2 冷凝成液体。凝液流经供液电磁阀 8 和差压调节阀 9,再流经电磁阀 4A,4B 和 4C,膨胀阀 5A,5B 和 5C,进入蒸发器 3A,3B 和 3C。制冷剂在蒸发器中制冷后,通过回气电磁阀 6A,6B 和 6C 回到压缩机中。

当蒸发器 3A 融霜,蒸发器 3B 和 3C 仍运转时,电磁阀 4A 和 6A 关闭,电磁阀 7A 开启。从压缩机排出的制冷剂蒸气分成两路,一路向左经过热气电磁阀 7A 至蒸发器 3A,在蒸发器内放出热量,使蒸发器外的霜融化。同时,制冷剂蒸气凝结,凝液流经止逆阀 10A,流入蒸发器 3B 和 3C 中,制冷后回到压缩机入口处。另一路制冷剂蒸气向右经冷凝器 2、蒸发器 3B 和蒸发器 3C 回到压缩机入口。

差压调节阀 9 用于控制供液的压力,以保证在蒸发器 3A 除霜时,有足够的热蒸气进入。

除霜时间受环境温度、柜内温度、制冷剂流动阻力及除霜的蒸发器数量等因素的影响,必须在设计除霜系统时充分考虑,以保证除霜的正常进行。

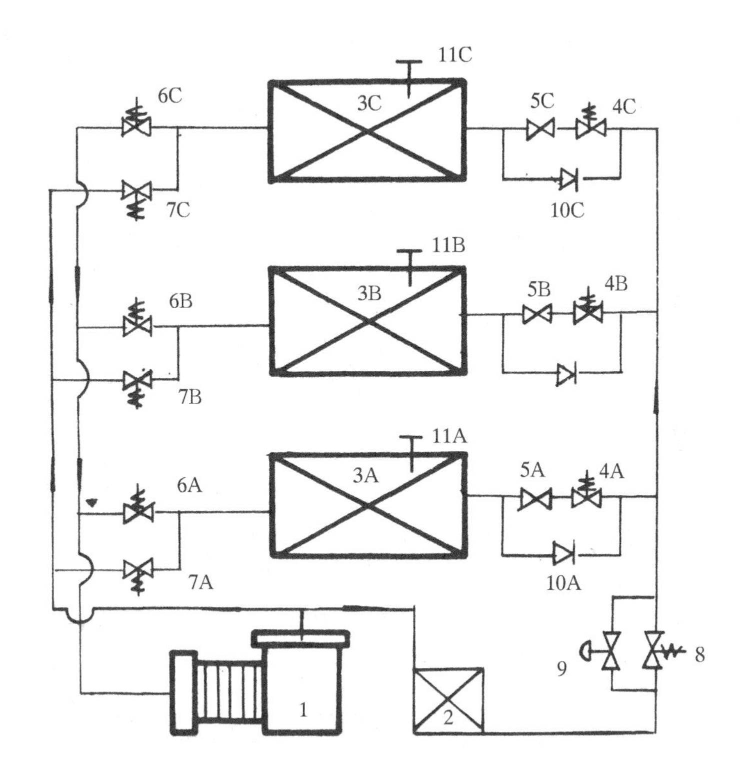

图 11－31　对三台低温展示柜集中供应制冷剂

1—压缩机；2—冷凝器；3—蒸发器；4—供液电磁阀；5—膨胀阀；6—回气电磁阀；7—热气电磁阀；8—供液电磁阀；9—差压调节阀；10—止逆阀；11—柜温控制器

11.4　冰淇淋机

11.4.1　冰淇淋的制作过程

一般冰淇淋机的工作过程为：把已配制好的冰淇淋原料装入冰淇淋机后，刮拌器刮削筒内壁冻结的原料，并通过搅拌，使原料形成松散柔软的晶粒，最后冻结成半固体半液体状的冰淇淋，由放料口放出。硬冰淇淋机物料出口温度低达－15 ℃，因此物料流动性差。出料时需打开冷冻缸前盖一次倒出，因而硬冰淇淋机的冷冻缸前盖均设计成打开式的。一次倒出的硬冰淇淋储入冷冻橱柜待售。软冰淇淋机物料出口温度大约为－5℃左右，因此物料流动性好，出料时只需拨动手柄，物料即会从出料口自动流出。因此，软冰淇淋机的自动化程度较高，应用较为广泛。

11.4.2　冰淇淋机的结构与制冷系统

冰淇淋机由制冷系统、搅拌系统、进出料和控制系统等组成。制冷系统由压缩机、冷凝器、膨胀阀或毛细管、蒸发器等组成，如图 11－32 所示。冰淇淋机的蒸发器通常制成圆筒形，即为装置的冷冻缸，用不锈钢材料制成，卧式安置。通常制成内外壁夹套式，内腔冷却冰淇淋物料，内外壁之间用于制冷剂液体蒸发，并有螺旋导向板引导制冷剂流动。也有在冷冻缸外壁上盘绕铜管组成蒸发器的。

无论使用哪种形式，均需在蒸发器外用聚氨酯塑料泡沫成形发泡隔热。

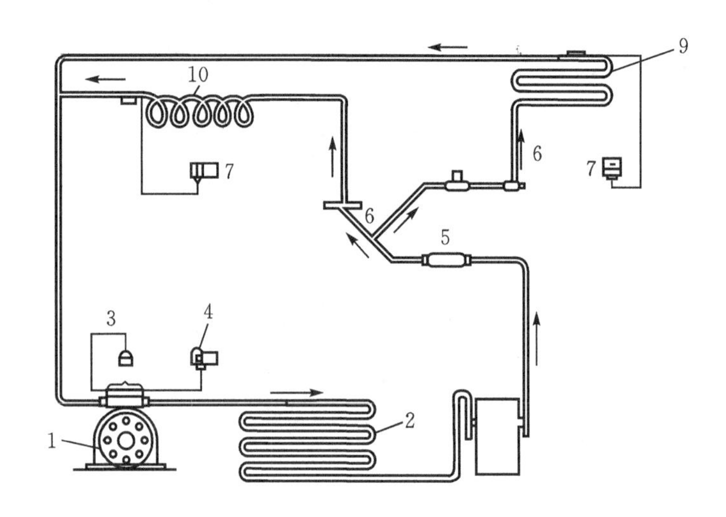

图 11-32 冰淇淋机制冷循环图

1—压缩机；2—冷凝器；3—水阀；4—高压开关；5—干燥器；6—自动膨胀阀；7—温控器；8—电磁阀；9—盘管；10—蒸发器

带预冷缸的冰淇淋机需要引导制冷剂液体流经预冷缸外壁蒸发。搅拌作用使一部分空气进入冰淇淋，二氧化碳和空气的膨胀作用有利于冰淇淋的挤出过程。刮刀清洗之后，必须放归原处，刮刀之间不可互换，否则不利于冰淇淋机的稳定运行。图 11-33 为刮削机构的立体图。刮削机构由刮刀和刮刀支架及驱动轴组成，并做成可拆式的，以便清洗。整个机构安装在冷冻缸内，由电动机通过传动带带动，旋转速度通常为 100 r/min 左右。

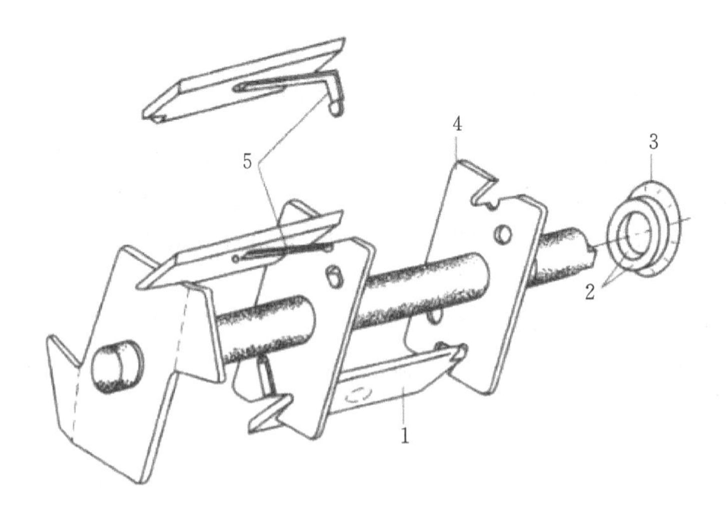

图 11-33 冰淇淋刮削机构立体图

1—刮刀；2—润滑表面；3—轴封；4—刮刀支架；5—刮刀弹簧

思考题

1. 简述直冷双门双温电冰箱的结构和制冷系统。
2. 冰箱用感温囊式温度控制器的控温原理是什么?
3. 直冷冰箱和风冷冰箱各自有哪些化霜方法?
4. 简述冰箱热负荷的计算方法。
5. 我国电冰箱的能效等级分几个等级? 衡量能效等级的参数是什么?
6. 小型冷库如何用同一套压缩机和冷凝器满足不同冷库库温?
7. 说明热泵型窗式、分体式和小型柜式空调器的流程。
8. 风冷热泵型空调器室外机如何通过四通阀除霜? 如何控制启动除霜和结束除霜时间?
9. 房间空调器的能效分几个等级? 衡量能效等级的参数是什么?
10. 说明风机盘管机组的用途。
11. 说明展示柜的用途。如何用一台冷凝器机组带动多台低温柜?
12. 画出冰淇淋机的制冷循环图。

参考文献

[1] Gosney W B. Principles of refrigeration[M]. Cambridge: Cambridge University Press, 1982.

[2] Pita E G. Refrigeration principles and systems[M]. New York: John Wiley&Sons, lnc. ,1984.

[3] Stoecker W F. Refrigeration and air conditioning[M]. New York:McGraw-Hill Publishing Company Ltd,1983.

[4] 吴业正,韩宝琦,朱瑞琪. 制冷原理及设备[M]. 2 版. 西安:西安交通大学出版社,1997.

[5] 吴业正,朱瑞琪,李新中,等. 制冷与低温技术原理[M]. 北京:高等教育出版社,2004.

[6] 袁秀玲. 制冷与空调装置[M]. 西安:西安交通大学出版社,2001.

[7] 尉迟斌,卢士勋,周祖毅. 实用制冷与空调工程手册[M]. 北京:机械工业出版社,2002.

[8] 郑贤德. 制冷原理与装置[M]. 北京:机械工业出版社,2007.

[9] 黄翔. 空调工程[M]. 北京:机械工业出版社,2006.

[10] 鱼剑琳,王沣浩. 建筑节能应用新技术[M]. 北京:化学工业出版社. 2006.

[11] Lorentzen G. The use of natural refrigerants: a complete solution to the CFC/HCFC predicament[J]. Int. J. Refrig. ,1995,18(3):190 - 197.

[12] Lorentzen G. Revival of carbon dioxide as a refrigerant[J]. Int. J. Refrig. ,1994,17(5):292 - 301.

[13] 缪道平,吴业正. 制冷压缩机[M]. 北京:机械工业出版社, 2001.

[14] 张祉佑. 制冷空调设备使用维修手册[M]. 北京:机械工业出版社,1998.

[15] 张祉佑. 制冷原理与制冷设备[M]. 北京:机械工业出版社,1995.

[16] 潘秋生. 中国制冷史[M]. 北京:中国科学技术出版社,2008.

[17] Giovanni Di Nicola,Giuliano Giuliani,Fabio Polonara. Blends of carbon dioxide and HFCs as working fluids for the low-temperature circuit in cascade refrigerating systems[J]. Int. J. Refrig. , 2005,28(2): 130 - 140.

[18] 沈维道,蒋智敏,童钧耕. 工程热力学[M]. 3 版. 北京:高等教育出版社,2001.

[19] 华泽钊 张华 刘宝林,等. Refrigeration technology[M]. 科学出版社,北京,2009

[20] 李红旗,成建宏. 变频空调器及其能效标准[M]. 北京:中国标准出版社,2008.

[21] 李红旗,马国远,刘忠保. 制冷空调与能源动力系统新技术[M]. 北京:北京航空航天大学出版社,2006.

[22] 王志刚,徐秋生,俞炳丰. 变频控制多联式空调系统[M]. 北京:机械工业出版社,2006.

[23] Backhaus S, Swift G W. A thermoacoustic stirling heat engine[J]. Nature,1999,399: 336 - 338.

[24] Wang J, Wu Y Z. Stat-up and Shut-down operation in a reciprocating compressor refrigeration system with capillary tubes[J]. Int. J. Refrig. ,1990,13(3):187 - 190.

[25] 高强,俞炳丰,孟祥兆,等. 室温磁制冷研究进展[J]. 制冷学报,2003,(1):33 - 38.

[26] Pecharsky V K, Gschneidner K. Magnetocaloric effect and magnetic refrigeration[J].

J. Magnetism and Magnetic Materials,1999,200:44－56.

[27] 朱冬生,江立军,谭盈科.太阳能吸附制冷及供热的研究展望[J].新能源,1998,20(4):20－26.

[28] 齐朝晖,汤广发,李定宇.化学吸附式制冷系统传热传质的数值模拟和实验研究[J].制冷学报,2002,23(3):1－6.

[29] Wu Y Z, Xie G C, Li X Z. Development of a high-efficiency domestic refrigerator using CFC substitutes[J]. Int. J. Refrig. ,1994. 17(3):205－208.

[30] Friedrich K. Determination of the optimum high pressure for transcriptical C02 refrigeration cycles[J]. Int. J. Therm. Sci. ,1999,38:325－330.

[31] 公茂琼,罗二仓,周远.用于复叠温区的多元混合工质节流制冷机优化分析及实验研究[J].制冷学报,2000,(1):20－26.

[32] Takahashi H. An introduction of miscible refrigeration oil for ammonia refrigerant [J]. Refrig. JSHRAE,2000,75(2):111－114.

[33] Tobihara T. Performance assessment of natural fluids for heat pumps[J]. Trans. JSHRAE,2000, 17(1):1～11.

[34] 查世彤,马一太,王景刚. CO_2－NH_3 低温复叠式制冷循环的热力学分析与比较[J].制冷学报,2002,(2):15～19.

[35] 周志华,张于峰.碳氢化合物混合工质在制冷系统中的应用研究[J].制冷学报,2002,(2):50～52.

[36] 崔文富.直燃型溴化锂吸收式制冷工程设计[M].北京:中国建筑工业出版社,2000.

[37] 吴业正.小型制冷装置设计指导[M].北京:机械工业出版社,1998.

[38] Hsieh Y Y, Lin T F. Saturated flow boiling heat transfer and Pressure drop of refrigerant R410A in a vertical plate heat exchanger[J]. Int. J. Hcat and Mass Transfer, 2002,45(5):1033－1044

[39] Arif Hepbasli, Yildiz Kalinci. A review of heat pumpwater heating system[J]. Renewable and Sustainable Energy Reviews, 2009,13(6－7):1211－1229.

[40] Morrison G L, Anderson T, Behnia M. Seasonalperformance rating of heat pump water heaters[J]. Solar Energy, 2004,76 (1－3):147－152.

[41] Jiang Huimin, Jiang Yiqiang, Wang Yang, et al. An experimental study on a modified air conditioner with a domestic hot water supply(ACDHWS)[J]. Energy, 2006, 31(12):1789－1803.

[42 Yan W M, Li H Y, Wu Y J, et al. Performance of finned tube heat exchangers operating under frosting conditions[J]. Int. J. Mass Transfer, 2003, 46 (5): 871－877.

[43] Xia Y, Zhong Y, Hrnjak P S, et al. Frost, defrost, and refrost and its impact on the air-side thermal-hydraulic performance of louvered-fin, flat-tube heat exchangers[J]. Int. J. Refrig. , 2006, 29 (6) 1066－1079.

[44] Watters R J, O'Neal D L, Yang J X. Effect of fin staging on frost/defrost performance of a two-row heat pump evaporator at standard test conditions[J]. ASHRAE Trans,2001, 107 (2): 240－249.

[45] Qu K Y, Komori S, Jiang Y. Local variation of frost layer thickness and morphology [J]. Int. J. Thermal Sciences,2006, 45(2)116 - 123.

[46] Yu B F,Wu Y Z,Wang Z G. Phase-out and replacement of CFCs in China[J]. Bulletin of IIR,2000(1):3 - 12.

[47] Bechtler H,Browne M W,Bansal P K,et al. New approach to dynamic modeling of vapour-compression liquid chillers:artificial neural networks[J]. Applied Thermal Engineering,2001,21(9):941 - 953.

[48] Yu F W,Chan K T. Modeling of a condenser-fan control for an air-cooled centrifugal chiller[J]. Applied Energy,2007,84(11):1117 - 1135.

[49] Swider D J,Browne M W,Bansal P K,et al. Modeling of vapour. compression liquid chillers with neural networks[J]. Applied Thermal Engineering,2001,21(3):311 - 329.

[50] 戴永庆.溴化锂吸收式制冷技术及应用[M].北京:机械工业出版社,1996.

[51] 任承钦，王华辉，等. 板式间接蒸发冷却换热器热工特性的实验研究[J]. 热科学与技术，2007，6(4)：331～335.

[52] MeQoiston F C,Parker J D. et al. Heating,ventilating and air conditioning: analysis and design[M]. 5th edition. Hoboken. N. J. :John Wilev and Sons,Inc. ,2000.

[53] ASHRAE. Handbook fimdamentals volume[S]. Atlanta,GA. :American Society of Heating,Refrigerating and Air Conditioning Engineers. Inc. ,2001.

[54] ASHRAE. Handbook HVAC systems and equipment volume[S]. Atlanta. GA. : American Society of Heating, Refrigerating and Air Conditioning Engineers. Inc. ,2000.

[55] Spence S W T,Doran W J. Wart D. et al. Performance analysis of a feasible air-cycle refrigeration system for road transport[J]. Int. J. Refrig. , 2005,28(3):381 - 388.

[56] Spence S W T,Doran w J. Artt D w. Design, construction and testing of all air-cycle refrigeration system for road transport[J]. Int. J. Refrig. ,2004,27(5):503 - 510.

[57] Isabel P G,Teresa J L. Optimization of a commercial aircraft environmental control system[J]. Applied Thermal Engineering,2002,22(17):1885 - 1904.

[58] 俞炳丰.制冷与空调应用新技术[M].北京:化学工业出版社,2002

[59] Li H, Rajewski T E. Experimental Study of Lubricant Candidates for the CO_2 Refrigeration System[C]. Proc of The IIR-Gustav Lorentzen Conference on Natural Working Fluids. West Lafayette:Purdue University,IN,USA,2000:409 - 416.

[60] 张超甫,李红旗,赵志刚,等.多联机系统中电子膨胀阀运行特性研究[J].制冷,2007,26(1):50～53.

[61] 刘益才,秦岚.商用空调多联机系统关键技术发展研究[J].建筑热能通风空调,2004,23(4):27～29.

[62] 全国冷冻空调设备标准化技术委员会. GB/T 18430. 1—2007 蒸气压缩循环冷水(热泵)机组第 1 部分:工业或商业用及类似用途的冷水(热泵)机组[S].北京:中国标准出版社,2007

[63] 全国冷冻空调设备标准化技术委员会. GB/T 10079—2001 活塞式单级制冷压缩机[S]. 北京:中国标准出版社,2001.

[64] 全国冷冻空调设备标准化技术委员会. GB/T 19410—2008 螺杆式制冷压缩机[S]. 北京:中国标准出版社,2008.

[65] 全国冷冻空调设备标准化技术委员会. GB/T 18429—2001 全封闭涡旋式制冷压缩机[S]. 北京:中国标准出版社,2001.

[66] 全国能源基础与管理标准化技术委员会. GB 12021.3—2010 房间空气调节器能效限定值及能效等级[S]. 北京:中国标准出版社,2010.

[67] 吴业正. 制冷与低温技术原理[M]. 北京:高等教育出版社,2004.

[68] Niu L, Zhang Y F. Experimental study of the refrigeration cycle performance for the R744/R290 mixtures[J]. Int. J. Refrig. ,2007(30): 37 - 42.

[69] Hsieh Y Y, Lin T F. Saturated flow boiling heat transfer and pressure drop of refrigerant R410a in a vertical plate heat exchange[J]. Int. J. Heat and Mass Transfer, 2002, 45(5):1033 - 1044.

[70] Kuo W S, Lie Y M, Hsieh Y Y, et al. Condensation heat transfer and pressure drop of refrigerant R410a flow in a vertical plate heat exchanger[J]. Int. J. Heat and Mass Transfer,2005, 48(25 - 26):5205 - 5220.

[71] 杨世铭,陶文铨. 传热学[M]. 4 版. 北京:高等教育出版社,2006.

[72] Richard Sonntag E,Claus Borgnakke,Gordon J,et al. Fundamentals of thermodynamics[M]. New York:Wiley,2003.

[73] Browne M W,Bansal P K. Transient simulation of vapour compression pack-aged liquid chillers[J]. Int. J. Refrig. ,2002,25(5):597 - 610.

[74] 窦艳伟,王雷,万春辉,姜风. 可燃性工质充注量限定值现状和趋势[J]. 制冷学报,2010,31(4):39～44.

[75] Subcommittee 61D of International Electrotechnical Commission. IEC 60335 - 2 - 40: 2005 Safety of household and similar electrical appliances-Part 2 - 40:Particular requirements for electrical heat pumps,air conditioners and dehumidifiers[S]. Switzerland:International Electrotechnical Commission,2005.

[76] Subcommittee 61C of International Electrotechnical Commission. IEC60335 - 2 - 89: 2007 Safety of household and similar electrical appliances-Particular requirements for commercial refrigerating appliances with an incorporated or remote refrigerant condensing unit or compressors[S]. Switzerland:International Electrotechnical Commission,2007.

[77] Technical Committee CEN/TC 182 of Comite Europeen de Normalisation(European Committee For Standardization). EN 378:2008 Refrigerating systems and heat pumps-Safety and environmental requirements[S]. Germany:Comite Europeen de Normalisation(European Committee For Standardization),2008.

[78] Underwriters Laboratories Inc. UL471:2009 Standard for safety:Commercial refrigerators and freezers[S]. USA:Underwriters Laboratories Inc,2009.

[79] G F Hrndy, A R Trott, T C Welch. Refrigeration and Air－Conditioning(Fourth Edition)[M]. Oxford, UK.: Elsevier Ltd, 2008.

[80] Idrahim Dincer, Mehmet Kanoglu. Refrigeration Systems and Applications(Second Edition)[M]. Singapore: John Wiley & Sons Ltd, 2010.

[81] Jesse Russell, Ronald Cohn. Thermoelectric Effect [M]. Edinburgh, UK.: Lennex Corp, 2012.

[82] 马一太，田华，刘春涛，等. 制冷与热泵产品的能效标准研究和循环热力学完善度的分析[M]北京：科学出版社，2012.

[83] 肖学智，周晓芳，徐浩阳，等. 低 GWP 制冷剂研究现状综述[J]. 制冷技术，2014，34(6)：37－42.

[84] 吴业正，厉彦忠，主编. 制冷与低温装置[M]. 北京：高等教育出版社，2009.

附表及附图

附表 1　NH_3 饱和液体的热物理性质

温度 ℃	比汽化热 kJ/kg	密度 kg/m³	比热容 kJ/(kg·K)	导热率 W/(m·K)	导温系数 $10^6 m^2/h$	动力黏度 $10^3 N·s/m^2$	运动黏度 $10^6 m^2/s$	表面张力 N/m	普兰 特数
−70	1 467.79	725.53	4.338	0.550	0.175	0.474	0.654	0.054 9	3.737
−60	1 441.03	713.88	4.371	0.552	0.177	0.380	0.532	0.051 4	3.006
−50	1 414.67	702.15	4.409	0.552	0.178	0.324	0.462	0.048 1	2.596
−40	1 389.97	690.13	4.438	0.551	0.180	0.285	0.413	0.044 7	2.294
−30	1 360.79	677.83	4.467	0.549	0.181	0.255	0.376	0.041 7	2.077
−20	1 328.97	665.11	4.509	0.544	0.181	0.228	0.348	0.038 4	1.922
−10	1 294.48	652.06	4.551	0.537	0.181	0.206	0.316	0.035 3	1.746
0	1 257.74	639.95	4.597	0.525	0.178	0.187	0.293	0.032 4	1.646
10	1 217.80	626.06	4.647	0.509	0.176	0.169	0.271	0.029 3	1.540
20	1 175.88	610.13	4.710	0.494	0.172	0.152	0.249	0.026 3	1.448
30	1 131.78	592.84	4.798	0.475	0.166	0.137	0.230	0.023 4	1.386
40	1 085.55	579.16	4.899	0.455	0.160	0.126	0.217	0.020 6	1.356
50	1 037.13	562.47	5.020	0.433	0.153	0.114	0.203	0.017 8	1.327

附表 2　R22 饱和液体的热物理性质

温度 ℃	比汽化热 kJ/kg	密度 kg/m³	比热容 kJ/(kg·K)	导热率 W/(m·K)	导温系数 $10^4 m^2/h$	动力黏度 $10^3 N·s/m^2$	运动黏度 $10^3 m^2/s$	表面张力 N/m	普兰 特数
−60	244.35	1 466.10	0.984	0.120	3.00	4.75	0.323	0.021 5	3.88
−50	238.96	1 438.31	1.017	0.116	2.86	3.96	0.275	0.020 1	3.46
−40	233.20	1 409.72	1.047	0.112	2.71	3.51	0.249	0.018 4	3.31
−30	227.00	1 380.26	1.080	0.108	2.60	3.20	0.232	0.016 9	3.20
−20	220.05	1 349.71	1.114	0.104	2.48	2.95	0.218	0.015 2	3.17
−10	213.13	1 317.94	1.147	0.100	2.38	2.77	0.210	0.013 6	3.18
0	205.36	1 284.79	1.181	0.095	2.26	2.63	0.204	0.012 0	3.25
10	196.96	1 250.00	1.214	0.091	2.16	2.49	0.199	0.010 4	3.32
20	187.83	1 213.14	1.248	0.087	2.08	2.38	0.197	0.090	3.41
30	177.87	1 173.81	1.277	0.083	1.98	2.29	0.196	0.076	3.55
40	166.88	1 131.32	1.310	0.079	1.91	2.22	0.196	0.060	3.67
50	154.57	1 084.68	1.344	0.074	1.84	2.13	0.196	0.047	3.78
60	140.50	1 032.22	1.373	0.071	1.80	2.08	0.202	0.034	3.92

附表 3　NH_3 饱和液体及蒸气的热力性质

温度/℃	压力/kPa	比焓/kJ/kg		比熵/kJ/(kg·K)		比体积/L/kg	
t	p	h'	h''	s'	s''	v'	v''
−60	12.86	−69.699	1 371.333	−0.109 27	6.651 38	1.400 8	4 715.8
−55	30.09	−48.732	1 380.388	−0.012 09	6.539 00	1.412 3	3 497.5
−50	40.76	−27.489	1 387.182	0.084 12	6.432 63	1.424 2	2 633.4
−45	54.40	−5.919	1 397.687	0.179 62	6.331 75	1.436 4	2 010.6
−40	71.59	15.914	1 405.887	0.274 18	6.235 89	1.449 0	1 555.1
−35	93.00	38.046	1 413.754	0.367 97	6.144 61	1.461 9	1 217.3
−30	119.36	60.469	1 421.262	0.460 89	6.057 5	1.475 3	963.49
−28	131.46	69.517	1 424.170	0.497 97	6.023 74	1.480 8	880.04
−26	144.53	77.870	1 426.993	0.534 83	5.990 56	1.486 4	805.11
−24	158.63	87.742	1 429.762	0.571 55	5.957 94	1.492 0	737.70
−22	173.82	96.916	1 432.465	0.608 13	5.925 87	1.497 7	676.97
−20	190.15	106.130	1 435.100	0.644 58	5.894 31	1.503 5	622.14
−18	207.67	115.381	1 437.665	0.681 08	5.863 25	1.509 3	572.57
−16	226.47	124.668	1 440.160	0.717 02	5.832 68	1.515 3	527.68
−14	246.59	133.988	1 442.581	0.753 00	5.802 56	1.521 3	486.96
−12	268.10	143.341	1 444.929	0.788 83	5.772 89	1.527 4	449.97
−10	291.06	152.723	1 447.201	0.824 48	5.743 65	1.533 6	416.32
−9	303.12	157.424	1 448.308	0.843 24	5.729 18	1.536 7	400.63
−8	315.56	162.132	1 449.396	0.860 26	5.714 81	1.539 9	385.65
−7	328.40	166.846	1 450.464	0.877 72	5.700 54	1.543 0	371.35
−6	341.64	171.567	1 451.513	0.895 26	5.686 37	1.546 2	357.68
−5	355.31	176.293	1 452.541	0.912 54	5.672 29	1.549 5	344.61
−4	369.39	181.025	1 453.550	0.930 37	5.658 31	1.552 7	332.12
−3	383.91	185.761	1 454.468	0.947 85	5.644 41	1.556 0	320.17
−2	398.88	190.503	1 455.505	0.965 29	5.630 61	1.559 3	308.74
−1	414.29	195.249	1 456.452	0.982 67	5.616 89	1.562 6	297.74
0	430.17	200.000	1 457.739	1.000 00	5.603 26	1.566 0	287.31
1	446.52	204.754	1 458.284	1.017 28	5.589 70	1.569 3	277.28

附表 3(续)

温度/℃	压力/kPa	比焓/kJ/kg		比熵/kJ/(kg·K)		比体积/L/kg	
t	p	h'	h''	s'	s''	v'	v''
2	463.34	209.512	1 459.168	1.034 51	5.576 42	1.572 7	267.66
3	480.66	214.273	1 460.031	1.051 68	5.562 86	1.576 2	258.45
4	498.47	219.038	1 460.873	1.068 80	5.549 54	1.579 6	249.61
5	516.79	223.805	1 461.693	1.085 87	5.536 30	1.583 1	241.14
6	535.63	228.574	1 462.492	1.102 88	5.523 14	1.586 6	233.02
7	554.99	233.346	1 463.269	1.119 66	5.510 06	1.590 2	225.22
8	574.89	238.119	1 464.023	1.136 72	5.497 05	1.593 7	217.74
9	595.34	242.894	1 463.757	1.153 65	5.484 10	1.597 3	210.55
10	616.35	247.670	1 465.466	1.170 34	5.471 23	1.601 0	203.65
11	637.92	252.447	1 466.154	1.187 06	5.458 42	1.604 6	197.02
12	660.07	257.225	1 466.820	1.203 72	5.445 68	1.608 3	190.65
13	682.80	262.003	1 467.462	1.220 32	5.433 00	1.612 0	184.53
14	706.13	266.783	1 468.082	1.236 86	5.420 39	1.615 8	178.64
15	754.62	271.559	1 468.680	1.253 33	5.407 84	1.619 6	172.98
16	779.80	276.336	1 469.250	1.269 74	5.395 34	1.623 4	167.54
17	805.62	281.113	1 469.805	1.286 09	5.392 91	1.627 3	162.30
18	832.09	285.888	1 470.332	1.302 38	5.370 54	1.631 1	157.25
19	859.22	290.662	1 470.836	1.326 60	5.358 24	1.635 1	152.40
20	887.01	295.435	1 471.317	1.334 76	5.345 95	1.639 0	147.72
21	887.01	300.205	1 471.774	1.350 85	5.333 74	1.643 01	143.22
22	915.48	304.995	1 472.207	1.366 87	5.321 58	1.647 04	138.88
23	944.65	309.741	1 472.616	1.382 83	5.309 48	1.651 11	134.69
24	974.52	314.505	1 473.001	1.398 73	5.297 42	1.655 22	130.66
25	1 005.1	319.266	1 473.362	1.414 51	5.285 41	1.659 36	126.78
26	1 036.4	324.025	1 473.699	1.430 31	5.273 45	1.663 54	123.03
27	1 068.4	328.780	1 474.011	1.446 00	5.261 53	1.667 76	119.41
28	1 101.2	333.532	1 474.839	1.461 63	5.249 66	1.672 03	115.92
29	1 134.7	338.281	1 474.562	1.477 18	5.237 84	1.676 33	112.56

附表 3(续)

温度/℃	压力/kPa	比焓/kJ/kg		比熵/kJ/(kg·K)		比体积/L/kg	
t	p	h'	h''	s'	s''	v'	v''
30	1 169.0	343.026	1 474.801	1.492 69	5.226 05	1.680 68	109.30
31	1 204.1	347.767	1 475.014	1.508 09	5.214 31	1.685 07	106.17
32	1 240.0	252.504	1 475.175	1.523 45	5.202 61	1.689 50	103.13
33	1 276.7	257.237	1 475.366	1.538 72	5.190 95	1.693 98	100.21
34	1 314.1	261.966	1 475.504	1.553 97	5.179 32	1.698 50	97.376
35	1 352.5	366.691	1 475.616	1.569 08	5.167 74	1.703 07	94.641
36	1 391.6	371.411	1 475.703	1.584 16	5.156 19	1.707 69	91.998
37	1 431.6	376.127	1 475.765	1.599 17	5.144 67	1.712 35	89.442
38	1 472.4	380.838	1 475.800	1.614 11	5.133 19	1.717 07	86.970
39	1 514.1	385.548	1 475.810	1.628 97	5.121 74	1.721 83	84.580
40	1 556.7	390.247	1 475.795	1.643 79	5.110 32	1.726 65	82.266
41	1 600.2	394.945	1 475.750	1.658 52	5.098 94	1.731 52	80.028
42	1 644.6	399.639	1 475.681	1.673 19	5.087 58	1.736 44	77.861
43	1 689.9	404.320	1 475.586	1.687 80	5.076 25	1.741 42	75.764
44	1 736.2	409.011	1 475.463	1.702 34	5.064 95	1.746 45	73.733
45	1 783.4	413.690	1 475.314	1.716 81	5.053 67	1.751 54	71.766
46	1 831.5	418.366	1 475.137	1.731 22	5.042 42	1.756 68	69.860
47	1 880.6	423.037	1 474.934	1.745 56	5.031 20	1.761 89	68.014
48	1 930.7	427.704	1 474.703	1.759 84	5.019 99	1.767 16	66.225
49	1 981.8	432.267	1 474.444	1.774 06	5.008 81	1.772 49	64.491
50	2 033.8	437.026	1 474.157	1.788 21	4.997 65	1.777 88	62.809
51	2 086.8	441.682	1 473.840	1.802 30	4.986 51	1.783 34	61.179
52	2 141.1	447.334	1 473.500	1.816 34	4.975 39	1.788 87	59.598
53	2 196.2	450.984	1 473.138	1.8390 31	4.964 28	1.794 46	58.064
54	2 252.5	455.630	1 472.728	1.844 32	4.953 19	1.800 13	56.576
55	2 309.8	460.274	1 472.290	1.858 08	4.942 12	1.805 86	55.132

附表 4　R22 饱和液体及蒸气的热力性质

温度/℃	压力/kPa	比焓/kJ/kg		比熵/kJ/(kg·K)		比体积/L/kg	
t	p	h'	h''	s'	s''	v'	v''
−60	37.48	134.763	379.114	0.732 54	1.878 86	0.682 08	537.152
−55	49.47	139.830	381.529	0.755 99	1.863 89	0.688 56	414.827
−50	64.39	144.959	383.921	0.779 19	1.850 00	0.695 26	324.557
−45	82.71	150.153	386.282	0.802 16	1.837 08	0.702 19	256.990
−40	104.95	155.414	388.609	0.824 90	1.825 04	0.709 36	205.745
−35	131.68	160.742	390.896	0.847 43	1.813 80	0.716 80	166.400
−30	163.48	166.140	393.138	0.869 76	1.803 29	0.724 52	135.844
−28	177.76	168.318	394.021	0.878 64	1.799 27	0.727 69	125.563
−26	192.99	170.507	394.896	0.887 48	1.795 35	0.730 92	116.214
−24	209.22	172.708	395.762	0.896 30	1.791 52	0.734 20	107.701
−22	226.48	174.919	396.619	0.905 09	1.787 79	0.737 53	99.936 2
−20	244.83	177.142	397.467	0.913 86	1.784 15	0.740 91	92.843 2
−18	264.29	179.376	398.305	0.922 59	1.780 59	0.744 36	86.354 6
−16	284.93	181.622	399.133	0.931 29	1.777 11	0.747 86	80.410 3
−14	306.78	183.878	399.951	0.939 97	1.773 71	0.751 43	74.957 2
−12	329.89	186.147	400.759	0.948 62	1.770 39	0.755 06	69.947 8
−10	354.30	188.426	401.555	0.957 25	1.767 13	0.758 76	65.339 9
−9	367.01	189.571	401.949	0.961 55	1.765 53	0.760 63	63.174 6
−8	380.06	190.718	402.341	0.065 85	1.763 94	0.762 53	61.095 8
−7	393.47	191.868	402.729	0.970 14	1.762 37	0.764 44	59.099 6
−6	407.23	193.021	403.114	0.974 42	1.760 82	0.766 36	57.182 0
−5	421.35	194.176	403.496	0.978 70	1.759 28	0.768 31	55.339 4
−4	435.84	195.335	403.876	0.982 97	1.757 75	0.770 28	33.568 2
−3	450.70	196.497	404.252	0.987 24	1.756 24	0.772 26	51.865 3
−2	465.94	197.662	404.626	0.991 50	1.754 75	0.774 27	50.227 4
−1	481.57	198.828	404.994	0.995 75	1.753 26	0.776 29	48.651 7
0	497.59	200.000	405.361	1.000 00	1.752 79	0.778 34	47.135 4
1	514.01	201.174	405.724	1.004 24	1.750 34	0.780 41	45.675 7
2	530.83	202.351	406.084	1.008 48	1.748 89	0.782 49	44.270 2
3	548.06	203.530	406.440	1.012 71	1.747 46	0.784 60	42.916 6
4	565.71	204.713	406.739	1.016 94	1.746 04	0.786 73	41.612 4
5	583.78	205.899	407.143	1.021 16	1.744 63	0.788 89	40.355 6
6	602.28	207.089	407.489	1.025 37	1.743 24	0.791 07	39.144 1
7	621.22	208.281	407.831	1.029 58	1.741 85	0.793 27	37.975 9
8	640.59	209.477	408.169	1.033 79	1.740 47	0.795 49	36.849 3
9	660.42	210.675	408.504	1.037 99	1.739 11	0.797 75	35.762 4
10	680.70	211.877	408.835	1.042 18	1.737 75	0.800 02	34.713 6

附表 4(续)

温度/℃	压力/kPa	比焓/kJ/kg		比熵/kJ/(kg • K)		比体积/L/kg	
t	p	h'	h''	s'	s''	v'	v''
11	701.44	213.083	409.162	1.046 37	1.736 40	0.802 32	33.701 3
12	722.65	214.296	409.485	1.050 56	1.735 06	0.804 65	32.723 9
13	744.33	215.503	409.804	1.054 74	1.733 73	0.807 01	31.780 1
14	766.50	216.719	410.119	1.058 92	1.732 41	0.809 39	30.868 3
15	789.15	217.937	410.430	1.063 09	1.731 09	0.811 80	29.987 4
16	812.29	219.160	410.736	1.067 26	1.729 78	0.814 24	29.136 1
17	835.93	220.386	411.038	1.071 42	1.728 48	0.816 71	28.313 1
18	860.08	221.615	411.336	1.075 59	1.727 19	0.819 22	27.517 3
19	884.75	222.848	411.629	1.079 74	1.725 90	0.821 75	26.747 7
20	909.93	224.084	411.918	1.083 90	1.724 62	0.824 31	26.003 2
21	935.64	225.324	412.202	1.088 05	1.723 34	0.826 91	25.282 9
22	961.89	226.568	412.481	1.092 20	1.722 06	0.829 54	24.585 7
23	988.67	227.816	412.755	1.096 34	1.720 80	0.832 21	23.910 7
24	1 016.0	229.068	413.025	1.100 48	1.719 53	0.834 91	23.257 2
25	1 043.9	230.324	413.289	1.104 62	1.718 27	0.837 65	22.624 2
26	1 072.3	231.583	413.548	1.108 76	1.717 01	0.840 43	22.011 1
27	1 101.4	232.847	413.802	1.112 90	1.715 76	0.843 24	21.416 9
28	1 130.9	234.115	414.050	1.117 03	1.714 50	0.846 10	20.841 1
29	1 161.1	235.387	414.293	1.121 16	1.713 25	0.848 99	20.282 9
30	1 191.9	236.664	414.530	1.125 30	1.712 00	0.851 93	19.741 7
31	1 223.2	237.944	414.762	1.129 43	1.710 75	0.854 91	19.216 8
32	1 255.2	239.230	414.987	1.133 55	1.709 50	0.857 93	18.707 6
33	1 287.8	240.520	415.207	1.137 68	1.708 26	0.861 01	18.213 5
34	1 321.0	241.814	415.402	1.141 81	1.707 01	0.864 12	17.734 1
35	1 354.8	243.114	415.627	1.145 94	1.705 76	0.867 29	17.268 6
36	1 389.0	244.418	415.828	1.150 07	1.704 50	0.870 51	16.816 8
37	1 424.3	245.727	416.021	1.154 20	1.703 25	0.873 78	16.377 9
38	1 460.1	247.041	416.208	1.158 33	1.701 99	0.877 10	15.951 7
39	1 496.5	248.361	416.388	1.162 46	1.700 73	0.880 48	15.537 5
40	1 533.5	249.686	416.561	1.166 55	1.699 46	0.883 92	15.135 1
41	1 571.2	251.016	416.726	1.170 73	1.698 19	0.887 41	14.743 9
42	1 609.6	252.352	416.883	1.174 86	1.696 92	0.890 97	14.363 6
43	1 648.7	253.694	417.033	1.179 00	1.695 64	0.894 59	13.993 8
44	1 688.5	255.042	417.174	1.183 10	1.694 35	0.898 28	13.634 1
45	1 729.0	256.396	417.308	1.187 30	1.693 05	0.902 03	13.284 1
46	1 770.2	257.756	417.432	1.191 45	1.691 74	0.905 86	12.943 6
47	1 812.1	259.123	417.548	1.195 60	1.690 43	0.909 76	12.612 2
48	1 854.8	260.497	417.655	1.199 77	1.689 11	0.913 74	12.289 5
49	118 982.0	261.877	417.752	1.203 93	1.668 777	0.917 79	11.975 3

附表 4(续)

温度/℃	压力/kPa	比焓/kJ/kg		比熵/kJ/(kg•K)		比体积/L/kg	
t	p	h'	h''	s'	s''	v'	v''
50	1 942.3	263.264	417.838	1.208 11	1.686 43	0.921 93	11.669 3
52	2 032.8	266.062	417.983	1.216 48	1.683 70	0.930 47	11.080 6
54	2 126.5	268.891	418.083	1.224 89	1.680 91	0.939 39	10.521 4
56	2 223.2	271.754	418.137	1.233 33	1.678 05	0.948 72	9.989 52
58	2 323.2	274.654	418.141	1.241 83	1.675 11	0.958 50	9.483 19
60	2 426.6	277.593	418.089	1.250 38	1.672 08	0.968 78	9.000 62
62	2 533.3	280.577	417.978	1.258 99	1.668 95	0.979 60	8.540 16
64	2 643.5	283.607	417.802	1.267 68	1.665 76	0.991 04	8.100 23
66	2 757.3	286.690	417.553	1.276 47	1.662 31	1.003 17	7.679 34
68	2 874.7	289.832	417.226	1.285 35	1.658 70	1.016 08	7.276 05
70	2 995.9	293.038	416.809	1.294 36	1.655 04	1.029 87	6.888 99
75	3 316.1	301.399	415.299	1.317 58	1.644 72	1.069 16	5.983 34
80	3 662.3	310.424	412.898	1.342 23	1.632 39	1.118 10	5.148 62
85	4 036.8	320.505	409.101	1.369 36	1.616 73	1.183 28	4.358 15
90	4 442.5	332.616	402.653	1.401 55	1.594 40	1.282 30	3.564 40
95	4 883.5	351.767	386.708	1.452 22	1.547 12	1.520 64	3.551 33

附表 5　R22 过热蒸气的热力性质

t/℃	v/L/kg	h/kJ/kg	s/kJ/(kg • K)	v/L/kg	h/kJ/kg	s/kJ/(kg • K)	v/ L/kg	h/kJ/kg	s/kJ/(kg • K)
	t_s=−20℃			t_s=−10℃			t_s=0℃		
−20	92.843 2	397.467	1.784 1						
−15	95.147 4	400.737	1.796 9						
−10	97.425 6	404.017	1.809 5	65.339 9	401.555	1.767 1			
−5	99.680 8	407.307	1.821 9	67.008 1	404.983	1.780 0			
0	101.915	410.610	1.834 1	68.652 4	408.412	1.792 7	47.135 4	405.361	1.751 8
5	104.130	413.926	1.846 1	70.275 1	411.845	1.805 2	48.389 9	408.969	1.764 9
10	106.328	417.258	1.858 0	71.878 5	415.283	1.817 4	49.621 5	412.567	1.777 7
15	108.510	420.606	1.869 7	73.464 4	418.730	1.829 5	50.832 8	416.159	1.790 3
20	110.678	423.970	1.881 3	75.034 6	422.186	1.841 4	52.025 9	419.649	1.802 6
25	112.832	426.353	1.892 8	76.590 4	425.653	1.853 1	53.202 8	423.339	1.814 8
	t_s=5℃			t_s=−10℃			t_s=15℃		
5	40.355 6	407.143	1.744 6						
10	41.458 0	410.851	1.757 8	34.713 6	408.835	1.737 7			
15	42.537 9	414.542	1.770 8	35.690 7	412.651	1.751 1	29.987 4	410.430	1.731 1
20	43.597 9	418.222	1.783 4	36.645 4	416.442	1.764 2	30.860 6	414.362	1.755 6
25	44.640 1	421.894	1.795 8	37.580 4	420.215	1.776 9	31.711 4	418.260	1.757 8
30	45.666 5	425.562	1.808 0	38.498 1	423.974	1.789 4	32.542 7	422.133	1.770 7
35	46.678 6	429.229	1.820 0	39.400 2	427.124	1.801 7	33.356 8	425.985	1.783 3
40	47.677 9	432.897	1.831 9	40.288 4	431.469	1.813 7	34.155 6	429.823	1.795 6
45	48.665 6	436.569	1.843 5	41.164 2	485.211	1.825 6	34.940 9	433.650	1.807 8
50	49.642 7	440.247	1.855 0	42.028 6	438.954	1.837 3	35.713 9	437.470	1.819 7

附表 5(续)

	$t_s=20$℃			$t_s=25$℃			$t_s=30$℃		
20	26.006 2	411.918	1.724 6						
25	26.720 0	415.977	1.738 3	22.624 2	413.289	1.718 3			
30	27.554 2	419.991	1.751 7	23.338 9	417.487	1.732 2	19.741 7	414.530	1.712 0
35	28.298 9	423.970	1.764 6	24.030 6	421.627	1.745 8	20.396 2	418.881	1.726 2
40	29.026 4	427.922	1.777 4	24.702 7	425.721	1.759 0	21.027 2	423.159	1.740 0
45	29.738 9	431.852	1.789 9	25.357 5	429.779	1.771 8	21.638 1	427.378	1.753 4
50	30.437 9	435.766	1.802 1	25.997 4	433.807	1.784 4	22.231 6	431.549	1.766 4
55	31.125 0	439.668	1.814 1	26.623 9	437.813	1.796 7	22.810 1	435.683	1.779 1
60	31.801 2	443.561	1.825 8	27.238 6	441.801	1.808 7	23.373 3	439.787	1.791 5
65	32.467 8	447.450	1.837 4	27.842 7	445.777	1.820 6	23.928 8	443.867	1.803 8
	$t_s=32$℃			$t_s=34$℃			$t_s=36$℃		
35	19.090 7	416.648	1.718 2	17.859 0	416.325	1.709 9			
40	19.709 3	422.014	1.732 2	18.467 5	420.792	1.724 3	17.295 3	419.483	1.716 2
45	20.306 2	426.310	1.745 8	19.052 6	425.174	1.738 2	17.870 8	423.961	1.730 4
50	20.884 7	430.549	1.759 1	19.617 8	429.487	1.751 7	18.424 7	428.358	1.744 2
55	21.447 1	434.743	1.771 9	20.166 0	433.747	1.764 7	18.960 3	432.690	1.757 5
60	21.995 6	438.900	1.784 5	20.699 4	437.963	1.777 5	19.480 2	436.970	1.770 4
65	22.531 8	443.028	1.796 8	21.219 9	442.143	1.789 9	19.986 5	441.207	1.783 0
70	23.057 1	447.133	1.808 9	21.728 9	446.294	1.802 1	20.480 7	445.410	1.795 4
75	23.572 6	451.219	1.820 7	22.227 8	450.424	1.814 1	20.964 3	449.586	1.807 4
80	24.079 4	455.292	1.832 3	22.717 6	454.535	1.825 8	21.438 5	453.739	1.819 3

附表5(续)

	$t_s=38℃$			$t_s=40℃$			$t_s=42℃$		
40	16.186 5	418.076	1.708 0	15.135 0	416.561	1.699 5			
45	16.754 5	422.664	1.722 5	15.698 2	421.274	1.714 4	14.696 4	419.779	1.706 1
50	17.299 1	427.155	1.736 5	16.235 5	425.871	1.728 7	15.228 6	424.496	1.720 8
55	17.824 0	431.568	1.750 1	16.751 4	430.374	1.742 6	15.737 3	429.101	1.734 9
60	18.332 0	435.918	1.763 2	17.249 1	434.803	1.756 0	16.226 4	433.617	1.748 6
65	18.825 5	440.218	1.776 0	17.731 3	439.171	1.769 0	16.698 7	438.062	1.761 8
70	19.306 3	444.477	1.788 5	18.200 1	443.491	1.781 7	17.156 8	442.449	1.774 7
75	19.776 0	448.703	1.800 8	18.657 1	447.771	1.794 0	17.602 4	446.788	1.787 2
80	20.235 8	452.901	1.812 7	19.103 8	452.019	1.806 1	18.037 1	451.090	1.799 5
85				19.541 2	456.241	1.818 0	18.462 2	455.360	1.811 5
	$t_s=45℃$			$t_s=50℃$					
45	13.284 1	417.308	1.693 1						
50	13.813 6	422.241	1.708 4	11.669 3	417.839	1.686 4			
55	14.315 4	427.025	1.723 1	12.172 1	423.028	1.702 4			
60	14.794 6	431.693	1.737 2	12.644 7	428.026	1.717 5			
65	15.255 0	436.268	1.750 9	13.093 2	432.877	1.731 9			
70	15.699 5	440.769	1.764 1	13.521 9	437.613	1.745 8			
75	16.130 3	445.209	1.776 9	13.934 2	442.258	1.759 3			
80	16.549 2	449.599	1.789 5	14.332 5	446.828	1.772 3			
85	16.957 8	453.950	1.801 7	14.718 7	451.337	1.785 0			
90	17.357 1	458.267	1.813 7	15.094 3	455.796	1.797 3			

附表 6 R14 饱和液体及蒸气的热力性质

温度/K	压力/MPa	比体积/m³/kg	密度/kg/m³	比焓/kJ/kg		比熵/kJ/(kg·K)	
T	p	v''	ρ'	h'	h''	s'	s''
130	0.029 833	0.403 76	1 714.2	99.049	241.48	1.493 6	2.589 2
132	0.035 683	0.341 84	1 703.9	100.80	242.24	1.506 9	2.578 5
134	0.042 424	0.291 01	1 693.5	102.56	243.00	1.520 2	2.568 2
136	0.050 150	0.249 05	1 683.0	104.35	243.75	1.533 4	2.558 4
138	0.058 960	0.214 20	1 672.4	106.16	244.49	1.546 5	2.548 9
140	0.068 950	0.185 11	1 661.7	107.99	245.22	1.559 7	2.539 9
141	0.074 433	0.172 37	1 656.3	108.91	245.58	1.566 2	2.535 5
142	0.080 247	0.160 68	1 650.9	109.84	245.94	1.572 7	2.531 2
143	0.086 413	0.149 94	1 645.4	110.77	246.29	1.579 3	2.527 0
144	0.092 944	0.140 07	1 640.0	111.71	246.65	1.585 8	2.522 8
145	0.099 856	0.130 98	1 634.5	112.65	246.99	1.592 3	2.518 8
145.21	0.101 325	0.129 20	1 633.3	112.85	247.07	1.593 6	2.517 9
146	0.107 16	0.122 60	1 628.9	113.60	247.34	1.598 8	2.514 8
147	0.114 88	0.114 86	1 623.4	114.56	247.68	1.605 2	2.510 8
148	0.123 02	0.107 72	1 617.8	115.51	248.02	1.611 7	2.507 0
149	0.131 60	0.101 11	1 612.1	116.48	248.36	1.618 1	2.503 2
150	0.140 64	0.094 99	1 606.5	117.45	248.69	1.624 6	2.499 5
151	0.150 15	0.089 31	1 600.8	118.42	249.02	1.631 0	2.495 9
152	0.160 15	0.084 05	1 595.1	119.40	249.34	1.637 4	2.492 3
153	0.170 55	0.079 16	1 589.3	120.38	249.66	1.643 8	2.488 8
154	0.181 68	0.074 62	1 583.5	121.37	249.98	1.650 2	2.485 3
155	0.193 223	0.070 39	1 577.7	122.36	250.29	1.656 6	2.481 9
156	0.205 34	0.066 45	1 571.8	123.35	250.60	1.662 9	2.478 6
157	0.218 02	0.062 78	1 565.9	124.35	250.96	1.669 3	2.475 3
158	0.231 129	0.059 36	1 560.0	125.36	251.20	1.675 6	2.472 1
159	0.245 16	0.056 16	1 554.0	126.37	251.49	1.681 9	2.468 9
160	0.259 65	0.053 17	1 548.0	127.38	251.78	1.688 2	2.465 7
161	0.274 77	0.050 37	1 541.9	128.40	252.07	1.694 5	2.462 6
162	0.290 55	0.047 75	1 535.8	129.42	252.35	1.700 8	2.459 6
163	0.307 00	0.040 29	1 529.7	130.45	252.63	1.707 0	2.456 6
164	0.324 14	0.042 99	1 523.5	131.48	252.90	1.713 2	2.453 6
165	0.341 99	0.040 83	1 517.3	132.52	253.16	1.719 5	2.450 7
166	0.360 55	0.038 80	1 511.0	133.55	253.42	1.725 7	2.447 8
167	0.379 86	0.036 89	1 504.7	134.60	253.68	1.731 9	2.444 9
168	0.390 93	0.035 09	1 498.3	135.64	253.93	1.738 0	2.442 1
169	0.420 77	0.033 40	1 491.9	136.69	254.17	1.744 2	2.439 3

附表 6(续)

温度/K	压力/MPa	比体积/m³/kg	密度/kg/m³	比焓/kJ/kg		比熵/kJ/(kg·K)	
T	p	v''	ρ'	h'	h''	s'	s''
170	0.442 40	0.031 81	1 485.5	137.75	254.41	1.750 3	2.436 6
171	0.464 85	0.030 31	1 478.9	138.81	254.65	1.756 4	2.433 9
172	0.488 13	0.028 90	1 472.4	139.87	254.87	1.762 5	2.431 2
173	0.512 25	0.027 56	1 465.7	140.93	255.10	1.768 6	2.428 5
174	0.537 24	0.026 30	1 459.0	142.00	255.31	1.774 7	2.425 9
175	0.563 11	0.025 10	1 452.3	143.08	255.52	1.780 7	2.423 3
176	0.589 88	0.023 97	1 445.5	144.15	255.72	1.786 8	2.420 7
177	0.617 58	0.022 90	1 438.6	145.23	255.92	1.792 8	2.418 1
178	0.646 21	0.021 89	1 431.7	146.32	256.11	1.79 88	2.415 6
179	0.675 79	0.020 93	1 424.7	147.41	256.29	1.80 47	2.413 1
180	0.706 35	0.020 02	1 417.6	148.50	256.47	1.81 07	2.410 5
181	0.737 91	0.019 16	1 410.5	149.59	256.64	1.81 67	2.408 1
182	0.770 48	0.018 34	1 403.3	150.09	256.80	1.82 26	2.405 6
183	0.804 07	0.017 56	1 396.0	151.80	256.95	1.82 85	2.403 1
184	0.838 72	0.016 82	1 388.6	152.90	257.10	1.83 44	2.400 7
185	0.874 44	0.016 11	1 381.2	154.02	257.24	1.83 40	2.398 2
186	0.911 25	0.015 44	1 373.7	155.13	257.37	1.84 61	2.395 8
187	0.949 17	0.014 80	1 366.0	156.25	257.49	1.85 20	2.393 4
188	0.988 21	0.014 19	1 358.3	157.37	257.60	1.85 78	2.391 0
189	1.028 4	0.013 61	1 350.5	158.50	257.71	1.86 37	2.388 6
190	1.069 8	0.013 06	1 342.6	159.63	257.80	1.86 95	2.386 2
192	1.156 1	0.012 03	1 326.5	161.91	257.96	1.88 11	2.381 3
194	1.247 4	0.011 08	1 309.9	164.21	258.08	1.89 26	2.376 5
196	1.343 7	0.010 22	1 292.8	166.54	258.15	1.90 42	2.371 6
198	1.445 4	0.009 425	1 275.2	168.88	258.17	1.91 57	2.366 6
200	1.552 5	0.008 695	1 257.0	171.26	258.13	1.92 72	2.361 6
202	1.665 4	0.008 022	1 238.0	173.67	258.03	1.93 87	2.356 4
204	1.784 2	0.007 399	1 218.3	176.12	257.86	1.95 03	2.351 0
206	1.909 1	0.006 822	1 197.7	178.61	257”62	1.96 20	2.345 5
208	2.040 5	0.006 284	1 176.1	181.15	257.28	1.97 37	2.339 7
210	2.178 7	0.005 781	1 153.3	183.77	256.83	1.98 57	2.333 6
215	2.555 7	0.004 550	1 088.1	190.72	255.08	2.01 68	2.316 2
220	2.983 5	0.003 889	1 008.3	198.74	251.87	2.05 18	2.293 3
225	3.472 4	0.002 611	883.12	209.89	244.78	2.09 95	2.254 5
* 227.5	0.03.745	0.001 60	626.	228.6	228.6	2.179	2.179

* 临界点

附表 7　R23 饱和液体及蒸气的热力性质

温度/K	压力/MPa	比体积/m³/kg	密度/kg/m³	比焓/kJ/kg		比熵/kJ/(kg·K)	
T	p	v''	ρ'	h'	h''	s'	s''
150	0.004 367	4.057 6	1 554.3	−102.71	166.87	−0.541 23	1.256 0
155	0.007 111	2.569 3	1 542.2	−96.045	169.35	−0.497 50	1.214 7
160	0.011 167	1.684 1	1 529.6	−89.694	171.80	−0.457 19	1.177 1
165	0.016 983	1.138 0	1 516.5	−83.584	174.20	−0.419 60	1.142 7
170	0.025 100	0.789 96	1 502.9	−77.643	176.55	−0.384 16	1.111 1
172	0.029 131	0.687 33	1 497.3	−75.299	177.48	−0.370 47	1.099 2
174	0.033 677	0.600 22	1 491.6	−72.969	178.39	−0.357 02	1.087 6
176	0.038 786	0.525 98	1 485.8	−70.649	179.29	−0.343 78	1.076 3
178	0.044 508	0.462 47	1 479.9	−68.335	180.19	−0.330 73	1.065 5
180	0.050 898	0.407 93	1 473.9	−66.025	181.06	−0.317 85	1.054 9
182	0.058 010	0.360 92	1 467.9	−63.716	181.93	−0.305 12	1.044 6
184	0.065 904	0.320 27	1 461.7	−61.404	182.78	−0.292 52	1.034 6
186	0.074 641	0.285 00	1 455.5	−59.089	183.62	−0.280 03	1.024 9
188	0.084 284	0.254 30	1 449.1	−56.766	184.45	−0.267 65	1.015 4
190	0.094 900	0.227 50	1 442.6	−54.435	185.26	−0.255 35	1.006 2
191.13	0.101 325	0.213 92	1 439.0	−53.119	185.71	−0.248 47	1.001 1
192	0.106 56	0.204 03	1 436.1	−52.093	186.05	−0.243 13	0.997 21
194	0.119 32	0.183 42	1 429.4	−49.739	186.83	−0.230 98	0.988 45
196	0.133 28	0.165 28	1 422.6	−47.371	187.59	−0.218 89	0.979 91
198	0.148 49	0.149 25	1 415.7	−44.988	188.34	−0.206 84	0.971 58
200	0.165 03	0.135 07	1 408.7	−42.588	189.07	−0.194 84	0.963 44
202	0.182 99	0.122 49	1 401.6	−40.171	189.78	−0.182 88	0.955 50
204	0.202 45	0.111 30	1 394.3	−37.736	190.48	−0.170 95	0.947 73
206	0.223 49	0.101 32	1 387.0	−35.281	191.15	−0.159 06	0.940 14
208	0.246 19	0.092 41	1 379.5	−32.808	191.81	−0.147 18	0.932 71
210	0.270 63	0.084 43	1 371.8	−30.314	192.45	−0.135 34	0.925 45
212	0.296 91	0.077 27	1 364.1	−27.800	193.67	−0.123 51	0.918 33
214	0.325 11	0.070 83	1 356.2	−25.265	193.07	−0.111 71	0.911 36
216	0.355 32	0.065 03	1 348.2	−22.711	194.25	−0.099 933	0.904 54
218	0.387 64	0.059 80	1 340.0	−20.135	194.82	−0.088 177	0.897 84
220	0.422 14	0.055 06	1 331.7	−17.540	195.36	−0.076 444	0.891 28
222	0.458 94	0.050 78	1 323.2	−14.925	195.88	−0.064 737	0.884 83
224	0.498 11	0.046 88	1 314.6	−12.291	196.88	−0.053 055	0.875 51
226	0.539 76	0.043 35	1 305.8	−0.037	196.86	−0.041 402	0.872 29
228	0.583 97	0.040 13	1 296.9	−0.964	197.32	−0.029 778	0.866 19

附表 7(续)

温度/K	压力/MPa	比体积/m³/kg	密度/kg/m³	比焓/kJ/kg		比熵/kJ/(kg・K)	
T	p	v''	ρ'	h'	h''	s'	s''
230	0.630 85	0.037 19	1 287.7	−4.274	197.75	−0.018 187	0.860 18
232	0.680 50	0.034 50	1 278.4	−1.565	198.16	−0.006 629	0.854 26
234	0.733 00	0.032 05	1 268.9	1.160	198.56	0.004 892	0.848 43
236	0.788 47	0.029 80	1 259.3	3.903	198.91	0.016 876	0.842 69
238	0.847 01	0.027 73	1 249.4	6.662	199.25	0.027 820	0.837 01
240	0.908 70	0.025 83	1 239.3	9.437	199.56	0.039 223	0.831 41
242	0.973 67	0.024 08	1 229.0	12.227	199.85	0.050 585	0.825 87
244	1.042 0	0.022 47	1 218.5	15.034	200.10	0.061 904	0.820 38
246	1.113 9	0.020 98	1 207.8	17.856	200.33	0.073 182	0.814 94
248	1.189 3	0.019 60	1 196.8	20.694	200.52	0.084 419	0.809 53
250	1.268 5	0.018 33	1 185.5	23.549	200.68	0.095 618	0.804 15
252	1.351 5	0.017 14	1 174.0	26.421	200.81	0.106 78	0.798 79
254	1.438 4	0.016 04	1 162.1	29.311	200.89	0.117 91	0.793 43
256	1.529 5	0.015 02	1 150.0	32.222	200.94	0.129 02	0.788 07
258	1.624 7	0.014 07	1 137.6	35.155	200.94	0.140 11	0.782 69
260	1.724 3	0.013 18	1 124.8	38.113	200.89	0.151 19	0.777 27
262	1.828 5	0.012 35	1 111.6	41.099	200.80	0.162 28	0.771 81
264	1.937 3	0.011 58	1 098.0	44.118	200.64	0.173 38	0.766 27
266	2.050 9	0.010 85	1 084.0	47.175	200.42	0.184 52	0.760 64
268	2.169 6	0.010 16	1 069.6	50.277	200.13	0.195 73	0.754 90
270	2.293 4	0.009 519	1 054.6	53.430	199.77	0.207 02	0.749 01
272	2.422 6	0.008 912	1 039.1	56.645	199.31	0.210 43	0.742 95
274	2.557 4	0.008 339	1 022.9	59.934	198.76	0.230 00	0.736 67
276	2.697 9	0.007 797	1 006.0	63.311	198.10	0.241 78	0.730 13
278	2.844 6	0.007 282	988.39	66.795	197.30	0.253 83	0.723 27
280	2.997 5	0.006 791	969.85	70.404	196.35	0.266 22	0.716 02
282	3.157 0	0.006 322	950.25	74.176	195.22	0.279 04	0.708 29
284	3.323 4	0.005 872	929.42	78.139	193.88	0.292 42	0.699 96
286	3.497 0	0.005 438	907.07	82.344	192.27	0.306 51	0.690 87
288	3.678 1	0.005 017	882.84	86.859	190.33	0.321 54	0.680 80
290	3.867 2	0.004 602	856.15	91.779	187.94	0.337 80	0.669 41
292	4.064 5	0.004 190	826.05	97.257	184.93	0.355 80	0.656 13
294	4.270 6	0.003 768	790.81	103.56	181.04	0.376 40	0.639 96
296	4.485 8	0.003 313	746.42	111.25	175.02	0.401 45	0.085 9
*299.1	4.836	0.001 90	525.	144.2	144.2	0.508 3	0.508 7

* 临界点

附表 8　R123 饱和液体及蒸气的热力性质

温度 t ℃	绝对压力 p kPa	比体积 液体 v' $10^{-3}m^3/kg$	比体积 蒸气 v'' m^3/kg	比焓 液体 h' kJ/kg	比焓 蒸气 h'' kJ/kg	汽化热 r kJ/kg	比熵 液体 s' kJ/(kg·K)	比熵 蒸气 s'' kJ/(kg·K)
－40	3.816	0.619 21	3.313 25	167.808	356.182	188.374	0.872 96	1.680 91
－39	4.066	0.620 05	3.121 89	168.539	356.758	188.220	0.876 09	1.679 93
－38	4.331	0.620 89	2.943 22	169.273	357.336	188.063	0.879 22	1.678 98
－37	4.610	0.621 74	2.776 31	170.012	357.916	187.904	0.882 35	1.678 05
－36	4.904	0.622 59	2.620 29	170.754	358.496	187.743	0.885 48	1.677 15
－35	5.215	0.623 44	2.474 37	171.499	359.078	187.579	0.888 62	1.676 27
－34	5.541	0.624 30	2.337 81	172.249	359.661	187.412	0.891 76	1.675 42
－33	5.886	0.625 17	2.209 95	173.002	360.245	187.243	0.894 90	1.674 60
－32	6.248	0.626 03	2.090 16	173.758	360.830	187.072	0.898 05	1.673 80
－31	6.628	0.626 90	1.977 87	174.519	361.417	186.898	0.901 19	1.673 02
－30	7.029	0.627 78	1.872 55	175.283	362.005	186.721	0.904 34	1.672 27
－29	7.449	0.628 66	1.773 73	176.051	362.593	186.542	0.907 49	1.671 54
－28	7.891	0.629 54	1.680 95	176.823	363.183	186.360	0.910 65	1.670 83
－27	8.354	0.630 43	1.593 78	177.599	363.774	186.175	0.913 80	1.670 15
－26	8.840	0.631 32	1.511 87	178.378	364.366	185.988	0.916 96	1.669 49
－25	9.350	0.632 21	1.434 84	179.162	364.959	185.798	0.920 12	1.668 85
－24	9.885	0.633 11	1.362 38	179.949	365.553	185.605	0.923 29	1.668 24
－23	10.445	0.634 02	1.294 17	180.740	366.148	185.409	0.926 45	1.667 64
－22	11.031	0.634 93	1.229 93	181.534	366.745	185.210	0.929 62	1.667 07
－21	11.645	0.635 84	1.169 41	182.333	367.342	185.009	0.932 79	1.666 52
－20	12.287	0.636 76	1.112 36	183.135	367.940	184.805	0.935 97	1.665 99
－19	12.959	0.637 68	1.058 55	183.941	368.539	184.597	0.939 15	1.665 48
－18	13.661	0.638 61	1.007 79	184.752	369.139	184.387	0.942 33	1.664 99
－17	14.394	0.639 54	0.959 86	185.566	369.740	184.174	0.945 51	1.664 52
－16	15.160	0.640 47	0.914 61	186.384	370.341	183.958	0.948 69	1.664 07
－15	15.960	0.641 41	0.871 85	187.205	370.944	183.739	0.951 88	1.663 63
－14	16.794	0.642 36	0.831 43	188.031	371.548	183.517	0.955 07	1.663 22
－13	17.665	0.643 31	0.793 21	188.860	372.152	183.292	0.958 26	1.662 82
－12	18.573	0.644 26	0.757 05	189.694	372.757	183.063	0.961 46	1.662 45
－11	19.519	0.645 22	0.722 82	190.531	373.363	182.832	0.964 66	1.662 09
－10	20.505	0.646 19	0.690 41	191.372	373.970	182.597	0.967 86	1.661 75
－9	21.531	0.647 15	0.659 71	192.217	374.577	182.360	0.971 06	1.661 42
－8	22.600	0.648 13	0.630 61	193.067	375.185	182.119	0.974 * 26	1.661 12
－7	23.712	0.649 11	0.603 03	193.920	375.794	181.875	0.977 47	1.660 83
－6	24.869	0.650 09	0.576 87	194.776	376.404	181.627	0.980 68	1.660 55
－5	26.072	0.651 08	0.552 04	195.637	377.014	181.377	0.983 90	1.660 30
－4	27.323	0.652 08	0.528 48	195.502	377.625	181.123	0.987 11	1.660 06
－3	28.623	0.653 08	0.506 10	197.371	378.236	180.866	0.990 33	1.659 83
－2	29.973	0.654 08	0.484 84	198.243	378.848	180.605	0.993 55	1.659 62
－1	31.375	0.655 09	0.464 64	199.120	379.461	180.341	0.996 77	1.659 43
0	32.830	0.656 11	0.445 43	200.000	380.074	180.074	1.000 00	1.659 25

附表 8(续)

温度 t ℃	绝对压力 p kPa	比体积 液体 v' $10^{-3}m^3/kg$	比体积 蒸气 v'' m^3/kg	比焓 液体 h' kJ/kg	比焓 蒸气 h'' kJ/kg	汽化热 r kJ/kg	比熵 液体 s' kJ/(kg·K)	比熵 蒸气 s'' kJ/(kg·K)
1	34.339	0.657 13	0.427 17	200.884	380.688	179.803	1.003 23	1.659 09
2	35.906	0.658 16	0.409 79	201.773	381.302	179.529	1.006 46	1.658 94
3	37.530	0.659 19	0.393 25	202.665	381.917	179.252	1.009 69	1.658 80
4	39.213	0.660 23	0.377 50	203.561	382.532	178.971	1.012 93	1.658 68
5	40.957	0.661 27	0.362 50	204.461	383.147	178.687	1.016 16	1.658 57
6	42.764	0.662 32	0.348 20	205.364	383.763	178.399	1.019 40	1.658 48
7	44.636	0.663 38	0.334 58	206.272	384.380	178.108	1.022 64	1.658 40
8	46.573	0.664 44	0.321 59	207.184	384.997	177.813	1.025 89	1.658 34
9	48.578	0.665 51	0.309 20	208.099	385.614	177.515	1.029 13	1.658 28
10	50.652	0.666 58	0.297 38	209.018	386.231	177.213	1.032 38	1.658 24
11	52.797	0.667 66	0.286 10	209.942	386.849	176.907	1.035 63	1.658 21
12	55.015	0.668 74	0.275 33	210.869	387.467	176.598	1.038 88	1.658 20
13	57.307	0.669 84	0.265 04	211.800	388.085	176.286	1.042 13	1.658 19
14	59.676	0.670 93	0.255 21	212.734	388.704	175.969	1.045 39	1.658 20
15	62.123	0.672 04	0.245 81	213.673	389.322	175.694	1.048 65	1.658 22
16	64.650	0.673 15	0.236 83	214.615	389.941	175.326	1.051 91	1.658 25
17	67.259	0.674 27	0.228 24	215.561	390.560	174.999	1.055 17	1.658 30
18	69.951	0.675 39	0.220 02	216.511	391.179	174.668	1.058 43	1.658 35
19	72.729	0.676 52	0.212 16	217.465	391.798	174.333	1.061 69	1.658 42
20	75.595	0.677 66	0.204 63	218.422	392.417	173.995	1.054 96	1.658 49
21	78.550	0.678 81	0.197 42	219.383	393.036	173.653	1.068 22	1.658 58
22	81.597	0.679 96	0.190 52	220.348	393.656	173.308	1.071 49	1.658 67
23	84.737	0.681 12	0.183 91	221.316	394.275	172.959	1.074 76	1.658 78
24	87.973	0.682 28	0.177 57	222.289	394.894	172.606	1.078 03	1.659 90
25	91.306	0.683 45	0.171 49	223.264	395.513	172.249	1.081 30	1.659 16
26	94.738	0.684 63	0.165 66	224.244	396.132	171.888	1.084 57	1.659 16
27	98.272	0.685 82	0.160 07	225.227	396.751	171.524	1.087 84	1.659 30
28	101.91	0.687 02	0.154 71	226.214	397.370	171.156	1.091 12	1.659 46
29	105.65	0.688 22	0.149 56	227.204	397.989	170.785	1.094 39	1.659 62
30	109.50	0.689 43	0.144 62	228.198	398.607	170.409	1.097 66	1.659 79
31	113.46	0.690 65	0.139 87	229.195	399.225	170.030	1.100 94	1.659 97
32	117.54	0.691 87	0.135 32	230.196	399.843	169.647	1.104 22	1.660 16
33	121.72	0.693 11	0.130 94	231.200	400.461	169.260	1.107 49	1.660 36
34	126.03	0.694 35	0.126 73	232.208	401.078	168.870	1.110 77	1.660 57
35	130.45	0.695 60	0.122 68	233.219	401.695	168.476	1.114 05	1.660 78
36	134.99	0.696 86	0.118 79	234.234	402.311	168.078	1.117 32	1.661 00
37	139.66	0.698 12	0.115 05	235.251	402.927	167.676	1.120 60	1.661 23
38	144.45	0.699 40	0.111 45	236.273	403.543	167.270	1.123 88	1.661 46
39	149.37	0.700 68	0.107 98	237.297	404.158	166.861	1.127 15	1.661 71
40	154.42	0.701 97	0.104 65	238.325	404.773	166.448	1.130 43	1.661 96

附表 8(续)

温度	绝对压力	比体积		比焓		汽化热	比熵	
t ℃	p kPa	液体 v' 10^{-3} m³/kg	蒸气 v'' m³/kg	液体 h' kJ/kg	蒸气 h'' kJ/kg	r kJ/kg	液体 s' kJ/(kg·K)	蒸气 s'' kJ/(kg·K)
41	159.60	0.703 27	0.101 43	239.356	405.387	166.031	1.133 71	1.662 21
42	164.91	0.704 59	0.098 341	240.391	406.001	165.610	1.136 98	1.662 48
43	170.36	0.705 90	0.095 362	241.428	406.614	165.186	1.140 26	1.662 75
44	175.95	0.707 23	0.092 492	242.469	407.227	164.758	1.143 53	1.663 02
45	181.68	0.708 57	0.089 725	243.513	407.838	164.326	1.146 80	1.663 31
46	187.56	0.709 92	0.087 059	244.560	408.450	163.890	1.150 08	1.663 60
47	193.58	0.711 27	0.084 487	245.610	409.060	163.450	1.153 35	1.663 89
48	199.74	0.712 64	0.082 007	246.663	409.670	163.007	1.156 62	1.664 19
49	206.06	0.714 02	0.079 615	247.719	410.279	162.560	1.159 89	1.664 50
50	212.54	0.715 40	0.077 307	248.778	410.887	162.109	1.163 16	1.664 81
51	219.16	0.716 80	0.075 079	249.840	411.494	161.654	1.166 42	1.665 12
52	225. 95	0.718 21	0.072 929	250.905	412.101	161.196	1.169 69	1.665 44
53	232.90	0.719 62	0.070 852	251.973	412.706	160.733	1.172 95	1.665 77
54	240.00	0.721 05	0.068 847	253.043	413.311	161.268	1.176 21	1.666 10
55	247.28	0.722 49	0.066 910	254.117	413.914	157.798	1.179 47	1.666 44
56	254.72	0.723 94	0.065 039	255.193	414.517	157.324	1.182 73	1.666 78
57	262.33	0.725 40	0.063 230	256.271	415.119	158.847	1.185 99	1.667 12
58	270.12	0.726 87	0.061 482	257.353	415.719	158.366	1.189 24	1.667 47
59	278.08	0.728 35	0.059 792	258.437	416.319	157.882	1.192 49	1.667 82
60	286.21	0.729 85	0.058 158	259.524	416.917	157.393	1.195 74	1.668 18
61	294.53	0.731 36	0.056 577	260.613	416.514	156.901	1.198 99	1.668 54
62	303.03	0.732 87	0.055 048	261.705	418.110	156.405	1.202 23	1.668 90
63	311.71	0.734 41	0.053 569	262.799	418.705	155.905	1.205 47	1.669 27
64	320.59	0.735 95	0.052 137	263.896	419.298	155.402	1.208 71	1.669 64
65	329.65	0.737 50	0.050 751	264.995	419.890	154.895	1.211 95	1.670 01
66	338.91	0.739 07	0.049 409	266.097	420.481	154.384	1.215 18	1.670 39
67	348.36	0.740 65	0.048 110	267.201	421.070	153.869	1.218 41	1.670 77
68	358.01	0.742 25	0.046 851	268.307	421.658	153.351	1.221 64	1.671 15
69	367.86	0.743 86	0.045 632	269.416	422.245	152.829	1.224 86	1.671 53
70	377.91	0.745 48	0.044 450	270.527	422.830	152.303	1.228 08	1.671 92
71	388.17	0.747 11	0.043 305	271.640	423.413	151.773	1.231 30	1.672 31
72	398.63	0.748 76	0.042 195	272.755	423.995	151.240	1.234 51	1.672 70
73	409.31	0.750 43	0.041 120	273.872	424.575	150.703	1.237 72	1.673 09
74	420.20	0.752 11	0.040 076	274.991	425.154	150.162	1.240 92	1.673 48
75	431.31	0.753 80	0.039 064	276.113	425.730	149.618	1.244 12	1.673 88
76	442.64	0.755 51	0.038 083	277.236	426.306	149.069	1.247 32	1.674 27
77	454.19	0.757 23	0.037 131	278.362	426.879	148.517	1.250 52	1.674 67
78	465.96	0.758 97	0.036 207	279.489	427.450	147.961	1.253 71	1.675 07
79	477.96	0.760 73	0.035 310	280.618	428.020	147.402	1.256 89	1.675 47
80	490.19	0.762 50	0.034 439	281.749	428.587	146.838	1.260 07	1.675 87

附表 8(续)

温度	绝对压力	比体积		比焓		汽化热	比熵	
t ℃	p kPa	液体 v' 10^{-3} m³/kg	蒸气 v'' m³/kg	液体 h' kJ/kg	蒸气 h'' kJ/kg	r kJ/kg	液体 s' kJ/(kg·K)	蒸气 s'' kJ/(kg·K)
81	502.66	0.764 29	0.033 594	282.882	429.153	146.271	1.263 25	1.676 27
82	515.36	0.766 10	0.032 773	284.017	429.716	145.700	1.266 42	1.676 67
83	528.29	0.767 92	0.031 976	285.153	430.278	145.125	1.269 59	1.677 07
84	514.47	0.769 76	0.031 202	286.291	430.837	144.546	1.272 75	1.677 47
85	554.89	0.771 62	0.030 450	287.431	430.394	143.963	1.275 91	1.677 87
86	568.56	0.773 50	0.029 718	288.573	431.949	143.377	1.279 06	1.678 27
87	582.48	0.775 39	0.029 008	289.716	432.502	142.786	1.282 21	1.678 67
88	596.65	0.777 31	0.028 317	290.861	433.052	142.192	1.285 35	1.679 07
89	611.07	0.779 24	0.027 646	292.007	433.600	141.593	1.288 49	1.679 47
90	625.75	0.781 19	0.026 993	293.155	434.146	140.991	1.291 63	1.679 87
91	640.70	0.783 17	0.026 358	294.304	434.689	140.385	1.294 75	1.680 27
92	655.90	0.785 16	0.025 740	295.455	435.229	139.774	1.297 88	1.680 66
93	671.38	0.787 18	0.025 139	296.607	435.767	139.160	1.301 00	1.681 06
94	687.12	0.789 21	0.024 554	297.761	436.302	138.541	1.304 11	1.681 45
95	703.13	0.791 27	0.023 985	298.916	436.835	137.918	1.307 22	1.681 84
96	719.42	0.793 35	0.023 432	300.073	437.364	137.291	1.310 32	1.682 23
97	735.99	0.795 46	0.022 892	301.231	437.891	136.660	1.313 42	1.682 62
98	752.84	0.797 58	0.022 367	302.309	438.415	136.025	1.316 51	1.683 00
99	769.97	0.799 74	0.021 856	303.550	438.935	135.385	1.319 59	1.683 38
100	787.39	0.801 91	0.021 358	304.712	439.453	134.741	1.322 67	1.683 76
101	805.11	0.804 11	0.020 873	305.875	439.968	134.092	1.325 75	1.684 14
102	823.11	0.806 34	0.020 401	307.040	440.479	133.439	1.328 82	1.684 51
103	841.41	0.808 59	0.019 940	308.205	440.987	132.782	1.331 88	1.684 88
104	860.02	0.810 87	0.019 492	309.372	441.492	132.120	1.334 94	1.685 25
105	878.92	0.813 18	0.019 054	310.540	441.993	131.453	1.337 99	1.685 61
106	898.13	0.815 51	0.018 628	311.709	442.491	130.782	1.341 04	1.685 97
107	917.65	0.817 88	0.018 212	312.880	442.985	130.105	1.344 08	1.686 32
108	937.48	0.820 27	0.017 807	314.051	443.475	129.424	1.347 11	1.686 67
109	957.63	0.822 70	0.017 411	315.224	443.962	128.738	1.350 14	1.687 02
110	978.10	0.825 15	0.017 026	316.398	444.445	128.047	1.353 17	1.687 36
111	998.89	0.827 64	0.016 649	317.573	444.923	127.350	1.356 18	1.687 70
112	1 020.0	0.830 16	0.016 282	318.750	445.398	126.648	1.359 20	1.688 03
113	1 041.5	0.832 72	0.015 924	319.927	445.868	125.941	1.362 20	1.688 35
114	1 063.2	0.835 30	0.015 574	321.106	446.335	125.229	1.365 21	1.688 67
115	1 085.3	0.837 93	0.015 233	322.286	446.796	124.511	1.368 20	1.688 98
116	1 107.8	0.840 59	0.014 900	323.467	447.254	123.787	1.371 19	1.689 29
117	1 130.6	0.843 29	0.014 574	324.649	447.706	123.057	1.374 18	1.689 59
118	1 153.7	0.846 03	0.014 257	325.832	448.154	122.322	1.377 16	1.689 88
119	1 177.2	0.848 80	0.013 946	327.017	448.597	121.580	1.380 13	1.690 17
120	1 201.1	0.851 62	0.013 643	328.203	449.035	120.832	1.383 10	1.690 44

附表 9　R134a 饱和液体及蒸气的热力性质

温度 t ℃	压力 P kPa	密度 ρ kg/m^2		比焓 h kJ/kg		比熵 s kJ/(kg·K)		定容比热容 c_v kJ/(kg·K)		定压比热容 c_p kJ/(kg·K)		表面张力 σ
		液体	气体	液体	气体	液体	气体	液体	气体	液体	气体	N/m
−40	52	1 414	2.8	0.0	223.3	0.000	0.958	0.667	0.646	1.129	0.742	0.017 7
−35	66	1 399	3.5	5.7	226.4	0.024	0.951	0.696	0.659	1.154	0.758	0.016 9
−30	85	1 385	4.4	11.5	229.6	0.048	0.945	0.722	0.672	1.178	0.774	0.016 1
−25	107	1 370	5.5	17.5	232.7	0.073	0.940	0.746	0.685	1.202	0.791	0.015 4
−20	133	1 355	6.8	23.6	235.8	0.097	0.935	0.767	0.698	1.227	0.809	0.014 6
−15	164	1 340	8.3	29.8	238.8	0.121	0.931	0.086	0.712	1.250	0.828	0.013 9
−10	201	1 324	10.0	36.1	241.8	0.145	0.927	0.803	0.726	1.274	0.847	0.013 2
−5	243	1 308	12.1	42.5	244.8	0.169	0.924	0.817	0.740	1.297	0.868	0.012 4
0	293	1 292	14.4	49.1	247.8	0.193	0.921	0.830	0.755	1.320	0.889	0.011 7
5	350	1 276	17.1	55.8	250.7	0.217	0.918	0.840	0.770	1.343	0.912	0.011 0
10	415	1 259	20.2	62.6	253.5	0.241	0.916	0.849	0.785	1.365	0.936	0.010 3
15	489	1 242	23.7	69.4	256.3	0.265	0.914	0.857	0.800	1.388	0.962	0.009 6
20	572	1 224	27.8	76.5	259.0	0.289	0.912	0.863	0.815	1.411	0.990	0.008 9
25	666	1 206	32.3	83.6	261.6	0.313	0.910	0.868	0.831	1.435	1.020	0.008 3
30	771	1 187	37.5	90.8	264.2	0.337	0.908	0.872	0.847	1.460	1.053	0.007 6
35	887	1 167	43.3	98.2	266.6	0.360	0.907	0.875	0.863	1.486	1.089	0.006 9
40	1 017	1 147	50.0	105.7	268.8	0.384	0.905	0.878	0.879	1.514	1.130	0.006 3
45	1 160	1 126	57.5	113.3	271.0	0.408	0.904	0.881	0.896	1.546	1.177	0.005 6
50	1 318	1 103	66.1	121.0	272.9	0.432	0.902	0.883	0.914	1.581	1.231	0.005 0
55	1 491	1 080	75.9	129.0	274.7	0.456	0.900	0.886	0.932	1.621	1.295	0.004 4
60	1 681	1 055	87.2	137.1	276.1	0.479	0.897	0.890	0.950	1.667	1.374	0.003 8
65	1 888	1 028	100.2	145.3	277.3	0.504	0.894	0.895	0.970	1.724	1.473	0.003 2
70	2 115	999	115.5	153.9	278.1	0.528	0.890	0.901	0.991	1.794	1.601	0.002 7
75	2 361	967	133.6	162.6	278.4	0.553	0.885	0.910	1.014	1.884	1.776	0.002 2
80	2 630	932	155.4	171.8	278.0	0.578	0.879	0.922	1.039	2.011	2.027	0.001 6
85	2 923	893	182.4	181.3	276.8	0.604	0.870	0.937	1.060	2.204	2.408	0.001 2
90	3 242	847	216.9	191.6	274.5	0.631	0.860	0.958	1.097	3.554	3.056	0.000 7
95	2 590	790	264.5	203.1	270.4	0.662	0.844	0.988	1.131	3.424	4.483	0.000 3
100	2 971	689	353.1	219.3	260.4	0.704	0.814	1.044	1.168	10.793	14.807	0.000 0

附表 10　R134a 过热蒸气性质

温度 t ℃	密度 ρ kg/m³	比焓 h kJ/kg	比熵 s kJ/(kg · K)	定容比热容 c_v kJ/(kg · K)	定压比热容 c_p kJ/(kg · K)
−26.1*	1 373.16	16.2	0.067	0.741	1.197
-26.1^+	5.26	232.0	0.941	0.682	0.787
−25.0	5.23	232.9	0.944	0.684	0.788
−20.0	5.11	236.8	0.960	0.691	0.794
−15.0	5.00	240.8	0.976	0.699	0.799
−10.0	4.89	244.8	0.991	0.706	0.805
−5.0	4.79	248.9	1.006	0.714	0.811
0.0	4.69	252.9	1.021	0.722	0.818
5.0	4.59	257.0	1.036	0.730	0.825
10.0	4.50	261.2	1.051	0.738	0.831
15.0	4.42	265.3	1.066	0.746	0.838
20.0	4.34	269.6	1.080	0.754	0.846
25.0	4.26	273.8	1.095	0.762	0.853
30.0	4.18	278.1	1.109	0.770	0.860
35.0	4.11	282.4	1.123	0.778	0.867
40.0	4.04	286.8	1.37	0.786	0.875
45.0	3.97	291.1	1.151	0.793	0.882
50.0	3.91	295.6	1.165	0.801	0.890
55.0	3.84	300.0	1.178	0.809	0.897
60.0	3.78	304.6	1.192	0.817	0.905
65.0	3.73	309.1	1.206	0.825	0.912
70.0	3.67	313.7	1.219	0.833	0.920
75.0	3.67	318.3	1.232	0.841	0.927
80.0	3.56	322.9	1.246	0.849	0.935

* 饱和液体；　＋饱和蒸气

附表 11 R152a 饱和液体及蒸气的热力性质

温度 t K	压力 p MPa	比体积 v'' m^3/kg	密度 ρ' kg/m^3	比焓/kJ/kg		比熵/kJ/(kg·K)	
				h'	h''	s'	s''
170	0.000 780	27.425	1 151.7	−56.595	273.86	−0.280 10	1.663 8
175	0.001 213	18.149	1 143.4	−52.804	277.55	−0.258 12	1.629 6
180	0.001 840	12.297	1 135.0	−48.921	281.29	−0.236 25	1.598 3
185	0.002 730	8.514 5	1 126.6	−44.940	285.08	−0.214 45	1.569 5
190	0.003 967	6.013 7	1 118.1	−40.856	288.92	−0.192 67	1.543 0
195	0.005 654	4.325 8	1 109.5	−36.659	292.81	−0.170 87	1.518 7
200	0.007 919	3.164 5	1 100.8	−32.341	296.74	−0.149 02	1.496 4
205	0.010 910	2.351 2	1 092.0	−27.894	300.70	−0.127 07	1.475 8
210	0.014 802	1.772 3	1 083.0	−23.309	304.70	−0.104 99	1.457 0
215	0.019 800	1.353 7	1 074.0	−18.575	308.73	−0.082 741	1.439 6
220	0.026 139	1.046 8	1 064.9	−13.684	312.78	−0.060 281	1.423 6
225	0.034 082	0.818 80	1 055.6	−8.626	316.84	−0.037 583	1.408 9
230	0.043 930	0.647 26	1 046.2	−3.392	320.91	−0.014 618	1.395 4
235	0.056 016	0.516 70	1 036.7	2.027	324.99	0.008 642	1.382 9
240	0.070 706	0.416 25	1 027.0	7.641	329.06	0.032 217	1.371 4
242	0.077 401	0.382 69	1 023.1	9.942	330.68	0.041 740	1.367 1
244	0.084 604	0.352 30	1 019.2	12.277	332.30	0.051 317	1.362 9
246	0.092 344	0.324 73	1 015.2	14.645	333.92	0.060 950	1.358 8
248	0.100 65	0.299 70	1 011.2	17.046	335.53	0.070 640	1.354 9
248.16	0.101 325	0.297 84	1 010.9	17.236	335.66	0.071 401	1.354 6
250	0.109 55	0.276 93	1 007.2	19.482	337.14	0.080 316	1.351 0
252	0.119 08	0.256 18	1 003.2	21.952	338.75	0.090 191	1.347 3
254	0.129 27	0.237 26	999.07	24.458	340.34	0.100 05	1.343 7
256	0.140 15	0.219 98	994.96	26.998	341.94	0.109 97	1.340 2
258	0.151 75	0.204 18	990.82	29.575	343.52	0.119 96	1.336 8
260	0.164 11	0.189 71	986.65	32.188	345.10	0.130 00	1.333 5
262	0.177 27	0.176 44	982.44	34.837	346.66	0.140 10	1.330 3
264	0.191 27	0.164 26	978.20	37.524	348.22	0.150 25	1.327 1
266	0.206 13	0.153 07	973.93	40.247	349.77	0.160 47	1.324 1
268	0.221 89	0.142 77	969.62	43.008	351.31	0.170 75	1.321 1
270	0.238 60	0.133 28	965.27	45.806	352.84	0.181 09	1.318 2
272	0.256 30	0.124 53	960.88	48.642	354.35	0.191 49	1.315 4
274	0.275 02	0.116 46	956.45	51.516	355.85	0.201 95	1.312 7
276	0.294 81	0.108 99	951.98	54.429	357.34	0.212 46	1.310 0
278	0.315 70	0.102 09	947.46	57.380	358.81	0.223 03	1.307 3

附表 11(续)

温度 t K	压力 p MPa	比体积 v'' m^3/kg	密度 ρ' kg/m^3	比焓/kJ/kg		比熵/kJ/(kg·K)	
				h'	h''	s'	s''
280	0.337 75	0.095 70	942.91	60.369	360.27	0.233 67	1.304 7
282	0.360 99	0.089 77	938.30	63.398	361.71	0.244 35	1.302 2
284	0.385 47	0.084 27	933.65	66.465	363.13	0.255 10	1.299 7
286	0.411 23	0.079 16	928.95	69.571	364.53	0.265 90	1.297 2
288	0.438 31	0.074 41	924.20	72.716	365.92	0.276 76	1.294 8
290	0.466 77	0.070 00	919.46	75.900	367.28	0.287 67	1.292 4
292	0.496 65	0.065 18	914.54	79.123	368.62	0.298 63	1.290 1
294	0.528 00	0.062 05	909.63	82.385	369.94	0.309 65	1.287 7
296	0.560 86	0.058 47	904.66	85.687	371.23	0.320 72	1.285 4
298	0.595 29	0.055 83	899.63	89.028	372.50	0.331 84	1.283 1
300	0.631 32	0.052 01	894.53	92.408	373.75	0.343 01	1.280 8
302	0.669 02	0.049 09	889.37	95.828	374.96	0.354 23	1.278 5
304	0.708 42	0.046 35	884.14	99.292	376.15	0.365 52	1.276 2
306	0.749 59	0.043 79	878.83	102.79	377.30	0.376 84	1.273 9
308	0.792 56	0.041 39	873.46	106.33	378.43	0.388 21	1.271 6
310	0.837 40	0.039 14	868.00	109.91	379.52	0.399 62	1.269 3
312	0.884 15	0.037 03	862.47	113.53	380.57	0.411 08	1.267 0
314	0.932 86	0.035 04	856.85	117.19	381.59	0.422 59	1.264 7
316	0.983 59	0.033 18	851.14	120.89	382.57	0.434 14	1.262 3
318	1.036 4	0.031 42	845.33	124.62	383.52	0.445 74	1.259 9
320	1.091 3	0.029 77	839.43	128.40	384.41	0.457 39	1.257 4
322	1.148 4	0.028 21	833.43	132.23	385.27	0.469 08	1.254 9
324	1.207 7	0.026 74	827.32	136.09	386.08	0.480 82	1.252 4
326	1.269 3	0.025 35	821.09	140.00	386.84	0.492 61	1.249 8
328	1.333 2	0.024 04	814.75	143.94	387.54	0.504 45	1.247 1
330	1.399 6	0.022 80	808.28	147.94	388.20	0.516 33	1.244 4
335	1.576 1	0.019 99	791.49	158.12	389.57	0.546 30	1.237 2
340	1.768 8	0.017 53	773.73	168.62	390.54	0.576 67	1.229 4
345	1.978 4	0.015 37	754.80	179.47	391.02	0.607 55	1.220 7
350	2.205 8	0.013 45	734.48	190.74	390.91	0.639 12	1.211 0
355	2.451 7	0.011 74	712.44	202.57	390.06	0.671 70	1.199 8
360	2.717 1	0.010 18	688.23	215.18	388.19	0.705 91	1.186 5
365	3.002 8	0.008 713	661.16	229.07	384.71	0.743 07	1.169 5
370	3.309 5	0.007 183	630.12	245.98	377.49	0.787 77	1.143 2
372	3.438 3	0.006 256	616.18	256.86	369.35	0.816 52	1.118 9

附表 12　R290 饱和液体及蒸气的热力性质

温度 t K	压力 p MPa	比体积 v'' m^3/kg	密度 ρ' kg/m^3	比焓/kJ/kg		比熵/kJ/(kg·K)	
				h'	h''	s'	s''
85.47	0.30E-09	53 716 674.	732.90	124.92	690.02	1.873 8	8.354 8
90	0.15E-08	11 180 892.	728.37	133.56	693.58	1.972 3	8.095 3
95	0.75E-08	2 362 188.	723.37	143.13	697.78	2.075 8	7.841 3
100	0.37E-07	585 463.	718.36	152.74	702.23	2.174 3	7.616 3
105	0.12E-06	166 434.	713.34	162.37	706.88	2.268 2	7.416 3
110	0.39E-06	53 276.	708.32	172.03	711.71	2.358 1	7.237 7
115	0.11E-06	18 913.	703.29	181.73	716.68	2.444 3	7.077 8
120	0.31E-05	7 351.7	698.25	191.46	721.78	2.527 1	6.934 3
125	0.76E-05	3 095.9	693.20	201.23	726.98	2.606 9	6.805 1
130	0.000 018	1 399.6	688.14	211.03	732.27	2.683 8	6.688 5
135	0.000 038	674.08	683.07	220.88	737.64	2.758 1	6.583 3
140	0.000 077	343.54	677.99	230.77	743.07	2.830 0	6.488 1
145	0.000 149	184.22	672.90	240.70	748.57	2.899 7	6.401 8
150	0.000 274	103.41	667.79	250.67	754.12	2.967 4	6.323 7
155	0.000 484	60.504	662.66	260.70	759.72	3.033 1	6.252 9
160	0.000 822	36.755	657.51	270.78	765.37	3.097 1	6.188 6
165	0.001 347	23.102	652.34	280.91	771.06	3.159 4	6.130 4
170	0.002 139	14.979	647.15	291.10	776.80	3.220 2	6.077 5
175	0.003 297	9.991 9	641.93	301.34	782.58	3.279 6	6.029 6
180	0.004 945	6.839 9	636.68	311.66	788.40	3.337 7	5.986 2
185	0.007 238	4.794 6	631.41	322.03	794.26	3.394 6	5.946 9
190	0.010 354	3.434 7	626.09	332.48	800.15	3.450 3	5.911 4
195	0.014 506	2.510 0	620.74	343.01	806.08	3.504 9	5.879 3
200	0.019 934	1.868 1	615.35	353.61	812.03	3.558 6	5.850 2
205	0.026 912	1.413 8	609.91	364.29	818.01	3.611 3	5.824 1
210	0.035 741	1.086 7	604.43	375.07	824.01	3.663 1	5.800 5
215	0.046 753	0.847 13	598.89	385.94	830.02	3.714 2	5.779 3
220	0.060 307	0.669 02	593.29	396.90	836.04	3.764 5	5.760 3
225	0.076 789	0.534 70	587.62	407.97	842.06	3.814 1	5.743 3
230	0.096 607	0.432 06	581.89	419.16	848.08	3.863 1	5.728 0
231.07	0.101 325	0.413 33	580.65	421.57	849.37	3.873 5	5.724 9
232	0.105 56	0.397 88	579.58	423.68	850.49	3.882 7	5.722 4
234	0.115 15	0.366 98	577.25	428.24	852.89	3.902 2	5.717 0
236	0.125 40	0.338 99	574.91	432.83	855.28	3.921 7	5.711 8
238	0.136 04	0.313 58	572.55	437.44	857.68	3.941 2	5.706 9

附表 12(续)

温度 t K	压力 p MPa	比体积 v'' m^3/kg	密度 ρ' kg/m^3	比焓/kJ/kg		比熵/kJ/(kg·K)	
				h'	h''	s'	s''
240	0.148 00	0.290 49	570.19	442.07	860.07	3.960 5	5.702 2
242	0.160 41	0.269 46	567.80	446.72	862.45	3.979 8	5.697 7
244	0.173 61	0.250 28	565.41	451.40	864.83	3.999 0	5.693 4
246	0.187 61	0.232 75	562.99	456.10	867.21	4.018 2	5.689 4
248	0.202 46	0.216 72	560.57	460.84	869.58	4.037 3	5.685 5
250	0.218 19	0.202 02	558.12	465.58	871.94	4.056 3	5.681 7
252	0.234 83	0.188 54	555.66	470.36	874.30	4.075 3	5.678 2
254	0.252 42	0.176 14	553.18	475.16	876.64	4.094 2	5.674 8
256	0.270 98	0.164 74	550.68	479.98	878.98	4.113 0	5.671 6
258	0.290 56	0.154 23	548.16	484.82	881.30	4.131 8	5.668 5
260	0.311 18	0.144 53	545.62	489.70	883.62	4.150 5	5.665 6
262	0.332 88	0.135 57	543.06	494.60	885.93	4.169 2	5.662 8
264	0.355 69	0.127 27	540.08	499.52	888.22	4.187 8	5.660 1
266	0.379 66	0.119 59	537.88	504.47	890.50	4.206 3	5.657 6
268	0.404 82	0.112 47	535.25	509.45	892.77	4.224 8	5.655 1
270	0.431 20	0.105 86	532.61	514.45	895.02	4.243 3	5.652 8
275	0.502 76	0.091 28	525.87	527.07	900.58	4.289 3	5.647 5
280	0.582 78	0.079 05	518.97	539.88	906.03	4.334 9	5.642 6
285	0.671 86	0.068 74	511.88	552.87	911.36	4.380 4	5.638 3
290	0.770 68	0.059 98	504.58	566.06	916.54	4.425 7	5.634 3
295	0.879 71	0.052 50	497.05	579.47	921.57	4.470 9	5.630 5
300	0.999 73	0.046 08	489.26	593.11	926.41	4.516 0	5.627 0
305	1.131 4	0.040 54	481.17	607.01	931.05	4.561 1	5.623 5
310	1.275 3	0.035 74	472.76	621.18	935.45	4.606 2	5.620 0
315	1.432 1	0.031 55	463.97	635.66	939.57	4.651 6	5.616 4
320	1.602 7	0.027 88	454.74	650.49	943.38	4.697 1	5.612 4
325	1.787 6	0.024 65	445.00	660.70	946.81	4.743 1	5.608 0
330	1.987 6	0.021 79	434.65	681.37	949.79	4.789 6	5.603 0
335	2.203 6	0.019 25	423.56	667.56	952.21	4.836 8	5.596 9
340	2.436 2	0.016 96	411.55	714.38	953.92	4.885 0	5.589 6
345	2.686 6	0.014 89	398.35	731.96	954.71	4.934 6	5.580 3
350	2.955 6	0.012 99	383.54	750.52	954.23	4.986 1	5.568 1
355	3.244 5	0.011 21	350.37	770.44	951.90	5.040 5	5.551 6
360	3.555 1	0.009 490	345.34	792.50	946.56	5.099 7	5.527 7
365	3.890 2	0.007 716	346.22	818.95	935.15	5.169 9	5.488 3
*369.80	4.242 0	0.004 57	219.	879.2	879.2	5.330	5.330

*临界点

附表 13　R600a 饱和液体及蒸气的热力性质

温度 t K	压力 p MPa	比体积 v'' m^3/kg	密度 ρ' kg/m^3	比焓/kJ/kg		比熵/kJ/(kg・K)	
				h'	h''	s'	s''
113.55	0.19E-07	859 732.	741.38	0.000	485.30	1.362 3	6.136 4
115	0.0.28E-07	597 742.	739.99	2.470	486.58	1.384 1	6.093 8
120	0.93E-07	183 981.	735.21	11.029	491.05	1.957 0	5.957 2
125	0.28E-06	62 914.	730.44	19.654	495.63	2.027 4	5.835 2
130	0.79E-06	23 603.	725.65	28.347	500.33	2.098 6	5.726 2
135	0.20E-05	9 611.8	720.87	37.113	505.14	2.161 7	5.628 0
140	0.48E-05	4 209.8	716.08	45.951	510.06	2.226 1	5.541 1
145	0.000 011	1 967.5	711.28	54.866	515.09	2.288 6	5.462 6
150	0.000 022	974.60	706.47	63.858	520.22	2.349 6	5.392 1
155	0.000 044	508.61	701.66	72.930	525.45	2.409 2	5.328 7
160	0.000 082	278.20	696.84	82.082	530.78	2.467 3	5.271 7
165	0.000 149	158.77	692.00	91.318	536.21	2.524 2	5.220 6
170	0.000 258	94.158	687.15	100.64	541.73	2.580 0	5.174 6
175	0.000 432	57.824	682.29	110.04	547.35	2.634 5	5.133 4
180	0.000 701	36.656	677.42	119.54	553.04	2.688 1	5.096 5
185	0.001 104	23.920	672.52	129.13	558.83	2.740 7	5.063 4
190	0.001 690	16.028	667.61	138.81	564.70	2.792 4	5.033 9
195	0.002 525	11.003	662.68	148.38	570.65	2.893 2	5.007 6
200	0.003 685	7.723 1	657.72	158.46	576.67	2.893 2	4.984 3
205	0.505 266	5.533 0	652.73	168.44	582.78	2.942 5	4.963 6
210	0.007 380	4.039 2	647.72	178.52	588.95	2.991 0	4.945 5
215	0.010 156	3.000 4	642.67	188.72	595.20	3.038 9	4.929 6
220	0.013 744	2.264 7	637.60	199.02	601.52	3.086 2	4.915 8
225	0.018 313	1.734 9	632.48	209.45	607.91	3.133 0	4.903 9
230	0.024 053	1.347 3	627.32	210.99	614.36	3.179 1	4.893 8
235	0.031 170	1.059 7	622.12	230.65	620.87	3.224 8	4.885 3
240	0.039 893	0.843 22	616.87	241.43	627.44	3.270 0	4.878 2
245	0.050 466	0.678 29	611.57	252.34	634.05	3.314 7	4.872 2
250	0.068 153	0.551 11	606.22	263.38	640.72	3.359 6	4.886 0
255	0.078 231	0.451 94	600.80	274.55	647.47	3.402 8	4.865 1
260	0.095 996	0.373 80	595.32	285.84	654.16	3.446 3	4.860 9
261.36	0.101 325	0.355 50	593.81	288.93	656.99	3.458 1	4.862 3
262	0.103 92	0.347 24	593.10	290.40	656.86	3.463 6	4.860 8
264	0.112 34	0.322 97	590.88	294.07	659.56	3.480 9	4.361 9
266	0.121 29	0.300 75	588.64	299.57	662.27	3.496 0	4.361 6
268	0.130 77	0.280 38	586.39	304.18	664.09	3.515 2	4.863 4

附表 13(续)

温度 t K	压力 p MPa	比体积 v'' m^3/kg	密度 ρ' kg/m^3	比焓/kJ/kg		比熵/kJ/(kg·K)	
				h'	h''	s'	s''
270	0.140 81	0.261 69	584.13	308.82	667.70	3.532 2	4.861 4
272	0.151 44	0.244 50	581.85	313.48	670.42	3.549 3	4.861 5
274	0.162 67	0.228 68	579.56	318.17	673.13	3.566 2	4.861 7
276	0.174 52	0.214 10	577.26	322.87	675.85	3.583 1	4.862 1
278	0.187 03	0.200 65	574.94	327.60	678.57	3.600 0	4.862 5
280	0.200 20	0.188 22	572.61	332.34	681.29	3.616 9	4.863 1
282	0.214 06	0.176 72	570.26	337.12	684.01	3.633 6	4.863 8
284	0.228 63	0.166 08	567.89	341.90	686.72	3.650 4	4.864 5
286	0.243 94	0.156 21	565.51	346.72	689.44	3.667 1	4.865 4
288	0.260 01	0.147 05	563.11	351.56	692.15	3.683 7	4.866 4
290	0.276 86	0.138 54	560.69	356.42	694.86	3.700 4	4.867 4
295	0.322 56	0.119 76	554.57	368.68	701.63	3.741 8	4.870 4
300	0.373 65	0.103 99	548.32	381.09	708.36	3.783 0	4.873 9
305	0.430 48	0.090 68	541.93	393.66	715.06	3.824 0	4.877 7
310	0.493 44	0.079 37	535.39	406.40	721.76	3.864 9	4.882 0
315	0.562 89	0.069 72	528.69	419.32	728.31	3.905 7	4.886 6
320	0.639 21	0.061 43	521.81	432.42	734.84	3.946 3	4.891 4
325	0.722 79	0.054 28	514.73	445.72	741.30	3.987 0	4.896 5
330	0.814 00	0.048 08	507.43	459.22	747.66	4.027 6	4.901 6
335	0.913 27	0.042 69	499.89	472.95	753.91	4.068 2	4.906 9
340	1.021 0	0.037 96	492.08	486.93	760.04	4.108 9	4.912 2
345	1.137 6	0.033 81	483.95	501.16	766.01	4.149 7	4.917 4
350	1.263 6	0.030 14	475.48	515.67	771.81	4.190 7	4.922 5
355	1.399 5	0.026 89	466.61	530.48	777.38	4.231 9	4.927 3
360	1.545 7	0.023 98	457.28	545.63	782.69	4.273 3	4.931 8
365	1.702 9	0.021 38	447.40	561.16	787.67	4.315 1	4.935 7
370	1.871 9	0.019 04	436.86	577.12	792.26	4.357 4	4.938 9
375	2.053 2	0.016 91	425.52	593.57	796.34	4.400 4	4.941 1
380	2.247 9	0.014 97	413.17	610.60	799.77	4.414 2	4.942 0
385	2.457 1	0.013 17	399.50	628.36	802.32	4.489 1	4.941 0
390	2.682 0	0.011 50	383.99	647.07	803.66	4.500 7	4.937 3
395	2.924 2	0.009 905	365.69	667.16	803.18	4.585 1	4.929 4
400	3.186 2	0.008 333	342.51	689.59	799.64	4.639 4	4.914 5
405	3.470 9	0.006 627	307.19	717.73	789.12	4.706 8	4.883 1
*408.00	3.654 9	0.004 46	224.	752.5	752.5	4.791	4.791

附表 14　R744 饱和液体及蒸气的热力性质

温度 t K	压力 p MPa	比体积 v'' m^3/kg	密度 ρ' kg/m^3	比焓/kJ/kg		比熵/kJ/(kg·K)	
				h'	h''	s'	s''
** 216.58	0.51800	0.07121	1178.5	386.25	731.54	2.6556	4.2504
217	0.52752	0.07005	1177.0	387.04	731.75	2.6591	4.2481
218	0.55078	0.06738	1173.5	388.91	732.23	2.6673	4.2426
219	0.57480	0.06482	1169.9	390.78	732.69	2.6755	4.2371
220	0.59959	0.6236	1166.3	392.63	733.13	2.6836	4.2316
221	0.62516	0.06000	1162.7	394.48	733.56	2.6916	4.2261
222	0.65154	0.05775	1159.1	396.32	733.96	2.6996	4.2207
223	0.67874	0.05558	1155.4	398.16	734.36	2.7076	4.2152
224	0.70677	0.05351	1151.8	400.00	734.73	2.7155	4.2098
225	0.73566	0.05152	1148.1	401.84	735.09	2.7234	4.2044
226	0.76541	0.04962	1144.3	403.69	735.44	2.7313	4.1991
227	0.79606	0.04780	1140.6	405.54	735.77	2.7391	4.1937
228	0.82760	0.04605	1136.8	407.39	736.08	2.7470	4.1884
229	0.86007	0.04438	1133.0	409.25	736.39	2.7548	4.1832
230	0.89348	0.04278	1129.2	411.11	736.68	2.7627	4.1780
231	0.92784	0.04124	1125.4	414.98	736.95	2.7706	4.1728
232	0.96317	0.03977	1121.5	414.86	737.22	2.7785	4.1676
233	0.99950	0.03836	1117.6	416.74	737.46	2.7863	4.1625
234	1.0368	0.03700	1113.7	418.64	737.70	2.7942	4.1574
235	1.00752	0.03571	1109.7	420.54	737.93	2.8022	4.1523
236	1.1146	0.03446	1105.8	422.45	738.14	2.8101	4.1473
237	1.1551	0.03327	1101.8	424.37	738.33	2.8180	4.1423
238	1.1966	0.03212	1097.7	426.30	738.52	2.8260	4.1374
239	1.2392	0.03102	1093.7	428.24	738.69	2.8340	4.1324
240	1.2830	0.02996	1089.6	430.19	738.85	2.8419	4.1275
241	1.3279	0.02895	1085.4	432.16	738.99	2.8500	4.1226
242	1.3739	0.02797	1081.3	434.13	739.12	2.8580	4.1178
243	1.4211	0.02703	1077.1	436.11	739.24	2.8660	4.1129
244	1.4695	0.02613	1072.8	438.11	739.34	2.8741	4.1081
245	1.5190	0.02527	1068.6	440.11	739.42	2.8821	4.1033
246	1.5698	0.02443	1064.3	442.13	739.50	2.8902	4.0985
247	1.6219	0.02363	1059.9	444.16	739.55	2.8983	4.0937
248	1.6752	0.02286	1055.6	446.19	739.60	2.9064	4.0889
249	1.7297	0.02212	1051.1	448.25	739.62	2.9145	4.0842

附表 14(续)

温度 t K	压力 p MPa	比体积 v'' m^3/kg	密度 ρ' kg/m^3	比焓/kJ/kg		比熵/kJ/(kg·K)	
				h'	h''	s'	s''
250	1.7856	0.02140	1046.7	450.31	739.63	2.9227	4.0794
251	1.8428	0.02071	1042.2	452.38	739.62	2.9308	4.0746
252	1.9013	0.02005	1037.6	454.47	739.60	2.9390	4.0699
253	1.9611	0.01941	1033.1	456.57	739.56	2.9472	4.0651
254	2.0223	0.01879	1028.4	458.68	739.50	2.9554	4.0604
255	2.0849	0.01819	1023.7	460.81	739.42	2.9636	4.0556
256	2.1489	0.01762	1019.0	462.95	739.32	2.9718	4.0508
257	2.2144	0.01706	1014.2	465.10	739.20	2.9800	4.0460
258	2.2812	0.01653	1009.4	467.26	739.06	2.9883	4.0412
259	2.3496	0.01601	1004.5	469.44	738.91	2.9966	4.0364
260	2.4194	0.01551	999.56	471.63	738.73	3.0048	4.0316
262	2.5635	0.01456	989.50	476.06	738.30	3.0214	4.0218
264	2.7138	0.01367	979.18	480.55	737.77	3.0381	4.0119
266	2.8705	0.01283	968.59	485.10	737.15	3.0549	4.0019
268	3.0336	0.01205	957.70	489.72	736.41	3.0718	3.9917
270	3.2034	0.01131	946.50	494.42	735.56	3.0887	3.9814
272	3.3801	0.01062	934.93	499.19	734.57	3.1058	3.9707
274	3.5638	0.009971	922.98	504.05	733.44	3.1230	3.9598
276	3.7549	0.009355	910.59	509.01	732.16	3.1404	3.9486
278	3.9533	0.008773	897.72	514.07	730.71	3.1580	3.9370
280	4.1595	0.008221	884.30	519.24	729.06	3.1759	3.9249
282	4.3737	0.007697	870.25	524.55	727.20	3.1940	3.9123
284	4.5960	0.007197	855.49	530.01	725.10	3.2124	3.8991
286	4.8269	0.006720	839.90	535.64	722.71	3.2313	3.8851
288	5.0665	0.006263	823.31	541.48	719.99	3.2507	3.8703
290	5.3152	0.005822	805.52	547.57	716.88	3.2708	3.8544
292	5.5734	0.005395	786.24	553.96	713.30	3.2917	3.8371
294	5.8415	0.004979	765.05	560.75	709.10	3.3137	3.8181
296	6.1198	0.004568	741.28	568.07	704.11	3.3372	3.7967
298	6.4090	0.004155	713.81	576.13	698.00	3.3631	3.7719
300	6.7095	0.003726	680.39	585.42	690.15	3.3927	3.7416
302	7.0220	0.003250	635.15	597.15	678.95	3.4300	3.7008
* 304.21	7.3825	0.002146	466.1	636.6	636.6	3.558	3.558

* * 三相点

* 临界点

附表 15　饱和水及饱和水蒸气的热力性质

温度 t ℃	压力 p kPa	比熵/kJ/(kg·K)		比体积/m^3/kg		比焓/kJ/kg	
		s''	v'	v''	h'	h''	s'
0	0.610 8	0.001 000 2	206.3	−0.04	2 501.6	0.000 2	9.157 7
2	0.705 5	0.001 000 1	179.9	8.39	2 505.2	0.030 6	9.104 7
4	0.812 9	0.001 000 0	157.3	16.80	2 508.9	0.061 1	6.052 6
6	0.934 5	0.001 000 0	137.8	25.21	2 512.6	0.091 3	9.001 5
8	1.072 0	0.001 000 1	121.0	33.60	2 516.2	0.121 3	8.951 3
10	1.227 0	0.001 000 3	106.4	41.99	2 519.9	0.151 0	8.902 0
12	1.401 4	0.001 000 4	93.84	50.38	2 523.6	0.180 5	8.853 6
14	1.597 3	0.001 000 7	82.90	58.75	2 527.2	0.209 8	8.806 0
16	1.816 8	0.001 001 0	73.38	67.13	2 530.9	0.238 8	8.759 3
18	2.062	0.001 001 3	65.09	75.50	2 534.5	0.267 7	8.713 5
20	2.337	0.001 001 7	57.84	83.88	2 538.2	0.296 3	8.668 4
22	2.642	0.001 002 2	51.49	92.23	2 541.8	0.324 7	8.624.1
24	2.982	0.001 002 6	45.93	100.59	2 545.5	0.353 0	8.580 6
26	3.360	0.001 003 2	41.03	108.95	2 549.1	0.381 0	8.537 9
28	3.778	0.001 003 7	36.73	117.31	2 552.7	0.408 8	8.495 9
30	4.241	0.001 004 3	32.93	125.66	2 556.4	0.436 5	8.454 6
32	4.753	0.001 004 9	29.57	134.02	2 560.0	0.464 0	8.414 0
34	5.318	0.001 005 6	26.60	142.38	2 563.6	0.491 3	8.374 0
36	5.940	0.001 006 3	23.97	150.74	2 567.2	0.518 4	8.334 8
38	6.624	0.001 007 0	21.63	159.09	2 570.8	0.545 3	8.296 2
40	7.375	0.001 007 8	19.55	167.45	2 574.4	0.572 1	8.258 3
42	8.198	0.001 008 6	17.69	175.31	2 577.9	0.598 7	8.220 9
44	9.100	0.001 009 4	16.04	184.17	2 581.5	0.625 2	8.184 2
46	10.086	0.001 010 3	14.56	192.53	2 585.1	0.651 4	8.148 1
48	11.162	0.001 011 2	13.23	200.89	2 588.6	0.677 6	8.112 5
50	12.335	0.001 012 1	12.05	209.26	2 592.2	0.703 5	8.077 6
52	13.613	0.001 013 1	10.98	217.62	2 595.7	0.729 3	8.043 2
54	15.002	0.001 014 0	10.02	225.98	2 599.2	0.755 0	8.009 3
56	16.511	0.001 015 0	9.159	234.35	2 602.7	0.780 4	7.975 9
58	18.147	0.001 016 1	8.381	242.72	2 606.2	0.805 9	7.943 1
60	19.920	0.001 017 1	7.679	251.09	2 609.7	0.831 0	7.910 8
62	21.84	0.001 018 2	7.044	259.46	2 613.2	0.856 0	7.879 0
64	23.91	0.001 019 3	6.469	267.84	2 616.6	0.880 9	7.847 7
66	26.15	0.001 020 5	5.948	276.21	2 620.1	0.905 7	7.816 8
68	28.56	0.001 021 7	5.476	284.59	2 623.5	0.930 3	7.786 4
70	31.16	0.001 022 8	5.046	292.97	2 626.9	0.954 8	7.756 5

附表 15(续)

温度 t ℃	压力 p kPa	比熵/kJ/(kg・K)		比体积/m³/kg		比焓/kJ/kg	
		s''	v'	v''	h'	h''	s'
72	33.96	0.001 024 1	4.646	301.35	2 630.3	0.979 2	7.727 0
74	36.96	0.001 025 3	4.300	309.74	2 633.7	1.003 4	7.697 9
76	40.19	0.001 026 6	3.976	318.13	2 637.1	1.027 5	7.669 3
78	43.65	0.001 027 9	3.680	326.52	2 640.4	1.051 4	7.641 0
80	47.36	0.001 029 2	3.409	334.92	2 643.8	1.075 3	7.613 2
82	51.33	0.001 030 5	3.162	343.31	2 647.1	1.099 0	7.585 0
84	55.57	0.001 031 9	2.935	351.71	2 650.4	1.122 5	7.558 8
86	60.11	0.001 033 3	2.727	360.12	2 653.6	1.146 0	7.532 1
88	64.95	0.001 034 7	2.536	368.53	2 656.9	1.169 3	7.505 8
90	70.11	0.001 036 1	2.361	376.94	2 660.1	1.192 5	7.479 9
92	75.61	0.001 037 6	2.200	385.36	2 663.4	1.215 6	7.454 3
94	81.46	0.001 039 1	2.052	393.78	2 666.6	1.238 6	7.429 1
96	87.69	0.001 040 6	1.915	402.20	2 669.7	1.261 5	7.404 2
98	94.30	0.001 042 1	1.789	410.63	2 672.9	1.284 2	7.379 6
100	101.33	0.001 043 7	1.673	419.06	2 676.0	1.306 9	7.355 4
102	108.78	0.001 045 3	1.566	427.50	2 679.1	1.329 4	7.331 5
104	116.68	0.001 046 9	1.466	435.95	2 682.2	1.351 8	7.307 8
106	125.04	0.001 048 5	1.374	444.40	2 685.3	1.374 2	7.284 5
108	133.90	0.001 050 2	1.289	452.85	2 688.3	1.396 4	7.261 5
110	143.26	0.001 051 9	1.210	461.32	2 691.3	1.418 5	7.238 8
112	153.16	0.001 053 6	1.137	469.78	2 694.3	1.440 5	7.216 4
114	163.62	0.001 055 3	1.069	478.26	2 697.2	1.462 4	7.194 2
116	174.65	0.001 057 1	1.005	486.74	2 700.2	1.484 2	7.172 3
118	186.28	0.001 058 8	0.946 3	495.23	2 703.1	1.506 0	7.150 7
120	198.54	0.001 060 6	0.891 5	503.72	2 706.0	1.527 6	7.129 3

附表 16　某些气体的热物理性质

气体名称	温度 ℃	密度 kg/m	定压比热容 kJ/(kg·K)	运动黏度 m/s	导热率 W/(m·K)	导温系数 m^2/h	普兰特数
干空气 $p=0.98\times10^5$ Pa	−20	1.348	1.00	0.120×10^{-4}	0.022 4	0.059 7	0.73
	0	1.251	1.00	0.138	0.024 1	0.068 9	0.72
	20	1.166	1.00	0.156	0.025 7	0.078 9	0.71
	40	1.091	1.01	0.175	0.027 2	0.089 2	0.71
	60	1.026	1.01	0.196	0.028 7	0.100	0.71
	80	0.968	1.01	0.217	0.030	0.111	0.70
饱和 NH_3 蒸汽	−60	0.212 8	2.14	34.46×10^{-6}	0.015 9	35.10×10^{-6}	0.982
	−40	0.643 0	2.26	12.41	0.017 6	11.97	1.37
	−20	1.607	2.47	5.42	0.019 7	4.947	1.096
	0	3.481	2.72	2.77	0.022 1	2.354	1.177
	20	6.770	3.06	1.56	0.025 5	1.245	1.253
	40	12.156	3.56	0.98	0.029 9	0.700	1.400
饱和 R22 蒸汽	−60	1.861 2	0.540	5.142	0.008 5	8.424	0.610
	−40	4.860 4	0.569	2.150	0.009 3	3.350	0.642
	−20	10.771	0.603	1.039	0.010 0	1.541	0.674
	0	21.215	0.641	0.563	0.010 7	0.786	0.716
	20	38.457	0.708	0.329	0.011 4	0.415	0.793
	40	66.072	0.804	0.199	0.012 1	0.223	0.892

附表 17　一个大气压下饱和湿空气的热力性质

温度 t ℃	水蒸气分压力 p kPa	含湿量 d kg/kg	比体积 v m^3/kg	比焓 h kJ/kg
−40	0.012 83	0.000 079	0.659 7	−44.04
−35	0.022 33	0.000 138	0.674 0	−34.808
−30	0.037 98	0.000 234	0.688 4	−29.600
−25	0.063 24	0.000 390	0.702 8	−24.187
−20	0.103 18	0.000 637	0.717 3	−18.546
−18	0.124 82	0.000 771	0.723 1	−16.203
−16	0.150 56	0.000 930	0.729 0	−13.795
−14	0.181 07	0.001 119	0.734 9	−11.314
−12	0.217 16	0.001 342	0.740 9	−8.745
−10	0.259 71	0.001 606	0.746 9	−6.073
−8	0.309 75	0.001 916	0.752 9	−3.285
−6	0.368 46	0.002 280	0.759 1	−0.360
−4	0.437 16	0.002 707	0.765 3	2.724
−2	0.517 35	0.003 206	0.771 6	5.991
0	0.610 72	0.003 788	0.778 1	9.470
1	0.656 6	0.004 07	0.781 3	11.200
2	0.705 5	0.004 38	0.784 5	12.978
3	0.757 5	0.004 71	0.787 8	14.807
4	0.813 0	0.005 05	0.791 1	16.692
5	0.871 9	0.005 42	0.794 4	18.634
6	0.934 7	0.005 82	0.797 8	20.639
7	0.001 3	0.006 24	0.801 2	22.708
8	1.072 2	0.006 68	0.804 6	24.848
9	1.147 4	0.007 16	0.808 1	27.059
10	1.227 2	0.007 66	0.811 6	29.348
11	1.311 9	0.008 20	0.815 2	31.716
12	1.401 7	0.008 76	0.818 8	34.172
13	1.496 9	0.0093 7	0.822 5	36.719
14	1.597 7	0.010 01	0.826 2	39.362
15	1.704 4	0.010 69	0.830 0	42.105
16	1.817 3	0.011 41	0.833 8	44.955
17	1.936 7	0.012 18	0.837 7	47.918
18	2.063 0	0.012 99	0.841 7	50.998
19	2.196 4	0.013 84	0.845 7	54.205
20	2.337 3	0.014 75	0.849 8	57.544

附表 17　(续)

温度 t ℃	水蒸气分压力 p kPa	含湿量 d kg/kg	比体积 v m^3/kg	比焓 h kJ/kg
21	2.486 1	0.015 72	0.854 0	61.021
22	2.643 1	0.016 74	0.858 3	64.646
23	2.808 6	0.017 81	0.862 6	68.425
24	2.983 2	0.018 96	0.867 1	72.366
25	3.167 1	0.020 16	0.871 6	76.481
26	3.360 9	0.021 44	0.876 3	80.777
27	3.564 9	0.022 79	0.881 1	85.263
28	3.779 7	0.024 22	0.886 0	89.952
29	4.005 5	0.025 72	0.891 0	94.851
30	4.243 1	0.027 32	0.896 1	99.977
31	4.492 8	0.029 00	0.901 4	105.337
32	4.755 2	0.030 78	0.906 8	110.946
33	5.030 8	0.032 66	0.912 4	116.819
34	5.320 1	0.034 64	0.918 2	122.968
35	5.623 7	0.036 74	0.924 1	129.411
36	5.942 3	0.038 95	0.930 2	136.161
37	6.276 4	0.041 29	0.936 5	143.239
38	6.626 5	0.043 76	0.943 0	150.660
39	6.993 5	0.046 36	0.949 7	158.445
40	7.377 8	0.049 11	0.956 7	166.615
41	7.780 3	0.052 02	0.963 9	175.192
42	8.201 6	0.055 09	0.971 3	184.200
43	8.642 4	0.058 33	0.979 0	193.662
44	9.103 6	0.061 76	0.987 1	203.610
45	9.585 6	0.065 37	0.995 4	214.067
46	10.089 6	0.069 20	1.004 0	225.068
47	10.616 1	0.073 24	1.013 0	236.643
48	11.165 9	0.077 51	1.022 4	248.828
49	11.740 2	0.082 02	1.032 2	261.667
50	12.339 7	0.086 80	1.042 4	275.198
52	13.617 6	0.097 20	1.064 1	304.512
54	15.007 2	0.108 87	1.087 9	337.182
56	16.516 3	0.121 98	1.114 1	373.679
58	18.153 1	0.136 74	1.142 9	414.572
60	19.926 3	0.153 41	1.174 9	460.536
62	21.844 7	0.172 28	1.210 5	512.391
64	23.918 4	0.193 75	1.250 4	571.144
66	26.156 5	0.218 25	1.295 3	638.003
68	28.570 1	0.246 38	1.346 2	714.531
70	31.169 3	0.278 84	1.404 3	802.643
75	38.556 2	0.385 87	1.592 5	1 092.010
80	47.367 0	0.552 01	1.879 2	1 539.414
85	57.809 6	0.836 34	2.363 3	2 302.878
90	70.114 0	1.416 04	3.341 2	3 856.547

附表18　NaCl水溶液的性质

15℃比重	质量浓度 %	凝固温度 ℃	溶液温度 ℃	比热容 kJ/(kg·K)	导热率 W/(m·K)	动力黏度 10^4 N·s/m²	运动黏度 10^6 m²/s	导温系数 10^4 m/h	普兰特数
1.050	7 (7.5)①	−4.4	20	3.834	0.593	10.79	1.03	5.31	6.95
			10	3.835	0.576	14.12	1.34	5.16	9.4
			0	3.827	0.559	18.73	1.78	5.02	12.7
			−4	3.818	0.556	21.57	2.06	5.00	14.8
1.080	11 (12.3)	−7.5	20	3.697	0.593	11.47	1.06	5.33	7.2
			10	3.684	0.570	15.20	1.41	5.15	9.9
			0	3.676	0.556	20.20	1.87	5.08	13.4
			−5	3.672	0.549	24.42	2.26	4.98	16.4
			−7.5	3.672	0.545	26.48	2.45	4.96	17.8
1.100	13.6 (15.7)	−9.8	20	3.609	0.593	12.26	1.12	5.40	7.4
			10	3.601	0.568	16.18	1.47	5.15	10.3
			0	3.588	0.554	21.48	1.95	5.07	13.0
			−5	3.584	0.547	26.09	2.37	5.00	17.1
			−9.8	3.580	0.540	34.32	3.13	4.94	22.9
1.120	16.2 (19.3)	−12.2	20	3.534	0.573	13.14	1.20	5.21	8.3
			10	3.525	0.569	17.26	1.57	5.18	10.9
			0	3.513	0.552	22.26	2.02	5.07	15.1
			−5	3.509	0.544	28.34	2.58	5.00	18.6
			−10	3.504	0.535	34.91	3.18	4.93	23.2
			−12.2	3.500	0.533	42.17	3.84	4.90	28.3
1.140	18.8 (23.1)	−15.1	20	3.462	0.582	14.32	1.26	5.32	8.5
			10	3.454	0.566	18.53	1.63	5.17	11.4
			0	3.442	0.555	25.60	2.25	5.05	16.1
			−5	3.433	0.542	31.19	2.74	5.00	19.8
			−10	3.429	0.533	38.74	3.40	4.92	24.8
			−15	3.425	0.525	47.76	4.19	4.86	31.0
1.160	21.2 (26.9)	−18.2	20	3.395	0.579	15.49	1.33	5.27	9.1
			10	3.383	0.563	20.10	1.73	5.17	12.1
			0	3.375	0.547	28.24	2.44	5.03	17.5
			−5	3.366	0.538	34.42	2.96	4.96	21.5
			−10	3.362	0.530	43.05	3.70	4.90	27.1
			−15	3.358	0.522	52.76	4.55	4.85	33.9
			−18	3.354	0.518	60.80	5.24	4.80	39.4
1.175	23.1 (30.1)	−21.2	20	3.345	0.565	16.67	1.42	5.30	9.6
			10	3.337	0.549	21.77	1.84	5.05	13.1
			0	3.324	0.544	30.40	2.59	5.02	18.6
			−5	3.320	0.536	37.46	3.20	4.95	23.3
			−10	3.312	0.528	47.07	4.02	4.89	29.5
			−15	3.308	0.520	57.47	4.90	4.83	36.5
			−21	3.303	0.514	77.47	6.60	4.77	50.0

①括号中的数值为100 kg水中氯化钠质量的千克数。

附表 19　$CaCl_2$ 水溶液的性质

15℃ 比重	质量浓度 %	凝固温度 ℃	溶液温度 ℃	比热容 kJ/(kg·K)	导热率 W/(m·K)	动力黏度 10^4 N·s/m^2	运动黏度 10^6 m^2/s	导温系数 10^4 m^2/h	普兰特数
1.080	9.4 (10.4)①	−5.2	20	3.643	0.584	12.36	1.15	5.35	7.75
			10	3.634	0.570	15.49	1.44	5.23	9.88
			0	3.626	0.556	21.57	2.00	5.11	14.1
			−5	3.601	0.549	25.50	2.36	5.08	16.7
1.130	14.7 (17.3)	−10.2	20	3.362	0.576	14.91	1.32	5.46	8.7
			10	3.349	0.563	18.63	1.64	5.35	11.05
			0	3.329	0.549	25.60	2.27	5.26	15.6
			−5	3.316	0.542	30.40	2.70	5.20	18.7
			−10	3.308	0.534	40.60	3.60	5.15	25.3
1.170	18.9 (23.3)	−15.7	20	3.148	0.572	17.95	1.54	5.60	9.9
			10	3.140	0.558	22.36	1.91	5.47	12.6
			0	3.128	0.544	29.91	2.56	5.37	17.2
			−5	3.098	0.537	34.32	2.94	5.34	19.8
			−10	3.086	0.529	46.68	4.00	5.29	27.3
			−15	3.065	0.523	61.49	5.27	5.28	35.9
1.190	20.9 (26.5)	−19.2	20	3.077	0.569	20.01	1.68	5.59	10.9
			10	3.056	0.555	24.52	2.06	5.50	13.6
			0	3.044	0.542	32.75	2.76	5.38	18.5
			−5	3.014	0.535	38.25	3.22	5.35	21.5
			−10	3.014	0.527	50.70	4.25	5.30	28.9
			−15	3.014	0.521	65.90	5.53	5.23	38.2
1.220	23.8 (31.2)	−25.7	20	2.998	0.565	23.54	1.94	5.62	12.5
			10	2.952	0.551	28.73	2.35	5.50	15.4
			0	2.931	0.538	38.15	3.13	5.43	20.8
			−10	2.910	0.523	59.23	4.87	5.32	33.0
			−15	2.910	0.518	75.51	6.20	5.27	42.5
			−20	2.889	0.511	94.73	7.77	5.20	53.9
			−25	2.889	0.504	115.7	9.48	5.15	66.5
1.240	25.7 (34.6)	−31.2	20	2.889	0.562	26.28	2.12	5.66	13.5
			10	2.889	0.548	32.17	2.51	5.50	16.5
			0	2.868	0.535	42.56	3.43	5.43	22.7
			−10	2.847	0.521	66.78	5.40	5.32	36.6
			−15	2.847	0.514	83.65	6.75	5.25	46.3
			−20	2.805	0.508	105.6	8.52	5.26	58.5
			−25	2.805	0.501	129.2	10.40	5.20	72.0
			−30	2.763	0.494	148.1	12.00	5.21	83.0

附表 19(续)

15℃比重	质量浓度 %	凝固温度 ℃	溶液温度 ℃	比热容 kJ/(kg·K)	导热率 W/(m·K)	动力黏度 10^4 N·s/m^2	运动黏度 10^6 m^2/s	导温系数 10^4 m^2/h	普兰特数
1.260	27.5 (37.9)	−38.6	20	2.847	0.558	8.32	2.33	5.63	14.9
			10	2.826	0.545	36.09	2.87	5.50	18.4
			0	2.809	0.531	48.05	3.81	5.41	25.3
			−10	2.784	0.519	75.22	5.97	5.33	00.3
			−20	2.763	0.506	118.7	9.45	5.24	65.0
			−25	2.742	0.499	147.1	11.70	5.20	80.7
			−30	2.742	0.492	171.6	13.60	5.12	95.5
			−35	2.721	0.486	215.8	17.10	5.12	120.0
1.270	28.4 (39.7)	−43.6	20	2.805	0.557	31.38	2.47	5.62	15.8
			0	2.780	0.529	51.19	4.02	5.40	26.7
			−10	2.763	0.518	80.22	6.32	5.31	42.7
			−20	2.721	0.505	126.5	10.00	5.25	68.8
			−25	2.721	0.498	159.9	12.60	5.18	87.5
			−30	2.700	0.491	188.3	14.90	5.16	103.5
			−35	2.700	0.484	245.2	19.30	5.10	136.5
			−40	2.680	0.478	304.0	24.0	5.07	171.0
1.280	29.4 (41.6)	−50.1	20	2.805	0.555	34.03	2.65	5.57	17.2
			0	2.755	0.528	54.92	4.30	5.40	28.7
			−10	2.721	0.516	86.30	6.75	5.35	45.4
			−20	2.680	0.504	1.383	10.8	5.28	73.4
			−30	2.659	0.490	211.8	16.6	5.19	115.0
			−40	2.638	0.477	323.6	25.3	5.10	179.0
			−45	2.617	0.470	402.1	31.4	5.06	223.0
			−50	2.617	0.464	490.33	38.3	4.98	235.0
1.286	29.9 (42.7)	−55	20	2.784	0.554	35.11	2.75	5.58	17.8
			0	2.738	0.528	56.88	4.43	5.40	29.5
			−10	2.700	0.515	90.42	7.04	5.34	47.5
			−20	2.680	0.502	144.2	11.23	5.25	77.0
			−30	2.659	0.488	225.6	17.6	5.16	123.0
			−35	2.638	0.483	284.4	22.1	5.10	156.5
			−40	2.638	0.476	353.0	27.5	5.06	196.0
			−45	2.617	0.470	431.5	33.5	5.02	240.0
			−50	2.617	0.463	509.9	39.7	4.96	290.0
			−55	2.596	0.456	647.2	50.2	4.91	368.0

①括号中的数值为 100 kg 水中氯化钙质量的公斤数。

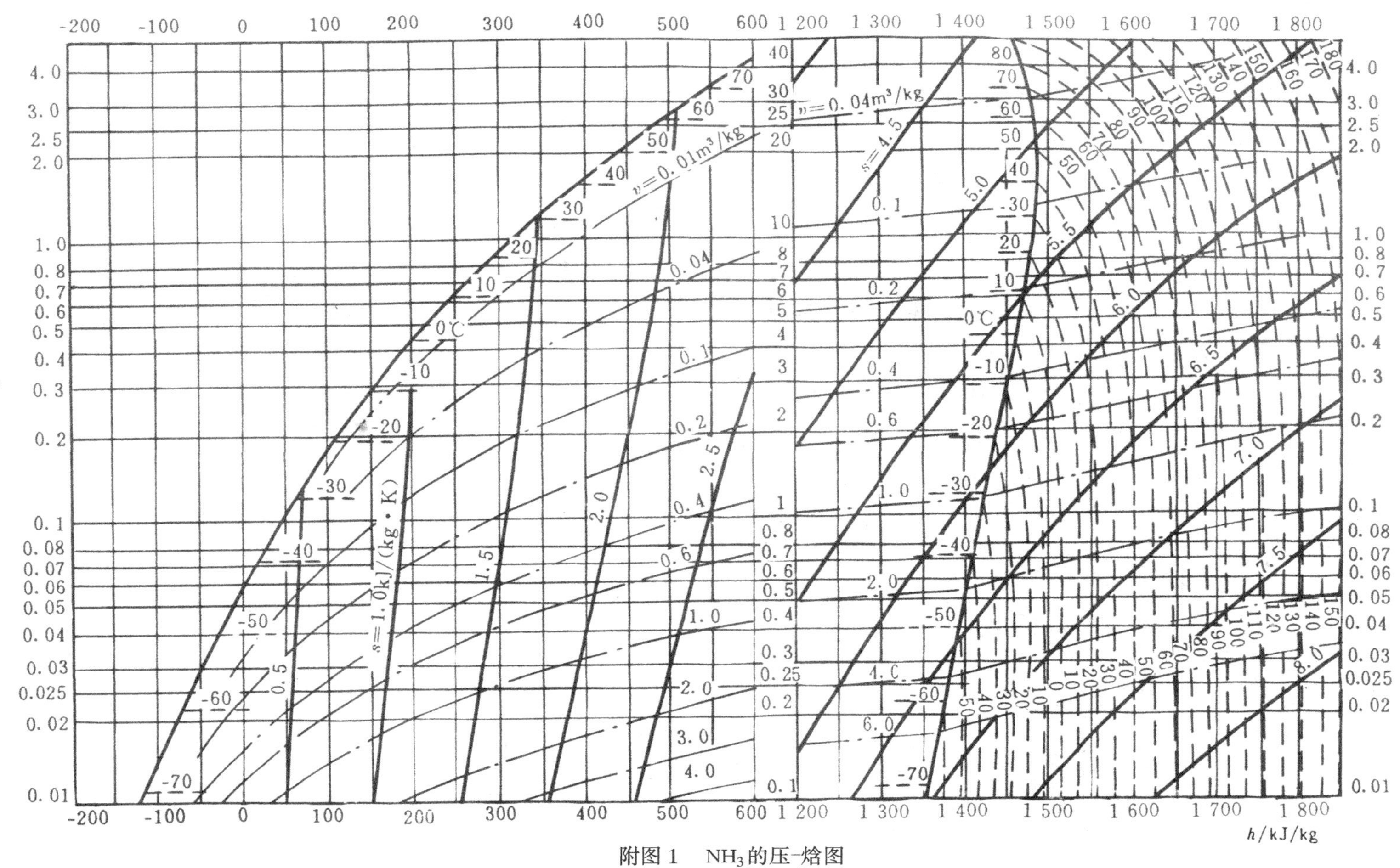

附图1　NH_3的压–焓图

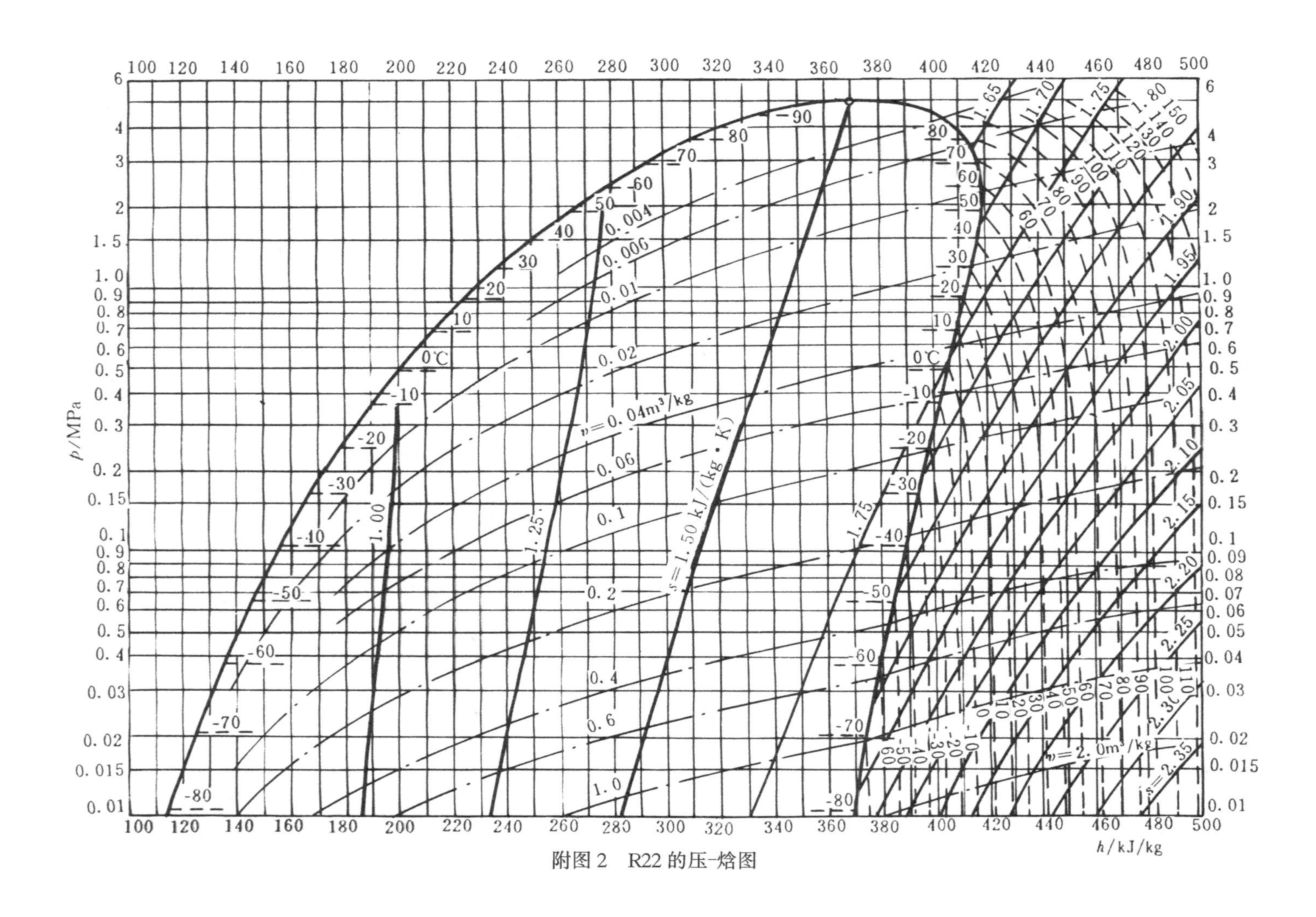

附图2　R22的压-焓图

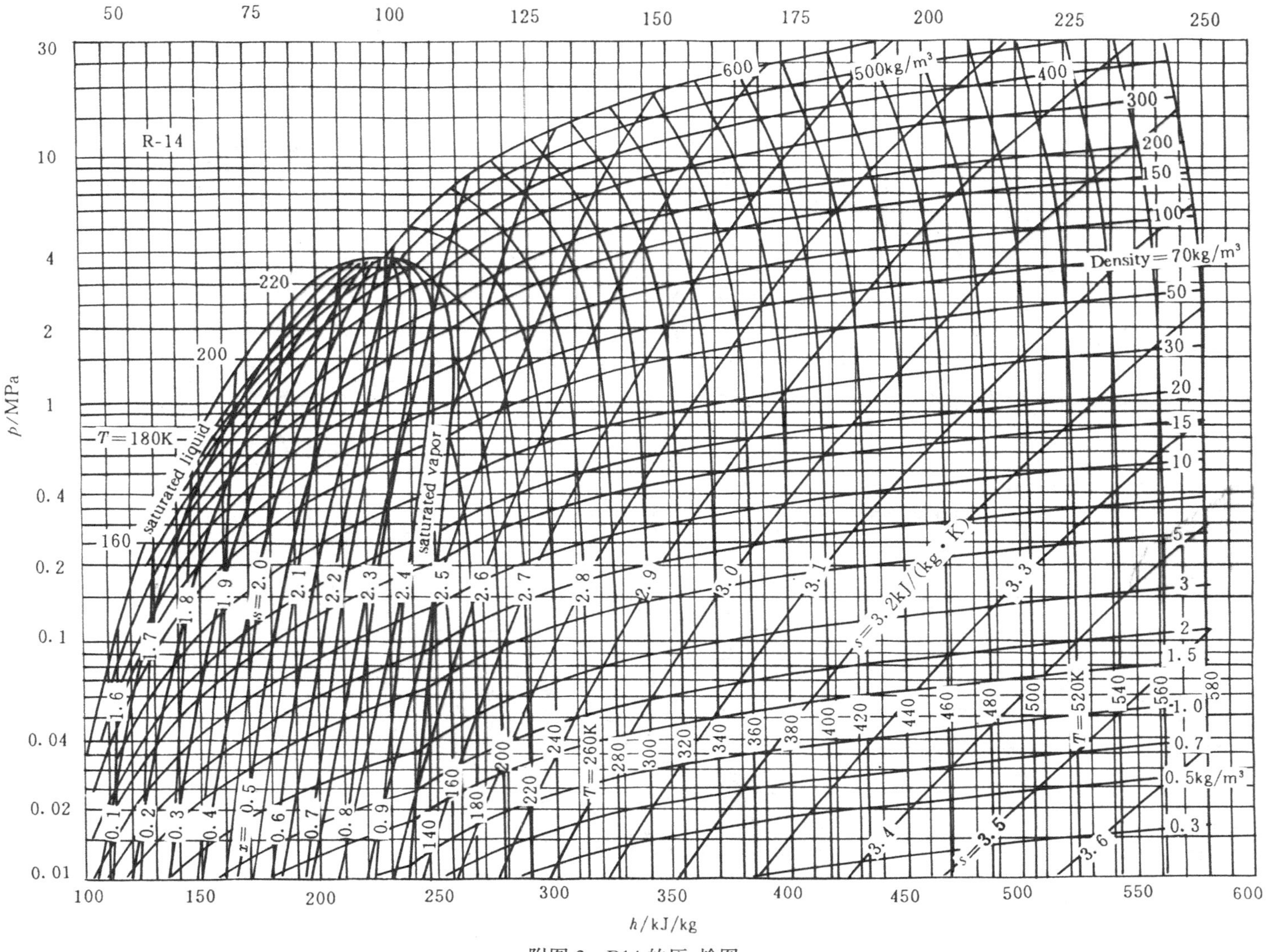
R-14
p/MPa
h/kJ/kg
saturated liquid
saturated vapor
T = 180K
T = 260K
T = 520K
Density = 70kg/m³
500kg/m³
0.5kg/m³
s = 3.2kJ/(kg · K)
x = 0.5

附图 3　R14 的压-焓图

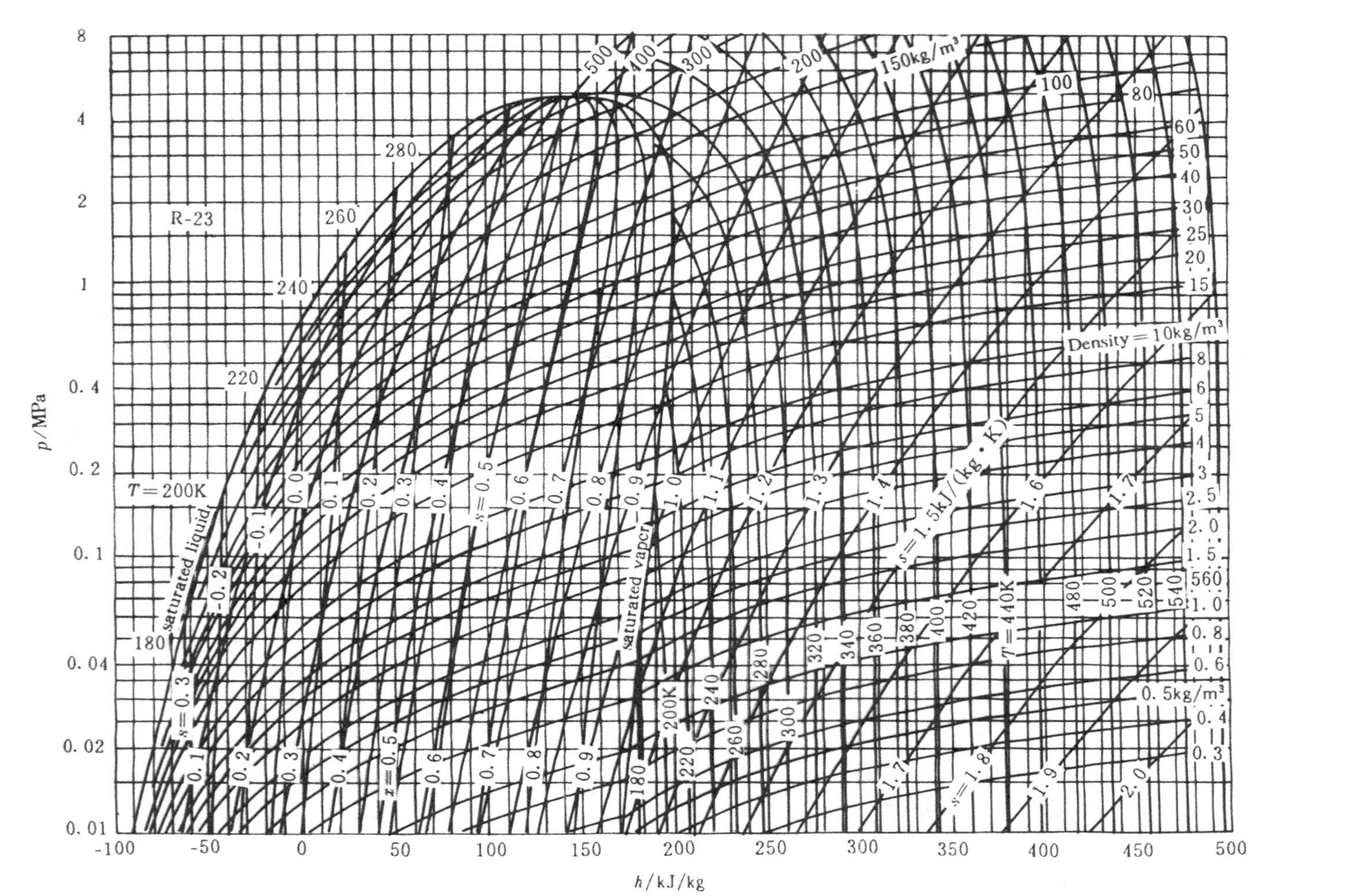
R-23
saturated liquid
saturated vapcr
Density=10kg/m³
150kg/m³
0.5kg/m³
T=200K
T=440K
s=1.5kJ/(kg · K)
h/kJ/kg
p/MPa

附图 4 R23 的压-焓图

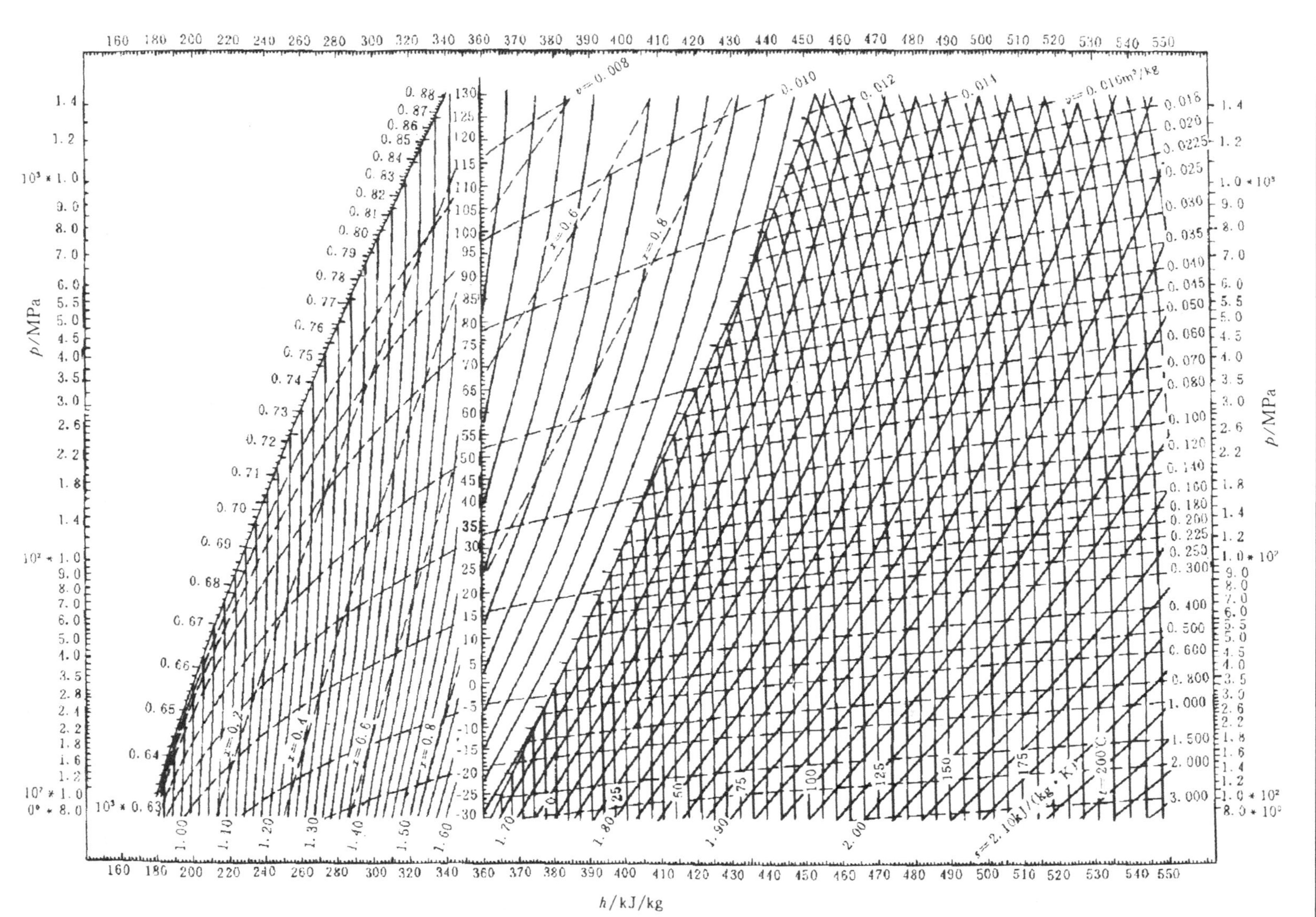

附图 5 R123 的压-焓图

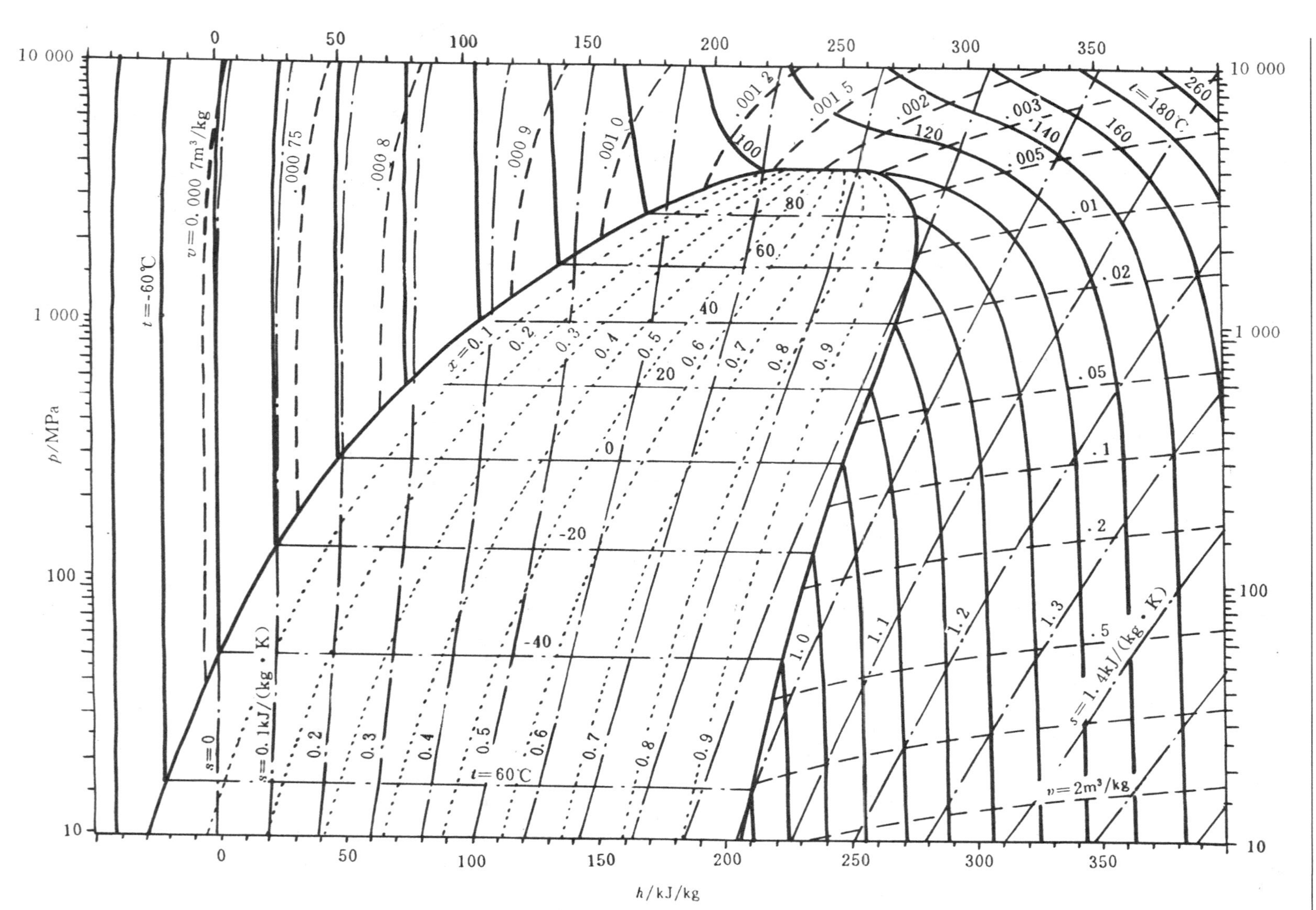

附图 6 R134a 的压–焓图

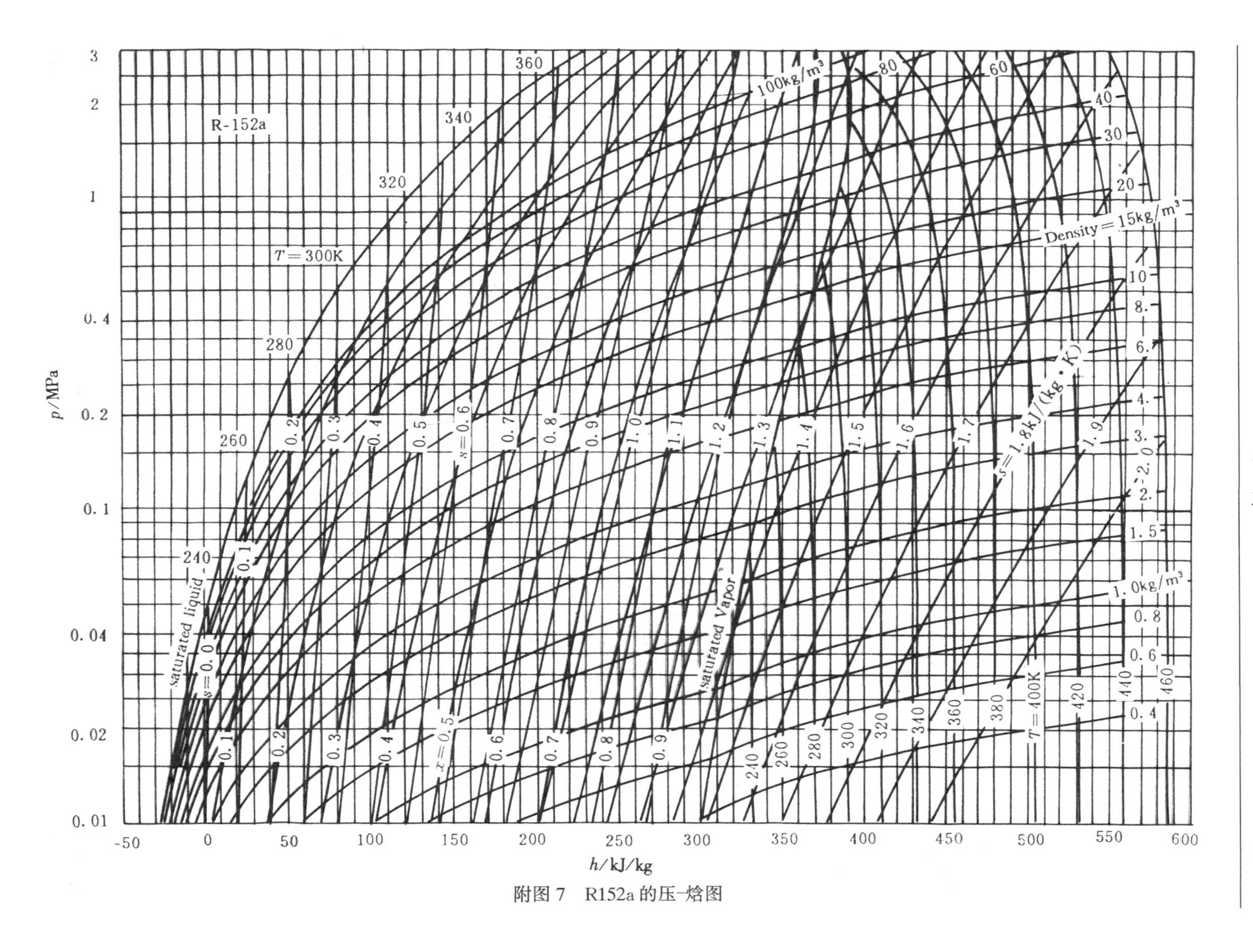

附图 7　R152a 的压-焓图

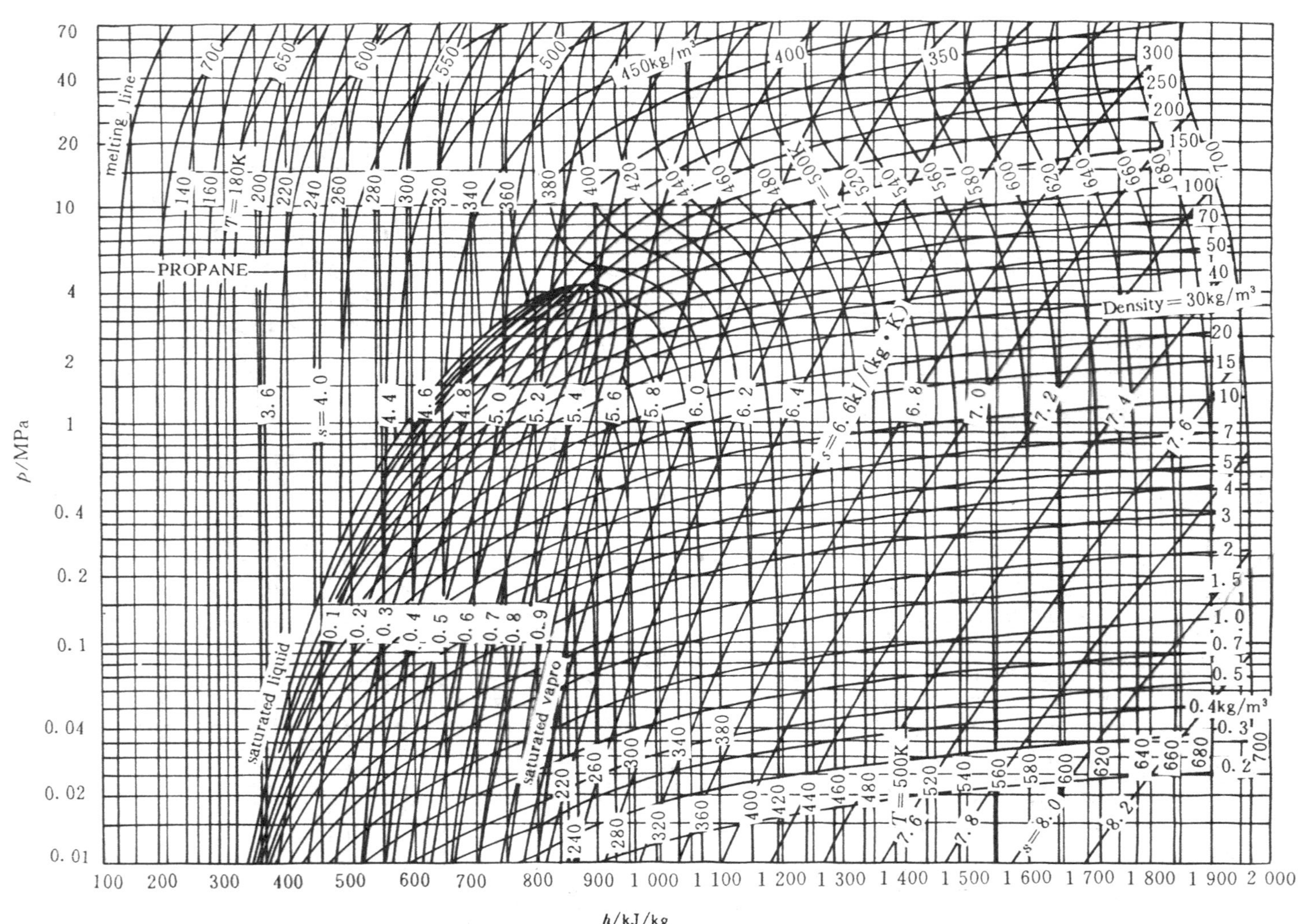

附图 8　R290 的压-焓图

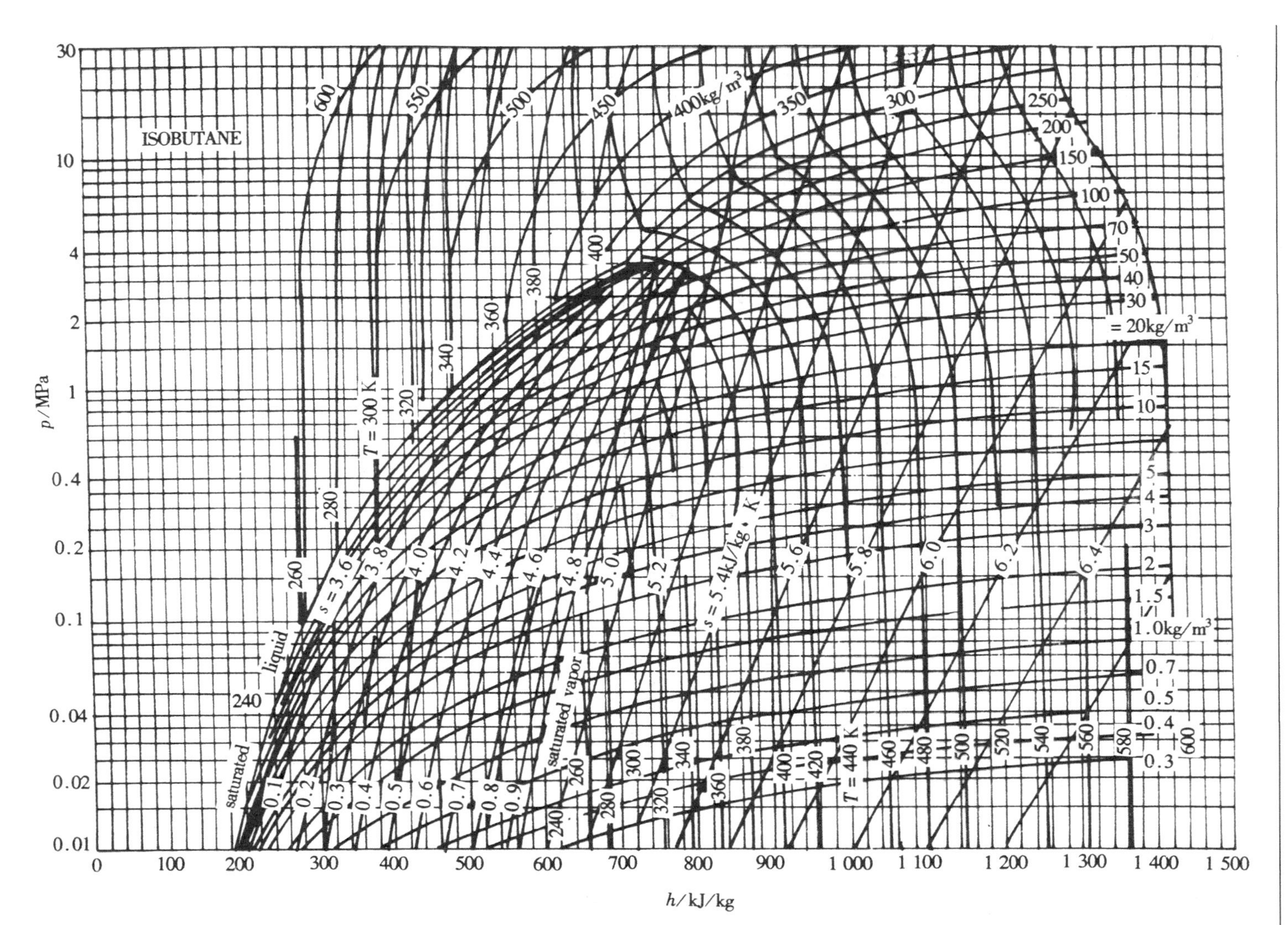

附图 9　R600a 的压-焓图

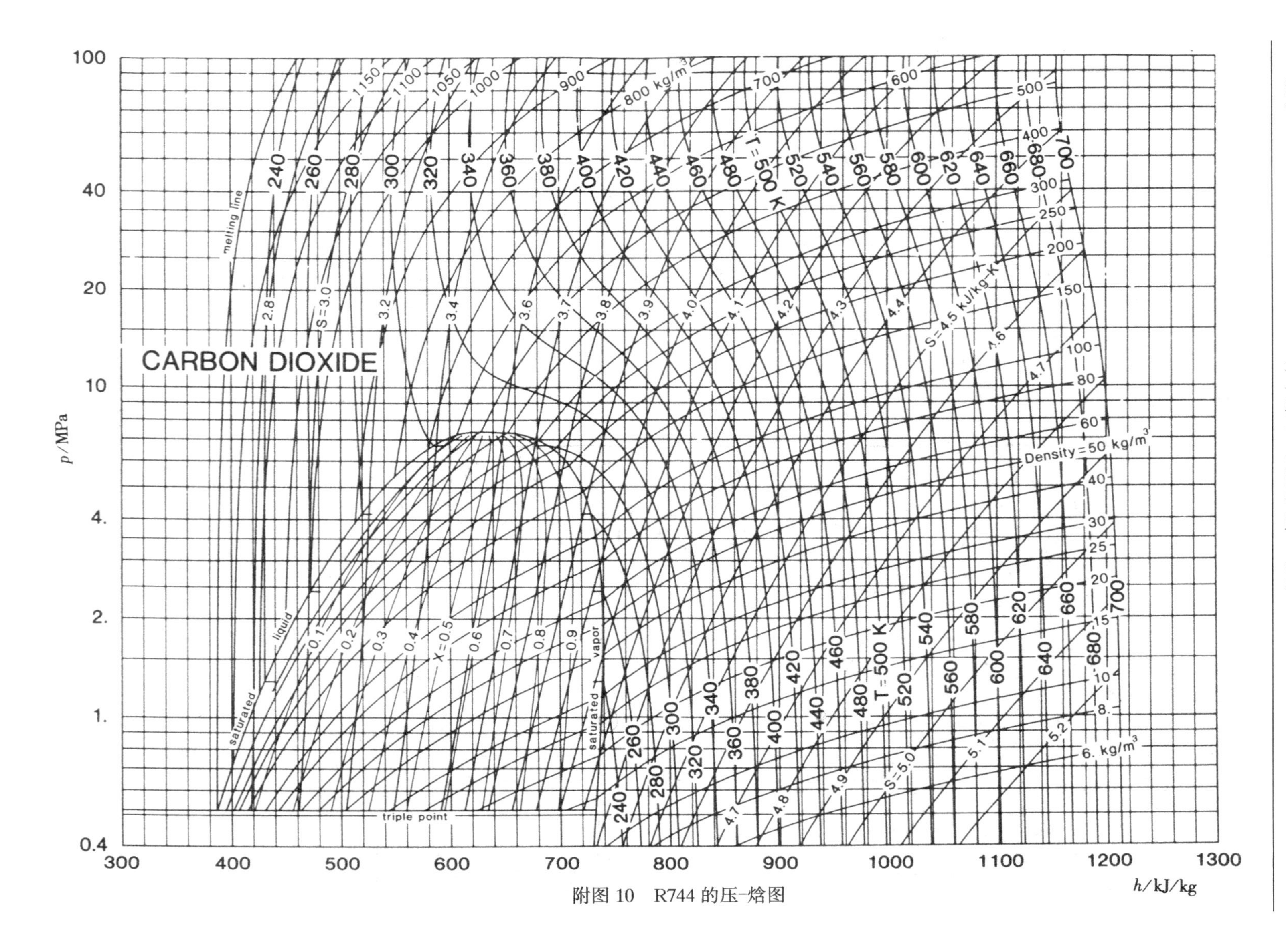

附图 10　R744 的压-焓图

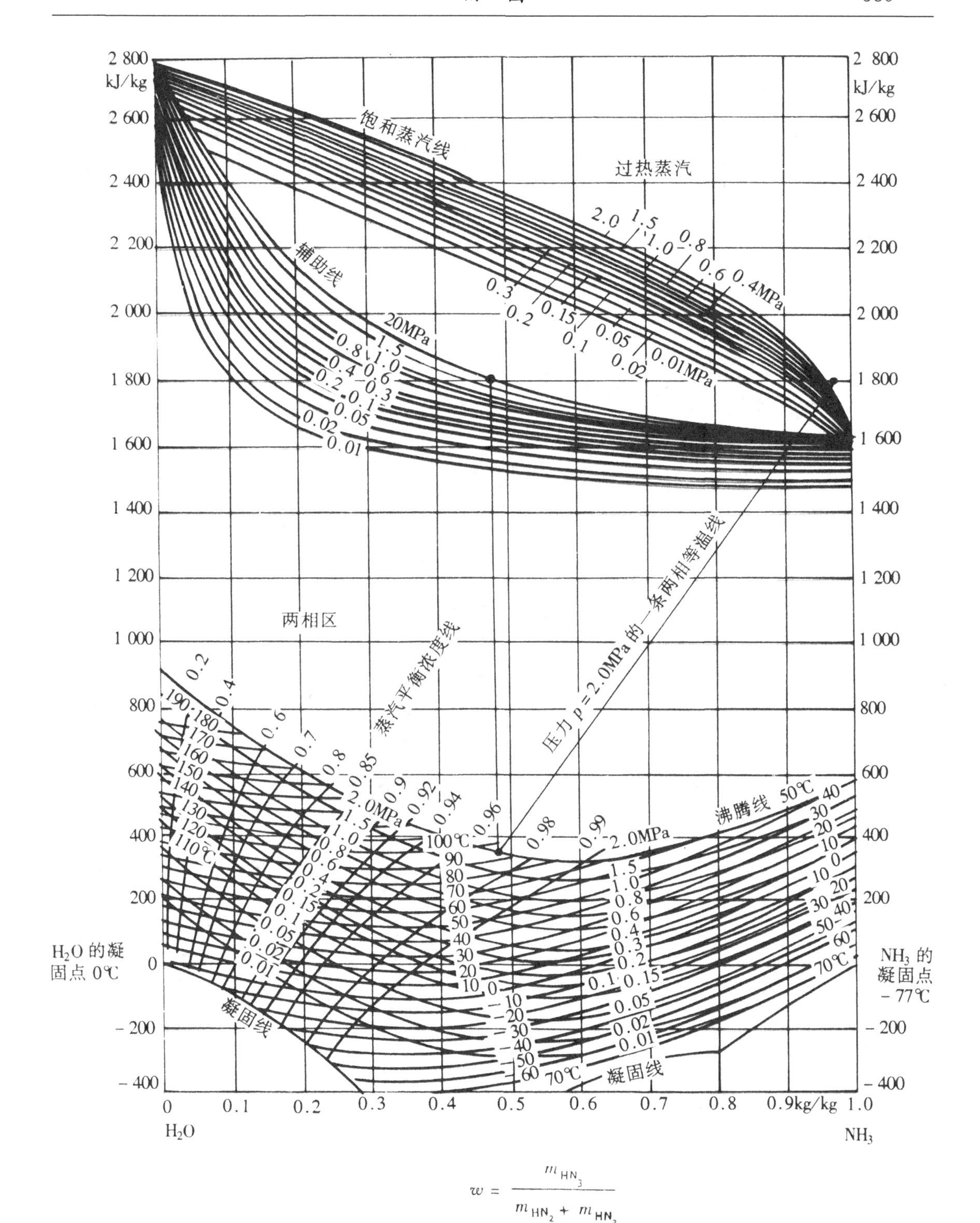

$$w = \frac{m_{HN_3}}{m_{HN_2} + m_{HN_3}}$$

附图 11　NH_3-H_2O 溶液的 h-w 图

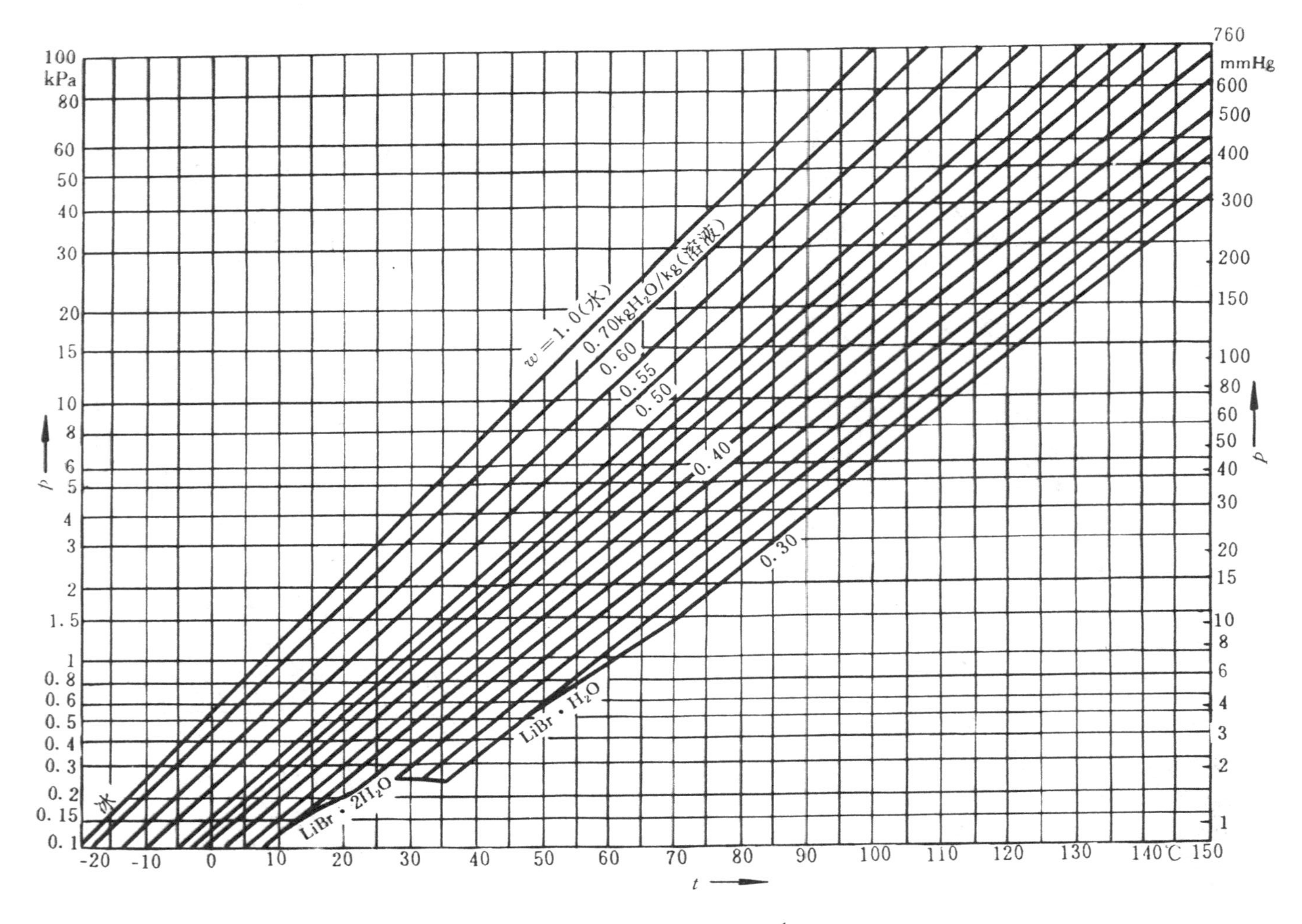

附图 12　LiBr-H_2O 溶液的 $p-\frac{1}{T}$ 图

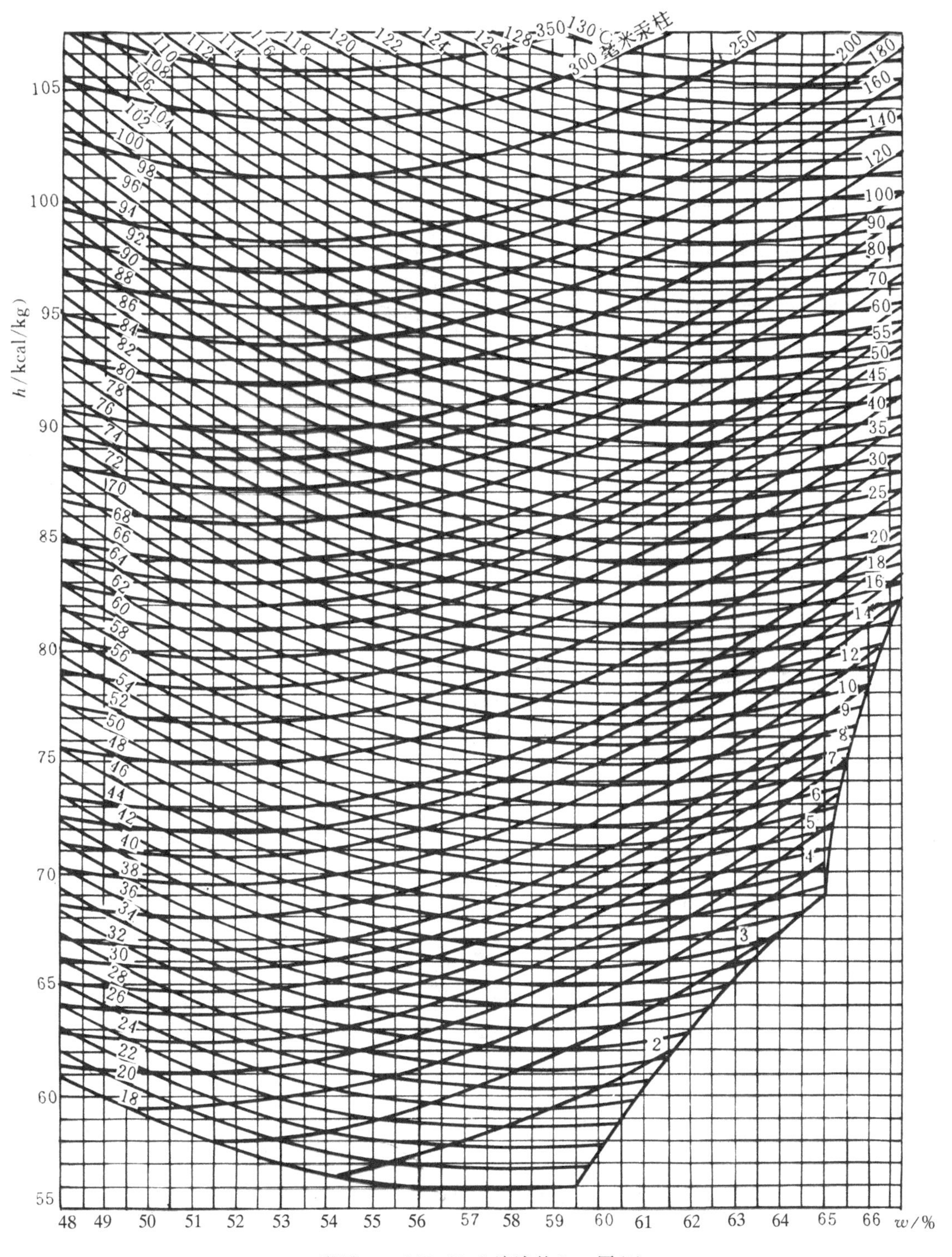

附图 13　LiBr-H_2O 溶液的 h-w 图(1)

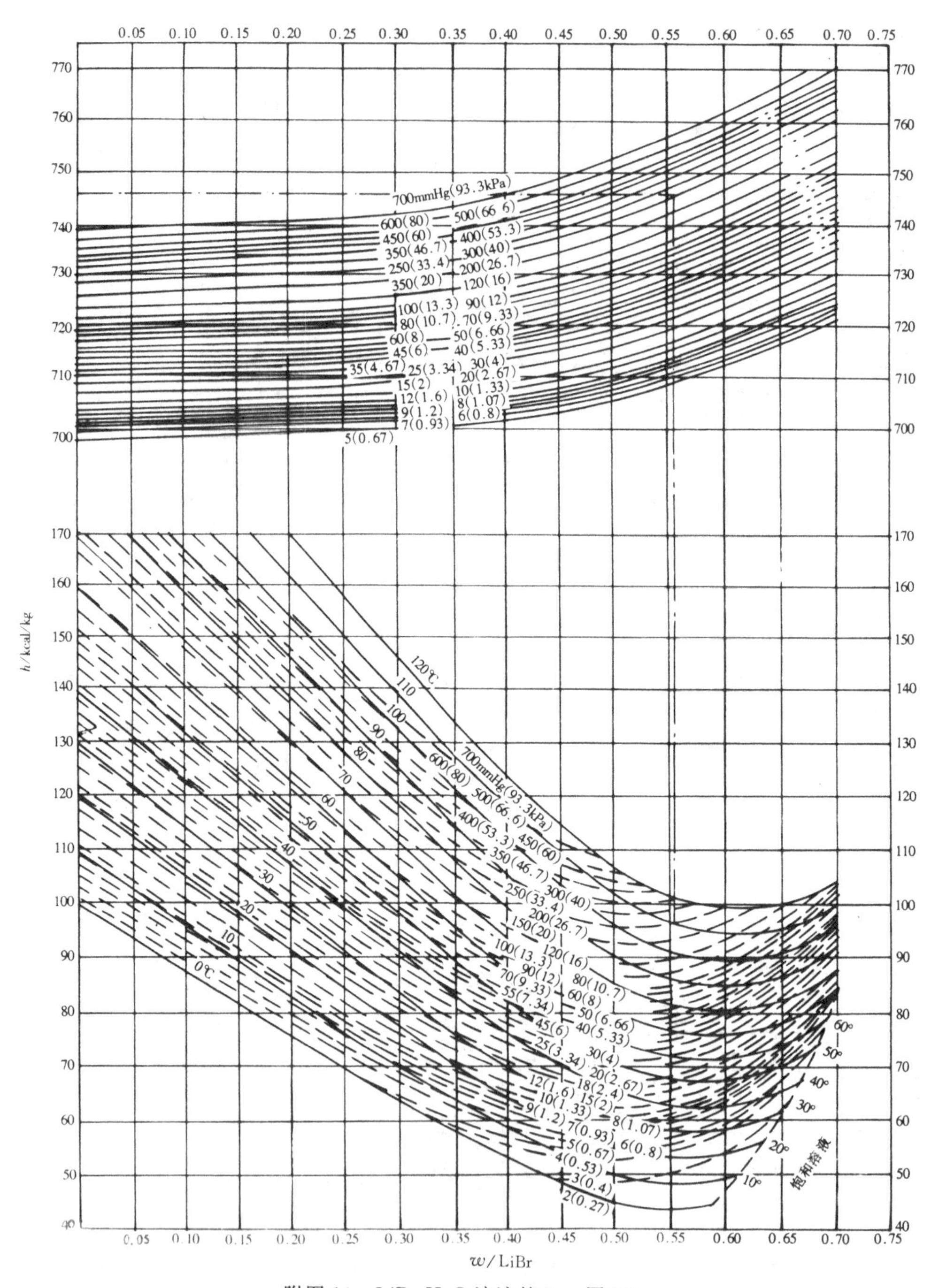

附图 14　LiBr-H_2O 溶液的 h-w 图(2)